Denken Ihre Kinder über Wärmeschutz, Schallschutz und Statik nach?

Selten. Aber Sie können es für Ihre Kinder tun.

POROTON®-T7®
DER Ziegel für KfW-Effizienzhäuser in monolithischer Massivbauweise.

POROTON®-S9®
Optimiert für den hochwertigen Objektbau.

Gefüllte POROTON®-Ziegel sorgen für ein ausgeglichenes Wohlfühlklima.
100% Natur für 100% gesundes Wohnen mit erstklassigen Wärmedämm- und Schallschutzwerten im massiven Ziegelhaus.
Geprüftes, sicheres Produkt: POROTON®-Ziegel von Schlagmann erhielten die Urkunden für die nach internationalen Normen erstellten Umweltproduktdeklarationen (Environmental Product Declaration = EPD).

Schlagmann Poroton GmbH & Co. KG · 84367 Zeilarn · Tel. 08572 17-0 · www.schlagmann.de

Wertewandel am Bau: Perlitgefüllte Ziegel für nachhaltiges Bauen und Sanieren

Bahnbrechend veränderte Schlagmann Poroton vor über zehn Jahren die „inneren Werte" ihrer Ziegel. Mit dem Poroton-T9 kam der erste Ziegel mit einer wärmedämmenden Füllung (Perlit) auf den Markt. Weit über 35.000 gebaute Häuser später gibt es perlitgefüllte Ziegel nicht nur für den Bau von energieoptimierten Ein- oder Zweifamilienhäusern, auch für den Objektbau und sogar für die Sanierung von Bestandsgebäuden wurden Produkte entwickelt, die genau auf den Zweck dieser Bauvorhaben abgestimmt sind.

Poroton-T7 für energieoptimierte Ein- und Zweifamilienhäuser

Dank der Kombination von Ziegel und Perlit verfügen alle perlitgefüllten Ziegel über hohe Wärmedämmeigenschaften. Das Topprodukt in puncto Wärmedämmung ist der Poroton-T7 mit einer Wärmeleitzahl von 0,07 W/mK. Damit sind Häuser möglich, die bis zu 50 Prozent weniger Energie benötigen als aus Konstruktionen bisher üblicher Wandbaustoffe. Der Poroton-T7 ist in den Wandstärken 36,5, 42,5 und 49 cm lieferbar. Damit sind – in allen drei Wanddicken und einem Wärmedämmwert ab 0,14 W/m²K (bei d=49 cm) – massive monolithische Außenwände möglich, die energieoptimierten Einfamilienhäuser der KfW-Förderprogramme wie auch Sonnen- oder Passivhäusern problemlos genügen.

Bei den Außenwänden des Effizienzhauses 55 kamen die hochwärmedämmenden Perlit-Ziegel Poroton-T7 zum Einsatz.
Foto: Schlagmann Poroton

im Normalfall bei einer Außendämmung eingesetzt. Speziell als schlankere Innendämmung wurde der Ziegel mit einer Breite von nur 12 Zentimeter entwickelt. Doch auch dieser kann mit einem Wärmedämmwert von 0,060 W/mK zur Außendämmung verwendet werden. Die Maße 50 auf 24,9 Zentimeter machen eine schnelle Verarbeitung möglich. Ausgleichsziegel, optimiertes Werkzeug und Zubehör wie Konsolen, Dübel oder Mörtelschlitten, komplettieren das Fassadensystem, beschleunigen den Arbeitsvorgang und verbessern das Endergebnis. Die Besonderheit liegt in der äußerst stabilen und beschädigungsresistenten Ziegelschale, die sich durch eine hohe Lebensdauer und geringe Instandhaltungskosten auszeichnet. Die wärmespeichernde Füllung besteht natürlich auch hier aus mineralischem Perlit. Poroton-WDF wird ausschließlich aus natürlichen Materialen hergestellt und kann deshalb als reiner Bauschutt recycelt werden. Mit der Wärmedämmfassade Poroton-WDF gibt es damit eine ökologische wie auch nachhaltige Alternative zur Sanierung von Altbauten.

Foto: Schlagmann Poroton

Poroton-S9 für den energieeffizienten Objektbau

Bei mehrgeschossigen Bauten sind höhere Schalldämmeigenschaften gefragt. Anhand optimierter Lochbilder und massiver Ziegelstege in Kombination mit der Füllung aus Perlit gelang es Schlagmann Poroton mit den Poroton-S-Ziegeln beides unter einen Hut zu bringen: Wärme- und Schalldämmung. Der Dämmkern aus Perlit wirkt sich nicht nur positiv auf die Wärme-, sondern auch auf die Schallschutzeigenschaften des Ziegels aus. Bei einer Wanddicke von 36,5 cm erreicht der Poroton-S9 ein bewertetes, korrigiertes Schalldämmmaß ($R_{w,Bau,ref}$) von 49,2 dB und zugleich einen U-Wert von 0,23 W/m²K. Der Poroton-S9 ist somit der optimale Ziegel für Objektbauten. Er erfüllt einschalig mit einer Wärmeleitzahl von 0,09 W/(mK) in den Wanddicken 30, 36,5 und 42,5 cm die Anforderungen der Energie-Einsparverordnung (EnEV) wie auch die Empfehlungen für den erhöhten Schallschutz nach DIN 4109 für den mehrgeschossigen Wohnungsbau.

Poroton-WDF zur Außen- und Innendämmung von Altbauten

Poroton-WDF ist die erste keramische Wärmedämmfassade zur nachhaltigen Sanierung von Bestandswänden. Sie ist in zwei Ausführungen erhältlich, dies ermöglicht einen projektbezogeneren Einsatz. Der 18 Zentimeter breite Stein mit einem Wärmedämmwert von 0,055 W/mK wird

Vorteil Stabilität, Brandschutz, Verarbeitung

Bestnoten erhalten alle perlitgefüllten Ziegel auch in Sachen Stabilität und Sicherheit. Dank der dicken Ziegelstege garantieren sie zudem einen hohen Brandschutz. Hinzukommt bei allen Produkten eine ausführungssichere Verarbeitung, die mit dem V.Plus-System von Schlagmann einfach und wirtschaftlich rationell erfolgt.

Vorteil Nachhaltigkeit und Gesundheit

Immer mehr Bauherren entscheiden sich für eine nachhaltig massive Bauweise. Zum einen geben sie dieser aufgrund der geringeren Instandhaltungskosten den Vortritt, zum anderen fürchten sie die zukünftige Entsorgungsproblematik mehrschaliger Wandaufbauten. Viele Investoren und deren Kunden schätzen zudem die Eigenschaften eines massiven Ziegelbaus. Poroton-Ziegel gleichen durch ihre kapillaraktive Struktur Feuchtigkeitsschwankungen aus. Das Ergebnis ist ein natürliches und gesundes Wohnklima ohne Schimmel oder extreme Trockenheit. Alle perlitgefüllten Ziegel sind auf ihre wohngesunden Eigenschaften geprüft (eco-Institut, Köln) weitgehend frei von Schadstoffen und Ausgasungen. Sie werden ausschließlich aus den Natur-Produkten Ton, Wasser und Perlit (= Mineral vulkanischen Ursprungs) produziert.

Weitere Informationen zum Bauen mit perlitgefüllten Ziegeln erhalten Sie unter www.schlagmann.de.

**Energiesparendes Bauen –
Ein Praxisbuch für Architekten,
Ingenieure und Energieberater**

Prof. Dr.-Ing. Helmut Marquardt

Energiesparendes Bauen –

Ein Praxisbuch für Architekten, Ingenieure und Energieberater

Wohngebäude nach EnEV 2014 und EEWärmeG

Beuth Verlag GmbH · Berlin · Wien · Zürich

Bauwerk

© 2014 Beuth Verlag GmbH
Berlin · Wien · Zürich
Am DIN-Platz
Burggrafenstraße 6
10787 Berlin

Telefon: +49 30 2601-0
Telefax: +49 30 2601-1260
Internet: www.beuth.de
E-Mail: info@beuth.de

Das Werk einschließlich aller seiner Teile ist urheberrechtlich geschützt.
Jede Verwertung außerhalb der Grenzen des Urheberrechts ist ohne schriftliche Zustimmung
des Verlages unzulässig und strafbar. Das gilt insbesondere für Vervielfältigungen, Übersetzungen,
Mikroverfilmungen und die Einspeicherung in elektronische Systeme.

Die im Werk enthaltenen Inhalte wurden vom Verfasser und Verlag sorgfältig erarbeitet und
geprüft. Eine Gewährleistung für die Richtigkeit des Inhalts wird gleichwohl nicht übernommen.
Der Verlag haftet nur für Schäden, die auf Vorsatz oder grobe Fahrlässigkeit seitens des Verlages
zurückzuführen sind. Im Übrigen ist die Haftung ausgeschlossen.

Druck und Bindung: Medienhaus Plump, Rheinbreitbach

Gedruckt auf säurefreiem, alterungsbeständigem Papier nach DIN EN ISO 9706.

ISBN 978-3-410-24690-9

Vorwort zur 2. Auflage

Nach langen Diskussionen hat das Bundeskabinett im Oktober 2013 die Novelle der Energieeinsparverordnung (EnEV) verabschiedet – sie wird nach der Notifizierung bei der EU am 01.05.2014 in Kraft treten. Die neue EnEV verweist auf eine Vielzahl von Normen, von denen einige im Vorfeld der Novelle überarbeitet worden sind – u. a. um die aktuelle europäische Normung zu berücksichtigen.

Ziel dieses Buches ist es, die Änderungen in der EnEV wie auch in den zitierten nationalen und europäischen Normen mit ihren Auswirkungen auf den energetischen Nachweis v. a. von Wohngebäuden sowohl erfahrenen Architekten/-innen und Ingenieuren/-innen als auch Studierenden anschaulich darzustellen.

Für die Erstellung der neuen Zeichnungen danke ich Tarja Wenk.

Weiter danke ich für einige konstruktive Hinweise zur 1. Auflage und freue mich weiterhin über Verbesserungsvorschläge – entweder an den Verlag oder direkt per E-Mail an marquardt@hs21.de.

Buxtehude, im April 2014
Helmut Marquardt

Vorwort zur 1. Auflage

2002 trat die erste Energieeinsparverordnung in Kraft (2009 aktuell novelliert), wodurch die Energieeinsparmöglichkeiten bei Gebäuden deutlich in das öffentliche Bewusstsein getreten sind. Mit der Folge, dass Baukunden Energieberatung verstärkt nachfragen, dafür ausgebildete, qualifizierte Beraterinnen oder Berater aber nach wie vor fehlen.

Für Baupraktiker wie auch für Studierende macht dies eine intensivere Beschäftigung mit dem Wärmeschutz der Gebäudehülle und mit energiesparender Anlagentechnik notwendig, damit sie eine qualifizierte Energieberatung anbieten können. Dazu soll dieses Buch beitragen:

- Die Notwendigkeit des Klimaschutzes ist inzwischen unbestritten – vor allem müssen die Kohlendioxid-Emissionen deutlich reduziert werden. In Kapitel 1 wird dargestellt, welchen Beitrag die Energieeinsparung bei Gebäuden dazu leisten soll.

Vorwort zur 1. Auflage

- Im Zuge der europäischen Harmonisierung der technischen Baubestimmungen wurde in den letzten Jahren eine Vielzahl von europäischen und internationalen Wärmeschutznormen erarbeitet,
  - in denen zwar die Bauphysik nicht neu „erfunden" wird,
  - die aber doch wesentliche Änderungen gegenüber den in Deutschland früher verwendeten Nachweisen bedeuten.

  Diese Nachweise werden – einschließlich Berechnungsgrundlagen und erläuternden Beispielen – in Kapitel 2 vorgestellt.

- Die Energieeinsparverordnung soll den sog. „Niedrigenergiehaus-Standard" für alle Gebäude verbindlich machen – in Kapitel 3 werden deshalb Konstruktionen sowohl für Massiv- als auch für Holztafel-/Holzrahmenbauten gezeigt, die nicht nur den dafür notwendigen Wärmeschutz, sondern auch die erforderliche Luftdichtheit der Gebäudehülle in der Praxis ermöglichen sollen.

- Die Energieeinsparverordnung bezieht große Teile der Gebäudetechnik in das Nachweisverfahren ein – in Kapitel 4 werden die dafür benötigten Grundlagen der Heizung, Trinkwassererwärmung und Lüftung in Gebäuden dargestellt.

- Das größte Interesse der Praxis gilt zzt. den Nachweisen gemäß Energieeinsparverordnung – solche Nachweise für Wohngebäude werden schließlich in Kapitel 5 (u. a. anhand eines ausführlich dokumentierten Beispiels) vorgestellt.

Damit soll das vorliegende Buch sowohl erfahrenen Architekten/-innen und Ingenieuren/-innen die Anwendung der Energieeinsparverordnung und der zugrunde liegenden Wärmeschutznormung erleichtern als auch Studierenden als aktuelles Lehrbuch des energiesparenden Bauens dienen.

Wertvolle Anregungen zu diesem Buch erhielt ich von einer Vielzahl von Fachkollegen, denen ich hier – ohne Nennung einzelner Namen – danken möchte. Für die mühevolle Erstellung der Zeichnungen danke ich Monika Becker, Andrea Kaatz, Linda Kücks, Inga Osterndorff, Karen Rottmann, Stefanie Wulf und Melanie C. Zyball.

Für Verbesserungsvorschläge und konstruktive Kritik bin ich dankbar – entweder an den Verlag oder per E-Mail an marquardt@hs21.de.

Buxtehude, im März 2011
Helmut Marquardt

Inhalt

Symbole, Einheiten und Indizes   11

1 Beitrag der Gebäude zum Klimaschutz   17
   1.1 Notwendigkeit des Klimaschutzes   17
   1.2 Energietechnische Begriffe   20
   1.3 Umsetzung der Klimaschutzziele   22
     1.3.1 Europäische Union 2002 bis 2003   22
     1.3.2 Deutschland 2004 bis 2009   23
     1.3.3 Europäische Union 2008 bis 2010   24
     1.3.4 Deutschland 2010 bis 2014   26
   1.4 Weiterentwicklungen des Niedrigenergiehaus-Standards   26
   1.5 Literatur zum Kapitel 1   29

2 Grundlagen des Wärmeschutzes   33
   2.1 Europäische und nationale Vorschriften zum Wärmeschutz   33
   2.2 Ziele des Wärmeschutzes bei Gebäuden   38
   2.3 Mindestanforderungen an den Wärmeschutz von Gebäuden   42
   2.4 Beeinflussung des Wärmebedarfs durch die Bauplanung   43
   2.5 Wärmeleitfähigkeit und Wärmedämmstoffe   48
   2.6 Berechnungsgrundlagen des baulichen Wärmeschutzes   51
     2.6.1 Überblick   51
     2.6.2 *Fourier*sches Gesetz der Wärmeleitung   52
     2.6.3 Stationäre Wärmeleitung in einem ebenen Bauteil   53
     2.6.4 Stationärer Wärmeübergang Luft/Bauteil   54
     2.6.5 Stationärer Wärmestrom   56
     2.6.6 Wärmedurchlasswiderstand R nichttransparenter, beidseitig luftberührter Bauteile   58
     2.6.7 Wärmedurchlasswiderstand R_u unbeheizter Räume   62
     2.6.8 Wärmedurchgangswiderstand R_T nichttransparenter, beidseitig luftberührter Bauteile   63
     2.6.9 Wärmedurchgangskoeffizient U nichttransparenter, beidseitig luftberührter Bauteile   63
   2.7 Nachweis des Mindestwärmeschutzes flächiger Bauteile   64
   2.8 Temperaturverlauf in beidseitig luftberührten Bauteilen   72

2.9	Wärmebrücken	76
	2.9.1 Arten und Vermeidung von Wärmebrücken	76
	2.9.2 Nachweis des Mindestwärmeschutzes im Bereich von Wärmebrücken	79
	2.9.3 Berücksichtigung von Wärmebrücken beim Nachweis des baulichen Wärmeschutzes	89
2.10	U-Wert bei nebeneinanderliegenden Bauteilabschnitten	95
2.11	Wärmedurchgangskoeffizient U bei keilförmigen Schichten	101
2.12	Wärmedurchgangskoeffizient U erdberührter Bauteile	108
	2.12.1 Wärmetechnisches Verhalten erdberührter Bauteile	108
	2.12.2 Erdberührte Bodenplatten	112
	2.12.3 Aufgeständerte Bodenplatten	117
	2.12.4 Beheizte Keller	117
	2.12.5 Unbeheizte Keller	118
	2.12.6 Vereinfachte Berechnung erdberührter Bauteile	119
2.13	Wärmedurchgangskoeffizient transparenter Bauteile	124
	2.13.1 Entwicklung wärmedämmender Verglasungen	124
	2.13.2 Wärmebrücken durch Randverbund und Rahmen	129
	2.13.3 Bemessungswert des Wärmedurchgangskoeffizienten $U_{w,BW}$ von transparenten Bauteilen sowie $U_{D,BW}$ von Türen und Toren	132
	2.13.4 Rollläden und Rollladenkästen	140
2.14	Luftdichtheit von Bauteilen und Gebäuden	140
	2.14.1 Luftwechsel durch die Gebäudehülle	140
	2.14.2 Nachweis der Luftdichtheit einzelner Bauteile	146
	2.14.3 Nachweis der Luftdichtheit der Gebäudehülle	148
2.15	Sommerlicher Wärmeschutz	150
	2.15.1 Notwendigkeit des sommerlichen Wärmeschutzes	150
	2.15.2 Planung des sommerlichen Wärmeschutzes	152
	2.15.3 Nachweis des sommerlichen Wärmeschutzes	162
2.16	Literatur zum Kapitel 2	174
3	**Konstruktionen zur Einhaltung der EnEV**	**185**
3.1	Einführung	185
3.2	Wahl maximaler Wärmedurchgangskoeffizienten	186
3.3	Massive Außenwände	188
3.4	Hölzerne Außenwände	193
3.5	Massive Kelleraußenwände	200
3.6	Massive Bodenplatten	201
3.7	Massive Kellerdecken	202
3.8	Anschlussdetails bei massiven Kellerdecken	205
3.9	Anschlussdetails bei massiven Außenwänden	206
3.10	Anschlussdetails bei hölzernen Außenwänden	211
3.11	Massive Decken unter nicht ausgebauten Dachgeschossen	213
3.12	Hölzerne Decken unter nicht ausgebauten Dachgeschossen	213
3.13	Geneigte hölzerne Dächer	214

3.14	Anschlussdetails bei geneigten hölzernen Dächern	219
3.15	Massive Flachdächer	226
3.16	Hölzerne Flachdächer	227
3.17	Literatur zum Kapitel 3	228

4 Anlagentechnik zur Einhaltung der EnEV — 233

4.1	Einführung	233
4.2	Heizung	233
	4.2.1 Heizungsanlagen	233
	4.2.2 Regelung und Steuerung von Heizungsanlagen	239
	4.2.3 Heizstrang	242
4.3	Trinkwassererwärmung	249
	4.3.1 Trinkwassererwärmungsanlagen	249
	4.3.2 Trinkwarmwasserstrang	252
4.4	Lüftung	254
	4.4.1 Lüftungskonzept	254
	4.4.2 Lüftungsanlagen	258
	4.4.3 Lüftungsstrang	258
4.5	Literatur zum Kapitel 4	263

5 Nachweis von Wohngebäuden nach EnEV und EEWärmeG — 265

5.1	Einführung	265
5.2	Anforderungen der EnEV 2014 an zu errichtende Wohngebäude	269
5.3	Anforderungen des EEWärmeG an zu errichtende Wohngebäude	277
5.4	Zu errichtende Wohngebäude nach DIN V 4108-6 und DIN V 4701-10	281
	5.4.1 Grundlagen der Berechnung	281
	5.4.2 Berechnung des spezifischen Transmissionswärmeverlustes H_T und des Jahres-Heizwärmebedarfs Q_h	283
	5.4.3 Energetische Erfassung von Wärmebrücken	305
	5.4.4 Berechnung des Jahres-Endenergie- und Primärenergiebedarfs Q_E und Q_P mit dem Tabellenverfahren	315
5.5	Abgrenzung von Wohn- und Nichtwohngebäuden	353
5.6	Zu errichtende Wohngebäude nach DIN V 18599	355
5.7	Änderung von Gebäuden	359
	5.7.1 Notwendigkeit der Energieeinsparung im Gebäudebestand	359
	5.7.2 Anforderungen bei Änderung von bestehenden Gebäuden als Ganzes	363
	5.7.3 Anforderungen bei Änderung einzelner Außenbauteile bestehender Gebäude	364
	5.7.4 Austausch- und Nachrüstpflichten im Bestand	372
	5.7.5 Erweiterung bestehender Gebäude	373

5.8	Energieausweise	373
	5.8.1 Allgemeines	373
	5.8.2 Energieausweise für zu errichtende Wohngebäude	379
	5.8.3 Energieausweise für Wohngebäude im Bestand	380
	5.8.4 Ausstellungsberechtigte für Energieausweise	388
5.9	Vollzug der EnEV	390
	5.9.1 Registriernummer und Stichprobenkontrollen	390
	5.9.2 Verantwortliche für die Einhaltung der EnEV	391
	5.9.3 Ordnungswidrigkeiten	391
5.10	Literatur zum Kapitel 5	392

6 Zusammenfassung und Ausblick — **401**

6.1	Zusammenfassung	401
6.2	Ausblick	401
6.3	Literatur zum Kapitel 6	404

Berechnungsformulare (siehe auch www.beuth-mediathek.de) — **405**

Stichwortverzeichnis — **411**

Symbole, Einheiten und Indizes

Symbole und Einheiten

(ggf. früher gebräuchliche Symbole in Klammern vorangestellt)

	a	in m³/(h · m · daPa$^{2/3}$)	Fugendurchlasskoeffizient
	A	in m²	Fläche allgemein *(engl. „area")*
	A	in m²	wärmeübertragende Umfassungsfläche (= Hüllfläche) des beheizten Gebäudevolumens
	A_G	in m²	Nettogrundfläche eines Raumes oder Raumbereiches
	A_N	in m²	(fiktive) beheizte Gebäudenutzfläche
	A_s	in m²	effektive Kollektorfläche eines Fensters
	b	in m	Breite eines Bauteiles oder Raumes
	b	in J/(m² · K · s^{0,5})	Wärmeeindringkoeffizient
	B'	in m	charakteristisches Bodenplattenmaß (= charakteristisches Maß einer Bodenplatte)
	c_p	in J/(kg · K)	spezifische Wärmespeicherkapazität bei konstantem Druck
	C	in J/K, W · h/K	Wärmespeicherfähigkeit
($s \rightarrow$)	d	in m	(Schicht-)Dicke in Bauteilen
	d_t	in m	wirksame Gesamtdicke einer Bodenplatte
	d_w	in m	wirksame Gesamtdicke einer Kelleraußenwand
	DN	in mm	Nenndurchmesser von Rohren
	e_x		dimensionslose (Anlagen-)Aufwandszahl für eine Betriebsart gemäß Index x
	f		dimensionsloser Fensterflächenanteil an einer Außenwand
	$f_a, f_b, ... f_q$		dimensionslose Teilflächen (Flächenanteile) von Bauteilabschnitten
($f_{AG} \rightarrow$)	f_{WG}		dimensionsloser, grundflächenbezogener Fensterflächenanteil
	f_{neig}		dimensionsloser Neigungsfaktor beim Nachweis des sommerlichen Wärmeschutzes
	f_{nord}		dimensionsloser Nordfaktor beim Nachweis des sommerlichen Wärmeschutzes
($\Theta \rightarrow$)	$f_{R,si}$		dimensionsloser Temperaturfaktor

Symbole, Einheiten und Indizes

	f_x		allgemein dimensionsloser (Abminderungs)-Faktor gemäß Index x
			speziell dimensionsloser Temperaturfaktor für ein Bauteil gemäß Index x bei Wärmebrückennachweisen
$(z \rightarrow)$	F_C		dimensionsloser Abminderungsfaktor für Sonnenschutzvorrichtungen vor Fenstern
	F_F		dimensionsloser Abminderungsfaktor infolge Rahmenanteils von Fenstern
	F_S		dimensionsloser Abminderungsfaktor infolge Verschattung von Fenstern
	F_W		dimensionsloser Abminderungsfaktor infolge nicht senkrechten Strahlungseinfalls auf Fenster
$(C_{TD} \rightarrow)$	F_x		dimensionsloser Temperatur-Korrekturfaktor für ein Bauteil gemäß Index x
	g		dimensionsloser wirksamer Gesamtenergiedurchlassgrad einer Verglasung
	g_0		dimensionsloser Gesamtenergiedurchlassgrad bei senkrechtem Strahlungseinfall auf Verglasungen
	g_{tot}		wirksamer Gesamtenergiedurchlassgrad einer Verglasung einschließlich Sonnenschutz
	h	in m	Höhe eines Raumes oder der Kellerdecken-Oberfläche über OK Erdreich
$(\alpha \rightarrow)$	h	in W/(m² · K)	Wärmeübergangskoeffizient
	h_G	in m	durchschnittliche Geschosshöhe
	H	in Wh/(m² · d)	Sonnenbestrahlung
$(L_s \rightarrow)$	H_g	in W/K	spezifischer Transmissionswärmeverlustkoeffizient für das Erdreich
	H_x	in W/K	spezifischer Wärmeverlust gemäß Index x
$(k_m \rightarrow)$	H'_x	in W/(m² · K)	auf die wärmeübertragende Fläche bezogener spezifischer Wärmeverlust gemäß Index x
	I_s	in W/m²	Strahlungsangebot
	l	in m	Länge eines Bauteiles oder Raumes
	L	in W/K	thermischer Leitwert
	L_{2D}	in W/(m · K)	längenbezogener thermischer Leitwert
	m	in kg, g	Masse
$(\beta \rightarrow)$	n	in h^{-1}	Luftwechselrate (= Luftwechselzahl)
	n_A	in h^{-1}	Anlagen-Luftwechselrate einer Lüftungsanlage
	n_x	in h^{-1}	zusätzliche Luftwechselrate infolge Undichtheiten und Fensteröffnen
	n_{50}	in h^{-1}	Luftwechselrate bei $\Delta p = 50\ Pa$
	p	in Pa = N/m²	Druck *(engl. „pressure")*
	P	in m	Umfang einer Bodenplatte *(engl. „perimeter")*

Symbole und Einheiten

	q	in W/m²	Wärmestromdichte
	q_i	in W/m²	mittlere interne Wärmeleistung
(Q'' →)	q	in kWh/m², kWh/(m²·a)	flächenbezogene Wärmemenge, ggf. pro Jahr
	q_i		dimensionsloser sekundärer Wärmeabgabegrad einer Verglasung nach innen
	Q	in J = Ws, kWh, kWh/a	Wärmemenge, ggf. pro Jahr
	Q_{100}	in m³/(h·m²)	Referenzluftdurchlässigkeit bei 100 Pa
(1/Λ →)	R	in m²·K/W	Wärmedurchlasswiderstand *(engl. „resistance")*
(1/α →)	R_s	in m²·K/W	Wärmeübergangswiderstand
(1/k →)	R_T	in m²·K/W	Wärmedurchgangswiderstand
	s_d	in m	diffusionsäquivalente Luftschichtdicke
	S_x		dimensionsloser Sonneneintragskennwert gemäß Index x
	t	in s, h	Zeit
	T	in K	thermodynamische = absolute Temperatur
(k →)	U	in W/(m²·K)	Wärmedurchgangskoeffizient
	V	in m³	Volumen
	V_e	in m³	beheiztes Gebäudevolumen (Bruttovolumen, berechnet mit *Außen*maßen)
	V_L	in m³/(h·m)	längenbezogene Fugendurchlässigkeit
	w	in m	Gesamtdicke der Umfassungswände eines Kellers
	W	in kJ/m²	Wärmeableitung
	z	in m	Tiefe der Bodenplatten-Unterkante unter Erdreich
	α	in °	Neigung sonnenbestrahlter Flächen *(klein „alpha")*
	α		dimensionsloser Deckungsanteil (bei Heizungs-, Trinkwassererwärmungs- und Lüftungsanlagen)
	α_e		dimensionsloser direkter Strahlungsabsorptionsgrad einer Verglasung
	α_s		dimensionsloser mittlerer solarer Absorptionsgrad einer Oberfläche
	γ		dimensionsloses Wärmegewinn-/-verlustverhältnis *(klein „gamma")*
	ε		dimensionsloser Emissionsgrad = Emissivität einer Glasoberfläche *(klein „epsilon")*
	η		dimensionslose Phasenverschiebung *(klein „eta")*

Symbole, Einheiten und Indizes

	η		dimensionsloser Nutzungsfaktor = Nutzungsgrad einer Anlage, Ausnutzungsgrad *(klein „eta")*
($\vartheta \rightarrow$)	θ	in °C	Celsius-Temperatur *(klein „theta")*
	ζ		dimensionsloser wirksamer Anteil der Wärmespeicherfähigkeit *(klein „zeta")*
	λ	in W/(m · K)	(Bemessungswert der) Wärmeleitfähigkeit *(klein „lambda")*
	λ	in nm	Wellenlänge des Lichts *(klein „lambda")*
	Λ	in W/(m² · K)	Wärmedurchlasskoeffizient *(groß „Lambda")*
	ν		dimensionsloses Temperaturamplitudenverhältnis *(klein „ny")*
	ρ	in kg/m³, g/m³	(Roh-)Dichte *(klein „rho")*
	ρ_e		dimensionsloser direkter Strahlungsreflexionsgrad einer Verglasung *(klein „rho")*
	τ	in h	Zeitkonstante eines Gebäudes *(klein „tau")*
	τ_e		dimensionsloser direkter Strahlungstransmissionsgrad einer Verglasung *(klein „tau")*
($\dot{Q} \rightarrow$)	Φ	in W, kW	Wärmestrom *(groß „Phi")*
($WBV_p \rightarrow$)	χ	in W/K	punktbezogener Wärmedurchgangskoeffizient *(klein „chi")*
	ξ		dimensionsloser Verhältniswert zur Berechnung der Bauteil-Zeitkonstante *(klein „xi")*
($WBV \rightarrow$)	Ψ	in W/(m · K)	längenbezogener Wärmedurchgangskoeffizient *(groß „psi")*

Indizes

	a	Jahr *(lat. „annum")*
($w \rightarrow$)	*AW*	Außenwand
	BW	Bemessungswert
	c	Konstruktion *(engl. „construction")*
	cd	Wärmeleitung
	ce	Übergabe *(engl. „control and emission")*
	cv	Konvektion *(engl. „convection")*
	CW	vorgehängte Fassade als Pfosten-Riegel-Konstruktion *(engl. „curtain wall")*
	d	direkt
	d	Verteilung *(engl. „distribution")*
	D	diffus (Sonnenbestrahlung)
	D	Dach oder Dachdecke
	D	Tür oder Tor *(engl. „door")*
	DL	Decke nach unten gegen Außenluft

Indizes

$(a \rightarrow)$	e	außen *(engl. „external")*
	ed	Heizgrenze
	E	Endenergie
$(R \rightarrow)$	f	Rahmen *(engl. „frame")*
	f	Bodenplatte *(engl. „foundation")*
	FH	Flächenheizung
$(V \rightarrow)$	g	Verglasung *(engl. „glazing")*
	g	gas-(luft-)gefüllter Raum *(engl. „gas")*
	g	Gewinn *(engl. „gain")*
	g	Erzeugung *(engl. „generation")*
	G	Bauteil als unterer Gebäudeabschluss (Kellerdecke zum unbeheizten Keller oder Wände und Bodenplatten gegen Erdreich)
	h	Nutzenergie Heizung
	H	Endenergie Heizung
	H	direkt horizontal (Sonnenbestrahlung)
	HE	Hilfsenergie
	i	innen *(engl. „internal")*
	ic	zwischen Innenluft und Bauteil
	l	Verlust *(engl. „loss")*
	l	Nutzenergie Lüftung
	L	Endenergie Lüftung
	L	Luft
	max	maximal
	min	minimal
	M	Monat, Monatsbilanzverfahren
	NA	Nachtabschaltung (bei Heizanlagen)
	na	Bauteil zu nicht ausgebautem Dachraum
	nb	Bauteil zu nicht beheiztem Raum
	p	opake Trennwand zwischen beheiztem Gebäude und unbeheiztem Glasvorbau *(engl. „perimeter")*
	P	Primärenergie
	r	Strahlung *(engl. „radiation")*
	r	regenerative (erneuerbare) Energie
	$real$	tatsächlich (vorhanden)
	R	Raum
	R	Rollladen
	s	stationär
$(o \rightarrow)$	s	Oberfläche *(engl. „surface")*
	s	Speicherung *(engl. „storage")*
	sb	abgesenkter Betrieb bei Heizunterbrechung
	sd	solar direkt (Strahlung auf Glasvorbauten)
	si	solar indirekt (Strahlung auf Glasvorbauten)

Symbole, Einheiten und Indizes

	sp	Normalbetrieb bei Heizunterbrechung
	t	Anlagentechnik
	tw	Nutzenergie Trinkwassererwärmung
	TW	Endenergie Trinkwassererwärmung
	T	Transmission *(engl. „transmission")*
$(_{AB} \rightarrow)$	u	Bauteil zu unbeheizten Räumen
	u	Heizunterbrechung
$(_L \rightarrow)$	v	Lüftung *(engl. „ventilation")*
	wirk	wirksam
	w	erdberührte Kelleraußenwand *(engl. „wall")*
$(_F \rightarrow)$	W, w	Fenster *(engl. „window")*
	W	Trinkwassererwärmung
	WB	Wärmebrücke
	WE	Wärmeenergie
	α	Neigung von sonnenbestrahlten Flächen
	η	nutzbare solare und interne Wärmegewinne (bei der wirksamen Wärmespeicherfähigkeit)

1 Beitrag der Gebäude zum Klimaschutz

1.1 Notwendigkeit des Klimaschutzes

Von der Vielzahl der heute diskutierten Umweltprobleme werden sich die anthropogenen, d. h. vom Menschen hervorgerufenen Klimaänderungen in Form einer globalen Erwärmung als besonders folgenschwer erweisen, da sie – wenn überhaupt – nur sehr langfristig rückgängig gemacht werden können. Die globale Erwärmung beruht auf der Emission der klimaschädlichen sog. „Treibhausgase" (Bild 1.1).

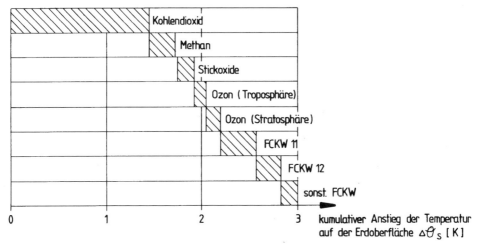

Bild 1.1: Anteil der verschiedenen Treibhausgase am für das 21. Jahrhundert vorausgesagten Temperaturanstieg auf der Erdoberfläche (nach [1.1])

Hochrechnungen der bei Fortsetzung unseres derzeitigen Emissionsverhaltens zu erwartenden Klimaänderungen ergeben, dass im Laufe des 21. Jahrhunderts mit einem Temperaturanstieg von 1 bis 3,5 K auf der Erdoberfläche zu rechnen ist [1.2]. Eine genauere Untersuchung der Ursachen zeigt, dass die voraussichtliche Temperaturerhöhung
- zu ca. 50 % auf das bei der Verbrennung fossiler Energieträger frei werdende Kohlendioxid (CO_2) und
- zu ebenfalls ca. 50 % auf andere Treibhausgase

zurückzuführen ist (vgl. Bild 1.1) [1.1], [1.3], wobei insbesondere die geologisch ermittelte Korrelation zwischen CO_2-Gehalt der Atmosphäre und den Durchschnittstemperaturen auf der Erdoberfläche während der letzten 160 000 Jahre die Bedeutung der CO_2-

Emissionen für den zu erwartenden Temperaturanstieg deutlich macht (Bild 1.2). Eine Reduzierung der CO_2-*Emissionen* – die seit Beginn der Industrialisierung zu einer deutlich angestiegenen CO_2-*Konzentration* in der Erdatmosphäre geführt haben (vgl. Bild 1.2) – ist daher dringend geboten.

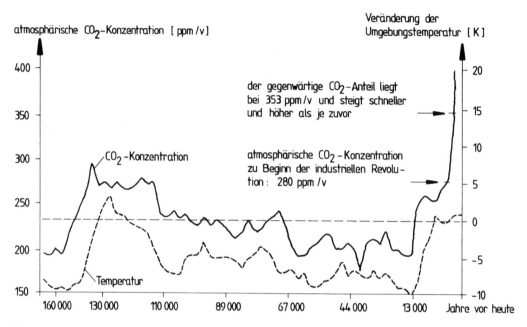

Bild 1.2: Korrelation zwischen der im antarktischen Eis gemessenen CO_2-Konzentration der Erdatmosphäre (ab 1960 direkt auf Hawaii gemessen) und den geologisch bestimmten Durchschnittstemperaturen der Erdoberfläche in den letzten 160 000 Jahren [1.4]

Tabelle 1.1: CO_2-Emissionen pro Kopf für ausgewählte Länder im Jahr 1990 (nach [1.5])

Europa	CO_2-Emissionen pro Kopf in t/a	Übersee	CO_2-Emissionen pro Kopf in t/a
Niederlande	13,0	USA	20,8
BRD (ohne neue Länder)	11,2	Japan	8,9
Großbritannien	10,6		
Italien	7,3	Saudi-Arabien	14,7
Frankreich	6,9	Venezuela	5,2
Schweden	6,4	Nigeria	0,4
ehem. DDR	18,6	China	2,2
ehem. UdSSR	12,5	Brasilien	1,5
Polen	9,7	Indien	0,7

Im weltweiten Vergleich lagen die deutschen CO_2-Emissionen pro Einwohner im international üblichen Referenzjahr 1990 sehr hoch (Tabelle 1.1); deshalb hat die Enquete-

Kommission des Deutschen Bundestages zum Thema „Vorsorge zum Schutz der Erdatmosphäre" im gleichen Jahr u. a. als Ziel vorgegeben [1.6], die deutschen Emissionen des Treibhausgases CO_2 bis zum Jahre 2005 um 30 % (und in den Folgejahren noch weiter) zu reduzieren – eine Vorgabe, die
- vom Bundeskabinett 1990 (abgeschwächt auf eine Reduzierung um 25 % insgesamt, um 30 % in den neuen Bundesländern) beschlossen [1.7] und
- seit Anfang der Neunzigerjahre (u. a. im Vorfeld der sog. Klimarahmenkonvention der Vereinten Nationen von *Rio de Janeiro* 1992) international vertreten

worden ist. Im Vorfeld der sog. Vertragsstaatenkonferenz der o. g. Klimarahmenkonvention in *Kyoto* 1997 hatte die EU als Beitrag zum globalen Reduktionsziel eine gemeinsame CO_2-Reduktion von 15 % (Deutschland 25 %) bis zum Jahr 2010 angeboten; die tatsächlich im Protokoll von *Kyoto* festgeschriebene CO_2-Reduktion liegt jedoch für die EU bei nur 8 % (Deutschland 21 %) bis zum Jahre 2012 [1.8], [1.9]. Mit der Ratifizierung durch Russland im Oktober 2004 trat das *Kyoto*-Protokoll nach langer Verzögerung endlich in Kraft.

2007 – d. h. zehn Jahre später – hat der UN-Klimarat (*Intergovernmental Panel on Climate Change* IPCC) seinen vierten Sachstandsbericht zur Klimaänderung vorgelegt. Die wissenschaftlichen Erkenntnisse dieses Weltklimarates sind eine entscheidende Grundlage für die notwendige Klimapolitik auf internationaler Ebene, der Europäischen Union und Deutschlands. Nur wenn die Erkenntnisse der internationalen Wissenschaftsgemeinschaft in den politischen Prozess einfließen und die Empfehlungen umgesetzt werden, kann nach Meinung des Bundesumweltministeriums eine Reduzierung des Klimawandels auf ein für die Gesellschaft beherrschbares Maß reduziert werden.

Laut diesem Sachstandsbericht hat sich die Erde in den letzten 100 Jahren im Mittel um 0,74 K erwärmt, elf der letzten zwölf Jahre waren unter den wärmsten zwölf Jahren seit Beginn der Beobachtung. Um den mittleren Temperaturanstieg auf 2,0 bis 2,4 K gegenüber dem vorindustriellen Wert zu begrenzen – laut IPCC ist das der maximal tolerierbare Wert –, muss das Wachstum der CO_2-Emissionen in den nächsten 15 Jahren gestoppt werden; bis 2050 müssen die Emissionen um 60 % gegenüber heute sinken – das ist weniger als das Niveau von 1970 [1.10], [1.11].

Um dazu beizutragen, hat die Bundesregierung im August 2007 in *Meseberg* das „Eckpunktepapier für ein Integriertes Energie- und Klimaprogramm" beschlossen, das u. a. eine anspruchsvollere Energieeinsparverordnung (EnEV) und deren konsequenten Vollzug ankündigt. Darin heißt es (zitiert nach [1.12]):

„Die Anforderungen der EnEV an den energetischen Standard von Gebäuden entsprechen nicht mehr dem Stand der Technik. Wirtschaftlich nutzbare Potenziale zur Verbesserung der Energieeffizienz und zur Nutzung erneuerbarer Energien im Gebäudebereich werden nicht ausgeschöpft."

Eine Verschärfung der Anforderungen der EnEV ist klimapolitisch geboten: Der in den letzten Jahren erreichte, auf die Wohnfläche bezogene Effizienzerfolg bei der Beheizung von Privathaushalten ist nämlich in der Summe verpufft – die Zunahme der genutzten Wohnfläche führte 1995 bis 2004 absolut zu einer Erhöhung des Endenergieverbrauchs für Raumwärme um 2,8 % (Bild 1.3), wie die umweltökonomische Gesamtrechnung (UGR) des Statistischen Bundesamts ausweist [1.13].

1 Beitrag der Gebäude zum Klimaschutz

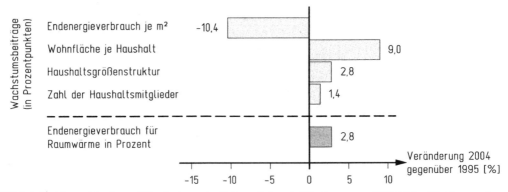

Bild 1.3: Verschiedene Wachstumsbeiträge (oben) führten von 1995 bis 2004 zu einer Erhöhung des Endenergieverbrauchs der privaten Haushalte für Raumwärme (unten) (nach [1.13])

Die 15. UN-Klimakonferenz (COP 15, *Conference of the Parties*), die vom 7. bis 18. Dezember 2009 in Kopenhagen stattfand, hat zu keinen konkreten Ergebnissen geführt – der *Copenhagen Accord* stellt nur einen rechtlich unverbindlichen „Minimalkonsens" dar, gemäß dem die Erderwärmung auf maximal 2 K im Vergleich zum vorindustriellen Niveau begrenzt werden soll. Unabhängig davon wollen jedoch die EU wie auch die Bundesregierung an den bereits vorher geplanten Klimaschutzmaßnahmen festhalten.

Tabelle 1.2: Bearbeitungsstufen der Energie (unabhängig vom Energieträger)

Primärenergie (Rohenergie): Energieinhalt von Energieträgern, die noch keiner Umwandlung unterworfen wurden – d. h. der Energieinhalt von Rohöl, Naturgas, Steinkohle usw.
Sekundärenergie: Energieinhalt aller Energieträger, die der Verbraucher bezieht (i. d. R. aus Primärenergieträgern umgewandelt) – z. B. Heizöl, (gereinigtes) Erdgas, Strom
Endenergie: Sekundärenergie, die ggf. noch um Umwandlungsverluste und den Eigenbedarf bei der Stromeigenerzeugung des Verbrauchers reduziert wurde
Nutzenergie: nur der von der Endenergie tatsächlich für den jeweiligen Zweck genutzte Anteil wie Wärme, Bewegung, Licht – d. h., dass – zum einen z. B. bei Heizöl oder Erdgas nur die Raumwärme genutzt wird, während die (vergleichsweise geringen) Abgas- und Kesselverluste ungenutzt bleiben, – zum anderen vom Strom nur ein geringer Anteil tatsächlich in das z. B. gewünschte Licht umgewandelt wird (ca. 28 % bei Leuchtstoffröhren, ca. 5 % bei Glühlampen [1.15]), während der große Rest zu nicht genutzter Abwärme wird

1.2 Energietechnische Begriffe

Vor weiteren Betrachtungen im Hinblick auf die Energieeinsparung bei Gebäuden müssen die folgenden energietechnischen Begriffe definiert und gegeneinander abgegrenzt werden:

1.2 Energietechnische Begriffe

A Bearbeitungsstufen der Energie

In Anlehnung an VDI 4600 [1.14] werden – unabhängig vom Energieträger – die in Tabelle 1.2 aufgeführten Bearbeitungsstufen der Energie unterschieden.

B Heizwärme und Heizenergie

Zu unterscheiden sind ferner Heizwärme und Heizenergie (Bild 1.4):

- als *Heizwärme* (= *Nutzwärme* oder *Nettoheizenergie*) bezeichnet man die *Nutz*energie für die Beheizung, d. h. die zur Beheizung von Wohn- oder Arbeitsräumen tatsächlich genutzte Energie,
- als *Heizenergie* (auch: *Bruttoheizenergie*) dagegen wird die der Heizungsanlage zur Verfügung gestellte *End*energie bezeichnet, üblicherweise in Form eines Brennstoffes (Kohle, Heizöl, Erdgas).

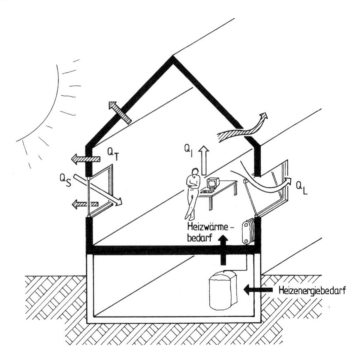

Bild 1.4: Zur Definition der Begriffe „Heiz*wärme*bedarf" und „Heiz*energie*bedarf" (nach [1.16]) mit
Q_T = Transmissionswärmebedarf
Q_L = Lüftungswärmebedarf
Q_S = solare Wärmegewinne
Q_I = interne Wärmegewinne

C Bedarf und Verbrauch

Weiter werden – in Anlehnung an [1.17] – im Folgenden die Begriffe Bedarf und Verbrauch wie folgt unterschieden:

- als Heizwärme*verbrauch* $Q_{h,real}$ oder Heizenergie*verbrauch* $Q_{H,real}$ in kWh werden die tatsächlichen, *gemessenen* Größen bezeichnet,
- als Heizwärme*bedarf* Q_h oder Heizenergie*bedarf* Q_H in kWh werden die *berechneten* Größen bezeichnet.

Diese Bezeichnungsweise in EN 832 [1.18] und DIN V 4108-6 [1.19] steht allerdings im Widerspruch zur alten DIN 4701: 1983-03 [1.20], [1.21], [1.22] – der Norm, mit der Heiz- und Klimatechniker früher Heizungsanlagen in Gebäuden ausgelegt haben; dort bezeichnet
- der Wärme*verbrauch* noch die Arbeit in kWh als *berechnete* Größe (jetzt *Wärmebedarf*, s. o.),
- der Wärme*bedarf* noch eine Leistung in kW (jetzt *Heizlast* in EN 12831 [1.23])!

Zum Vergleich unterschiedlich großer Gebäude bezieht man diese Kennwerte üblicherweise auf die Zeit t in a und die Gebäudenutzfläche A_N in m² und bezeichnet sie dann z. B. als Jahres-Heizwärmebedarf q_h in kWh/(m² · a) oder Jahres-Heizenergiebedarf q_H in kWh/(m² · a).

1.3 Umsetzung der Klimaschutzziele

1.3.1 Europäische Union 2002 bis 2003

Um die in Abschnitt 1.1 genannten europäischen Zusagen im *Kyoto*-Protokoll umzusetzen, wurde 2002 die EU-Richtlinie „Gesamtenergieeffizienz von Gebäuden" verabschiedet und am 04.01.2003 im Amtsblatt der EU veröffentlicht [1.24]; sie war innerhalb von drei Jahren nach Veröffentlichung, d. h. eigentlich bis zum 04.01.2006, in nationales Recht umzusetzen. Die wichtigsten Inhalte in Kürze:

- Der Energiebedarf von Gebäuden muss
  - nicht nur (wie bisher) unter Einbeziehung der Gebäudehülle, der Heizung, der Lüftung und der Trinkwassererwärmung,
  - sondern auch mit Berücksichtigung der *Kühlenergie für raumlufttechnische Anlagen* sowie der *Beleuchtungsenergie*

  nachgewiesen werden.

- Gemäß Artikel 5 der Richtlinie [1.24] müssen ferner bei Neubauten mit > 1000 m² Gesamtnutzfläche die technische, ökologische und wirtschaftliche *Einsetzbarkeit alternativer Systeme* wie
  - dezentrale Energieversorgung auf der Grundlage erneuerbarer Energien,
  - Kraft-Wärme-Kopplung (KWK),
  - Fern- oder Blockheizung bzw. -kühlung sowie
  - Wärmepumpen

  vor Baubeginn geprüft werden.

- Gemäß Artikel 7 der Richtlinie [1.24] muss auch bei Kauf oder Vermietung bestehender Gebäude dem potenziellen Käufer oder Mieter ein *Ausweis über die Gesamtenergieeffizienz* vorgelegt werden, der maximal 10 Jahre gültig sein darf. Bei öffentlichen Gebäuden mit Publikumsverkehr und einer Gesamtnutzfläche > 1000 m² ist dieser Ausweis gut sichtbar auszuhängen (Vorbildfunktion der öffentlichen Hand).

1.3.2 Deutschland 2004 bis 2009

Die nationale Umsetzung der EU-Richtlinie [1.24] gestaltete sich aufgrund der relativ kurzen Frist schwierig: Erst am 17.11.2006 erschien der Entwurf der künftigen Energieeinsparverordnung (EnEV) [1.25] mit zugehöriger Begründung [1.26].
Am 24.07.2007 ist schließlich die Energieeinsparverordnung (EnEV) 2007 zur Umsetzung der o. g. EU-Richtlinie erlassen worden; mit Beschluss des Bundesrates vom 06.03.2009 und Kabinettsbeschluss vom 18.03.2009 wurde diese Verordnung erneut geändert zur Energieeinsparverordnung (EnEV) 2009 [1.27], mit der im Neubau wie bei Maßnahmen im Bestand ab 01.10.2009 gegenüber der EnEV 2007 das Primärenergie-Anforderungsniveau um 30 % abgesenkt wird (um 15 % beim spezifischen Transmissionswärmeverlust). Parallel zur EnEV 2009 gilt bereits seit 01.01.2009 das Erneuerbare-Energien-Wärmegesetz (EEWärmeG) [1.28], mit dem ein anteiliger Einsatz der in o. g. EU-Richtlinie genannten alternativen Beheizungssysteme vorgeschrieben wird.

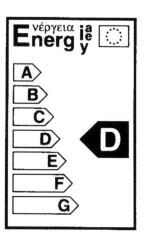

Bild 1.5: EU-Treppenlabel auf der Verpackung eines Leuchtmittels

Zum Inhalt der EnEV 2007/2009: Um eine vollständige Umstellung für die Praxis zu vermeiden, werden folgende Gebäudegruppen unterschieden [1.27]:
- Für *zu errichtende Wohngebäude* gilt, dass
  – sie zum einen gemäß EnEV so für den sommerlichen Wärmeschutz bemessen werden, dass keine Klimaanlage notwendig wird,
  – zum anderen der Nutzer im Wohnungsbau seine Leuchtmittel mit entsprechender Deklaration selbst kauft (Bild 1.5), sodass der Zweck der EU-Richtlinie – die Energieeinsparung – auch anderweitig erreicht wird.

Dementsprechend ergeben sich für den Wohnungsneubau in der EnEV 2007/2009 nur wenige Änderungen im Nachweisverfahren gegenüber der EnEV 2002/2004.
- Nicht nur für *neue Wohngebäude*, sondern auch für *Wohngebäude im Bestand* ist künftig bei jedem Mieter- oder Eigentümerwechsel ein Energieausweis (häufig auch Energiepass genannt) vorzulegen.

- Für *Nichtwohngebäude* – Neubau wie auch Bestand – wurde mit DIN V 18599 [1.29] ein neues Berechnungsverfahren zur integrierten Bewertung des Baukörpers, der Nutzung und der Anlagentechnik unter Berücksichtigung der gegenseitigen Wechselwirkungen entwickelt, das zwar auf die bekannten Verfahren zurückgreift, jedoch weit darüber hinausgeht (im Folgenden nicht näher dargestellt).

Auch für diese Gebäude ist bei jedem Mieter- oder Eigentümerwechsel ein Energieausweis vorzulegen. Bei öffentlichen Gebäuden mit Publikumsverkehr und einer Gesamtnutzfläche > 1000 m² ist dieser Ausweis gut sichtbar auszuhängen.

1.3.3 Europäische Union 2008 bis 2010

Die EU-Richtlinie 2009/28/EG zur Förderung der Nutzung von Energie aus erneuerbaren Quellen ist Teil des Europäischen Klima- und Energiepakets, auf das sich der Europäische Rat im Dezember 2008 nach einjähriger Verhandlung geeinigt hat. Mit der EU-Richtlinie Erneuerbare Energien [1.30] werden ehrgeizige verbindliche Ziele für die EU gesetzt: Erreicht werden sollen bis 2020
– 20 % des Endenergieverbrauchs aus erneuerbaren Energien sowie
– ein Mindestanteil von 10 % Erneuerbare Energien im Verkehrssektor [1.31].

Die Richtlinie sieht differenzierte verbindliche nationale Gesamtziele der EU-Mitgliedstaaten vor, die von 10 % für Malta bis 49 % für Schweden reichen. Für Deutschland ist ein nationales Ziel von 18 % am gesamten Endenergieverbrauch vorgesehen [1.31].

2008 hat die EU-Kommission ferner den Entwurf einer Novelle der Europäischen Gebäuderichtlinie (*Energy Performance of Buildings Directive* = EPBD) vorgelegt mit u. a. folgenden Punkten [1.32][1.33]:

- Die Energiekennzahl ist verpflichtend in Immobilienanzeigen zu nennen, Energieausweise sind bei Vertragsabschluss auszuhändigen.
- Die Energiebilanzierung soll anhand eines europaweit einheitlichen Berechnungsinstruments erfolgen.
- Energieausweise sollen nicht mehr nur unverbindliche Informationen enthalten, sondern eine gesteigerte rechtliche Wirkung erhalten (was die Zahl von Rechtsstreitigkeiten erhöhen könnte).
- Es soll eine unabhängige Kontrollinstanz für Energieausweise eingeführt werden, Energieausweis-Aussteller müssen dafür zugelassen werden.
- Energieausweise sind auch bei nicht öffentlichen Gebäuden mit starkem Publikumsverkehr und bereits ab 250 m² Gesamtnutzfläche auszuhängen.

Dieser Entwurf wurde vom EU-Parlament im April 2009 mit Änderungen verabschiedet [1.34], v. a. dürfen ab 2019 neu gebaute Gebäude nur noch so viel Energie verbrauchen, wie sie selbst erzeugen. In einem solchen *Netto-Nullenergiegebäude* darf der jährliche Primärenergieverbrauch nicht die Energieerzeugung vor Ort aus erneuerbaren Energien übersteigen.

1.3 Umsetzung der Klimaschutzziele

Die EU-Mitgliedstaaten haben diesen vom EU-Parlament mit großer Mehrheit verschärften Entwurf der EU-Kommission für eine Neufassung der Gebäuderichtlinie in einem im November 2009 ausgehandelten (vorläufigen) Kompromiss wieder abgeschwächt vom *Netto-Nullenergiegebäude* zum *Nahe-Null-Energiegebäude*. Wesentliche Punkte der Neufassung der EU-Gebäuderichtlinie sind nun [1.35]:

- Die Mitgliedstaaten setzen in Zukunft nationale Mindeststandards für Neubauten, umfassende Sanierungen sowie bei der Erneuerung wesentlicher Bauteile fest, beispielsweise des Dachs (in Deutschland bereits umgesetzt). Die nationalen Standards sollen sich dabei an einer europaweiten Vergleichsmethode ausrichten. Bestehende und bewährte nationale Systeme (wie die EnEV) müssen nicht grundsätzlich geändert werden.

- Ab 2021 (öffentliche Gebäude ab 2019) müssen alle Neubauten „höchste Energieeffizienzstandards" aufweisen. Der verbleibende Heiz- bzw. Kühlbedarf soll dann zu wesentlichen Teilen durch erneuerbare Energien gedeckt werden (die genauen Bedingungen erarbeitet IEA Task 40 *Towards Net Zero Energy Buildings*).

- In gewerblichen Immobilienanzeigen muss künftig der Energiekennwert aus dem Energieausweis angegeben werden. Bei Abschluss eines Kauf- oder Mietvertrages muss der Energieausweis ausgehändigt werden. Die Wahlmöglichkeit zwischen bedarfs- und verbrauchsorientiertem Energieausweis bleibt erhalten. (Das EU-Parlament hatte im April 2009 beschlossen, nur noch Bedarfsausweise zuzulassen.)

Im Dezember 2009 hat diese Fassung der EU-Gebäuderichtlinie den Energieministerrat passiert [1.36]; nach der Bestätigung durch das EU-Parlament trat sie am 08.07.2010 in Kraft [1.37]. Die nationale Umsetzungsfrist betrug zwei Jahre: Die Mitgliedstaaten sollten „die zur Umsetzung erforderlichen Rechts- und Verwaltungsvorschriften" spätestens bis zum 09.07.2012 erlassen und die Vorschriften spätestens ab dem 09.01.2013 anwenden.

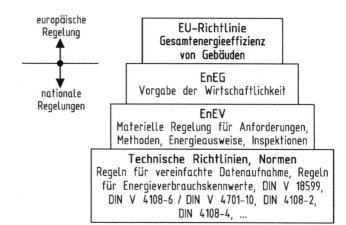

Bild 1.6: Zusammenhang zwischen der europäischen Verordnungsgebung und deren Umsetzung in Deutschland (nach [1.38])

1.3.4 Deutschland 2010 bis 2014

Ein Inkrafttreten der neuen EnEV im Jahre 2012 hat sich als unrealistisch erwiesen, da ein Großteil der zugehörigen Regelwerke überarbeitet werden musste (Bild 1.6, s. dazu die folgenden Kapitel).

Vor Erlass einer neuen EnEV musste das hierzu ermächtigende Energieeinsparungsgesetz (EnEG) geändert werden, um sämtliche von der Europäischen Gebäuderichtlinie geforderten Änderungen zu ermöglichen. Dementsprechend hat der Bundestag in der Plenarsitzung vom 15. Mai 2013 das Vierte Änderungsgesetz zum Energieeinsparungsgesetz beschlossen. In seiner Sitzung am 7. Juni 2013 hat der Bundesrat den Änderungen am Energieeinsparungsgesetz (EnEG) zugestimmt. Damit konnte das EnEG 2013 in Kraft treten.

Das Gesetz zur Förderung Erneuerbarer Energien im Wärmebereich (Erneuerbare-Energien-Wärmegesetz – EEWärmeG) ist zuletzt 2011 zur Umsetzung der EU-Richtlinie 2009/28/EG (Förderung der Nutzung von Energie aus erneuerbaren Quellen, s. o.) geändert worden – es gilt nun *auch* für die umfassende Sanierung öffentlicher Gebäude (Vorbildfunktion der öffentlichen Hand), auch Kälte zur Raumluftkühlung aus erneuerbaren Energien muss berücksichtigt werden.

Die Novellierung der EnEV selbst hat sich ebenfalls als langwierig herausgestellt, da zum einen das federführende Bundesministerium für Verkehr, Bau und Stadtentwicklung (BMVBS) mit dem Bundesministerium für Wirtschaft und Technologie (BMWi) zusammenarbeiten sowie gemäß EnEG zum anderen der Bundesrat zustimmen musste.

Nach langen Diskussionen hatte am 6. Februar 2013 die Bundesregierung einen EnEV-Entwurf beschlossen und der Öffentlichkeit zur Stellungnahme vorgelegt. Am 2. Juni 2013 bekam dann u. a. Deutschland den berüchtigten „Blauen Brief" aus Brüssel [1.39], d. h. die Mahnung wegen verspäteter Umsetzung der o. g. Novelle der Europäischen Gebäuderichtlinie.

Noch vor der Sommerpause 2013 hatte daraufhin die Bundesregierung eine Neufassung der EnEV verabschiedet. Der Bundesrat hatte diese aber in seiner letzten Sitzung vor der Sommerpause am 5. Juli 2013 nicht mehr behandelt – erst am 11. Oktober 2013 hat er dieser Vorlage mit Auflagen zugestimmt. Diesen Auflagen des Bundesrates hat die Bundesregierung mit Kabinettsbeschluss vom 16. Oktober 2013 zugestimmt, so dass die neue EnEV [1.40] umgehend zur Notifizierung zur EU nach Brüssel geschickt werden konnte. Aufgrund der halbjährigen Notifizierungsfrist kann die neue EnEV frühestens am 1. Mai 2014 in Kraft treten.

1.4 Weiterentwicklungen des Niedrigenergiehaus-Standards

Unter einem Niedrigenergiehaus (NEH) versteht man allgemein ein Gebäude, das im Vergleich zum gültigen technischen Standard deutlich weniger Energie verbraucht. Langjähriger technischer Standard war die am 01.01.1995 in Kraft getretene dritte Wär-

1.4 Weiterentwicklungen des Niedrigenergiehaus-Standards

meschutzverordnung (WSchV) [1.41], die je nach Formfaktor A/V_e des Gebäudes (mit V_e als beheiztem Bruttovolumen des Gebäudes und A als Hüllfläche des beheizten Volumens, jeweils berechnet mit den Außenmaßen) z. B. einen *flächen*bezogenen Jahres-Heizwärmebedarf von $q_h = 54$ bis 100 kWh/(m² · a) zuließ.

Das vom Bundestag am 27.10.1995 verabschiedete Eigenheimzulagengesetz, das die Förderung beim Kauf bzw. Bau von selbst genutzten Wohnungen regelte, definierte nun ein Niedrigenergiehaus dahingehend, dass sein flächen- oder volumenbezogener Jahres-Heizwärmebedarf um 25 % unter den Anforderungen der dritten Wärmeschutzverordnung liegen muss [1.42] – damit ist die o. g. variable Definition (immer besser als der gültige technische Standard) hinfällig geworden.

Tabelle 1.3: Definition des Niedrigenergiehausstandards über den Heizwärmebedarf pro m² Wohnfläche (nach [1.43])

Gebäudetyp	Heizwärmebedarf in kWh/(m² Wfl. · a)
frei stehendes Einfamilienhaus	≤ 70
Doppel- oder Reihenhaus	≤ 65
Mehrfamilienhaus	≤ 55

In der Fachliteratur finden sich allerdings noch andere, für den Nutzer einsichtigere Definitionen des Niedrigenergiehausstandards, die sich auf die tatsächliche Wohnfläche nach DIN 277 bzw. Wohnflächenverordnung (früher II. Berechnungsverordnung) stützen (Tabelle 1.3).

Tabelle 1.4: Weiterentwicklungen des Niedrigenergiehauses nach *Feist* [1.44]

a)	Ein **Passivhaus** ist ein Gebäude, dessen Jahres-Heiz*wärme*bedarf so gering ist, dass ohne Komfortverlust auf ein separates Heizsystem verzichtet werden kann; dies ist in Deutschland bei einem Jahresheizwärmebedarf < 15 kWh/(m² Wfl. · a) der Fall.
b)	Ein **Null-Heizenergiehaus** ist ein Gebäude, dessen Jahres-Heiz*energie*bedarf in einem durchschnittlichen Jahr definitionsgemäß null ist; in einem solchen Haus darf daher auch am kältesten Tag kein Bedarf an nicht erneuerbaren Energieträgern anfallen.
c)	Ein **energieautarkes Haus** bedarf keinerlei Endenergielieferungen von außerhalb des Grundstücks – bis auf die ohnehin einfallenden natürlichen Energieströme (Sonnenstrahlung, Wind, ggf. Grundwasser).

Vom Niedrigenergiehaus ausgehend gibt es bereits folgende Weiterentwicklungen (Tabelle 1.4):

- Beim *Passivhaus* ist durch optimale passive Nutzung der Solarenergie (sowie der internen Gewinne) der Heizenergiebedarf so gering, dass auf eine konventionelle Heizung verzichtet werden kann (Tabelle 1.4a) [1.44] – die bei diesen Häusern sowieso notwendige mechanische Lüftungsanlage übernimmt auch die geringe noch erforderliche Beheizung. Bild 1.7 zeigt die Energiekennwerte von Passivhäusern im Vergleich zu anderen Standards. Nähere Informationen zum Passivhaus sind erhältlich beim Passivhaus-Institut in Darmstadt (*www.passiv.de*).

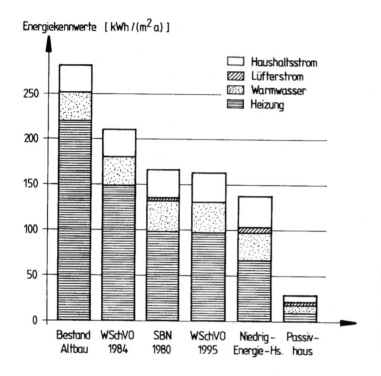

Bild 1.7: Energiekennwerte verschiedener Gebäudestandards im Vergleich (SBN 1980 = Schwedische Baunorm von 1980) (nach [1.44])

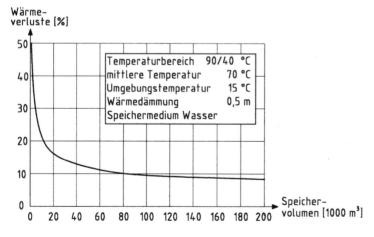

Bild 1.8: Anteil der Wärmeverluste an der gespeicherten Wärmemenge über ein Jahr als Funktion des Speichervolumens (Speicher würfelförmig angenommen, nach [1.47])

- Das *Null-Heizenergiehaus* benötigt *keine* von außen zugeführte nicht erneuerbare Energie mehr (Tabelle 1.4b); praktisch bedeutet das aber, dass die *im Sommer* gewonnene Solarwärme in einem Langzeit-Wärmespeicher aufwendig gespeichert und *im Winter* wieder zur Verfügung gestellt werden muss. Langzeit-Wärmespeicher

können aber nur bei ausreichender Größe wirtschaftlich werden (Bild 1.8), praktisch sind sie damit nur für ganze Siedlungen und nicht für Einzelgebäude sinnvoll.
- Das *energieautarke Haus* kommt ganzjährig ohne jegliche Energiezufuhr von außen aus (Tabelle 1.4c), d. h. die *im Sommer* thermisch oder fotovoltaisch gewonnene Solarenergie muss aufwendig gespeichert werden, um *im Winter* als Nutzenergie zur Verfügung zu stehen [1.44], [1.45], [1.46].

Das Passivhaus kann heute schon als Stand der Technik bezeichnet werden. Das Null-Heizenergiehaus wird aufgrund zunehmender Erfahrungen mit der Langzeit-Wärmespeicherung in den kommenden Jahren häufiger ausgeführt werden, obwohl es wohl für längere Zeit noch unwirtschaftlich bleiben wird. Die für ein energieautarkes Haus erforderlichen Langzeit-Energiespeicher sind bisher noch so aufwendig und teuer, dass diese Variante auf absehbare Zeit auf wenige Versuchsgebäude beschränkt bleiben wird.

1.5 Literatur zum Kapitel 1

[1.1]   Härdtle, W.: Zum Einfluß globaler Klimaänderungen auf die Entwicklung von Waldökosystemen. Norddeutscher Klimabündnis-Rundbrief (1994), Nr. 2, S. 24–27.
[1.2]   Jahresbericht 1995 des Umweltbundesamtes. Berlin: Umweltbundesamt 1996.
[1.3]   Christoffer, J.: Die Notwendigkeit der Energieeinsparung aus klimatologischer Sicht. Fachtagung „Bausanierung heute – Energiesparen morgen" der Architektenkammer Brandenburg, der TU Cottbus und der ESSAG/HEA in Cottbus am 26.03.1992.
[1.4]   v. Weizsäcker, E. U.; Lovins, A. B.; Lovins, L. H.: Faktor vier; Doppelter Wohlstand, halbierter Naturverbrauch; Der neue Bericht an den Club of Rome. München: Droemer Knaur 1995.
[1.5]   Krägenow, T.: Ablaß für die Sünder. DIE ZEIT 49 (1994), Nr. 3 vom 14.01.1994, S. 31.
[1.6]   Deutscher Bundestag (Hrsg.): Schutz der Erde – Eine Bestandsaufnahme mit Vorschlägen zu einer neuen Energiepolitik. Dritter Bericht der Enquete-Kommission „Vorsorge zum Schutz der Erdatmosphäre" des 11. Deutschen Bundestages. Bundestagsdrucksache Nr. 11/8030, Bonn: Deutscher Bundestag 1990.
[1.7]   Ehm, H.: Die Novellierung der Wärmeschutzverordnung. Vortrag bei einem Fach-Seminar am 07.10.1992 in Berlin.
[1.8]   Kaum Fortschritte bei der CO_2-Minderung – USA und Japan als Bremser – EU senkt Emissionen nur um 15 %. StromThemen 4/1997, S. 3.
[1.9]   Mühsamer Kompromiß bei Treibhausgasen. StromThemen 8/1998, S. 1–2.
[1.10] Großmann, B: Was kostet die Welt? Weltklimarat und Umweltbundesamt zu Klimaänderungen. GEB Gebäude-Energieberater 3 (2007), H. 6, S. 24–27.
[1.11] Vorholz, F.: Die Versammlung der Weltveränderer. DIE ZEIT vom 29.11.2007, S. 31f.
[1.12] Vorländer, J.: Energieeinsparverordnung – Nicht mehr Stand der Technik. TGA Fachplaner (2007), H. 10, S. 3.
[1.13] Gespart und doch mehr verbraucht. Geänderte Lebensgewohnheiten eliminieren Effizienzerfolge. GEB Gebäude-Energieberater 3 (2007), H. 2, S. 24–27.
[1.14] VDI 4600: 2012-01: Kumulierter Energieaufwand – Begriffe, Definitionen, Berechnungsmethoden.
[1.15] Frings, E.; Schmidt, R.: Umweltbewußte Beleuchtung. Umwelt-Produkt-Info-Service des Bundesumweltministeriums, Bonn, Nr. 25/August 1995.

[1.16] Hauser, G.: Die ESVO 2000 – Strukturen, Ziele, Energiepaß. Vortrag beim GDI-bautec-Forum am 14.02.1996 in Berlin.
[1.17] Aufgaben und Möglichkeiten einer novellierten Wärmeschutzverordnung. Erarbeitet von der Gesellschaft für Rationelle Energieverwendung e.V. (GRE), Berlin, März 1992. Deutsche Bauzeitschrift DBZ 40 (1992), H. 5, S. 727–738.
[1.18] DIN EN 832: 1998-12: Wärmetechnisches Verhalten von Gebäuden – Berechnung des Heizenergiebedarfs – Wohngebäude (zurückgezogen und ersetzt durch DIN EN ISO 13790: 2008-09).
[1.19] DIN V 4108-6: 2003-06 (mit Berichtigung 1: 2004-03): Wärmeschutz und Energie-Einsparung in Gebäuden – Teil 6: Berechnung des Jahresheizwärme- und des Jahresheizenergiebedarfs.
[1.20] DIN 4701-1: 1983-03: Regeln für die Berechnung des Wärmebedarfs von Gebäuden – Teil 1: Grundlagen der Berechnung (zurückgezogen).
[1.21] DIN 4701-2: 1983-03: Regeln für die Berechnung des Wärmebedarfs von Gebäuden – Teil 2: Tabellen, Bilder, Algorithmen (zurückgezogen).
[1.22] DIN 4701-3: 1989-08: Regeln für die Berechnung des Wärmebedarfs von Gebäuden – Teil 3: Auslegung der Raumheizeinrichtungen (zurückgezogen).
[1.23] DIN EN 12831: 2003-08: Heizungsanlagen in Gebäuden – Verfahren zur Berechnung der Norm-Heizlast.
[1.24] Richtlinie 2002/91/EG des Europäischen Parlaments und des Rates vom 16. Dezember 2002 über die Gesamtenergieeffizienz von Gebäuden. Amtsblatt der Europäischen Gemeinschaften Nr. L1/65 vom 04.01.2003 [DE].
[1.25] Entwurf der Verordnung über energiesparenden Wärmeschutz und energiesparende Anlagentechnik bei Gebäuden (Energieeinsparverordnung – EnEV) vom 16.11.2006. URL: http://enev-normen.enev-online.de/enev_2006/061117_bmwi_enev2007_entwurf.pdf [Adobe Reader 7.0] (17.11.2006).
[1.26] Begründung zum Entwurf der Verordnung über energiesparenden Wärmeschutz und energiesparende Anlagentechnik bei Gebäuden vom 16. November 2006. URL: http://enev-normen.enev-online.de/enev_2006/061117_bmwi_enev2007_begruendung.pdf [Adobe Reader 7.0] (17.11.2006).
[1.27] Verordnung über energiesparenden Wärmeschutz und energiesparende Anlagentechnik bei Gebäuden (Energieeinsparverordnung – EnEV) vom 24. Juli 2007. BGBl I vom 26.07.2007, S. 1519 ff. mit Verordnung zur Änderung der Energieeinsparverordnung vom 29. April 2009. BGBl I vom 30. April 2009, S. 954 ff.
[1.28] Gesetz zur Förderung Erneuerbarer Energien im Wärmebereich (Erneuerbare-Energien-Wärmegesetz – EEWärmeG) vom 7. August 2008. BGBl. I vom 18. August 2008, S. 1658 ff.
[1.29] DIN V 18599: 2011-12: Energetische Bewertung von Gebäuden – Berechnung des Nutz-, End- und Primärenergiebedarfs für Heizung, Kühlung, Lüftung, Trinkwasser und Beleuchtung – (11 Teile).
[1.30] Richtlinie des Europäischen Parlaments und des Rates vom 23. April 2009 zur Förderung der Nutzung von Energie aus erneuerbaren Quellen und zur Änderung und anschließenden Aufhebung der Richtlinien 2001/77/EG und 2003/30/E (Richtlinie 2009/28/EG).
[1.31] Presseerklärung des Bundesministeriums für Umwelt (BMU) vom 01.08.2010. URL: http://www.bmu.de/N44741/ (20.10.2013).
[1.32] Großmann, B.: EnEV, EPBD und Gütesiegel. GEB Gebäude-Energieberater 4 (2008), H. 11-12, S. 22 f.
[1.33] Dorß, W.: EU-Richtlinie über die Gesamtenergieeffizienz von Gebäuden (GEEG-RiLi). green building (2009), H. 4, S. 58 – 61.

1.5 Literatur zum Kapitel 1

[1.34] Vorländer, J.: 2019 nur noch Nullenergiehäuser. TGA-Fachplaner (2009), H. 6, S. 3.
[1.35] Gebäuderichtlinie wieder abgeschwächt. URL: http://www.tga-fachplaner.de/TGA-Newsletter-2009-16/ (19.01.2010).
[1.36] Energieminister bestätigen Gebäuderichtlinie. URL: http://www.tga-fachplaner.de/TGA-Newsletter-2009-17/ (19.01.2010).
[1.37] Richtlinie 2010/31/EU des Europäischen Parlaments und des Rates vom 19. Mai 2010 über die Gesamtenergieeffizienz von Gebäuden (Neufassung). Amtsblatt der Europäischen Union vom 18.06.2010.
[1.38] Wege zum Effizienzhaus Plus. Hrsg. vom Bundesministerium für Verkehr, Bau und Stadtentwcklung (BMVBS). Berlin, November 2011.
[1.39] GEB-Newsletter 15-2013. URL: http://www.geb-info.de (25.06.2013).
[1.40] Zweite Verordnung zur Änderung der Energieeinsparverordnung vom ... Nichtamtliche Fassung der von der Bundesregierung am 16.10.2013 beschlossenen Fassung der Änderungsverordnung. URL: http://www.zukunft-haus.info/fileadmin/media/05_gesetze_verordnungen_studien/02_gesetze_und_verordnungen/01_enev/enev-nicht-amtliche-fassung-16-10-13.pdf (25.10.2013).
[1.41] Verordnung über einen energiesparenden Wärmeschutz bei Gebäuden (Wärmeschutzverordnung) vom 16. Aug. 1994. BGBl. I vom 24.08.1994, S. 2121 ff.
[1.42] Anschub für Niedrigenergie-Häuser. StromThemen 12 (1995), H. 12, S. 1 ff.
[1.43] Eicke-Hennig, W.: Energieeinsparverordnung 2001 – und Stand der Niedrigenergiebauweise. wksb Neue Folge (1999), Nr. 43, S. 51–53, und Nr. 44, S. 1–16.
[1.44] Feist, W.: Das Null-Heizenergiehaus im Wohnungsbau. Vortrag auf dem Fachkongress zur Messe „NiedrigEnergieBau 98" in Hamburg, 07. und 08.05.1998.
[1.45] Voss, K.; Stahl, W.; Goetzberger, A.: Das Energieautarke Solarhaus. Bauphysik 15 (1993), H. 1, S. 10–14, H. 3, S. 90–96.
[1.46] Lang, J.: Energieautarkes Solarhaus. BINE Projekt-Info-Service des BMFT, Bonn, Nr. 18, Dezember 1994.
[1.47] Kübler, R.; Fisch, N.: Wärmespeicher – ein Informationspaket. Hrsg. vom Fachinformationszentrum Karlsruhe. 3. Aufl. Köln: TÜV-Verlag 1998.

2 Grundlagen des Wärmeschutzes

2.1 Europäische und nationale Vorschriften zum Wärmeschutz

Mit der Einheitlichen Europäischen Akte vom Dezember 1986 wurde die Verwirklichung des europäischen Binnenmarktes beschlossen. Ziel ist der freie Handel innerhalb dieses Binnenmarktes, welches den Abbau technischer Handelshemmnisse voraussetzt. Dazu hat der Rat der Europäischen Gemeinschaften im Dezember 1988 die Bauprodukten*richtlinie* [2.1] erlassen, die am 01.07.2013 durch die Bauprodukten*verordnung* (BauPVO) [2.2] ersetzt wurde und gemäß derer Bauprodukte so beschaffen sein müssen, dass das Bauwerk, für das das Bauprodukt verwendet werden soll, bei ordnungsgemäßer Planung und Ausführung sowie normaler Instandhaltung über einen wirtschaftlich angemessenen Zeitraum folgende Grundanforderungen erfüllen kann:
– mechanische Festigkeit und Standsicherheit,
– Brandschutz,
– Hygiene, Gesundheit und Umweltschutz,
– Sicherheit und Barrierefreiheit bei der Nutzung,
– Schallschutz,
– *Wärmeschutz und Energieeinsparung*,
– nachhaltige Nutzung der natürlichen Ressourcen.

Die ursprüngliche Bauproduktenrichtlinie wurde 1992 als Bauproduktengesetz [2.3] in nationales Recht umgesetzt (heute ergänzt durch das Bauprodukten-Anpassungsgesetz [2.4]), die Landesbauordnungen (LBO) wurden nach 1992 entsprechend angepasst.

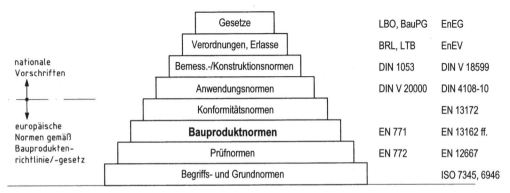

Bild 2.1: Systematik der europäischen und nationalen Vorschriften über Bauprodukte auf Basis der europäischen Bauproduktenrichtlinie/-verordnung, rechts Beispiele

2 Grundlagen des Wärmeschutzes

Tabelle 2.1: Nationale Normen zum Wärme- und Feuchteschutz

DIN 4108-2: 2013-02	Wärmeschutz und Energie-Einsparung in Gebäuden; Mindestanforderungen an den Wärmeschutz
DIN 4108-3: 2001-07 (Berichtigungen 2002-04)	Wärmeschutz und Energie-Einsparung in Gebäuden; Klimabedingter Feuchteschutz; Anforderungen, Berechnungsverfahren und Hinweise für Planung und Ausführung
DIN 4108-4: 2013-02	Wärmeschutz und Energie-Einsparung in Gebäuden: Wärme- und feuchteschutztechnische Bemessungswerte
DIN V 4108-6: 2003-06 (Berichtigungen 2004-03)	Wärmeschutz und Energie-Einsparung in Gebäuden; Berechnung des Jahresheizwärme- und Jahresheizenergiebedarfs
DIN 4108-7: 2011-01	Wärmeschutz und Energie-Einsparung in Gebäuden; Luftdichtheit von Gebäuden; Anforderungen, Planungs- und Ausführungsempfehlungen sowie -beispiele
DIN-Fachbericht 4108-8: 2010-09	Wärmeschutz und Energie-Einsparung in Gebäuden; Vermeidung von Schimmelwachstum in Wohngebäuden
DIN 4108-10: 2008-06	Wärmeschutz und Energie-Einsparung in Gebäuden: Anwendungsbezogene Anforderungen an Wärmedämmstoffe; Werkmäßig hergestellte Wärmedämmstoffe
Beiblatt 2 zu DIN 4108: 2006-03	Wärmeschutz und Energie-Einsparung in Gebäuden; Wärmebrücken; Planungs- und Ausführungsbeispiele
DIN V 4701-10: 2003-08	Energetische Bewertung heiz- und raumlufttechnischer Anlagen; Heizung, Trinkwassererwärmung, Lüftung
DIN SPEC 4701-10/A1: 2012-07	Energetische Bewertung heiz- und raumlufttechnischer Anlagen; Heizung, Trinkwassererwärmung, Lüftung; Änderung A1
Beiblatt 1 zu DIN V 4701-10: 2007-02	Energetische Bewertung heiz- und raumlufttechnischer Anlagen; Heizung, Trinkwassererwärmung, Lüftung; Anlagenbeispiele
DIN V 4701-12: 2004-02	Energetische Bewertung heiz- und raumlufttechnischer Anlagen im Bestand; Wärmeerzeuger und Trinkwassererwärmung
PAS 1027: 2004-02	Energetische Bewertung heiz- und raumlufttechnischer Anlagen im Bestand; Ergänzung zur DIN 4701-12 Blatt 1
DIN V 18599-1 bis -10: 2011-12	Energetische Bewertung von Gebäuden; Berechnung des Nutz-, End- und Primärenergiebedarfs für Heizung, Kühlung, Lüftung, Trinkwarmwasser und Beleuchtung

Ziel der Bauproduktenrichtlinie bzw. -verordnung ist der o. g. freie Handel innerhalb des Binnenmarktes ohne technische Handelshemmnisse; primär erforderlich sind dafür einheitliche europäische Bauproduktnormen (dritte Stufe der Pyramide in Bild 2.1). Vorbedingung dafür sind jedoch vereinheitlichte europäische Begriffs-, Grund- und Prüfnormen, da technische Kennwerte definiert werden müssen und nur bei gleichen Nachweis- und Prüfverfahren vergleichbar sind (erste und zweite Stufe der Pyramide in Bild 2.1).

Gemäß Geschäftsordnung des CEN (= Comité Européen de Normalisation) sind alle CEN-Mitglieder (EU + Schweiz, Norwegen und Island) gehalten, die EN-Normen natio-

2.1 Europäische und nationale Vorschriften zum Wärmeschutz

nal zu übernehmen. Häufig ist in den Normen jedoch mehr geregelt, als nach dem Mandat der EU-Kommission erforderlich: In diesem Fall regelt der Anhang ZA, welche Abschnitte einer solchen Norm für den Binnenmarkt notwendig und damit für alle EU-Mitglieder verbindlich sind – man nennt diese Teile dann *harmonisierte europäische Norm* (hEN).

Tabelle 2.2: Europäische Normen zum Wärme- und Feuchteschutz

DIN EN 410: 2011-04 (bzw. 1998-12)	Glas im Bauwesen; Bestimmung der lichttechnischen und strahlungsphysikalischen Kenngrößen von Verglasungen
DIN EN 673: 2011-04	Glas im Bauwesen; Bestimmung des Wärmedurchgangskoeffizienten (U-Wert); Berechnungsverfahren
DIN EN 674: 1999-01	Glas im Bauwesen; Bestimmung des Wärmedurchgangskoeffizienten (U-Wert); Verfahren mit dem Plattengerät
DIN EN 675: 1999-01	Glas im Bauwesen; Bestimmung des Wärmedurchgangskoeffizienten (U-Wert); Wärmestrommesser-Verfahren
DIN EN 832: 2003-06 (zurückgezog.)	Wärmetechnisches Verhalten von Gebäuden; Berechnung des Heizenergiebedarfs; Wohngebäude
DIN EN 12114: 2000-04	Wärmetechnisches Verhalten von Gebäuden; Luftdurchlässigkeit von Bauteilen; Laborprüfverfahren
DIN EN 12207: 2000-06	Fenster und Türen; Luftdurchlässigkeit; Klassifizierung
DIN EN 12828: 2003-06	Heizungssysteme in Gebäuden; Planung von Warmwasser-Heizungsanlagen
DIN EN 12831: 2003-08	Heizungsanlagen in Gebäuden; Verfahren zur Berechnung der Norm-Heizlast
DIN EN 13162 bis 13171: 2013-03	Wärmedämmstoffe für Gebäude; werkmäßig hergestellte Produkte aus Mineralwolle (MW), expandiertem Polystyrol (EPS), extrudiertem Polystyrolschaum (XPS), ...; Spezifikation
DIN EN 13172: 2012-04	Wärmedämmstoffe; Konformitätsbewertung
DIN EN 13187: 1999-05	Wärmetechnisches Verhalten von Gebäuden; Nachweis von Wärmebrücken in Gebäudehüllen; Infrarot-Verfahren
DIN EN 13829: 2001-02	Wärmetechnisches Verhalten von Gebäuden; Bestimmung der Luftdurchlässigkeit von Gebäuden; Differenzdruckverfahren
DIN EN 14351-1: 2010-08	Fenster und Türen; Produktnorm, Leistungseigenschaften; Fenster und Außentüren ohne Eigenschaften bezüglich Feuerschutz und/oder Rauchdichtheit
DIN EN 15243: 2007-10	Lüftung von Gebäuden; Berechnung der Raumtemperaturen, der Last und Energie von Gebäuden mit Klimaanlagen
DIN EN 15603: 2008-07	Energieeffizienz von Gebäuden; Gesamtenergiebedarf und Festlegung der Energiekennwerte

I. d. R. wird das Verfahren der Konformitätsbescheinigung in diesem Anhang ZA der Bauproduktnormen geregelt – *Ausnahme*: Zu den europäischen Dämmstoffnormen

2 Grundlagen des Wärmeschutzes

EN 13162 ff. gibt es eine gesonderte Konformitätsnorm EN 13172 (vierte Stufe der Pyramide in Bild 2.1).

Weitergehender europäischer Regelungsbedarf ergibt sich aus der Bauproduktenrichtlinie bzw. -verordung nicht, d. h. die Verantwortung für die bauliche Sicherheit mit unterschiedlichen Sicherheits- und Schutzniveaus bleibt in der Zuständigkeit der Mitgliedstaaten und wird durch sog. Anwendungsdokumente festgelegt [2.5]:

- Häufig sind in europäischen Normen verschiedene Klassen oder Leistungsstufen definiert, die entsprechend dem nationalen Sicherheitsniveau in sog. Anwendungsnormen (fünfte Stufe der Pyramide in Bild 2.1) festgelegt werden können.
- Bisher nicht berührt vom Binnenmarkt werden Planung, Bemessung und Konstruktion von Bauwerken, d. h. hierfür gelten nach wie vor nationale Normen (sechste Stufe der Pyramide in Bild 2.1), die häufig als Restnormen bezeichnet werden – sie dürfen den europäischen Normen allerdings nicht widersprechen.
- Darüber stehen nationale Rechtsvorschriften (siebte und achte Stufe der Pyramide in Bild 2.1) – auch sie dürfen den europäischen Normen nicht widersprechen.

Tabelle 2.3: Internationale Normen zum Wärme- und Feuchteschutz

DIN EN ISO 6946: 2008-04	Bauteile; Wärmedurchlasswiderstand und Wärmedurchgangskoeffizient; Berechnungsverfahren
DIN EN ISO 7345: 1996-01	Wärmeschutz; Physikalische Größen und Definitionen
DIN EN ISO 8990: 1996-09	Wärmeschutz; Bestimmung der Wärmedurchgangseigenschaften im stationären Zustand; Verfahren mit dem kalibrierten und dem geregelten Heizkasten
DIN EN ISO 9229: 2007-11	Wärmedämmung; Begriffe
DIN EN ISO 9251: 1996-01	Wärmeschutz; Zustände der Wärmeübertragung und Stoffeigenschaften; Begriffe
DIN EN ISO 9288: 1996-08	Wärmeschutz; Wärmeübertragung durch Strahlung; Physikalische Größen und Definitionen
DIN EN ISO 9346: 2008-02	Wärme- und feuchtetechnisches Verhalten von Gebäuden und Baustoffen; Physikalische Größen für den Stofftransport; Begriffe
DIN EN ISO 10077-1: 2010-05	Wärmetechnisches Verhalten von Fenstern, Türen und Abschlüssen; Berechnung des Wärmedurchgangskoeffizienten; Allgemeines
DIN EN ISO 10077-2: 2012-06	Wärmetechnisches Verhalten von Fenstern, Türen und Abschlüssen; Berechnung des Wärmedurchgangskoeffizienten; Numerisches Verfahren für Rahmen
DIN EN ISO 10211: 2008-04	Wärmebrücken im Hochbau; Wärmeströme und Oberflächentemperaturen; Detaillierte Berechnungen

2.1 Europäische und nationale Vorschriften zum Wärmeschutz

Tabelle 2.3 (Fortsetzung): Internationale Normen zum Wärme- und Feuchteschutz

DIN EN ISO 10456: 2010-05	Baustoffe und Bauprodukte; Wärme- und feuchtetechnische Eigenschaften; Tabellierte Bemessungswerte und Verfahren zur Bestimmung der wärmeschutztechnischen Nenn- und Bemessungswerte
DIN EN ISO 12567-1: 2010-12	Wärmetechnisches Verhalten von Fenstern und Türen; Bestimmung des Wärmedurchgangskoeffizienten mittels des Heizkastenverfahrens; Komplette Fenster und Türen
DIN EN ISO 12567-2: 2006-03	Wärmetechnisches Verhalten von Fenstern und Türen; Bestimmung des Wärmedurchgangskoeffizienten mittels des Heizkastenverfahrens; Dachflächenfenster und andere auskragende Fenster
DIN EN ISO 12569: 2001-03	Wärmetechnisches Verhalten von Gebäuden; Bestimmung des Luftwechsels in Gebäuden; Indikatorgasverfahren
DIN EN ISO 12572: 2001-09	Wärme- und feuchtetechnisches Verhalten von Baustoffen und Bauprodukten; Bestimmung der Wasserdampfdurchlässigkeit
DIN EN ISO 13370: 2008-04	Wärmetechnisches Verhalten von Gebäuden; Wärmeübertragung über das Erdreich; Berechnungsverfahren
DIN EN ISO 13786: 2008-04	Wärmetechnisches Verhalten von Bauteilen; Dynamisch-thermische Kenngrößen; Berechnungsverfahren
DIN EN ISO 13788: 2001-11	Wärmetechnisches Verhalten von Bauteilen und Bauelementen; Raumseitige Oberflächentemperatur zur Vermeidung kritischer Oberflächenfeuchte und Tauwasserbildung im Bauteilinneren; Berechnungsverfahren
DIN EN ISO 13789: 2008-04 (bzw. 1999-10)	Wärmetechnisches Verhalten von Gebäuden; Spezifischer Transmissions- und Lüftungswärmedurchgangskoeffizient; Berechnungsverfahren
DIN EN ISO 13790: 2008-09	Energieeffizienz von Gebäuden; Berechnung des Energiebedarfs für Heizung und Kühlung
DIN EN ISO 13791: 2012-08	Wärmetechnisches Verhalten von Gebäuden; Sommerliche Raumtemperaturen bei Gebäuden ohne Anlagentechnik; Allgemeine Kriterien und Validierungsverfahren
DIN EN ISO 13792: 2012-08	Wärmetechnisches Verhalten von Gebäuden; Berechnung von sommerlichen Raumtemperaturen bei Gebäuden ohne Anlagentechnik; Vereinfachtes Berechnungsverfahren
DIN EN ISO 14683: 2008-04	Wärmebrücken im Hochbau; Längenbezogener Wärmedurchgangskoeffizient; Vereinfachte Verfahren und Anhaltswerte

Die Umsetzung des beschriebenen Konzeptes erfolgt stufenweise, woraus sich – für eine Übergangszeit – folgende Abweichungen ergeben können [2.4]:
- Eine zurückzuziehende nationale Norm dient zur Konkretisierung gesetzlicher Bestimmungen und wird dafür vom Gesetzgeber weiter benötigt (z. B. bei eingeführten technischen Baubestimmungen bis zur bauaufsichtlichen Einführung der entsprechenden europäischen Normen).

– Eine zurückzuziehende nationale Norm bildet zusammen mit anderen nationalen Normen ein nicht auflösbares Bezugssystem (z. B. Bemessungsnorm mit zugehörigen Bauproduktnormen); in solchen Fällen werden nur komplette nationale „Normungspakete" durch europäische ersetzt.

Beide Punkte treffen auch für Wärmeschutz und Energieeinsparung zu. Ziel war es jedoch, zusammen mit der Energieeinsparverordnung (EnEV) 2002 das komplette nationale Normungspaket durch das entsprechende europäische zu ersetzen [2.6], sodass diese gesetzliche Bestimmung vollständig auf dem europäischen Regelwerk aufbaut – einige frühere DIN-Normen sind jedoch noch als „Restnormen" verblieben.

Die Zahl der Wärmeschutznormen ist damit heute deutlich höher als früher – dies mag man beklagen, es ist aber aufgrund der anderen Struktur der Normung entsprechend Bild 2.1 nur schwer zu vermeiden. Deshalb soll hier als Einführung ein Überblick über die Wärmeschutznormen gegeben werden, die sich – neben der inhaltlichen Gliederung entsprechend Bild 2.1 – formal in folgende drei Gruppen aufteilen lassen:
– nationale *Anforderungs-* und *Rest*normen wie gewohnt als DIN mit zugehöriger Nummer (Tabelle 2.1),
– europäische *Prüf-*, *Bauprodukt-* und *Konformitäts*normen, die in der deutschen Fassung als DIN EN erscheinen (Tabelle 2.2) sowie
– internationale *Begriffs-*, *Prüf-* und *Grund*normen, die in der deutschen Fassung als DIN EN ISO erscheinen (Tabelle 2.3).

Diese Tabellen erheben keinen Anspruch auf Vollständigkeit – neueste Fassungen der genannten Normen finden sich im Internet unter www.beuth.de.

2.2 Ziele des Wärmeschutzes bei Gebäuden

In den Augen der Nutzer ist – nach dem *Raumabschluss*, juristisch Abgeschlossenheit der Wohnung („eigene vier Wände") – die zweite Aufgabe aller Außenbauteile der *Witterungsschutz* eines Gebäudes („Dach über dem Kopf"); in unserem Klima stellt der *Wärmeschutz* die nächstwichtige Aufgabe eines Gebäudes dar. Gemäß dem Vorwort zu DIN 4108-2 [2.7] hat der Wärmeschutz bei Gebäuden Bedeutung
– für die Gesundheit der Bewohner durch ein *hygienisches Raumklima*,
– für den *Schutz der Baukonstruktion* vor klimabedingten Feuchte-Einwirkungen und deren Folgeschäden,
– für einen *verminderten Energieeinsatz* bei Heizung und Kühlung sowie
– für die *Herstellungs- und Bewirtschaftungskosten*.

Die kursiv gesetzten Stichworte definieren die Ziele des Wärmeschutzes bei Gebäuden, welche im Folgenden näher erläutert werden:

A Gesundheit und Behaglichkeit

Wohn- und Arbeitsräume sollen für die Nutzer gesund und behaglich sein, d. h. gewisse Temperaturbereiche der Raumlufttemperaturen im Verhältnis zu den Oberflächentemperaturen der raumumschließenden Bauteile (insbesondere der Fußböden) sind ebenso

2.2 Ziele des Wärmeschutzes bei Gebäuden

einzuhalten wie bestimmte relative Luftfeuchten und Luftgeschwindigkeiten im Raum, siehe z. B. die Behaglichkeitsfelder in Bild 2.2.

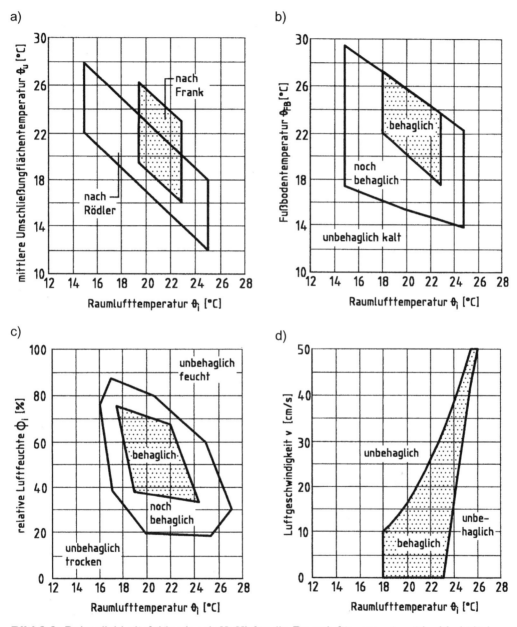

Bild 2.2: Behaglichkeitsfelder (nach [2.8]) für die Raumlufttemperatur θ_i im Verhältnis
a) zur mittleren Umschließungsflächentemperatur θ_U
b) zur Fußbodentemperatur θ_{FB}
c) zur relativen Luftfeuchte ϕ_i
d) zur Luftgeschwindigkeit v (für ϕ_i = 30 bis 70 %)

B Wärmeableitung

Auch die Berührung kühlerer Raumoberflächen empfindet der Mensch als unbehaglich. Praktisch kommen die Raumnutzer nur mit dem Fußboden in Kontakt; zur Vermeidung solcher „Fußkälte" genügt jedoch eine behagliche Fußbodentemperatur nach Bild 2.2b nicht, wenn der Fußbodenbelag eine zu hohe Wärmeableitung W aufweist. Ein Betonfußboden mit einer nach DIN 52614 [2.9] gemessenen Wärmeableitung $W_{10} > 294$ kJ/m² nach 10 min Versuchsdauer gilt als nicht ausreichend fußwarm (Bild 2.3), mit Linoleum belegt wäre er gerade ausreichend fußwarm; textiler Belag oder Holzfußboden gelten mit $W_{10} < 190$ kJ/m² nach 10 min Versuchsdauer als besonders fußwarm [2.10].

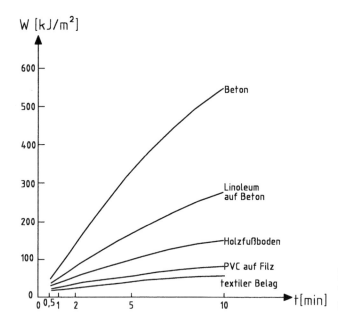

Bild 2.3: Wärmeableitung W von verschiedenen Fußbodenarten über der Zeit t

C Temperaturdehnungen

Schlecht gedämmte Gebäude führen zu hohen thermischen Beanspruchungen der Konstruktion und damit zu größeren Temperaturdehnungen und daraus resultierenden geringeren Dehnfugenabständen bzw. zu Zwangbeanspruchungen bei statisch unbestimmten Systemen (s. dazu z. B. DIN 18530 [2.11]).

D Tauwasserbildung

Zu vermeiden ist erstens Tauwasserbildung auf den inneren Bauteiloberflächen, welche zu Staubablagerung und im Extremfall Schimmelbildung auf den inneren Bauteiloberflächen führen kann. Zweitens zu verhindern wäre die Tauwasserbildung im Bauteil, welche infolge feuchterer Baustoffe die Wärmedämmung des Bauteils herabsetzen und im Extremfall (Fäulnis bei Holz) zur Zerstörung des Bauteils führen kann. Die Nichtbeachtung des baulichen Wärmeschutzes kann somit zu schweren Bauschäden führen!

2.2 Ziele des Wärmeschutzes bei Gebäuden

E Energieeinsparung und Wirtschaftlichkeit

Baukunden sparen häufig bei den Investitionen, vernachlässigen dabei aber die langjährigen Folgekosten, zu denen v. a. auch die Energiekosten gehören. Um letztere angemessen zu berücksichtigen (Bild 2.4), wurde mit dem Energieeinsparungsgesetz (EnEG) von 1976, aktuelle Fassung von 2013 [2.12], § 1,

„die Bundesregierung (...) ermächtigt, ... Anforderungen an den Wärmeschutz von Gebäuden und ihren Bauteilen festzusetzen".

Dabei ist nach § 5 EnEG das sog. *Wirtschaftlichkeitsgebot* zu beachten (s. auch Abschnitt 5.7.1), d. h.

„die in den Rechtsverordnungen nach den §§ 1 bis 4 aufgestellten Anforderungen müssen nach dem Stand der Technik erfüllbar und für Gebäude gleicher Art und Nutzung wirtschaftlich vertretbar sein. Anforderungen gelten als wirtschaftlich vertretbar, wenn generell die erforderlichen Aufwendungen innerhalb der üblichen Nutzungsdauer durch die eintretenden Einsparungen erwirtschaftet werden können ..."

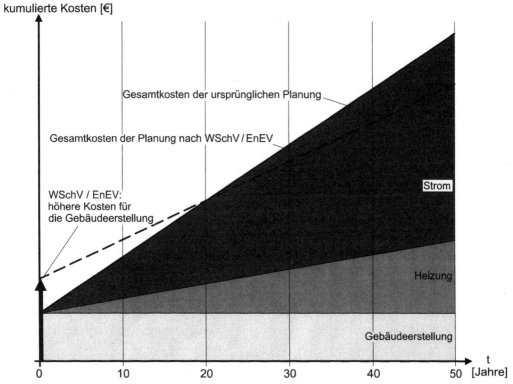

Bild 2.4: Schematische Darstellung der kumulierten Kosten für Erstellung und Nutzung eines beheizten Gebäudes – trotz höherer Kosten für die Gebäudeerstellung nach WSchV bzw. EnEV wird dem Wirtschaftlichkeitsgebot Genüge getan (vereinfachte Darstellung ohne dynamische Investitionsrechnung und ohne Ansatz von Energiepreissteigerungen)

Auf dieser Grundlage wurden durch die Wärmeschutzverordnungen (WSchV) von 1977, 1982 und 1994 [2.13], [2.14], [2.15] Anforderungen an den Wärmeschutz von Gebäuden und ihren Bauteilen gestellt, später – unter Einbeziehung der Anlagentechnik – durch die Energieeinsparverordnungen (EnEV) von 2001 bis 2014 [2.16], [2.17], [2.18], [2.19], [2.20].

2.3 Mindestanforderungen an den Wärmeschutz von Gebäuden

Zur Erfüllung der Ziele des Abschnitts 2.2 nennt die bauaufsichtlich eingeführte DIN 4108-2 [2.7] im Vorwort folgende Mindestanforderungen an den Wärmeschutz von *beheizten* (auch sog. *niedrig beheizten*) Gebäuden:

– Mindestanforderungen an den *winterlichen* Wärmeschutz:

  Durch Mindestanforderungen an den Wärmeschutz der Bauteile im Winter wird ein *hygienisches Raumklima* sowie ein *dauerhafter Schutz der Baukonstruktion* gegen klimabedingte Feuchte-Einwirkungen sichergestellt. Hierbei wird vorausgesetzt, dass die Räume entsprechend ihrer Nutzung ausreichend beheizt und belüftet werden.

– Mindestanforderungen an den *sommerlichen* Wärmeschutz:

  Durch Mindestanforderungen an den Wärmeschutz im Sommer soll die *thermische Behaglichkeit in Aufenthaltsräumen sichergestellt*, eine hohe Erwärmung dieser Räume vermieden und der Energieeinsatz für Kühlung gering gehalten werden.

Zum Ziel „Energieeinsparung" finden sich in DIN 4108-2 [2.7] keine Anforderungen – sie werden in der Energieeinsparverordnung EnEV [2.20] geregelt (s. Kapitel 5). Das Ziel der Wirtschaftlichkeit von Energiesparmaßnahmen ist bei der Formulierung der Anforderungen der EnEV berücksichtigt worden.

Tabelle 2.4: Mindestanforderungen bei verschieden beheizten Räumen (nach [2.21])

Temperaturniveau	Anforderungen an den Wärmeschutz flächiger Bauteile	Anforderungen an Wärmebrücken	Anforderungen an die Luftdichtheit	Anforderungen an den sommerlichen Wärmeschutz
beheizt [1]) [2]) auf $\theta \geq 19\,°C$	ja	ja	ja	ja
niedrig beheizt [1]) [2]) auf $12\,°C \leq \theta < 19\,°C$	ja	nein	ja	nein
nicht beheizt (auch Treppenräume *außerhalb* der Hüllfläche)	nein	nein	nein	nein

[1]) D. h. Räume mit installierter Heizeinrichtung bei entsprechender Nutzung (Wohngebäude sind immer beheizt, niedrig beheizte Räume gibt es nur im Nichtwohnungsbau)

[2]) Auch indirekt beheizte Räume *innerhalb* der Hüllfläche (häufig bei Treppenräumen). sowie zugehörige Räume mit offenem Raumverbund (Türen gelten nicht als offener Raumverbund, auch wenn sie häufig offen stehen).

Um die o. g. Ziele zu erreichen, sind gemäß DIN 4108-2 [2.7] Gebäude so zu planen und auszuführen, dass die jeweiligen Mindestanforderungen (Tabelle 2.4)
- an flächige Bauteile (s. Abschnitt 2.7),
- an Wärmebrücken (s. Abschnitt 2.9) und
- an die Luftdichtheit von Bauteilen (s. Abschnitt 2.14)

in der wärmeübertragenden Umfassungsfläche des Gebäudes sowie
- an den sommerlichen Wärmeschutz (s. Abschnitt 2.15)

eingehalten werden.

Die wärmeübertragende Umfassungsfläche (= Hüllfläche) umschließt dabei alle Räume,
- die bestimmungsgemäß auf *übliche Innentemperaturen* von $\theta_i \geq 19\ °C$ beheizt werden (= beheizte Räume),
- die bestimmungsgemäß auf *niedrige Innentemperaturen*, d. h. $12\ °C \leq \theta_i < 19\ °C$ beheizt werden (= niedrig beheizte Räume), und
- die *indirekt* über trennende Bauteile bzw. über zu beheizten Räumen offenen *Raumverbund* durch die vorgenannten Räume beheizt werden (= indirekt bzw. über Raumverbund beheizte Räume), z. B. Flure ohne eigene Heizkörper, die durch die Nachbarräume temperiert werden.

2.4 Beeinflussung des Wärmebedarfs durch die Bauplanung

Während der Planung eines Gebäudes kann dessen Wärmebedarf entscheidend beeinflusst werden. In DIN 4108-2 [2.7], 4.2.1, werden dazu folgende Hinweise gegeben:

A Lage des Gebäudes

Der Heizwärmebedarf eines Gebäudes kann durch eine günstige Lage des Gebäudes (Verminderung des Windangriffs durch benachbarte Bebauung, Baumpflanzungen, Orientierung der Fenster zur Ausnutzung winterlicher Sonneneinstrahlung) vermindert werden (Bild 2.5).

B Gebäudeform und -gliederung

Jede Vergrößerung der Außenflächen im Verhältnis zum beheizten Gebäudevolumen vergrößert auch die spezifischen Wärmeverluste eines Gebäudes; daher haben z. B. stark gegliederte Baukörper einen vergleichsweise höheren Wärmebedarf als wenig gegliederte.

Bild 2.6 zeigt den Einfluss von Gebäudeform und -gliederung auf den Formfaktor A/V_e: Eine Vergrößerung der wärmeübertragenden Oberfläche A bei gleichbleibendem beheizten Volumen V_e wirkt sich ungünstig auf den Wärmebedarf des Gebäudes aus (Bild 2.6a), ein größeres Gebäude gleicher Form ist günstiger als ein kleineres (Bild 2.6b). Zur genaueren Betrachtung energieoptimierter Gebäudeformen s. [2.22].

2 Grundlagen des Wärmeschutzes

a)

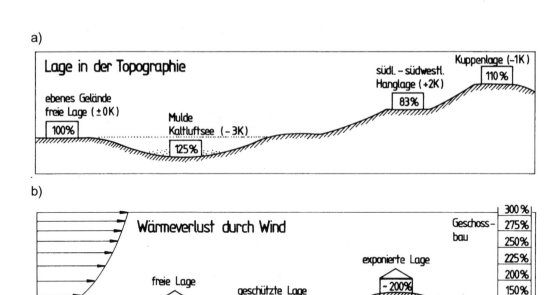

b)

c)

d)

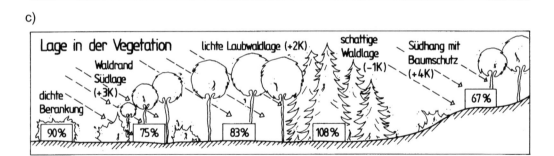

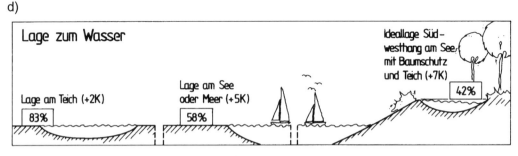

Bild 2.5: Einfluss der Lage eines Gebäudes auf den Heizwärmebedarf (nach [2.23], Dämm-/Luftdichtheitsstandard der ersten Wärmeschutzverordnung [2.13])
a) Einfluss der Lage in der Topografie (ohne Windeinfluss)
b) mögliche Auswirkung des Windeinflusses bei nicht ausreichend luftdichten Gebäuden
c) Einfluss der Lage in der Vegetation
d) klimaausgleichende Wirkung von Wasserflächen

2.4 Beeinflussung des Wärmebedarfs durch die Bauplanung

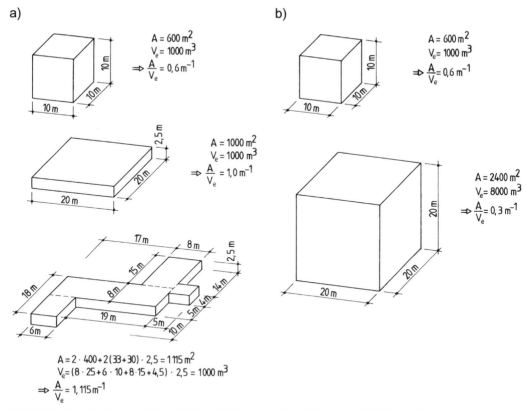

Bild 2.6: Formfaktoren (Oberflächen-Volumen-Verhältnisse) A/V_e für Gebäude:
a) gleiches Volumen, aber verschiedene Gebäudegliederungen
b) verschiedene Volumen, aber gleiche Gebäudegliederung

Darin (jeweils berechnet mit den Außenmaßen)
A = Hüllfläche des beheizten Volumens des Gebäudes
V_e = beheiztes Bruttovolumen des Gebäudes

C Wärmedämmung der raumumschließenden Bauteile

Der Energiebedarf für die Beheizung eines Gebäudes und ein hygienisches Raumklima wird erheblich von der Wärmedämmung der raumumschließenden Bauteile, der Vermeidung von Wärmebrücken, der Luftdichtheit der Umfassungsflächen und der Lüftung beeinflusst.

Zur Wärmedämmung der raumabschließenden Bauteile, der Vermeidung von Wärmebrücken und der Luftdichtheit der äußeren Umfassungsflächen s. Abschnitte 2.6 bis 2.14.

D Pufferräume

Angebaute Pufferräume (wie unbeheizte Glasvorbauten) reduzieren den Heizwärmebedarf der beheizten Kernzone eines Gebäudes, jedoch müssen die trennenden Bauteile die Anforderungen des Mindestwärmeschutzes erfüllen. Auch Trennwände und Trenndecken zu unbeheizten Fluren, Treppenräumen und Kellerabgängen benötigen einen ausreichenden Wärmeschutz. Bild 2.7 zeigt in Grundriss und Schnitt eine günstige Gebäudezonierung, bei der sich um eine warme Kernzone kühlere Räume gruppieren.

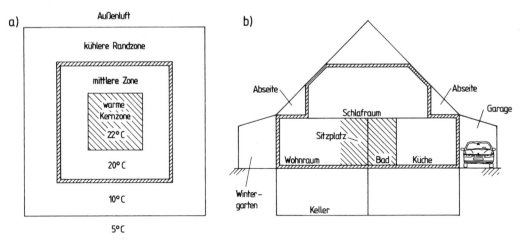

Bild 2.7: Einfluss der Zonierung auf den Heizwärmebedarf von Gebäuden (nach [2.24]):
a) schematischer Gebäudegrundriss mit unterschiedlich warmen Zonen; Pufferräume bilden die kühlere Randzone
b) schematischer Schnitt durch ein Gebäude mit möglichen Nutzungen der bei a) dargestellten Zonen

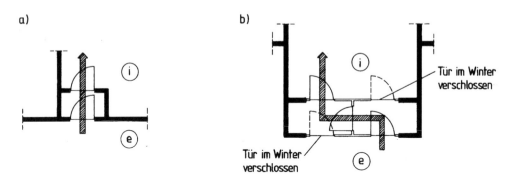

Bild 2.8: Mögliche Ausbildung von Windfängen (Grundrisse)

E Windfänge

Zur Vermeidung von Wärmeverlusten ist es sinnvoll, vor Gebäudeeingängen Windfänge anzuordnen. Ein Beispiel eines üblichen Windfanges zeigt Bild 2.8a; eine dreitürige Verbesserung ist in Bild 2.8b dargestellt – im Sommer können dabei die Türen so geöffnet werden, dass der Zugang nicht umständlicher als in Bild 2.8a wird.

F Vergrößerung der Fensterfläche

Eine Vergrößerung der Fensterfläche kann zu einem Ansteigen des Wärmebedarfs führen. Bei nach Süden, auch Südosten oder Südwesten orientierten Fensterflächen kön-

2.4 Beeinflussung des Wärmebedarfs durch die Bauplanung

nen durch Sonneneinstrahlung die Wärmeverluste deutlich vermindert oder sogar Wärmegewinne erzielt werden. Die über das Jahr günstige Wirkung der Sonneneinstrahlung von Süden, Südosten oder Südwesten veranschaulicht Bild 2.9.

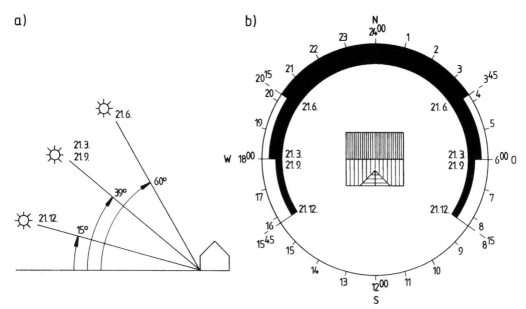

Bild 2.9: Von der Jahreszeit abhängige Sonnenstände in Deutschland (nach [2.24]):
a) höchster Sonnenstand in Abhängigkeit von der Jahreszeit
b) Datum, Uhrzeit und Himmelsrichtung von Sonnenauf- und Sonnenuntergang in Abhängigkeit von der Jahreszeit

G Fensterläden und Rollläden

Geschlossene, möglichst dicht schließende Fensterläden und Rollläden können den Wärmedurchgang durch Fenster vermindern.

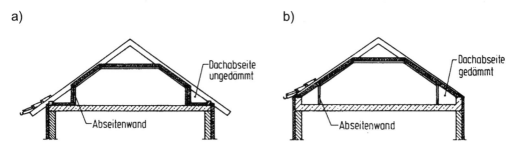

Bild 2.10: Mögliche Ausbildung von Abseiten im ausgebauten Dach:
a) mit außerhalb der Dämmung liegenden Dachabseiten (ungedämmt)
b) mit innerhalb der Dämmung liegenden Dachabseiten (gedämmt)

H Rohrleitungen und Schornsteine

Rohrleitungen für die Wasserver- und -entsorgung wie auch für die Heizung sowie Schornsteine sollten nicht in Außenwänden liegen. Bei Schornsteinen in Außenwänden ergibt sich die Gefahr einer Versottung, bei Wasser- und Heizleitungen die Gefahr des Einfrierens.

I Ausgebaute Dachräume

Bei ausgebauten Dachräumen mit Abseitenwänden sollte die Wärmedämmung in der Dachschräge bis zum Fußpunkt hinabgeführt werden. Die ungünstigere Lösung mit ungedämmten Abseiten ist in Bild 2.10a dargestellt, die – trotz Widerspruchs zu Bild 2.7b – energetisch günstigere mit zum Dachfuß hinabgeführter Dämmung in Bild 2.10b.

Die aufgeführten Möglichkeiten zur Beeinflussung des Wärmebedarfs bei der Planung von Gebäuden lassen sich allerdings in der Praxis häufig nicht umsetzen, da z. B.
- wegen der beruflich notwendigen Stadtnähe eine günstige Lage des Gebäudes entsprechend Bild 2.5 ausgeschlossen ist (eine stadtferne Lage als Alternative wäre aber bei langen, mit dem Kfz zurückgelegten Arbeitswegen energetisch nicht sinnvoll),
- eine vorteilhafte Gebäudezonierung entsprechend Bild 2.7 bei bezahlbarer Grundstücksgröße nur eingeschränkt möglich ist oder
- die vorgegebenen Baufluchten eine optimale Südausrichtung des Gebäudes entsprechend Bild 2.9 nicht zulassen.

In den folgenden Abschnitten soll deshalb vor allem die Wärmedämmung der raumumschließenden Bauteile näher betrachtet werden. *Vorab*: Zur Abgrenzung der Fachsprache von der umgangssprachlichen Bezeichnung „Isolierung" soll Tabelle 2.5 dienen. (Im Widerspruch dazu ist jedoch für einen bestimmten Typ wärmedämmender Verglasungen der Begriff „Isolierglas" – u. a. in DIN V 4108-4: 2004 [2.25], 5.2 – genormt.)

Tabelle 2.5: Abgrenzung von Fach- und Umgangssprache in der Bauphysik

Phänomen	Bezeichnung der Fachsprache
Wärmedurchgang	wird gedämmt („Wärmedämmung")
Feuchtedurchgang (Dampf)	wird gesperrt („Dampfsperre")
Wasserdurchgang (flüssig)	wird abgedichtet („Abdichtung")
Schalldurchgang	wird gedämmt („Schalldämmung")
nur: elektrischer Strom	wird isoliert
Bereich mit erhöhtem Wärmedurchgang in einem Bauteil	Wärmebrücke (*nie* „Kältebrücke", physikalisch gibt es nur Wärme, keine Kälte!)

2.5 Wärmeleitfähigkeit und Wärmedämmstoffe

Grundlage für die wärmeschutztechnische Einstufung von Baustoffen ist ihre Wärmeleitfähigkeit λ (Bild 2.11): „Die Wärmeleitfähigkeit λ ist der Wärmestrom Φ, der durch 1 m²

2.5 Wärmeleitfähigkeit und Wärmedämmstoffe

einer 1 m dicken Schicht eines Stoffes fließt, wenn der Temperaturunterschied zwischen den beiden Oberflächen dieser Schicht 1 K beträgt" [2.28]:

$$\lambda = \frac{\Phi \cdot d}{A \cdot \Delta \theta} \qquad (2.1)$$

Φ gemessener Wärmestrom in W
d Schichtdicke des zu prüfenden Baustoffs in m
A Prüffläche in m²
$\Delta \theta$ konstante Temperaturdifferenz in K

Je kleiner die Wärmeleitfähigkeit λ in W/(m · K) eines Baustoffs ist, desto besser ist die Wärmedämmfähigkeit dieses Baustoffs.

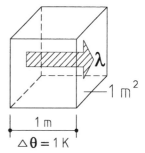

Bild 2.11: Definition der Wärmeleitfähigkeit λ für ein Bauteil von d = 1 m Dicke, A = 1 m² Fläche bei $\Delta \theta$ = 1 K Temperaturdifferenz (nach [2.29])

Gemessen wird die Wärmeleitfähigkeit λ nach EN 12664 [2.30], EN 12667 [2.31] bzw. EN 12939 [2.32] mit dem sog. *Plattengerät*. Anhand dieser an trockenen Baustoffen ermittelten Messwerte der Wärmeleitfähigkeit werden für die Anwendung im Bauwesen mithilfe von EN ISO 10456 [2.33] *Bemessungswerte* der Wärmeleitfähigkeit λ bestimmt. Diese sind für genormte Bauprodukte zu finden i. d. R. in DIN 4108-4 [2.25], Tabelle 1, welche aber für einige bereits vor 2000 europäisch genormte Bauprodukte auf die o.g. EN ISO 10456 verweist. Für nicht genormte Bauprodukte finden sich Bemessungswerte der Wärmeleitfähigkeit in Allgemeinen bauaufsichtlichen Zulassungen (AbZ) oder European Technical Approvals (ETA).

Einen Sonderfall stellen die Wärmedämmstoffe entsprechend den europäischen Bauproduktnormen EN 13162 bis EN 13171 [2.34], [2.35], [2.36], [2.37], [2.38], [2.39], [2.40], [2.41], [2.42], [2.43] dar:

- Zum einen enthalten diese europäischen Normen keine anwendungsbezogenen Anforderungen an die Wärmedämmstoffe mehr (wie sie früher durch die Anwendungstypen W, WD, WV, ... beschrieben wurden); diese sind deshalb national in DIN 4108-10 [2.44] neu geregelt (DAA, DAD, DEO, ... für Dächer/Decken; WAA, WAB, WAP, ... für Wände; PB, PW für Perimeterdämmungen).

2 Grundlagen des Wärmeschutzes

- Zum anderen sind die dort genannten, vom Hersteller deklarierten *Nenn*werte der Wärmeleitfähigkeit λ_D für Wärmeschutznachweise nicht direkt verwendbar; die dafür anzusetzenden *Bemessungs*werte der Wärmeleitfähigkeit λ sind in DIN 4108-4 : 2013-02 [2.25], Tabellen 2 und 3, zusammengestellt. In Tabelle 2 finden sich zwei Kategorien für Wärmedämmstoffe, und zwar:
  - Kategorie I für *nur* europäisch genormte Produkte mit CE-Kennzeichnung gemäß Herstellererklärung entsprechend EN 13172 [2.46] mit dem Bemessungswert $\lambda = \gamma \cdot \lambda_D$ mit einem Sicherheitsbeiwert $\gamma = 1{,}2$ (wegen erwarteter Streuungen der Nennwerte λ_D) bzw.
  - Kategorie II für europäisch genormte Produkte mit CE-Kennzeichnung (wie vor) *und* zusätzlicher Allgemeiner bauaufsichtlicher Zulassung (AbZ) mit dem Bemessungswert $\lambda = \gamma \cdot \lambda_{grenz}$ mit einem Sicherheitsbeiwert $\gamma = 1{,}05$, wobei λ_{grenz} durch eine Fremdüberwachung sichergestellt und durch ein zusätzliches Ü-Zeichen dokumentiert sein muss (Bild 2.12).

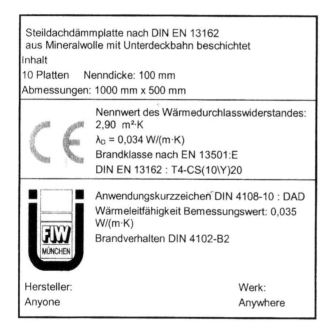

Bild 2.12: Beispiel einer Dämmstoff-Kennzeichnung für einen Wärmedämmstoff der Kategorie II mit Allgemeiner bauaufsichtlicher Zulassung – neben dem Ü-Zeichen wird direkt der Bemessungswert der Wärmeleitfähigkeit ausgewiesen [2.45]

Praktisch werden von deutschen Dämmstoffanbietern nur Wärmedämmstoffe der Kategorie II angeboten, und zwar nicht alle in DIN 4108-4 : 2013-02 [2.25], Tabelle 2, aufgeführten Bemessungswerte der Wärmeleitfähigkeit, sondern häufig nur bestimmte Wärmeleitfähigkeits*stufen* (Tabelle 2.6) – früher Wärmeleitfähigkeits*gruppen* genannt. *Ausnahmen*: Hochwertige Mineralwolle wie auch *neopor*® als Weiterentwicklung des EPS werden heute mit AbZ und dem Bemessungswert $\lambda \approx 0{,}032\ W/(m \cdot K)$ angeboten.

2.6 Berechnungsgrundlagen des baulichen Wärmeschutzes

Tabelle 2.6: Größenordnung der Bemessungswerte der Wärmeleitfähigkeit λ für einige in Deutschland angebotene Dämmstoffe der Kategorie II (als Wärmeleitfähigkeitsstufen)

Bemessungswert der Wärmeleitfähigkeit λ in W/(m · K)	0,025	0,030	0,035	0,040	0,045	0,050	0,055	0,090
Mineralwolle MW			●	●	●	●		
expandierter Polystyrol-Hartschaum EPS			●	●				
extrudierter Polystyrol-Hartschaum XPS			●	●				
Polyurethan-Hartschaum PUR	●	●	●					
Phenolharz-Hartschaum PF	●							
Schaumglas CG				●	●	●	●	
Holzwolle-Platten WW								●
expandierter Kork ICB					●	●	●	
Holzfaserdämmstoff WF				●	●	●	●	
Zellulosefaserdämmstoff				●	●			

Künftig zunehmen wird die Verwendung von Vakuumdämmung in Form von vorgefertigten Vakuum-Isolationspaneelen (VIP), i. d. R. bestehend aus Aerogelen aus pyrogener Kieselsäure, ummantelt mit metallisierten Barrierefolien, deren Wärmeleitfähigkeit bei $\lambda = 0{,}002$ bis $0{,}008$ W/(m · K) liegt [2.48] – erste Allgemeine bauaufsichtliche Zulassungen liegen vor.

2.6 Berechnungsgrundlagen des baulichen Wärmeschutzes

2.6.1 Überblick

Unterschiedliche Temperaturen auf beiden Seiten eines Bauteils führen zu einem Wärmestrom in Richtung des Temperaturgefälles. Dabei treten drei Wärmetransportvorgänge auf, nämlich Wärmeleitung, Konvektion und Strahlung (Bild 2.13). Alle drei müssen bei der Betrachtung des baulichen Wärmeschutzes berücksichtigt werden.

Vor Darstellung der erforderlichen Nachweise des baulichen Wärmeschutzes werden in den folgenden Unterabschnitten die notwendigen Berechnungsansätze vorgestellt. Die verwendeten Gleichungen werden u. a. in [2.10], [2.49] beschrieben; genauere physikalische Herleitungen finden sich z. B. in [2.50].

Die dabei verwendeten wärmeschutztechnischen Größen werden entsprechend der europäischen Normung bezeichnet [2.51], [2.52] (s. Abschnitt „Symbole, Einheiten und Indizes").

2 Grundlagen des Wärmeschutzes

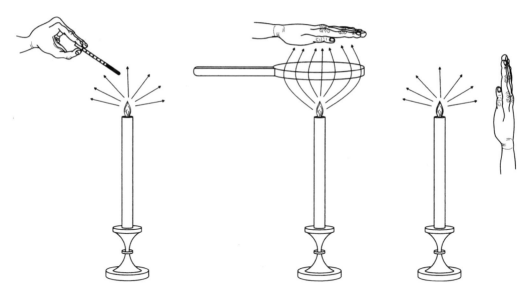

Bild 2.13: Wärmetransport durch Wärmeleitung, Konvektion und Strahlung (von links nach rechts)

2.6.2 *Fourier*sches Gesetz der Wärmeleitung

Der Wärmetransport erfolgt in Festkörpern, ruhenden Flüssigkeiten und unbewegten Gasen durch sich gegenseitig anstoßende Moleküle, die sog. Wärmeleitung (vgl. Bild 2.13 links). Dieser Wärmetransport wird durch das *Fourier*sche Gesetz der Wärmeleitung beschrieben, hier in dreidimensionaler Koordinatenschreibweise mit partiellen Ableitungen [2.50], [2.53] für die Wärmestromdichte q in W/m² zu

$$q_x = -\lambda \cdot \frac{\partial T}{\partial x}, \quad q_y = -\lambda \cdot \frac{\partial T}{\partial y}, \quad q_z = -\lambda \cdot \frac{\partial T}{\partial z} \tag{2.2}$$

λ Wärmeleitfähigkeit in W/(m · K)
T absolute Temperatur in K (= θ in °C + 273 K)

In dieser dreidimensionalen Form ist diese Gleichung im Allgemeinen nicht geschlossen lösbar (jedoch näherungsweise mit Finite-Differenzen- oder Finite-Elemente-Verfahren durch EDV-Wärmebrückenprogramme, s. Abschnitte 2.9.2 und 5.4.3), sodass für übliche Wärmeschutznachweise folgende Vereinfachungen eingeführt werden:
− Ebene Bauteile mit homogenen, parallelen Baustoffschichten,
− Wärmestrom senkrecht zu dieser Bauteilebene,
− stationärer Wärmedurchgang, d. h. keine Temperaturänderungen im Laufe der Zeit und damit keine Speichervorgänge, sowie
− keine Wärmequelle oder -senke im Bauteil (keine Flächenheizung!).

2.6 Berechnungsgrundlagen des baulichen Wärmeschutzes

So vereinfacht nennt man den Vorgang *eindimensionale stationäre Wärmeleitung ohne Wärmequellen oder -senken*; dieser Ansatz liegt dem Berechnungsverfahren nach EN ISO 6946 [2.52] zugrunde.

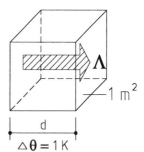

Bild 2.14: Definition des Wärmedurchlasskoeffizienten Λ für ein Bauteil von d = 1 m Dicke, A = 1 m² Fläche bei $\Delta\theta$ = 1 K Temperaturdifferenz (nach [2.29])

2.6.3 Stationäre Wärmeleitung in einem ebenen Bauteil

Mit den in Abschnitt 2.6.2 genannten Vereinfachungen wird das *Fouriersche Gesetz* (Gl. (2.2)) für die Wärme*menge Q* in J = Ws bzw. kWh zu

$$Q = \Lambda \cdot A \cdot (\theta_{si} - \theta_{se}) \cdot t \qquad (2.3)$$

Λ Wärmedurchlasskoeffizient in W/(m² · K) als die Wärmemenge, die durch ein Bauteil der Dicke d und der Fläche A = 1 m² bei $\Delta\theta = \theta_{si} - \theta_{se}$ = 1 K (Bild 2.14) in der Zeit t = 1 s hindurchfließt (zur Berechnung s. u. Abschnitt 2.6.6)
A Bauteilfläche in m²
θ Temperatur in °C
t Zeit in s bzw. h
Indizes
s Oberfläche *(engl. „surface")*
i, e innen *(engl. „internal")*, außen *(engl. „external")*

Da die Länge der Heizperiode klimabedingt festliegt, ist beim Vergleich verschiedener Gebäude die Zeit nicht von Interesse, es kann daher der Wärme*strom* Φ in W/(m · K) betrachtet werden:

$$\Phi = \frac{Q}{t} = \Lambda \cdot A \cdot (\theta_{si} - \theta_{se}) \qquad (2.4)$$

Ferner ist beim Vergleich verschiedener Bauteilvarianten an einem feststehenden Gebäude(-Entwurf) die Bauteilfläche nicht interessant, sodass die flächenbezogene Wärme*stromdichte q* in W/m² betrachtet wird:

$$q = \frac{\Phi}{A} = \Lambda \cdot (\theta_{si} - \theta_{se}) \tag{2.5}$$

2.6.4 Stationärer Wärmeübergang Luft/Bauteil

A Wärmeübergang durch Konvektion

Als Konvektion bezeichnet man die strömungsbedingte Molekülbewegung in Flüssigkeiten oder Gasen; durch Konvektion (hier nur Luftströmung) findet ein gewisser Temperaturausgleich durch die Wärmeabgabe der in kältere Umgebung bewegten Luftmoleküle statt (vgl. Bild 2.13 Mitte). Aufgrund der Wandreibung vor Bauteiloberflächen und dadurch herabgesetzte Konvektion v_s (Bild 2.15 oben) geschieht dieser Wärmetransport dort nur in verminderter Form; dadurch ergibt sich an Bauteiloberflächen eine Temperaturdifferenz (Bild 2.15 unten)
- einerseits zwischen *innerer* Bauteiloberfläche θ_{si} und durch Konvektion annähernd temperaturausgeglichener Raumluft θ_i sowie
- andererseits zwischen *äußerer* Bauteiloberfläche θ_{se} und durch Konvektion annähernd temperaturausgeglichener Außenluft θ_e,

die zu folgenden Gleichungen für die Wärmestromdichte in W/m² führen:

$$q_{c,i} = h_{s,c,i} \cdot (\theta_i - \theta_{si}) \tag{2.6}$$

$$q_{c,e} = h_{s,c,e} \cdot (\theta_{se} - \theta_e) \tag{2.7}$$

$h_{s,c,\,i/e}$ Wärmeübergangskoeffizient der Konvektion (*engl. „convection"*) in W/(m² · K) als die Wärmemenge, die durch eine Grenzschicht an einer Bauteiloberfläche (innen oder außen) von $A = 1$ m² bei $\Delta\theta = \theta - \theta_s = 1$ K (Bild 2.16a) in der Zeit $t = 1$ s hindurchfließt

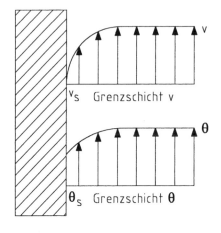

Bild 2.15: An Wandoberflächen bilden sich Grenzschichten der Luftgeschwindigkeit v (Konvektion, oben) und daraus resultierend auch der Lufttemperatur θ (unten) aus (nach [2.29])

2.6 Berechnungsgrundlagen des baulichen Wärmeschutzes

Zur Bestimmung von $h_{s,c}$ (früher α_k) s. EN ISO 6946 [2.52], Anhang A, bzw. [2.47], [2.54]; $h_{s,c}$ ist neben der Temperatur, der Strömungsgeschwindigkeit v (Bild 2.16b), der Oberflächenbeschaffenheit und den geometrischen Verhältnissen von der Art der Konvektion (frei, erzwungen) und dem Konvektionsmedium (Luft, Wasser) abhängig.

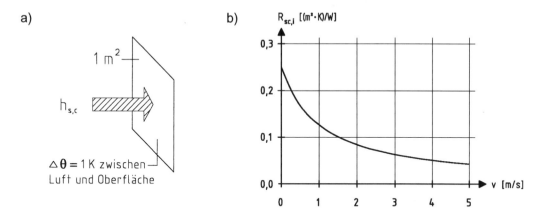

Bild 2.16: Wärmeübergang der Konvektion
a) Definition des Wärmeübergangskoeffizienten der Konvektion $h_{s,c}$ für eine Bauteiloberfläche von $A = 1$ m² Fläche bei $\Delta \theta = 1$ K Temperaturdifferenz zwischen Luft und Oberfläche (nach [2.29])
b) Wärmeübergangswiderstand der Konvektion $R_{sc,i} = 1/h_{s,ci}$ in Abhängigkeit von der Strömungsgeschwindigkeit v an der Oberfläche (nach [2.55])

B Wärmeübergang durch Strahlung

Jeder Körper emittiert elektromagnetische Strahlung, deren Energie von seiner Temperatur und Oberflächenbeschaffenheit abhängt [2.47]. Zwischen zwei unterschiedlich warmen Körpern findet dadurch ein Energietransport vom Wärmeren zum Kälteren statt (vgl. Bild 2.13 rechts), an dem die dazwischenliegende Luft nur geringfügig beteiligt ist; dadurch ergibt sich ebenfalls eine Temperaturdifferenz zwischen innerer Bauteiloberfläche und Raumluft einerseits und zwischen äußerer Bauteiloberfläche und Außenluft andererseits, die zu folgenden Gleichungen für die Wärmestromdichte in W/m² führen:

$$q_{r,i} = h_{s,r,i} \cdot (\theta_i - \theta_{si}) \tag{2.8}$$

$$q_{r,e} = h_{s,r,e} \cdot (\theta_{se} - \theta_e) \tag{2.9}$$

$h_{s,r,\,i/e}$ Wärmeübergangskoeffizient der Strahlung (*engl. „radiation"*) auf der Innen- bzw. Außenseite des Bauteils in W/(m² · K)

Zur Bestimmung von $h_{s,r}$ (früher α_s) s. EN ISO 6946 [2.52], Anhang A, bzw. [2.47], [2.54]; $h_{s,r}$ ist von der Oberflächenart (metallisch, nicht metallisch) und den beiden Oberflächentemperaturen abhängig.

2 Grundlagen des Wärmeschutzes

C Zusammengefasster Wärmeübergang

Für Wärmeschutznachweise werden die Wärmeübergangskoeffizienten der Konvektion und der Strahlung gemäß EN ISO 7345 [2.51] vereinfacht zusammengefasst, da zu viele der genannten Parameter nicht genau, sondern nur der Größenordnung nach bekannt sind; daraus ergeben sich folgende Gleichungen für die Wärmestromdichte in W/m²:

$$q_i = h_{s,i} \cdot (\theta_i - \theta_{si}) \tag{2.10}$$

$$q_e = h_{s,e} \cdot (\theta_{se} - \theta_e) \tag{2.11}$$

$h_{s,i/e}$ $h_{s,c,i/e} + h_{s,r,i/e}$ (2.12)
Wärmeübergangs*koeffizient* in W/(m² · K)

bzw.

$R_{s,i/e}$ $1/h_{s,i/e}$ (2.13)
Wärmeübergangs*widerstand* in m² · K/W, vertafelt in Tabelle 2.6 (wegen Windeinflusses außen im Allgemeinen niedriger als innen, vgl. Bild 2.16b)

Tabelle 2.7: Wärmeübergangswiderstände R_{si}, R_{se}

		Richtung des Wärmestromes		
		aufwärts	horizontal [1]	abwärts
R_{si} in m² · K/W	(bei Innenbauteilen beidseitig)	0,10	0,13	0,17
R_{se} in m² · K/W	allgemein	0,04	0,04	0,04
	bei stark belüfteten Luftschichten	0,10	0,13	0,17

[1]) Werte für *horizontal* gelten für Richtungen des Wärmestromes von ± 30° zur horizontalen Ebene.

Anmerkung: Für die Angabe des Wärmedurchgangskoeffizienten von Bauteilen, in denen von der Richtung *un*abhängige Werte gefordert werden, wird empfohlen, die Werte für *horizontalen* Wärmestrom zu verwenden.

2.6.5 Stationärer Wärmestrom

Der eindimensionale, stationäre Wärmestrom durch ein Bauteil ohne Wärmequelle ist in Bild 2.17 (in der Schreibweise der Wärmestrom*dichte* q) schematisch dargestellt. Da der Wärmestrom stationär sein soll, d. h. weder Wärme im Bauteil gespeichert noch dem Bauteil entzogen werden soll, müssen die drei in Bild 2.17 dargestellten Wärmestromdichten q_i, q und q_e in W/m² gleich sein:

$$q_i \equiv q \equiv q_e \tag{2.14}$$

2.6 Berechnungsgrundlagen des baulichen Wärmeschutzes

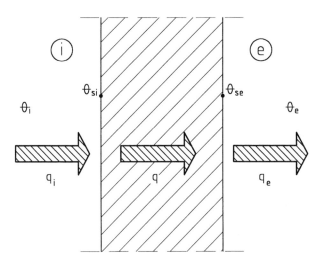

Bild 2.17: Schematische Darstellung der Wärmestromdichten q durch ein ebenes Bauteil ohne Wärmequellen (nach [2.49]):
a) Wärmeübergang von der Raumluft zur raumseitigen Bauteiloberfläche
b) Wärmedurchgang durch das Bauteil
c) Wärmeübergang von der außenseitigen Bauteiloberfläche zur Außenluft

Daraus ergibt sich mit Gl. (2.5), Gl. (2.10) und Gl. (2.11) folgendes Gleichungssystem:

$$q_i \equiv q = h_{s\,i} \cdot (\theta_i - \theta_{si}) \tag{2.15a}$$

$$q = \Lambda \cdot (\theta_{si} - \theta_{se}) \tag{2.15b}$$

$$q_e \equiv q = h_{s,e} \cdot (\theta_{se} - \theta_e) \tag{2.15c}$$

Darin unbekannt sind die Wärmestromdichte q, die innere Bauteiloberflächentemperatur θ_{si} und die äußere Bauteiloberflächentemperatur θ_{se}. Drei Gleichungen mit drei Unbekannten sind mathematisch lösbar; durch Einsetzen der nach den Oberflächentemperaturen θ_{si} bzw. θ_{se} aufgelösten Gl. (2.15a) und Gl. (2.15c) in Gl. (2.15b) ergibt sich

$$q = \left(\frac{1}{\dfrac{1}{h_{si}} + \dfrac{1}{\Lambda} + \dfrac{1}{h_{se}}} \right) \cdot (\theta_i - \theta_e) \tag{2.16}$$

Mit Berücksichtigung von Gl. (2.13) wird daraus

2 Grundlagen des Wärmeschutzes

$$q = \left(\frac{1}{R_{si} + R + R_{se}}\right) \cdot (\theta_i - \theta_e) \qquad (2.17)$$

$R = 1/\Lambda$ Wärmedurchlasswiderstand in m² · K/W

Die in Gl. (2.17) eingeklammerte Konstante wird dabei zur Vereinfachung als Wärmedurchgangskoeffizient U oder kurz als U-Wert *(engl. „U-value")* in W/(m² · K) bezeichnet, sodass man schreiben kann:

$$q = U \cdot (\theta_i - \theta_e) \qquad (2.18)$$

Da die Temperaturen innen durch die erforderliche Behaglichkeit der Nutzer (vgl. Bild 2.2) und außen durch unser Klima vorgegeben sind, kann nur durch Veränderung des U-Wertes die Wärmestromdichte eines Bauteils – und in der Summe aller Bauteile damit der Transmissionswärmestrom des Gesamtgebäudes – verändert werden. Und da die Wärmeübergangswiderstände festliegen (vgl. Tabelle 2.7), lässt sich entsprechend Gl. (2.17) nur durch einen steigenden Wärmedurchlasswiderstand $R = 1/\Lambda$ die Wärmedämmung eines Bauteils verbessern.

2.6.6 Wärmedurchlasswiderstand R nichttransparenter, beidseitig luftberührter Bauteile

Der in Gl. (2.17) unbekannte Wärmedurchlasswiderstand R in m² · K/W errechnet sich für Bauteile aus $j = 1, 2, ..., n$ homogenen Bauteilschichten oder ruhenden bzw. schwach belüfteten Luftschichten zu

$$R = \sum_{j=1}^{n} R_j = R_1 + R_2 + ... + R_n \qquad (2.19)$$

R_j Wärmedurchlasswiderstand der homogenen Bauteilschicht oder ruhenden (bzw. schwach belüfteten) Luftschicht j in m² · K/W

Darin berechnen sich die einzelnen Wärmedurchlasswiderstände R_j folgendermaßen:

A Bemessungswert des Wärmedurchlasswiderstandes R_j homogener Bauteilschichten

Für homogene Bauteilschichten $j = 1, 2, ..., n$ nichttransparenter, beidseitig luftberührter Bauteile errechnet sich der Bemessungswert des Wärmedurchlasswiderstandes R_j in m² · K/W nach EN ISO 6946 [2.52], 5.1, wie folgt:

2.6 Berechnungsgrundlagen des baulichen Wärmeschutzes

$$R_j = \frac{d_j}{\lambda_j} \tag{2.20}$$

d_j Schichtdicke in m der Bauteilschicht j
λ_j Bemessungswert der Wärmeleitfähigkeit in W/(m · K) der Bauteilschicht j meist nach DIN 4108-4 : 2013-02 [2.25], Tabelle 1 bzw. für Wärmedämmstoffe nach Tabelle 2 oder 3, ggf. für einige europäisch genormte Baustoffe nach EN ISO 10456 [2.33], Tabelle 3 (vgl. Abschnitt 2.5)

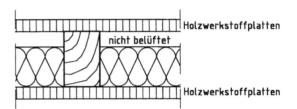

Bild 2.18: Ruhende Luftschicht (= nicht belüfteter Hohlraum) im Gefach eines Wandelementes des Holzrahmen-/Holztafelbaus

B   Bemessungswert des Wärmedurchlasswiderstandes von Luftschichten

Im Gegensatz zu festen Baustoffen ist der Wärmedurchlasswiderstand von Luftschichten von der Konvektion im Luftraum abhängig. Für Luftschichten mit ≤ 0,30 m Dicke (dickere gelten als unbeheizte Räume, s. u.), die von parallelen Flächen mit einem Strahlungsemissionsgrad $\varepsilon \geq 0{,}8$ begrenzt werden, unterscheidet EN ISO 6946 folgende drei Fälle:

- *Ruhende* Luftschichten: Ruhende, d. h. *nicht* mit der Raum- oder Außenluft verbundenen Luftschichten (Bild 2.18), zeigen aufgrund zunehmender Konvektion im Luftraum nicht linear mit der Dicke ansteigende Wärmedurchlasswiderstände (Bild 2.19); für solche Schichten sind Bemessungswerte vertafelt in Tabelle 2.8 (bzw. in EN ISO 6946 [2.52], Tabelle 2). Eine durch *kleine* Öffnungen von
  - ≤ 500 mm² *je* m *Länge* für *vertikale* Luftschichten oder
  - ≤ 500 mm² *je* m² *Oberfläche* für *horizontale* Luftschichten

  mit der Außenumgebung verbundene Luftschicht darf dabei als ruhend betrachtet werden. Reine Entwässerungsöffnungen in Form offener Stoßfugen in der Außenschale von zweischaligem Mauerwerk *mit Kerndämmung* werden nicht als Lüftungsöffnungen angesehen, da in diesem Fall keine oberen Entlüftungsöffnungen vorhanden sind und somit kein Luftstrom möglich ist [2.56].

Tabelle 2.8: Wärmedurchlasswiderstand R_g in m² · K/W von ruhenden Luftschichten bei Oberflächen mit hohem Emissionsgrad

R_g in m² · K/W		\multicolumn{9}{c}{Dicke der Luftschicht in mm}
		0	5	7	10	15	25	50	100	300
Richtung des Wärmestroms	aufwärts	0,00	0,11	0,13	0,15	0,16	0,16	0,16	0,16	0,16
	horizontal	0,00	0,11	0,13	0,15	0,17	0,18	0,18	0,18	0,18
	abwärts	0,00	0,11	0,13	0,15	0,17	0,19	0,21	0,22	0,23

Anmerkung: Zwischenwerte sind linear zu interpolieren.

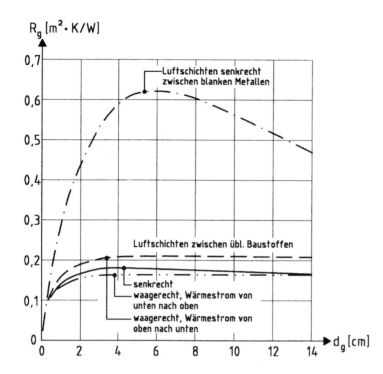

Bild 2.19: Wärmedurchlasswiderstand R_g von ruhenden Luftschichten der Dicke d_g (nach [2.57])

- *Schwach belüftete* Luftschichten: Luftschichten, die mit der Außenluft durch Öffnungen
  - > 500 mm² bis ≤ 1500 mm² *je* m *Länge* für *vertikale* Luftschichten oder
  - > 500 mm² bis ≤ 1500 mm² *je* m² *Oberfläche* für *horizontale* Luftschichten

  verbunden sind, gelten als schwach belüftet. Der Bemessungswert solcher Schichten ergibt sich nach EN ISO 6946 [2.52], 5.3.3, durch Mittelung der Wärmedurchlasswiderstände für ruhende und stark belüftete Luftschichten.

- *Stark belüftete* Luftschichten: Luftschichten, die mit der Außenluft durch Öffnungen
  - > 1500 mm² *je* m *Länge* für *vertikale* Luftschichten oder
  - > 1500 mm² *je* m² *Oberfläche* für *horizontale* Luftschichten

  verbunden sind, gelten als stark belüftet (Bild 2.20). Solche nicht ruhenden Luftschichten stellen keine Bauteilschichten, sondern einen Teil der Außenluft dar; sie werden nach EN ISO 6946 [2.52], 5.3.4, erfasst durch:
  - Vernachlässigung aller Bauteilschichten zwischen der Luftschicht und der Außenluft sowie
  - erhöhte Wärmeübergangswiderstände $R_{se} \equiv R_{si}$ (vgl. Tabelle 2.7).

Entsprechend obiger Definition sind Luftschichten von zweischaligem Mauerwerk *mit Luftschicht* nach Bild 2.20c mit gemäß früherer DIN 1053-1 [2.60] vorgeschriebenen (und weiterhin üblichern) Öffnungen von oben und unten jeweils ≥ 7500 mm² auf 20 m² Wandfläche nach EN ISO 6946 [2.52] als *stark belüftet* anzunehmen; d. h. Luftschicht und Außenschale dürfen bei Wärmeschutznachweisen nicht angesetzt werden [2.56]. Zweischaliges Mauerwerk *mit Kerndämmung* (s. u. Bild 3.8b in Abschnitt 3.3), bei dem

2.6 Berechnungsgrundlagen des baulichen Wärmeschutzes

eine Belüftung des Fingerspalts verhindert wird (durch obere Abdeckung des Fingerspalts oder die Verwendung von Mineralwolle-Dämmstoff, der „aufgeht" und dadurch mit der Zeit den Fingerspalt füllt), ist dagegen in diesem Sinne *nicht belüftet*, d. h. Luftschicht und Außenschale dürfen angesetzt werden.

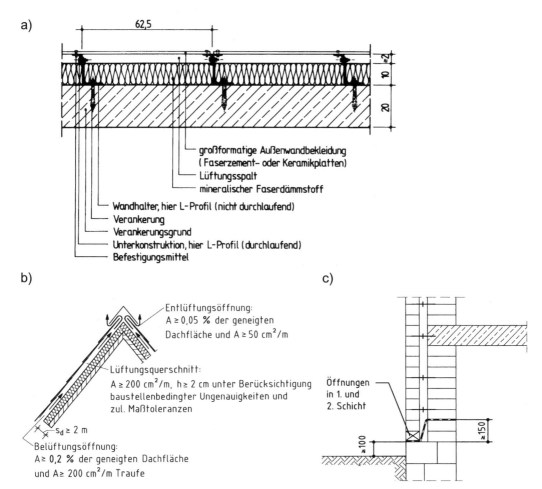

Bild 2.20: Beispiele *stark* belüfteter Luftschichten:
a) Die Hinterlüftung einer Außenwandbekleidung (Horizontalschnitt) stellt aufgrund der in DIN 18516 geforderten Öffnungen eine *stark* belüftete vertikale Luftschicht dar
b) Die Unterlüftung eines Daches mit Dachneigung ≥ 5° (Vertikalschnitt) stellt wegen der in DIN 4108-3 vorgegebenen Öffnungen eine *stark* belüftete geneigte Luftschicht dar [2.58]
c) Die Luftschicht in zweischaligen gemauerten Außenwänden (Vertikalschnitt, Maße in mm) stellt aufgrund der Öffnungen von oben und unten jeweils ≥ 7500 mm² auf 20 m² Wandfläche eine *stark* belüftete Luftschicht dar

2.6.7 Wärmedurchlasswiderstand R_u unbeheizter Räume

Der Wärmestrom von innen nach außen geht in diesem Fall
- nicht nur durch das Bauteil der wärmeübertragenden Gebäudehülle,
- sondern auch durch den angrenzenden unbeheizten Raum (bestehend aus mehr oder weniger ruhender Luft) und die diesen unbeheizten Raum nach außen abschließende Konstruktion.

Zu unterscheiden sind dabei die folgenden Fälle:

A Unbeheizte Dachräume

Der Wärmedurchlasswiderstand R_u unbeheizter Dachräume mit natürlicher Belüftung kann nach EN ISO 6946 [2.52], 5.4.2, entsprechend Tabelle 2.9 angesetzt werden, wobei der Wärmedurchlasswiderstand wie für eine homogene Schicht angenommen werden darf.

Tabelle 2.9: Wärmedurchlasswiderstände R_u von unbeheizten Dachräumen (die Werte enthalten den Wärmedurchlasswiderstand des belüfteten Raumes und der Dachkonstruktion, sie enthalten nicht den äußeren Wärmeübergangswiderstand R_{se})

Beschreibung des Daches (ergänzt nach [2.56])	R_u in m² · K/W
Ziegel-/Dachsteindach *ohne* Pappe, Schalung o. Ä. (d. h. belüftetes Dach mit *offener* Deckunterlage, z. B. überlappte Unterspannbahnen)	0,06
Ziegel-/Dachsteindach mit Pappe *oder* Schalung o. Ä. unter der Deckung (d. h. belüftetes Dach mit *geschlossener* Deckunterlage, z. B. Unterdach oder Unterdeckbahnen mit verklebten Nähten und Stößen)	0,2
Wie vor, jedoch mit Aluminiumbekleidung oder anderer Oberfläche mit geringem Emissionsgrad (d. h. glänzender Metallfolie) an der Dach*unter*seite	0,3
Dach mit Schalung *und* Pappe (d. h. *nicht* belüftetes Dach)	0,3

B Andere Räume

Der Wärmedurchlasswiderstand R_u in m² · K/W anderer, mit dem Gebäude verbundener unbeheizter Räume wie Garagen, Lagerräume oder Wintergärten, errechnet sich nach EN ISO 6946 [2.52], 5.4.3, – wiederum als homogene Schicht angenommen – zu:

$$R_u = \frac{A_i}{\sum (A_{e,k} \cdot U_{e,k}) + 0{,}33 \cdot n \cdot V} \qquad (2.21)$$

A_i Gesamtfläche in m² aller Bauteile zwischen Innenraum und unbeheiztem Raum

$A_{e,k}$ Fläche in m² des Bauteils k zwichen unbeheiztem Raum und Außenumgebung

$U_{e,k}$ Wärmedurchgangskoffizeint in W/(m² · K) des Bauteils k zwichen unbeheiztem Raum und Außenumgebung

2.6 Berechnungsgrundlagen des baulichen Wärmeschutzes

n Luftwechselrate in h^{-1} im unbeheizten Raum
V Volumen in m³ des unbeheizten Raumes

Eine genauere Erfassung unbeheizter (unkonditionierter) Räume kann nach EN ISO 13789 [2.61] erfolgen (Näheres dazu s. z. B. in [2.56]).

Hinweis: Unbeheizte Räume werden gemäß EnEV nicht durch R_u, sondern vereinfacht mithilfe sog. *Temperatur-Korrekturfaktoren F_x* erfasst (s. Abschnitt 5.4.4).

2.6.8 Wärmedurchgangswiderstand R_T nichttransparenter, beidseitig luftberührter Bauteile

Der Wärmedurch*gangs*widerstand R_T in m² · K/W ergibt sich nun nach EN ISO 6946 [2.52], 6.1, mit Gl. (2.19) zu

$$R_T = R_{si} + R + R_{se} = R_{si} + \sum_{j=1}^{n} R_j + R_{se} \quad (2.22)$$

R_{si}, R_{se} innerer bzw. äußerer Wärmeübergangswiderstand in m² · K/W nach EN ISO 6946 [2.52], Tabelle 1, (vgl. Tabelle 2.7)
R_1, R_2, ..., R_n Bemessungswerte des Wärmedurchlasswiderstandes der homogenen Bauteilschichten in m² · K/W des Bauteils; für Bauteil- und Luftschichten bestimmt entsprechend Abschnitt 2.6.6, Gl. (2.20), auch R_u für unbeheizte Räume entsprechend Abschnitt 2.6.7

2.6.9 Wärmedurchgangskoeffizient U nichttransparenter, beidseitig luftberührter Bauteile

Der Wärmedurchgangskoeffizient U (U-Wert) in W/(m² · K) eines nichttransparenten luftberührten Bauteils errechnet sich nach EN ISO 6946 [2.52], 7, aus dem Wärmedurchgangswiderstand R_T als Kehrwert zu

$$U = 1/R_T \quad (2.23)$$

Der Wärmedurchgangskoeffizient U ist ggf. noch zu korrigieren gemäß Anhang D zu EN ISO 6946 [2.52]:

$$U_c = U + \Delta U \quad (2.24)$$

ΔU $\Delta U_g + \Delta U_f + \Delta U_r$ als Gesamtkorrektur
darin
ΔU_g Korrektur für mögliche Luftspalte in W/(m² · K)
ΔU_f Korrektur für mechanische Befestigungselemente in W/(m² · K)

ΔU_r Korrektur für Umkehrdächer in W/(m² · K)

Eine solche Korrektur wird allerdings nur erforderlich, wenn die Gesamtkorrektur ΔU größer als 3 % von U ist; praktisch vorgenommen wird eine solche Korrektur:
- für *mögliche Luftspalte* entsprechend Anhang D.2 der EN ISO 6946 [2.52] nicht in der Planungsphase, da i. d. R. frei von Luftspalten geplant wird (von Bedeutung bei Nachberechnungen im Rahmen von Gutachten, s. auch Bild 3.27 in Abschnitt 3.13),
- für *mechanische Befestigungselemente* entsprechend Anhang D.3 der EN ISO 6946 [2.52] (s. Abschnitt 2.9.3) bzw.
- für *Umkehrdächer* entsprechend Anhang D.4 der EN ISO 6946 [2.52] mit DIN 4108-2 [2.7], 5.2.2 (s. Abschnitt 2.7).

D. h., es sind nur die ersten beiden Korrekturwerte abschließend europäisch geregelt; in die Korrektur für Umkehrdächer fließen nationale Niederschlagsdaten ein.

Der Wärmedurchgangskoeffizient *anderer* als nichttransparenter, beidseitig luftberührter Bauteile aus parallelen, homogenen Schichten wird in folgenden Abschnitten behandelt:
- Wärmedurchgangskoeffizient U bei nebeneinanderliegenden Bauteilabschnitten (s. Abschnitt 2.10),
- Wärmedurchgangskoeffizient U von Bauteilen mit keilförmigen Schichten (s. Abschnitt 2.11),
- Wärmedurchgangskoeffizient U erdberührter Bauteile (s. Abschnitt 2.12),
- Wärmedurchgangskoeffizient U_w transparenter Bauteile (s. Abschnitt 2.13).

2.7 Nachweis des Mindestwärmeschutzes flächiger Bauteile

In diesem Abschnitt werden die Mindestanforderungen an den Wärmeschutz flächiger Bauteile (vgl. Abschnitt 2.3) zur Verringerung der Wärmeübertragung durch
- die Umfassungsflächen eines Gebäudes (s. o.) und
- zusätzlich durch die Trennflächen von Räumen unterschiedlicher Temperaturen

behandelt. An diese werden in DIN 4108-2 [2.7], 5.1, folgende Anforderungen an den Mindestwärmeschutz gestellt:

- Um das sog. „Barackenklima" mit hoher sommerlicher Aufheizung zu vermeiden, haben die i. d. R. leichten *thermisch inhomogenen* Bauteile (z. B. von Skelett- oder Holztafel-/Holzrahmenbauten, vgl. Bild 2.18)
  - $R \geq 1{,}75$ m² · K/W = R_{min} für den *Gefachbereich* (d. h. für den Bereich zwischen den Rippen) und
  - $R_m \geq 1{,}0$ m² · K/W = $R_{m,min}$ *im Mittel*

  einzuhalten (zur Berechnung solcher Bauteile s. Abschnitt 2.10).

- Analog gilt für *leichte thermisch homogene* Bauteile, d. h. ein- und mehrschalige Bauteile mit einer flächenbezogenen Gesamtmasse $m' < 100$ kg/m² die vergleichsweise hohe Mindestanforderung $R \geq 1{,}75$ m² · K/W = R_{min}.

2.7 Nachweis des Mindestwärmeschutzes flächiger Bauteile

Tabelle 2.10: Mindestwerte R_{min} für den Wärmedurchlasswiderstand von Bauteilen

Bauteile	R_{min} [1]) in $m^2 \cdot K/W$
Wände beheizter Räume gegen Außenluft, Erdreich, Tiefgaragen, nicht beheizte Räume (auch Dach- und Kellerräume außerhalb der wämeübertragenden Umfassungsfläche)	
- Räume bestimmungsgemäß auf übliche Innentemp. beheizt ($\theta_i \geq 19$ °C)	1,2
- Räume bestimmungsgemäß niedrig beheizt (12 °C $\leq \theta_i <$ 19 °C)	0,55
Dachschrägen beheizter Räume gegen Außenluft	1,2
Decken beheizter Räume nach oben und Flachdächer	
- gegen Außenluft	1,2
- zu belüfteten Räumen zwischen Dachschrägen und Abseitenwänden bei ausgebauten Dachräumen	0,90
- zu nicht beheizten Räumen, zu bekriechbaren oder noch niedrigeren Räumen	0,90
- zu Räumen zwischen gedämmten Dachschrägen und Abseitenwänden bei ausgebauten Dachräumen	0,35
Decken beheizter Räume nach unten	
- gegen Außenluft, gegen Tiefgaragen, gegen Garagen (auch beheizte), Durchfahrten (auch verschließbare) und belüftete Kriechkeller	1,75
- gegen nicht beheizten Kellerraum	0,90
- unterer Abschluss (z. B. Sohlplatte) von Aufenthaltsräumen unmittelbar an das Erdreich grenzend bis zu einer Raumtiefe von 5 m	0,90
- über einem nicht belüfteten Hohlraum, z. B. Kriechkeller, an das Erdreich grenzend	0,90
Bauteile an Treppenräumen	
- Wände zwischen beheiztem Raum und direkt beheiztem Treppenraum; Wände zwischen beheiztem Raum und indirekt beheiztem Treppenraum, sofern die anderen Bauteile des Treppenraums die Anforderungen dieser Tabelle erfüllen	0,07
- Wände zwischen beheiztem Raum und indirekt beheiztem Treppenraum, wenn *nicht* alle anderen Bauteile des Treppenraums die Anforderungen dieser Tabelle erfüllen	0,25
(die Bauteile des oberen und unteren Abschlusses der direkt oder indirekt beheizten Treppenräume müssen die Anford. dieser Tabelle erfüllen)	
Bauteile zwischen beheizten Räumen	
- Wohnungs- und Gebäudetrennwände zwischen beheiztem Räumen	0,07
- Wohnungstrenndecken, Decken zwischen Räumen unterschiedlicher Nutzung	0,25

[1]) Bei erdberührten Bauteilen konstruktiver Wärmedurchlasswiderstand.

- Für alle übrigen Bauteile, d. h. *schwere thermisch homogene* Bauteile mit flächenbezogener Gesamtmasse $m' \geq 100$ kg/m²) sind die in DIN 4108-2 [2.7], Tabelle 3, zusammengestellten Mindestwerte für Wärmedurchlasswiderstände von Bauteilen R_{min} einzuhalten (Tabelle 2.10).

Diese Mindestanforderungen wurden so festgelegt, dass Ecken und Kanten, die aus entsprechenden Bauteilen gebildet werden, ohne darüber hinausgehende Störung der Dämmebene als unbedenklich hinsichtlich Schimmelbildung gelten, sofern die Gebäude ausreichend beheizt und belüftet werden und eine weitgehend ungehinderte Luftzirkulation an den Außenwandoberflächen möglich ist – ein bei genauem Nachweis jedoch zu optimistischer Ansatz [2.59].

Der Mindestwärmeschutz muss nach DIN 4108-2 [2.7], 5.1.1, *an jeder Stelle* vorhanden sein, d. h. auch in Nischen unter Fenstern (Brüstungen), Fensterstürzen, Rollladenkästen, Installationsschächten usw. Dies gilt ebenso für die Wandbereiche auf der Außenseite von Heizkörpern und Rohrkanälen, insbesondere auch für ausnahmsweise in Außenwänden angeordnete Heizungs- und Warmwasserrohre.

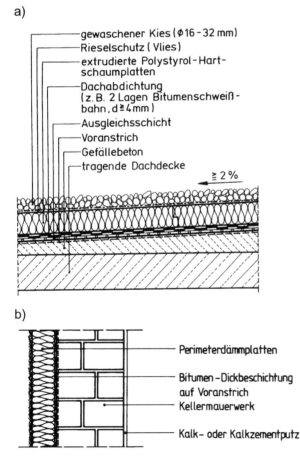

Bild 2.21: Außerhalb der Bauwerks- bzw. Dachabdichtung bei Wärmeschutznachweisen zu berücksichtigende Wärmedämmschichten:
a) Polystyrol-Extruderschaumplatten (XPS-Platten) beim Umkehrdach [2.63]
b) XPS- oder Schaumglasplatten bei der Perimeterdämmung (Außenseite an Erdreich links)

2.7 Nachweis des Mindestwärmeschutzes flächiger Bauteile

Für die Berechnung des Wärmedurchlasswiderstandes R von Bauteilen mit Abdichtungen dürfen nach DIN 4108-2 [2.7], 5.2.2, im Allgemeinen nur die Schichten raumseitig der Bauwerks- bzw. Dachabdichtung angesetzt werden. Ausnahmen sind:
- das *Umkehrdach* als Flachdachbauart (Bild 2.21a) und
- die *Perimeterdämmung* zur nicht ständig im Grundwasser liegenden, außenseitigen Dämmung von Kelleraußenwänden (Bild 2.21b) und Bodenplatten

mit jeweils außerhalb der Abdichtung liegenden Dämmstoffen der Anwendungstypen DUK, PW oder PB nach DIN 4108-10 [2.44] (und *zusätzlich* einer Allgemeinen bauaufsichtlichen Zulassung für diese Anwendung) aus Polystyrol-Extruderschaum XPS bzw. Schaumglas CG (nur Perimeterdämmung, s. dazu auch Abschnitte 2.12.4 und 2.12.6). Bei Umkehrdächern ist jedoch zu beachten:

- Zur Berücksichtigung des zwischen den XPS-Platten in gewissem Umfang hindurchfließenden kalten Wassers wird eine Korrektur des Wärmedurchgangskoeffizienten U mit nationalen Niederschlagsdaten erforderlich (vgl. Abschnitt 2.6.9). Das entsprechende Berechnungsverfahren nach EN ISO 6946 ist recht aufwendig; für Umkehrdächer werden in Deutschland vereinfacht Zuschlagwerte ΔU_r nach DIN 4108-2, Tabelle 2.11, angesetzt. *Hinweis*: Zwischenzeitlich wurden Umkehrdächer mit wasserableitender Trennlage entwickelt, bei denen nach Allgemeiner bauaufsichtlicher Zulassung immer $\Delta U_r \equiv 0$ gesetzt werden darf [2.65] – diese Konstruktion ist heute Standard [2.64].

- Bei leichten Unterkonstruktionen mit flächenbezogenen Massen $m' < 250$ kg/m² muss der Wärmedurchgangswiderstand *unterhalb* der Abdichtung $R \geq 0,15$ m² · K/W betragen. Grund: Bei im Sommer hoher Außenlufttemperatur und -feuchte entsteht andernfalls bei einem plötzlichen Sommergewitter Tauwasser an der Dachunterseite, das abtropfen könnte [2.63].

Tabelle 2.11: Zuschlagwerte ΔU_r für Umkehrdächer

Anteil des Wärmedurchlasswiderstandes raumseitig der Abdichtung am Gesamtwärmedurchlasswiderstand	ΔU_r in W/(m² · K)
< 10 %	0,05
≥ 10 bis < 50 %	0,03
≥ 50 %	0

Beispiel 2.1: Einschalige gemauerte Außenwand

Aufgabe: Für die in Bild 2.22 dargestellte, einschalige gemauerte Außenwand eines Aufenthaltsraumes sind
a) der Nachweis des Mindestwärmeschutzes zu führen und
b) der Wärmedurchgangskoeffizient (U-Wert) zu berechnen.

Lösung: a) Der Bemessungswert der Wärmeleitfähigkeit λ wird aus DIN 4108-4 [2.25], Tabelle 1, entnommen. Es handle sich o. w. N. um ein *schweres* Bauteil; mit Gl. (2.19) und Gl. (2.20) wird für das vorliegende einschichtige Bauteil

$$R = R_j = d_j / \lambda_j = 0{,}375 \text{ m} / 0{,}68 \text{ W/(m} \cdot \text{K)} = 0{,}551 \text{ m}^2 \cdot \text{K/W}$$
$$< 1{,}2 \text{ m}^2 \cdot \text{K/W} = R_{min}$$

Die Außenwand erfüllt damit *nicht* die Anforderungen an den Mindestwärmeschutz nach DIN 4108-2 [2.7].

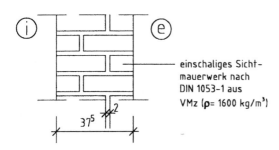

einschaliges Sicht-mauerwerk nach DIN 1053-1 aus VMz (ρ= 1600 kg/m³)

Bild 2.22: Einschalige gemauerte Außenwand eines Aufenthaltsraumes

b) Mit Gl. (2.22) und EN ISO 6946 [2.52], Tabelle 1 (vgl. Tabelle 2.7), wird

$$R_T = R_{si} + R + R_{se} = 0{,}13 \text{ m}^2 \cdot \text{K/W} + 0{,}551 \text{ m}^2 \cdot \text{K/W} + 0{,}04 \text{ m}^2 \cdot \text{K/W} = 0{,}721 \text{ m}^2 \cdot \text{K/W}$$

Damit ergibt sich der Wärmedurchgangskoeffizient mit Gl. (2.23) zu

$$U = 1/R_T = 1/0{,}721 \text{ m}^2 \cdot \text{K/W} = 1{,}4 \text{ W/(m}^2 \cdot \text{K)}$$

Hinweis: Zwischenwerte während der Berechnungen sind entsprechend EN ISO 6946 [2.52] auf *mindestens drei* Dezimalstellen zu berechnen, U-Werte (ggf. auch R_T-Werte) als Endergebnis der Berechnung sind auf *zwei* Dezimalstellen zu runden!

Die folgenden Beispiele werden tabellarisch berechnet; entsprechende Tabellenvorlagen finden sich am Ende des Buches und in der Beuth-Mediathek (www.beuth-mediathek.de):

Beispiel 2.2: Wohnungstrennwand aus einschaligem Mauerwerk zwischen beheizten Räumen

Aufgabe: Für die in Tabelle 2.12 dargestellte Wohnungstrennwand (zwischen beheizten Räumen) sind
a) der Nachweis des Mindestwärmeschutzes zu führen und
b) der Wärmedurchgangskoeffizient (U-Wert) zu berechnen.

Lösung: Die Bemessungswerte der Wärmeleitfähigkeit λ von Mauerwerk und Gipsputz ohne Zuschlag werden aus DIN 4108-4 [2.25], Tabelle 1, entnommen. Nachweise s. in Tabelle 2.12.

2.7 Nachweis des Mindestwärmeschutzes flächiger Bauteile

Tabelle 2.12: Berechnungsformular zu Beispiel 2.2

Nachweis des Mindestwärmeschutzes
nach DIN EN ISO 6946: 2008-04 mit DIN 4108-2: 2013-02

Aufbau des Bauteils

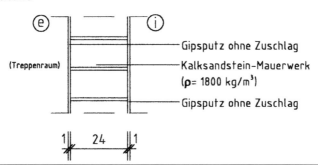

Wärmedurchlasswiderstand und Wärmedurchgangskoeffizient

Bauteilaufbau (von innen nach außen)	d in m	ρ in kg/m³	λ in W/(m K)	$R = d / \lambda$ in m² · K/W
Gipsputz ohne Zuschlag	0,01	1200	0,51	0,020
Kalksandstein-Mauerwerk	0,24	1800	0,99	0,242
Gipsputz ohne Zuschlag	0,01	1200	0,51	0,020
Wärmedurchlasswiderstand	$R = \Sigma \, d / \lambda$			0,282
Wärmeübergangswiderstand innen	R_{si}			0,13
Wärmeübergangswiderstand außen	R_{se} (= R_{si}, da Innenbauteil)			0,13
Wärmedurchgangswiderstand	$R_T = R_{si} + R + R_{se}$			0,542
Wärmedurchgangskoeffizient	$U = 1 / R_T$ = 1,85			W/(m² · K)

Flächenbezogene Masse

m' = 0,24 · 1800 + ... ≥ 432 kg/m² ≥ 100 kg/m²

Damit liegt ein ~~leichtes~~/schweres[1]) Bauteil vor.

Nachweis des Mindestwärmeschutzes

R = 0,282 m² · K/W ≥ 0,07 m² · K/W = R_{min}

Das untersuchte Bauteil erfüllt somit – ~~nicht[1])~~ – die Anforderungen an den Mindestwärmeschutz nach DIN 4108-2: 2013-02.

[1]) Nichtzutreffendes streichen.

Tabelle 2.13: Berechnungsformular zu Beispiel 2.3

Nachweis des Mindestwärmeschutzes
nach DIN EN ISO 6946: 2008-04 mit DIN 4108-2: 2013-02

Aufbau des Bauteils

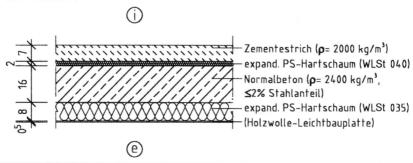

Wärmedurchlasswiderstand und Wärmedurchgangskoeffizient

Bauteilaufbau (von innen nach außen)	d in m	ρ in kg/m³	λ in W/(m K)	$R = d/\lambda$ in m² · K/W
Zement-Estrich	0,07	2000	1,4	0,050
expand. Polystyrol-Hartschaum EPS	0,02	(20)	0,040	0,500
Beton, armiert (mit ≤ 2 % Stahl)	0,16	2400	2,5	0,064
expand. Polystyrol-Hartschaum EPS	0,08	(20)	0,035	2,286
(Holzwolle-Platten vernachlässigt)	-	-	-	-
Wärmedurchlasswiderstand	$R = \Sigma d / \lambda$			2,900
Wärmeübergangswiderstand innen	R_{si}			0,17
Wärmeübergangswiderstand außen	R_{se} (= R_{si}, da Innenbauteil)			0,17
Wärmedurchgangswiderstand	$R_T = R_{si} + R + R_{se}$			3,240
Wärmedurchgangskoeffizient	$U = 1 / R_T = 0{,}31$			W/(m² · K)

Flächenbezogene Masse

m' = 0,16 · 2400 + ...   ≥   384   kg/m² ≥ 100 kg/m²

Damit liegt ein ~~leichtes~~/schweres[1]) Bauteil vor.

Nachweis des Mindestwärmeschutzes

R = 2,90   m² · K/W   ≥   0,90   m² · K/W   = R_{min}

Das untersuchte Bauteil erfüllt somit – ~~nicht[1]~~) – die Anforderungen an den Mindestwärmeschutz nach DIN 4108-2: 2013-02.

[1]) Nichtzutreffendes streichen.

2.7 Nachweis des Mindestwärmeschutzes flächiger Bauteile

Tabelle 2.14: Berechnungsformular zu Beispiel 2.4

Nachweis des Mindestwärmeschutzes
nach DIN EN ISO 6946: 2008-04 mit DIN 4108-2: 2013-02

Aufbau des Bauteils

Zementestrich (ρ= 2000 kg/m³)
expand. PS-Hartschaum (WLSt 040)
Normalbeton (ρ= 2400 kg/m³, ≤2% Stahlanteil)
expand. PS-Hartschaum (WLSt 035)
(Dünnputz)

Wärmedurchlasswiderstand und Wärmedurchgangskoeffizient

Bauteilaufbau (von innen nach außen)	d in m	ρ in kg/m³	λ in W/(m K)	$R = d / \lambda$ in m² · K/W
Zement-Estrich	0,07	2000	1,4	0,050
expandierter Polystyrol-Hartschaum	0,02	(20)	0,040	0,500
Beton, armiert (mit ≤ 2 % Stahl)	0,16	2400	2,5	0,064
expandierter Polystyrol-Hartschaum	0,08	(20)	0,035	2,286
(Dünnputz vernachlässigt)	-	-	-	-
Wärmedurchlasswiderstand	$R = \Sigma\, d / \lambda$			2,900
Wärmeübergangswiderstand innen	R_{si}			0,17
Wärmeübergangswiderstand außen	R_{se}			0,04
Wärmedurchgangswiderstand	$R_T = R_{si} + R + R_{se}$			3,110
Wärmedurchgangskoeffizient	$U = 1 / R_T = 0{,}32$			W/(m² · K)

Flächenbezogene Masse

$m' = 0{,}16 \cdot 2400 + \ldots \geq 384$ kg/m² ≥ 100 kg/m²

Damit liegt ein ~~leichtes~~/schweres[1]) Bauteil vor.

Nachweis des Mindestwärmeschutzes

$R = 2{,}90$ m² · K/W $\geq 1{,}75$ m² · K/W $= R_{min}$

Das untersuchte Bauteil erfüllt somit – ~~nicht~~[1]) – die Anforderungen an den Mindestwärmeschutz nach DIN 4108-2: 2013-02.

[1]) Nichtzutreffendes streichen.

Beispiel 2.3: Kellerdecke über *un*beheiztem Keller

Aufgabe: Für die in Tabelle 2.13 dargestellte Kellerdecke (unterseitige Wärmedämmung geklebt) sind
a) der Nachweis des Mindestwärmeschutzes zu führen und
b) der Wärmedurchgangskoeffizient (*U*-Wert) zu berechnen.

Lösung: Der Bemessungswert der Wärmeleitfähigkeit λ des Zementestrichs wird aus DIN 4108-4 [2.25], Tabelle 1, entnommen, für den des Normalbetons wird dort auf EN ISO 10456 [2.33] verwiesen. Der expandierte Polystyrol-Hartschaum (EPS nach EN 13163) sei allgemein bauaufsichtlich zugelassen: Der Bemessungswert der Wärmeleitfähigkeit λ entspreche der Wärmeleitfähigkeitsstufe 035 bzw. 040. Nachweise s. in Tabelle 2.13.

Beispiel 2.4: Decke über einer Durchfahrt

Aufgabe: Für die in Tabelle 2.14 dargestellte Decke über einer Durchfahrt, die nach unten an die Außenluft grenzt, sind (das unterseitige Wärmedämm-Verbundsystem sei nur geklebt)
a) der Nachweis des Mindestwärmeschutzes zu führen und
b) der Wärmedurchgangskoeffizient (*U*-Wert) zu berechnen.

Lösung: Der Bemessungswert der Wärmeleitfähigkeit λ des Zementestrichs wird wiederum DIN 4108-4 [2.25], Tabelle 1, entnommen, für den des Normalbetons wird dort auf EN ISO 10456 [2.33] verwiesen. Der expandierte Polystyrol-Hartschaum (EPS nach EN 13163) sei allgemein bauaufsichtlich zugelassen: Der Bemessungswert der Wärmeleitfähigkeit λ entspreche der Wärmeleitfähigkeitsstufe 035 bzw. 040. Nachweise s. in Tabelle 2.14.

Hinweis: Die Beispiele 2.3 und 2.4 unterscheiden sich nur durch unterschiedliche Wärmeübergangswiderstände R_{se}!

2.8 Temperaturverlauf in beidseitig luftberührten Bauteilen

Mit der im Abschnitt 2.6.5 vorgestellten Gleichung

$$q = U \cdot (\theta_i - \theta_e) \tag{2.18}$$

lässt sich für vorgegebene Temperaturen θ_i und θ_e in °C mit einem nach Abschnitt 2.6.9 ermittelten Wärmedurchgangskoeffizienten U in W/(m² · K) die stationäre Wärmestromdichte q in W/m² durch das betrachtete Bauteil bestimmen. Damit werden durch Umformung der Gleichungen

$$q_i \equiv q = h_{s\,i} \cdot (\theta_i - \theta_{si}) \tag{2.15a}$$
$$q_e \equiv q = h_{s,e} \cdot (\theta_{se} - \theta_e) \tag{2.15c}$$

mit Gl. (2.13) die innere und äußere Oberflächentemperatur θ_{si} bzw. θ_{se} in °C berechnet (Bild 2.23):

2.8 Temperaturverlauf in beidseitig luftberührten Bauteilen

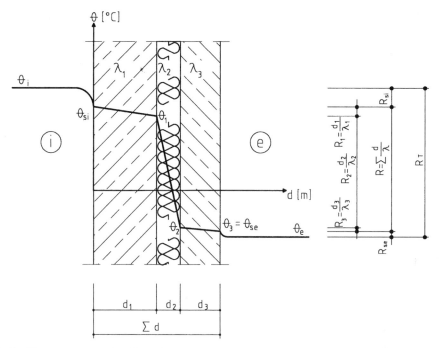

Bild 2.23: Temperaturverlauf im Querschnitt eines mehrschichtigen Bauteils (dreischichtige Betonsandwichwand = „Plattenbau" als Beispiel); die Temperaturdifferenz über einer Schicht ist proportional zum Wärmeübergangswiderstand R_s bzw. zum Wärmdurchlasswiderstand R_j der Bauteilschicht j

$$\theta_{si} = \theta_i - 1/h_{si} \cdot q = \theta_i - R_{si} \cdot q \tag{2.25}$$
$$\theta_{se} = \theta_e + 1/h_{se} \cdot q = \theta_e + R_{se} \cdot q \tag{2.26}$$

Neben den Oberflächentemperaturen benötigt man zur Darstellung des Temperaturverlaufs im Bauteil zusätzlich die Temperaturen der Trennflächen zwischen den Bauteilschichten (vgl. Bild 2.23). Üblicherweise führt man die Berechnung von innen nach außen durch; so errechnen sich durch Anwendung der Gleichung

$$q = \Lambda \cdot (\theta_{si} - \theta_{se}) = 1/R \cdot (\theta_{si} - \theta_{se}) \tag{2.15b}$$

(vgl. die Erläuterung zu Gl. (2.17)) getrennt auf alle Bauteilschichten $j = 1, 2, ..., n$

$$q = \Lambda_1 \cdot (\theta_{si} - \theta_1) = 1/R_1 \cdot (\theta_{si} - \theta_1) \tag{2.27a}$$
$$q = \Lambda_2 \cdot (\theta_1 - \theta_2) = 1/R_2 \cdot (\theta_1 - \theta_2) \tag{2.27b}$$
$$\vdots$$
$$q = \Lambda_n \cdot (\theta_{n-1} - \theta_n) = 1/R_n \cdot (\theta_{n-1} - \theta_n) \tag{2.27c}$$

mit dem Wärmedurchlasswiderstand in m² · K/W aller Bauteilschichten j (vgl. Gl. (2.20))

$$R_j = 1 / \Lambda_j = d_j / \lambda_j \qquad (2.28)$$

die Trennflächentemperaturen $\theta_1, \theta_2, ..., \theta_n$ in °C zu

$$\theta_1 = \theta_{si} - R_1 \cdot q = \theta_{si} - \frac{d_1}{\lambda_1} \cdot q \qquad (2.29a)$$

$$\theta_2 = \theta_1 - R_2 \cdot q = \theta_1 - \frac{d_2}{\lambda_2} \cdot q \qquad (2.29b)$$

$$\vdots$$

$$\theta_n = \theta_{n-1} - R_n \cdot q = \theta_{n-1} - \frac{d_n}{\lambda_n} \cdot q \qquad (2.29c)$$

Zur Rechenkontrolle muss am Ende $\theta_n \equiv \theta_{se}$ sein (vgl. $\theta_3 = \theta_{se}$ für das dreischichtige Bauteil in Bild 2.23)!

Die praktische Berechnung erfolgt am einfachsten in einer Tabelle, die berechneten Trennflächentemperaturen werden im Temperaturdiagramm entsprechend Bild 2.23 linear verbunden (s. Beispiel 2.5).

Beispiel 2.5: Temperaturverlauf in einer mehrschichtigen Außenwand

Aufgabe: Für die in Tabelle 2.15 dargestellte Außenwand ist der Temperaturverlauf zu bestimmen.

Lösung: Der Bemessungswert der Wärmeleitfähigkeit λ des Normalbetons wird aus EN ISO 10456 [2.33], Tabelle 3, entnommen, der des Kalkgipsputzes aus DIN 4108-4 [2.25], Tabelle 1. Die Mineralwolle (MW nach EN 13162) sei allgemein bauaufsichtlich zugelassen: Der Bemessungswert der Wärmeleitfähigkeit λ entspreche der Wärmeleitfähigkeitsstufe 035. Nachweise s. in Tabelle 2.15, der berechnete Temperaturverlauf ist in Bild 2.24 dargestellt.

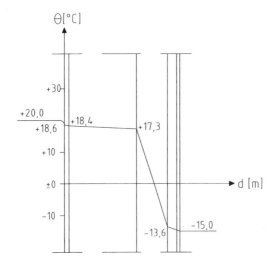

Bild 2.24: Temperaturverlauf in der mehrschichtigen Außenwand aus Beispiel 2.5

2.8 Temperaturverlauf in beidseitig luftberührten Bauteilen

Tabelle 2.15: Berechnungsformular zu Beispiel 2.5

Berechnung des Temperaturverlaufs im Bauteil
Aufbau des Bauteils

$\theta_i = +20\,°C$ (i) | (e) $\theta_e = -15\,°C$
- Kalkgipsputz ($\rho = 1400$ kg/m³)
- Normalbeton ($\rho = 2300$ kg/m³, Stahlanteil ≤ 1%)
- Mineralwolle (WLSt 035)
- hinterlüftete Außenwandbekleidung

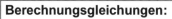
1,5 22 10 3,1

Grenzschichttemperaturen

Bauteilaufbau (von innen nach außen)	d in m	λ in W/(m·K)	$R = d/\lambda$ bzw. R_s in m²·K/W	$\Delta\theta$ in K	θ in °C
Übergang innen	–	–	0,13	1,41	20,0
					18,6
Kalkgipsputz	0,015	0,70	0,021	0,23	
					18,4
Beton, armiert (≤1 % Stahl)	0,22	2,3	0,096	1,04	
					17,3
Mineralwolle	0,10	0,035	2,857	30,92	
					–13,6
Übergang außen	–	–	0,13	1,41	
					–15,0
(Die stark belüftete Luftschicht wird nur beim Übergang außen entsprechend Tabelle 2.7 berücksichtigt.)					
			$R_T =$	3,234	(35,01)

Berechnungsgleichungen:

$U = 1/R_T = \quad 1/3{,}234 \quad = \quad 0{,}3092$ W/(m²·K),

$q = U \cdot (\theta_i - \theta_e) = \quad 0{,}3092 \cdot (20 - (-15)) \quad = \quad 10{,}823$ W/m²

$\Delta\theta_i = q \cdot R_{si}$ bzw. $\Delta\theta_j = q \cdot R_j$ bzw. $\Delta\theta_e = q \cdot R_{se}$

2 Grundlagen des Wärmeschutzes

2.9 Wärmebrücken

2.9.1 Arten und Vermeidung von Wärmebrücken

Wärmebrücken sind einzelne, örtlich begrenzte Stellen in wärmeübertragenden Bauteilen, an denen ein erhöhter Wärmestrom Φ von der wärmeren zur kälteren Seite hin auftritt. Man unterscheidet generell zwei Arten von Wärmebrücken (Bild 2.25):

- Bei *konstruktionsbedingten* Wärmebrücken leitet ein Bauteilbereich (in Bild 2.25a ein Stahlträger in einer Außenwand im Grundriss) die Wärme wesentlich besser nach außen als die angrenzenden Bauteilbereiche.
- Bei *geometrisch bedingten* Wärmebrücken steht einer bestimmten Wärme aufnehmenden Fläche A_i eine deutlich größere Wärme abgebende Fläche A_e gegenüber (sog. „Kühlrippenwirkung"), in Bild 2.25b an einer Außenwandecke im Grundriss dargestellt.

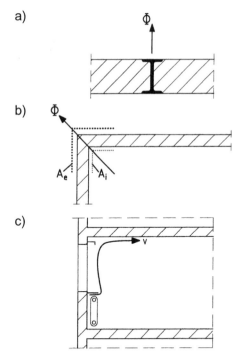

Bild 2.25: Arten von Wärmebrücken (nach [2.66]):
a) *konstruktionsbedingte* Wärmebrücke – ein Materialwechsel in der Konstruktion führt zu einem örtlich erhöhten Wärmestrom Φ und dadurch zu einer abgesenkten inneren Oberflächentemperatur θ_{si} dort
b) *geometrisch* bedingte Wärmebrücke – die größere Wärme abgebende Fläche A_e außen im Vergleich zur kleineren Wärme aufnehmenden Fläche A_i innen führt zu einem örtlich erhöhten Wärmestrom Φ und dadurch zu einer abgesenkten inneren Oberflächentemperatur θ_{si} dort
c) *lüftungstechnisch* bedingte Wärmebrücke – die Fensterbank und das Gardinenbrett führen zu einer verminderten Belüftung v der oberen Raumecke und dadurch zu einer abgesenkten inneren Oberflächentemperatur θ_{si} dort

Daraus resultiert in beiden Fällen nicht nur ein erhöhter Wärmeabfluss, sondern auch eine herabgesetzte Oberflächentemperatur θ_{si} auf der Innenseite der Wärmebrücke, die zur sog. kritischen Oberflächenfeuchte und schließlich zu Schimmelbildung führen kann. Schimmelbildung zeigt sich gelegentlich auch in Raumecken, ohne dass im Bauteilaufbau nachweisbare konstruktionsbedingte oder geometrisch bedingte Wärmebrücken vorliegen:

- In solchen Fällen liegt eine *lüftungstechnisch bedingte* Wärmebrücke vor. In Bild 2.25c z. B. (Schnittdarstellung) strömt die vom Heizkörper aufsteigende erwärmte Luft wegen einer zu breiten Fensterbank und einem Gardinenbrett an der oberen Zimmerecke vorbei, wodurch der innere Wärmeübergangswiderstand R_{si} dort steigt. In der durch den fehlenden warmen Luftstrom kühleren Ecke besteht dann Schimmelgefahr.

Versuchstechnisch im Labor können konstruktionsbedingte Wärmebrücken durch das sog. „Heizkastenverfahren" erfasst werden (Bild 2.26): Beiderseits eines zu untersuchenden Prüfkörpers werden in den Räumen des Heizkastens konstante Temperaturen erzeugt, sodass ein stationärer Wärmestrom durch den Prüfkörper fließt, der – in Form der erforderlichen Heizleistung – gemessen werden kann (s. EN ISO 8990 [2.67]). Dieser Wärmestrom ergibt auf die Fläche des Prüfkörpers und die Temperaturdifferenz zwischen den beiden Kammern bezogen den Wärmedurchgangskoeffizienten U des Prüfkörpers unter den jeweiligen Versuchsbedingungen. Werden nun Prüfkörper *mit* und *ohne* Wärmebrücken untersucht, so kann durch Vergleich der Ergebnisse der Einfluss von Wärmebrücken auf das wärmetechnische Verhalten der untersuchten Bauteile festgestellt werden.

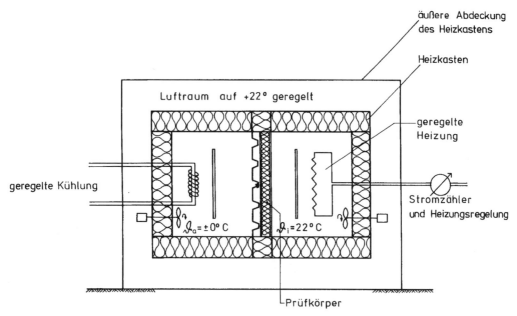

Bild 2.26: Prinzipdarstellung des Heizkastenverfahrens zur vergleichenden Untersuchung von Prüfkörpern mit und ohne konstruktionsbedingte Wärmebrücken [2.66]

Die Auswirkung konstruktions- oder geometrisch bedingter, in Gebäuden vorhandener Wärmebrücken kann *qualitativ* durch Infrarotthermografie-Aufnahmen bei möglichst kühler Witterung (im Winter, nachts) veranschaulicht werden, *quantitative* Aussagen sind mit dieser Methode jedoch schwierig (Näheres dazu siehe in EN 13187 [2.68] und z. B. in [2.69]).

2 Grundlagen des Wärmeschutzes

Zur *Vermeidung* oder zumindest *Reduzierung von Wärmebrücken* sollte die wärmedämmende Schicht so vollständig und lückenlos wie möglich entlang der Hüllfläche um das beheizte Gebäudevolumen gelegt werden. Dabei sollten die wärmedämmenden Schichten benachbarter Bauteile dem Prinzip der durchgehenden Dämmebene folgen, d. h. möglichst ohne Versprung und ohne Dickenverminderung aneinandergrenzen [2.21].

a)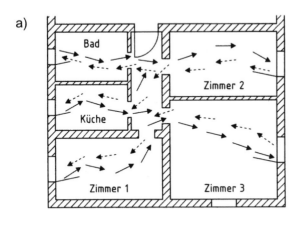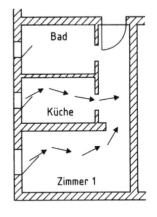

b)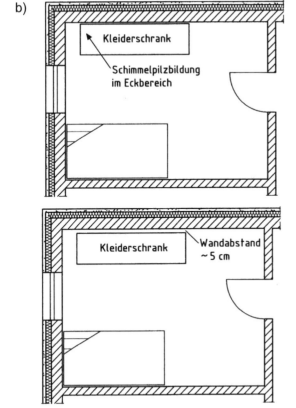

Bild 2.27: Einflussfaktoren auf die kritische Oberflächenfeuchte von Außenbauteilen (nach [2.70])
a) Günstiger Grundriss einer Wohnung mit Möglichkeit der Querlüftung (links) und ungünstiger Grundriss ohne Möglichkeit der Querlüftung (rechts)
b) Ungünstige (oben) und günstige (unten) Anordnung eines großen Schrankes nahe einer Außenwandecke

2.9.2 Nachweis des Mindestwärmeschutzes im Bereich von Wärmebrücken

Es gibt zwei Gründe, Wärmebrücken nachzuweisen:
- Zur Erfüllung der *hygienischen Anforderungen* muss Schimmelbildung im Bereich von Wärmebrücken vermieden werden [2.71], [2.72], [2.73].
- Zur Erfüllung der *Wärmeschutzanforderungen* muss der erhöhte Wärmedurchgang im Bereich von Wärmebrücken begrenzt werden.

Beide Gründe sind von hoher Wichtigkeit:
- Zur Vermeidung von Schimmelbildung auf Wärmebrücken (= Vermeidung der sog. kritischen Oberflächenfeuchte) stellt DIN 4108-2 [2.7], 6, Anforderungen, auf die im Folgenden näher eingegangen wird (s. auch DIN-Fachbericht 4108-8 [2.74]).
- Die steigenden Anforderungen an den Wärmeschutz von Gebäuden machen es immer häufiger notwendig, Wärmebrücken nicht pauschal, sondern detailliert zu erfassen; bei der Planung von Passivhäusern und vielen KfW-Effizienzhäusern ist die detaillierte energetische Erfassung von Wärmebrücken sogar unverzichtbar – Näheres dazu s. in Abschnitt 5.4.3.

Zur hier betrachteten *Vermeidung von Schimmelbildung* müssen kritische Oberflächentemperaturen auf der Raumseite von Wärmebrücken ausgeschlossen werden; dies erreicht man in üblich genutzten Wohn- und Büroräumen (einschließlich häuslicher Küchen und Bäder, üblich genutzt = nicht klimatisiert) dadurch, dass

− die in DIN 4108-2 [2.7] geforderten Mindestwerte der Wärmedurchlasswiderstände R_{min} eingehalten werden (vgl. Abschnitt 2.7),

− für eine ausreichende Beheizung ($\theta_i \geq 18\ °C$) und Belüftung (Luftwechselrate $n \geq 0{,}5\ h^{-1}$) der genannten Räume gesorgt wird (Belüftung als Querlüftung sofern möglich, Bild 2.27a),

− konstruktionsbedingte Wärmebrücken durch entsprechende Planung vermieden werden (geometrisch bedingte Wärmebrücken wie Außenwandecken sind durch R_{min} nach DIN 4108-2 [2.7] abgedeckt, vgl. Abschnitt 2.7) sowie

− ferner lüftungstechnisch bedingte Wärmebrücken durch entsprechende Möblierung vermieden werden, d. h. der Wärmeübergang zwischen Raumluft und innerer Außenwandoberfläche nicht behindert wird (z. B. durch Anordnung von großflächigen Schrankwänden direkt an Außenwänden oder in Außenwandecken, Bild 2.27b und Bild 2.28 oben – hier sollten nach DIN-Fachbericht 4108-8 [2.74] wie in Bild 2.27b und 2.28 unten mindestens 5 cm Abstand zur Außenwand vorhanden sein).

DIN 4108-2 [2.7], 6.2, regelt den Nachweis unter der Annahme, dass an kalten Wintertagen die Raumluftfeuchte $\phi_i \leq 50\ \%$ beträgt (Tabelle 2.16):

- Generell braucht für
  − übliche Verbindungsmittel, wie z. B. Nägel, Schrauben, Drahtanker,
  − Verbindungsmittel beim Anschluss von Fenstern an angrenzende Bauteile und
  − Mörtelfugen von Mauerwerk (noch frühere DIN 1053-1 [2.60] genannt)

  kein Nachweis der Einhaltung der *Mindestinnenoberflächentemperatur* geführt zu werden.

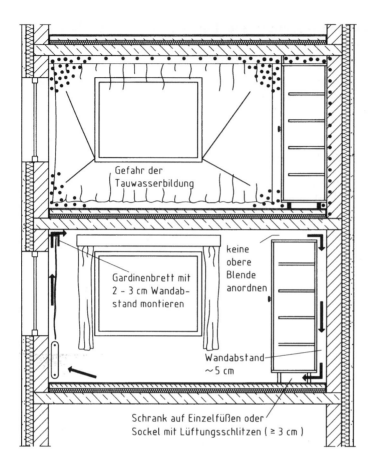

Bild 2.28: Ungünstige (oben) und günstige (unten) Anordnung von Einrichtungsgegenständen hinsichtlich der Vermeidung einer kritischen Oberflächenfeuchte der Außenbauteile (nach [2.10])

- Ecken und Kanten von Außenbauteilen mit *gleichartigem* Aufbau, deren Einzelkomponenten die Anforderungen an den Mindestwärmeschutz flächiger Bauteile erfüllen und deren Dämmebene ungestört durchläuft (Bild 2.29, s. auch entsprechende Konstruktionen in Kapitel 3), brauchen nicht nachgewiesen zu werden. Dies kommt der Anwendung in der Praxis sehr entgegen (und wurde vom Normausschuss deshalb so vorgesehen [2.21]), da von den gängigen Wärmebrückenprogrammen
  - jedes (bei erträglichem Eingabeaufwand) *zwei*dimensional rechnen kann,
  - jedoch nur einige wenige, eher forschungsorientierte EDV-Programme (bei hohem Eingabeaufwand) auch *drei*dimensionale Ecken rechnen können.
- Alle *konstruktionsbedingten* und *geometrisch* bedingten Wärmebrücken, die in DIN 4108 Beiblatt 2 [2.76] aufgeführt sind, sind ausreichend wärmegedämmt – auch hier muss kein Nachweis geführt werden.
- Für davon abweichende Konstruktionen muss der aus einem Wärmebrückenkatalog entnommene oder mit einem Wärmebrückenprogramm (z. B. in Bild 2.30 mit dem kostenlos erhältlichen amerikanischen Programm THERM [2.77], deutsche Anleitung unter [2.78]) berechnete dimensionslose Temperaturfaktor $f_{R,si}$ an der ungünstigsten Stelle erfüllen:

2.9 Wärmebrücken

$$f_{R,si} = \frac{\theta_{si} - \theta_e}{\theta_i - \theta_e} \geq 0{,}70 \qquad (2.30)$$

θ_{si} raumseitige Oberflächentemperatur in °C
θ_i Innenlufttemperatur in °C
θ_e Außenlufttemperatur in °C

Tabelle 2.16: Anforderungen für die Schimmelfreiheit auf Wärmebrücken (nach [2.21])

Wärmebrücken		Beispiele	Anforderung
linienförmige Wärmebrücken (Kanten, linienförmige Bauteilanschlüsse)		in DIN 4108 Beiblatt 2 aufgeführt bzw. gleichwertig	nachweisfrei
		Kanten aus zwei Bauteilen, die jeweils die Mindestanforderung in der Fläche einhalten, mit durchgehender Dämmebene	nachweisfrei
		alle anderen Kanten	$f_{R,si} \geq 0{,}70$
		Anschlussstellen von Bauelementen (wie Fenster, Dachflächenfenster, Türen, Oberlichter, Pfosten-Riegel-Fassaden) an Baukörper	$f_{R,si} \geq 0{,}70$
		Mörtelfugen von Mauerwerk nach DIN 1053-1	nachweisfrei
		auskragende Balkonplatten, Attiken und Wände mit $\lambda > 0{,}5$ W/(m · K), die in den ungedämmten Dachbereich oder ins Freie ragen	unzulässig
punktförmige Wärmebrücken	Ecken	Ecken aus drei Kanten, die - in DIN 4108 Beiblatt 2 aufgeführt bzw. gleichwertig sind *oder* - die $f_{R,si} \geq 0{,}70$ einhalten *oder* - deren angrenzende Bauteile die Mindestanforderung in der Fläche einhalten *und* durchgehender ungestörter Dämmebene	nachweisfrei
		alle anderen Ecken	$f_{R,si} \geq 0{,}70$
	Sonstige	übliche Verbindungsmittel wie z. B. Schrauben, Nägel, Drahtanker, Verbindungsmittel beim Anschluss von Fenstern an angrenzende Bauteile[1])	nachweisfrei
		vereinzelt auftretende Balkonauflager, Vordachabhängungen, Markisenbefestigungen usw. [2])	$f_{R,si} \geq 0{,}70$
		frei stehende Stützen mit $\lambda > 0{,}5$ W/(m · K), die in den ungedämmten Dachbereich oder ins Freie ragen	unzulässig

[1]) Müssen jedoch bei der *U*-Wert-Berechnung berücksichtigt werden.
[2]) Dürfen jedoch im EnEV-Nachweis wegen der begrenzten Flächenwirkung vernachlässigt werden.

2 Grundlagen des Wärmeschutzes

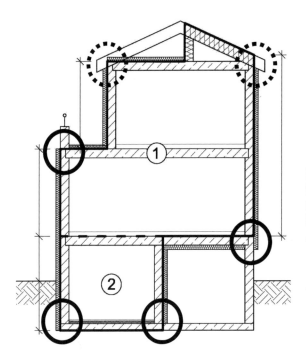

Bild 2.29: Gebäude mit z. B. beheizter Zone ① und niedrig beheizter Zone ② sowie diese Zonen umschließender Dämmebene (nach [2.75])

– Durch Kreise aus *Punktlinien* gekennzeichnet: leicht zu vermeidende Störung der Dämmebene

– Durch Kreise aus *Volllinien* gekennzeichnet: nur mit größerem Aufwand zu vermeidende Störung der Dämmebene

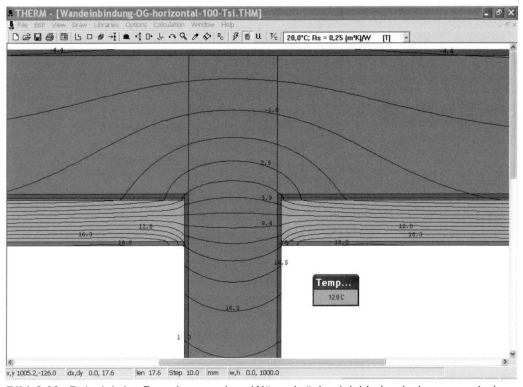

Bild 2.30: Beispiel der Berechnung einer Wärmebrücke (einbindende Innenwand eines Altbaus mit Innendämmung) mit THERM zur Ermittlung der kritischen Oberflächenfeuchte

2.9 Wärmebrücken

Für die Berechnung gelten die in Tabelle 2.17, *mittlere* Spalte, genannten Randbedingungen, die detailliert in DIN 4108 Beiblatt 2 [2.76], 7, dargestellt sind (beispielhaft in Bild 2.31 links). *Hinweis*: Um bei Fenstern
- einerseits die aufwendige Eingabe v. a. bei Kunststoff- oder Aluminium-Fenstern zu sparen und
- andererseits auf die ebenfalls aufwendige Erfassung der Strahlungskennwerte beschichteter Wärmeschutzverglasungen verzichten zu können,

werden in DIN 4108 Beiblatt 2 [2.76], 7, Fenster vereinfacht als Holzplatte von 70 mm Dicke, d. h. mit $\lambda = 0{,}13$ W/(m · K) angesetzt (Bild 2.31 unten).

Tabelle 2.17: Randbedingungen für Wärmebrückenberechnungen – die unterschiedlichen Vorgaben bei der Oberflächentemperatur- und der Wärmestromberechnung sind unbedingt zu beachten [2.7], [2.74], [2.76], [2.79], [2.80]

Randbedingung	Oberflächentemperaturberechnung nach DIN 4108-2	Wärmestromberechnung nach EN ISO 10211 mit DIN 4108 Beiblatt 2
Temperatur der Außenluft θ_e	– 5 °C	– 10 °C
Temperatur des Erdreichs θ_e	+ 10 °C	[1])
Temperatur beheizter Räume θ_i	+ 20 °C	+ 20 °C
Temperatur unbeheizter Pufferräume θ_i	+ 10 °C	[1])
Temperatur unbeheizter Keller θ_i	+ 10 °C	[1])
Temperatur unbeheizter Dachräume und Tiefgaragen θ_i	– 5 °C	– 4 °C
Wärmeübergangswiderstand außen R_{se}	0,04 m² · K/W	0,04 m² · K/W
Wärmeübergangswiderstand innen R_{si} in beheizten Räumen	0,25 m² · K/W	0,10 bis 0,17 m² · K/W (s. EN ISO 6946)
Wärmeübergangswiderstand innen R_{si} in unbeheizten Räumen	0,17 m² · K/W	0,10 bis 0,17 m² · K/W (s. EN ISO 6946)
Wärmeübergangswiderstand innen R_{si} im Bereich der Fenster	0,13 m² · K/W	0,10 bis 0,17 m² · K/W (s. EN ISO 6946)

[1]) Mithilfe des jeweiligen Temperaturfaktors $f_{xi} = 1 - F_{xi}$ zu berechnen (F_{xi} = Temperatur-Korrekturfaktor aus Tabelle 5.5 oder 5.6) – z. B. für $\theta_i = 20$ °C, $\theta_e = -5$ °C und $F_{xi} = 0{,}55$ im Keller (vgl. Tabelle 5.6) wird $\theta_i = f_{xi} \cdot (\theta_i - \theta_e) + \theta_e = (1 - F_{xi}) \cdot (\theta_i - \theta_e) + \theta_e = (1 - 0{,}55) \cdot (20\ °C - (-10\ °C)) - 10\ °C = 3{,}5\ °C$

Diese Randbedingungen dürfen nicht mit den Randbedingungen für die Berechnung erhöhter Transmissionswärmeverluste in der *rechten* Spalte verwechselt werden (s. Abschnitt 5.4.3), bei denen andere Werte die „sichere Seite" darstellen. Aus den Randbedingungen der *mittleren* Spalte und dem o. g. Temperaturfaktor $f_{R,si}$ ergibt sich, dass bei Wärmebrückenberechnungen an Außenbauteilen beheizter Räume eine raumseitige Oberflächentemperatur in °C von mindestens

$$\theta_{si,min} = f_{R,si} \cdot (\theta_i - \theta_e) + \theta_e \quad (2.31)$$
$$= 0{,}70 \cdot (20\ °C - (-5\ °C)) - 5\ °C = 12{,}5\ °C \approx 12{,}6\ °C$$

einzuhalten ist (vgl. Bild 2.30, dort knapp überschritten); Fenster und Pfosten-Riegel-Fassaden sind davon ausgenommen, s. DIN 4108-2 [2.7], 6.1. Der Wert $\theta_{si,min} = 12{,}6\ °C$ bei den o. g. Randbedingungen entspricht den Ergebnissen der Untersuchungen von *Sedlbauer* [2.81], [2.82], nach denen bei relativen Luftfeuchten $\varphi \geq 80\ \%$ Schimmelbildung beobachtet wurde (s. auch DIN-Fachbericht 4108-8 [2.74]).

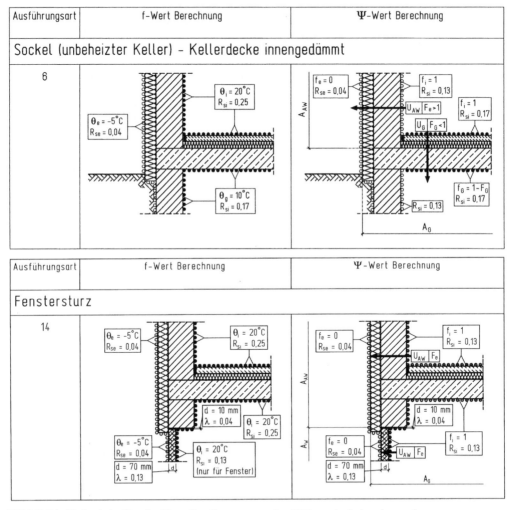

Bild 2.31: Beispiele für die Randbedingungen der Wärmebrückenberechnung

Zum Ansatz der Wärmeübergangswiderstände in Tabelle 2.17, *mittlere* Spalte unten: Glatte, nicht durch Einrichtungsgegenstände verstellte oder durch Gardinen o. Ä. abgedeckte Bauteile wie Fenster u. Ä. haben Wärmeübergangswiderstände von $R_{si} \approx 0{,}10$ bis

0,17 m² · K/W). Durch Möblierung z. B. (vgl. Bild 2.27b und 2.28), aber auch in Raumecken entstehen mehr oder minder ausgeprägte lüftungstechnische Wärmebrücken (Bild 2.32, vgl. auch Abschnitt 2.9.1), die die jeweiligen Wärmeübergangswiderstände deutlich ansteigen lassen – man kann von folgenden Werten ausgehen [2.83], [2.84], [2.85] (s. auch DIN-Fachbericht 4108-8 [2.74]):

- in Raumecken: R_{si} = 0,20 m² · K/W
- bei Gardinen vor einer Wand: R_{si} = 0,25 m² · K/W
- bei frei stehenden Schränken vor einer Wand: R_{si} = 0,50 m² · K/W
- bei Einbauschränken: R_{si} = 1,00 m² · K/W

DIN 4108-2 erfasst somit zwar Raumecken und Gardinen, nicht jedoch frei stehende Schränke vor der Wand oder gar Einbauschränke!

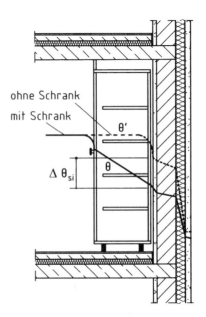

Bild 2.32: Temperaturverläufe an einer Außenwand, die raumseitig frei ist oder mit einem Wandschrank verstellt ist (nach [2.86])

Nach DIN 4108-2 brauchen u. a. *Kanten von Außenbauteilen mit gleichartigem Aufbau*, deren Einzelkomponenten die Anforderungen an den Mindestwärmeschutz flächiger Bauteile erfüllen und deren Dämmebene ungestört durchläuft, nicht nachgewiesen zu werden (s.o.). Dies soll anhand einer – mit einem Wärmebrückenprogramm entsprechend EN ISO 10211 [2.80] berechneten – Außenwandecke (Bild 2.33) gezeigt werden.

Die Außenwand wurde dabei so gewählt, dass die Mindestdämmung nach DIN 4108-2 [2.7], Tabelle 3, von R_{min} = 1,2 m² · K/W (vgl. Tabelle 2.10) gerade eingehalten wird. Mit den Wärmeübergangswiderständen R_{si} und R_{se} nach EN ISO 6946 [2.52], Tabelle 1 (vgl. Tabelle 2.7), wird gemäß Gl. (2.22) der Mindest-Wärmedurchgangswiderstand zu

$$R_{T,min} = R_{si} + R_{min} + R_{se} = 0,13 + 1,20 + 0,04 = 1,37 \text{ m}^2 \cdot \text{K/W}$$

und daraus mit Gl. (2.23) der nach DIN 4108-2 [2.7] maximal zulässige Wärmedurchgangskoeffizient (vgl. Bild 2.33) zu

$$U_{max} \;=\; 1/R_{T,min} = 1/1{,}37 = 0{,}73 \text{ W/(m}^2\cdot\text{K)} \approx 0{,}72 \text{ W/(m}^2\cdot\text{K)} = U$$

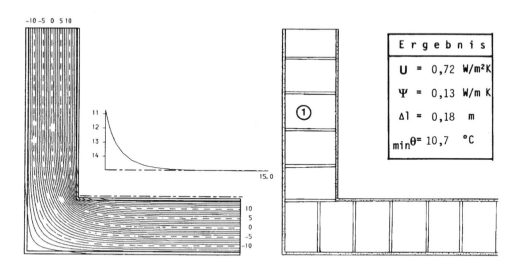

Bild 2.33: Isothermenverlauf mit Darstellung der Oberflächentemperaturen für eine Außenwandecke aus Mauerwerk (θ_i = 20 °C, θ_e = – 15 °C, R_{si} = 0,17 m² · K/W allgemein, $R_{si,K}$ = 0,20 m² · K/W im Kantenbereich, R_{se} = 0,04 m² · K/W) [2.87] mit
(1) = Leichtmauerwerk d = 36,5 cm mit λ = 0,33 W/(m · K), beidseitig geputzt

In Bild 2.33 ist nun der Isothermenverlauf für die Lufttemperaturen innen θ_i = 20 °C und außen θ_e = – 15 °C dargestellt, berechnet allerdings mit den Wärmeübergangskoeffizienten

h_{si} = 6 W/(m² · K), d. h. R_{si} = 0,17 m² · K/W allgemein innen und
$h_{si,K}$ = 5 W/(m² · K), d. h. $R_{si,K}$ = 0,20 m² · K/W im Kantenbereich zur Berücksichtigung der lüftungsbedingten Wärmebrücke an dieser Stelle (vgl. Bild 2.25c) sowie
h_{se} = 23 W/(m² · K), d. h. R_{se} = 0,04 m² · K/W außenseitig

Damit errechnet sich eine minimale Temperatur der Innenoberfläche in der Ecke von min θ_{si} = 10,7 °C (vgl. Tabelle rechts in Bild 2.33) bei θ_{si} = 15,0 °C im ungestörten Bereich (vgl. Diagramm links in Bild 2.33). Mit Gl. (2.30) errechnet sich dafür

$$f_{R,si} \;=\; \frac{\theta_{si}-\theta_e}{\theta_i-\theta_e} \;=\; \frac{10{,}7-(-15))}{20-(-15)} \;=\; 0{,}73 \;\geq\; 0{,}70$$

2.9 Wärmebrücken

Damit ist die o. g. Anforderung aus DIN 4108-2, 6.2, an die Schimmelfreiheit für eine nachzuweisende Wärmebrücke gerade erfüllt. Trotz der geringfügigen Abweichungen von den heutigen Randbedingungen zeigt dieses Beispiel, dass *Kanten* von Außenbauteilen mit gleichartigem Aufbau, deren Einzelkomponenten die Anforderungen an den Mindestwärmeschutz nach DIN 4108-2 [2.7] erfüllen, tatsächlich nicht nachgewiesen zu werden brauchen – ein nach *Ackermann* bei *Ecken* jedoch zu optimistischer Ansatz [2.59]!

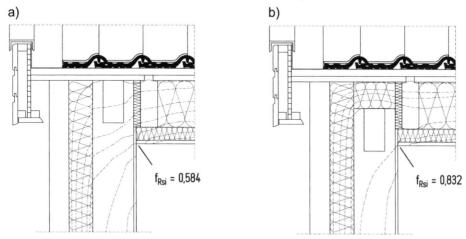

Bild 2.34: Beispiele für EDV-berechnete Wärmebrücken an einem Ortgang (nach [2.88]):
a) mit ungedämmter Mauerkrone
b) mit gedämmter Mauerkrone

Beispiel 2.6: EDV-berechnete Wärmebrücke

Bild 2.34 zeigt die Ergebnisse zweier Wärmebrückenberechnungen an einem Ortgang: Bei fehlender Dämmung über der Giebelwand (= ungedämmter Mauerkrone, Bild 2.34a) wird mit

$$f_{R,si} = 0{,}584 < 0{,}70 = f_{R,si,min}$$

die Anforderung der DIN 4108-2 *nicht* eingehalten, während bei Dämmung über der Giebelwand (= gedämmter Mauerkrone, Bild 2.34b) mit

$$f_{R,si} = 0{,}832 \geq 0{,}70 = f_{R,si,min}$$

die Anforderung der DIN 4108-2 eingehalten ist.

In einer Vielzahl von Publikationen wurde die Wärmebrückenwirkung verschiedener Außenwand-, Balkon-, Dachkonstruktionen usw. untersucht und katalogartig vertafelt [2.87], [2.89], [2.90], [2.91]. Dort wird i. d. R.
- sowohl auf die Absenkung der inneren Oberflächentemperaturen bzw. den Temperaturfaktor $f_{R,si}$ an der ungünstigsten Stelle (daraus kann auf die Schimmelbildung geschlossen werden, s. o.)

– als auch auf die energetische Auswirkung von Wärmebrücken eingegangen.

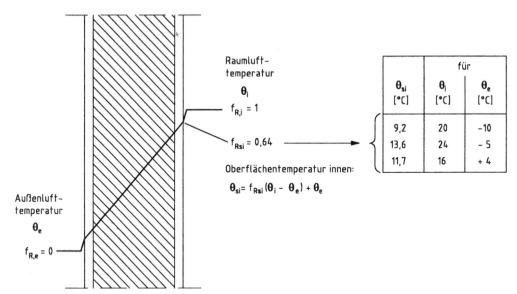

Bild 2.35: Berechnung des Temperaturfaktors (= dimensionslose relative Temperatur) $f_{R,si}$ aus der inneren Oberflächentemperatur θ_{si} bei verschiedenen Annahmen für die Innen- und Außenlufttemperaturen θ_i und θ_e (nach *Hauser* und *Stiegel* [2.89], [2.90])

Am häufigsten wird in diesem Zusammenhang auf die Wärmebrücken-Atlanten von *Hauser* und *Stiegel* zurückgegriffen [2.89], [2.90], [2.91] – heute i. d. R. als EDV-Wärmebrückenkataloge genutzt [2.92], [2.93] (s. auch [2.94], [2.95]):

- Die Absenkung der inneren Oberflächentemperaturen im Bereich von Wärmebrücken wird dort mit *dimensionslosen* relativen Temperaturen, den sog. Temperaturfaktoren $f_{R,si}$ untersucht, die von Klimaannahmen unabhängig sind. Mit dem in Bild 2.35 beispielhaft dargestellten Temperaturfaktor $f_{R,si} = 0{,}64$ ergibt sich z. B. für eine Raumlufttemperatur von $\theta_i = 20\,°C$ und eine Außenlufttemperatur von $\theta_e = -5\,°C$ die Oberflächentemperatur zu

$$\begin{aligned}\theta_{si} &= f_{R,si} \cdot (\theta_i - \theta_e) + \theta_e \\ &= 0{,}64 \cdot (20 - (-5)) - 5 = 11{,}0\,°C\end{aligned} \qquad (2.31)$$

(Andere Temperaturannahmen führen auf gleiche Weise zu anderen Oberflächentemperaturen, s. Tabelle rechts in Bild 2.35.)

- Zur energetischen Erfassung von Wärmebrücken dienen *dimensionsbehaftete* Werte, nämlich
  – zum einen der *längen*bezogene Wärmedurchgangskoeffizient Ψ in W/(m · K) (in [2.89], [2.90] Wärmebrückenverlustkoeffizient *WBV* genannt),

- zum anderen der *punkt*bezogene Wärmedurchgangskoeffizient χ in W/K (in [2.89][2.90] Wärmebrückenverlustkoeffizient WBV_p genannt)

(s. hierzu den folgenden Abschnitt 2.9.3).

2.9.3 Berücksichtigung von Wärmebrücken beim Nachweis des baulichen Wärmeschutzes

DIN 4108-2 [2.7], 6.1, weist darauf hin, dass Wärmebrücken in Gebäuden u. a. erhöhte Transmissionswärmeverluste bewirken können.
- Wegen der begrenzten Flächenwirkung kann jedoch der Wärmeverlust vereinzelt auftretender *drei*dimensionaler Wärmebrücken (z. B. punktuelle Balkonauflager, Vordachabhängungen) in der Regel vernachlässigt werden;
- derjenige von *zwei*dimensionalen Wärmebrücken ist jedoch zu überprüfen.

Diese *erhöhten Transmissionswärmeverluste* von (i. d. R. zweidimensionalen) Wärmebrücken müssen bei beheizten Gebäuden berücksichtigt werden; dazu gibt es folgende Möglichkeiten:

- Wenn die längen- bzw. punktbezogenen Wärmedurchgangskoeffizienten Ψ bzw. χ entsprechend EN ISO 10211 [2.80] sowie die Längen der längenbezogenen bzw. die Anzahl der punktbezogenen Wärmebrücken berechnet worden sind, kann der zusätzliche spezifische Transmissionswärmeverlust infolge Wärmebrücken addiert werden zu $\Delta H_{T,WB} = \Sigma \, \Psi_k \cdot l_k + \Sigma \, \chi_j$ in W/K, d. h. über die gesamte wärmeübertragende Umfassungsfläche (Hüllfläche) A des Gebäudes berechnet werden (s. u. Abschnitt 5.4.3).

- Beim pauschalierten Ansatz wird der zusätzliche spezifische Transmissionswärmeverlust infolge Wärmebrücken zu $\Delta H_{T,WB} = \Delta U_{WB} \cdot A$ in W/K mit pauschalen Werten für ΔU_{WB} und der Hüllfläche A abgeschätzt (s. u. Abschnitt 5.4.2).

Unabhängig von den beiden o. g. Verfahren zur Erfassung der erhöhten Transmissionswärmeverluste von Wärmebrücken allgemein sind folgende Sonderfälle bzw. zusätzlichen Anforderungen zu beachten:

- Für die Berechnung der Transmissionswärmeverluste bestimmter Bauteile mit flächig verteilten Wärmebrücken sind Korrekturwerte nach EN ISO 6946 [2.52] zu berücksichtigen. Solche Korrekturwerte ΔU werden für Luftspalte, mechanische Befestigungselemente (s. u.) und Umkehrdächer in EN ISO 6946 [2.52], Anhang D, genannt (vgl. Abschnitt 2.6.9).

- Ohne zusätzliche Wärmedämm-Maßnahmen sind
  - auskragende Balkonplatten,
  - Attiken,
  - frei stehende Stützen sowie
  - Wände

  mit $\lambda > 0{,}5$ W/(m · K), die in den ungedämmten Dachbereich oder ins Freie ragen, unzulässig.

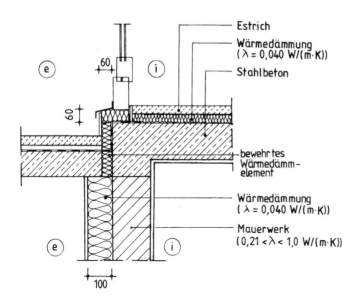

Bild 2.36: Anschluss einer Balkonplatte an außengedämmtes Mauerwerk

- Entsprechend DIN 4108-2 [2.7], 6.2, gelten Bauteilanschlüsse nach DIN 4108 Beiblatt 2 [2.76] als ausreichend gedämmt; dort ist eine Vielzahl von Ausführungsbeispielen mit möglichst geringer Wärmebrückenwirkung aufgeführt. Als eines der genannten Beispiele in zulässiger Form – d. h. mit zusätzlicher Wärmedämm-Maßnahme – zeigt Bild 2.36 den möglichen Anschluss einer auskragenden Balkonplatte.

Weiter weist DIN 4108-2 [2.7], 6.1, darauf hin, dass für übliche Verbindungsmittel und für Mörtelfugen von Mauerwerk kein Nachweis der Einhaltung der *Mindestinnenoberflächentemperatur* geführt zu werden braucht (vgl. Abschnitt 2.9.2).

Im Gegensatz zum Nachweis der Einhaltung der *Mindestinnenoberflächentemperatur* ist bei der Ermittlung der Wärmedurchgangskoeffizienten (= U nach EN ISO 6946 [2.52]) für die *Transmissionswärmeverluste* die Wärmebrückenwirkung der notwendigen Verbindungs- bzw. Befestigungselemente wie Drahtanker im zweischaligen Verblendmauerwerk, Dübel in Wärmedämm-Verbundsystemen (WDVS) oder Verankerungen bei hinterlüfteten Außenwandbekleidungen gemäß EN ISO 6946 [2.52], 7, zu berücksichtigen, sofern der gesamte zusätzliche Wärmeverlust $\Delta U > 3\,\%$ beträgt:

- Bei Untersuchungen an zweischaligem Mauerwerk *nur* mit Luftschicht (d. h. ohne Wärmedämmung, vgl. Bild 2.20c) zeigten die Drahtanker keine erkennbare Wärmebrückenwirkung [2.96]; bei zweischaligem Mauerwerk mit Kerndämmung wurde bei geringen Dämmstoffdicken ein zusätzlicher Wärmeverlust der Drahtanker von nur $\Delta U_{AW} \leq 3\,\%$ festgestellt (Bild 2.37a) [2.96], [2.98], sodass in diesen beiden Fällen eine Korrektur des U-Wertes nicht notwendig ist. Gemäß Anhang D.3.2 zu EN ISO 6946 [2.52] ist deshalb *keine* Korrektur bei Mauerwerksankern erforderlich, sofern
  - zwischen den Mauerwerksschalen *nur* eine Luftschicht vorhanden ist bzw.
  - die Wärmeleitfähigkeit der Befestigungselemente $\lambda_f < 1$ W/(m · K) liegt.

2.9 Wärmebrücken

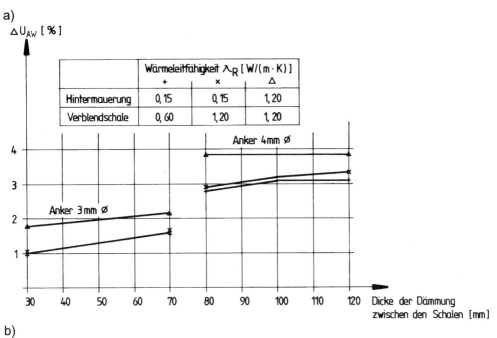

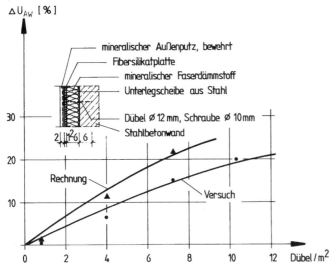

Bild 2.37: Einfluss von punktförmigen Verbindungsmitteln auf den Wärmedurchgangskoeffizienten U_{AW} gedämmter Außenwände; prozentuale Erhöhung ΔU_{AW}:
a) bei zweischaligem Mauerwerk mit 5 Drahtankern pro m² (nach [2.96])
b) eines WDVS mit $d_{DÄ}$ = 6 cm und Dübeln ⌀ 10 mm auf einer Beton-Außenwand (nach [2.97], Versuchswerte mit der Heizkastenmethode ermittelt, vgl. Bild 2.26)

- In allen anderen Fällen – d. h. bei eine dickere Dämmschicht durchdringenden mechanischen Befestigungselementen mit $\lambda_f \geq 1$ W/(m · K) – ist gemäß EN ISO 6946

[2.52], Anhang D.3.1, folgende vereinfachte Korrektur (vgl. Abschnitt 2.6.9) des U-Wertes vorzunehmen (nicht zulässig, wenn beide Enden der Befestigungselemente mit Metallteilen verbunden sind):

$$\Delta U_f = \alpha \cdot \frac{\lambda_f \cdot A_f \cdot n_f}{d_0} \cdot \left(\frac{R_1}{R_{T,h}}\right)^2 \qquad (2.32)$$

α = 0,8 für Befestigungselemente, die die Dämmschicht vollständig durchdringen (hier bei Drahtankern im Mauerwerk)
λ_f Bemessungswert der Wärmeleitfähigkeit in W/(m · K) des Befestigungselements
A_f Querschnittsfläche eines Befestigungselements in m²
n_f Anzahl der Befestigungselements pro m² in 1/m²
d_0 Dicke der gesamten Dämmschicht in m
R_1 Wärmedurchlasswiderstand der vom Befestigungselement durchdrungenen Dämmschicht in m² · K/W
$R_{T,h}$ Wärmedurchgangswiderstand des Bauteils ohne Berücksichtigung von Wärmebrücken in m² · K/W

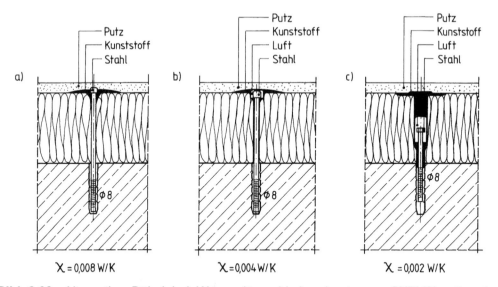

Bild 2.38: Alternative Dübel bei Wärmedämm-Verbundsystemen (WDVS) mit unterschiedlichen punktbezogenen Wärmedurchgangskoeffizienten χ (nach [2.99]):
a) früher üblicher Einbau mit direktem Kontakt Dübelschraube/Putz (vgl. Bild 2.37b)
b) verbesserte Konstruktion mit Trennung Dübelschraube/Putz
c) weiter verbesserte Konstruktion mit durch Luftschicht vom Putz getrennter Dübelschraube (nach [2.101])

2.9 Wärmebrücken

Die Notwendigkeit einer analogen Korrektur bei gedübelten Wärmedämm-Verbundsystemen (WDVS) wird durch Wärmebrückenberechnungen und entsprechende Versuche mit dickeren Dübeln in Außenwänden mit WDVS bestätigt; diese führten zu merklich erhöhten Wärmedurchgangskoeffizienten (Bild 2.37b) [2.97], die mit steigender Dämmstoffdicke noch zunehmen. Diese Wärmebrückenwirkung kann jedoch durch günstigere Anordnungen der Dübelschrauben verringert werden [2.99], einige Beispiele dafür zeigt Bild 2.38. Untersuchungen an solchen Dübelsystemen haben gezeigt, dass punktbezogene Wärmedurchgangskoeffizienten $\chi \leq 0{,}002$ W/K auch bei größeren Dämmstoffdicken zu zusätzlichen Wärmeverlusten unter 3 % führen [2.100] – maßgebend sind bei WDVS jedoch die Angaben in deren allgemeinen bauaufsichtlichen Zulassungen. *Hinweis*: Gemäß Anhang D.3.2 zu EN ISO 6946 [2.52] braucht bei Befestigungselementen mit Wärmeleitfähigkeiten $\lambda_f < 1$ W/(m · K) *keine* Korrektur vorgenommen zu werden (s.o.) – dies nutzend wurden zwischenzeitlich Schlagstifte aus glasfaserverstärktem Kunststoff als Ersatz für die o. g. Dübelschrauben aus Metall entwickelt.

Zur Berücksichtigung von Wärmebrücken bei *hinterlüfteten Außenwandbekleidungen* siehe die entsprechende Richtlinie des Fachverbandes Baustoffe und Bauteile für vorgehängte hinterlüftete Fassaden e.V. (FVHF) [2.102].

Beispiel 2.7: Außenwand aus zweischaligem Mauerwerk

Aufgabe: Für die in Tabelle 2.18 dargestellte Außenwand sind
a)   der Nachweis des Mindestwärmeschutzes zu führen und
b)   der Wärmedurchgangskoeffizient (*U*-Wert) zu berechnen.

Lösung: Die Bemessungswerte der Wärmeleitfähigkeit λ von Mauerwerk und Gipsputz ohne Zuschlag werden aus DIN 4108-4 [2.25], Tabelle 1, entnommen. Die Mineralwolle (MW nach EN 13162) sei allgemein bauaufsichtlich zugelassen: Der Bemessungswert der Wärmeleitfähigkeit λ entspreche der Wärmeleitfähigkeitsstufe 035.

Die bei geringen Wandhöhen nach früherer DIN 1053-1 [2.60] ausreichenden und heute noch üblichen zwei Belüftungsöffnungen pro m (d. h. Abstand i. M. alle 50 cm) ergeben bei Normalformat eine Öffnungsfläche (oben und unten zusammen) von

$$A_{Öff} = 2 \cdot 71 \text{ mm} \cdot 10 \text{ mm} / 0{,}50 \text{ m} = 2840 \text{ mm}^2/\text{m} > 1500 \text{ mm}^2/\text{m}$$

Damit liegt nach EN ISO 6946 [2.52] eine *stark* belüftete Luftschicht vor (vgl. Abschnitt 2.6.6). Die folgenden Nachweise s. in Tabelle 2.18 – allerdings ist noch zu prüfen, ob gemäß Gl. (2.24) eine Korrektur um ΔU_f für mechanische Befestigungselemente erforderlich ist. Für die nach DIN EN 1996-2/NA [2.62], NCI Anhang NA.D, in Windzonen 1 und 2 häufig ausreichenden 5 St./m² Drahtanker Ø 4 mm aus nichtrostendem Stahl mit

$\lambda_f = 17$ W/(m · K) nach EN ISO 10456 [2.33] für austenitischen nichtrostenden Stahl

$A_f = \pi \cdot (0{,}004 \text{ m})^2/4 = 0{,}000\,0126$ m² pro Drahtanker

$n_f = 5$ /m²

$d_0 = 0{,}08$ m

$R_1 = 2{,}286$ m² · K/W

$R_{T,h} = 2{,}816$ m² · K/W

2 Grundlagen des Wärmeschutzes

Tabelle 2.18: Berechnungsformular zu Beispiel 2.7

Nachweis des Mindestwärmeschutzes
nach EN ISO 6946: 2008-04 mit DIN 4108-2: 2013-02

Aufbau des Bauteils

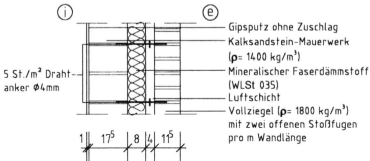

Wärmedurchlasswiderstand und Wärmedurchgangskoeffizient

Bauteilaufbau (von innen nach außen)	d in m	ρ in kg/m³	λ in W/(m K)	$R = d / \lambda$ in m² · K/W
Gipsputz ohne Zuschlag	0,01	1200	0,51	0,020
Kalksandstein-Mauerwerk	0,175	1400	0,70	0,250
Mineralwolle	0,08	(20)	0,035	2,286
Luftschicht, stark belüftet	0,04	-	-	-
Vollziegel	0,115	1800	-	-
Wärmedurchlasswiderstand	$R = \Sigma d / \lambda$			2,556
Wärmeübergangswiderstand innen	R_{si}			0,13
Wärmeübergangswiderstand außen	R_{se}			0,13
Wärmedurchgangswiderstand	$R_T = R_{si} + R + R_{se}$			2,816
Wärmedurchgangskoeffizient	$U = 1 / R_T =$ 0,355			W/(m² · K)

Flächenbezogene Masse

$m' = 0{,}175 \cdot 1400 + \ldots \geq 245$ kg/m² ≥ 100 kg/m²

Damit liegt ein ~~leichtes~~/schweres[1]) Bauteil vor.

Nachweis des Mindestwärmeschutzes

$R = 2{,}556$ m² · K/W $\geq 1{,}2$ m² · K/W $= R_{min}$

Das untersuchte Bauteil erfüllt somit – ~~nicht~~[1]) – die Anforderungen an den Mindestwärmeschutz nach DIN 4108-2 : 2013-02.

[1]) Nichtzutreffendes streichen.

wird mit Gl. (2.32)

$$\Delta U_f = 0{,}8 \cdot \frac{17 \cdot 0{,}0000126 \cdot 5}{0{,}08} \cdot \left(\frac{2{,}286}{2{,}816}\right)^2 = 0{,}00706$$

Mit $\Delta U_f /U = 0{,}00706/0{,}355 = 0{,}020 = 2{,}0\ \% < 3\ \%$ ist hier *keine* Korrektur von U erforderlich. (*Anmerkung*: Bei einer hochgedämmten Außenwand mit $U \leq 0{,}20\ W/(m^2 \cdot K)$ entsprechend Bild 3.8 in Abschnitt 3.3 mit 7 St./m² Drahtankern wäre $\Delta U_f /U > 3\ \%$ und damit ΔU_f zu berücksichtigen – s. das ergänzende Beispiel 2.7a zum Download unter www.beuth-mediathek.de oder www.hmarquardt.de.)

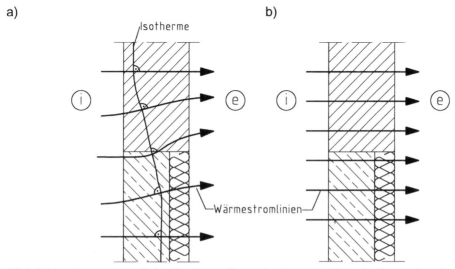

Bild 2.39: Wärmestromlinien in einem Bauteil mit nebeneinanderliegenden Abschnitten:
a) tatsächlicher Verlauf bei unterschiedlichen *U*-Werten in den nebeneinanderliegenden Bereichen (Isothermen und Wärmestromlinien stehen immer senkrecht aufeinander)
b) vereinfachte Annahme, die Gl. (2.33) zugrunde liegt

2.10 *U*-Wert bei nebeneinanderliegenden Bauteilabschnitten

Wie in den vorangegangenen Abschnitten dargestellt, verlaufen die Isothermen im Bereich von Wärmebrücken *nicht parallel* zur Bauteiloberfläche – analog verlaufen auch die immer senkrecht die Isothermen kreuzenden Wärmestromlinien dort *nicht senkrecht* zur Bauteilebene (Bild 2.39a). Solche „thermisch inhomogen" genannten Bauteile entsprechen nicht den in Abschnitt 2.6.2 genannten Voraussetzungen für die allen bisherigen Berechnungsgleichungen zugrunde gelegte „eindimensionale stationäre Wärmeleitung ohne Wärmequellen oder -senken". Die Berechnung solcher thermisch inhomogener Bauteile mit einem Wärmebrückenprogramm ist i. d. R. recht aufwendig, deshalb lässt EN ISO 6946 [2.52], 6.2, das folgende vereinfachte Verfahren zur Ermittlung des Wärmedurchgangswiderstandes zu, sofern

- es nicht auf Dämmschichten angewandt wird, die Wärmebrücken aus Metall enthalten, und
- das Verhältnis vom *oberen* zum *unteren* Grenzwert des Wärmedurchgangswiderstandes $R'_T / R''_T \leq 1{,}5$ beträgt (s. u.):

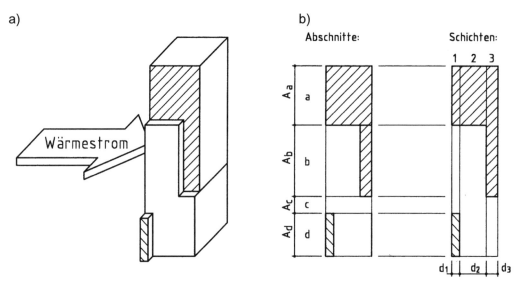

Bild 2.40: Thermisch inhomogenes Bauteil:
a) Projektion des geschnittenen Bauteils mit verschiedenen Schichten und Abschnitten
b) bei der Berechnung mit dem vereinfachten Verfahren verwendete Bezeichnungen

A Aufteilung in einzelne Teile

Als Erstes wird das Bauteil aufgeteilt in *Teile*, und zwar
- in $m = a, b, ..., q$ *Abschnitte* der Flächen $A_a, A_b, ..., A_q$
- mit $j = 1, 2, ..., n$ *Schichten* der Dicken $d_1, d_2, ..., d_n$

entsprechend Bild 2.40, sodass $q \cdot n$ Teile entstehen.

B *Oberer* Grenzwert des Wärmedurchgangswiderstandes

Der *obere* Grenzwert des Wärmedurchgangswiderstandes R'_T in m² · K/W ergibt sich dann als Kehrwert aus folgender Gleichung:

$$\frac{1}{R'_T} = \frac{f_a}{R_{Ta}} + \frac{f_b}{R_{Tb}} + ... + \frac{f_q}{R_{Tq}} \qquad (2.33)$$

$R_{Ta}, R_{Tb}, ..., R_{Tq}$ = Wärmedurchgangswiderstände aller *Abschnitte* $m = a, b, ..., q$ entsprechend Gl. (2.22) sowie

$$f_a = \frac{A_a}{\sum A_m}, \quad f_b = \frac{A_b}{\sum A_m}, \quad \ldots \quad f_q = \frac{A_q}{\sum A_m} \tag{2.34}$$

als sog. *Teilflächen* = Flächenanteile der *Abschnitte* $m = a, b, \ldots, q$ gemäß Bild 2.40 (mit $\Sigma f_m = f_a + f_b + \ldots + f_q = 1$)

Dieser obere Grenzwert entspricht der (früher üblichen) vereinfachten Berechnung mit senkrecht zur Bauteilebene stehenden Wärmestromlinien (vgl. Bild 2.39b).

C Wärmedurchlasswiderstand der thermisch inhomogenen Schichten

Als Nächstes wird der Wärmedurchlasswiderstand R_k in m² · K/W für alle thermisch inhomogenen *Schichten* $k = 1, 2, \ldots \leq n$ als Kehrwert aus den in folgender Form gemittelten Wärmedurchlasskoeffizienten $\Lambda_k = 1/R_k$ ermittelt (vgl. Bild 2.40):

$$\frac{1}{R_k} = \frac{f_a}{R_{ak}} + \frac{f_b}{R_{bk}} + \ldots + \frac{f_q}{R_{qk}} \tag{2.35}$$

$R_{ak}, R_{bk}, \ldots, R_{qk}$ = Wärmedurchlasswiderstände der Abschnitte $m = a, b, \ldots, q$ der thermisch inhomogenen Schicht k in m² · K/W

Alternativ kann – sofern nicht eine Luftschicht Teil der inhomogenen Schicht ist – der Wärmedurchlasswiderstand R_k der thermisch inhomogenen Schicht auch über die *äquivalente Wärmeleitfähigkeit* der Schicht k in W/(m · K) bestimmt werden; diese berechnet sich zu

$$\lambda_k'' = \lambda_{ak} \cdot f_a + \lambda_{bk} \cdot f_b + \ldots + \lambda_{qk} \cdot f_q \tag{2.36}$$

$\lambda_{ak}, \lambda_{bk}, \ldots, \lambda_{qk}$ = Bemessungswerte der Wärmeleitfähigkeit der Abschnitte $a, b, \ldots, q$ in der Schicht k in W/(m · K)

Daraus errechnet sich der Wärmedurchlasswiderstand R_k für die thermisch inhomogene Schicht in m² · K/W zu

$$R_k = d_k / \lambda_k'' \tag{2.37}$$

D *Unterer* Grenzwert des Wärmedurchgangswiderstandes

Damit ergibt sich jetzt der *untere* Grenzwert des Wärmedurchgangswiderstandes in m² · K/W nach der bekannten Gl. (2.22) zu

$$R''_T = R_{si} + R_1 + R_2 + \ldots + R_n + R_{se} \tag{2.38}$$

worin $R_1, R_2, \ldots, R_n$ für *homogene* Schichten nach Gl. (2.20) und für *inhomogene* Schichten nach Gl. (2.35) oder Gl. (2.37) bestimmt wird.

2 Grundlagen des Wärmeschutzes

E Wärmedurchgangs*widerstand* des thermisch inhomogenen Bauteils

Nun errechnet sich der Wärmedurchgangs*widerstand* des thermisch inhomogenen Bauteils (= des Bauteils mit nebeneinanderliegenden Bauteilbereichen) als arithmetisches Mittel der beiden Grenzwerte in m² · K/W zu

$$R_T = \frac{R'_T + R''_T}{2} \tag{2.39}$$

F Wärmedurchgangs*koeffizient* des thermisch inhomogenen Bauteils

Daraus errechnet sich dann der Wärmedurchgangskoeffizient U in W/(m² · K) wie bekannt zu

$$U = 1 / R_T \tag{2.23}$$

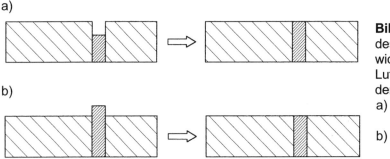

Bild 2.41: Berechnung des Wärmedurchlasswiderstandes von an Luftschichten grenzenden Bauteilen:
a) mit schmaleren Einschnitten
b) mit schmaleren Überständen

Grenzt eine nicht ebene Fläche an eine Luftschicht, sollte die Berechnung nach EN ISO 6946 [2.52] folgendermaßen durchgeführt werden:
– Schmalere Einschnitte werden erweitert (Bild 2.41a), wobei allerdings der Wärmedurchlasswiderstand des Einschnitts *nicht* verändert werden darf.
– Schmalere Überstände werden entfernt (Bild 2.41b), wodurch der Wärmedurchlasswiderstand vermindert wird.

Dadurch entstehen rechnerisch *ebene* Luftschichten.

Beispiel 2.8: Belüftetes Sparrendach

<u>Aufgabe</u>: Für das in Tabelle 2.19 dargestellte belüftete Sparrendach (Unterspannbahn und Dampfsperre nicht dargestellt und bei der Berechnung vernachlässigt) sind
a) der Nachweis des Mindestwärmeschutzes zu führen und
b) der Wärmedurchgangskoeffizient (*U*-Wert) zu berechnen.

<u>Lösung</u>: Bei diesem Beispiel wird der Bemessungswert der Wärmeleitfähigkeit λ der Gips-(karton)platten aus DIN 4108-4 [2.25], Tabelle 1, entnommen; der des Konstruktionsholzes findet sich in EN ISO 10456 [2.33], Tabelle 3. Die Mineralwolle (MW nach EN 13162) sei allgemein bauaufsichtlich zugelassen: Der Bemessungswert der Wärmeleitfähigkeit λ entspreche der Wärmeleitfähigkeitsstufe 035.

2.10 U-Wert bei nebeneinanderliegenden Bauteilabschnitten

Tabelle 2.19: Berechnungsformular zu Beispiel 2.8

Nachweis des Mindestwärmeschutzes bei nebeneinanderliegenden Bauteilabschnitten

nach DIN EN ISO 6946: 2008-08 mit DIN 4108-2: 2013-02 bei
- *zwei* nebeneinanderliegenden Bauteilabschnitten und
- max. *drei* thermisch inhomogenen Bauteilschichten

Aufbau des Bauteils (aufgeteilt in zwei Abschnitte *a*, *b* und *j* = 1, 2, .., *n* Schichten)

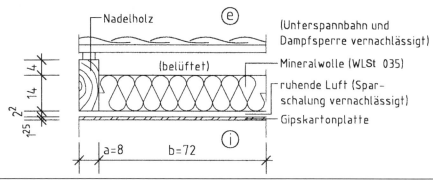

Teilflächen (Flächenanteile) der Abschnitte *a* und *b*

Rippenbereich: $f_a = a/(a+b) =$ 8 / (8 + 72) = 0,100

Gefachbereich: $f_b = b/(a+b) =$ 72 / (8 + 72) = 0,900

Wärmedurchgangswiderstände der Abschnitte *a* und *b*

Schicht Nr.	Bauteilaufbau (von innen nach außen)	d in m	ρ in kg/m³	λ in W/(m·K)	$R_a = d/\lambda$ in m²·K/W	$R_b = d/\lambda$ in m²·K/W
1	Gipskartonplatte	0,0125	800	0,25	0,050	0,050
2	ruhende Luft	0,022	-	-	0,160	0,160
3a	Konstruktionsholz	0,14	500	0,13	1,077	-
3b	Mineralwolle	0,14	(30)	0,035	-	4,000
(Die stark belüftete Luftschicht wird bei R_{se} berücksichtigt.)						
Wärmedurchlasswiderstand	$R_{a,b} = \Sigma d/\lambda$				1,287	4,210
Wärmeübergangswiderstand innen	R_{si}				0,10	0,10
Wärmeübergangswiderstand außen	R_{se} (stark belüftet)				0,10	0,10
Wärmedurchgangswiderstand	$R_{Ta,b} = R_{si} + R_{a,b} + R_{se}$				1,487	4,410

2 Grundlagen des Wärmeschutzes

Tabelle 2.19 (Fortsetzung): Berechnungsformular zu Beispiel 2.8

Oberer Grenzwert des Wärmedurchgangswiderstandes R'_T		
$1/R'_T = f_a / R_{Ta} + f_b / R_{Tb} =$	$0{,}100 / 1{,}487 + 0{,}900 / 4{,}410 = 0{,}271$	W/(m² · K)
$R'_T = 1 / (1/R'_T) =$	$3{,}686$	m² · K/W
Wärmedurchlasswiderstand R_{k1} der thermisch inhomogenen Schicht $k_1 = 3$		
$1/R_{k1} = f_a / R_{a,k1} + f_b / R_{b,k1} =$	$0{,}100 / 1{,}077 + 0{,}900 / 4{,}000 = 0{,}318$	W/(m² · K)
$R_{k1} = 1 / (1/R_{k1}) =$	$3{,}146$	m² · K/W
Wärmedurchlasswiderstand R_{k2} der thermisch inhomogenen Schicht k_2		
$1/R_{k2} = f_a / R_{a,k2} + f_b / R_{b,k2} =$	–	W/(m² · K)
$R_{k2} = 1 / (1/R_{k2}) =$	–	m² · K/W
Wärmedurchlasswiderstand R_{k3} der thermisch inhomogenen Schicht k_3		
$1/R_{k3} = f_a / R_{a,k3} + f_b / R_{b,k3} =$	–	W/(m² · K)
$R_{k3} = 1 / (1/R_{k3}) =$	–	m² · K/W
Unterer Grenzwert des Wärmedurchgangswiderstandes R''_T		
$R''_T = R_{si} + d_1/\lambda_1 + \ldots + \Sigma R_k + \ldots + d_n/\lambda_n + R_{se}$ (übrige Werte s. erstes Blatt)		
$= 0{,}10 + 0{,}050 + 0{,}16 + 3{,}146 + 0{,}10$		
$= 3{,}556$		m² · K/W
Wärmedurchgangswiderstand R_T und Wärmedurchgangskoeffizient U		
$R_T = (R'_T + R''_T) / 2 =$	$(3{,}686 + 3{,}556) / 2 = 3{,}621$	m² · K/W
$U = 1 / R_{T,m} =$	$0{,}276 \approx \underline{0{,}28}$	W/(m² · K)
Nachweis des Mindestwärmeschutzes		
im Mittel: $R_m = R_T - (R_{si} + R_{se}) = 3{,}621 - (0{,}10 + 0{,}10)$		
$= 3{,}421$ m² · K/W $\geq 1{,}0$ m² · K/W $= R_{m,min}$		
im Gefach: $R_b = R_{T,b} - (R_{si} + R_{se}) = 4{,}410 - (0{,}10 + 0{,}10)$		
$= 4{,}210$ m² · K/W $\geq 1{,}75$ m² · K/W $= R_{Gef,min}$		
Das untersuchte Bauteil erfüllt somit – ~~nicht~~[1]) – die Anforderungen an den Mindestwärmeschutz nach DIN 4108-2: 2013-02.		
[1]) Nichtzutreffendes streichen.		

2.11 Wärmedurchgangskoeffizient U bei keilförmigen Schichten

Gemäß Bild 2.41b werden die in den Luftraum ragenden Sparren als schmalere Überstände entfernt, d. h. nur 14 cm Sparrenhöhe angesetzt. Die Sparschalung wird vereinfacht der ruhenden Luftschicht gleichgesetzt, da ihr Wärmedurchlasswiderstand mit $R_2 = d_2/\lambda_2 = 0{,}022/0{,}13 = 0{,}17$ m² · K/W ≈ 0,16 m² · K/W ungefähr dem der ruhenden Luftschicht entspricht (geringerer Wert = sichere Seite). Nachweise s. in Tabelle 2.19 – die o. g. Voraussetzungen für das vereinfachte Verfahren sind eingehalten:
- Es sind keine Dämmschichten vorhanden, die Wärmebrücken aus Metall enthalten und
- $R'_T/R''_T = 3{,}686/3{,}556 = 1{,}04 \leq 1{,}5$.

(Ein ergänzendes Beispiel 2.8a einer Holztafel-/Holzrahmenbauwand findet sich zum Download unter www.beuth-mediathek.de oder www.hmarquardt.de).

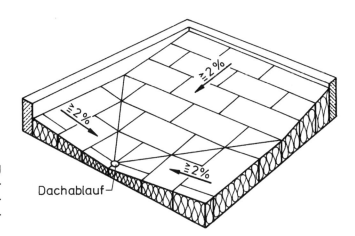

Bild 2.42: Gefälledämmung eines Flachdaches mit keilförmig geschnittenen Wärmedämmplatten (sog. Gefälledämmplatten) [2.63]

2.11 Wärmedurchgangskoeffizient *U* bei keilförmigen Schichten

Bei Flachdächern mit Gefälledämmung (Bild 2.42) kann vereinfacht die *Mindestdicke* für den Wärmeschutznachweis herangezogen werden; falsch ist jedoch der Ansatz der *mittleren Dicke*, da die Dämmwirkung – d. h. der Wärmedurchgangskoeffizient U – bei Verringerung der Dämmstoffdicke zur dünneren Seite hin stärker abnimmt als sie bei Vergrößerung der Dämmstoffdicke zur dickeren Seite hin zunimmt (Bild 2.43).

Ein entsprechender Berechnungsansatz existiert schon länger [2.104]; EN ISO 6946 [2.52], Anhang C, sieht folgenden Rechenweg für Dachneigungen ≤ 5 % vor:

A Aufteilung der Dachfläche

Im ersten Schritt wird die Dachfläche entsprechend Bild 2.44 in rechteckige und dreieckige Flächen aufgeteilt, sodass alle Teile der Fläche A_j mit $j = 1, 2, ..., n$ nur ebene Oberflächen haben und einer der in Bild 2.45 dargestellten Formen zugeordnet werden können.

B Wärmedurchgangskoeffizienten der einzelnen Flächen

Die Wärmedurchgangskoeffizienten U_j in W/(m² · K) der einzelnen gemäß Bild 2.44 und Bild 2.45 aufgeteilten Flächen werden nun folgendermaßen berechnet:

2 Grundlagen des Wärmeschutzes

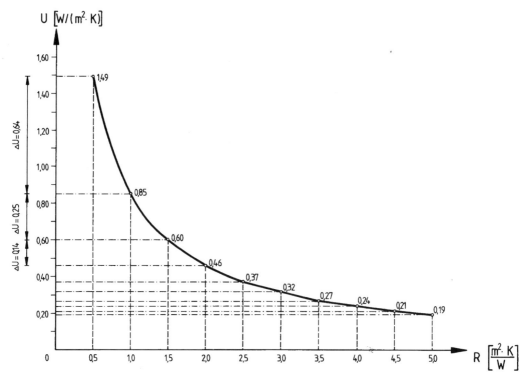

Bild 2.43: Mit zunehmender Verbesserung des Wärmedurchlasswiderstandes R (hier in Schritten von $\Delta R = 0{,}5$ m²·K/W dargestellt) nimmt der Wärmedurchgangskoeffizient in Schritten von ΔU immer weniger ab; d. h. bei $d_{Dä,mean} = 15$ cm können Bereiche mit $d_{Dä,max} = 20$ cm solche mit $d_{Dä,min} = 10$ cm nicht ausgleichen.

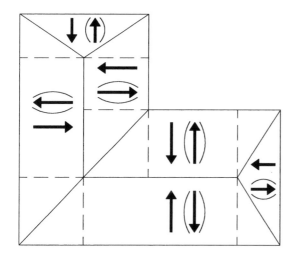

Bild 2.44: Unterteilung einer Dachfläche (Draufsicht) in einzelne Teile, die Pfeile geben die möglichen Entwässerungsrichtungen an:
- nicht eingeklammert: Innenentwässerung
- eingeklammert: Außenentwässerung

2.11 Wärmedurchgangskoeffizient U bei keilförmigen Schichten

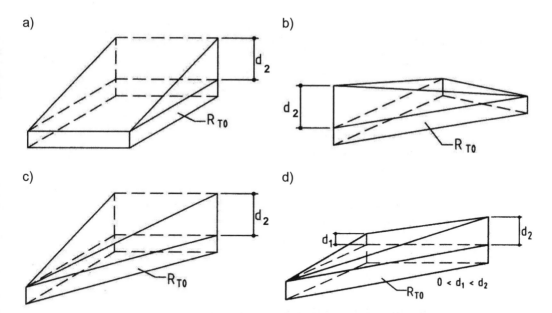

Bild 2.45: Teile von Dächern mit keilförmigen Schichten:
a) rechteckige Fläche
b) dreieckige Fläche, dickste Stelle im Scheitelpunkt
c) dreieckige Fläche, dünnste Stelle im Scheitelpunkt
d) dreieckige Fläche, unterschiedliche Dicken an jedem Scheitelpunkt

— rechteckige Flächen (vgl. Bild 2.45a):

$$U_j = \frac{1}{R_2} \cdot \ln\left(1 + \frac{R_2}{R_{T0}}\right) \tag{2.40}$$

— dreieckige Flächen, jeweils *dickste* Stelle im Scheitelpunkt (vgl. Bild 2.45b):

$$U_j = \frac{2}{R_2} \cdot \left[\left(1 + \frac{R_{T0}}{R_2}\right) \cdot \ln\left(1 + \frac{R_2}{R_{T0}}\right) - 1\right] \tag{2.41}$$

— dreieckige Flächen, jeweils *dünnste* Stelle im Scheitelpunkt (vgl. Bild 2.45c):

$$U_j = \frac{2}{R_2} \cdot \left[1 - \frac{R_{T0}}{R_2} \cdot \ln\left(1 + \frac{R_2}{R_{T0}}\right)\right] \tag{2.42}$$

— dreieckige Flächen mit *unterschiedlichen Dicken* an den Scheitelpunkten (vgl. Bild 2.45d):

2 Grundlagen des Wärmeschutzes

$$U_j = 2 \cdot \left[\frac{R_{T0} \cdot R_1 \cdot \ln\left(1 + \frac{R_2}{R_{T0}}\right) - R_{T0} \cdot R_2 \cdot \ln\left(1 + \frac{R_1}{R_{T0}}\right) + R_1 \cdot R_2 \cdot \ln\left(\frac{R_{T0} + R_2}{R_{T0} + R_1}\right)}{R_1 \cdot R_2 \cdot (R_2 - R_1)} \right] \quad (2.43)$$

R_{T0} Wärmedurch*gangs*widerstand in m² · K/W des Bauteils *ohne* die keilförmige Schicht gemäß Gl. (2.22) bzw. – bei thermisch inhomogenen Schichten – gemäß Gl. (2.39)

$R_1 = d_1/\lambda_t$ Wärmedurch*lass*widerstand in m² · K/W der keilförmigen Schicht mit d_1 entsprechend Bild 2.45d (vgl. Gl. (2.20) für ebene Schichten)

$R_2 = d_2/\lambda_t$ Wärmedurch*lass*widerstand in m² · K/W der keilförmigen Schicht mit d_2 entsprechend Bild 2.45 (vgl. Gl. (2.20) für ebene Schichten)

λ_t Bemessungswert der Wärmeleitfähigkeit des keilförmigen Teils (auf null auslaufend an einer Kante bzw. Spitze) in W/(m · K)

C Wärmedurchgangskoeffizient des Gesamtbauteils

Der Wärmedurchgangskoeffizient U der Gesamtfläche in W/(m² · K) wird nun zu

$$U = \frac{\Sigma(U_j \cdot A_j)}{\Sigma A_j} \quad (2.44)$$

A_j Fläche in m² des Teils j mit $j = 1, 2, ..., n$

D Wärmedurchlasswiderstand des Gesamtbauteils

Der Wärmedurch*gangs*widerstand des Bauteils mit keilförmigen Schichten in m² · K/W kann daraus mit Gl. (2.23) errechnet werden zu

$$R_T = 1 / U \quad (2.45)$$

Daraus ergibt sich bei Bedarf der Wärmedurch*lass*widerstand des Bauteils mit keilförmigen Schichten in m² · K/W nach Gl. (2.22) zu

$$R = R_T - (R_{si} + R_{se}) \quad (2.46)$$

Beispiel 2.9: „Duo-Dach" mit Gefälledämmplatten

<u>Aufgabe</u>: Für das in Bild 2.46 und Tabelle 2.20 dargestellte Flachdach – ein sog. „Duo-Dach" bestehend aus einem Umkehrdach über einem üblichen nichtbelüfteten Flachdach – sind
a) der Nachweis des Mindestwärmeschutzes zu führen und
b) der Wärmedurchgangskoeffizient (U-Wert) zu berechnen.

2.11 Wärmedurchgangskoeffizient U bei keilförmigen Schichten

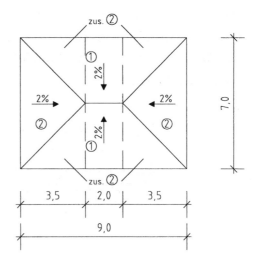

Bild 2.46: Draufsicht auf das in Beispiel 2.9 zu berechnende Flachdach mit den gewählten Teilen (das Flachdach sei nach *innen* entwässert)

Lösung: Der Bemessungswert der Wärmeleitfähigkeit λ von Beton wird aus EN ISO 10456 [2.33] entnommen – für die Abdichtung wird angenommen, dass Bitumenbahnen nach EN 13707 verwendet werden, die in DIN 4108-4 [2.25] zu finden sind. Der expandierte Polystyrol-Hartschaum (EPS nach EN 13163) und der extrudierte Polystyrol-Hartschaum (XPS nach EN 13164) seien allgemein bauaufsichtlich zugelassen: Ihre Bemessungswerte der Wärmeleitfähigkeit λ entsprechen der Wärmeleitfähigkeitsstufe 035. Berechnungen und Nachweis s. in Tabelle 2.20; zusätzliche Berechnungen s. u.

Der Wärmedurchlasswiderstand der keilförmigen Schicht ergibt sich an der *höchsten* Stelle des Keils mit Bild 2.45c und Gl. (2.20) zu

$$R_2 = d_2 / \lambda_t = 0{,}070 \text{ m} / 0{,}035 \text{ W/(m} \cdot \text{K)} = 2{,}000 \text{ m}^2 \cdot \text{K/W}$$

Damit ergibt sich für die *recht*eckigen Flächen (1) in Bild 2.46 mit Gl. (2.40)

$$U_1 = 1/2{,}000 \cdot \ln(1 + 2{,}000/6{,}263) = 0{,}139 \text{ W/(m}^2 \cdot \text{K)}$$

und für die *drei*eckigen Flächen (2) in Bild 2.46 mit *dünnster* Stelle im Scheitelpunkt des Dreiecks mit Gl. (2.42)

$$U_2 = 2/2{,}000 \cdot [1 - 6{,}263/2{,}000 \cdot \ln(1 + 2{,}000/6{,}263)] = 0{,}132 \text{ W/(m}^2 \cdot \text{K)}$$

woraus sich mit Gl. (2.44) der Wärmedurchgangskoeffizient des Gesamtbauteils errechnet zu

$$U = [0{,}139 \text{ W/(m}^2 \cdot \text{K)} \cdot 14 \text{ m}^2 + 0{,}132 \text{ W/(m}^2 \cdot \text{K)} \cdot 49 \text{ m}^2] / 63 \text{ m}^2 = 0{,}134 \text{ W/(m}^2 \cdot \text{K)}$$

Korrektur des Wärmedurchgangskoeffizienten für das Umkehrdach gemäß DIN 4108-2 [2.7], 5.3.3 (vgl. Abschnitt 2.7 mit Tabelle 2.11): Mit dem Wärmedurch*lass*widerstand des Gesamtbauteils nach Gl. (2.45) und Gl. (2.46) von

$$R = 1/0{,}134 - (0{,}10 + 0{,}04) = 7{,}348 \text{ m}^2 \cdot \text{K/W}$$

2 Grundlagen des Wärmeschutzes

Tabelle 2.20: Berechnungsformular zu Beispiel 2.9

Nachweis des Mindestwärmeschutzes
nach DIN EN ISO 6946: 2008-04 mit DIN 4108-2: 2013-02

Aufbau des Bauteils

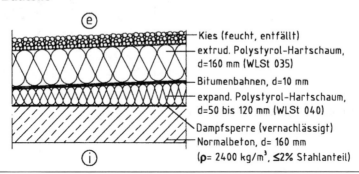

Kies (feucht, entfällt)
extrud. Polystyrol-Hartschaum, d=160 mm (WLSt 035)
Bitumenbahnen, d=10 mm
expand. Polystyrol-Hartschaum, d=50 bis 120 mm (WLSt 040)
Dampfsperre (vernachlässigt)
Normalbeton, d= 160 mm
(ρ= 2400 kg/m³, ≤2% Stahlanteil)

Wärmedurchlasswiderstand und Wärmedurchgangskoeffizient

Bauteilaufbau (von innen nach außen)	d in m	ρ in kg/m³	λ in W/(m K)	$R = d / \lambda$ in m² · K/W
Beton, armiert (mit ≤2 % Stahl)	0,16	2400	2,5	0,064
expandierter Polystyrol-Hartschaum *)	0,05	(≥10)	0,035	1,429
Bitumenbahnen nach EN 13707	0,01	1100	0,17	0,059
extrudierter Polystyrol-Hartschaum	0,16	(≥20)	0,035	4,571
*) Berechnung hier OHNE die keilförmige Schicht				
Wärmedurchlasswiderstand	$R = \Sigma d / \lambda$			6,123
Wärmeübergangswiderstand innen	R_{si}			0,10
Wärmeübergangswiderstand außen	R_{se}			0,04
Wärmedurchgangswiderstand	$R_T = R_{si} + R + R_{se}$			6,263
Wärmedurchgangskoeffizient	$U = 1 / R_T =$ (s. u.)			W/(m² · K)

Flächenbezogene Masse

m' =   0,16 · 2400 + ...   ≥   384 kg/m²   ≥   ~~100~~ kg/m² **)

Damit liegt ein ~~leichtes~~/schweres[1]) Bauteil vor.   **) bei Umkehrdächern ≥ 250 kg/m²

Nachweis des Mindestwärmeschutzes an ungünstigster, d. h. dünnster Stelle

R =   6,12   m² · K/W   ≥   1,2   m² · K/W   = R_{min}

Das untersuchte Bauteil erfüllt somit – ~~nicht~~[1]) – die Anforderungen an den Mindestwärmeschutz nach DIN 4108-2: 2013-02.

[1]) Nichtzutreffendes streichen.

2.11 Wärmedurchgangskoeffizient U bei keilförmigen Schichten

und dem Wärmedurchlasswiderstand raumseitig der Abdichtung

$$R_{rs} = R - R_{XPS} = 7{,}348 \text{ m}^2 \cdot \text{K/W} - 4{,}571 \text{ m}^2 \cdot \text{K/W} = 2{,}777 \text{ m}^2 \cdot \text{K/W}$$

wird der Anteil des Wärmedurchlasswiderstandes raumseitig der Abdichtung zu

$2{,}777/7{,}348 = 0{,}38$, d. h. 38 %

Nach DIN 4108-2, Tabelle 4 (s. Tabelle 2.11) ergibt sich damit der Zuschlag zu $\Delta U_r = 0{,}03$ W/(m² · K); damit errechnet sich der U-Wert (gemäß EN ISO 6946 [2.52] auf zwei Dezimalstellen gerundet) zu

$$U_{UK} = U + \Delta U_r = 0{,}134 + 0{,}03 = 0{,}164 \text{ W/(m}^2 \cdot \text{K)} \approx 0{,}16 \text{ W/(m}^2 \cdot \text{K)}$$

Hinweis: Zwischenzeitlich wurden Umkehrdächer mit wasserableitender Trennlage entwickelt, bei denen nach Allgemeiner bauaufsichtlicher Zulassung immer $\Delta U_r \equiv 0$ gesetzt werden darf [2.65] (vgl. Abschnitt 2.7) – in diesem Fall kann die Korrektur des Wärmedurchgangskoeffizienten für das Umkehrdach entfallen.

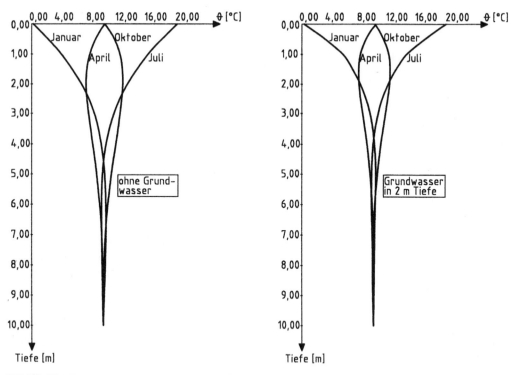

Bild 2.47: Temperaturverläufe im Erdreich für unterschiedliche Monate (nach [2.105])

2.12 Wärmedurchgangskoeffizient U erdberührter Bauteile

2.12.1 Wärmetechnisches Verhalten erdberührter Bauteile

Die den bisherigen Berechnungsansätzen zugrunde gelegte EN ISO 6946 [2.52] behandelt *beid*seitig luftberührte Bauteile. Einseitig erdberührte Bauteile zeigen jedoch ein anderes wärmetechnisches Verhalten, da
- einerseits im Vergleich zur Umgebungsluft das Erdreich eine hohe Wärmespeicherfähigkeit hat und
- andererseits das Erdreich – mit oder ohne Grundwasser – ganzjährig nur geringe Temperaturunterschiede zeigt (Bild 2.47).

Vollständig erfasst werden kann das wärmetechnische Verhalten durch eine zwei- oder dreidimensionale numerische Berechnung des gesamten erdberührten Bauteils in einem ausreichend großen Erdkörper analog zur Wärmebrückenberechnung nach EN ISO 10211 [2.80] (s. Bild 2.48 und Abschnitt 5.4.3).

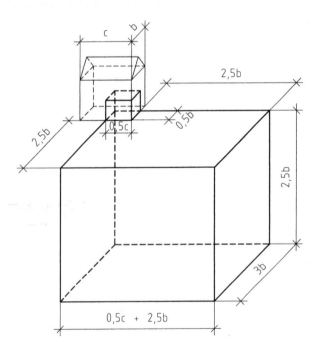

Bild 2.48: Ausreichend großer Erdkörper für die Erfassung erdberührter Bauteile analog zur Wärmebrückenberechnung

Vereinfacht lässt sich – wie im Folgenden dargestellt – der Wärmedurchgangskoeffizient erdberührter Bauteile nach einer besonderen Norm, der EN ISO 13370 [2.106], ermitteln [2.107].

Die Berechnungsbereiche nach EN ISO 6946 [2.52] und nach EN ISO 13370 [2.106] werden abgegrenzt durch eine Trennebene, sie liegt
- bei erdberührten und aufgeständerten Bodenplatten sowie unbeheizten Kellergeschossen in Höhe der raumseitigen Bodenoberfläche (Bild 2.49 rechts) bzw.

2.12 Wärmedurchgangskoeffizient U erdberührter Bauteile

– bei beheizten Kellergeschossen in Höhe der umgebenden Erdreichoberfläche (Bild 2.49 links).

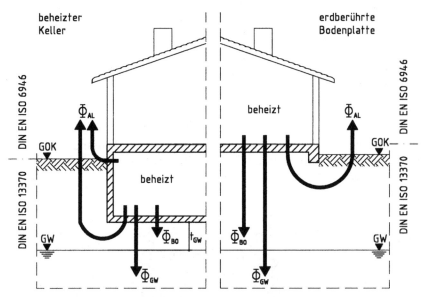

Bild 2.49: Wärmeverluste erdreichberührter Bauteile (nach [2.105])
Φ_{BO} = Wärmeverlust zum Erdreich (Boden)
Φ_{GW} = Wärmeverlust zum Grundwasser
Φ_{AL} = Wärmeverlust zur Außenluft

Wie aus Bild 2.49 weiter zu entnehmen ist, wirken bei erdreichberührten Bauteilen verschiedene Wärmeverluste zusammen, die teilweise von der Gebäude*grundfläche* und teilweise vom Gebäude*umfang* abhängen. Mithilfe des *charakteristischen Bodenplattenmaßes* B' werden diese Einflüsse in EN ISO 13370 [2.106] zusammengefasst:

$$B' = \frac{A}{0{,}5 \cdot P} \qquad (2.47)$$

A   Bruttofläche der Bodenplatte = Gebäudegrundfläche in m² (Außenmaße)
P   Umfang der Bodenplatte in m (*engl. „perimeter"*) – bei Kellergeschossen ohne Berücksichtigung der Kellerwände – (Außenmaße), bei einzelnen Gebäuden einer Reihenbebauung bleiben die Längen unberücksichtigt, die den betrachteten Gebäudeteil von weiteren beheizten Gebäudeteilen trennen (Bild 2.50)

*Un*beheizte Räume außerhalb der gedämmten Gebäudehülle werden bei der Ermittlung von *A* und *P* übermessen (vgl. Bild 2.50).

2 Grundlagen des Wärmeschutzes

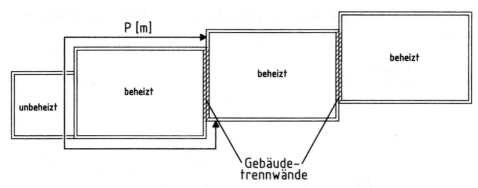

Bild 2.50: Beheizte Gebäude in Reihenbebauung: Beim Umfang P der Bodenplatte bleiben die Längen der gemeinsamen Gebäudetrennwände unberücksichtigt, unbeheizte Anbauten werden übermessen.

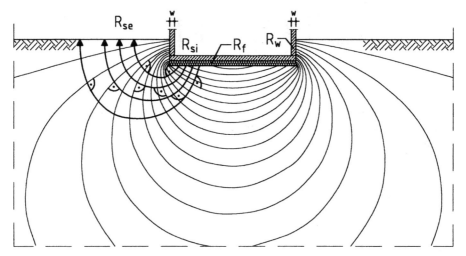

Bild 2.51: Isothermen (schmal) und Wärmestromlinien (fett) im Erdreich unter einem Keller (ohne Grundwasser, nach [2.53], [2.105])

Zur Erfassung der in Bild 2.49 dargestellten Wärmeströme
– sowohl durch die vorhandenen Bauteile
– als auch durch das Erdreich (Bild 2.51)
werden in EN ISO 13370 [2.106] die Wärmedurchlasswiderstände der Bauteile im Vergleich zum umgebenden Erdreich durch die wirksame Gesamtdicke, d. h. durch eine fiktive Dicke des Erdreichs mit entsprechendem Wärmedurchlasswiderstand beschrieben:

2.12 Wärmedurchgangskoeffizient U erdberührter Bauteile

A Wirksame Gesamtdicke von Bodenplatten

Die wirksame Gesamtdicke *von Bodenplatten* d_t in m errechnet sich (vgl. Bild 2.51) zu

$$d_t = w + \lambda \cdot (R_{si} + R_f + R_{se}) \qquad (2.48)$$

w Gesamtdicke der Umfassungswände in m (sämtliche Schichten)

λ Wärmeleitfähigkeit des Erdreichs in W/(m · K) nach Tabelle 2.21 (*Hinweis*: Beim öffentlich-rechtlichen Nachweis nach EnEV ist gemäß DIN V 4108-6 [2.79], Tabelle D.3, *immer* $\lambda \equiv 2{,}0$ W/(m · K) zu setzen!)

R_f Wärmedurchlasswiderstand in m² · K/W einer ggf. vorhandenen *vollflächigen Dämmschicht* ober-, unter- oder innerhalb der Bodenplatte zuzüglich evtl. vorhandenem Bodenbelag – der Wärmedurchlasswiderstand von Normalbetonplatten und dünnem Bodenplattenbelag kann dabei ebenso vernachlässigt werden wie der von evtl. Schüttlagen unterhalb der Platte

R_{si}, R_{se} Wärmeübergangswiderstände in m² · K/W, vertafelt in EN ISO 6946 [2.52], Tabelle 1 (vgl. Tabelle 2.7)

Tabelle 2.21: Wärmetechnische Eigenschaften des Erdreichs

Kategorie	Beschreibung	Wärmeleitfähigkeit λ in W/(m · K)	volumenbezogene Wärmekapazität $\rho \cdot c$ in J/(m³ · K)
1	Ton oder Schluff	1,5	$3{,}0 \cdot 10^6$
2	Sand oder Kies	2,0	$2{,}0 \cdot 10^6$
3	homogener Fels	3,5	$2{,}0 \cdot 10^6$

B Wirksame Gesamtdicke von Kelleraußenwänden

Die wirksame Gesamtdicke *von Kelleraußenwänden* d_w in m ergibt sich analog (vgl. Bild 2.51) zu

$$d_w = \lambda \cdot (R_{si} + R_w + R_{se}) \qquad (2.49)$$

R_w Wärmedurchlasswiderstand in m² · K/W der Kelleraußenwände (hier sämtliche Schichten)

In EN ISO 13370 [2.106] werden nun unterschieden:
- erdberührte Bodenplatten (Bild 2.52a),
- aufgeständerte Bodenplatten,
- Gebäude mit beheiztem Kellergeschoss (Bild 2.52b) und
- Gebäude mit unbeheiztem Kellergeschoss (Bild 2.52c),

deren Berechnung in den folgenden Abschnitten dargestellt wird (Näheres zur Berechnung nach EN ISO 13370 s. bei *Dahlem* [2.108]).

2 Grundlagen des Wärmeschutzes

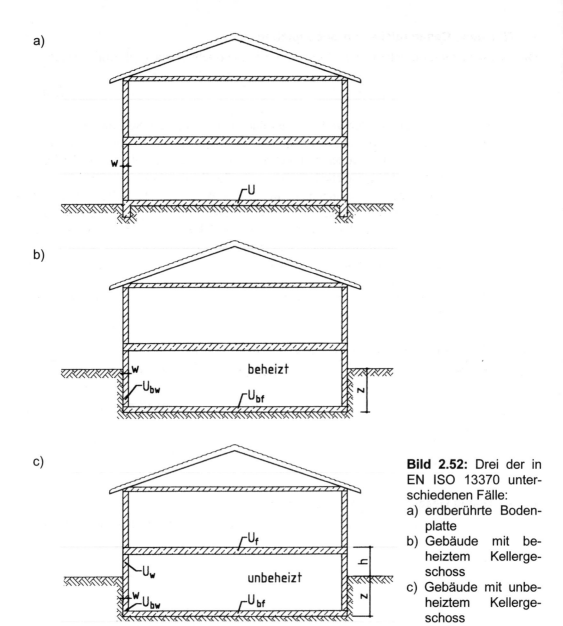

Bild 2.52: Drei der in EN ISO 13370 unterschiedenen Fälle:
a) erdberührte Bodenplatte
b) Gebäude mit beheiztem Kellergeschoss
c) Gebäude mit unbeheiztem Kellergeschoss

2.12.2 Erdberührte Bodenplatten

Der *Grund*wert des Wärmedurchgangskoeffizienten U_0 in W/(m² · K) errechnet sich
– für ungedämmte oder leicht gedämmte Bodenplatten mit $d_t < B'$ zu

$$U_0 = \frac{2 \cdot \lambda}{\pi \cdot B'+d_t} \cdot \ln\left(\frac{\pi \cdot B'}{d_t}+1\right) \qquad (2.50)$$

– bzw. für gut gedämmte Bodenplatten mit $d_t \geq B'$ zu

$$U_0 = \frac{\lambda}{0{,}457 \cdot B'+d_t} \qquad (2.51)$$

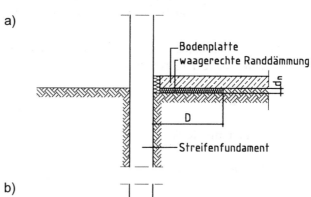

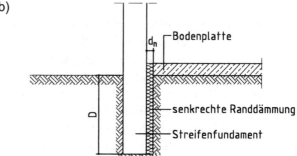

Bild 2.53: In EN ISO 13370 unterschiedene Randdämmungen:
a) waagerechte Randdämmung
b) senkrechte Randdämmung
c) aufgehende Gründung aus Baustoffen geringer Dichte

2 Grundlagen des Wärmeschutzes

Daraus ergibt sich der Wärmedurchgangskoeffizient U zwischen innerer und äußerer Umgebung:
- für Bodenplatten *ohne* Randdämmung in W/(m² · K) zu

$$U = U_0 \tag{2.52}$$

- und für Bodenplatten *mit* Randdämmung (Bild 2.53) in W/(m² · K) zu

$$U = U_0 + 2 \cdot \Psi_{g,e} / B' \tag{2.53}$$

$\Psi_{g,e}$ längenbezogener Wärmedurchgangskoeffizient mit Randdämmung der Bodenplatte in W/(m · K) (früher $\Delta\Psi$)

Eine solche Randdämmung erdberührter Bodenplatten wird durch eine *zusätzliche wirksame Dicke* d' in m erfasst:

$$d' = R' \cdot \lambda \tag{2.54}$$

darin in m² · K/W

$$R' = R_n - d_n / \lambda \tag{2.55}$$

$R_n = d_n / \lambda_n$ als Wärmedurchlasswiderstand in m² · K/W
- der *waage*rechten Randdämmung (Bild 2.53a),
- der *senk*rechten Randdämmung (Bild 2.53b) oder
- der Gründung aus Baustoffen geringer Dichte (Bild 2.53c)

d_n Dicke in m der Randdämmung oder Gründung aus Baustoffen geringer Dichte (vgl. Bild 2.53)

λ_n Wärmeleitfähigkeit in W/(m · K) der Randdämmung oder Gründung aus Baustoffen geringer Dichte (vgl. Bild 2.53)

Mit dieser zusätzlichen wirksamen Dicke d' kann nun der längenbezogene Wärmedurchgangskoeffizient $\Psi_{g,e}$ berechnet werden:

A Waagerechte Randdämmung

Bei waagerechter Randdämmung (vgl. Bild 2.53a) errechnet sich der längenbezogene Wärmedurchgangskoeffizient in W/(m · K) zu

$$\Psi_{g,e} = -\frac{\lambda}{\pi} \cdot \left[\ln\left(\frac{D}{d_t} + 1\right) - \ln\left(\frac{D}{d_t + d'} + 1\right) \right] \tag{2.56}$$

D *Breite* in m der *waage*rechten Randdämmung

2.12 Wärmedurchgangskoeffizient U erdberührter Bauteile

B Senkrechte Randdämmung oder Gründung aus Baustoffen geringer Dichte

Bei senkrechter Randdämmung oder Gründungen aus Baustoffen geringer Dichte (vgl. Bild 2.53b und Bild 2.53c) ergibt sich der längenbezogene Wärmedurchgangskoeffizient in W/(m · K) zu

$$\Psi_{g,e} = -\frac{\lambda}{\pi} \cdot \left[\ln\left(\frac{2 \cdot D}{d_t} + 1\right) - \ln\left(\frac{2 \cdot D}{d_t + d'} + 1\right) \right] \qquad (2.57)$$

$\quad D \quad$ *Tiefe* in m der *senk*rechten Randdämmung oder der Gründung aus Baustoffen geringer Dichte

Bei wärmetechnisch ungünstigem Anschluss der Bodenplatte zur aufgehenden Wand sind *zusätzlich* längenbezogene Wärmedurchgangskoeffizienten Ψ_g für die Verbindungsstelle zwischen Wand und Bodenplatte zu berücksichtigen, sie sind gemäß Abschnitt 2.9.3 genauer zu berechnen (aber: $\Psi_g \equiv 0$ beim pauschalen Nachweis der Wärmebrücken gemäß EnEV [2.20], s. Abschnitt 5.4.2).

Mit dem Wärmedurchgangskoeffizienten U zwischen innerer und äußerer Umgebung errechnet sich nun der (ggf. für die späteren Nachweise am Gesamtgebäude benötigte, s. Abschnitt 5.4.2) *spezifische Transmissionswärmeverlustkoeffizient für das Erdreich = stationäre Komponente der Wärmeübertragung* der gesamten Bodenplatte in W/K mit Gl. (2.53) und Gl. (2.47) zu

$$\begin{aligned} H_g &= A \cdot U = A \cdot (U_0 + 2 \cdot (\Psi_g + \Psi_{g,e})/B') \\ &= A \cdot U_0 + P \cdot (\Psi_g + \Psi_{g,e}) \end{aligned} \qquad (2.58)$$

Hinweise zur Berechnung von Bodenplatten mit eingebettetem Heizsystem (Fußbodenheizung) gibt Anhang I zu EN ISO 13370 [2.106].

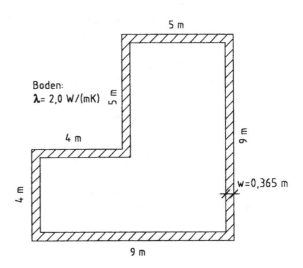

Bild 2.54: Schnitt durch das Erdgeschoss über der in Beispiel 2.10 zu berechnenden Bodenplatte (nur Außenwände dargestellt)

2 Grundlagen des Wärmeschutzes

Beispiel 2.10: Bodenplatte eines frei stehenden Gebäudes

Aufgabe: Für die in Bild 2.54 im Grundriss dargestellte Bodenplatte ist der Wärmedurchgangskoeffizient (U-Wert) nach EN ISO 13370 zu berechnen.
Lösung: Geometrische Größen:
- Perimeter = Umfang der Bodenplatte: $P = 2 \cdot 9$ m $+ 2 \cdot 5$ m $+ 2 \cdot 4$ m $= 36$ m
- Gebäudegrundfläche: $A = 5 \cdot 5$ m $+ 4 \cdot 9$ m $= 61$ m²
- charakteristisches Bodenplattenmaß nach Gl. (2.47): $B' = 2 \cdot 61$ m² $/ 36$ m $= 3{,}389$ m

a) Variante ungedämmte Bodenplatte:

Die wirksame Gesamtdicke ergibt sich nach Gl. (2.48) zu

$d_t = 0{,}365$ m $+ 2{,}0$ W/(m $\cdot$ K) $\cdot (0{,}17$ m² $\cdot$ K/W $+ 0 + 0{,}04$ m² $\cdot$ K/W$) = 0{,}785$ m

und damit der Wärmedurchgangskoeffizient für die vorliegende ungedämmte Bodenplatte ohne Randdämmung nach Gl. (2.50) und (2.52) zu

$U_A = U_0 = 2 \cdot 2{,}0$ W/(m $\cdot$ K) $/ (3{,}14 \cdot 3{,}389$ m $+ 0{,}785$ m$) \cdot \ln (3{,}14 \cdot 3{,}389$ m $/ 0{,}785$ m $+ 1)$
$= 0{,}937$ W/(m² $\cdot$ K)

b) Variante ungedämmte Bodenplatte mit Frostschürze mit $d_n = 0{,}365$ m und $D = 0{,}800$ m (vgl. Bild 2.53c) aus Leichtbeton mit $\lambda_n = 0{,}25$ W/(m $\cdot$ K):

Mit Gl. (2.55) wird

$R' = 0{,}365$ m $/ 0{,}25$ W/(m $\cdot$ K) $- 0{,}365$ m $/ 2{,}0$ W/(m $\cdot$ K) $= 1{,}2775$ m² $\cdot$ K/W

und damit nach Gl. (2.54)

$d' = 1{,}2775$ m² $\cdot$ K/W $\cdot 2{,}0$ W/(m $\cdot$ K) $= 2{,}555$ m

Mit Gl. (2.57) wird damit der längenbezogene Wärmedurchgangskoeffizient (mit $d_t = 0{,}785$ m, s. o.) zu

$\Psi_{g,e} = -2{,}0$ W/(m $\cdot$ K) $/ 3{,}14 \cdot [\ln (2 \cdot 0{,}800$ m $/ 0{,}785$ m $+ 1)$
$- \ln (2 \cdot 0{,}800$ m $/ (0{,}785$ m $+ 2{,}555$ m$) + 1)] = -0{,}458$ W/(m $\cdot$ K)

und damit der Wärmedurchgangskoeffizient mit $U_0 = 0{,}937$ W/(m² $\cdot$ K) (s. o.) nach Gl. (2.53) zu

$U_B = 0{,}937$ W/(m² $\cdot$ K) $- 2 \cdot 0{,}458$ W/(m $\cdot$ K) $/ 3{,}389$ m $= 0{,}667$ W/(m² $\cdot$ K)

Die Frostschürze aus Leichtbeton führt also zu einer Verringerung des U-Wertes der ansonsten ungedämmten Bodenplatte aus Variante a) um 29 %.

c) Variante Bodenplatte oberseitig vollflächig gedämmt mit 100 mm expandiertem Polystyrol-Hartschaum (EPS nach EN 13163) mit allgemeiner bauaufsichtlicher Zulassung, der Bemessungswert der Wärmeleitfähigkeit λ entspreche der Wärmeleitfähigkeitsstufe 035:

Mit dem Wärmedurchlasswiderstand der Bodenplatten-Dämmung

$R_f = 0{,}100$ m $/ 0{,}035$ W/(m · K) $= 2{,}857$ m² · K/W

und damit nach Gl. (2.48) der wirksamen Gesamtdicke der Bodenplatte von

$d_t = 0{,}365$ m $+ 2{,}0$ W/(m · K) · $(0{,}17$ m² · K/W $+ 2{,}857$ m² · K/W $+ 0{,}04$ m² · K/W$) = 6{,}499$ m
$\geq 3{,}389$ m $= B'$

liegt eine gut gedämmte Bodenplatte vor, d. h. mit Gl. (2.51) und Gl. (2.52) wird damit der Wärmedurchgangskoeffizient der gedämmten Bodenplatte mit $B' = 3{,}389$ m (s. o.) zu

$U_C = U_0 = 2{,}0$ W/(m · K) $/ (0{,}457 \cdot 3{,}389$ m $+ 6{,}499$ m$) = 0{,}249$ W/(m² · K)

100 mm Dämmung der Bodenplatte sind somit deutlich wirksamer als eine Frostschürze aus Leichtbeton – es ergibt sich eine Verbesserung gegenüber Variante a) um 73 %.

2.12.3 Aufgeständerte Bodenplatten

Aufgeständerte Bodenplatten mit einem durch Außenluft belüfteten Kriechkeller waren bis Mitte der 80er Jahre in Skandinavien üblich, hatten jedoch Probleme mit Tauwasserausfall im Sommer, so dass sie auch dort kaum noch ausgeführt werden [2.109]. Sie haben in Deutschland keine Bedeutung, zur Bemessung s. EN ISO 13370 [2.106], 9.2.

2.12.4 Beheizte Keller

Als Erstes errechnet sich entsprechend EN ISO 13370 [2.106], 9.3, der Wärmedurchgangskoeffizient der Keller-Bodenplatte U_{bf} in W/(m² · K)
– für ungedämmte oder leicht gedämmte Keller-Bodenplatten mit $d_t + 0{,}5 \cdot z < B'$ zu

$$U_{bf} = \frac{2 \cdot \lambda}{\pi \cdot B' + d_t + 0{,}5 \cdot z} \cdot \ln\left(\frac{\pi \cdot B'}{d_t + 0{,}5 \cdot z} + 1\right) \qquad (2.59)$$

– bzw. für gut gedämmte Bodenplatten mit $d_t + 0{,}5 \cdot z \geq B'$ zu

$$U_{bf} = \frac{\lambda}{0{,}457 \cdot B' + d_t + 0{,}5 \cdot z} \qquad (2.60)$$

Als Zweites ergibt sich der Wärmedurchgangskoeffizient der Kelleraußenwände U_{bw} in W/(m² · K) zu

$$U_{bw} = \frac{2 \cdot \lambda}{\pi \cdot z} \cdot \left(1 + \frac{0{,}5 \cdot d_t}{d_t + z}\right) \cdot \ln\left(\frac{z}{d_w} + 1\right) \qquad (2.61)$$

z Tiefe der Bodenplatten-*Unter*kante unter Erdreich*ober*kante in m (vgl. Bild 2.52b)

$d_w \geq d_t$ als Standardfall – sollte $d_w < d_t$ sein, so ist in Gl. (2.61) d_t durch d_w zu ersetzen.

Damit errechnet sich der stationäre Wärmeübertragungskoeffizient in W/K des gesamten beheizten Kellers (unter Berücksichtigung eines ggf. anzusetzenden *zusätzlichen* längenbezogenen Wärmedurchgangskoeffizienten Ψ_g für die Verbindungsstelle zwischen Wand und Bodenplatte, vgl. Abschnitt 2.12.2) zu

$$H_g = A \cdot U_{bf} + z \cdot P \cdot U_{bw} + P \cdot \Psi_g \qquad (2.62)$$

Daraus wiederum ergibt sich der wirksame Wärmedurchgangskoeffizient U' in W/(m² · K)

$$U' = \frac{A \cdot U_{bf} + z \cdot P \cdot U_{bw}}{A + z \cdot P} \qquad (2.63)$$

des gesamten erdberührten Kellergeschosses bezogen auf die gesamte erdberührte Fläche zu

A Bruttofläche der Bodenplatte = Gebäudegrundfläche in m² (Außenmaße)
P Umfang der Bodenplatte in m ohne Berücksichtigung der Kellerwände (Außenmaße)

2.12.5 Unbeheizte Keller

Der Wärmedurchgangskoeffizient U in W/(m² · K) errechnet sich entsprechend EN ISO 13370 [2.106], 9.4, als Kehrwert aus der Summe
– des Wärmedurchgangswiderstandes der Kellerdecke sowie
– der Wärmedurchgangswiderstände der den Keller umschließenden Bauteile Bodenplatte, Kelleraußenwände und Außenwände oberhalb der Geländeoberkante mit den Lüftungswärmeverlusten des Kellers
(vgl. Bild 2.52c) zu

$$\frac{1}{U} = \frac{1}{U_f} + \frac{A}{A \cdot U_{bf} + z \cdot P \cdot U_{bw} + h \cdot P \cdot U_w + 0{,}33 \cdot n \cdot V} \qquad (2.64)$$

U_f Wärmedurchgangskoeffizient der Kellerdecke (zwischen innerer Umgebung und Kellergeschoss) in W/(m² · K), berechnet nach EN ISO 6946 [2.52]

U_{bf} Wärmedurchgangskoeffizient der Keller-Bodenplatte (vgl. Abschnitt 2.12.4) in W/(m² · K)

U_{bw} Wärmedurchgangskoeffizient der Kelleraußenwände (vgl. Abschnitt 2.12.4) in W/(m² · K)

U_w Wärmedurchgangskoeffizient der Kelleraußenwände oberhalb des Erdreichs in W/(m² · K), berechnet nach EN ISO 6946 [2.52]

A Bruttofläche der Bodenplatte = Gebäudegrundfläche [m²] (Außenmaße)

P Umfang der Bodenplatte in m ohne Berücksichtigung der Kellerwände (Außenmaße)

z Tiefe der Bodenplatten-*Unter*kante unter Erdreich*ober*kante in m (vgl. Bild 2.52c)

h Höhe der Kellerdecken-*Ober*fläche oberhalb der Erdreich*ober*kante in m (vgl. Bild 2.52c)

$0{,}33 \approx 0{,}34$ Wh/(m³ · K) = volumenspezifische Wärmespeicherkapazität der Luft (s. Abschnitt 5.4.2)

n Luftwechselrate in h^{-1} des Kellers, i. d. R. darf $n \equiv 0{,}3$ h^{-1} gesetzt werden

V Luftvolumen des Kellers in m³

Damit errechnet sich der stationäre Wärmeübertragungskoeffizient in W/K (unter Berücksichtigung eines ggf. anzusetzenden *zusätzlichen* längenbezogenen Wärmedurchgangskoeffizienten Ψ_g für die Verbindungsstelle zwischen Wand und Bodenplatte, vgl. Abschnitt 2.12.2) durch den unbeheizten Keller zu

$$H_g = A \cdot U + P \cdot \Psi_g \tag{2.65}$$

2.12.6 Vereinfachte Berechnung erdberührter Bauteile

Der öffentlich-rechtliche Nachweis gemäß EnEV [2.20] sieht alternativ zum vorstehend beschriebenen Verfahren eine vereinfachte Berechnung des Wärmedurchgangskoeffizienten U erdberührter Bauteile gemäß Anhang E zu DIN V 4108-6 [2.79] vor. Berechnet wird dabei der sog. *konstruktive U-Wert* aus der Schichtfolge des an das Erdreich grenzenden Bauteils mit den Wärmeübergangswiderständen (vgl. Tabelle 2.7)

– $R_{si} = 0{,}17$ m² · K/W bei horizontalen Bauteilen (d. h. Bodenplatten) bzw.
– $R_{si} = 0{,}13$ m² · K/W bei vertikalen Bauteilen (d. h. erdberührten Wänden) sowie
– $R_{se} = 0$ auf der erdberührten Seite des Bauteils,

d. h. die Berechnung endet – im Gegensatz zum Verfahren nach EN ISO 13370 [2.106] – an der Außenseite des erdberührten Bauteils.

Zur Berücksichtigung der relativ großen thermischen Trägheit des Erdreiches wird beim Nachweis gemäß EnEV der Wärmedurchgang durch die erdberührten Bauteile mit sog. *Temperatur-Korrekturfaktoren* $F_x < 1$ abgemindert (s. u. Abschnitt 5.4.2).

2 Grundlagen des Wärmeschutzes

Auch der *Nachweis des Mindestwärmeschutzes* wird analog geführt; gemäß DIN 4108-2 [2.7], Fußnote b zu Tabelle 3, ist für erdberührte Bauteile der konstruktive Wärmedurchlasswiderstnd anzusetzen. Bei einer Perimeterdämmung geht ergänzend die Wärmedämmschicht außerhalb der Abdichtung in die Berechnung ein. (Zur Perimeterdämmung vgl. Abschnitt 2.7 mit Bild 2.21b.)

Beispiel 2.11: Bodenplatte unter beheiztem Raum

Aufgabe: Für die in Tabelle 2.22 dargestellte Bodenplatte unter einem beheizten Raum sind
a) der Nachweis des Mindestwärmeschutzes zu führen und
b) der Wärmedurchgangskoeffizient (U-Wert) vereinfacht nach Anhang E zu DIN V 4108-6 zu berechnen.

Lösung: Der Bemessungswert der Wärmeleitfähigkeit λ des Zementestrichs wird aus DIN 4108-4 [2.25], Tabelle 1, entnommen. Der expandierte Polystyrol-Hartschaum (EPS nach EN 13163) sei allgemein bauaufsichtlich zugelassen: Der Bemessungswert der Wärmeleitfähigkeit λ entspreche der Wärmeleitfähigkeitsstufe 035. (Ein ergänzendes Beispiel 2.11a einer Kellerdecke s. zum Download unter www.beuth-mediathek.de oder www.hmarquardt.de).

Vergleich mit Beispiel 2.10c: Setzt man entsprechend Tabelle 5.6 in Abschnitt 5.4 für die gedämmte Bodenplatte mit $B' = 3,389$ m < 5 m und $R_f = 2,857$ m² · K/W > 1 m² · K/W den Temperatur-Korrekturfaktor zu $F_G \equiv F_f = 0,60$, so wird der mit der Berechnung nach EN ISO 13370 vergleichbare U-Wert zu

$$U_{vergl} = F_{bf} \cdot U = 0,6 \cdot 0,325 \text{ W/(m}^2 \cdot \text{K)} = 0,195 \text{ W/(m}^2 \cdot \text{K)}$$

d. h. die vereinfachte Berechnung des im vorliegenden Fall kleinen Gebäudes von nur 61 m² Grundfläche führt zu einem um 22 % günstigeren Ergebnis als die genauere Berechnung nach EN ISO 13370 mit $U = 0,249$ W/(m² · K).

Beispiel 2.12: Erdberührte Außenwand mit Perimeterdämmung

Aufgabe: Für die in Tabelle 2.23 dargestellte erdberührte Außenwand sind
a) der Nachweis des Mindestwärmeschutzes zu führen und
b) der Wärmedurchgangskoeffizient (U-Wert) vereinfacht nach Anhang E zu DIN V 4108-6 zu berechnen.

Lösung: Die Bemessungswerte der Wärmeleitfähigkeit λ werden aus DIN 4108-4 [2.25], Tabelle 1, entnommen. Der extrudierte Polystyrol-Hartschaum (XPS nach EN 13164) sei allgemein bauaufsichtlich zugelassen: Der Bemessungswert der Wärmeleitfähigkeit λ entspreche der Wärmeleitfähigkeitsstufe 035. (Dieses Beispiel 2.12 findet sich auch zum Download unter www.beuth-mediathek.de oder www.hmarquardt.de.)

2.12 Wärmedurchgangskoeffizient U erdberührter Bauteile

Tabelle 2.22: Berechnungsformular zu Beispiel 2.11

Nachweis des Mindestwärmeschutzes
nach DIN EN ISO 6946: 2008-04 mit DIN 4108-2: 2013-02

Aufbau des Bauteils

Zementestrich (ρ= 2000 kg/m³)
expand. PS-Hartschaum (WLSt 035)
Normalbeton (unterhalb der Abdichtung)

Wärmedurchlasswiderstand und Wärmedurchgangskoeffizient

Bauteilaufbau (von innen nach außen)	d in m	ρ in kg/m³	λ in W/(m K)	R = d / λ in m² · K/W
Zement-Estrich	0,07	2000	1,4	0,050
expandierter Polystyrol-Hartschaum	0,10	($\geq$ 10)	0,035	2,857
Beton (außerhalb der vernachlässigten Abdichtung)		-	-	-

Wärmedurchlasswiderstand	$R = \Sigma d / \lambda$	2,907
Wärmeübergangswiderstand innen	R_{si}	0,17
Wärmeübergangswiderstand außen	R_{se}	0,00
Wärmedurchgangswiderstand	$R_T = R_{si} + R + R_{se}$	3,077
Wärmedurchgangskoeffizient	$U = 1 / R_T$ = 0,32	W/(m² · K)

Flächenbezogene Masse

m' = 0,07 · 2000 + ... $\geq$ 140   kg/m² $\geq$ 100 kg/m²

Damit liegt ein ~~leichtes~~/schweres[1]) Bauteil vor.

Nachweis des Mindestwärmeschutzes

R = 2,91   m² · K/W $\geq$ 0,90   m² · K/W   = R_{min}

Das untersuchte Bauteil erfüllt somit – ~~nicht~~[1]) – die Anforderungen an den Mindestwärmeschutz nach DIN 4108-2: 2013-02.

[1]) Nichtzutreffendes streichen.

Tabelle 2.23: Berechnungsformular zu Beispiel 2.12

Nachweis des Mindestwärmeschutzes
nach DIN EN ISO 6946: 2008-04 mit DIN 4108-2: 2013-02

Aufbau des Bauteils

Gipsputz ohne Zuschlag
KS-Mauerwerk (ρ= 1400 kg/m³)
Dickbeschichtung
extrud. Polystyrol-Hartschaum (WLSt 035)

8 | 36⁵ | 1

Wärmedurchlasswiderstand und Wärmedurchgangskoeffizient

Bauteilaufbau (von innen nach außen)	d in m	ρ in kg/m³	λ in W/(m K)	$R = d/\lambda$ in m² · K/W
Gipsputz ohne Zuschlag	0,01	1200	0,51	0,020
KS-Mauerwerk	0,365	1400	0,70	0,521
Polystyrol-Extruderschaum XPS	0,08	(20)	0,035	2,286
(Bitumen-Dickbeschichtung vernachlässigt)				

Wärmedurchlasswiderstand	$R = \Sigma d / \lambda$	2,827
Wärmeübergangswiderstand innen	R_{si}	0,13
Wärmeübergangswiderstand außen	R_{se}	0,00
Wärmedurchgangswiderstand	$R_T = R_{si} + R + R_{se}$	2,957
Wärmedurchgangskoeffizient	$U = 1 / R_T =$ 0,34	W/(m² · K)

Flächenbezogene Masse

m' = 0,365 · 1400 + ...   ≥   511   kg/m² ≥ 100 kg/m²

Damit liegt ein ~~leichtes~~/schweres[1]) Bauteil vor.

Nachweis des Mindestwärmeschutzes

R = 2,83   m² · K/W   ≥   1,2   m² · K/W = R_{min}

Das untersuchte Bauteil erfüllt somit – ~~nicht[1]~~) – die Anforderungen an den Mindestwärmeschutz nach DIN 4108-2: 2013-02.

[1]) Nichtzutreffendes streichen.

2.12 Wärmedurchgangskoeffizient U erdberührter Bauteile

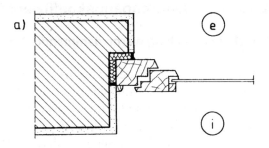

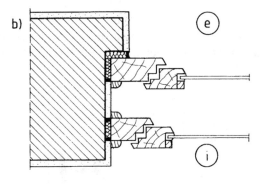

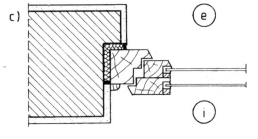

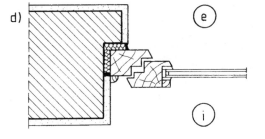

Bild 2.55: Entwicklung der Fenster und Verglasungen am Beispiel von Holzfenstern [2.110]:
a) Einfachfenster mit Ein-Scheiben-Verglasung
b) Kastenfenster aus zwei Einfachfenstern mit jeweils einer Ein-Scheiben-Verglasung in den beiden Flügelrahmen
c) Verbundfenster mit je einer Ein-Scheiben-Verglasung in den beiden miteinander verbundenen Flügelrahmen
d) Einfachfenster mit Zwei-Scheiben-Isolierverglasung

2.13 Wärmedurchgangskoeffizient transparenter Bauteile

2.13.1 Entwicklung wärmedämmender Verglasungen

Unter transparenten Bauteilen werden Fenster, Fenstertüren und Dachflächenfenster verstanden. Während bis Mitte der Siebzigerjahre des 20. Jahrhunderts in wintermilden Gebieten *Einfachfenster* mit Ein-Scheiben-Verglasung zulässig und damit vorherrschend waren [2.111] (Bild 2.55a), wurden im winterkalten Klima häufig *Kastenfenster* mit je einer Ein-Scheiben-Verglasung in den beiden Flügelrahmen eingebaut (Bild 2.55b). Diese Kastenfenster wurden Mitte des 20. Jahrhunderts zu *Verbundfenstern* weiterentwickelt (Bild 2.55c), die wärmetechnisch keinen Fortschritt darstellen, sich aber mit einem Handgriff öffnen lassen. Für die Verglasung der Fenster von beheizten Räumen wird heute nahezu ausschließlich Isolierglas verwendet, und zwar i. d. R. in Einfachfenstern (Bild 2.55d); von den in Bild 2.56 dargestellten Typen ist heute nur noch der (doppelt) randverklebte Typ üblich (Bild 2.56c).

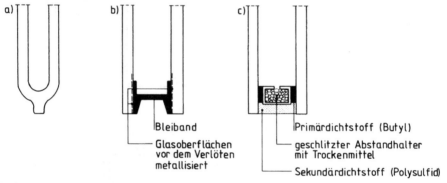

Bild 2.56: Mögliche Isolierglas-Typen [2.110]:
a) randverschmolzenes Isolierglas (z. B. GADO seit 1954)
b) randverlötetes Isolierglas (z. B. THERMOPANE seit 1938)
c) heute übliches doppelt geklebtes Isolierglas mit Abstandhaltern aus Aluminium

Die Luft im Scheibenzwischenraum (SZR) der Isolierverglasungen muss *trocken* sein, um
- einerseits Tauwasserausfall im Scheibenzwischenraum auszuschließen und
- andererseits die niedrigere Wärmeleitfähigkeit trockener Luft auszunutzen.

Dazu werden die Abstandhalterprofile zum Scheibenzwischenraum hin geschlitzt oder gelocht und bei der Herstellung mit einem körnigen Trockenmittel (z. B. Silikagel) gefüllt (vgl. Bild 2.56c), das
- zum einen die Feuchte der bei der Herstellung eingeschlossenen Luft und
- zum anderen die über Jahrzehnte durch den Klebeverbund eindiffundierende geringe Menge Wasserdampf sicher absorbiert [2.112].

2.13 Wärmedurchgangskoeffizient transparenter Bauteile

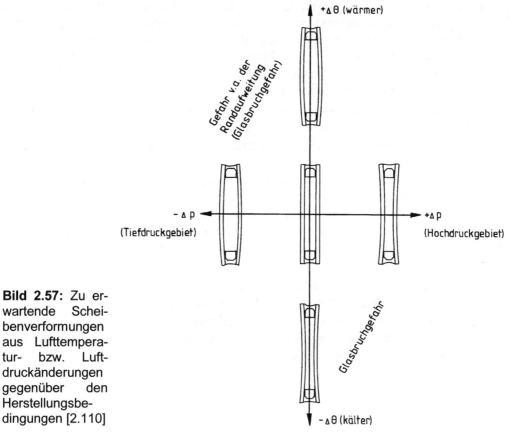

Bild 2.57: Zu erwartende Scheibenverformungen aus Lufttemperatur- bzw. Luftdruckänderungen gegenüber den Herstellungsbedingungen [2.110]

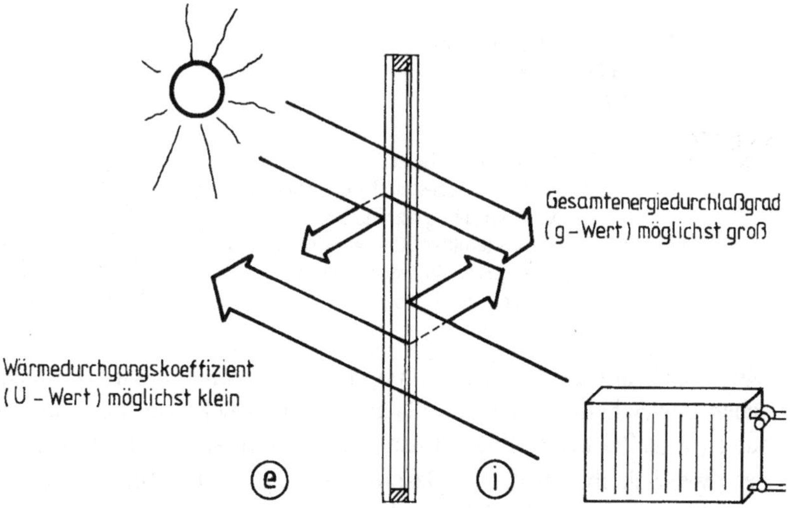

Bild 2.58: Ziele bei der Entwicklung von wärmedämmenden Verglasungen [2.110]

Die aus o. g. Gründen sinnvolle Trennung der Luft im Scheibenzwischenraum von den Umgebungsbedingungen bewirkt jedoch Scheibenverformungen bei Lufttemperatur- bzw. Luftdruckänderungen gegenüber den Herstellungsbedingungen (Bild 2.57); diese Scheibenverformungen können bei kleinformatigen Scheiben sogar Glasbruch zur Folge haben [2.113], [2.114]. (Bei Einbau von Isolierverglasungen in höheren Lagen des Mittel- oder Hochgebirges muss die Verglasung entsprechend bestellt werden!)

Standard sind heute Einfachfenster mit Zwei- oder Drei-Scheiben-Isolierverglasungen. Um für Niedrigenergie- oder Passivhäuser geeignete Verglasungen anbieten zu können, hat die Industrie in den letzten Jahrzehnten große Anstrengungen unternommen mit dem Ziel (Bild 2.58),
- einerseits den Wärmedurchgangskoeffizienten U_g der Verglasung zu reduzieren, um die Wärmeverluste aus Wärmeleitung zu minimieren, und
- andererseits den Gesamtenergiedurchlassgrad g der Verglasung möglichst groß zu halten, um die Wärmegewinne aus Sonnenstrahlung zu maximieren sowie möglichst viel Tageslicht durchzulassen (zur Definition des Gesamtenergiedurchlassgrades s. u. Abschnitt 2.15.2).

Um dieses Ziel zu erreichen, werden (Bild 2.59)
- einerseits reflektierende Wärmeschutzbeschichtungen auf der nicht zugänglichen Scheibenoberfläche zum Innenraum hin aufgebracht,
- andererseits Gasfüllungen des Scheibenzwischenraums (heute vor allem mit Edelgasen wie Argon, Krypton oder Xenon) vorgenommen.

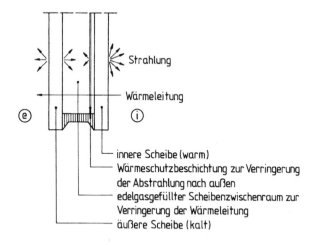

Bild 2.59: Wirkungsweise der Wärmeschutzbeschichtung auf der zum Innenraum hin liegenden Scheibenoberfläche im Luftzwischenraum ([2.110] nach [2.115])

Mit einer Wärmeschutzbeschichtung (engl. „coating") wird der Strahlungsaustausch zwischen den Scheiben nahezu vollständig unterdrückt, der bei konventioneller Isolierverglasung zu ca. 2/3 der Wärmeverluste führt. Damit kann der Wärmedurchgangskoeffizient einer Zwei-Scheiben-Isolierverglasung von $U_{g,0} \approx 3{,}0$ W/(m² · K) auf $U_{g,Coat} \approx 2{,}0$ W/(m² · K) gesenkt werden. Für die Wärmeschutzbeschichtung verwendet werden
- als „Hardcoating" bezeichnete halbleitende Metalloxid-Beschichtungen (fluorhaltiges Zinn- oder Indiumoxid), die durch Pyrolyse (Einschmelzen) aufgebracht werden,

– sowie als „Softcoating" bezeichnete, sehr dünne Silberbeschichtungen (Metallbedampfungen), die per Magnetronverfahren im Vakuum aufgebracht werden.

Heute ist die Silberbeschichtung der Regelfall; ihr Transmissionsgrad τ (d. h. der Tageslichtdurchgang) ist vergleichbar mit einer unbeschichteten Drei-Scheiben-Isolierverglasung [2.116], [2.117] (zur Definition des Transmissionsgrades s. u. Abschnitt 2.15.2).

Neben dem Strahlungsaustausch führen auch *Wärmeleitung* und *Konvektion* der Luft im Scheibenzwischenraum zu Wärmeverlusten der Verglasung. Ersetzt man dort die Luft z. B. durch das Edelgas Argon, das eine geringere Wärmeleitfähigkeit als Luft hat, so kann der Wärmedurchgangskoeffizient der Verglasung weiter reduziert werden auf

– $U_{g,Coat+Ar} \approx 1,3$ W/(m² · K) bei 12 mm Scheibenzwischenraum bzw.
– $U_{g,Coat+Ar} \approx 1,1$ W/(m² · K) bei 16 mm Scheibenzwischenraum.

Eine weitergehende Verbesserung lässt sich durch die Edelgase Krypton oder Xenon erzielen (Bild 2.60, s. auch [2.111], [2.118]), z. B. wird mit Xenon $U_{g,Coat+Xe} = 1,0$ W/(m² · K) bei einer Zwei-Scheiben-Isolierverglasung mit 8 mm Scheibenzwischenraum [2.116]. Allerdings enthält trockene Luft zwar 0,9325 Vol.-% Argon, aber nur 0,0001 Vol.-% Krypton und sogar nur 0,000009 Vol.-% Xenon [2.119], weshalb diese selteneren Edelgase um ein Vielfaches teurer als Argon sind. Der Transmissionsgrad τ wird durch eine Edelgasfüllung praktisch nicht verändert.

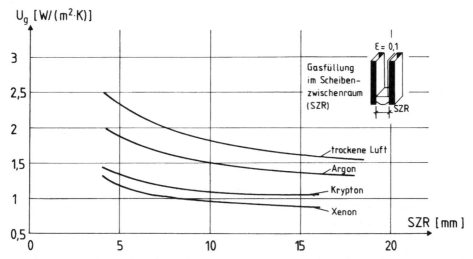

Bild 2.60: U_g-Werte von Zwei-Scheiben-Wärmeschutzverglasungen in Abhängigkeit vom Scheibenzwischenraum (SZR) und der Art der Gasfüllung [2.110]

Die beschriebenen Entwicklungen haben dazu geführt, dass die frühere Zwei-Scheiben-Isolierverglasung aus Klarglas mit einem Wärmedurchgangskoeffizienten von $U_g = 3,0$ W/(m² · K) nicht nur linear – d. h. unter proportionaler Verringerung von U_g- und g-Wert – verbessert (gestrichelte Gerade in Bild 2.61), sondern der U_g-Wert bei deutlich geringerer Abnahme des g-Wertes im Mittel mehr als halbiert werden konnte (obere schraffierte Fläche in Bild 2.61).

2 Grundlagen des Wärmeschutzes

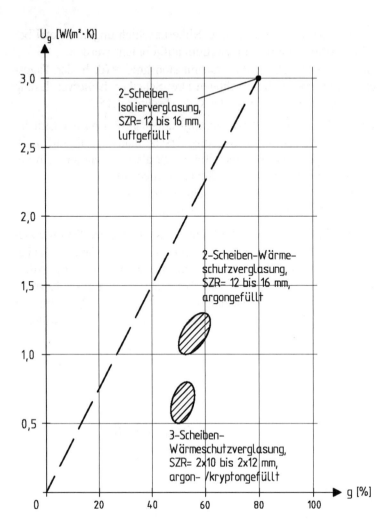

Bild 2.61: U_g- und g-Werte marktüblicher Zwei-Scheiben-Wärmeschutzverglasungen mit 12 bis 16 mm Scheibenzwischenraum (SZR) und Edelgasfüllung bzw. Drei-Scheiben-Wärmeschutzverglasung mit 2 x 10 bis 2 x 12 mm SZR im Vergleich mit einer Zwei-Scheiben-Isolierverglasung aus Klarglas mit 12 bis 16 mm SZR und Luftfüllung nach DIN 4108-4

Mit dem dort niedrigsten Wärmedurchgangskoeffizienten $U_g \approx 1{,}0$ W/(m² · K) scheint bei der Zwei-Scheiben-Wärmeschutzverglasung das Ende der Entwicklung erreicht zu sein; noch niedrigere Werte würden
- die notwendige Lichttransmission für die Tageslichtnutzung
- wie auch den Gesamtenergiedurchlassgrad g für die passive Solarenergienutzung

zu weit absenken. Deshalb wurde inzwischen im Neubau die Drei-Scheiben-Wärmeschutzverglasung mit $U_g < 1{,}0$ W/(m² · K) bei einem Marktanteil von über 60 % zum Standard [2.120] (untere schraffierte Fläche in Bild 2.61, s. auch Bild 2.63) – Näheres zur Drei-Scheiben-Wärmeschutzverglasung findet sich z. B. im entsprechenden Leitfaden des Bundesverbandes Flachglas [2.121]. Noch in der Entwicklung befinden sich
- Vier-Scheiben-Wärmeschutzverglasung mit $U_g \approx 0{,}3$ W/(m² · K) [2.120] sowie
- deutlich dünneres und leichteres Vakuum-Isolierglas (VIG) mit $U_g \approx 0{,}5$ W/(m² · K), bei dem allerdings die im Scheibenzwischenraum liegenden Edelstahlstützen von 0,5 mm Durchmesser aus der Nähe erkennbar sind [2.48].

2.13 Wärmedurchgangskoeffizient transparenter Bauteile

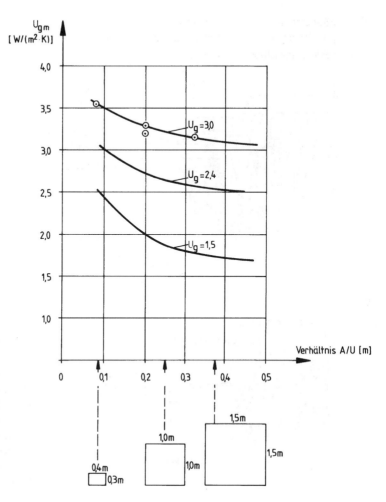

Bild 2.62: Mittlerer Wärmedurchgangskoeffizient von Verglasungen U_{gm} in Abhängigkeit vom U_g-Wert der unendlich ausgedehnten Verglasung und von den Scheibenabmessungen ([2.110] nach [2.96])

2.13.2 Wärmebrücken durch Randverbund und Rahmen

In Darstellungen der unbestreitbaren Vorzüge der in Abschnitt 2.13.1 genannten hochwärmedämmenden Verglasungen mit extrem niedrigen U_g-Werten bleibt häufig unerwähnt, dass Isolierglaseinheiten i. d. R. Wärmebrücken in Form des Randverbundes durch sehr gut wärmeleitende Aluminium-Abstandhalter enthalten (vgl. Bild 2.56c). Die Wärmeverluste durch diese Wärmebrücken nehmen mit
- abnehmender Verglasungsfläche und
- abnehmendem Wärmedurchgangskoeffizienten U_g der Verglasung, d. h. besser wärmedämmenden Fenstern,

zu. Bei U_g = 3,0 W/(m² · K), d. h. der früheren Zwei-Scheiben-Isolierverglasung und üblichen Fensterabmessungen ist diese Wärmebrückenwirkung noch recht gering (obere Kurve in Bild 2.62), bei heutigen Wärmeschutzverglasungen ist dieser Effekt jedoch erheblich (untere Kurve in Bild 2.62).

2 Grundlagen des Wärmeschutzes

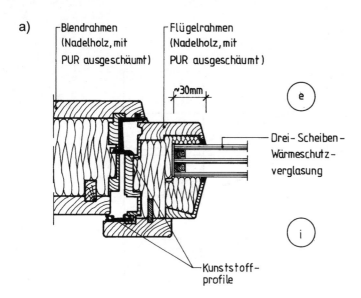

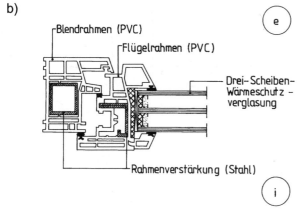

Bild 2.63: Hochwärmedämmende Fensterrahmen:
a) mit PUR ausgeschäumter hölzerner Rahmen mit tief in den Flügelrahmen eingesenktem Randverbund (nach [2.128])
b) Fünfkammerprofil aus PVC

In den Wärmedurchgangskoeffizienten U_w eines Fensters als Ganzes geht nicht nur der Wärmedurchgangskoeffizient U_g der Verglasung (einschließlich Randverbund) ein, sondern auch der Wärmedurchgangskoeffizient U_f des Rahmens. Deshalb wird daran gearbeitet,

- zum einen die Wärmeverluste über den Randverbund durch Ersatz der Abstandhalter aus Aluminium (λ = 160 W/(m · K)) durch besser wärmedämmende Abstandhalter (sog. „warm edge"-Systeme) aus
  - Edelstahl (λ = 17 W/(m · K)) [2.122] oder
  - Kunststoff (λ = 0,16 bis 0,50 W/(m · K)) als thermoplastisches (TPS-) [2.123] bzw. als Silikonschaum-System [2.124] oder
  - aus einer Kombination von Kunststoffprofilen mit Metallfolie [2.125], [2.126]
  zu verringern und
- zum anderen hochwärmedämmende Rahmen zu entwickeln [2.127], [2.128], [2.129], [2.130], [2.131] (Bild 2.63)

2.13 Wärmedurchgangskoeffizient transparenter Bauteile

- aus Holz mit Polyurethanschaum,
- aus mit Polyurethan-Vollmaterial ummanteltem Polyurethanschaum bzw.
- aus PVC-Profilen mit ≥ 5 Kammern in Richtung des Wärmestroms, ggf. ausgeschäumt und/oder mit Rahmenverstärkungen aus GFK- statt Stahlprofilen.

Die sog. „warm edge"-Systeme, d. h. die besser wärmedämmenden Abstandhalter, haben inzwischen über 50 % Marktanteil erreicht [2.132].

Bei der Wahl der Scheibengrößen ist bei heutigen Wärmeschutzverglasungen zu beachten, dass nicht mehr (wie früher) die Verglasung der wärmetechnische Schwachpunkt des Fensters ist, sondern der Rahmen mit dem Randverbund: Kleine Fenster mit hohem Rahmenanteil (und damit auch großer Randverbundlänge) sind heute wärmeschutztechnisch ungünstiger als große Fenster (vgl. Bild 2.62)!

Das bedeutet allerdings nicht, dass der Verglasungsanteil an der gesamten Außenwandfläche grundsätzlich so groß wie möglich gewählt werden sollte: Trotz deutlich verbesserter Wärmeschutzverglasungen sind bei den heute üblichen Wärmedurchgangskoeffizienten der Außenwände die meisten – d. h. die *nicht südorientierten* – Fenster weiterhin Schwachpunkte des Wärmeschutzes.

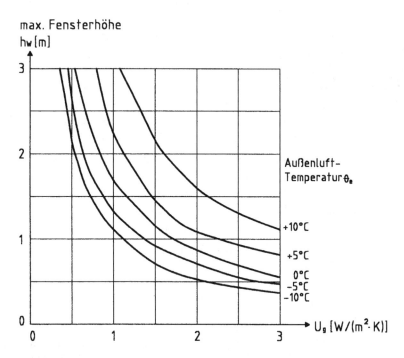

Bild 2.64: Maximale Fensterhöhe h_w von Fenstern ohne davor angeordneten Heizkörpern ([2.110] nach [2.133]) in Abhängigkeit
- vom U_g-Wert der Verglasung und
- der geringsten zu erwartenden Außenlufttemperatur θ_e,

um unbehagliche Zugerscheinungen mit Luftgeschwindigkeiten von > 20 cm/s vor dem Fenster zu vermeiden (vgl. Bild 2.2d)

Großflächige Verglasungen können ferner
- bei fehlenden Heizkörpern vor den Fenstern zu unbehaglichen Luftströmungen im Winter (Bild 2.64) oder
- bei fehlenden Sonnenschutzvorrichtungen zur Überhitzung im Sommer führen (s. u. Abschnitt 2.15).

2.13.3 Bemessungswert des Wärmedurchgangskoeffizienten $U_{w,BW}$ von transparenten Bauteilen sowie $U_{D,BW}$ von Türen und Toren

Für Nachweise gemäß EnEV wird der *Bemessungswert* des Wärmedurchgangskoeffizienten von
- Fenstern, Fenstertüren und Dachflächenfenstern $U_{w,BW}$ (*engl. „window"*) bzw.
- Lichtkuppeln/-bändern, Türen und Toren $U_{D,BW}$ (*engl. „door"*)

benötigt.

Gemäß DIN 4108-4: 2013-02 [2.25], 5.1.1, müssen Fenster und Türen/Tore als in der EU handelbare Bauprodukte vom Hersteller entsprechend EN 14351-1 [2.134], EN 1873 [2.135] bzw. EN 13241-1 [2.136] mit dem Nennwert des Wärmedurchgangskoeffizienten U_W bzw. U_D deklariert sein (Tabelle 2.24). Die damit gemäß EU-Bauproduktenrichtlinie bzw. -verordnung notwendige Kennzeichnung mit dem CE-Zeichen bedeutet für die Fenster- und Türenhersteller einigen Aufwand u. a. für die werkseigene Produktionskontrolle (WPK) [2.137], [2.138], dafür ist die Erfassung im Wärmeschutznachweis einfacher: Hierbei ist der Bemessungswert gleich dem Nennwert, d. h. es gilt $U_{w,BW} = U_W$ bzw. $U_{D,BW} = U_D$. Die wichtigsten Energiekennwerte von Fenstern sollen künftig in einem EU-einheitlichen *Energy Label* mit den Klassen A bis G dargestellt werden, wie es z. B. von elektrischen Hausgeräten bekannt ist.

Bei handwerklich hergestellten Türen oder Toren ohne Nachweis bzw. Bestandstüren oder -toren können nach DIN 4108-4: 2013-02 [2.25] pauschal die Bemessungswerte nach Tabelle 2.26 angesetzt werden. Analog finden sich Anhaltswerte für diverse Lichtkuppeln und -bänder in DIN 4108-4, Tabelle 13.

Wird in Bestandsfenstern ausschließlich die Verglasung ersetzt oder erneuert, wird nach DIN 4108-4 : 2013-02 [2.25], 5.2.1, der Wärmedurchgangskoeffizient der Verglasung (*engl. „glazing"*) in W/(m² · K) zu

$$U_{g,BW} = U_g + \Delta U_g \qquad (2.66)$$

U_g vom Hersteller deklarierter Nennwert des Wärmedurchgangskoeffizienten der Verglasung in W/(m² · K) nach EN 1279-5 [2.141]

ΔU_g = + 0,1 W/(m² · K) als Korrektur bei *einfachem* Sprossenkreuz im Scheibenzwischenraum (SZR) bzw.

+ 0,2 W/(m² · K) als Korrektur bei *mehrfachem* Sprossenkreuz im Scheibenzwischenraum (SZR)

2.13 Wärmedurchgangskoeffizient transparenter Bauteile

Tabelle 2.24: Beispiele von Nennwerten des Wärmedurchgangskoeffizienten U_W von Fenstern, Fenstertüren und Dachflächenfenstern bzw. U_D von Lichtkuppeln/-bändern, Türen und Toren

Bauteil	Ausführung	U_W bzw. U_D in W/(m² · K)
Fenster und Fenstertüren	Kneer-Südfenster KF 814 SWD [2.142]	1,0 bis 0,8
Dachflächenfenster	VELUX Energy Star [2.143]	1,0
	Roto Designo R8 NE [2.144]	0,84
Lichtkuppeln oder Dachlichtbänder	alwitra Lichtkuppel mit wärmedämmender Lichtplatte [2.145]	1,5
Türen	Roto Bodentreppe Typ 500 [2.146]	0,60
Tore	Teckentrup SW 80 Sectionaltor [2.147]	0,58

Tabelle 2.25: Bemessungswerte des Wärmedurchgangskoeffizienten $U_{D,BW}$ von handwerklich hergestellten Türen oder Bestandstüren bzw. Toren ohne Nachweis

Bauteil	Ausführung	$U_{D,BW}$ in W/(m² · K)
Türen	– aus Holz, Holzwerkstoffen oder Kunststoff	2,9
	– aus Metallrahmen und metallenen Bekleidungen	4,0
Tore	– mit einem Torblatt aus Metall (einschalig, ohne wärmetechnische Trennung)	6,5
	– mit einem Torblatt aus Metall oder holzbeplankten Paneelen aus Dämmstoffen ($\lambda \leq 0{,}04$ W/(m · K) bzw. $R_D \geq 0{,}5$ m² · K/W bei 15 mm Schichtdicke)	2,9
	– mit einem Torblatt aus Holz und Holzwerkstoffen, Dicke der Torfüllung $\geq$ 15 mm	4,0
	– mit einem Torblatt aus Holz und Holzwerkstoffen, Dicke der Torfüllung $\geq$ 25 mm	3,2

Für Bestandsfenster kann weiterhin das Verfahren nach DIN V 4108-4: 2004-07 angewandt werden (s. Bauregelliste): Berechnungsgrundlage ist hierbei der *Nennwert* des Wärmedurchgangskoeffizienten von Fenstern, Fenstertüren und Dachflächenfenstern U_w; er wird gemäß EN ISO 10077-1 [2.148] in W/(m² · K) zu (Bild 2.65)

$$U_w = \frac{\sum A_g \cdot U_g + \sum A_f \cdot U_f + \sum l_g \cdot \Psi_g}{\sum A_g + \sum A_f} \tag{2.67}$$

A_g Fläche der Verglasung *(engl. „glazing")* in m²
U_g Nennwert des Wärmedurchgangskoeffizienten der Verglasung *(engl. „glazing")* in W/(m² · K)

A_f (Projektions-)Fläche des Rahmens *(engl. „frame")* in m²
U_f Nennwert des Wärmedurchgangskoeffizienten des Rahmens *(engl. „frame")* in W/(m² · K)
l_g Länge des Randverbundes der Verglasung *(engl. „glazing")* in m
Ψ_g längenbezogener Wärmedurchgangskoeffizient des Randverbundes der Verglasung *(engl. „glazing")* in W/(m · K)

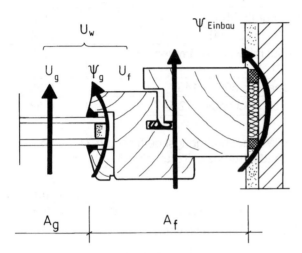

Bild 2.65: Berechnung des Nennwertes des Wärmedurchgangskoeffizienten U_w eines Fensters aus den Anteilen U_g der Verglasung, U_f des Rahmens und Ψ_g des Randverbundes (nach [2.150]); nicht berücksichtigt ist der lineare Wärmedurchgangskoeffizient für den Einbau Ψ_{Einbau} (s. dazu Abschnitt 3.9)

Tabelle 2.26: Wärmedurchgangskoeffizient U_g typischer senkrechter Zwei- und Dreischeibenverglasungen, berechnet nach EN 673 für Glasdicke 4 mm und Emissivität $\varepsilon = 0,03$ [2.156]

Wärmeschutz-verglasung mit	Scheibenzwischenraum (SZR) gefüllt mit		
	trockener Luft	Argon	Krypton
1 x 10 mm SZR	1,8 W/(m² · K)	1,5 W/(m² · K)	1,0 W/(m² · K)
1 x 12 mm SZR	1,6 W/(m² · K)	1,3 W/(m² · K)	1,1 W/(m² · K)
1 x 16 mm SZR	1,4 W/(m² · K)	1,1 W/(m² · K)	-
1 x 18 mm SZR	1,4 W/(m² · K)	1,1 W/(m² · K)	-
1 x 20 mm SZR	1,4 W/(m² · K)	1,2 W/(m² · K)	-
2 x 8 mm SZR	1,3 W/(m² · K)	-	0,7 W/(m² · K)
2 x 10 mm SZR	1,1 W/(m² · K)	0,8 W/(m² · K)	0,6 W/(m² · K)
2 x 12 mm SZR	0,9 W/(m² · K)	0,7 W/(m² · K)	0,5 W/(m² · K)

Der Nennwert des Wärmedurchgangskoeffizienten U_g von Mehrscheiben-Isolierverglasungen ist nach EN 673 [2.151] zu berechnen bzw. nach EN 674 [2.152] oder EN 675 [2.153] messtechnisch zu bestimmen und gemäß EN 1279-5 [2.141] zu bewerten – einige typische Werte für senkrechte Verglasungen zeigt Tabelle 2.26 (bei abnehmendem Einbauwinkel werden die U_g-Werte strahlungsbedingt deutlich höher, d. h. ungünstiger [2.154]); in der Praxis stützt man sich auf die zertifizierten U_g-Werte der Verglasungs-

2.13 Wärmedurchgangskoeffizient transparenter Bauteile

hersteller. Für Bestandsfenster kann U_g entsprechend der Richtlinie über Mehrscheiben-Isolierglas – MIR – der Bauregelliste A Teil 1 [2.155] nach DIN 4108-4 : 2004-07, 5.3.3, ermittelt werden.

Der Nennwert des Wärmedurchgangskoeffizienten U_f von Rahmen ist gemäß der Richtlinie über Rahmen für Fenster und Türen – RaFenTüR – der Bauregelliste A Teil 1 [2.157] nach EN ISO 10077-2 [2.149] zu berechnen bzw. nach EN 12412-2 [2.158] messtechnisch zu bestimmen. Einige Beispiele von Wärmedurchgangskoeffizienten von Rahmen U_f finden sich in den Tabellen 2.27 (nach Anhang D zu EN ISO 10077-1 [2.148]) und 2.28 (zertifizierte Messwerte von Herstellern).

Tabelle 2.27: Beispiele für Wärmedurchgangskoeffizienten U_f von Rahmen

Rahmenmaterial	Rahmentyp	Wärmedurchgangskoeffizient U_f des Rahmens
Nadelholz (λ = 0,13 W/(m · K))	Einfachrahmen IV 68, Dicke $d_1 = d_2 = 68$ mm	1,8 W/(m² · K)
Hartholz (λ = 0,18 W/(m · K))	Einfachrahmen IV 68, Dicke $d_1 = d_2 = 68$ mm	2,1 W/(m² · K)
PVC mit Rahmenverstärkung aus Stahl	Zweikammerprofil [1])	2,2 W/(m² · K)
	Dreikammerprofil [1])	2,0 W/(m² · K)
Polyurethan-Integralschaum mit Metallkern	Dicke des Polyurethans ≥ 5 mm	2,8 W/(m² · K)

[1]) Lichte Kammerbreite ≥ 5 mm.

Tabelle 2.28: Beispiele für zertifizierte Wärmedurchgangskoeffizienten U_f von Rahmen

Rahmenmaterial	Rahmenbezeichnung	Wärmedurchgangskoeffizient U_f des Rahmens
Nadelholzrahmen	Standardprofil IV 68 nach DIN 68121-1 [2.159]	1,5 W/(m² · K) [1])
Hartholzrahmen		1,9 W/(m² · K) [1])
PVC mit Rahmenverstärkung aus Stahl, Fünfkammerprofil	„Brillant-Design MD" mit d_1 = 70 mm [2.160]	1,1 W/(m² · K)
PVC-Mehrkammer-Technik, ausgeschäumt	„Clima-Design" mit d_1 = 120 mm [2.160]	0,71 W/(m² · K)
thermisch getrennte Aluminiumprofile	„ProfilSerie 110 E" [2.161]	1,8 W/(m² · K)

[1]) Mit Zertifizierung nach ift-Richtlinie WA-04-1 für IV 68-Profile erreichbar.

Einige längenbezogene Wärmedurchgangskoeffizienten des Randverbundes der Verglasung Ψ_g nennen die Tabellen 2.29 (nach Anhang E zu EN ISO 10077-1 [2.148]) und 2.30 (nicht zertifizierte Messwerte).

Tabelle 2.29: Beispiele für längenbezogene Wärmedurchgangskoeffizienten Ψ_g von Randverbünden der Verglasung mit Abstandhaltern aus Aluminium oder Stahl (nicht rostfreier Stahl)

Rahmenmaterial	Zwei- oder Drei-Scheiben-Isolierverglasung (mit *un*beschichtetem Glas, gas- oder luftgefüllt)	Zwei- oder Drei-Scheiben-Wärmeschutzverglasung (mit Wärmeschutzbeschichtung des Glases, gas- oder luftgefüllt)
Holz- oder PVC-Rahmen	Ψ_g = 0,06 W/(m · K)	Ψ_g = 0,08 W/(m · K)
wärmegedämmte Metallrahmen	Ψ_g = 0,08 W/(m · K)	Ψ_g = 0,11 W/(m · K)
nicht wärmegedämmte Metallrahmen	Ψ_g = 0,02 W/(m · K)	Ψ_g = 0,05 W/(m · K)

Tabelle 2.30: Beispiele für längenbezogene Wärmedurchgangskoeffizienten Ψ_g von Randverbünden der Verglasung, berechnet mit Zwei-Scheiben-Wärmeschutzverglasung [2.162], [2.163]

Rahmenmaterial	Randverbund mit üblichen Aluminium-Abstandhaltern	Randverbund mit Edelstahl-Abstandhaltern	Randverbund mit Kunststoff-Abstandhaltern
Holzrahmen mit U_f = 1,51 W/(m² · K)	Ψ_g = 0,116 W/(m · K)	-	Ψ_g = 0,052 W/(m · K)
Holz-Aluminium-Rahmen mit U_f = 1,58 W/(m² · K)	Ψ_g = 0,095 W/(m · K)	-	Ψ_g = 0,039 W/(m · K)
Kunststoffrahmen mit U_f = 1,60 W/(m² · K)	Ψ_g = 0,069 W/(m · K)	-	Ψ_g = 0,039 W/(m · K)
PVC-Rahmen mit U_f = 1,92 W/(m² · K)	Ψ_g = 0,067 W/(m · K)	Ψ_g = 0,046 W/(m · K)	Ψ_g = 0,040 W/(m · K)
wärmegedämmte Metallrahmen mit U_f = 2,98 W/(m² · K)	Ψ_g = 0,046 W/(m · K)	-	Ψ_g = 0,021 W/(m · K)

Mit dem dargestellten Berechnungsverfahren lässt sich der Nennwert des Wärmedurchgangskoeffizienten von Fenstern, Fenstertüren und Dachflächenfenstern U_w mit hohem Rechenaufwand (U_w ist abhängig von der Fenstergröße!), aber auch mit hoher Genauigkeit errechnen. Dieser hohe Aufwand (getrennte Berechnung für jede im Gebäude vorkommende Fenstergröße) ist in der Praxis nicht immer sinnvoll, deshalb sieht EN ISO 10077-1 [2.148] im Anhang F auch eine tabellarische Bestimmung von U_w vor (s. Tabelle 2.31 mit sog. „typischen Werten" für U_w, – entsprechend EN ISO 10077-1, 7.5, auf zwei wertanzeigende Ziffern zu runden):
- für den Standardfall der Verwendung von Abstandhaltern aus Aluminium oder nicht rostfreiem Stahl (d. h. mit den Ψ_g-Werten aus Tabelle 2.29) und
- bei üblichen Rahmenanteilen von 20 oder 30 %.

2.13 Wärmedurchgangskoeffizient transparenter Bauteile

Tabelle 2.31: Typische Werte für den Wärmedurchgangskoeffizienten U_w in W/(m² · K) von Fenstern mit 30 % Rahmenanteil unter Verwendung von Abstandhaltern aus Aluminium oder nicht rostfreiem Stahl (mit den längenbezogenen Wärmedurchgangskoeffizienten Ψ_g aus Tabelle 2.29)

Verglasung	U_g in W/(m² · K)	U_f in W/(m² · K) [1]												
		0,8	1,0	1,2	1,4	1,6	1,8	2,0	2,2	2,6	3,0	3,4	3,8	7,0
Einscheiben-Verglasung	5,7	4,2	4,3	4,3	4,4	4,5	4,5	4,6	4,6	4,8	4,9	5,0	5,1	6,1
Zwei- oder Dreischeiben-Verglasung	3,3	2,7	2,8	2,8	2,9	2,9	3,0	3,1	3,2	3,3	3,4	3,5	3,6	4,5
	3,2	2,6	2,7	2,7	2,8	2,9	2,9	3,0	3,1	3,2	3,3	3,5	3,6	4,4
	3,1	2,6	2,6	2,7	2,7	2,8	2,9	2,9	3,0	3,1	3,3	3,4	3,5	4,3
	3,0	2,5	2,5	2,6	2,7	2,7	2,8	2,8	3,0	3,1	3,2	3,3	3,4	4,2
	2,9	2,4	2,5	2,5	2,6	2,7	2,7	2,8	2,9	3,0	3,1	3,2	3,4	4,2
	2,8	2,3	2,4	2,5	2,5	2,6	2,6	2,7	2,8	2,9	3,1	3,2	3,3	4,1
	2,7	2,3	2,3	2,4	2,5	2,5	2,6	2,6	2,7	2,9	3,0	3,1	3,2	4,0
	2,6	2,2	2,3	2,3	2,4	2,4	2,5	2,6	2,7	2,6	2,9	3,0	3,2	4,0
	2,5	2,1	2,2	2,3	2,3	2,4	2,4	2,5	2,6	2,5	2,8	3,0	3,1	3,9
	2,4	2,1	2,1	2,2	2,2	2,3	2,4	2,4	2,5	2,5	2,8	2,9	3,0	3,8
	2,3	2,0	2,1	2,1	2,2	2,2	2,3	2,4	2,5	2,4	2,7	2,8	3,0	3,8
	2,2	1,9	2,0	2,0	2,1	2,2	2,2	2,3	2,4	2,3	2,6	2,8	2,9	3,7
	2,1	1,9	1,9	2,0	2,0	2,1	2,2	2,2	2,3	2,3	2,6	2,7	2,8	3,6
	2,0	1,6	1,9	2,0	2,0	2,1	2,1	2,2	2,3	2,5	2,6	2,7	2,8	3,6
	1,9	1,8	1,8	1,9	1,9	2,0	2,1	2,1	2,3	2,4	2,5	2,5	2,7	3,6
	1,8	1,7	1,8	1,8	1,9	1,9	2,0	2,1	2,2	2,3	2,4	2,6	2,7	3,5
	1,7	1,6	1,7	1,7	1,8	1,9	1,9	2,0	2,1	2,2	2,4	2,5	2,6	3,4
	1,6	1,6	1,6	1,7	1,7	1,8	1,9	1,9	2,1	2,2	2,3	2,4	2,5	3,3
	1,5	1,5	1,5	1,6	1,7	1,7	1,8	1,8	2,0	2,1	2,2	2,3	2,5	3,3
	1,4	1,4	1,5	1,5	1,6	1,7	1,7	1,8	1,9	2,0	2,2	2,3	2,4	3,2
	1,3	1,3	1,4	1,5	1,5	1,6	1,6	1,7	1,8	2,0	2,1	2,2	2,3	3,1
	1,2	1,2	1,3	1,4	1,5	1,5	1,6	1,6	1,8	1,9	2,0	2,1	2,3	3,1
	1,1	1,1	1,3	1,3	1,4	1,4	1,5	1,6	1,7	1,8	1,9	2,1	2,2	3,0
	1,0	1,1	1,2	1,3	1,3	1,4	1,4	1,5	1,6	1,8	1,9	2,0	2,1	2,9
	0,9	1,1	1,1	1,2	1,2	1,3	1,4	1,4	1,6	1,7	1,8	1,9	2,0	2,9
	0,8	1,0	1,1	1,1	1,2	1,2	1,3	1,4	1,5	1,6	1,7	1,9	2,0	2,8
	0,7	0,9	1,0	1,0	1,1	1,2	1,2	1,3	1,4	1,5	1,7	1,8	1,9	2,7
	0,6	0,9	0,9	1,0	1,0	1,1	1,2	1,2	1,4	1,5	1,6	1,7	1,8	2,7
	0,5	0,8	0,8	0,9	1,0	1,0	1,1	1,2	1,3	1,4	1,5	1,6	1,8	2,6

[1] *Kursiv* gesetzte Werte aus EN ISO 10077-1: 2010-05, aber unwahrscheinlich.

Diese Vereinfachung ist auch in DIN V 4108-4 : 2004-07 [2.25], Tabelle 6, übernommen worden, und zwar

- mit dem (auch in Tabelle 2.31 gewählten) Rahmenanteil von 30 % (sichere Seite),
- mit dem Nennwert U_g (s. o.) für die Verglasung sowie
- mit dem Bemessungswert für Rahmen $U_{f,BW}$ nach Tabelle 2.32 (statt U_f).

Hinweis: Die weiterhin für Bestandsfenster anzusetzende DIN V 4108-4: 2004-07 [2.25] basiert auf EN ISO 10077-1: 2000-11, in der niedrigere längenbezogene Wärmedurchgangskoeffizienten Ψ_g der Randverbünde der Verglasung angesetzt wurden; daher finden sich in DIN V 4108-4 :2004-07 teilweise niedrigere Werte als in Tabelle 2.30!

Tabelle 2.32: Zuordnung der U_f-Werte von Einzelprofilen zu Bemessungswerten für Rahmen $U_{f,BW}$

Einzelprofil mit U_f [1]) in W/(m² · K)	< 0,9	≥ 0,9 <1,1	≥ 1,1 < 1,3	≥ 1,3 < 1,6	≥ 1,6 < 2,0	≥ 2,0 < 2,4	≥ 2,4 < 2,8	≥ 2,8 < 3,2	≥ 3,2 < 3,6	≥ 3,6 < 4,0	≥ 4,0
Bemessungswert für Rahmen $U_{f,BW}$ in W/(m² · K)	0,8	1,0	1,2	1,4	1,8	2,2	2,6	3,0	3,4	3,8	7,0

[1]) Bei verschiedenen Profilen ist das wärmeschutztechnisch ungünstigste Profil anzusetzen.

Tabelle 2.33: Korrekturwerte ΔU_w

Korrektur	Korrekturwert ΔU_w in W/(m² · K)	
für einen wärmetechnisch verbesserten Randverbund der Verglasung gemäß DIN V 4108-4, Anhang C	± 0,0	ohne verbesserten Randverbund
	− 0,1	mit verbessertem Randverbund, d. h. $\Sigma (d \cdot \lambda) \leq 0{,}007$ W/K wird in der Mitte des Abstandhalters eingehalten
für die Verwendung von Sprossen	± 0,0	bei aufgesetzten Sprossen
	+ 0,1	bei Sprossen im Scheibenzwischenraum (einfaches Sprossenkreuz)
	+ 0,2	bei Sprossen im Scheibenzwischenraum (mehrfaches Sprossenkreuz)
	+ 0,3	bei glasteilenden Sprossen

Der *Bemessungswert* des Wärmedurchgangskoeffizienten von Bestandsfenstern, -fenstertüren und -Dachflächenfenstern $U_{w,BW}$ in W/(m² · K) ergibt sich nun nach DIN V 4108-4: 2004-07 zu

$$U_{w,BW} = U_w + \Sigma \Delta U_w \tag{2.68}$$

U_w Nennwert des Wärmedurchgangskoeffizienten von Fenstern, Fenstertüren und Dachflächenfenstern in W/(m² · K):

2.13 Wärmedurchgangskoeffizient transparenter Bauteile

- nach Gl. (2.67),
- nach DIN V 4108-4: 2004-07 [2.25], Tabelle 6, oder
- nach der Richtlinie über Fenster und Fenstertüren – FenTüR [2.164]
- ermittelt (z. B. bei Dachflächenfenstern) oder

ΔU_w Korrekturwert nach Tabelle 2.33 mit Bild 2.66 in W/(m² · K)

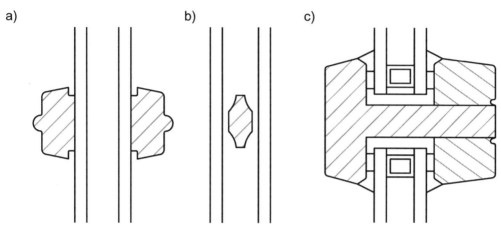

Bild 2.66: Sprossenausbildung im Schnitt
a) aufgesetzte Sprossen
b) Sprossen im Scheibenzwischenraum (SZR)
c) glasteilende Sprossen

Sonderfall: Bei rahmenlosen Verglasungen im Bestand sind die Bemessungswerte für Verglasungen $U_{g,BW}$ entsprechend DIN V 4108-4: 2004-07 [2.25], 5.3.1, gemäß der Richtlinie über Mehrscheiben-Isolierglas [2.155] zu ermitteln. Auch in diesem Fall ist ggf. eine Korrektur (z. B. bei Einbau von Sprossen) vorzunehmen (s. DIN V 4108-4: 2004-07, 5.3.2).

Anforderungen an den *Mindestwärmeschutz* (teil-)transparenter Bauteile in der thermischen Hülle werden in DIN 4108-2 [2.7], 5.1.4, gestellt:
- Fenster und Türen sind mindestens mit Isolier- oder Doppelverglasung auszuführen (d. h. auch Kasten- oder Verbundfenster sind möglich, vgl. Bilder 2.55b und 2.55c),
- die Rahmen transparenter Bauteile müssen bei (auch niedrig) beheizten Räumen $U_f \leq 2{,}9$ W/(m² · K) erreichen und
- opake Ausfachungen haben – wie Außenwände – bei (auch niedrig) beheizten Räumen $R \geq 1{,}2$ m² · K/W einzuhalten.

Beispiel 2.13: Vereinfachte Ermittlung des Bemessungswerts des Wärmedurchgangskoeffizienten $U_{w,BW}$ von Bestandsfenstern

<u>Aufgabe</u>: Zu berechnen seien Bestandsfenster noch ohne CE-Kennzeichnung und daher ohne Angabe des Nennwerts U_W nach EN 14351-1 [2.134], bestehend aus

2 Grundlagen des Wärmeschutzes

- Nadelholzrahmen (Standardprofil IV 68, d. h. $d_1 = d_2 = 68$ mm) mit ift-Prüfzeugnis mit Sprossen im Scheibenzwischenraum (einfaches Sprossenkreuz),
- darin Wärmeschutzverglasung mit verbessertem Randverbund ($\Sigma (d \cdot l) \leq 0{,}007$ W/K nach Prüfzeugnis), und zwar *Interpane iplus neutral E* mit 2 x 4 mm Glasdicke bei 16 mm SZR (Kurzbezeichnung „4/16/4"), nach Herstellerangabe [2.165]
- $U_g = 1{,}1$ W/(m² · K) nach EN 673,
- $g = g_0 = 0{,}60$ als Gesamtenergiedurchlassgrad nach EN 410.

Gesucht ist der Wärmedurchgangskoeffizient (U-Wert) der Fenster, vereinfacht ermittelt nach DIN V 4108-4: 2004-07, Tabelle 6.

Lösung:
- Mit $U_f = 1{,}5$ W/(m² · K) für ift-geprüfte Nadelholzrahmen IV 68 nach Tabelle 2.28 wird mit Tabelle 2.32 der Bemessungswert für den Rahmen zu $U_{f,BW} = 1{,}4$ W/(m² · K).
- Mit der gegebenen Verglasung mit $U_g = 1{,}1$ W/(m² · K) wird daraus mit DIN V 4108-4: 2004-07, Tabelle 6, $U_w = 1{,}3$ W/(m² · K).

Gemäß Tabelle 2.33 wird nun
- für Verglasungen mit verbessertem Randverbund und
- für Fenster mit Sprossen im Scheibenzwischenraum (einfaches Sprossenkreuz)

$$U_{w,BW} = U_w + \Delta U_w \\ = 1{,}3 \text{ W/(m}^2 \cdot \text{K)} - 0{,}1 \text{ W/(m}^2 \cdot \text{K)} + 0{,}1 \text{ W/(m}^2 \cdot \text{K)} = 1{,}3 \text{ W/(m}^2 \cdot \text{K)}$$

2.13.4 Rollläden und Rollladenkästen

Der Wärmedurchlasswiderstand von Rollladenkästen muss nach DIN 4108-2 [2.7], 5.1.3,
- im Mittel $R_{m,\min} = 1{,}0$ m² · K/W (vgl. Abschnitt 2.7) und
- im Bereich des Deckels $R_{\min} = 0{,}55$ m² · K/W

überschreiten. Vorsatz- und Mini-Rollladenkästen gehören zum Fenster und sind bei der Ermittlung von U_w zu berücksichtigen [2.21] (vgl. Abschnitt 2.13.3).

Die mögliche Verbesserung des Wärmedurchgangskoeffizienten von Fenstern, Fenstertüren und Dachflächenfenstern durch Rollläden (sog. „Abschlüsse") darf nach der Anmerkung zu DIN V 4108-4: 2013-02 [2.25], 5.1.1.1, bei der Ermittlung des Bemessungswertes $U_{W,BW}$ nicht angesetzt werden!

2.14 Luftdichtheit von Bauteilen und Gebäuden

2.14.1 Luftwechsel durch die Gebäudehülle

In den Siebzigerjahren des vergangenen Jahrhunderts wurde in Nordamerika und Skandinavien begonnen, Versuchs-Niedrigenergiehäuser zu bauen – mit zunächst enttäuschendem Ergebnis [2.166]: Die tatsächlichen Werte des Heizenergieverbrauchs lagen erheblich über den erwarteten. Als Grund dafür zeigte sich die bis dahin wenig beachtete Luftdurchlässigkeit der Gebäude, die bei den dort üblichen Holzhäusern mit einer Vielzahl von Fugen besonders groß war.

2.14 Luftdichtheit von Bauteilen und Gebäuden

Bild 2.67: Mögliche Ursachen für Druckdifferenzen zwischen dem Gebäudeinnern und der Außenluft

Zwischen dem Gebäudeinnern und der Außenluft bestehen üblicherweise Druckdifferenzen (Bild 2.67):
– infolge Windeinfluss,
– infolge Temperaturunterschieden zwischen Innen- und Außenluft (Thermik) sowie
– infolge eventueller raumlufttechnischer Anlagen (s. auch [2.54]).

Aufgrund dieser Druckdifferenzen findet zwischen dem Gebäudeinnern und der Außenluft ein Luftaustausch statt, dessen Größenordnung von der Luftdichtheit der Gebäudehülle abhängt.

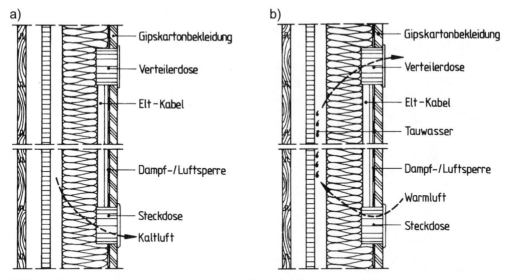

Bild 2.68: Mögliche Folgen mangelnder Luftdichtheit, beispielhaft an Außenwänden in Holztafel-/Holzrahmenbauart (Vertikalschnitte, nach [2.167]):
a) Zugerscheinungen an einer nicht luftdicht angeschlossenen Steckdose
b) Tauwasserbildung an der äußeren Beplankung einer Außenwand infolge Wasserdampfkonvektion durch nicht luftdicht angeschlossene Elektroinstallationen

Eine mangelnde Luftdichtheit der Gebäudehülle führt daher
- zu Zugerscheinungen aufgrund von Luftströmungen (Beeinträchtigung der thermischen Behaglichkeit, Bild 2.68a) und
- in der Folge zu ungewollten Lüftungswärmeverlusten, die zum Teil in der Größenordnung der Transmissionswärmeverluste liegen, sowie
- zu Tauwasserbildung bei aus dem Rauminnern in die Konstruktion strömender feuchtwarmer Luft, wodurch erhebliche Bauschäden verursacht werden können [2.166], [2.167], [2.168] (Bild 2.68b).

Die Luftdichtheit von *Massiv*bauten wurde infolge der seit 1977 geltenden Wärmeschutzverordnungen [2.12], [2.14], [2.15] erheblich verbessert, weil in „Übererfüllung" der Wärmeschutzverordnung i. d. R. sehr dichte Fenster eingebaut wurden. Solche Gebäude haben bei zu geringem Luftwechsel eher zu hohe Raumluftfeuchten mit daraus resultierender Schimmelbildung auf Wärmebrücken. Speziell Mauerwerksbauten sind zwar im Rohbau noch sehr luftdurchlässig; sie werden aber im Endzustand ausreichend luftdicht durch den i. d. R. aufgebrachten (Innen-)Putz (s. hierzu auch Abschnitt 3.3).

Anders stellt sich die Situation bei *Holz*bauten (Holztafel-/Holzrahmenbauten) und den häufiger vorkommenden *ausgebauten Dachgeschossen* dar: Aufgrund der vielfachen Fugenlänge in der Beplankung oder Bekleidung eines Holzbaus bzw. ausgebauten Daches im Vergleich zur üblichen Länge von Fensterfugen in ansonsten luftdichten Räumen eines Massivbaus finden sich auch heute noch nicht ausreichend luftdichte Dachgeschosse – der Luftdichtheit von Holzbauten und ausgebauten Dächern ist daher besondere Aufmerksamkeit zu schenken.

Vorab soll aber die Luftdurchlässigkeit der *Funktionsfugen* von Fenstern und Türen betrachtet werden – das sind Fugen, die regelmäßig geöffnet werden –, und zwar entsprechend der alten DIN 18055 [2.169] anhand des Fugendurchlasskoeffizienten a (sog. „a-Wert") in m³/(h · m · (daPa)^n):

$$a = \frac{V}{t \cdot l \cdot \Delta p^n} \tag{2.69}$$

V = gemessenes Luftvolumen in m³ während der Versuchsdauer
t = Versuchsdauer in h
l = Länge der Fuge in m
Δp = Druckdifferenz während des Versuches in daPa = 10 Pa

Die auf die Versuchsdauer t und die Fugenlänge l bezogene *längenbezogene Fugendurchlässigkeit* einer Fensterfuge zwischen Blend- und Flügelrahmen in m³/(h · m)

$$V_L = \frac{V}{t \cdot l} = a \cdot \Delta p^n \tag{2.70}$$

2.14 Luftdichtheit von Bauteilen und Gebäuden

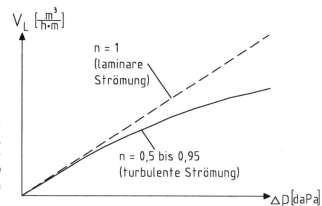

Bild 2.69: Die längenbezogene Fugendurchlässigkeit V_L in m³/(h · m) ist i. d. R. nicht linear von der Druckdifferenz Δp in daPa abhängig (nach [2.170])

ist damit nicht direkt proportional zur Druckdifferenz $\Delta p = p_e - p_i$ zwischen außen und innen (Bild 2.69), weil – bei der vorliegenden turbulenten Strömung – mit zunehmender Druckdifferenz die Strömungsgeschwindigkeit und damit auch die Reibungsverluste in den Fugen steigen. Der Exponent n liegt zwischen $n = 1$ bei laminarer Strömung und ca. $n = 0,5$ bei vollkommener Turbulenz [2.54], [2.171]. Für übliche Fensterfugen gilt mit hinreichender Genauigkeit $n = 2/3$.

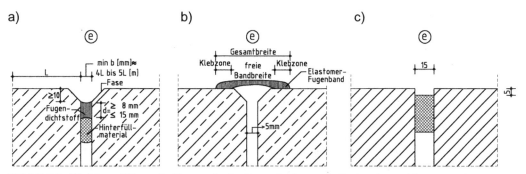

Bild 2.70: Nicht zu öffnende Fugen in Außenwänden aus Beton bzw. Mauerwerk:
a) mit Fugendichtstoff (i. d. R. Weichschaumstoff-Schnur als Hinterfüllmaterial)
b) mit aufgeklebtem Elastomer-Fugenband
c) mit vorkomprimiertem Dichtungsband

Andere Fugen als die o. g. Funktionsfugen zwischen Blend- und Flügelrahmen müssen nicht regelmäßig geöffnet werden, sie werden deshalb dauerhaft
– mit spritzbarem Fugendichtstoff (Bild 2.70a),
– mit aufgeklebten Elastomer-Fugenbändern (Bild 2.70b) bzw. beim Einbau von Fenstern mit aufgeklebten Dichtfolien oder
– mit vorkomprimierten Dichtungsbändern (Bild 2.70c und Bild 2.71a)
abgedichtet. Fachgerecht ausgeführte Fugendichtstofffugen nach DIN 18540 [2.172] wie auch über die Fugen geklebte Elastomer-Fugenbänder sind luftdicht ($a = 0$). Bei vorkom-

primierten Dichtungsbändern aus imprägniertem Schaumkunststoff nach DIN 18542 [2.173] sind der Fugendurchlasskoeffizient a wie auch der Exponent n (Bild 2.71b)
- materialabhängig,
- kompressionsabhängig und
- abhängig von der Fugenbreite.

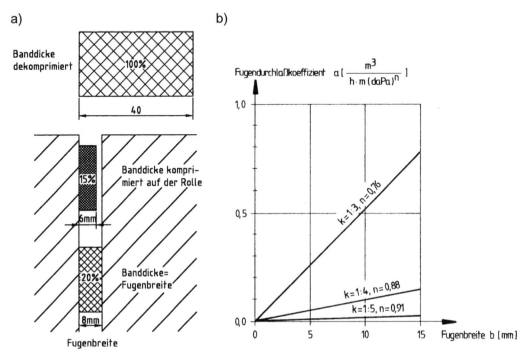

Bild 2.71: Vorkomprimierte Dichtungsbänder aus Polyurethanschaum:
a) dekomprimiert (Kompressionsgrad $k = 1 : 1$), voll komprimiert ($k \approx 1 : 7$) und sinnvoll eingebaut in eine Fuge ($k \approx 1 : 5$) (nach [2.174])
b) gemessene Fugendurchlasskoeffizienten a in Abhängigkeit von der Fugenbreite b und dem Kompressionsgrad k mit den zugehörigen Exponenten n [2.175]

Zur Überprüfung der aus Erfahrung bekannten Undichtheiten ausgebauter Dächer wurde in Analogie zur Messung an Fensterfugen der Fugendurchlasskoeffizient a an Dachmodellen gemessen [2.176]. Wurden dabei
- sog. „Randleistenmatten" aus Mineralfaserdämmstoff mit aluminiumkaschiertem Papier als Dampfsperre zwischen den Sparren verlegt und alle 5 cm überlappend angetackert (nur Querstöße überklebt, Bild 2.72a) oder
- Polystyrol-Partikelschaumplatten (EPS) zwischen die Sparren geklemmt und verklebt (Bild 2.72b),

so ergaben sich auf die Sparrenlänge bezogene Fugendurchlasskoeffizienten in der Größenordnung von $a \approx 2$ m^3/(m · h · daPa$^{2/3}$), d. h. dem für Fenster in Gebäuden mit ≤ 2 Vollgeschossen vorgeschriebenen a-Wert gemäß den damaligen Wärmeschutzverordnungen [2.13], [2.14], [2.15] (s. folgenden Abschnitt 2.14.2). Eine zusätzliche innenseitige Bekleidung mit Nut-Feder-Brettern (Profilbrettern) verbesserte diesen Wert nur unwesentlich [2.176].

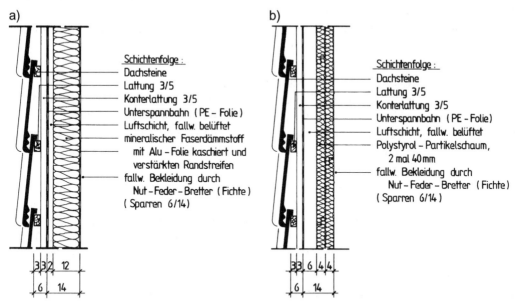

Bild 2.72: Aufbau der untersuchten Dachmodelle (nach [2.176]):
a) Randleistenmatten aus Mineralfaserdämmstoff mit aluminiumkaschiertem Papier zwischen den Sparren verlegt und alle 5 cm überlappend angetackert (nur Querstöße überklebt)
b) Polystyrol-Partikelschaumplatten zwischen die Sparren geklemmt und verklebt

Aufgrund der vielfachen Sparrenlänge eines ausgebauten Daches im Vergleich zur üblichen Länge von Fensterfugen in ansonsten luftdichten Räumen können daher bei steigenden Anforderungen an den Wärmeschutz der Gebäude die für Fenster vorgegebenen Grenzwerte der damaligen Wärmeschutzverordnungen [2.13], [2.14], [2.15] für ausgebaute Dachgeschosse nicht als sinnvoll angesehen werden; *Cziesielski* [2.170] hat deshalb vorgeschlagen, den Fugendurchlasskoeffizienten a für Fugen in Holzbauten und ausgebauten Dächern wie folgt zu begrenzen:

$$a \leq 0{,}2 \, \text{m}^3/(\text{h} \cdot \text{m} \cdot \text{daPa}^n) \qquad (2.71)$$

Bei einer solchen (sinnvollen) Begrenzung dürfen die in Bild 2.72 dargestellten Dachkonstruktionen
− nicht ohne zusätzliche Verklebung der Nähte und Stöße der Randleistenmatten bzw.
− nicht ohne zusätzliche Dampf-/Luftsperre unter den Polystyrol-Partikelschaumplatten
ausgeführt werden.

2.14.2 Nachweis der Luftdichtheit einzelner Bauteile

In DIN 4108-2 [2.7], 7, finden sich Anforderungen an die Luftdichtheit von Außenbauteilen (zur Notwendigkeit vgl. Tabelle 2.4 in Abschnitt 2.3):
– Bei Fugen in der wärmeübertragenden Umfassungsfläche des Gebäudes, insbesondere auch bei durchgehenden Fugen
  – zwischen Fertigteilen oder
  – zwischen Ausfachungen und dem Tragwerk,
  ist dafür zu sorgen, dass diese Fugen nach dem Stand der Technik dauerhaft und luft*un*durchlässig abgedichtet sind (siehe auch DIN 4108-7 und DIN 18540).
– Aus einzelnen Teilen zusammengesetzte Bauteile/Bauteilschichten (z. B. Holzschalungen) müssen unter Beachtung von DIN 4108-7 luftdicht ausgeführt sein.
– Die Luftdichtheit von Bauteilen kann nach EN 12114 und die von Gebäuden nach EN 13829 bestimmt werden. Der aus Messergebnissen abgeleitete Fugendurchlasskoeffizient von Bauteilanschlussfugen muss kleiner als $0{,}1$ $m^3/(m\ h\ daPa^{2/3})$ sein.
– Funktionsfugen von Fenstern und Fenstertüren müssen mindestens Klasse 2 (bei Gebäuden ≤ 2 Vollgeschossen) bzw. Klasse 3 (bei Gebäuden > 2 Vollgeschossen) nach EN 12207 entsprechen; Außentüren müssen mindestens Klasse 2 nach EN 12707 erreichen.

Zu den o. g. Absätzen mit zugehörigen Normverweisen im Einzelnen:

A DIN 18540

DIN 18540 [2.172] gilt nur für Außenwandfugen mit Fugendichtstoff zwischen Bauteilen:
– aus Ortbeton und/oder Betonfertigteilen mit geschlossenem Gefüge sowie
– aus Mauerwerk und/oder Naturstein.

Die Anwendung dieser Norm ist dadurch sehr eingeschränkt, sodass in DIN 4108-2 nur darauf verwiesen wird, diese Fugen nach dem Stand der Technik dauerhaft und luft*un*durchlässig abzudichten. Zum *Stand der Technik* sei hier beispielhaft verwiesen auf:
– das Merkblatt für die Fugenausbildung bei bewehrten Porenbeton-Wandplatten aus Porenbeton [2.177],
– einige IVD-Merkblätter [2.178] und
– die Verarbeitungsrichtlinien der Hersteller.

Künftig sollen zumindest die Prüfrandbedingungen und Prüfmethoden für Materialverbindungen von Luftdichtheitsschichten in DIN 4108-11 genormt werden [2.179].

B DIN 4108-7

DIN 4108-7: 2011-01 [2.180] nennt neben Konstruktionsprinzipien für die luftdichte Ausbildung von Gebäuden eine Vielzahl von Beispielen ausreichend luftdichter Fugen und Anschlüsse (s. z. B. Bild 2.73).

C DIN EN 12114

Die Bestimmung der Luftdichtheit von Bauteilen nach EN 12114 [2.182] stellt ein an die in Abschnitt 2.14.1 dargestellten Untersuchungen und Vorschläge angelehntes Laborverfahren dar (allerdings gegenüber Gl. (2.71) mit halbem, d. h. strengerem Grenzwert für den Fugendurchlasskoeffizienten), das aber bisher kaum Verbreitung gefunden hat – praxisüblich ist die Prüfung der Luftdichtheit der gesamten Gebäudehülle (s. folgenden Abschnitt 2.14.3).

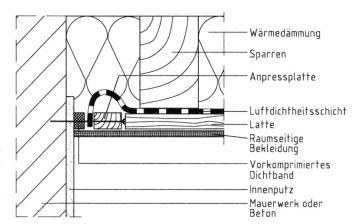

Bild 2.73: Prinzipdarstellung des Anschlusses einer Luftdichtheitsschicht (z B. Folie) im geneigten Dach an eine massive Giebelwand

D EN 12207

Der Fugendurchlasskoeffizient von Fenstern und Türen nach DIN 18055 [2.169] wurde durch die Referenzluftdurchlässigkeit bei 100 Pa, d. h. Q_{100} in m³/(h · m²) nach EN 12207 [2.183] ersetzt – einer *flächen*bezogenen Größe statt der *längen*bezogenen Fugendurchlässigkeit in Gl. (2.70). Den Zusammenhang zwischen beiden stellt Tabelle 2.34 her (vgl. nationalen Anhang zu EN 12207). Nach DIN 4108-2 [2.7], 7, (s. o.) wird bei Fenstern, Fenstertüren und Dachflächenfenstern

– für Gebäude bis zu zwei Vollgeschossen Klasse 2 und
– für Gebäude mit mehr als zwei Vollgeschossen Klasse 3

nach EN 12207 [2.183] (vgl. Tabelle 2.34) gefordert. Gemäß DIN 4108-4: 2013-02 [2.25], Tabelle 9, erreichen ohne weiteren Nachweis

– Holzfenster ohne Dichtung Klasse 2,
– alle anderen Fenster(türen) mit alterungsbeständiger, leicht auswechselbarer, weichfedernder und in einer Ebene umlaufender Dichtung Klasse 3;

Außentüren mit alterungsbeständiger, leicht auswechselbarer, weichfedernder und in einer Ebene umlaufender Dichtung erreichen Klasse 2.

Tabelle 2.34: Korrelation der Klassifizierung von Fenstern und Türen

Klassifizierung nach DIN 18055: 1981-10 Beanspruchungsgruppe	Mindestprüfdruck in Pa	Referenzluftdurchlässigkeit bei 100 *Pa* in m³/(h · m²)	Klassifizierung nach EN 12207
	-	nicht geprüft	nicht geprüft
A	150	50	1
B	300	27	2
C	600	9	3
	600	3	4

2.14.3 Nachweis der Luftdichtheit der Gebäudehülle

Nach DIN 4108-2 [2.7], 7, kann auch die Luftdichtheit von Gebäuden *als Ganzes* nach EN 13829 bestimmt werden (vgl. Abschnitt 2.14.2).

Vor näherer Betrachtung dieses Verfahrens soll noch die Luftwechselrate (früher Luftwechselzahl) n in $1/h = h^{-1}$ eines Raumes definiert werden:

$$n = V^{\cdot} / V_R \tag{2.72}$$

$V^{\cdot}$ Luftvolumenstrom in m³/h, der dem Raum zuströmt bzw. den Raum verlässt

V_R Luftvolumen des Raumes in m³

Eine Luftwechselrate $n = 0{,}5\,h^{-1}$ z. B. bedeutet, dass in einer Stunde das halbe Raumluftvolumen einmal ausgetauscht wird (d. h. das gesamte Raumluftvolumen wird einmal in zwei Stunden ausgetauscht).

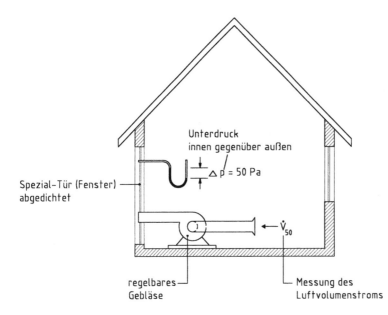

Bild 2.74: Schemadarstellung einer „Blower Door"-Messung der Luftwechselrate n_{50} eines Gebäudes bei $\Delta p = 50$ Pa Druckdifferenz (nach [2.187])

Zum o. g. Prüfverfahren: Die in DIN 4108-2 [2.7] genannte EN 13829 [2.184], [2.185] beschreibt wie ISO 9972 [2.186] die Luftdichtheitsprüfung nach dem sog. „Blower Door"-Verfahren, das schematisch in Bild 2.74 dargestellt ist. Bei diesem Verfahren wird zwischen dem Innenraum und der Außenluft mit einem Gebläse (*engl. „blower"*) eine Luftdruckdifferenz $\Delta p = 50$ Pa erzeugt und der zur Aufrechterhaltung dieser Druckdifferenz notwendige Luftvolumenstrom gemessen. Als Kennwert für die Luftdichtheit der Gebäudehülle wird dieser Luftvolumenstrom bei einer Druckdifferenz von 50 Pa als Luftwechselrate n_{50} in $1/h = h^{-1}$ auf das Luftvolumen des untersuchten Raumes oder der Raumgruppe bezogen:

2.14 Luftdichtheit von Bauteilen und Gebäuden

$$n_{50} = \dot{V}_{50} / V \tag{2.73}$$

mit $\dot{V}_{50}$ = Luftvolumenstrom (Leckagestrom) in m³/h, der bei $\Delta p = 50$ Pa Druckdifferenz dem Raum oder der Raumgruppe zu- bzw. entströmt

V = Luftvolumen (Innenvolumen) des Raumes oder der Raumgruppe in m³ (i. d. R. Luftvolumen aller beheizten Räume eines Gebäudes bzw. einer Wohnung)

Nach DIN 4108-7 [2.180] muss die gemäß Verfahren B (d. h. absichtlich vorhandene Öffnungen in der Gebäudehülle werden geschlossen oder abgedichtet und somit nicht als Leckagen erfasst) nach EN 13829 [2.184] gemessene Luftwechselrate bei Neubauten
- *mit* raumlufttechnischen Anlagen (auch Abluftanlagen) bei $n_{50} \leq 1{,}5$ h^{-1} und
- *ohne* raumlufttechnische Anlagen bei $n_{50} \leq 3{,}0$ h^{-1}

liegen – diese Werte wurden auch in die EnEV [2.16], [2.17], [2.18], [2.19], [2.20] übernommen. (Bei Passivhäusern wird allerdings $n_{50} \leq 0{,}6$ h^{-1} gefordert [2.188].)

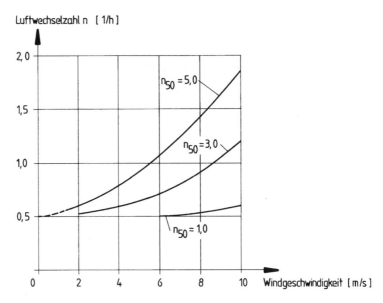

Bild 2.75: Reale Luftwechselraten (= Luftwechselzahlen) n von Beispielgebäuden, die mit einer Lüftungsanlage auf $n = 0{,}5$ h^{-1} eingestellt waren, in Abhängigkeit von der Windgeschwindigkeit und der Luftwechselrate n_{50} (nach [2.189], zitiert nach [2.166])

Diese Grenzwerte sind sinnvoll gewählt, wie ein schwedischer Vergleich an Häusern mit einer bedarfsorientierten mechanischen Lüftung – die auf die hygienisch erforderliche Mindestluftwechselrate $n = 0{,}5$ h^{-1} eingestellt wurde – zeigt (Bild 2.75): Erst bei sehr dichten Gebäuden unterhalb von $n_{50} = 1$ bis 2 h^{-1} wird die Gebäudelüftung von Windeinflüssen weitgehend unabhängig [2.166]. Zum Vergleich:
- Die mittlere Windgeschwindigkeit liegt in Deutschland bei 3 bis 4 m/s ≈ 2 bis 3 Bft.
- Im direkten Küstenbereich und den Höhenlagen der Mittelgebirge werden teilweise über 5 m/s, d. h. ca. 4 Bft, erreicht [2.190] (in Bremerhaven z. B. liegt die mittlere Windgeschwindigkeit bei 5,2 m/s, in Hamburg-Fuhlsbüttel nur noch bei 4,0 m/s [2.191]).

2 Grundlagen des Wärmeschutzes

- Die höchste in Bild 2.75 dargestellte Windgeschwindigkeit von 10 m/s entspricht einer Windstärke von 5 Bft = frische Brise.

Hinweis: Bei Wohngebäuden mit einem Luftvolumen > 1500 m³ und Nichtwohngebäuden kann nach EnEV 2014 [2.20] alternativ die hüllflächenbezogene Luftdichtheit nachgewiesen werden.

Die direkte Auswirkung der Windgeschwindigkeit auf den Heizwärmebedarf zeigen Messungen an einem Niedrigenergiehaus in freier, windreicher Lage in Issum am Niederrhein, dessen Gesamtluftdurchlässigkeit zu $n_{50} = 3{,}0$ h^{-1} bestimmt worden war (Bild 2.76): Mit zunehmender Windgeschwindigkeit nimmt der spezifische Heizwärmebedarf deutlich zu [2.192].

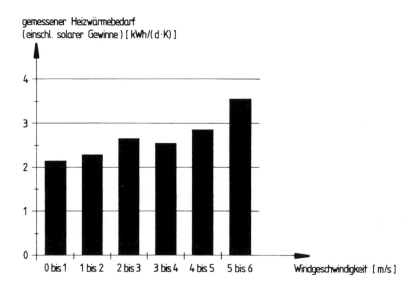

Bild 2.76: Spezifischer Heizwärmebedarf (aus Messwerten ermittelt) in Abhängigkeit von der Windgeschwindigkeit für ein Solarhaus in Niedrigenergiebauweise in Issum am Niederrhein (nach [2.192])

2.15 Sommerlicher Wärmeschutz

2.15.1 Notwendigkeit des sommerlichen Wärmeschutzes

Kennzeichnend für viele Gebäude der letzten Jahrzehnte – vor allem Geschäfts- und Verwaltungsgebäude, aber auch Schul- und Wohngebäude – ist der hohe Glasanteil der Fassaden; ein weiteres Merkmal dieser Bauten ist die bevorzugte Verwendung von leichten Bauteilen. Dabei hat sich gezeigt, dass sich im Sommer
- infolge der größeren Wärmeeinstrahlung durch die großen Glasflächen die Räume stärker aufheizen sowie
- aufgrund der leichten Bauteile mit
  - geringer Wärmespeicherfähigkeit einerseits und
  - meist hoher Wärmedämmung andererseits
  die im Raum entstandene Wärme staut;

dadurch entsteht in vielen dieser Gebäude ein unbehagliches Raumklima [2.193].

2.15 Sommerlicher Wärmeschutz

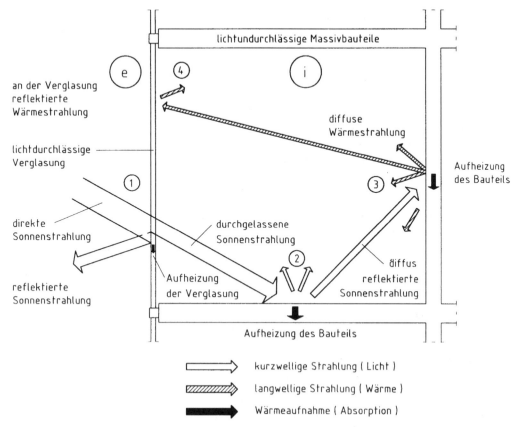

Bild 2.77: Funktion der „Wärmefalle", dargestellt anhand eines schematischen Schnittes durch einen Pufferraum (sog. „Wintergarten") [2.110]:
(1) Das kurzwellige Sonnenlicht trifft als direkte Sonnenstrahlung auf die Verglasung und wird zum größten Teil durchgelassen, teilweise reflektiert und zu einem geringen Teil absorbiert (s. u. Bild 2.81).
(2) Die durchgelassene Sonnenstrahlung trifft im Raum auf ein nichttransparentes Bauteil; von ihm wird ein Teil der Sonnenstrahlung diffus reflektiert, ein Großteil dient zur Aufheizung des Bauteils.
(3) Die diffus reflektierte Sonnenstrahlung führt zur Aufheizung sämtlicher den Raum umschließenden nichttransparenten Bauteile; diese geben nun langwellige Wärmestrahlung diffus ab.
(4) Trifft diese Wärmestrahlung auf die Verglasung, so wird sie fast vollständig reflektiert, da Fensterglas nur im sichtbaren Strahlungsbereich durchlässig ist – die eingestrahlte Sonnenenergie bleibt im Raum gefangen wie in einer Falle.

Große Glasflächen haben folgende – im Winter erwünschte, im Sommer negative – Wirkung auf die Raumtemperatur:

- Die durch die Verglasung in einen Raum eingedrungene Sonnenstrahlung wird von den raumbegrenzenden Bauteilen – teilweise nach diffuser Reflexion – zum weit überwiegenden Teil absorbiert und in langwellige Wärmestrahlung umgewandelt.
- Glas ist für diese Wärmestrahlung aber kaum durchlässig (s. u. Bild 2.82 für Wellenlängen $\lambda > 2800$ nm), sie wird daher an der Verglasung fast vollständig reflektiert und damit die Wärme im Raum gefangen.

Dieses Phänomen wird auch als „Wärmefalle" bezeichnet (Bild 2.77). Im Winter, vor allem auch im Herbst und Frühjahr wird dieser Effekt zur Beheizung von Pufferräumen (sog. „Wintergärten") genutzt, im Sommer muss der Energiedurchgang durch diese „Wärmefalle" aber mithilfe von Sonnenschutzmaßnahmen begrenzt werden (s. u.).

Aufgrund dieser Erfahrungen ist eine Auseinandersetzung mit dem sommerlichen Wärmeschutz im Rahmen der Bauphysik notwendig, auch um die beträchtlichen Kosten für die bei entsprechender Planung im mitteleuropäischen Klima kaum erforderliche technische Klimatisierung zu begrenzen.

2.15.2 Planung des sommerlichen Wärmeschutzes

Während der Planung eines Gebäudes kann der sommerliche Wärmeschutz entscheidend beeinflusst werden. Gemäß DIN 4108-2 [2.7], 4.3.2, ist der sommerliche Wärmeschutz abhängig
- vom Gesamtenergiedurchlassgrad der transparenten Außenbauteile,
- vom ggf. an diesen vorhandenen Sonnenschutz,
- vom Anteil der Fenster an der Fläche der Außenbauteile, genauer vom Verhältnis von Fensterfläche zur Grundfläche des Raumes,
- von der sommerlichen Klimaregion,
- von der wirksamen Wärmespeicherfähigkeit der raumumschließenden Flächen,
- von der Lüftung, insbesondere in der zweiten Nachthälfte,
- von der Fensterorientierung und -neigung (bei Dachflächenfenstern) sowie
- von den internen Wärmequellen.

Diese großteils durch die Planung beeinflussbaren Parameter sollen im Folgenden näher erläutert werden:

A Gesamtenergiedurchlassgrad der transparenten Außenbauteile

Die auf Gebäude in der Summe auftreffende Sonnenstrahlung (Bild 2.78), die *Globalbestrahlung* in Wh/(m² · Tag), besteht nach DIN 4710 [2.191] aus folgenden Anteilen (hier als Tagessumme):

$$H_G = H_H + H_D \tag{2.74}$$

H_H direkte Sonnenbestrahlung in Wh/(m² · d) (*horizontale* Empfangsebene)
H_D *diffuse* Sonnenbestrahlung in Wh/(m² · d)

2.15 Sommerlicher Wärmeschutz

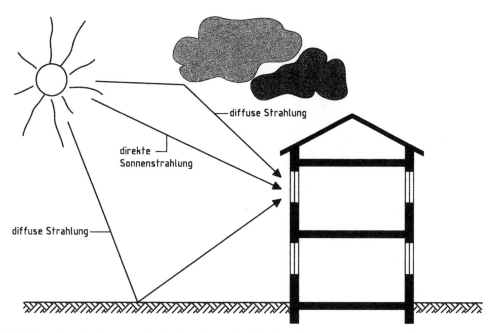

Bild 2.78: Anteile der auf ein Gebäude auftreffenden Sonnenbestrahlung (nach [2.133])

Mittlere monatliche Tagessummen sowie mittlere Monats- und Jahressummen der Globalbestrahlung und der diffusen Sonnenbestrahlung in Wh/(m² · d) für 15 ausgewählte deutsche Orte finden sich in DIN 4710 [2.191], Tabellen 8. Durchschnittliche monatliche Strahlungsintensitäten (Bestrahlungsstärken) in W/m² sowie das jährliche Strahlungsangebot in kWh/(m² · a) sind für ebenfalls 15 Referenzorte sowie gemittelt als Referenzklima Deutschland in DIN V 4108-6 [2.79], Tabellen A.1 bzw. D.5, aufgeführt.

Das Verhalten von Außenbauteilen gegenüber diesen Strahlungsanteilen kann wie folgt beschrieben werden:

- Die Aufnahme der Sonnenbestrahlung durch *nichttransparente* Außenbauteile (Dächer, Wände usw.) hängt ab von:
  – ihrer Farbe (s. z. B. Bild 2.79, eine Vielzahl weiterer sommerlicher Wandtemperaturen findet sich bei *Fouad* [2.194]),
  – ihrer Wärmeabgabe an die kältere Außenluft und
  – ihrer Wärmeableitung ins Bauteilinnere.

Die Wärmeableitung von nichttransparenten Außenbauteilen kann durch das Temperaturamplitudenverhältnis und die Phasenverschiebung beschrieben werden (nach [2.195], s. auch [2.54]):

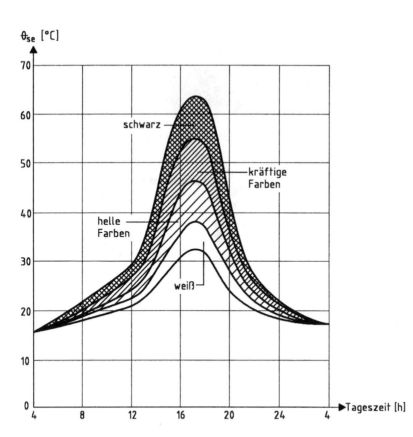

Bild 2.79: Tagesverläufe der äußeren Oberflächentemperaturen θ_{se} von Außenwänden mit verschiedenfarbigen Anstrichen (nach Westen orientiertes Bimshohlblockmauerwerk mit Außenputz, nach [2.10])

- Das Temperaturamplitudenverhältnis TAV (als Kehrwert Temperaturamplitudendämpfung ν) gibt an, in welchem Verhältnis sich Temperaturschwankungen von der äußeren Oberfläche eines Außenbauteils zu dessen innerer Oberfläche fortpflanzen (Bild 2.80); definitionsgemäß gilt für das Temperaturamplitudenverhältnis 0 < TAV < 1. Je kleiner das Temperaturamplitudenverhältnis eines Bauteils ist, desto günstiger ist sein sommerliches Wärmeschutzverhalten.
- Die *Phasenverschiebung* η gibt den Zeitraum an, der zwischen dem Auftreten des Temperaturmaximums an der äußeren und an der inneren Bauteiloberfläche liegt (vgl. Bild 2.80). Optimal wäre eine Phasenverschiebung von $\eta \approx 12$ h; dadurch wäre das Außenbauteil dann innen am kühlsten, wenn außen die höchsten Temperaturen herrschen.

Da das Temperaturverhalten eines Raumes hauptsächlich von der durch die transparenten Bauteile in den Raum eingestrahlten Wärmemenge und der Wärmespeicherfähigkeit der raumumschließenden Flächen abhängt (s. u.), kann der Einfluss der nichttransparenten Bauteile vernachlässigt werden – ihre Berücksichtigung wird beim Nachweis des sommerlichen Wärmeschutzes gemäß DIN 4108-2 [2.7] nicht gefordert (s. Abschnitt 2.15.3).

2.15 Sommerlicher Wärmeschutz

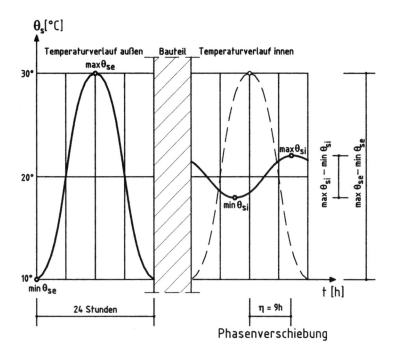

Bild 2.80: Temperaturamplitudenverhältnis *TAV* und Phasenverschiebung η (nach [2.10])

$$TAV = \frac{\max \theta_{si} - \min \theta_{si}}{\max \theta_{se} - \min \theta_{se}}$$

- Bei *transparenten* Außenbauteilen (Fenster, Fenstertüren und Dachflächenfenster) besteht nach EN 410 [2.196] folgender Zusammenhang (Bild 2.81) in dimensionslosen Größen:

$$\tau_e + \rho_e + \alpha_e = 1 \tag{2.75}$$

τ_e direkter Strahlungs*transmissions*grad
ρ_e direkter Strahlungs*reflexions*grad
α_e direkter Strahlungs*absorptions*grad

Die von der Verglasung absorbierte Wärme (dargestellt durch den direkten Strahlungsabsorptionsgrad α_e) führt zu einem sekundären Wärmeabgabegrad q_i nach innen und q_e nach außen. Der direkte Strahlungstransmissionsgrad τ_e und der sekundäre Wärmeabgabegrad q_i nach innen bilden zusammen den Gesamtenergiedurchlassgrad g:

$$g = \tau_e + q_i \tag{2.76}$$

τ_e direkter Strahlungs*transmissions*grad
q_i sekundärer Wärmeabgabegrad nach innen

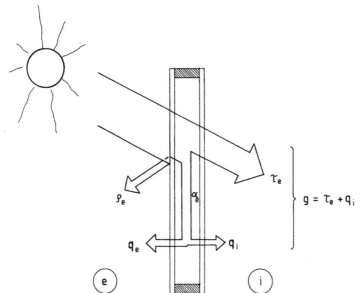

Bild 2.81: Strahlungsvorgänge an einer Verglasung [2.110] mit
τ_e = direkter Strahlungstransmissionsgrad,
ρ_e = direkter Strahlungsreflexionsgrad,
α_e = direkter Strahlungsabsorptionsgrad,
q_i = sekundärer Wärmeabgabegrad nach innen,
q_e = sekundärer Wärmeabgabegrad nach außen,
g = Gesamtenergiedurchlassgrad

Durch Wärmeschutz- oder Sonnenschutzgläser wird der Transmissionsgrad und damit der Gesamtenergiedurchlassgrad reduziert (Bild 2.82); für den sommerlichen Wärmeschutz besonders günstig sind Absorptionsgläser mit verringerter Transmission im nicht sichtbaren Infrarot-(IR-)Bereich (z. B. das grüne Sonnenschutzglas in Bild 2.82).

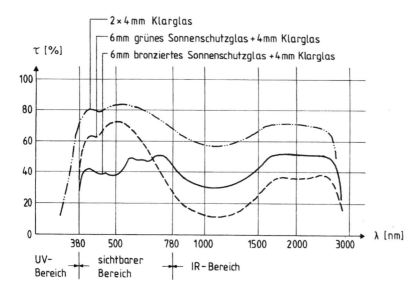

Bild 2.82: Spektraler Transmissionsgrad $\tau(\lambda)$ von Zwei-Scheiben-Isolierglas, teilweise als Sonnenschutzglas ausgeführt ([2.110] nach [2.197])

2.15 Sommerlicher Wärmeschutz

B Sonnenschutz

Ein wirksamer Sonnenschutz der transparenten Außenbauteile kann
- durch die bauliche Gestaltung (z. B. auskragende Dächer, Balkone),
- mithilfe außen- oder innenliegender Sonnenschutzvorrichtungen oder
- durch Sonnenschutzgläser

erreicht werden.

Die genannten Möglichkeiten des Sonnenschutzes zeigt systematisch Bild 2.83; automatisch bediente Sonnenschutzvorrichtungen können sich besonders günstig auswirken.

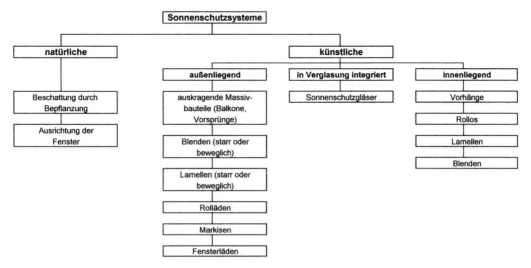

Bild 2.83: Möglichkeiten des Sonnenschutzes

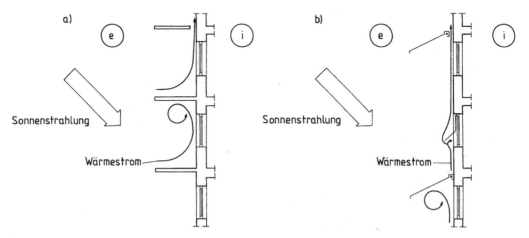

Bild 2.84: Sonnenschutzwirkung von Vordächern und Markisen [2.110]):
a) auskragende Vordächer ohne Wärmestau (oben), mit Wärmestau (unten)
b) Markisen ohne Wärmestau (oben), mit Wärmestau (unten)

2 Grundlagen des Wärmeschutzes

Auskragende (Vor-)Dächer oder Balkone sind nur für Südfassaden geeignet: im Osten oder Westen steht die Sonne zu niedrig, um diese Bauteile als Sonnenschutz wirksam werden zu lassen.

Generell sind außenliegende Sonnenschutzvorrichtungen wirksamer als innenliegende, da die Aufheizung der Verglasung durch zweimaligen Energiedurchgang vermieden wird (vgl. Bild 2.77). Dabei sollte ein Wärmestau unter auskragenden Vordächern oder Markisen vermieden werden (Bild 2.84). Beispiele für außenliegende Sonnenschutzvorrichtungen mit und ohne Wärmestau sind in Bild 2.85 dargestellt.

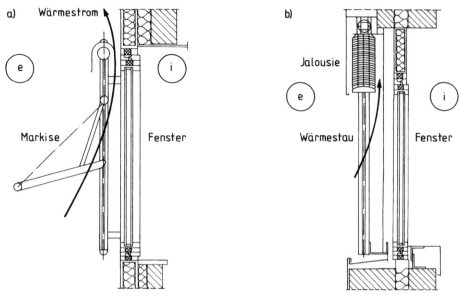

Bild 2.85: Beispiele außenliegender Sonnenschutzvorrichtungen [2.110]:
a) Markise ohne Wärmestau
b) Außenjalousie mit Wärmestau

C Verhältnis von Fensterfläche zu Grundfläche des Raumes

Große Fensterflächen ohne Sonnenschutzmaßnahmen können eine zu hohe Erwärmung der Räume und Gebäude zur Folge haben (vgl. Abschnitt 2.15.1). Eine solche zu hohe Erwärmung tritt vor allem dann auf, wenn der Raum – beschrieben durch die Grundfläche des Raumes – klein im Vergleich zur Fensterfläche ist.

D Sommerliche Klimaregion

Deutschland wird in drei sommerliche Klimaregionen eingeteilt, die sich durch den Bezugswert der Raumtemperatur $\theta_{b,op}$ unterscheiden (Tabelle 2.35) – Grundlage dieser Bezugswerte ist die Erfahrung, dass Menschen sich an ihr Klima anpassen, d. h. in wärmeren Klimaregionen höhere Temperaturen in den Innenräumen akzeptiert werden [2.198], [2.199].

2.15 Sommerlicher Wärmeschutz

Tabelle 2.35: Zugrunde gelegte Bezugswerte der Raumtemperaturen $\theta_{b,op}$ für die unterschiedlichen Sommer-Klimaregionen (nach [2.198][2.199])

Sommer-Klimaregion	Bezugswert der Raumtemperatur $\theta_{b,op}$	Höchstwert der mittleren monatlichen Außentemperatur
A = sommerkühle Gebiete (Mittelgebirgslagen, Küste)	25 °C	$\theta_{e,M,max} \leq 16{,}5$ °C
B = gemäßigte Gebiete (Regelfall in Deutschland)	26 °C	$16{,}5$ °C $< \theta_{e,M,max} \leq 18{,}0$ °C
C = sommerheiße Gebiete (Flussniederungen wie der Oberrheingraben)	27 °C	$\theta_{e,M,max} > 18{,}0$ °C

E Wirksame Wärmespeicherfähigkeit der raumumschließenden Flächen

Zu geringe Anteile insbesondere innenliegender wärmespeichernder Bauteile können eine zu hohe Erwärmung der Räume und Gebäude zur Folge haben (vgl. Abschnitt 2.15.1).

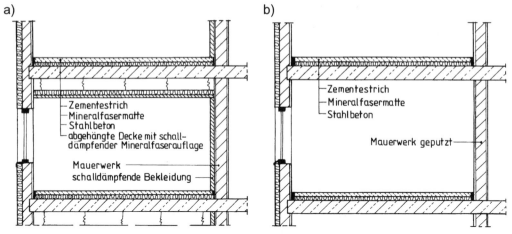

Bild 2.86: Wirksame speicherfähige Massen der Innenbauteile (nach [2.10]):
a) trotz massiver Bauart nur wenige wirksame speicherfähige Massen, da die massiven Bauteile mit wärmedämmenden Schichten bekleidet sind
b) massive Bauart mit wirksamen speicherfähigen Massen (nur der Estrich ist eingeschränkt wirksam entsprechend Tabelle 2.36, letzte Zeile)

Wird einem Raum durch die Sonnenstrahlung Wärmeenergie zugeführt, so wird die Geschwindigkeit der Raumlufterwärmung zum einen von der Wärmespeicherfähigkeit der Umfassungsbauteile bestimmt. Eine hohe Wärmespeicherfähigkeit der Umschließungsbauteile ist beim sommerlichen Wärmeschutz erwünscht, um die großen Schwankungen zwischen äußerer Mittags- und Nachttemperatur ausgleichen zu können – wichtig ist dabei aber, dass es sich um wirksame (= nutzbare), für die Wärme *zugängliche* Speicher-

2 Grundlagen des Wärmeschutzes

massen handelt – s. Bild 2.86. Beschrieben wird diese Zugänglichkeit durch den *Wärmeeindringkoeffizienten* b_j der Bauteilschicht j in J/(m · K · s^{0,5}):

$$b_j = \sqrt{\lambda_j \cdot \rho_j \cdot c_{p,j}} \tag{2.77}$$

λ_j Wärmeleitfähigkeit der Bauteilschicht j in W/(m · K)
ρ_j Rohdichte der Bauteilschicht j in kg/m³
$c_{p,j}$ spezifische Wärmespeicherkapazität c_p in J/(kg · K) des Baustoffs der Bauteilschicht j nach EN ISO 10456 [2.33], Tabelle 3

D. h. je höher die Wärmeleitfähigkeit, die Rohdichte und die spezifische Wärmespeicherkapazität einer Bauteilschicht j sind, desto besser kann die Wärme in diese Schicht eindringen und damit gespeichert werden – Wärmedämmschichten mit geringer Wärmeleitfähigkeit und geringer Rohdichte verhindern daher praktisch eine wirksame Wärmespeicherung.

Die Fähigkeit eines Bauteils, zugeführte Wärme zu speichern, kann gemäß DIN 4108-2 [2.7], 8.3.3, nach EN ISO 13786 [2.200] mit einer Periodendauer $T = 1$ d ermittelt werden. Nach EN ISO 13786, Anhang A, kann für ebene Bauteile das Verfahren der wirksamen Dicke genutzt werden, das für $T = 1$ d eine effektive Höchstdicke von 0,10 m ansetzt (sog. 10-cm-Regel). Damit kann gemäß DIN V 4108-6 [2.79], 6.5.2, für ein an den betrachteten Innenraum grenzendes Bauteil mit den Schichten $j = 1, 2, \ldots n$ die wirksame Wärmekapazität C_{wirk} eines Bauteils in J/K ermittelt werden zu

$$C_{wirk} = \sum_j (c_{p,j} \cdot \rho_j \cdot d_j \cdot A_j) \tag{2.78}$$

$c_{p,j}$ spezifische Wärme(speicher)kapazität c_p in J/(kg · K) des Baustoffs der Bauteilschicht j nach EN ISO 10456 [2.33], Tabelle 3
ρ_j Rohdichte der Bauteilschicht j in kg/m³
d_j wirksame Schichtdicke der Bauteilschicht j in m gemäß Tabelle 2.36
A_j Fläche der Bauteilschicht j in m² (bei Außenbauteilen Außenmaße, bei Innenbauteilen Innenmaße)

Tabelle 2.36: Wirksame = effektive Schichtdicken von Bauteilen der Dicke d_{ges} mit $j = 1, 2, \ldots n$ Bauteilschichten

Bauteilschichten j	wirksame Schichtdicke $\Sigma\,d_j$
einseitig an die Raumluft grenzend (Außenbauteile) mit $\lambda_j \geq 0,1$ W/(m · K)	$\Sigma\,d_j \leq d_{ges}$ und $\Sigma\,d_j \leq 0,10$ m
*beid*seitig an die Raumluft grenzend (Innenbauteile) mit $\lambda_j \geq 0,1$ W/(m · K)	$\Sigma\,d_j \leq d_{ges}/2$ und $\Sigma\,d_j \leq 0,10$ m
einseitig an die Raumluft grenzende Schicht j mit $\lambda_j \geq 0,1$ W/(m · K) vor Wärmedämmschicht (d. h. Schicht mit $\lambda_{Dä} < 0,1$ W/(m · K) und $R_{Dä} \geq 0,25$ m² · K/W)	$d_{j,max} = 0,10$ m

2.15 Sommerlicher Wärmeschutz

Je größer die Temperaturerhöhung der wirksamen Bauteilschichten ist, desto größer ist auch die gespeicherte Wärmemenge ΔQ in J:

$$\Delta Q = C_{wirk} \cdot (\theta_m - \theta_0) \qquad (2.79)$$

θ_m mittlere Temperatur der wirksamen Bauteilschichten in °C
θ_0 Ausgangstemperatur der wirksamen Bauteilschichten in °C

F   Lüftungsmöglichkeit insbesondere in der zweiten Nachthälfte

Durch Lüftung insbesondere in der kühleren zweiten Nachthälfte können große Wärmemengen aus den wärmespeichernden Innenbauteilen abgeführt und am nächsten Tag für die Wärmespeicherung erneut zur Verfügung gestellt werden. Problematisch ist die Lüftung zu dieser Zeit jedoch aus Gründen des Diebstahlschutzes: In Nichtwohngebäuden – in denen nachts niemand anwesend ist – scheidet diese Möglichkeit häufig aus – es sei denn, es ist eine Lüftungsanlage vorhanden.

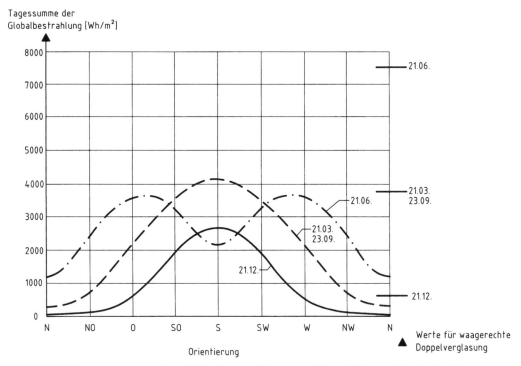

Bild 2.87: Tagessummen der Globalbestrahlung an klaren Tagen durch 1 m² verschieden orientierter senkrechter (links) bzw. waagerechter (rechts) Doppelverglasung in 49° nördlicher Breite (nach [2.10])

G Fensterorientierung und -neigung

Den Einfluss der Fensterneigung (senkrecht oder waagerecht) und – bei senkrechten Fenstern – der Fensterorientierung zeigt für Fenster mit Doppelverglasung Bild 2.87: Die größte Einstrahlung erfolgt im Sommer aufgrund der hochstehenden Sonne nicht durch die süd-, sondern durch die ost- bzw. westorientierten Fenster.

H Interne Wärmequellen

Interne Wärmequellen (z. B. hohe Personenbelegung, elektrische Geräte) tragen zur sommerlichen Erwärmung im Raum bei.

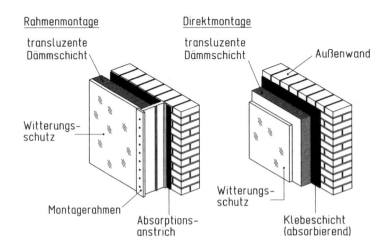

Bild 2.88: Möglichkeiten der transparenten Wärmedämmung, die Direktmontage erfolgt i. d. R. in Form eines transparenten Wärmedämmverbundsystems

2.15.3 Nachweis des sommerlichen Wärmeschutzes

Der Nachweis des sommerlichen Wärmeschutzes (zur Notwendigkeit vgl. Tabelle 2.4 in Abschnitt 2.3) – auch bei Gebäuden mit Raumluftkühlung – wird nach DIN 4108-2 [2.7], 8, wie folgt geführt:

- Bei Gebäuden mit Raumluftkühlung, z. B. nicht üblich genutzten Wohn- oder Bürogebäuden mit abweichenden Innenlasten, Nutzungsbedingungen oder Bauweisen, wie auch allgemein bei Räumen oder Raumbereichen
  - hinter Doppelfassaden,
  - hinter transparenter Wärmedämmung (TWD, Bild 2.88),
  - hinter unbeheizten Glasvorbauten, die nur über diese Glasvorbauten belüftet werden können (Bild 2.89a),

sind differenzierte Verfahren zur thermischen Raum- oder Gebäudesimulation mit den in DIN 4108-2 [2.7], 8.4, genannten Anforderungen und Randbedingungen einzusetzen – bei Gebäuden ohne Anlagentechnik nach EN ISO 13791 [2.201] und EN ISO 13792 [2.202] bzw. allgemein nach VDI 6020 [2.203] (hier nicht näher vorgestellt, s. auch [2.199], [2.204], [2.205], [2.206]).

Dabei sind nach DIN 4108-2 [2.7], 8.4, als Grenzwerte sog. Übertemperaturgradstunden einzuhalten, und zwar bei Wohngebäuden 1200 K · h/a und bei Nichtwohngebäuden 500 K · h/a – für die jeweilige Sommerklimaregion über den Bezugswerten der Raumtemperatur entsprechend Tabelle 2.35.

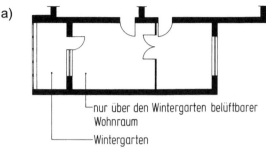

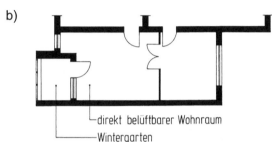

Bild 2.89: Wohnraumbelüftung bei unbeheizten Glasvorbauten (sog. „Wintergärten") [2.207]:
a) ungünstiger Grundriss ohne direkte Be- und Entlüftung nach außen
b) günstiger Grundriss mit direkter Be- und Entlüftung nach außen

Hinweis 1: Können kritische Räume oder Raumgruppen hinter einem unbeheizten Glasvorbau unabhängig von diesem Glasvorbau belüftet werden (Bild 2.89b), darf der Nachweis geführt werden, als ob *kein* Glasvorbau vorhanden wäre – d. h. es ist auch der u. g. Nachweis über den Sonneneintragskennwert möglich.

Hinweis 2: Der Nachweis gilt bei Glasvorbauten entsprechend Bild 2.89a o. w. N. als erfüllt, wenn der unbeheizte Glasvorbau einen Sonnenschutz mit $F_C \leq 0{,}35$ nach Tabelle 2.37 und Lüftungsöffnungen von zusammen $\geq 10\ \%$ der Glasfläche im untersten und obersten Glasbereich aufweist.

- Auf den Nachweis des sommerlichen Wärmeschutzes darf gemäß DIN 4108-2 [2.7], 8.2.2, verzichtet werden, wenn der *grundflächenbezogene* Fensterflächenanteil in %

$$f_{WG} = (\Sigma A_{w,j}) / A_G \cdot 100 \qquad (2.80)$$

$A_{w,j}$ Fensterfläche j in m² in jeder vorkommenden Orientierung des betrachteten Raumes oder der betrachteten Raumgruppe (lichte Rohbauöffnung, d. h. Blendrahmenaußenmaß einschließlich eventueller Rahmenaufdopplungen zuzüglich Einbau- oder Montagefuge, s. z. B. Bild 2.92) mit $j = 1, 2, \ldots n$ Fenstern

A_G Nettogrundfläche in m² des betrachteten Raumes oder der betrachteten Raumgruppe (lichte Raummaße)

die Werte aus Tabelle 2.38 nicht überschreitet.

2 Grundlagen des Wärmeschutzes

Tabelle 2.37: Anhaltswerte für Abminderungsfaktoren F_C von fest installierten Sonnenschutzvorrichtungen (übliche dekorative Vorhänge dürfen nicht angesetzt werden, *mehrere* Einzeleinflüsse dürfen nicht kombiniert werden)

Sonnenschutzvorrichtung	Abminderungsfaktor F_C für		
	Sonnenschutzvergl. mit $g \leq 0{,}40$	Wärmeschutzverglasung mit $g > 0{,}40$	
	zweifach	dreifach	zweifach
ohne Sonnenschutzvorrichtung	1,00	1,00	1,00
innen oder zw. den Scheiben liegend:			
– weiß oder hoch reflektierende Oberfläche ($\geq 60\,\%$) mit geringer Transparenz ($\leq 10\,\%$)	0,65	0,70	0,65
– helle Farben u. geringe Transparenz ($< 15\,\%$)	0,75	0,80	0,75
– dunkle Farben oder höhere Transparenz	0,90	0,90	0,85
außen liegend:			
– Rollläden, Fensterläden ¾ geschlossen	0,35	0,30	0,30
– Rollläden, Fensterläden, geschlossen [1]	0,15	0,10	0,10
– Jalousien und Raffstores, drehbare Lamellen, 45°-Lamellenstellung	0,30	0,25	0,25
– Jalousien und Raffstores, drehbare Lamellen, 10°-Lamellenstellung [1]	0,20	0,15	0,15
– Markisen parallel zur Verglasung	0,30	0,25	0,25
– Vordächer und Markisen allg. nach Bild 2.90a, freistehende Lamellen ohne direkte Besonnung des Fensters nach Bild 2.90b	0,55	0,50	0,50

[1]) Verdunkelt den Raum stark und sollte nicht verwendet werden, um erhöhten Energiebedarf für Kunstlicht zu vermeiden.

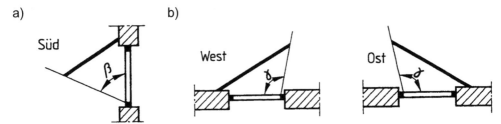

Bild 2.90: Vermeidung direkter Besonnung von Fenstern
a) *Vertikal*schnitt durch die Fassade: bei Südorientierung muss der *vertikale* Abdeckwinkel $\beta \geq 50°$ bzw. bei West- oder Ostorientierung $\beta \geq 85°$ betragen
b) *Horizontal*schnitte durch die Fassade: bei West- bzw. Ostorientierung muss der *horizontale* Abdeckwinkel $\gamma \geq 115°$ betragen

Zu den jeweiligen Orientierungen gehören Winkelbereiche von ± 22,5°, bei Zwischenorientierungen ist ein vertikaler Abdeckwinkel $\beta \geq 80°$ erforderlich (Bild 2.91).

2.15 Sommerlicher Wärmeschutz

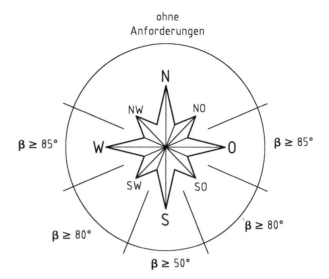

Bild 2.91: Erforderliche vertikale Abdeckwinkel β in Abhängigkeit von der Orientierung des Bauteils

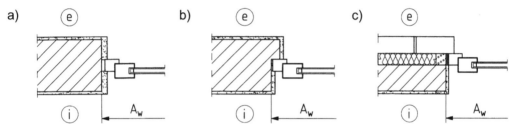

Bild 2.92 Lichtes Rohbaumaß von Fensteröffnungen:
a) bei stumpfem Anschlag
b) bei Innenanschlag
c) bei zweischaligem Mauerwerk

Tabelle 2.38: Höchstwerte des grundflächenbezogenen Fensterflächenanteils, unterhalb dessen auf einen Nachweis des sommerlichen Wärmeschutzes verzichtet werden kann

Neigung der Fenster gegenüber der Horizontalen	Orientierung der Fenster [1]	grundflächenbezogener Fensterflächenanteil f_{WG} in %
> 60° bis ≤ 90°	Nordwest über Süd bis Nordost	10 [2]
	Nordost über Nord bis Nordwest	15
≤ 60°	alle Orientierungen	7

[1]) Sind beim betrachteten Raum mehrere Orientierungen mit Fenstern vorhanden, ist der *kleinere* Grenzwert für f_{WG} maßgebend.

[2]) In den Landesbauordnungen bzw. Baudurchführungsverordnungen wird für Aufenthaltsräume $f_{WG} \geq 1/8 = 12{,}5\ \%$ gefordert.

Sonderregelung: Bei Wohngebäuden und Gebäudeteilen zur Wohnnutzung darf generell – d. h. auch bei einem Glasvorbau gemäß Bild 2.89a – auf den Nachweis

verzichtet werden, wenn für den kritischen Raum $f_{WG} \leq 35\,\%$ eingehalten ist und sämtliche Fenster in Ost- über Süd- bis Westorientierung (ggf. inklusive Glasvorbau)
- mit außenliegenden Sonnenschutzvorrichtungen mit $F_C \leq 0{,}3$ (vgl. Tabelle 2.37) bei einer Verglasung mit $g > 0{,}40$ oder
- mit außenliegenden Sonnenschutzvorrichtungen mit $F_C \leq 0{,}35$ (vgl. Tabelle 2.37) bei einer Verglasung mit $g \leq 0{,}40$

ausgeführt werden – also z. B. mit Rollläden versehen werden.

Der Nachweis kann in allen anderen Fällen gemäß DIN 4108-2 [2.7], 8.3, *vereinfacht* mit Hilfe von Sonneneintragskennwerten geführt werden – und zwar nur für kritische Räume oder Raumbereiche, die der Sonneneinstrahlung besonders ausgesetzt sind. Dabei sind auch Dachflächen, sofern sie zu Wärmeeinträgen beitragen (z. B. durch Dachflächenfenster oder Lichtkuppeln), zu berücksichtigen. Geführt wird der Nachweis, indem der vorhandene mit einem zulässigen Sonneneintragskennwert verglichen wird:

A   Vorhandener Sonneneintragskennwert

Der *vorhandene* Sonneneintragskennwert S_{vorh} eines Raumes berechnet sich für alle $j = 1, 2, \ldots n$ Fenster des Raumes oder Raumbereiches als dimensionsloser Wert zu

$$S_{vorh} = \frac{\sum_j \left(A_{w,j} \cdot g_{tot,j}\right)}{A_G} \qquad (2.81)$$

$A_{w,j}$ Fläche des Fensters j des Raumes oder Raumbereiches in m² (lichte *Rohbau*öffnungsmaße, vgl. Bild 2.92 – opake Füllungen, Vorbau-Rollladenkästen o. Ä. sind nicht einzubeziehen)

A_G Nettogrundfläche des Raumes oder Raumbereiches in m² (d. h. aus lichten *Raum*maßen errechnet) – dabei ist ggf. die größte anzusetzende Raumtiefe $= 3 \cdot$ Raumhöhe, sodass bei tiefen Räumen nur der dadurch definierte Raum*bereich* anzusetzen ist (Bild 2.93)

$g_{tot,j}$ Gesamtenergiedurchlassgrad der Verglasung des Fensters j einschließlich Sonnenschutz nach EN 13363 [2.139], [2.140] oder berechnet zu

$$g_{tot,j} = g_j \cdot F_{C,j} \qquad (2.82)$$

darin
g_j Bemessungswert des Gesamtenergiedurchlassgrades der Verglasung des Fensters j:
- Nach DIN V 4108-4 [2.25], 5.1.1.2, ist das i. d. R. der deklarierte Nennwert gemäß EN 1279-5 [2.141];
- sofern dieser nicht vorliegt, ist $g_j = g_{0,j} \cdot c_j$ mit $g_{0,j}$ abgeschätzt nach der dortigen Tabelle 11 und – bei Glasdicke der Außenscheibe $d > 6$ mm – $c_j \leq 1$ gemäß der dortigen Tabelle 12

F_{Cj} dimensionsloser Abminderungsfaktor für Sonnenschutzvorrichtungen vor dem Fenster j gemäß Tabelle 2.37 mit Bildern 2.90 und 2.91

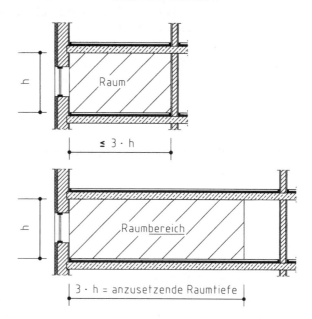

Bild 2.93: Anzusetzende Raumtiefe bei üblichen Räumen (oben) und bei tiefen Räumen (unten)

B Zulässiger Höchstwert des Sonneneintragskennwerts

Der zulässige Höchstwert des Sonneneintragskennwerts S_{max} wird wie folgt bestimmt:

$$S_{max} = \Sigma\, S_x \qquad (2.83)$$

S_x anteiliger Sonneneintragskennwert nach Tabelle 2.39

darin der dimensionslose *Neigungsfaktor* und der dimensionslose *Nordfaktor*

$$f_{neig} = A_{W,neig} / A_{W,gesamt} \qquad (2.84)$$
$$f_{nord} = A_{W,nord} / A_{W,gesamt} \qquad (2.85)$$

$A_{W,neig}$ geneigte Fensterfläche des Raumes bzw. Raumbereichs einschließlich Dachfenster in m² (lichte Rohbauöffnung, vgl. Bild 2.92)

$A_{W,nord}$ nord-, nordost- und nordwestorientierte Fensterfläche des Raumes bzw. Raumbereichs in m², soweit die Neigung gegenüber der Horizontalen > 60° beträgt, sowie Fensterflächen, die dauernd vom Gebäude selbst verschattet sind

$A_{W,gesamt} = \Sigma\, A_{Wj}$ als gesamte solarwirksame Fensterfläche des Raumes bzw. Raumbereichs in m²

Die zulässigen Höchstwerte S_{max} wurden in Abhängigkeit von drei Sommer-Klimaregionen – definiert über die höchsten sommerlichen Monats-Mitteltemperaturen $\theta_{e,M,max}$ – und einer zugehörigen Bezugs-Raumtemperatur $\theta_{b,op}$ so festgelegt (Bild 2.94, vgl. Tabelle 2.35), dass diese Bezugs-Raumtemperaturen in den jeweiligen Sommer-Klimaregionen in nicht mehr als 10 % der Aufenthaltszeit überschritten werden und somit die Gebäude i. d. R. ohne Raumkühlung auskommen [2.199].

Tabelle 2.39: *Anteilige* Sonneneintragskennwerte zur Bestimmung des *zulässigen* Sonneneintragskennwertes für Wohngebäude (für Nichtwohngebäude s. DIN 4108-2)

		anteiliger Sonneneintragskennwert in Klimaregion [1])		
		A	B	C
S_1: Nachtlüftung, Bauart und Klimaregion				
Nachtlüftung:	Bauart [2]):			
ohne	- leicht	0,071	0,056	0,041
	- mittel	0,080	0,067	0,054
	- schwer	0,087	0,074	0,061
erhöht ($n \geq 2\ h^{-1}$) Regelfall bei Wohnnutzung; auch bei entsprechender Lüftungsanlage	- leicht	0,098	0,088	0,078
	- mittel	0,114	0,103	0,092
	- schwer	0,125	0,113	0,101
hoch ($n \geq 5\ h^{-1}$) bei geschossübergreifender Nachtlüftung; auch bei entsprechender Lüftungsanlage	- leicht	0,128	0,117	0,105
	- mittel	0,160	0,152	0,143
	- schwer	0,181	0,171	0,160
S_2: Grundflächenbezogener Fensterflächenanteil [3]) $S_2 = a - (b \cdot f_{WG})$ mit f_{WG} nach Gl. (2.80) und		a = 0,060 b = 0,231		
S_3: Sonnenschutzverglasung mit $g \leq 0,4$ [4])		0,030		
S_4: Fensterneigung $\leq 60°$ gegenüber der Horizontalen		$-0,035 \cdot f_{neig}$		
S_5: Orientierung nord-, nordost- oder nordwestorientierte Fenster, soweit deren Neigung gegenüber der Horizontalen > 60° beträgt, sowie dauernd vom Gebäude verschattete Fenster		$+0,100 \cdot f_{nord}$		
S_6: Einsatz passiver Kühlung [5])	Bauart [2]):			
	- leicht	0,020		
	- mittel	0,040		
	- schwer	0,060		

[1]) Nach Bild 2.94.
[2]) Ohne Nachweis der wirksamen Wärmekapazität ist von leichter Bauart auszugehen, Randbedingungen für mittlere und schwere Bauart s. Tabelle 2.40.
[3]) Durch S_2 erfolgt eine Korrektur von S_1 in der Form, dass für $f_{WG} < 25\ \%$ S_2 *positiv*, für $f_{WG} > 25\ \%$ S_2 *negativ* wird.
[4]) Als gleichwertig gilt eine Sonnenschutzvorrichtung, die die diffuse Strahlung *nutzerunabhängig permanent* reduziert und dadurch $g_{tot} \leq 0,4$ erreicht.
[5]) Z. B. mit Erdwärmetauschern.

2.15 Sommerlicher Wärmeschutz

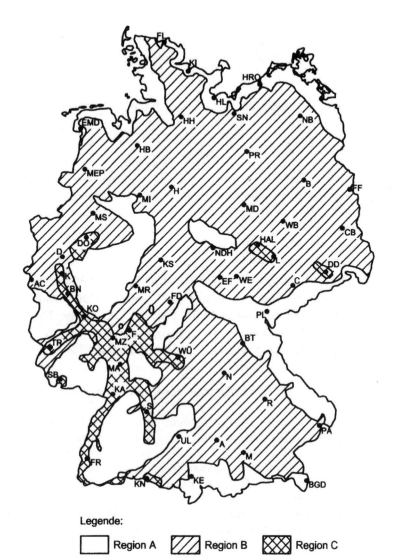

Bild 2.94: Sommer-Klimaregionen für den Nachweis des sommerlichen Wärmeschutzes

Legende: ☐ Region A ▨ Region B ▩ Region C

C Nachweis des sommerlichen Wärmeschutzes mit Sonneneintragskennwerten

Der Nachweis des sommerlichen Wärmeschutzes erfolgt nun zu

$$S_{vorh} \leq S_{max} \tag{2.86}$$

Hinweis: Für baupraktische Nachweise kann es – bei gleicher Ausführung aller Fenster $j = 1, 2, \ldots n$ (d. h. auch g = const.) im Raum oder Raumbereich – sinnvoll sein, Gl. (2.81) und Gl. (2.83) in Gl. (2.86) einzusetzen und nach $F_{C,max}$ = const. aufzulösen, um mit Hilfe von Tabelle 2.37 für alle Fenster den gleichen Sonnenschutz mit $F_{C,vorh} \leq F_{C,max}$ zu wählen [2.202]:

2 Grundlagen des Wärmeschutzes

$$F_{C,\max} = \frac{A_G \cdot \sum S_x}{g \cdot \sum_j A_{w,j}} \qquad (2.87)$$

Tabelle 2.40: Randbedingungen für mittlere und schwere Bauart

mittlere Bauart	schwere Bauart
50 Wh/(K · m²) ≤ C_{wirk}/A_G ≤ 130 Wh/(K · m²) [1]	C_{wirk}/A_G > 130 Wh/(K · m²) [1]
oder vereinfacht: - massive Innen- und Außenbauteile mit flächenanteilig gemittelter Rohdichte ρ_m ≥ 600 kg/m³ und - Stahlbetondecken - keine innenliegende Wärmedämmung an den Außenwänden - keine abgehängten oder thermisch abgedeckten Decken - keine hohen Räume (> 4,50 m) wie z.B. Turnhallen, Museen usw.	oder vereinfacht: - massive Innen- und Außenbauteile mit flächenanteilig gemittelter Rohdichte ρ_m ≥ 1600 kg/m³ und

[1]) Wirksame Wärmekapazität C_{wirk} berechnet nach EN ISO 13786 [2.200] für eine Periodendauer von 1 Tag (s. Gl. (2.78) in Abschnitt 2.15.2).

Beispiel 2.14: Nachweis des sommerlichen Wärmeschutzes

Aufgabe: Der in Bild 2.95 dargestellte Raum sei der kritische Raum eines Wohngebäudes, für den der Nachweis des sommerlichen Wärmeschutzes mit dem Verfahren Sonneneintragskennwerte nach DIN 4108-2 [2.7], 8.3, zu führen ist. Bei diesem Raum handle es sich:
- um einen (nicht klimatisierten) Wohnraum in einem Mehrfamilienhaus
- in einem Gebäude in Massivbauart
- im Zentrum Hamburgs
- mit Wärmeschutzverglasung 4/16/4 (g = 0,58 deklariert nach EN 1279-5) in den Fenstern, vor denen *kein* Sonnenschutz vorgesehen ist.

Lösung: Zuerst werden die notwendigen Flächen berechnet; die Fensterflächen errechnen sich mit lichten Rohbaumaßen zu

A_{w1} = 2,51 m · 1,26 m = 3,163 m²
A_{w2} = 0,51 m · 1,26 m = 0,643 m²
d. h. A_W = 3,806 m²

Außenwand- und Dachfläche ergeben sich mit Außenmaßen (bei Innenwänden jedoch Wandmitte angenommen) sowie mit der Höhe der Außenwand von OK Rohdecke bis OK Flachdachaufbau zu

A_{AW} = (4,01 m + 2 · 0,24 m + 0,13 m) · (2,625 m + 0,18 m + 0,20 m)
+ 1,135 m · (2,625 m + 0,18 m + 0,20 m) − 3,806 m²
= 13,883 m² + 3,411 m² − 3,806 m² = 13,488 m²

2.15 Sommerlicher Wärmeschutz

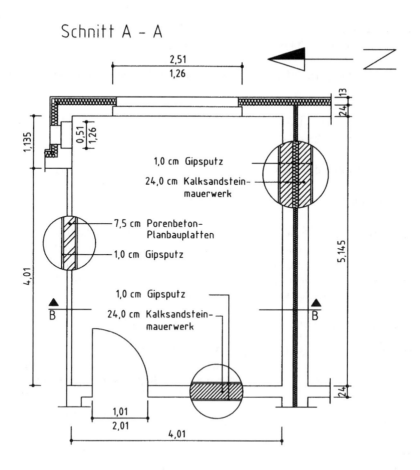

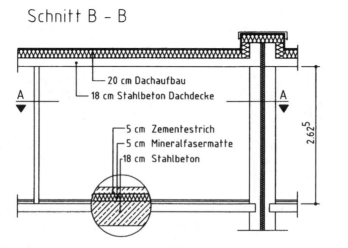

Bild 2.95: In Beispiel 2.14 für den sommerlichen Wärmeschutz nachzuweisender Raum

2 Grundlagen des Wärmeschutzes

$$A_D = (4{,}01 \text{ m} + 2 \cdot 0{,}24 \text{ m} + 0{,}13 \text{ m}) \cdot 1{,}135 \text{ m} + (4{,}01 \text{ m} + 0{,}24 \text{ m} + 0{,}075 \text{ m} /2)$$
$$\cdot (4{,}01 \text{ m} + 0{,}24 \text{ m} + 0{,}13 \text{ m} + 0{,}24 \text{ m} /2) = 24{,}537 \text{ m}^2$$

Ferner wird die Raumgrundfläche mit *lichten* Raummaßen, an jeder Wand 1 cm Putz abgezogen, zu

$$A_G = (4{,}01 \text{ m} - 2 \cdot 0{,}01 \text{ m}) \cdot (5{,}145 \text{ m} - 2 \cdot 0{,}01 \text{ m})$$
$$= 3{,}99 \text{ m} \cdot 5{,}125 \text{ m} = 20{,}449 \text{ m}^2$$

Damit beträgt der grundflächenbezogene Fensterflächenanteil des Raumes

$$f_{WG} = (3{,}806 \text{ m}^2 / 20{,}449 \text{ m}^2) \cdot 100 = 18{,}6\ \% > 10\ \%$$

d. h. nach Tabelle 2.38 ist der sommerliche Wärmeschutz nachzuweisen; es liegt auch keine Sonnenschutzvorrichtung mit $F_C \leq 0{,}3$ (bei vorliegender Verglasung mit $g > 0{,}40$) vor. Der Nachweis mit Sonneneintragskennwerten ist zulässig, da es sich um ein üblich genutztes (= nicht klimatisiertes) Wohngebäude ohne Doppelfassade, ohne transparente Wärmedämmung und ohne unbeheizten Glasvorbau handelt.

Tabelle 2.41: Berechnung der wirksamen Wärmekapazität

Bauteilschicht	A in m²	d in m	$\lambda_{Dä}$ in W/(m·K)	$d_{Dä}/\lambda_{Dä}$ in m²·K/W	c_p in Wh/(kg·K)	ρ in kg/m³	$c \cdot \rho \cdot d \cdot A$ in Wh/K
Dachdecke: – Normalbeton	24,54 (s. o.)	0,10	–	–	1000/3600	2400	1636
Fußboden: – Estrich – Dämmung	20,45 (s. o.)	0,05 0,05	– 0,040 < 0,1	– 1,25 ≥ 0,25	1000/3600	2000	568
Außenwand: – Gipsputz – KS-MW	13,49 (s. o.)	0,01 0,09	– –	– –	1000/3600 1000/3600	1200 1200	45 405
Gebäude- trennwand: – Gipsputz – KS-MW	5,125 · 2,525 = 12,94	0,01 0,09	– .	– –	1000/3600 1000/3600	1200 1200	43 388
schwere Innenwand: – Gipsputz – KS-MW	3,99 · 2,525 – 2,01 · 1,01 = 8,04	0,01 0,09	– –	– –	1000/3600 1000/3600	1200 1200	27 241
leichte Trenn- wand – Gipsputz – Porenbeton	4,00 · 2,525 = 10,10	0,01 0,038	– 0,16 ≥ 0,1	– –	1000/3600 1000/3600	1200 500	34 53
						$C_{wirk} =$	3440

2.15 Sommerlicher Wärmeschutz

A Mit Gl. (2.82) und Tabelle 2.37 wird der Gesamtenergiedurchlassgrad der gegebenen Verglasung *ohne* Sonnenschutzvorrichtung (d. h. $F_C = 1,0$) zu

$$g_{tot} = 0,58 \cdot 1,0 = 0,58$$

Mit Gl. (2.81) wird nun der *vorhandene Sonneneintragskennwert* zu

$$S_{vorh} = (3,163 \cdot 0,58 + 0,643 \cdot 0,58) / 20,449 = 0,108$$

B Entsprechend Tabelle 2.41 liegt mit

vorh $C_{wirk} / A_G = 3440$ Wh/K / 20,45 m² = 168 Wh/(K · m²) > 130 Wh/(K · m²)

schwere Bauart vor. Alternativ kann nach Tabelle 2.40 vereinfacht die flächenanteilig gemittelte Rohdichte der hier massiven Innen- und Außenbauteile mit den Werten aus Tabelle 2.41, zweite und vorletzte Spalte, berechnet werden (leichte Trennwand sichere Seite):

$$\rho_m = (24,54 \cdot 2400 + 20,45 \cdot 2000 + (13,49 + 12,94 + 8,04) \cdot 1200 + 10,10 \cdot 500)$$
$$/ (24,54 + 20,45 + 13,49 + 12,94 + 8,04 + 10,10)$$
$$= 146210 / 89,56 = 1633 \text{ kg/m}^3 \geq 1600 \text{ kg/m}^3$$

Da ferner Stahlbetondecken vorliegen, weder Innendämmung an den Außenwänden noch eine abgehängte Decke vorgesehen sind und die Raumhöhe 4,50 m nicht überschreitet, kann nach Tabelle 2.40 auch *vereinfacht* von schwerer Bauart ausgegangen werden.

Nun errechnet sich der *zulässige Höchstwert* mit Tabelle 2.39:
- erhöhte Nachtlüftung bei schwerer Bauart in Klimaregion B $S_1 = 0,113$
- für den grundflächenbezogenen Fensterflächenanteil $f_{WG} = 0,186$
  wird $S_2 = 0,060 - (0,231 \cdot 0,186)$ $= 0,017$
- Sonnenschutzverglasung mit $g \leq 0,4$ ist nicht vorgesehen, d. h. $S_3 = 0,000$
- Fensterneigung $\leq 60°$ gegenüber der Horizontalen fehlt, d. h. $S_4 = 0,000$
- für das nordorientierte Fenster mit $f_{nord} = 0,643 / 3,806 = 0,169$
  wird $S_5 = + 0,100 \cdot 0,169$ $= 0,017$
- Einsatz passiver Kühlung ist nicht vorgesehen, d. h. $\underline{S_6 = 0,000}$
   $S_{max} = 0,147$

C Damit wird der abschließende Nachweis nach Gl. (2.86) erfüllt:

$$S_{vorh} = 0,108 \leq 0,147 = S_{max}$$

(Dieses Beispiel 2.14 findet sich auch zum Download unter www.beuth-mediathek.de oder www.hmarquardt.de in Excel-Tabellen, und zwar entsprechend Gl. (2.87) nach $F_{C,max}$ aufgelöst.)

Hinweis: Wäre die Wohnung im EG gelegen, wäre evtl. erhöhte Lüftung während der zweiten Nachthälfte wegen des mangelnden Diebstahlschutzes praktisch nicht möglich; aber auch dann wäre hier der Nachweis mit $S_{vorh} = 0,108 \leq 0,108 = S_{max}$ gerade erfüllt!

2.16 Literatur zum Kapitel 2

[2.1] Richtlinie 89/106/EWG des Rates (der Europäischen Gemeinschaften) vom 21. Dezember 1988 zur Angleichung der Rechts- und Verwaltungsvorschriften der Mitgliedstaaten über Bauprodukte, geändert durch die Richtlinie des Rates 93/68/EWG vom 22. Juli 1993 – Bauproduktenrichtlinie.

[2.2] Verordnung (EU) Nr. 305/2011 des europäischen Parlaments und des Rates vom 9. März 2011 zur Festlegung harmonisierter Bedingungen für die Vermarktung von Bauprodukten und zur Aufhebung der Richtlinie 89/106/EWG des Rates.

[2.3] Gesetz über das Inverkehrbringen von und den freien Warenverkehr mit Bauprodukten zur Umsetzung der Richtlinie 89/106/EWG des Rates vom 21. Dezember 1988 zur Angleichung der Rechts- und Verwaltungsvorschriften der Mitgliedstaaten über Bauprodukte und anderer Rechtsakte der Europäischen Gemeinschaften (Bauproduktengesetz – BauPG) vom 10. August 1992 in der Fassung vom 28. April 1998. BGBl. I Nr. 25 vom 8. Mai 1998, S. 812 ff.

[2.4] Gesetz zur Anpassung des Bauproduktengesetzes und weiterer Rechtsvorschriften an die Verordnung (EU) Nr. 305/2011 zur Festlegung harmonisierter Bedingungen für die Vermarktung von Bauprodukten (BauPGAnpG) vom 5. Dezember 2012. BGBl. I S. 2449.

[2.5] Bender, U.; Herzog, I.; Irmschler, H.-J.: Stand der Europäischen Normung auf dem Gebiet der Bauphysik. In: Cziesielski, E. (Hrsg.): Bauphysik Kalender 1 (2001), S. 3–29. Berlin: Ernst & Sohn 2001.

[2.6] Hegner, H.-D.: Die Energieeinsparverordnung 2000, Planung – Ausführung – Perspektiven für neue Märkte. wksb Neue Folge (1999), Nr. 43, S. 16–21.

[2.7] DIN 4108-2: 2013-02: Wärmeschutz und Energie-Einsparung in Gebäuden – Teil 2: Mindestanforderungen an den Wärmeschutz.

[2.8] Jenisch, R.: Wärme. In: Lutz, P. u .a.: Lehrbuch der Bauphysik: Schall, Wärme, Feuchte, Licht, Brand. 2. Aufl. Stuttgart: Teubner 1989.

[2.9] DIN 52614: 1974-12: Bestimmung der Wärmeableitung von Fußböden (zurückgezogen).

[2.10] Cziesielski, E.; Raabe, B.: Bauplanungstechnische Grundlagen. In: Cziesielski, E.; Daniels, K.; Trümper, H.: Ruhrgas Handbuch Haustechnische Planung. 2. Auflage Stuttgart: Krämer 1988.

[2.11] DIN 18530: 1987-03: Massive Deckenkonstruktionen für Dächer – Planung und Ausführung.

[2.12] Viertes Gesetz zur Änderung des Energieeinsparungsgesetzes vom 4. Juli 2013. BGBl. I Nr. 36 vom 12.07.2013 S. 2197.

[2.13] Verordnung über einen energiesparenden Wärmeschutz bei Gebäuden (Wärmeschutzverordnung) vom 11. August 1977. BGBl. I, S. 1554 ff.

[2.14] Verordnung über einen energiesparenden Wärmeschutz bei Gebäuden (Wärmeschutzverordnung) vom 24. Februar 1982. BGBl. I vom 27.02.1982, S. 209 ff.

[2.15] Verordnung über einen energiesparenden Wärmeschutz bei Gebäuden (Wärmeschutzverordnung) vom 16. Aug. 1994. BGBl. I vom 24.08.1994, S. 2121 ff.

[2.16] Verordnung über einen energiesparenden Wärmeschutz und energiesparende Anlagentechnik bei Gebäuden (Energieeinsparverordnung – EnEV) vom 16. Nov. 2001. BGBl. I vom 21. Nov. 2001, S. 3085–3102.

[2.17] Verordnung über einen energiesparenden Wärmeschutz und energiesparende Anlagentechnik bei Gebäuden (Energieeinsparverordnung – EnEV) vom 02. Dez. 2004. BGBl. I vom 07. Dez. 2004.

2.16 Literatur zum Kapitel 2

[2.18] Verordnung über energiesparenden Wärmeschutz und energiesparende Anlagentechnik bei Gebäuden (Energieeinsparverordnung – EnEV) vom 24. Juli 2007. BGBl. I vom 26.07.2007, S. 1519 ff.

[2.19] Verordnung zur Änderung der Energieeinsparverordnung vom 29. April 2009. BGBl. I vom 30.04.2009, S. 954 ff.

[2.20] Zweite Verordnung zur Änderung der Energieeinsparverordnung vom 18. November 2013. BGBl. I vom 21. November 2013, S. 3951 ff.

[2.21] Spitzner, M.: Neue DIN 4108-2 – ‚Mindestanforderungen an den Wärmeschutz'. wksb Nr. 69 (2013), S. 15–26.

[2.22] Rabenstein, D.: Energieoptimierte Gebäudeform und Hüllflächen-zu-Volumen-Verhältnis. Bauphysik 23 (2001), H. 6, S. 344–349.

[2.23] Krusche, P.; Krusche, M.; Althaus, D.; Gabriel, I.: Ökologisches Bauen. Hrsg. vom Umweltbundesamt. Wiesbaden und Berlin: Bauverlag 1982.

[2.24] Leiermann, H.: Das Niedrigenergiehaus. München: Ytong AG 7/1994.

[2.25] DIN 4108-4: 2013-02: Wärmeschutz und Energie-Einsparung in Gebäuden – Teil 4: Wärme- und feuchteschutztechnische Bemessungswerte.

[2.26] DIN V 4108-4: 2007-06: Wärmeschutz und Energie-Einsparung in Gebäuden – Teil 4: Wärme- und feuchteschutztechnische Bemessungswerte (ersetzt durch [2.25]).

[2.27] DIN V 4108-4: 2004-07: Wärmeschutz und Energie-Einsparung in Gebäuden – Teil 4: Wärme- und feuchteschutztechnische Bemessungswerte (ersetzt durch [2.25]).

[2.28] Wesche, K.: Baustoffe für tragende Bauteile, Band 1: Grundlagen. 3. Aufl. Wiesbaden und Berlin: Bauverlag 1996.

[2.29] Bachmann, H.: Hochbau für Ingenieure – Eine Einführung. 2. Aufl. Zürich: vdf/ Stuttgart: Teubner 1997.

[2.30] DIN EN 12664: 2001-05: Wärmetechnisches Verhalten von Baustoffen und Bauprodukten – Bestimmung des Wärmedurchlasswiderstandes nach dem Verfahren mit dem Plattengerät und dem Wärmestrommessplatten-Gerät; Trockene und feuchte Produkte mit mittlerem und niedrigem Wärmedurchlasswiderstand.

[2.31] DIN EN 12667: 2001-05: Wärmetechnisches Verhalten von Baustoffen und Bauprodukten – Bestimmung des Wärmedurchlasswiderstandes nach dem Verfahren mit dem Plattengerät und dem Wärmestrommessplatten-Gerät; Trockene und feuchte Produkte mit hohem und mittlerem Wärmedurchlasswiderstand.

[2.32] DIN EN 12939: 2001-02: Wärmetechnisches Verhalten von Baustoffen und Bauprodukten – Bestimmung des Wärmedurchlasswiderstandes nach dem Verfahren mit dem Plattengerät und dem Wärmestrommessplatten-Gerät; Dicke Produkte mit hohem und mittlerem Wärmedurchlasswiderstand.

[2.33] DIN EN ISO 10456: 2010-05: Baustoffe und Bauprodukte – Wärme- und feuchtetechnische Eigenschaften – Tabellierte Bemessungswerte und Verfahren zur Bestimmung der wärmeschutztechnischen Nenn- und Bemessungswerte.

[2.34] DIN EN 13162: 2013-03: Wärmedämmstoffe für Gebäude – Werkmäßig hergestellte Produkte aus Mineralwolle (MW) – Spezifikation.

[2.35] DIN EN 13163: 2013-03: Wärmedämmstoffe für Gebäude – Werkmäßig hergestellte Produkte aus expandiertem Polystyrol (EPS) – Spezifikation.

[2.36] DIN EN 13164: 2013-03: Wärmedämmstoffe für Gebäude – Werkmäßig hergestellte Produkte aus extrudiertem Polystyrolschaum (XPS) – Spezifikation.

[2.37] DIN EN 13165: 2013-03: Wärmedämmstoffe für Gebäude – Werkmäßig hergestellte Produkte aus Polyurethan-Hartschaum (PUR) – Spezifikation.

[2.38] DIN EN 13166: 2013-03: Wärmedämmstoffe für Gebäude – Werkmäßig hergestellte Produkte aus Phenolharzhartschaum (PF) – Spezifikation.

[2.39] DIN EN 13167: 2013-03: Wärmedämmstoffe für Gebäude – Werkmäßig hergestellte Produkte aus Schaumglas (CG) – Spezifikation.
[2.40] DIN EN 13168: 2013-03: Wärmedämmstoffe für Gebäude – Werkmäßig hergestellte Produkte aus Holzwolle (WW) – Spezifikation.
[2.41] DIN EN 13169: 2013-03: Wärmedämmstoffe für Gebäude – Werkmäßig hergestellte Produkte aus Blähperlit (EPB) – Spezifikation.
[2.42] DIN EN 13170: 2013-03: Wärmedämmstoffe für Gebäude – Werkmäßig hergestellte Produkte aus expandiertem Kork (ICB) – Spezifikation.
[2.43] DIN EN 13171: 2013-03: Wärmedämmstoffe für Gebäude – Werkmäßig hergestellte Produkte aus Holzfasern (WF) – Spezifikation.
[2.44] DIN 4108-10: 2008-06: Wärmeschutz und Energie-Einsparung in Gebäuden – Teil 10: Anwendungsbezogene Anforderungen an Wärmedämmstoffe – Werkmäßig hergestellte Wärmedämmstoffe.
[2.45] Albrecht, W.: Ist der Dämmstoffmarkt noch überschaubar? In: Oswald, R. (Hrsg.): Dauerstreitpunkte – Beurteilungsprobleme bei Dach, Wand und Keller. Aachener Bausachverständigentage 2009. Wiesbaden: Vieweg + Teubner 2009, S. 58–68.
[2.46] DIN EN 13172: 2012-04: Wärmedämmstoffe – Konformitätsbewertung.
[2.47] Bender, U.: Die bauaufsichtliche Einführung der DIN V 4108 Teil 4 und Teil 10 als Regelwerke für die Anwendung von Dämmstoffen nach harmonisierten Normen. wksb Neue Folge (2002), Nr. 50, S. 24–26.
[2.48] Dämmen durch Vakuum. Hocheffizienter Wärmeschutz für Gebäudehülle und Fenster. Themeninfo I/2011. Karlsruhe: BINE Informationsdienst 2011.
[2.49] Jenisch, R.: Wärme. In: Lutz, P.; ...: Lehrbuch der Bauphysik: Schall, Wärme, Feuchte, Licht, Brand, Klima. 5. Aufl. Stuttgart: Teubner 2002.
[2.50] Tschegg, E.; Heindl, W.; Sigmund, A.: Grundzüge der Bauphysik: Akustik, Wärmelehre, Feuchtigkeit. Wien und New York: Springer 1984.
[2.51] DIN EN ISO 7345: 1996-01: Wärmeschutz – Physikalische Größen und Definitionen.
[2.52] DIN EN ISO 6946: 2008-04: Bauteile – Wärmedurchlasswiderstand und Wärmedurchgangskoeffizient – Berechnungsverfahren.
[2.53] Hagentoft, C.-E.: Introduction to Building Physics. Lund: Studentlitteratur 2001.
[2.54] Zürcher, C.; Frank, T.: Bauphysik. Leitfaden „Bau und Energie", Band 2. 2. Aufl. Zürich: vdf Hochschulverlag 2004.
[2.55] Worch, A.: Untersuchungen zum Übergangsverhalten von Wasserdampf an Baustoffoberflächen. 11. Bauklimatisches Symposium, Dresden, 26. bis 30.09.2002, Tagungsbeiträge Band 1, hrsg. von P. Häupl und J. Roloff. Dresden: Eigenverlag der TU Dresden 2002, S. 450 ff.
[2.56] Ackermann, T.: Bestimmung des U-Wertes und R-Wertes von Bauteilen mit Luftschichten. wksb Neue Folge (2001), H. 47, S. 1–8.
[2.57] Gösele, K.; Schüle, W.; Künzel, H.: Schall – Wärme – Feuchte. 10. Aufl. Wiesbaden: Bauverlag 1997.
[2.58] Marquardt, H.: Geneigte Dächer. In: Fouad, N. A. (Hrsg.): Lehrbuch der Hochbaukonstruktionen. 4. Aufl. Wiesbaden: Springer Vieweg 2013, S. 393–446.
[2.59] Ackermann, T.: DIN 4108 Teil 2, 3 – Neuerungen und Kritik. In: BuFAS e.V. (Hrsg.): Messen, Planen, Ausführen – 24. Hanseatische Sanierungstage. Berlin: Beuth 2013, S. 197–212.
[2.60] DIN 1053-1: 1996-11: Mauerwerk – Berechnung und Ausführung (ersetzt durch DIN EN 1996-1-1/NA: 2012-05: Nationaler Anhang – National festgelegte Parameter – Eurocode 6: Bemessung und Konstruktion von Mauerwerksbauten – Teil 1-1: Allgemeine Regeln für bewehrtes und unbewehrtes Mauerwerk).

2.16 Literatur zum Kapitel 2

[2.61] DIN EN ISO 13789: 2008-04: Wärmetechnisches Verhalten von Gebäuden – Spezifischer Transmissions- und Lüftungswärmedurchgangskoeffizient – Berechnungsverfahren.

[2.62] DIN EN 1996-2/NA : 2012-01: Nationaler Anhang – National festgelegte Parameter – Eurocode 6: Bemessung und Konstruktion von Mauerwerksbauten – Teil 2: Planung, Auswahl der Baustoffe und Ausführung von Mauerwerk.

[2.63] Cziesielski, E.; Marquardt, H.: Flachdächer mit Abdichtungen. In: Cziesielski, E. (Hrsg.): Lehrbuch der Hochbaukonstruktionen. 3. Aufl. Stuttgart: Teubner 1997, S. 201–281.

[2.64] Leimer, H.-P. u. a.: Anforderungen an Umkehrdächer mit Trennlage – Erläuterungen zur Anwendung von EN ISO 6946. Bauphysik 26 (2004), H. 5, S. 233–239.

[2.65] Cziesielski, E.; Fechner, O.: Experimentelle Untersuchung zum ΔU-Wert bekieter Umkehrdächer mit wasserableitender Trennlage. Bauphysik 23 (2001), H. 5, S. 288–297.

[2.66] Cziesielski, E.: Wärmebrücken im Hochbau. Bauphysik 7 (1985), H. 5, S. 141–149.

[2.67] DIN EN ISO 8990: 1996-09: Wärmeschutz – Bestimmung der Wärmedurchgangseigenschaften im stationären Zustand – Verfahren mit dem kalibrierten und dem geregelten Heizkasten.

[2.68] DIN EN 13187: 1999-05: Wärmetechnisches Verhalten von Gebäuden – Nachweis von Wärmebrücken in Gebäudehüllen; Infrarot-Verfahren.

[2.69] Fouad, N. A.; Richter, T.: Leitfaden Thermographie im Bauwesen. Stuttgart: Fraunhofer IRB 2006.

[2.70] Köneke, M.: Schimmel im Haus erkennen – vermeiden – bekämpfen. Stuttgart: Fraunhofer IRB 2002.

[2.71] Gabrio, T.; Grüner, C.; Trautmann, C.; Sedlbauer, K.: Schimmelpilze in Innenräumen – gesundheitliche Aspekte. In: Cziesielski, E. (Hrsg.): Bauphysik Kalender 3 (2003), S. 531–568. Berlin: Ernst & Sohn 2003.

[2.72] Gabrio, T.: Nachweis, Bewertung und Sanierung von Schimmelpilzschäden in Innenräumen. In: Oswald, R. (Hrsg.): Leckstellen in Bauteilen – Aachener Bausachverständigentage 2003. Wiesbaden: Vieweg 2003, S. 94–112.

[2.73] Hankammer, G.; Lorenz, W.: Schimmelpilze und Bakterien in Gebäuden. 2. Aufl. Köln: R. Müller 2007.

[2.74] DIN-Fachbericht 4108-8: 2010-09: Wärmeschutz und Energie-Einsparung in Gebäuden – Teil 8: Vermeidung von Schimmelwachstum in Wohngebäuden.

[2.75] Erhorn, H.: Neuausgabe der Vornormenreihe DIN V 18599 – Energetische Bewertung von Gebäuden –. wksb (2012), Nr. 68, S. 19–28.

[2.76] DIN 4108 Beiblatt 2: 2006-03: Wärmeschutz und Energie-Einsparung in Gebäuden – Beiblatt 2: Wärmebrücken – Planungs- und Ausführungsbeispiele.

[2.77] THERM 5.2 (Version with ISO algorithms) – Two-Dimensional Building Heat-Transfer Modeling. URL: http://windows.lbl.gov/software/therm/therm.html (25.01.2010).

[2.78] Stubenrauch, B.: Psi-Werte berechnen mit Therm. URL: http://www.enev24.de/therm/ (25.01.2010).

[2.79] DIN V 4108-6: 2003-06 (Berichtigungen 2004-03): Wärmeschutz und Energie-Einsparung in Gebäuden – Teil 6: Berechnung des Jahresheizwärme- und des Jahresheizenergiebedarfs.

[2.80] DIN EN ISO 10211: 2008-04: Wärmebrücken im Hochbau – Wärmeströme und Oberflächentemperaturen – Detaillierte Berechnungen.

[2.81] Sedlbauer, K.: Vorhersage von Schimmelpilzbildung auf und in Bauteilen. Diss. an der Universität Stuttgart 2001.

2 Grundlagen des Wärmeschutzes

[2.82] Sedlbauer, K.; Krus, M.: Schimmelpilze in Gebäuden – Biohygrothermische Berechnungen und Gegenmaßnahmen. In: Cziesielski, E. (Hrsg.): Bauphysik Kalender 3 (2003), S. 435–530. Berlin: Ernst & Sohn 2003.

[2.83] Erhorn, H.; Szerman, M.; Rath, J.: Wärme- und Feuchteübertragungskoeffizienten in Außenwandecken. Das Bauzentrum (1992), H. 3, S. 145 – 146.

[2.84] Hohmann, R.: Materialtechnische Tabellen. In: Cziesielski, E. (Hrsg.): Bauphysik Kalender 3 (2003), S. 79–160. Berlin: Ernst & Sohn 2003.

[2.85] Krus, M.; Sedlbauer, K.: Einfluss von Ecken und Möblierung auf die Schimmelpilzgefahr. In: Künzel, H. (Hrsg.): Fensterlüftung und Raumklima – Grundlagen, Ausführungshinweise, Rechtsfragen. Stuttgart: Fraunhofer IRB 2006, S. 203–207.

[2.86] Klopfer, H.: Feuchte. In: Lutz, P. u. a.: Lehrbuch der Bauphysik: Schall, Wärme, Feuchte, Licht, Brand, Klima. 5. Aufl. Stuttgart: Teubner 2002, S, 329–472.

[2.87] Mainka, G.-W.; Paschen, H.: Wärmebrückenkatalog. Stuttgart: Teubner 1986.

[2.88] Pohl, W.-H.; Horschler, S.: Energieeffiziente Wohngebäude. Hrsg. von BEB Erdgas und Erdöl GmbH. Hannover: BEB Erdgas und Erdöl GmbH 2002.

[2.89] Hauser, G.; Stiegel, H.: Wärmebrücken-Atlas für den Mauerwerksbau. 2. Auflage Wiesbaden und Berlin: Bauverlag 1993.

[2.90] Hauser, G.; Stiegel, H.: Wärmebrücken-Atlas für den Holzbau. Wiesbaden und Berlin: Bauverlag 1992.

[2.91] Hauser, G.; Schulze, H.; Stiegel, H.: Anschlußdetails von Niedrigenergiehäusern: Wärmetechnische Optimierung – Standardlösungen. Stuttgart: IRB-Verlag 1996.

[2.92] Wärmebrückenkatalog 1.2 – Quantifizierte Musterlösungen für Bauteilanschlüsse. Kassel: Zentrum für umweltbewusstes Bauen e.V. (ZUB) 2002 (Informationen und Download der Testversion unter URL: http://www.zub-kassel.de).

[2.93] Wärmebrückenkatalog 1.2 – Holzbaudetails. Hrsg. vom Absatzförderungsfonds der deutschen Forst- und Holzwirtschaft (Holzabsatzfonds) und der Deutschen Gesellschaft für Holzforschung (DGfH). Baunatal: Ingenieurbüro Prof. Dr. Hauser GmbH 2004.

[2.94] Xella T&F-Wärmebrückenkatalog 2011. URL: http://www.xella.com/de/content/ forschung-innovation-aktuell_2388.php (11.04.2014).

[2.95] Willems, W. M.; Hellinger, G.; Birkner, B.; Schild, K.: Planungsatlas für den Hochbau (DVD). Erkrath: Beton Marketing Deutschland GmbH 2013.

[2.96] Achtziger, J.: Verfahren zur Beurteilung des Wärmeschutzes und der Wärmebrücken von mehrschaligen Außenwänden und Maßnahmen zur Verminderung der Transmissionswärmeverluste von Fassaden. Dissertation an der Technischen Universität Berlin 1989.

[2.97] Cziesielski, E.: Wärmebrücken im Stahlbeton-Fertigteilbau. In: Beton- + Fertigteil-Jahrbuch 41 (1993), hrsg. vom Bundesverband Deutsche Beton- und Fertigteilindustrie (BDB) e.V. Wiesbaden und Berlin: Bauverlag 1993, S. 253–265.

[2.98] Hens, H.: Hygrothermische Eignung von Außenwänden in verschiedenem Außenklima am Beispiel von zweischaligem Mauerwerk. Bauphysik 23 (2001), H. 2, S. 100–106.

[2.99] Cziesielski, E.: Vermeidung von Schäden bei WDVS. 2. IBK-Jubiläums-Bau-Kongreß „Wärmedämm-Verbundsysteme" des Instituts für das Bauen mit Kunststoffen (IBK) in Darmstadt am 14. und 15.05.1997. Darmstadt: IBK 1997, S. 5/1–5/15.

[2.100] Achtziger, J.: Dämmstoffvarianten – Befestigungsarten – Konstruktive Details. IBK-Jubiläums-Symposium „Außenwände und Fassaden 2000" des Instituts für das Bauen mit Kunststoffen (IBK) in Göttingen am 26. und 27.11.1997. Darmstadt: IBK 1997, S. 8/1–8/10.

[2.101] EJOT: Neue WDVS-Dübel. Bautenschutz + Bausanierung 22 (1999), H. 5, S. 43.

2.16 Literatur zum Kapitel 2

[2.102] Richtlinie „Bestimmung der wärmetechnischen Einflüsse von Wärmebrücken bei vorgehängten hinterlüfteten Fassaden", Ausgabe 1998. Berlin: Fachverband Baustoffe und Bauteile für vorgehängte hinterlüftete Fassaden e.V. (FVHF) 1998.

[2.103] Höttges, K.: U-Wert-Berechnung von Bauteilen mit nebeneinanderliegenden Bereichen. Bauphysik 22 (2000), H. 2, S. 121–123.

[2.104] Gerlinger, H.: k-Wert von Flachdächern mit Gefälledämmplatten. Bauphysik 14 (1992), H. 4, S. 102–105.

[2.105] Dahlem, K.-H.; Heinrich, H.: Einfluß des Grundwassers auf den Wärmeverlust beheizter Keller. 10. Bauklimatisches Symposium, Dresden, 27. bis 29.09.1999, Tagungsbeiträge Band 1, hrsg. von P. Häupl und J. Roloff. Dresden: Eigenverlag der TU Dresden 1999, S. 135–145.

[2.106] DIN EN ISO 13370: 2008-04: Wärmetechnisches Verhalten von Gebäuden – Wärmeübertragung über das Erdreich – Berechnungsverfahren.

[2.107] Ackermann, T.: Neue Berechnungsmöglichkeiten und Anforderungen an Wärmeverluste über das Erdreich nach DIN EN ISO 13370 am Beispiel von Bodenplatten auf Erdreich. Bauphysik 23 (2001), H. 3, S. 152–155.

[2.108] Dahlem, K.-H.: Wärmeübertragung erdreichberührter Bauteile. In: Cziesielski, E. (Hrsg.): Bauphysik Kalender 3 (2003) , S. 275–315. Berlin: Ernst & Sohn 2003.

[2.109] Wärmeverluste durch das Erdreich. Arbeitskreis kostengünstige Passivhäuser, Protokollband Nr. 27, hrsg. von W. Feist. Darmstadt: Passivhaus-Institut 2004.

[2.110] Marquardt, H.: Verglasungen. In: Cziesielski, E. (Hrsg.): Bauphysik Kalender 1 (2001), S. 223–259. Berlin: Ernst & Sohn 2001.

[2.111] Froelich; H.: Wärmeschutz mit Verglasungen und Fenstern – Umsetzung der Anforderungen und Ausblick auf Weiterentwicklung. Bauphysik 19 (1997), H. 3, S. 79–90.

[2.112] Henrich, K.: Qualitative Betrachtungen zum Thema Isolierglas. In: Fahrenkrog, H.-H. u. a.: Glas am Bau – Produktion und Einsatz. Reihe Kontakt & Studium Band 85, Grafenau/Württ.: Expert 1982, S. 27–44.

[2.113] Schmid, J.: Funktionsbeurteilungen bei Fenstern und Türen. In: Oswald, R. (Hrsg.): Öffnungen in Dach und Wand – Fenster, Türen, Oberlichter – Konstruktion und Bauphysik. Aachener Bausachverständigentage 1995. Wiesbaden: Bauverlag 1995, S. 74–91.

[2.114] Bucak, Ö.: Glas im konstruktiven Ingenieurbau. In: Kuhlmann, U. (Hrsg.): Stahlbau-Kalender 1999. Berlin: Ernst & Sohn 1999, S. 519–643.

[2.115] Balkow, D.: Dämmende Isoliergläser – Bauweise und bauphysikalische Probleme. In: Oswald, R. (Hrsg.): Öffnungen in Dach und Wand – Fenster, Türen, Oberlichter – Konstruktion und Bauphysik. Aachener Bausachverständigentage 1995. Wiesbaden und Berlin: Bauverlag 1995, S. 51–54.

[2.116] Holtmann, K.: Ist der k-Wert der Verglasung die einzig wichtige Kenngröße für den Beitrag des Fensters zum Wärmeschutz und zur Beheizung von Gebäuden? wksb Neue Folge 38 (1996), S. 12–16.

[2.117] Gläser, H. J.: Wärme- und Sonnenschutzscheiben. In: Fahrenkrog, H.-H. u. a.: Glas am Bau – Produktion und Einsatz. Reihe Kontakt & Studium Band 85, Grafenau/Württ.: Expert 1982, S. 65–87.

[2.118] Gabriel, I.; Gross, K.: Fenster. In: Ladener, H. (Hrsg.): Vom Altbau zum Niedrigenergiehaus – Energietechnische Gebäudesanierung in der Praxis. Staufen bei Freiburg: Ökobuch 1997.

[2.119] Cammenga, H. K. u. a.: Bauchemie – Eine Einführung für das Studium. Wiesbaden: Vieweg 1996.

[2.120] Siegele, K.: Trends und Entwicklungen bei Fenstern und Verglasungen. GEB Gebäude-Energieberater 10 (2014), H. 3, S. 30–35.

[2.121] BF-Merkblatt 003/2008 mit Änderung Mai 2009: Leitfaden zur Verwendung von Dreifach-Wärmedämmglas. Hrsg. vom Bundesverband Flachglas e.V. (BF), Troisdorf 2009.
[2.122] Planungsunterlagen der CONSAFIS Werbe-, Entwicklungs- und Einkaufsgesellschaft mbH, Balingen 2000.
[2.123] Kahles, H.; Giesecke, A. H.: Chemiecocktail am Randverbund – Auf die richtige Mischung, Konzeptionierung und Verarbeitung kommt es an. GFF – Zeitschrift für Glas – Fenster – Fassade (2002), H. 9, S. 32–42.
[2.124] Glas Trösch Gruppe setzt auf revolutionäres ACSplus Randverbundsystem. URL: http://www.glastroesch.de (07.03.2011).
[2.125] Planungsunterlagen der Thermix GmbH, Ravensburg 2000.
[2.126] Planungsunterlagen der TGI Thermal Glass Insulation Systems GmbH, Fuldabrück 2003.
[2.127] Feist, W.: Der Rahmen – schwächster Teil des Fensters. Bundesbaublatt 46 (1997), H. 5, S. 341–344.
[2.128] Planungsunterlagen der Firma eurotec Fenster · Türen, Zeltingen-Rachtig 1997.
[2.129] Borsch-Laaks, R.: Neuer Trend am Markt: NiedrigEnergieFenster. die neue quadriga (2001), H. 3, S 17–26.
[2.130] Schneider, B.: Neuer Fensterrahmen: Hoher Dämmwert, niedriges Gewicht. BINE-Projektinfo 09/09. Karlsruhe: BINE Informationsdienst 2009.
[2.131] Sieberath, U.: Innovativ Energie Sparen. Themenheft Energieeffizientes Bauen mit Fenstern, Fassaden und Glas. Rosenheim: ift 2008.
[2.132] Rossa, M.: Qualitätsunterschiede bei Fenstern: Welche Qualität ist geschuldet? In: Oswald, R. (Hrsg.): Qualitätsklassen im Hochbau: Standard oder Spitzenqualität?. Aachener Bausachverständigentage 2014. Wiesbaden: Springer Vieweg 2014.
[2.133] Schmid, C.: Heizungs- und Lüftungstechnik. Band 5 der Reihe „Bau und Energie – Leitfaden für Planung und Praxis", hrsg. von C. Zürcher. Zürich: vdf 1993.
[2.134] DIN EN 14351-1: 2010-08: Fenster und Türen – Produktnorm, Leistungseigenschaften – Teil 1: Fenster und Außentüren ohne Eigenschaften bezüglich Feuerschutz und/oder Rauchdichtheit.
[2.135] DIN EN 1873: 2006-03: Vorgefertigte Zubehörteile für Dacheindeckungen – Lichtkuppeln aus Kunststoff – Produktfestlegungen und Prüfverfahren.
[2.136] DIN EN 13241-1: 2011-06: Tore – Produktnorm – Teil 1: Produkte ohne Feuer- und Rauchschutzeigenschaften.
[2.137] Vereinfachte CE-Kennzeichnung für Holzfenster. RTS Rolladen · Tore · Sonnenschutzsysteme (2007), H. 7, S. 41 f.
[2.138] Oberacker, R.: Produktnorm praktisch umgesetzt – Produktionskontrolle im Betrieb. GLASWELT 59 (2007), H. 7, S. 12f.
[2.139] DIN EN 13363-1 : 2007-09 (mit Berichtigung 1 : 2009-09): Sonnenschutzeinrichtungen in Kombination mit Verglasungen – Berechnung der Solarstrahlung und des Lichttransmissionsgrades – Teil 1: Vereinfachtes Verfahren.
[2.140] DIN EN 13363-2 : 2005-06 (mit Berichtigung 1 : 2007-04): Sonnenschutzeinrichtungen in Kombination mit Verglasungen – Berechnung der Solarstrahlung und des Lichttransmissionsgrades – Teil 2: Detailliertes Berechnungsverfahren.
[2.141] DIN EN 1279-5: 2010-11: Glas im Bauwesen – Mehrscheiben-Isolierglas – Teil 5: Konformitätsbewertung.
[2.142] GEB Gebäude-Energieberater 5 (2009), H. 6, S. 65.
[2.143] Bauen mit Holz (2008), H. 4, S. 9.
[2.144] Bauen mit Holz (2009), H. 11, S. 15.
[2.145] URL: http://www.alwitra.de/index.php?id=lichtkuppel (11.10.2010).

2.16 Literatur zum Kapitel 2

[2.146] URL: http://www.columbus-treppen.de (09.09.2010).
[2.147] URL: http://www.teckentrup.biz (11.10.2010).
[2.148] DIN EN ISO 10077-1: 2010-05: Wärmetechnisches Verhalten von Fenstern, Türen und Abschlüssen – Berechnung des Wärmedurchgangskoeffizienten – Teil 1: Allgemeines.
[2.149] DIN EN ISO 10077-2: 2012-06: Wärmetechnisches Verhalten von Fenstern, Türen und Abschlüssen – Berechnung des Wärmedurchgangskoeffizienten – Teil 2: Numerisches Verfahren für Rahmen.
[2.150] Kehl, D.: Auf den Einbau kommt es an – Energetisch optimierte Fensteranschlüsse. die neue quadriga (2001), H. 3, S. 27–33.
[2.151] DIN EN 673: 2011-04: Glas im Bauwesen – Bestimmung des Wärmedurchgangskoeffizienten (U-Wert) – Berechnungsverfahren.
[2.152] DIN EN 674: 1999-01: Glas im Bauwesen – Bestimmung des Wärmedurchgangskoeffizienten (U-Wert) – Verfahren mit dem Plattengerät.
[2.153] DIN EN 675: 1911-09: Glas im Bauwesen – Bestimmung des Wärmedurchgangskoeffizienten (U-Wert) – Wärmestrommesser-Verfahren.
[2.154] Schäfer, S.: Welcher U_g-Wert gilt bei geneigtem Einbau? Forum-Wintergärten, S. 3–4. Beilage zum RTS-Magazin (2011), H. 9.
[2.155] Richtlinie über Mehrscheiben-Isolierglas – MIR – Fassung November 2002 (Anlage 11.1 zur Bauregelliste A Teil 1). DIBt Mitteilungen (2003), H. 1, S. 27 f.
[2.156] Böttcher, W.: Fenster und Fassaden in der Energieeinsparverordnung 2009. wksb (2010), H. 64, S. 68–74.
[2.157] Richtlinie über Rahmen für Fenster und Türen – RaFenTüR – Fassung November 2002 (Anlage 8.5 zur Bauregelliste A Teil 1). DIBt Mitteilungen (2003), H. 1, S. 26 f.
[2.158] DIN EN 12412-2: 2003-11: Wärmetechnisches Verhalten von Fenstern, Türen und Abschlüssen – Bestimmung des Wärmedurchgangskoeffizienten mittels des Heizkastenverfahrens – Teil 2: Rahmen.
[2.159] DIN 68121-1: 1993-09: Holzprofile für Fenster und Fenstertüren – Teil 1: Maße, Qualitätsanforderungen.
[2.160] Planungsunterlagen von REHAU AG + Co., Rehau 2004.
[2.161] Planungsunterlagen von heroal – Johann Henkenjohann GmbH & Co. KG, Verl 2004.
[2.162] Kahlert, C.; Lude, G. u. a.: Thermix-Systemvergleich – Auswirkung des thermisch entkoppelten Randverbunds bei Neubau und Sanierung. 4. Aufl. Ravensburg: Thermix GmbH 1999.
[2.163] Fensterbau/Glas-Metallbau – „Keimzelle" für innovative Gebäudehüllen. Fassadentechnik 7 (2001), H. 1, S. 20–26.
[2.164] Richtlinie über Fenster und Fenstertüren – FenTüR – Fassung November 2002 (Anlage 8.4 zur Bauregelliste A Teil 1). DIBt Mitteilungen (2003), H. 1, S. 25 f.
[2.165] Gestalten mit Glas. 7. Auflage Lauenförde: Interpane Glas Industrie AG 2007.
[2.166] Borsch-Laaks, R.: Luftdichtigkeit der Gebäudehülle im Niedrig-Energie-Haus; Anforderungen, Messung, Baupraxis. Grundlagenkurs für Architekten: Niedrigenergiebauweise, Solararchitektur, Hamm 19.10.1993 und Düsseldorf 03.11.1993.
[2.167] Schulze, H.: Holzbau; Wände – Decken – Dächer. Stuttgart: Teubner 1996.
[2.168] Hens, H.: Luft- und Winddichtigkeit von geneigten Dächern: Wie sie sich wirklich verhalten. Bauphysik 13 (1991), H. 5, S. 151f., und Bauphysik 14 (1992), H. 6, S. 161–174.
[2.169] DIN 18055: 1981-10: Fenster – Fugendurchlässigkeit, Schlagregendichtheit und mechanische Beanspruchung – Anforderungen und Prüfung (ersetzt durch [2.183]).
[2.170] Cziesielski, E.: Die Bedeutung der Luftundurchlässigkeit (Winddichtigkeit) bei ausgebauten Dachgeschossen. Vortrag beim Institut für das Bauen mit Kunststoffen (IBK), Darmstadt 27. und 28.02.1991.

[2.171] Esdorn, H.; Rheinländer, J.: Zur rechnerischen Ermittlung von Fugendurchlaßkoeffizienten und Druckexponenten für Bauteilfugen. HLH 29 (1978), H. 3, S. 101–108.
[2.172] DIN 18540: 2006-12: Abdichten von Außenwandfugen im Hochbau mit Fugendichtstoffen.
[2.173] DIN 18542: 2009-07: Abdichten von Außenwandfugen mit imprägnierten Fugendichtungsbändern aus Schaumkunststoff – Imprägnierte Fugendichtungsbänder – Anforderungen und Prüfung.
[2.174] Schmid, J.; Jehl, W.; Taute, H.: Anschlußausbildung bei Holzfenstern. Deutsches Architektenblatt DAB (1997), H. 6, S. 908–913, H. 7, S. 1068 ff.
[2.175] Cziesielski, E.; Raabe, B.; Stürzebecher, P.: Fugen in Außenwänden. Hrsg. von der Entwicklungsgemeinschaft Holzbau (EGH) in der Deutschen Gesellschaft für Holzforschung (DGfH). Düsseldorf: Arbeitsgemeinschaft Holz e.V. 1985.
[2.176] Knublauch, E.; Schäfer, H.; Sidon, S.: Über die Luftdurchlässigkeit geneigter Dächer. Gesundheits-Ingenieur 108 (1987), H. 1, S. 23–26, 35 f.
[2.177] Merkblatt für die Fugenausbildung bei bewehrten Wandplatten aus Porenbeton. Porenbeton-Bericht Nr. 6. Wiesbaden: Bundesverband Porenbetonindustrie e. V., November 1993.
[2.178] Kostenloser Download unter URL: http://www.abdichten.de (21.08.2012).
[2.179] Bauphysik 30 (2008), H. 2, S. 133 f.
[2.180] DIN 4108-7: 2011-01: Wärmeschutz und Energie-Einsparung in Gebäuden – Teil 7: Luftdichtheit von Gebäuden, Anforderungen, Planungs- und Ausführungsempfehlungen sowie -beispiele.
[2.181] DIN 4108-7: 2001-08: Wärmeschutz und Energie-Einsparung in Gebäuden – Teil 7: Luftdichtheit von Gebäuden, Anforderungen, Planungs- und Ausführungsempfehlungen sowie -beispiele (ersetzt durch [2.180]).
[2.182] DIN EN 12114: 2000-04: Wärmetechnisches Verhalten von Gebäuden; Luftdurchlässigkeit von Bauteilen; Laborprüfverfahren.
[2.183] DIN EN 12207: 2000-06: Fenster und Türen – Luftdurchlässigkeit – Klassifizierung.
[2.184] DIN EN 13829: 2001-02: Wärmetechnisches Verhalten von Gebäuden – Bestimmung der Luftdurchlässigkeit von Gebäuden – Differenzdruckverfahren.
[2.185] Fachverband Luftdichtheit im Bauwesen e.V. (FLiB): Beiblatt zu DIN EN 13829. Kassel: FLiB November 2002.
[2.186] ISO 9972: 1996-08: Thermal insulation – Determination of building airtightness – Fan pressurization method.
[2.187] Kropf, F.; Michel, D.; Sell, J.; Zumoberhaus, M.; Hartmann, P.: Luftdurchlässigkeit von Gebäudehüllen im Holzhausbau. Bericht Nr. 218 der Eidgenössischen Materialprüfungs- und Forschungsanstalt (EMPA), Dübendorf 1989.
[2.188] Zeller, J.: Möglichkeiten und Grenzen der Luftdichtheitsprüfung. In: Oswald, R. (Hrsg.): Nachbessern – Instandsetzen – Modernisieren, Probleme im Baubestand. Aachener Bausachverständigentage 2001. Wiesbaden und Berlin: Bauverlag 2001.
[2.189] Air Infiltration Control in Housing – A Guide to International Practice. Hrsg. von der International Energy Agency IEA, Stockholm 1983.
[2.190] Meyer, F.: Windenergienutzung in Deutschland. BINE Projekt-Info-Service des BMFT Nr. 10, Bonn: Oktober 1995.
[2.191] DIN 4710: 2003-01 (Berichtigung 1: 2006-11): Statistiken meteorologischer Daten zur Berechnung des Energiebedarfs von heiz- und raumlufttechnischen Anlagen in Deutschland.

[2.192] Schwab, A.: Solarhäuser Issum. In: Heidt, F. D. (Hrsg.): Bestandsaufnahmen zur Niedrigenergie- und Solararchitektur. VDI-Fortschritt-Berichte Reihe 4 (Bauingenieurwesen) Nr. 139. Düsseldorf: VDI-Verlag 1997.

[2.193] Marquardt, H.: Berechnete und gemessene Sommertemperaturen in einer Geschosswohnung mit großflächig verglastem Balkon. ARCONIS 5 (2000), H. 1, S. 32–35.

[2.194] Fouad, N. A.: Klimatisch bedingte Temperaturbeanspruchung von Bauwerken. In: Cziesielski, E. (Hrsg.): Bauphysik Kalender 1 (2001), S. 685–723. Berlin: Ernst & Sohn 2001.

[2.195] Heindl, W.: Neue Methoden zur Beurteilung des Wärmeschutzes im Hochbau. ZI Die Ziegelindustrie (1967), H. 4, S. 111–118, H. 6, S. 191–200.

[2.196] DIN EN 410: 2011-04: Glas im Bauwesen – Bestimmung der lichttechnischen und strahlungsphysikalischen Kenngrößen von Verglasungen.

[2.197] Das Glas-Handbuch 1995. Hrsg. von der FLACHGLAS AG, Gelsenkirchen 1995.

[2.198] Rouvel, L.; Deutscher, P.: Sommerlicher Wärmeschutz. In: Cziesielski, E. (Hrsg.): Bauphysik Kalender 2 (2002), S. 559–579. Berlin: Ernst & Sohn 2002.

[2.199] Deutscher, P.; Elsberger, M.; Rouvel, L.: Sommerlicher Wärmeschutz – Eine einheitliche Methodik für die Anforderungen an den winterlichen und sommerlichen Wärmeschutz. Bauphysik 22 (2000), H. 2, S. 114–120, und H. 3, S. 178–184.

[2.200] DIN EN ISO 13786 : 2008-04: Wärmetechnisches Verhalten von Bauteilen – Dynamisch-thermische Kenngrößen – Berechnungsverfahren.

[2.201] DIN EN ISO 13791: 2012-08: Wärmetechnisches Verhalten von Gebäuden – Sommerliche Raumtemperaturen bei Gebäuden ohne Anlagentechnik – Allgemeine Kriterien und Validierungsverfahren.

[2.202] DIN EN ISO 13792: 2012-08: Wärmetechnisches Verhalten von Gebäuden – Berechnung von sommerlichen Raumtemperaturen bei Gebäuden ohne Anlagentechnik – Vereinfachtes Berechnungsverfahren.

[2.203] VDI 6020-1: 2001-05: Anforderungen an Rechenverfahren zur Gebäude- und Anlagensimulation – Gebäudesimulation.

[2.204] Hauser, G.: Den Winter im Griff – wie kommt man durch den Sommer? wksb Neue Folge (1999), H. 43, S. 22 ff.

[2.205] Häupl, P.: Praktische Ermittlung des Tagesganges der sommerlichen Raumtemperatur zur Validierung der EN ISO 13792. wksb Neue Folge (2000), Nr. 44, S. 17–22.

[2.206] Feist, W.: Simulation des thermischen Verhaltens von Gebäuden – ein Methodenvergleich. Bauphysik 16 (1994), H. 2, S. 42–47, H. 3, S. 86–92.

[2.207] Marquardt, H.: Tauwasserausfall in Wintergärten vor Geschoßwohnungen. Bauphysik 16 (1994), H. 6, S. 186–195.

3 Konstruktionen zur Einhaltung der EnEV

3.1 Einführung

Die Energieeinsparverordnung (EnEV) macht den sog. „Niedrigenergiehaus-Standard" für alle Gebäude verbindlich (vgl. Abschnitt 1.3) – in diesem Kapitel 3 werden deshalb Bauteile und Detailkonstruktionen sowohl für Massiv- als auch für Holztafel-/Holzrahmenbauten gezeigt, die nicht nur den dafür notwendigen Wärmeschutz, sondern auch die erforderliche Luftdichtheit der Gebäudehülle in der Praxis ermöglichen.

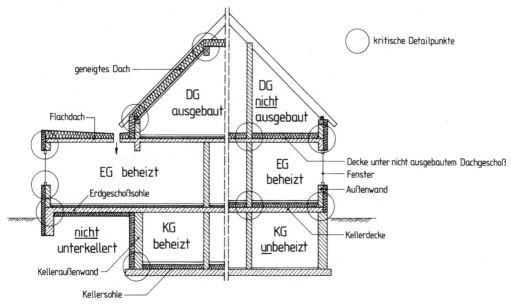

Bild 3.1: Schnitt durch ein typisches kleineres Wohngebäude in Massivbauweise mit hölzerner Dachkonstruktion; benannt sind die energetisch relevanten Außenbauteile, eingekreist die hinsichtlich Wärmebrückenwirkung und/oder Luftdichtheit kritischen Anschlusspunkte

Um den Umfang zu begrenzen, sollen in den folgenden Abschnitten *nur* wärmeübertragende Massiv- und Holzbauteile betrachtet werden, wie sie bei üblichen Wohngebäuden vorkommen (z. B. in Bild 3.1). Gezeigt werden als flächige Bauteile
- massive und hölzerne Außenwände,
- massive Kelleraußenwände, Bodenplatten und Kellerdecken,

- massive und hölzerne Decken unter nicht ausgebauten Dachgeschossen,
- hölzerne Steildächer (geneigte Dächer) sowie
- massive und hölzerne Flachdächer

jeweils mit einigen kritischen Detailpunkten.

3.2 Wahl maximaler Wärmedurchgangskoeffizienten

Wie gering sollen die Wärmedurchgangskoeffizienten (U-Werte) der einzelnen Außenbauteile von Niedrigenergiehäusern sein? Eine allgemeine Aussage dazu ist schwierig, da der Jahres-Heiz*energie*bedarf von Gebäuden (vgl. dazu Abschnitt 1.2)
- sowohl durch eine *verbesserte Anlagentechnik* (z. B. unter Einbeziehung von Solartechnik oder einer Lüftungsanlage mit Wärmerückgewinnung, s. Kapitel 4)
- als auch durch *verringerte U-Werte* der wärmeübertragenden Bauteile

erreicht werden kann – und wenn letztere Variante gewählt wird:
- Sollen die U-Werte aller Außenbauteile in *gleichem Verhältnis* verringert werden oder
- ist es technisch einfacher und damit sinnvoller, bestimmte Außenbauteile deutlich zu verbessern und andere weniger?

Sinnvoller ist sicherlich die letztgenannte Variante; laut *Hegner* [3.1] sind aufgrund der Anforderungen der EnEV 2009/2014 die in Tabelle 3.1, zweite Spalte, genannten U-Werte zu erwarten, die zwischen den vorher üblichen U-Werten und denen der Passivhäuser liegen.

Tabelle 3.1: Zu erwartende Wärmedurchgangskoeffizienten (U-Werte) nach EnEV 2009/2014 im Vergleich mit EnEV 2002 ff. und Passivhäusern [3.1]

Wärmedurch-gangskoeffizienten folgender Bauteile in W/(m² · K)	EnEV 2002 [1])	EnEV 2009/2014 [1])	q_P = 40 kWh/(m² · a)	Passivhaus
Außenwände U_{AW}	0,25 bis 0,50	0,15 bis 0,30	0,10 bis 0,25	< 0,16
Kellerdecken, -sohlen, -wände U_G	0,25 bis 0,40	0,20 bis 0,30	0,10 bis 0,25	< 0,16
Dächer und oberste Geschossdecken U_D	0,20 bis 0,40	0,15 bis 0,25	0,10 bis 0,20	< 0,15
Fenster U_W	1,4 bis 1,5	1,0 bis 1,2	0,7 bis 1,2	< 0,8

[1]) Mögliche Bandbreite der Werte aufgrund unterschiedlicher Anlagentechnik.

Im Folgenden werden nun – unter Beachtung des heute technisch Machbaren – Beispiele hochgedämmter wärmeübertragender Bauteile für die in Tabelle 3.1, zweite Spalte, genannten Bandbreiten der Wärmedurchgangskoeffizienten U vorgestellt, d. h.

3.2 Wahl maximaler Wärmedurchgangskoeffizienten

- Außenwände mit
  $U_{AW} \leq 0{,}15$ bis $0{,}30$ W/(m² · K) = $U_{AW,max}$
- Kellerdecken, Wände und Decken gegen Erdreich (Index „G"), gegen unbeheizte Räume (Index „u") sowie Decken über offenen Durchfahrten u. Ä. (Index „DL") mit
  $U_G = U_u = U_{DL} \leq 0{,}20$ bis $0{,}30$ W/(m² · K) = $U_{G,max} = U_{u,max} = U_{DL,max}$
- Dächer, Dach- und oberste Geschossdecken mit
  $U_D \leq 0{,}15$ bis $0{,}25$ W/(m² · K) = $U_{D,max}$
- Fenster und Fenstertüren: vgl. Abschnitt 2.13.

Beim Entwurf von Niedrigenergiehäusern sind – neben der generellen Einhaltung dieser maximalen U-Werte – auch folgende bauphysikalischen Probleme zu beachten:

- Zum einen können bei ungünstiger Konstruktion der Bauteile und vor allem der Anschlüsse Wärmebrücken auftreten (vgl. Abschnitt 2.9, s. auch Abschnitte 5.4.2 und 5.4.3).
- Zum anderen können – vor allem an den Bauteilanschlüssen – *Undichtheiten* auftreten, die den spezifischen Lüftungswärmeverlust H_V unnötig erhöhen (s. Abschnitt 5.4.2). Solche Undichtheiten werden durch die bei Niedrigenergiehäusern übliche Luftdichtheitsprüfung festgestellt (vgl. Abschnitt 2.14.3); sie sind durch gute (Detail-)Planung und fachgerechte Ausführung zu vermeiden.

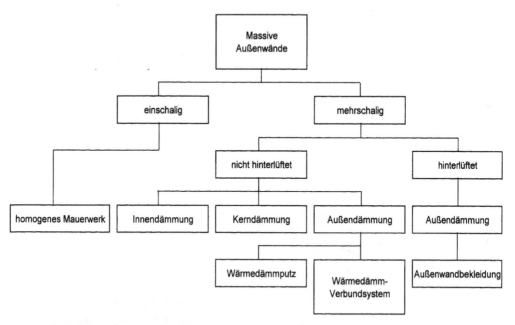

Bild 3.2: Möglichkeiten der Ausführung massiver Außenwände

3.3 Massive Außenwände

Massive Außenwände können *ein*- oder *mehr*schalig ausgeführt werden (Bild 3.2):

A Einschalige massive Außenwände

Um mit *ein*schaligen massiven Außenwänden den in Abschnitt 3.2 angestrebten Wärmedurchgangskoeffizienten $U_{AW,max} = 0{,}30$ W/(m² · K) zu *unter*schreiten und eine realistische Außenwanddicke von 36,5 cm nicht zu *über*schreiten, ist eine Wärmeleitfähigkeit des Mauerwerks von $\lambda \leq 0{,}12$ W/(m · K) einzuhalten (Bild 3.3). Bei beidseitig geputztem einschaligem Mauerwerk kann dies erreicht werden durch Verwendung:

- von Porenbeton-Plansteinen (vermauert mit Dünnbettmörtel) mit $\lambda = 0{,}08$ bis 0,12 W/(m · K) – bei 36,5 cm Dicke wird $U_{AW} = 0{,}21$ bis 0,30 W/(m² · K) –,
- von porosierten Leichthochlochziegeln (heute überwiegend verfüllt mit Perlit oder Mineralwolle und vermauert als Planziegel mit Dünnbettmörtel) mit $\lambda = 0{,}08$ bis 0,12 W/(m · K) – bei 36,5 cm Dicke wird ebenfalls $U_{AW} = 0{,}21$ bis 0,30 W/(m² · K) – bzw.
- von Leichtbeton-Mauersteinen (ebenfalls häufig mit Dämmstoff gefüllt und vermauert mit Leichtmörtel LM 21 oder Plansteinen mit Dünnbettmörtel) mit $\lambda = 0{,}10$ bis 0,12 W/(m · K) – bei 36,5 cm Dicke wird auch hier $U_{AW} \leq 0{,}30$ W/(m² · K).

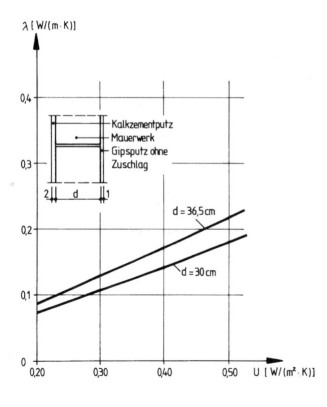

Bild 3.3: Bei Vorgabe eines *U*-Wertes (unten) und einer Wanddicke (an den Kurven) erforderliche Wärmeleitfähigkeit des Mauerwerks (links) (nach [3.2])

3.3 Massive Außenwände

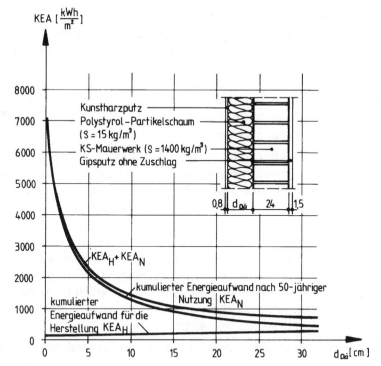

Bild 3.4: Kumulierter Energieaufwand infolge Herstellung KEA_H und Beheizung KEA_N der dargestellten Außenwand in Abhängigkeit von der Dämmstoffdicke bei einer Lebensdauer (Standzeit) des Bauteiles von 50 Jahren (nach [3.2] mit Werten aus [3.3])

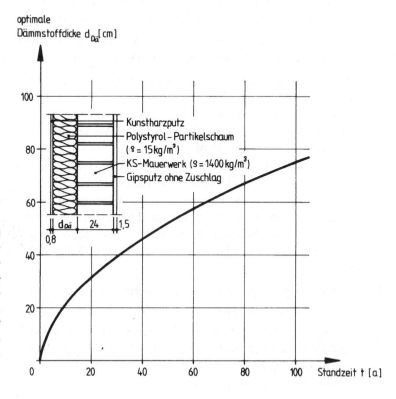

Bild 3.5: In Bezug auf den Primärenergieverbrauch optimale Dämmstoffdicke für die dargestellte Außenwand in Abhängigkeit von der Lebensdauer (Standzeit) des Bauteiles (nach [3.2])

B Mehrschalige massive Außenwände

Bei *mehr*schaligen massiven Außenwänden – bei denen sinnvollerweise eine Schicht eine Wärmedämmschicht ist (zur möglichen Anordnung der Dämmschicht vgl. Bild 3.2 rechts) – stellt sich grundsätzlich die Frage nach einer sinnvollen Dämmschichtdicke. Dabei ist zu beachten, dass die Verringerung des Wärmedurchgangskoeffizienten U nicht *linear* von der Dämmstoffdicke abhängt (vgl. Bild 2.43 in Abschnitt 2.11), sondern mit wachsender Dämmstoffdicke (entspricht einer linearen Zunahme des Wärmedurchlasswiderstandes R) nur noch geringfügig abnimmt.

So stellt sich die Frage, bis zu welcher Dämmstoffdicke sich die Energieeinsparung im Vergleich zum Primärenergieeinsatz bei der Dämmstoffherstellung überhaupt lohnt: Betrachtet man z. B. eine übliche Kalksandsteinwand mit einem Wärmedämm-Verbundsystem auf Polystyrol-Basis (Bild 3.4) und geht dabei von einer 50-jährigen Lebensdauer aus, so erreicht der kumulierte Energieaufwand *KEA* (nach VDI 4600 [3.4]) für die Herstellung *und* die Nutzung (d. h. für die Beheizung) $KEA_H + KEA_N$ erst bei 50 cm Dämmstoffdicke den energetischen Optimalwert; Dämmstoffdicken in dieser Größenordnung sind allerdings bisher selbst bei Niedrigenergiehäusern nicht üblich. Eine Umrechnung dieses Beispiels mit Variation der Standzeit zeigt Bild 3.5, dort ergibt sich bei einer realistisch angenommenen Lebensdauer von 30 bis 50 Jahren das Gesamtenergie-Optimum bei Dämmstoffdicken $d_{Dä}$ von 40 bis 50 cm.

Mögliche mehrschichtige massive Außenwandkonstruktionen wären:

- *ein*schalig gemauerte oder betonierte Außenwände mit einem Wärmedämm-Verbundsystem (WDVS, in Bild 3.6a mit U_{AW} = 0,28 W/(m² · K)),

- *ein*schalig gemauerte oder betonierte Außenwände mit hinterlüfteter Außenwandbekleidung vor der Wärmedämmung (in Bild 3.6b mit U_{AW} = 0,24 W/(m² · K)) oder

- *zwei*schalig gemauerte Außenwände mit oder ohne Luftschicht; dabei ist jedoch zu beachten, dass zzt. noch gemäß DIN 1053-1 [3.5], 8.4.3, bei zweischaligem Mauerwerk der lichte Abstand der Mauerwerksschalen 150 mm nicht überschreiten darf (abweichende Regelungen finden sich in Allgemeinen bauaufsichtlichen Zulassungen, z. B. [3.6]). Daher wurde
    - die früher in Norddeutschland übliche Konstruktion einer zweischaligen Außenwand mit Wärmedämmung und Luftschicht
    - weitgehend durch eine zweischalige Außenwand mit Kerndämmung

  ersetzt, die – nach Abzug des baupraktisch erforderlichen Fingerspaltes – mit bauaufsichtlich zugelassenen Kerndämmplatten der normgemäß maximal möglichen Dicke $d_{Dä}$ = 14 cm gedämmt wird, wodurch in Bild 3.6c U_{AW} = 0,23 W/(m² · K) erreicht wird.

Um auch den *unteren* Bereich der in Abschnitt 3.2 genannten Anforderungen ($U_{AW,max}$ = 0,15 W/(m² · K)) zu unterschreiten, bestehen folgende Möglichkeiten:

- Bei den *ein*schalig gemauerten Konstruktionen können durch Erhöhung der Dämmschichtdicken problemlos niedrigere als die beispielhaft genannten Wärmedurchgangskoeffizienten U_{AW} = 0,24 bis 0,28 W/(m² · K) erreicht werden (siehe z. B. Bild 3.7 mit U_{AW} = 0,14 W/(m² · K)).

3.3 Massive Außenwände

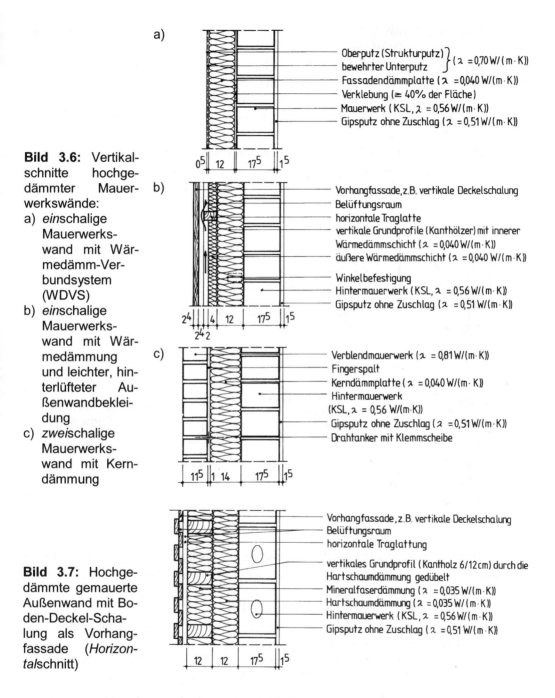

Bild 3.6: Vertikalschnitte hochgedämmter Mauerwerkswände:
a) *ein*schalige Mauerwerkswand mit Wärmedämm-Verbundsystem (WDVS)
b) *ein*schalige Mauerwerkswand mit Wärmedämmung und leichter, hinterlüfteter Außenwandbekleidung
c) *zwei*schalige Mauerwerkswand mit Kerndämmung

Bild 3.7: Hochgedämmte gemauerte Außenwand mit Boden-Deckel-Schalung als Vorhangfassade (*Horizontal*schnitt)

- Bei *zwei*schaligem Mauerwerk bestehen folgende Alternativen:
  - Bei Wahl einer Innenschale aus hochwärmedämmenden Steinen (d. h. Mauerwerk aus hochwärmedämmenden Porenbeton-Plansteinen PPW 2-0,4, s. o.) ist bei zweischaligem Wandaufbau *mit Luftschicht* und 11 cm Wärmedämmstoff der

3 Konstruktionen zur Einhaltung der EnEV

Wärmeleitfähigkeitsstufe 035 (vgl. Abschnitt 2.5) ein Wärmedurchgangskoeffizient $U_{AW} = 0{,}19$ W/(m² · K) möglich (Bild 3.8a).
- Bei wiederum Wahl einer Innenschale aus hochwärmedämmenden Steinen (d. h. Mauerwerk aus z. B. Porenbeton-Plansteinen PPW 2-0,4, s. o.), allerdings zweischaligem Wandaufbau *mit Kerndämmung* und 14 cm Wärmedämmstoff der Wärmeleitfähigkeitsstufe 035 ist sogar ein Wärmedurchgangskoeffizient $U_{AW} = 0{,}16$ W/(m² · K) erreichbar (Bild 3.8b).
- Bestimmte Luftschichtanker wurden für Schalenabstände bis zu 200 mm allgemein bauaufsichtlich zugelassen [3.7], [3.8], aufgrund des größeren Schalenabstands ermöglichen sie einen niedrigeren Wärmedurchgangskoeffizient U_{AW}.

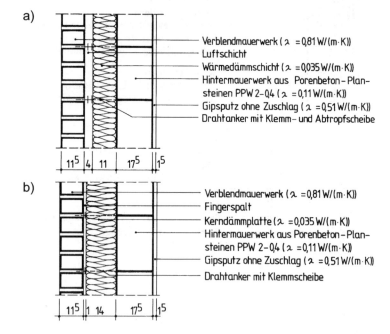

Bild 3.8: Alternativen für Außenwände aus *zwei*schaligem Mauerwerk mit $U_{AW} \leq 0{,}20$ W/(m² · K)
a) *mit* Luftschicht
b) *ohne* Luftschicht (mit Kerndämmung)

Ein bisher in der Praxis wenig beachtetes Problem bei hochgedämmten massiven Außenwänden ist die Wärmebrückenwirkung der notwendigen mechanischen Befestigungselemente wie:
- Dübel in Wärmedämm-Verbundsystemen (WDVS),
- Unterkonstruktionen hinterlüfteter Außenwandbekleidungen aus Metall oder
- Drahtanker im zweischaligen Verblendmauerwerk.

Zur Berücksichtigung von Dübeln und Drahtankern s. Abschnitt 2.9.4, zu Unterkonstruktionen hinterlüfteter Außenwandbekleidungen s. [3.9], [3.10].

Hinsichtlich der *Luftdichtheit* massiver Außenwände ist zu beachten, dass solche Wände erst durch den üblicherweise aufgebrachten Putz ausreichend luftdicht werden (vgl. Abschnitt 2.14.1). Einschalige massive Außenwände, die beidseitig geputzt werden (vgl. Bild 3.3), sind i. d. R. unkritisch. Probleme können auftreten bei massiven Außenwänden ohne oder mit nicht vollfugiger Stoßfugenvermörtelung

- mit hinterlüfteter Außenwandbekleidung oder
- aus zweischaligem Mauerwerk,

die nur *eine* Putzschicht – den Innenputz – als Luftdichtheitsschicht erhalten. Wird der Innenputz
- wie häufig bei schwimmendem Estrich nicht sorgfältig bis zum Wandfußpunkt geführt (der Estrich schwindet, d. h. er ist am Wandanschluss nicht luftdicht!) oder
- wegen (über den Stoßfugen angeordneter) Steckdosen bzw. Lichtschalter oder im Bereich von Versorgungsschächten unterbrochen (Bild 3.9),

so kann eine ausreichende Luftdichtheit nicht mehr gegeben sein.

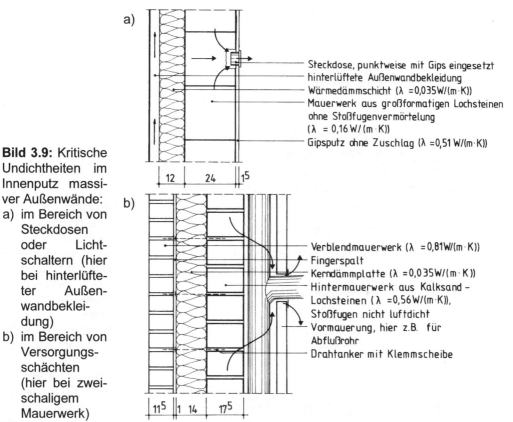

Bild 3.9: Kritische Undichtheiten im Innenputz massiver Außenwände:
a) im Bereich von Steckdosen oder Lichtschaltern (hier bei hinterlüfteter Außenwandbekleidung)
b) im Bereich von Versorgungsschächten (hier bei zweischaligem Mauerwerk)

3.4 Hölzerne Außenwände

Außenwände in Holztafel-/Holzrahmenbauart mit statisch i. d. R. ausreichenden Rippen- bzw. Stieltiefen von 12 cm erreichen ohne eine weitere Dämmstoffschicht nicht die gewünschten Wärmedurchgangskoeffizienten. Zur Verbesserung bieten sich folgende Möglichkeiten an:

3 Konstruktionen zur Einhaltung der EnEV

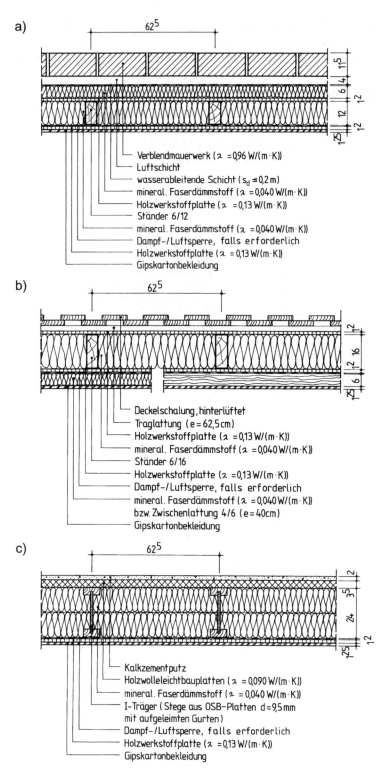

Bild 3.10: Mögliche Alternativen der Wärmedämmung von Außenwänden in Holztafel-/Holzrahmenbauart (nach [3.11]):
a) mit *außen*seitiger Zusatzdämmung und hinterlüfteter Mauerwerk-Vorsatzschale
b) mit *raum*seitiger Zusatzdämmung auf Querlattung und Boden-Deckelschalung außen (wasserableitende Schicht auf der äußeren Wandbekleidung oder -beplankung nicht dargestellt)
c) *ohne* Zusatzdämmung, aber mit Stielen als I-Querschnitten größerer Bauhöhe und wasserabweisendem Außenputz

- Eine Außenwand z. B. mit zusätzlichen 6 cm *außenseitiger* Wärmedämmung im Belüftungsraum einer gemauerten Verblendschale (Bild 3.10a) erreicht U_{AW} = 0,21 W/(m² · K).

- Um sich dem *unteren* Bereich der in Abschnitt 3.2 genannten Anforderungen ($U_{AW,max}$ = 0,15 W/(m² · K)) anzunähern, ist in Bild 3.10b beispielhaft eine Außenwand mit (i. d. R. statisch überbemessenen) 16 cm Rippen- bzw. Stieltiefe, mit außenseitiger Deckelschalung und *raumseitig* zusätzlicher Wärmedämmung von 6 cm (sog. *Installationsebene*) dargestellt – dadurch wird U_{AW} = 0,18 W/(m² · K) erreicht. (Bei dieser raumseitigen Zusatzdämmung ist allerdings zu beachten, dass der mittlere Wärmedurchgangskoeffizient entsprechend Abschnitt 2.10 mit *zwei* thermisch inhomogenen Schichten – Stiele/Dämmung und Zwischenlattung/Dämmung – zu berechnen ist.)

- Um schließlich den untersten Grenzwert aus Tabelle 3.1 zu erreichen, können statt Stielen aus Nadelvollholz – wie in Skandinavien bereits üblich – Stiele mit I-Querschnitt beliebiger Höhe und Allgemeiner bauaufsichtlicher Zulassung verwendet werden (z. B. [3.12]). Das in Bild 3.10c dargestellte Beispiel mit außenseitig geputzter Wand erreicht damit U_{AW} = 0,15 W/(m² · K). Dabei ist allerdings zu beachten, dass der Wärmedurchgangskoeffizient U_{AW} entsprechend Abschnitt 2.10 mit *zwei* thermisch inhomogenen Schichten zu berechnen ist (Gurte/Dämmung und Steg/Dämmung).

Baukunden, die Niedrigenergiehäuser bauen, wollen i. d. R. auf *chemischen* Holzschutz verzichten, d. h. ihr Haus allein durch *baulichen (konstruktiven)* Holzschutz schützen. Gemäß DIN 68800-2 [3.13], 3.1, besteht der vorbeugende bauliche Holzschutz aus konstruktiven und bauphysikalischen Maßnahmen, die
– eine unzuträgliche Veränderung des Feuchtegehaltes von Holz und Holzwerkstoffen und damit (neben der Gefahr größerer Formänderungen) einen möglichen Pilzbefall sowie
– den Zutritt von holzzerstörenden Insekten (Trockenholzinsekten) zu verdeckt angeordnetem Holz

verhindern sollen. Der Schutz vor Bauschäden durch Insektenbefall wird bei Außenwänden in Holztafel-/Holzrahmenbauart durch allseitig für Insekten *un*durchlässige Abdeckungen erreicht, die den erforderlichen Schutz vor unkontrollierbarem Insektenbefall bieten. Um einen ausreichenden Schutz vor Pilzbefall zu erreichen, waren gemäß DIN 68800-2 : 1996-05 [3.13], 8.2, folgende Wetterschutzmaßnahmen möglich, sodass die hölzernen Außenwände der Gefährdungsklasse 0 (GK 0) zugeordnet werden können:
– hinterlüftete Außenwandbekleidungen auf *lot*rechter Lattung oder auf *waage*rechter Lattung mit Konterlattung (s. u. Bild 3.11a und 3.11b, die Lattung darf hier ebenfalls GK 0 zugeordnet werden),
– *nicht* (oder nicht ausreichend) hinterlüftete Außenwandbekleidungen auf *waage*rechter Lattung (vgl. Bild 3.10b) mit wasserableitender Schicht mit diffusionsäquivalenter Luftschichtdicke $s_d \leq 0,2$ m (in Bild 3.10b nicht dargestellt) auf der äußeren Wandbekleidung oder -beplankung (bei luftdurchlässiger Bekleidung wie Brettschalung darf die Lattung hier ebenfalls GK 0 zugeordnet werden),

- Wärmedämm-Verbundsysteme (WDVS) aus Hartschaumplatten nach früherer DIN 18164-1 (ersetzt u. a. durch EN 13163 [3.14]) mit nachgewiesenem Wetterschutz (Bild 3.11c),
- Holzwolleleichtbauplatten mit wasserabweisendem Außenputz ohne zusätzliche äußere Bekleidung der Rohwand (vgl. Bild 3.10c),

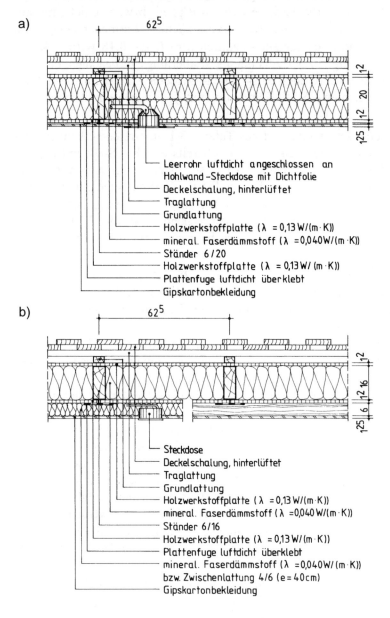

Bild 3.11: Alternativen für Elektroinstallationen in Außenwänden in Holztafel-/Holzrahmenbauart ohne Zerstörung der Luftdichtheitsschicht:
a) hinterlüftete Außenwandbekleidung auf *lot*rechter Lattung außen, innen mit sorgfältig eingedichteter Hohlwand-Steckdose
b) hinterlüftete Außenwandbekleidung auf *lot*rechter Lattung außen, innen mit Installationsebene (nach entsprechendem Nachweis des Tauwasserschutzes *ohne* vollflächige Dampf-/Luftsperre)

3.4 Hölzerne Außenwände

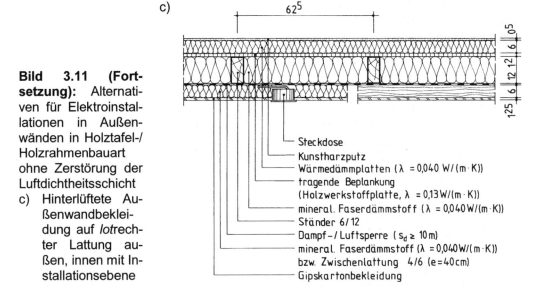

Bild 3.11 (Fortsetzung): Alternativen für Elektroinstallationen in Außenwänden in Holztafel-/Holzrahmenbauart ohne Zerstörung der Luftdichtheitsschicht
c) Hinterlüftete Außenwandbekleidung auf *lot*rechter Lattung außen, innen mit Installationsebene

- Mauerwerk-Vorsatzschalen mit Luftschicht ≥ 40 mm Dicke und Lüftungsöffnungen nach DIN 1053-1 [3.5] sowie
  - einer wasserableitenden Schicht (mit diffusionsäquivalenter Luftschichtdicke s_d ≥ 1 m, sofern die äußere Bekleidung oder Beplankung aus Holzwerkstoffplatten der Klasse 100 besteht),
- Hartschaumplatten nach früherer DIN 18164-1 (ersetzt u. a. durch EN 13163 [3.14]) oder
- mineralischem Faserdämmstoff nach früherer DIN 18165-1 (ersetzt durch EN 13162 [3.15]) mit außen liegender wasserableitender Schicht mit diffusionsäquivalenter Luftschichtdicke s_d ≤ 0,2 m (vgl. Bild 3.10a)
auf der äußeren Wandbekleidung oder -beplankung.

Tabelle 3.2: Anforderungen an den Tauwasserschutz von Außenwänden in Holztafel-/Holzrahmenbauart *ohne* rechnerischen Nachweis

Bauteile, für die *kein* rechnerischer Tauwasser-Nachweis erforderlich ist (bei ausreichendem Wärmeschutz und luftdichter Ausführung):	Wände in Holzbauart nach DIN 68800-2 [3.13], 8.2, mit vorgehängten Außenwandbekleidungen, zugelassenen Wärmedämmverbundsystemen oder Mauerwerk-Vorsatzschalen, jeweils mit raumseitiger diffusionshemmender Schicht mit $s_{d,i}$ ≥ 2 m
Beurteilung:	12 mm heutige OSB-Platten mit μ = 350 [3.17] ergeben s_d = 4,20 m ≥ 2 m, d. h. eine zusätzliche diffusionshemmende Schicht auf der Innenseite kann ohne weiteren Nachweis entfallen

3 Konstruktionen zur Einhaltung der EnEV

An der Raumseite waren dabei beliebige Bekleidungen zulässig, sofern die Anforderungen an den Tauwasserschutz nach DIN 4108-3 [3.16] eingehalten sind: DIN 4108-3 lässt zwei Möglichkeiten des Nachweises zu,
- zum einen den Nachweis für bewährte Konstruktionen *ohne* rechnerischen Nachweis und
- zum anderen den Nachweis im allgemeinen Fall *mit* rechnerischem Nachweis nach dem Glaser-Verfahren.

Wie Tabelle 3.2 zeigt, konnten die o. g. Außenwände in Holztafel-/Holzrahmenbauart i. d. R. *ohne* rechnerischen Nachweis *ohne* zusätzliche diffusionshemmende Schicht (in Bildern 3.10 und 3.11c „Dampf-/Luftsperre" genannt) ausgeführt werden.

Bei Wänden in Holztafel-/Holzrahmenbauart mit Mauerwerk-Vorsatzschale *ohne* zusätzliche außenseitige Dämmung der Rohwand (aus Hartschaum- oder Mineralfaserplatten, s. o.) ergab sich allerdings folgendes Problem [3.18]:

- DIN 4108-3 [3.16], 4.3.2.3, lässt in Verbindung mit DIN 68800-2 : 1996-05 [3.13], 8.2 und Tabelle 3, auf der Außenseite der Rohwand mit der einzigen Anforderung $s_d \geq 1$ m auch sehr dichte wasserableitende Schichten (d. h. z. B. Polyethylen-Folie = PE-Folie) zu – ob das im Sinne des Tauwasserschutzes und einer (für den baulichen Holzschutz gewünschten) möglichst hohen Austrocknungskapazität ist?

Führt man deshalb trotz der positiven Beurteilung in Tabelle 3.2 einen rechnerischen Nachweis mit einer wasserableitenden Schicht aus nackter Bitumenbahn R 333 N mit $s_d \leq max\,\mu \cdot s = 20\,000 \cdot 0{,}001$ m $= 20$ m nach DIN V 4108-4 [3.18] (von *Schulze* in [3.19] geprüfte Ausführung), so wird innenseitig eine zusätzliche diffusionshemmende Schicht in Form einer Folie o. Ä. erforderlich (Tabelle 3.3).

Tabelle 3.3: Rechnerischer Nachweis des Tauwasserschutzes für eine übliche Außenwand in Holztafel-/Holzrahmenbauart mit Mauerwerk-Vorsatzschale und Bitumenbahn R 333 N als wasserableitende Schicht (nach [3.20])

Rechnerischer Nachweis nach DIN 4108-3 mit den vereinfachten Klimabedingungen (sog. Standardklima)	
Berechnung mit wasserableitender Schicht aus nackter Bitumenbahn R 333 N mit $s_d \leq max\,\mu \cdot s = 20\,000 \cdot 0{,}001$ m $= 20$ m	Ein Wandaufbau bestehend aus (von innen nach außen) – 12,5 mm Gipskartonplatte ($s_d = 0{,}10$ m) – 12 mm OSB 3 [3.17] ($s_d = 4{,}20$ m) – 160 mm mineral. Faserdämmstoff ($\lambda = 0{,}040$ W/(m · K)) – 12 mm bautechnischer MDF [3.21] ($s_d = 0{,}16$ m) – 1 mm nackte Bitumenbahn R 333 N ($s_d = 20$ m, s. links) – 40 mm ruhende Luft [1]) – 115 mm Vollziegel ($\rho = 2000$ kg/m³, $s_d = 1{,}15$ m) [1]) erfüllt den Nachweis *nicht* ($m_{W,T} = 174$ g/m² > 162 g/m² = $m_{W,V}$)

[1]) Der Ansatz der Mauerwerk-Vorsatzschale stellt hier den *un*günstigeren Fall dar, deshalb im Gegensatz zum Wärmeschutznachweis angesetzt (vgl. Abschnitt 2.6.6 und Beispiel 2.7).

3.4 Hölzerne Außenwände

Tabelle 3.4: Rechnerischer Nachweis des Tauwasserschutzes für eine veränderte Außenwand in Holztafel-/Holzrahmenbauart mit Mauerwerk-Vorsatzschale und spezieller Folie mit $s_d \equiv 1$ m als wasserableitender Schicht (nach [3.20])

Rechnerischer Nachweis nach DIN 4108-3 mit den vereinfachten Klimabedingungen (sog. Standardklima)	
Berechnung mit wasserableitender Schicht (spezielle Folie), $s_d \equiv 1$ m	Ein Wandaufbau bestehend aus (von innen nach außen) – 12,5 mm Gipskartonplatte ($s_d = 0{,}10$ m) – 12 mm OSB 3 [3.17] ($s_d = 4{,}20$ m) – 160 mm mineral. Faserdämmstoff ($\lambda = 0{,}040$ W/(m · K)) – 12 mm OSB 3 [3.17] ($s_d = 4{,}20$ m) – spezielle Folie mit $s_d \equiv 1$ m – 40 mm ruhende Luft [1]) – 115 mm Vollklinker ($\rho = 2000$ kg/m³, $s_d = 11{,}5$ m) [1]) erfüllt *gerade* den Nachweis ($m_{W,T} = 171$ g/m² ≤ 188 g/m² $= m_{W,V}$)

[1]) Der Ansatz der Mauerwerk-Vorsatzschale stellt hier den *un*günstigeren Fall dar, deshalb im Gegensatz zum Wärmeschutznachweis angesetzt (vgl. Abschnitt 2.6.6 und Beispiel 2.7).

Wird die Konstruktion durch Verwendung einer nach DIN 68800-2 : 1996-05 [3.13], 8.2 mit Tabelle 3, gerade zulässigen wasserableitenden Schicht mit $s_d \equiv 1$ m verbessert, so kann auf eine zusätzliche diffusionshemmende Schicht an der Innenseite selbst bei ansonsten diffusionstechnisch ungünstigeren Wandaufbauten (mit beidseitig OSB) verzichtet werden (Tabelle 3.4), wobei allerdings kaum noch Austrocknungskapazität für unvorhergesehene Feuchte in der Konstruktion verbleibt.

U. a. aufgrund dieser Betrachtung wurden von der Holzwerkstoffindustrie allgemeine bauaufsichtliche Zulassungen beantragt, um bei den in den Bildern 3.10a und 3.10b dargestellten Außenwandkonstruktionen künftig auf die wasserableitende Schicht gänzlich verzichten zu können [3.21] (in Bild 3.10b bereits nicht mehr dargestellt). Weiter wurde DIN 68800-2 im Jahr 2012 neu herausgegeben [3.22], die Anforderungen sind jetzt mit einer wasserableitenden Schicht mit diffusionsäquivalenter Luftschichtdicke $s_d \leq 0{,}3$ m bis 1 m (abhängig vom Dämmstoff) bauphysikalisch nachvollziehbar formuliert.

Mögliche lineare (zweidimensionale) *Wärmebrücken* bei innerhalb des Bauteils gedämmten Holzbauteilen stellen – häufig nicht sichtbare – Fehlstellen (Luftspalte) in der Wärmedämmschicht innerhalb der Gefache dar (Näheres dazu s. in Abschnitt 3.14, zur rechnerischen Erfassung solcher Luftspalte vgl. Abschnitt 2.6.9).

Ein weiteres Problem bei hölzernen Außenwänden ist die Sicherstellung der notwendigen *Luftdichtheit*; häufig wird bei den dem eigentlichen Wandaufbau folgenden Elektroarbeiten die Dampf-/Luftsperre örtlich durchbrochen, woraus Tauwasserschäden (vgl. Bild 2.68b in Abschnitt 2.14.1) oder Lüftungswärmeverluste (vgl. Bild 2.68a ebd.) resultieren können. Diese Probleme lassen sich vermeiden (vgl. DIN 4108-7 [3.23])
– entweder durch sorgfältig eingedichtete *Hohlwand-Steckdosen* (vgl. Bild 3.11a), die aber nachträglich nicht mehr verändert werden können,

- oder – variabler – durch eine entsprechend geplante *Installationsebene* innenseitig der Dampf-/Luftsperre (vgl. Bilder 3.11b und 3.11c).

3.5 Massive Kelleraußenwände

Kelleraußenwände werden i. d. R. in Mauerwerk oder in Beton ausgeführt. Bei Beanspruchung durch Bodenfeuchte oder nichtstauendes Sickerwasser ist eine Abdichtung mit einer kunststoffmodifizierten Bitumendickbeschichtung (KMB) und außen liegender Wärmedämmung, einer sog. Perimeterdämmung üblich (vgl. Abschnitt 2.7), die ggf. noch durch eine Dränung nach DIN 4095 [3.24] ergänzt werden muss (Bild 3.12).

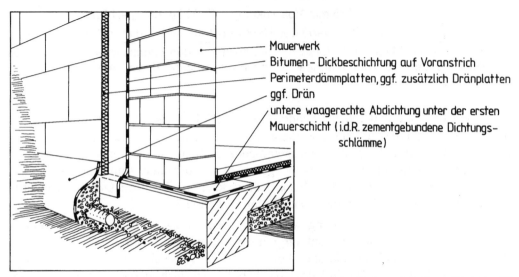

Bild 3.12: Gemauerte Kelleraußenwand mit Abdichtung durch kunststoffmodifizierte Bitumendickbeschichtung (KMB) und Perimeterdämmung (nach [3.25])

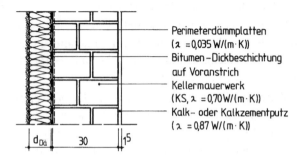

Bild 3.13: Hochgedämmte gemauerte Kelleraußenwand mit Perimeterdämmung (Außenseite links)

Ein Beispiel einer solchen Kelleraußenwand mit $d_{Dä}$ = 10 cm Polystyrol-Extruderschaum (XPS) der Wärmeleitfähigkeitsstufe 035 erreicht U_G = 0,29 W/(m² · K) und liegt damit im Bereich der in Abschnitt 3.2 definierten Grenzwerte (Bild 3.13).

3.6 Massive Bodenplatten

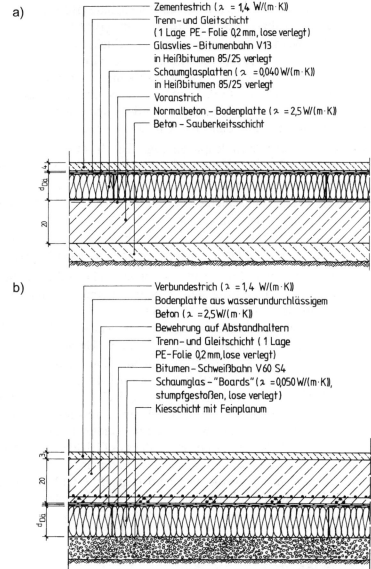

Bild 3.14: Mögliche Ausführung hochgedämmter Bodenplatten, beispielhaft mit Schaumglasdämmung:
a) mit Wärmedämmung *ober*halb der Bodenplatte
b) mit Wärmedämmung *unter*halb der Bodenplatte

3.6 Massive Bodenplatten

Da in den letzten Jahren Wohngebäude
- zum einen aus Kostengründen häufig ohne Keller gebaut werden bzw.
- zum anderen eine immer hochwertigere Kellernutzung üblich wird,

kommt hochgedämmten massiven Bodenplatten – entweder als Erdgeschoss- oder als Kellersohle – eine zunehmende Bedeutung zu. Für die Ausführung solcher Bodenplatten gibt es grundsätzlich zwei Ausführungsmöglichkeiten, bei denen die Dämmplatten

- entweder oberhalb der massiven Bodenplatte (Bild 3.14a)
- oder unterhalb der massiven Bodenplatte (Bild 3.14b)

angeordnet werden. Für die Wärmedämmschicht müssen ausreichend druckfeste Dämmstoffe eingesetzt werden; soll unterhalb einer Gründungsplatte eine lastabtragende Wärmedämmschicht angeordnet werden, so kommt dafür nur Schaumglas (CG) oder Polystyrol-Extruderschaum (XPS) mit entsprechender allgemeiner bauaufsichtlicher Zulassung (z. B. [3.26], [3.27]) infrage – bei den dann erforderlichen hohen Druckfestigkeiten hat der Dämmstoff allerdings ggf. eine ungünstigere (höhere) Wärmeleitfähigkeit.

Mit den dargestellten Bodenplatten (vgl. Bild 3.14) lässt sich
- durch eine Dämmschichtdicke von $d_{Dä}$ = 12 cm bei λ = 0,040 W/(m · K) ein Wärmedurchgangskoeffizient von U_G = 0,30 W/(m² · K) und
- durch eine Dämmschichtdicke von $d_{Dä}$ = 16 cm bei λ = 0,050 W/(m · K) ein Wärmedurchgangskoeffizient von U_G = 0,29 W/(m² · K)

jeweils $\leq$ 0,30 W/(m² · K) = $U_{G,max}$ erreichen (vgl. Tabelle 3.1) – höhere Anforderungen können durch größere Dämmstoffdicken problemlos erfüllt werden.

Bei hochgedämmten Bodenplatten kommen als kritische Detailpunkte
- Anschlüsse an die Erdgeschoss- oder Kelleraußenwände und
- Anschlüsse an tragende Innenwände

vor. Aus statischen Gründen liegen die tragenden Außenwände direkt auf den Bodenplatten mit den Fundamenten auf, sodass eine Unterbrechung der Wärmedämmung mit für Niedrigenergiehäuser nicht akzeptablen längenbezogenen Wärmedurchgangskoeffizienten von bis zu $\Psi_e \approx$ 0,30 W/(m · K) bei *Außen*maßbezug entstehen kann (vgl. Abschnitt 3.2). Eine Verbesserung wäre im Kellergeschoss – wo Streifenfundamente für eine frostfreie Gründung entfallen können – sowohl bei den Anschlüssen der Kelleraußen- wie auch der Innenwände dadurch möglich, dass eine hochdruckfeste Wärmedämmung wie Schaumglas *unter*halb der das Gebäude – ohne zusätzliche Fundamente – tragenden Bodenplatte vorgesehen und wärmebrückenfrei mit der Perimeterdämmung der Kelleraußenwand verbunden wird (vgl. Bild 3.14b) – in diesem Fall ist aber eine allgemeine bauaufsichtliche Zulassung für den lastabtragenden Dämmstoff erforderlich (s. o.).

3.7 Massive Kellerdecken

Bei der Planung hochgedämmter Kellerdecken ist zu beachten, dass Trittschalldämmplatten mit ihrer für schwimmende Estriche erforderlichen dynamischen Steifigkeit nicht in beliebiger Dicke ausführbar (und auch nicht wirtschaftlich) sind, sodass folgende Alternativen möglich werden:

- Trittschalldämmplatten üblicher Dicke (z. B. d_L = 20 mm) werden mit beliebigen Dämmplatten *unterhalb* der Massivdecke kombiniert (Bild 3.15a), wobei sich wegen des einfachen Einbaus in der Schalung bei Ortbetondecken besonders Mehrschicht-Leichtbauplatten (bestehend aus 5 mm Holzwolle-Leichtbauplatte, expandiertem Po-

3.7 Massive Kellerdecken

lystyrol-Hartschaum (EPS) der gewünschten Dicke $d_{Dä}$ und noch einmal 5 mm Holzwolle-Leichtbauplatte) bewährt haben.

- Trittschalldämmplatten üblicher Dicke (z. B. $d_L = 20$ mm) werden – vor allem bei den heute üblichen Elementdecken – mit ausreichend steifen Dämmplatten *oberhalb* der Massivdecke kombiniert (Bild 3.15b). I. d. R. werden jedoch Trittschall- und Wärmedämmung gegenüber der Anordnung in Bild 3.15b vertauscht, um die Installationen auf der Rohdecke fixieren zu können, ohne die Trittschalldämmung zu beeinträchtigen – dies führt aber zu einem erhöhten Wärmeverlust der Warmwasser- und Heizungsleitungen zum unbeheizten Keller und ist deshalb in Niedrigenergiehäusern zu vermeiden.

Mit solchen Kellerdecken lässt sich durch eine zusätzliche Dämmschichtdicke $d_{Dä} = 10$ cm bei $\lambda = 0{,}040$ W/(m · K) ein Wärmedurchgangskoeffizient von $U_G = 0{,}29$ W/(m² · K) ≤ 0,30 W/(m² · K) = $U_{G,max}$ erreichen (vgl. Tabelle 3.1).

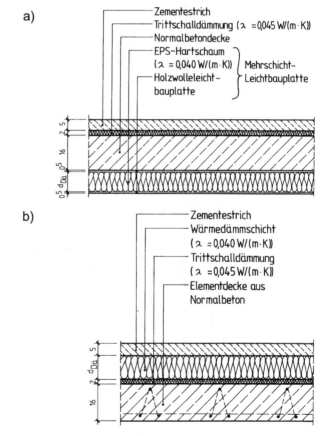

Bild 3.15: Mögliche Ausführung hochgedämmter Kellerdecken:
a) mit zusätzlicher Wärmedämmung *unter*halb der Massivdecke
b) mit zusätzlicher Wärmedämmung *ober*halb der Massivdecke

3 Konstruktionen zur Einhaltung der EnEV

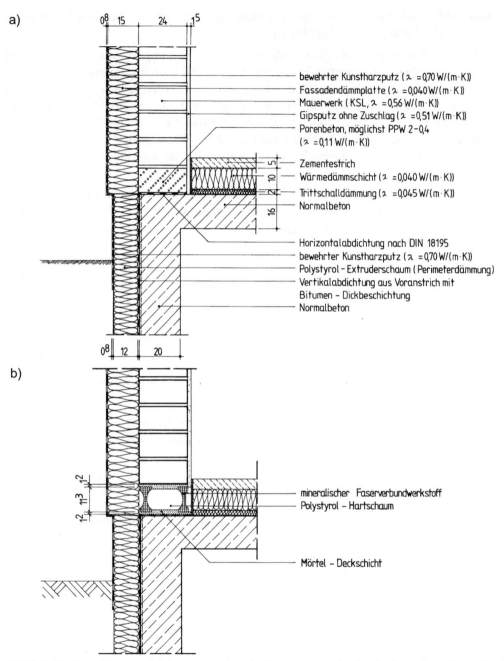

Bild 3.16: Anschlussausbildung massive Außenwand an Kellerdecke mit außenseitig bis unter OK Erdreich weitergeführtem WDVS:
a) mit hochdämmenden Porenbetonsteinen
b) mit speziellen Wärmedämm-Elementen aus Faserverbundwerkstoff mit formgeschäumtem Polystyrol-Hartschaum
als wärmedämmendem Baustoff für die unterste Steinlage der Außenwand

3.8 Anschlussdetails bei massiven Kellerdecken

Häufig liegen die beheizten Räume von Wohngebäuden nur oberhalb der Kellerdecke; ein wichtiges Detail stellt deshalb der Anschluss der Außenwand an die Kellerdecke dar. Problematisch ist dabei (vgl. Bild 3.1),
- dass die Außenwände sinnvollerweise außenseitig gedämmt werden,
- während die Dämmung der Kellerdecke immer innerhalb des Gebäudes (ober- oder unterhalb der Kellerdecke, vgl. Bild 3.15) angeordnet werden muss.

Die Verbindung von Außenwand und Kellerdecke muss tragend ausgeführt werden, sodass sich als einfachste Lösung eine Weiterführung des außenliegenden Wärmedämm-Verbundsystems (WDVS) bis unter OK Erdanschüttung anbietet – eine Lösung, die allerdings zu einem für Niedrigenergiehäuser unzulässig hohen längenbezogenen Wärmedurchgangskoeffizienten Ψ führen kann.

Eine mögliche Verbesserung ergibt sich durch den Einbau *einer* Schicht aus tragendem *und* wärmedämmendem Wandbaustoff über der Kellerdecke; das können sein:
- Porenbetonsteine (Bild 3.16a, s. auch [3.28]) bzw. wärmedämmende sog. „Kimmsteine" [3.29] als preisgünstigste Lösung,
- spezielle, hochdruckfeste Schaumglas-Elemente [3.30] oder sog. „Dämmbrücken" aus Recycling-Polyurethan [3.31] (bei letzteren allgemeine bauaufsichtliche Zulassung unklar) oder
- spezielle Wärmedämm-Elemente aus Faserverbundwerkstoff mit formgeschäumtem Polystyrol-Hartschaum – ursprünglich aus der Schweiz [3.32], in Deutschland als „Novomur" bauaufsichtlich zugelassen [3.33] (Bild 3.16b).

Nicht nur Außenwände müssen an Kellerdecken angeschlossen werden; in der Regel werden Kellerdecken auch von tragenden Innenwänden durchstoßen. Bei unterseitig gedämmten Kellerdecken (vgl. Bild 3.15a) ergeben sich dabei – je nach verwendetem Mauerwerk und gewählter Dämmstoffdicke – unakzeptabel hohe längenbezogene Wärmedurchgangskoeffizienten [3.34]. Bei oberseitiger Wärmedämmung der Kellerdecke (vgl. Bild 3.15b) wäre auch in diesem Fall eine Verbesserung durch die Verwendung von Porenbeton für die Wände bzw. der o. g. Wärmedämm-Elemente unter der Innenwand (analog zu Bild 3.16b) möglich.

Auch bei *Holztafel-/Holzrahmenbauten* – die i. d. R. auf massiven Kellern oder Bodenplatten errichtet werden – ergeben sich analoge Detailpunkte. Im Vergleich zu reinen Massivbauten treten hier jedoch weniger Wärmebrückenprobleme auf, da hölzerne Außenwände üblicherweise innerhalb der Konstruktion gedämmt werden (vgl. Abschnitt 3.4). Auch der Anschluss tragender Innenwände an die Kellerdecke stellt sich bei Holztafel-/Holzrahmenbauten deutlich günstiger dar als bei Massivbauten. Mögliche, zusätzliche Wärmebrücken stellen allerdings die zur Montage der Holztafeln gebräuchlichen Stahlwinkel mit ggf. hohen punktbezogenen Wärmedurchgangskoeffizienten χ dar [3.35].

Zu beachten ist ferner bei Holztafel-/Holzrahmenbauten, dass auch die *Luftdichtheit* entsprechend DIN 4108-7 [3.23] sichergestellt wird; d. h. die Dampf-/Luftsperre der Außen-

wand muss luftdicht an die Kellerdecke angeschlossen werden. Dieser Anschluss muss materialgerecht und dauerhaft sein, d. h. beispielsweise
- bei einer Dampf-/Luftsperre aus Polyethylen-Folie mit einem vom Folienhersteller gelieferten oder empfohlenen Butylkautschuk-Doppelklebeband bzw. einem vorkomprimierten Dichtungsband an die Trennfolie auf der Kellerdecke (Bild 3.17),
- bei einer – wegen der besseren Austrocknungskapazität (vgl. Abschnitt 3.4) zu bevorzugenden – Dampf-/Luftsperre aus diffusionsoffenerem Baupapier mit vom Anbieter gelieferter, ausreichend dauerhafter Klebemasse an die Kellerdecke oder
- bei Verzicht auf eine vollflächige Dampf-/Luftsperre (vgl. Bild 3.11b) mit ausreichend dauerhaftem (Haft-)Klebeband an die Kellerdecke

erfolgen. (Ein Wechsel des Luftdichtungssystems, d. h. ein Materialwechsel der Luftdichtheitsschicht, ist problematisch und nach DIN 4108-7 daher möglichst zu vermeiden.)

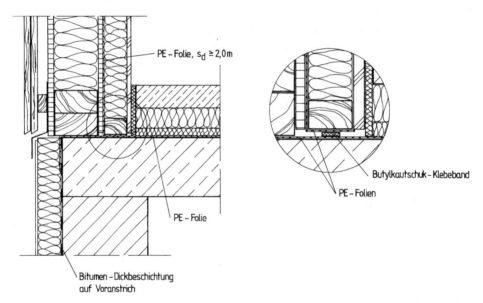

Bild 3.17: Ausführung eines luftdichten Anschlusses einer Außenwand in Holztafel-/Holzrahmenbauart mit *innen*seitiger Zusatzdämmung (Installationsebene analog zu Bild 3.10b) an die Kellerdecke, die Luft-/Dampfsperre z. B. aus Polyethylen-Folie (PE-Folie) wird durch ein geeignetes Butylkautschuk-Klebeband mit der entsprechenden Folie auf der Kellerdecke verklebt (s. Detail) (nach [3.11])

3.9 Anschlussdetails bei massiven Außenwänden

Ein kritischer Detailpunkt im Außenwandbereich ist der *Fensteranschluss* bei hochgedämmten Außenbauteilen (zu Fenstern und Verglasungen s. Abschnitt 2.13). Bild 3.18 zeigt beispielhaft eine Außenwand aus zweischaligem Mauerwerk (vgl. auch [3.28], [3.34]):

3.9 Anschlussdetails bei massiven Außenwänden

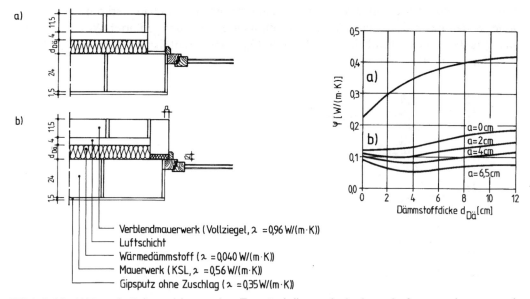

Bild 3.18: Wärmebrückenwirkung der Fensterleibung bei einer Außenwand aus zweischaligem, wärmegedämmtem Mauerwerk in Abhängigkeit von der Dämmstoffdicke d und der Überlappung a des Anschlags (nach [3.36]):
a) *ohne* Wärmedämmung am Stoß der beiden Mauerwerksschalen
b) mit 2 cm Wärmedämmung am Stoß der beiden Mauerwerksschalen

- zum einen *ohne* Wärmedämmung am Stoß der beiden Mauerwerksschalen mit – bei heutigen Dämmstoffdicken – unzulässig hohen längenbezogenen Wärmedurchgangskoeffizienten $\Psi \approx 0{,}40$ W/(m · K),
- zum anderen mit 2 cm Wärmedämmung am Stoß der beiden Mauerwerksschalen mit geringen bis mittleren längenbezogenen Wärmedurchgangskoeffizienten $\Psi \approx 0{,}05$ bis 0,19 W/(m · K), wobei eine möglichst große Überlappung von a = 6,5 cm (= 1/4 Stein) am günstigsten ist.

Auch die *Luftdichtheit* des Fensteranschlusses ist bei hochgedämmten Außenbauteilen sicherzustellen; die entsprechende Fuge muss gemäß DIN 4108-7 [3.23], dem RAL-Leitfaden zur Planung und Ausführung der Montage von Fenstern und Haustüren [3.37] bzw. dem Leitfaden zur Montage von Fenstern und Haustüren der Bundesverbände [3.38] – zur Vermeidung von Tauwasserbildung in der Anschlussfuge *auch* innenseitig – abgedichtet werden, und zwar:
- mit aufgeklebten Dichtfolien oder
- mit Fugendichtstoff über einem Hinterfüllband

(vgl. Bild 2.70 in Abschnitt 2.14.1). Zur Verringerung der Wärmebrückenwirkung wird der Hohlraum dazwischen mit Montageschaum ausgeschäumt.

Besonders ungünstig bei Niedrigenergiehäusern ist der Einbau herkömmlicher *Rollladenkästen* mit i. d. R. sehr dünner und um mehrere Kanten geführter Wärmedämmung und praktisch nicht luftdicht ausführbarer Gurtbanddurchführung (s. auch [3.39] und Abschnitt 2.13.4).

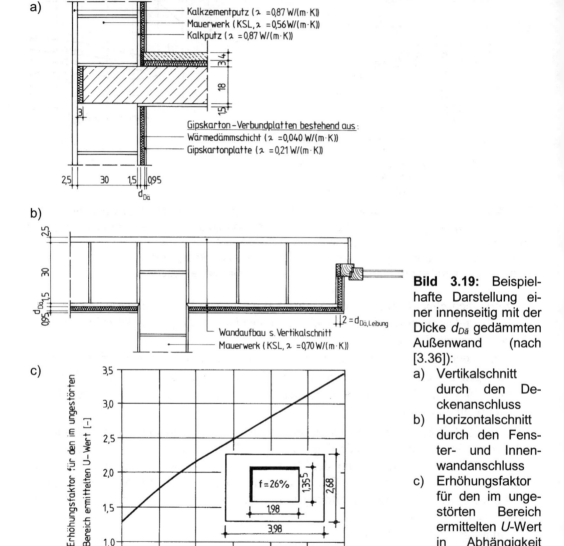

Bild 3.19: Beispielhafte Darstellung einer innenseitig mit der Dicke $d_{Dä}$ gedämmten Außenwand (nach [3.36]):
a) Vertikalschnitt durch den Deckenanschluss
b) Horizontalschnitt durch den Fenster- und Innenwandanschluss
c) Erhöhungsfaktor für den im ungestörten Bereich ermittelten U-Wert in Abhängigkeit von der Dämmstoffdicke $d_{Dä}$

Nicht alle Wärmebrücken im Außenwandbereich lassen sich konstruktiv vermeiden, z. B. die geometrische Wärmebrücke „Außenwandecke" (vgl. Bild 2.25b in Abschnitt 2.9.1). Unproblematisch sind bei einschalig gemauerten und außenseitig gedämmten Ge-

3.9 Anschlussdetails bei massiven Außenwänden

bäuden (d. h. mit Wärmedämm-Verbundsystem oder zweischaligem, wärmegedämmtem Verblendmauerwerk) in die Außenwände einbindende Innenwände. Wenig problematisch stellen sich bei solchen Gebäuden auch in die Außenwände einbindende Geschossdecken dar [3.28], [3.34].

Bisher wurden nur – sinnvollerweise – außenseitig gedämmte Außenwände mit ihren Anschlussdetails betrachtet; als nachträgliche Wärmedämmung bestehender Gebäude wird allerdings häufig eine Innendämmung der Außenwände in Betracht gezogen. Eine solche innengedämmte Außenwand mit einigen Anschlussdetails zeigt Bild 3.19a, in Bild 3.19b ist für die dargestellten Abmessungen die Funktion des Erhöhungsfaktors für den im ungestörten Bereich ermittelten U-Wert in Abhängigkeit von der variablen Dämmstoffdicke $d_{Dä}$ aufgetragen (allerdings bezogen auf die Innenmaße): Dabei ergibt sich für eine Dämmstoffdicke $d_{Dä}$ = 12 cm (wie sie bei Niedrigenergiehäusern eher die untere Grenze darstellt) ein Erhöhungsfaktor von 3,5 – d. h.

- statt des rechnerischen U-Wertes U_{AW} = 0,28 W/(m² · K) (vgl. Bild 3.6a in Abschnitt 3.3 mit vergleichbarer Dämmstoffdicke)
- ergibt sich ein tatsächlicher U-Wert von $U_{AW,real}$ = 0,98 W/(m² · K).

Konsequenz: Innendämmungen mit ihren sehr hohen längenbezogenen Wärmedurchgangskoeffizienten sind für Niedrigenergiehäuser ungeeignete Konstruktionen!

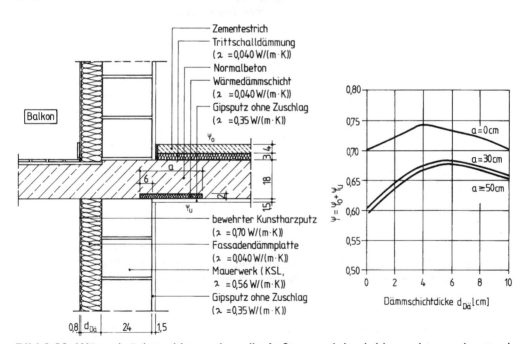

Bild 3.20: Wärmebrückenwirkung einer die Außenwand durchdringenden, auskragenden Balkonplatte in Abhängigkeit von der Dämmstoffdicke $d_{Dä}$ des Wärmedämm-Verbundsystems und einer eventuellen Zusatzdämmung der Länge a raumseitig unter der auskragenden Decke (nach [3.36])

Ein weiteres, häufiges Anschlussdetail bei Außenwänden stellen die Außenwand durchdringende, auskragende Balkonplatten mit deutlich wirksamen Wärmebrücken dar [3.40], s. Bild 3.20 mit viel zu hohen (wenn auch auf die Innenmaße bezogenen) längenbezogenen Wärmedurchgangskoeffizienten Ψ = 0,70 bis 0,74 W/(m · K); die dargestellte Zusatzdämmung führt mit Ψ = 0,60 bis 0,70 W/(m · K) zu keiner wesentlichen Verbesserung (und ist heute aufgrund der überwiegenden Verwendung von Elementdecken praktisch nicht mehr ausführbar, vgl. Abschnitt 3.5). Solche Balkonkonstruktionen widersprechen den heutigen Regeln der Technik (vgl. Abschnitt 2.9.4). Verbessert werden können sie durch thermische Trennung mithilfe entsprechender allgemein bauaufsichtlich zugelassener Dämmelemente aus expandiertem Polystyrol (EPS) mit durchlaufender Bewehrung aus nichtrostendem Stahl („Isokorb" [3.41], „Isopro" [3.42] oder „Iso-Träger" [3.43], Bild 3.21) mit einer mittleren äquivalenten Wärmeleitfähigkeit von z. B. λ_{eq} = 0,076 bis 0,418 W/(m · K) in Abhängigkeit vom Bewehrungsgrad [3.44] (zum Einbau solcher bewehrter Dämmelemente vgl. Bild 2.36 in Abschnitt 2.9.3).

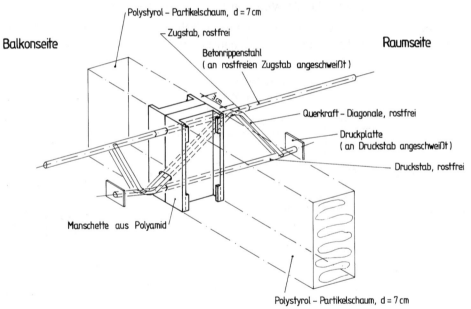

Bild 3.21: Dämmelement aus expandiertem Polystyrol (EPS) mit durchlaufender Bewehrung aus nichtrostendem Stahl zum Anschluss auskragender massiver Balkonplatten (nach [3.43])

Eine weitergehende Verringerung der längenbezogenen Wärmedurchgangskoeffizienten bei Balkonen ist zu erzielen, wenn die Balkonplatten nicht oder nicht auf voller Länge mit dem wärmegedämmten Gebäude verbunden werden, d. h. getrennt vor das Gebäude gestellt werden oder nur punktuell mit dem Gebäude verbunden werden (s. dazu auch [3.40], [3.45]).

3.10 Anschlussdetails bei hölzernen Außenwänden

Außenwände in Holztafel-/Holzrahmenbauart verhalten sich bezüglich möglicher *Wärmebrücken* meist günstig; bei Außenmaßbezug wird der Ψ_e-Wert sogar häufig negativ (s. Abschnitt 5.4.3). Ein kritischer Detailpunkt im Außenwandbereich von Holztafel-/Holzrahmenbauten ist allerdings – wie bei massiven Außenwänden auch – der Fensteranschluss [3.35], [3.46]. Als besonders ungünstig hat sich bei hölzernen Niedrigenergiehäusern mit ihren relativ dünnen Außenwänden der Einbau von Rollladenkästen mit i. d. R. sehr dünner und um mehrere Kanten geführter Wärmedämmung gezeigt [3.35].

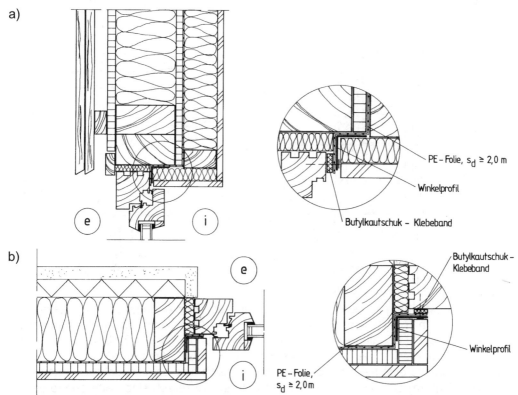

Bild 3.22: Ausführung luftdichter Anschlüsse einer Außenwand in Holztafel-/Holzrahmenbauart an die Fenster (nach [3.11]):
a) Dampf-/Luftsperre z. B. aus Polyethylen-Folie wird durch ein doppelseitiges Butylklebeband mit dem Fensterrahmen verklebt und durch ein Winkelprofil angedrückt (hier beispielhaft dargestellt am Sturz einer Außenwand mit Boden-Deckel-Schalung als Außenwandbekleidung, vgl. Bild 3.10b)
b) Dampf-/Luftsperre z. B. aus Polyethylen-Folie mit dem Fensterrahmen verklebt und durch ein Winkelprofil angedrückt (hier beispielhaft dargestellt an der Leibung einer Außenwand mit außenseitig Holzwolleleichtbauplatten mit wasserabweisendem Außenputz ohne zusätzliche äußere Bekleidung der Rohwand, vgl. Bild 3.10c)

3 Konstruktionen zur Einhaltung der EnEV

Ferner zu beachten ist, dass auch die *Luftdichtheit* entsprechend DIN 4108-7 [3.23] sichergestellt wird; Bild 3.22 zeigt zwei Beispiele eines luftdichten Anschlusses der Dampf-/Luftsperre der Außenwand an die Fenster. Diese Verklebung muss materialgerecht und dauerhaft sein, d. h. z. B. bei der dargestellten Polyethylen-Folie mit einem vom Folienhersteller gelieferten oder empfohlenen Butylkautschuk-Doppelklebeband oder mit einem vorkomprimierten Dichtungsband erfolgen. Wird keine flächige Dampf-/Luftsperre erforderlich, so können im Anschlussbereich ausreichend dauerhafte (Haft-) Klebebänder verwendet werden [3.47], [3.48] (vgl. dazu Abschnitte 3.4 und 3.8).

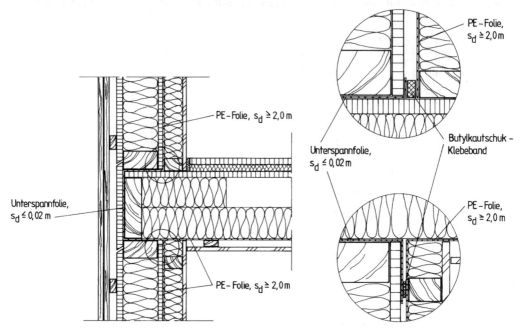

Bild 3.23: Ausführung eines luftdichten Anschlusses einer Außenwand in Holztafel-/Holzrahmenbauart (hier beispielhaft dargestellt an einer Außenwand mit Installationsebene und Boden-Deckel-Schalung als Außenwandbekleidung, vgl. Bild 3.10b) an eine einbindende Geschossdecke; die Luft-/Dampfsperre z. B. aus Polyethylen-Folie ($s_d \geq 2{,}0$ m) wird im Deckenbereich nach außen geführt und durch eine diffusionsoffene Unterspannfolie ($s_d \leq 0{,}02$ m) ersetzt, beide Folien sind mit einem (durch eine Latte angepressten) vorkomprimierten Fugenband oder mit einem geeigneten Butylkautschuk-Klebeband luftdicht verbunden (nach [3.11])

Aufwendiger zu lösen ist das Problem der Luftdichtheit im Bereich von einbindenden Geschossdecken: Die Deckenbalken müssen aus statischen Gründen
– entweder auf den Rähmen der Außenwände aufliegen
– oder durch Balkenschuhe o. Ä. kraftschlüssig an die Rähme oder Stiele der Außenwände angeschlossen werden.

Letzterer Fall ist unproblematisch (die Luftdichtheitsschicht wird auf der Außenwand durchgezogen und nur durch die Nägel der Balkenschuhe durchstoßen, was gemäß [3.49] unschädlich ist), nicht jedoch die „einfache" Auflagerung: Die Verklebung der Luftdichtheitsschicht durch einen Folienkragen an jedem Deckenbalken ist zu fehleranfällig, deshalb wird in Bild 3.23 eine Lösung vorgeschlagen, bei der eine ausreichend luftdichte, aber diffusionsoffene Unterspannbahn zur Wandaußenseite geführt wird [3.11]. Wird keine flächige Dampf-/Luftsperre erforderlich (vgl. Abschnitt 3.4), so können auch hier im Anschlussbereich ausreichend dauerhafte (Haft-)Klebebänder verwendet werden.

Das bei Massivbauten nur aufwendig zu lösende Problem auskragender Balkone mit hohen längenbezogenen Wärmedurchgangskoeffizienten (vgl. Abschnitt 3.9) tritt bei Holztafel-/Holzrahmenbauten in dieser Form nicht auf, da
– Auskragungen bei Holzbauten generell nicht linear, sondern punktuell erfolgen und
– die geringe Wärmeleitfähigkeit von Holzbauteilen (hier Balken) zu nur geringen Wärmebrückenverlusten führt.

3.11 Massive Decken unter nicht ausgebauten Dachgeschossen

Hochgedämmte massive Decken unter nicht ausgebauten Dachgeschossen (oberste Geschossdecken) sind (in ihrer Fläche) unproblematisch, da in dem i. d. R. hohen Dachraum auf der meist nicht hochwertig genutzten Decke beliebige Dämmstoffdicken liegen können; in Bild 3.24 ist ein Beispiel einer nicht genutzten Decke dargestellt mit U_{na} = 0,22 W/(m² · K) ≤ 0,25 W/(m² · K) = $U_{na,max}$ (vgl. Tabelle 3.1).

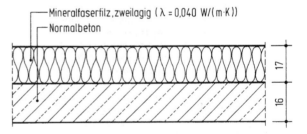

Bild 3.24: Beispiel einer Massivdecke unter einem nicht ausgebauten und nicht genutzten Dachgeschoss oder Kriechboden (nach [3.50])

3.12 Hölzerne Decken unter nicht ausgebauten Dachgeschossen

Hölzerne Decken unter nicht ausgebauten Dachgeschossen (oberste Geschossdecken) lassen sich – wie alle Holzbauteile – im konstruktionsbedingten Hohlraum gut dämmen. Aus Gründen des Tauwasserschutzes – und damit zusammenhängend auch des baulichen Holzschutzes – kann es jedoch sinnvoller sein, einen Großteil der Wärmedämmung *oberhalb* der Decke aufzubringen (analog zu Bild 3.24) – Näheres dazu s. in [3.51].

3 Konstruktionen zur Einhaltung der EnEV

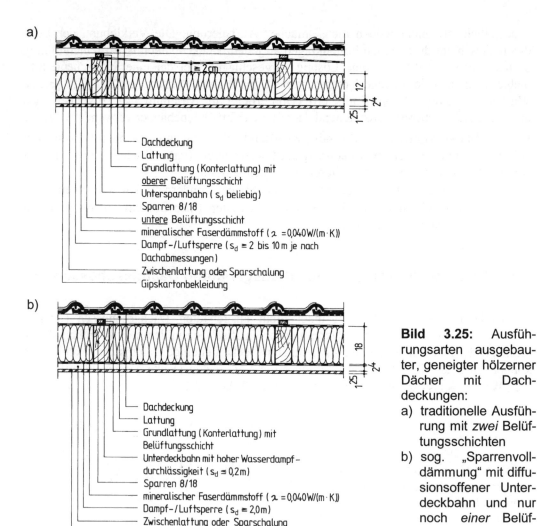

Bild 3.25: Ausführungsarten ausgebauter, geneigter hölzerner Dächer mit Dachdeckungen:
a) traditionelle Ausführung mit *zwei* Belüftungsschichten
b) sog. „Sparrenvolldämmung" mit diffusionsoffener Unterdeckbahn und nur noch *einer* Belüftungsschicht

3.13 Geneigte hölzerne Dächer

Die lange Jahre übliche, zwischen den Sparren gedämmte und den allgemein anerkannten Regeln der Technik entsprechende Konstruktion eines geneigten hölzernen Daches (Steildaches) hatte zwei Belüftungsschichten [3.52], [3.53] (Bild 3.25a), um
- einerseits zwischen unterer, wärmegedämmter Dachschale und Unterspannbahn die aus dem Innenraum diffundierende Feuchte und
- andererseits zwischen Dachdeckung und Unterspannbahn möglicherweise durchgedrungenen Niederschlag (Flugschnee o. Ä.)

abführen zu können. Die Ausführung dieser zwei Belüftungsschichten ist aufwendig und begrenzt die mögliche Dämmstoffdicke; aufgrund neuerer Forschungsergebnisse und Materialentwicklungen (s. dazu z. B. [3.53]) ist inzwischen die sog. *Sparrenvolldämmung* (= *Vollsparrendämmung*) mit nur noch *einer* Belüftungsschicht zur Standardkonstruktion geworden, bei der allerdings Folgendes zu beachten ist:

- Gemäß DIN 4108-3 [3.16] (analog auch im Merkblatt Wärmeschutz bei Dächern des Zentralverbandes des Deutschen Dachdeckerhandwerks [3.54]) kann in diesem Fall auf einen rechnerischen Nachweis des Tauwasserschutzes verzichtet werden, wenn
  - raumseitig eine Dampf-/Luftsperre mit diffusionsäquivalenter Luftschichtdicke $s_{d,i} \geq 2,0$ m und
  - oberseitig eine Unterspannbahn mit hoher Wasserdampfdurchlässigkeit, d. h. mit diffusionsäquivalenter Luftschichtdicke $s_{d,e} \leq 0,3$ m

  oder
  - raumseitig eine Dampf-/Luftsperre mit diffusionsäquivalenter Luftschichtdicke $s_{d,i} \geq 1,0$ m und
  - oberseitig eine Unterspannbahn mit höherer Wasserdampfdurchlässigkeit, d. h. mit diffusionsäquivalenter Luftschichtdicke $s_{d,e} \leq 0,1$ m

  oder allgemein raum- und oberseitige Baustoffschichten mit einem Verhältnis der diffusionsäquivalenten Luftschichtdicken $s_{d,i}/s_{d,e} \geq 6$ eingebaut werden.

- Bauherrn, die Niedrigenergiehäuser bauen, wollen i. d. R. auf chemischen Holzschutz verzichten (vgl. Abschnitt 3.4); gemäß DIN 68800-2 [3.13] ist dies zulässig, wenn
  - eine oberseitige Abdeckung (meist Unterdeck- oder Unterspannbahn) mit einer diffusionsäquivalenten Luftschichtdicke $s_d \leq 0,2$ m die Austrocknung auch halbtrocken eingebauten Holzes auf $u_m \leq 20$ M-% in weniger als einem halben Jahr sicherstellt (wodurch Pilzbefall unmöglich wird) und
  - der gesamte Bauteilaufbau allseitig durch z. B. Unterspannbahn und Dampf-/ Luftsperre vor dem Zutritt von Schadinsekten geschützt wird (Bild 3.25b).

Bei einer solchen Sparrenvolldämmung wird die Dämmschichtdicke allerdings durch die maximal lieferbare Sparrenhöhe begrenzt, die heute $h_{Sparren,max} \equiv d_{Dä,max} = 20$ bis 24 cm beträgt und meist statisch nicht ausgenutzt wird. Zur Unterschreitung der in Abschnitt 3.2 genannten Höchstwerte der Wärmedurchgangskoeffizienten für Niedrigenergiehäuser ist aber selbst eine solche Sparrenhöhe allein nicht ausreichend – es gibt nun folgende Verbesserungsmöglichkeiten, bei denen zusätzlich die Wärmebrückenwirkung der Sparren reduziert wird:
- Verwendung von (in Skandinavien bereits üblichen) Sparren mit I-Querschnitt (Bild 3.26a) der gewünschten Höhe (s. z. B. [3.12]),
- Ausführung einer zusätzlichen *Auf*sparrendämmung (Bild 3.26b, üblich sind Systeme mit Typenprüfung, z. B. mit Traufknagge nach [3.56] oder mit kontinuierlicher Nagelung entsprechend [3.57], [3.58], s. auch [3.53]) oder
- Ausführung einer zusätzlichen *Unter*sparrendämmung (Bild 3.26c).

3 Konstruktionen zur Einhaltung der EnEV

Mit diesen Alternativen ist ein gemäß Abschnitt 3.2 akzeptabler Wärmedurchgangskoeffizient des Daches von $U_D \approx 0{,}15$ W/(m² · K) zu erreichen. Bei den Sparren mit I-Querschnitt und der Untersparrendämmung ist allerdings zu beachten, dass der Wärmedurchgangskoeffizient U_D entsprechend Abschnitt 2.10 mit *zwei* thermisch inhomogenen Schichten zu berechnen ist (Gurte/Dämmung *und* Steg/Dämmung bzw. Sparren/Dämmung *und* Zwischenlattung/Dämmung).

a)

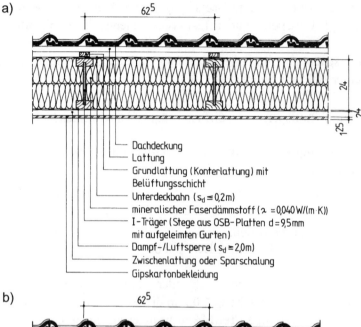

b)

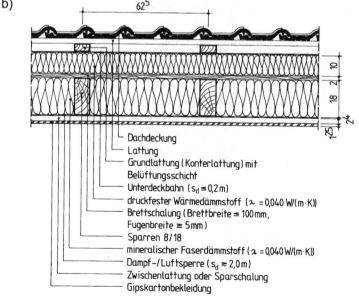

Bild 3.26: Mögliche Alternativen zur Verbesserung der Wärmedämmung hölzerner Dachkonstruktionen:
a) hohe I-Sparren mit schmalem Steg aus OSB und angeleimten Gurten
b) zusätzliche Aufsparrendämmung aus druckfestem Dämmstoff ohne Zwischenlattung

3.13 Geneigte hölzerne Dächer

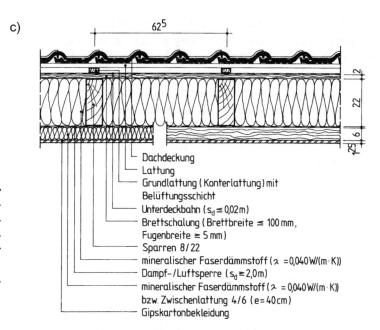

Bild 3.26 (Fortsetzung): Mögliche Alternativen zur Verbesserung der Wärmedämmung hölzerner Dachkonstruktionen:
c) zusätzliche Untersparrendämmung mit Zwischenlattung

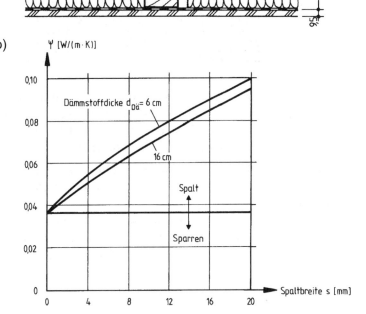

Bild 3.27: Nicht belüftetes Sparrendach mit sparrenparalleler Fehlstelle (Luftspalt) der Wärmedämmung (nach [3.59]):
a) Schnitt durch die Dachkonstruktion
b) längenbezogener Wärmedurchgangskoeffizient Ψ in Abhängigkeit von der Spaltbreite s und der Dämmstoffdicke $d_{Dä}$ (dabei ist $\Psi_0 \approx 0{,}037$ $W/(m \cdot K)$ der Wärmebrückeneffekt des Sparrens, der i. d. R. durch die Betrachtung als thermisch inhomogene Schicht erfasst wird)

Ein Problem bei innerhalb des Bauteils gedämmten Holzbauteilen stellen häufig nicht sichtbare Fehlstellen (Luftspalte) in den in die Gefache zwischen den Holzbauteilen eingeschobenen Wärmedämmschichten dar. In Bild 3.27 ist die Wärmebrückenwirkung solcher Spalte an einem nicht belüfteten Sparrendach dargestellt; dabei zeigt sich, dass
- die Dämmstoffdicke nur einen geringen Einfluss,
- die Spaltbreite jedoch einen großen Einfluss

auf den längenbezogenen Wärmedurchgangskoeffizienten Ψ hat – eine Spaltbreite von 12 mm führt in dem dargestellten Beispiel zu einer ungefähren Verdoppelung des Ψ-Wertes. Kommen solche linearen Fehlstellen systematisch vor – z. B. 20 mm breite Fugen zwischen Sparren und Dämmstoff bei 80 cm Sparrenabstand –, so ergibt sich eine Erhöhung des mittleren Wärmedurchgangskoeffizienten um $\Delta U_D \approx 0{,}13$ W/(m² · K) [3.59]. Solche Spalte sind daher bei der Ausführung unbedingt zu vermeiden!

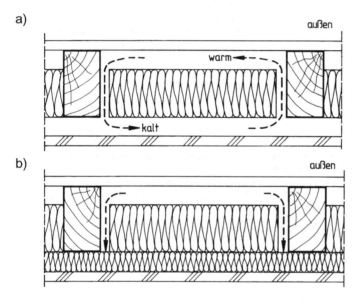

Bild 3.28: Empfindlichkeit hölzerner Dachkonstruktionen gegenüber konvektivem Wärmeaustausch (nach [3.60]):
a) empfindliche Konstruktion mit Luftschichten beidseitig der Dämmschicht
b) weniger empfindliche Konstruktion mit nur einer Luftschicht

Noch ungünstiger werden solche Fehlstellen, wenn die Wärmedämmung beidseitig von (planmäßig) ruhenden Luftschichten umschlossen ist; in diesem Fall entsteht durch Konvektion zwischen den Luftschichten ein Luftaustausch [3.60] (s. dazu auch [3.61]), der zu weit größeren Wärmeverlusten führt (Bild 3.28).

Gemäß DIN 4108-7 [3.23] und dem Merkblatt Wärmeschutz bei Dächern [3.54] wird die *luftdichte Ausbildung der Dachkonstruktion* durch folgende Maßnahmen sichergestellt (vgl. Bild 3.26):
- Unterhalb der Wärmedämmung wird vollflächig z. B. Polyethylen-Folie oder alternativ Baupapier als Dampf-/Luftsperre eingebaut (vgl. Abschnitt 3.8), beide sind im Bereich der Stöße luftdicht zu verbinden (Bild 3.29).
- Zwischen Dampf-/Luftsperre (= Luftdichtheitsschicht) und innerer Oberfläche wird empfohlen, einen Zwischenraum vorzusehen, damit für Installationen wie Strom,

Telekommunikation o. Ä. die Dampf-/Luftsperre nicht perforiert wird (analog zu Bild 3.11).

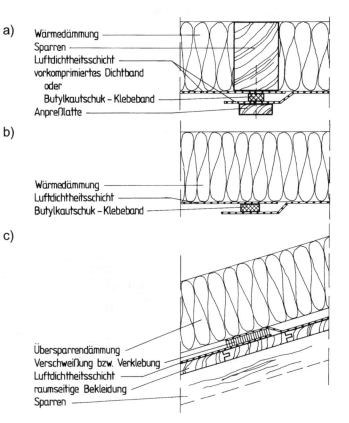

Bild 3.29: Luftdichte Überlappungen der Dampf-/Luftsperre:
a) Überlappung mit Anpresslatte – sowohl vorkomprimierte Dichtungsbänder als auch doppelseitiges Klebeband (aus Butylkautschuk bei PE-Folie als Luftdichtheitsschicht) ist möglich
b) Überlappung ohne Anpressmöglichkeit – nur doppelseitiges Klebeband (aus Butylkautschuk bei PE-Folie als Luftdichtheitsschicht) ist möglich
c) Überlappung auf flächiger Schicht – materialgerechte Verschweißung oder Verklebung von z. B. Baupapier oder Kunststoffbahnen ist möglich

Bei der Verbindung nach Bild 3.29a mit vorkomprimierten Dichtungsbändern ist zu beachten, dass der Fugendurchlasskoeffizient a und damit auch die Luftdichtheit deutlich vom Kompressionsgrad k abhängt (vgl. Bild 2.71 in Abschnitt 2.14.1); dementsprechend müssen solche Dichtungsbänder zur Sicherstellung ausreichender Luftdichtheit unbedingt durch ein Latte o. Ä. dauerhaft angepresst werden (vgl. Bild 2.73 in Abschnitt 2.14.2).

3.14 Anschlussdetails bei geneigten hölzernen Dächern

Einige regelmäßig vorkommende Details bei ausgebauten, hölzernen Steildächern sind die Anschlüsse massiver Innen- und Außenwände an ausgebaute geneigte Dächer; dabei sind zu unterscheiden:

3 Konstruktionen zur Einhaltung der EnEV

- der Traufanschluss am beim ausgebauten Dach üblichen Drempel (Kniestock),
- der Ortganganschluss am Giebel,
- der Innenwandanschluss und
- der Anschluss an eine Gebäudetrennwand,

die jeweils hinsichtlich Wärmebrückenwirkung und Luftdichtheit zu betrachten sind.

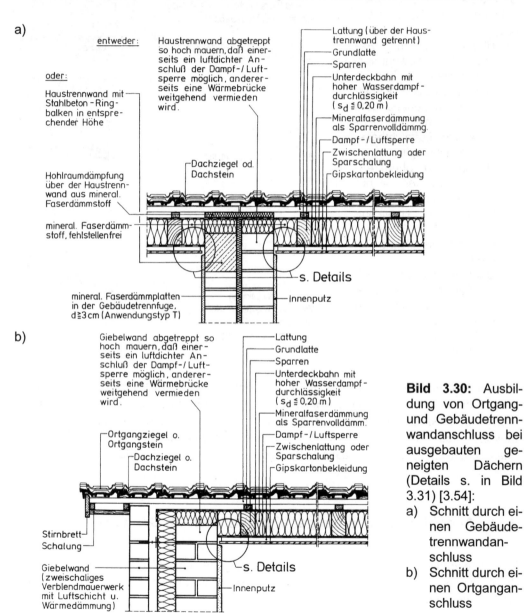

Bild 3.30: Ausbildung von Ortgang- und Gebäudetrennwandanschluss bei ausgebauten geneigten Dächern (Details s. in Bild 3.31) [3.54]:
a) Schnitt durch einen Gebäudetrennwandanschluss
b) Schnitt durch einen Ortganganschluss

3.14 Anschlussdetails bei geneigten hölzernen Dächern

Drempel- und Ortganganschlüsse hochgedämmter massiver Außenwände mit Wärmedämm-Verbundsystem (WDVS) bzw. aus zweischaligem Mauerwerk mit Kerndämmung ergeben bei günstiger Planung z. B. bei Innenmaßbezug nur geringe längenbezogene Wärmedurchgangskoeffizienten Ψ; bei Außenmaßbezug wird der Ψ_e-Wert häufig sogar negativ (s. Abschnitt 5.4.3).

Wird ein Anschluss einer Gebäudetrennwand an die Dachfläche – wie leider häufig zu sehen – schallschutztechnisch günstig, aber wärmeschutztechnisch ungünstig *ohne* oberseitige Dämmung auf der Gebäudetrennwand ausgeführt, so ergibt sich ein zu hoher längenbezogener Wärmedurchgangskoeffizient Ψ bzw. Ψ_e – ein verbesserter Anschluss ist in Bild 3.30a dargestellt. Häufig findet man auch Ortganganschlüsse *ohne* oberseitige Dämmung auf der Giebelwand – aber auch hier sollte aus Gründen der Wärmebrückenvermeidung nicht auf diese Dämmung verzichtet werden (Bild 3.30b).

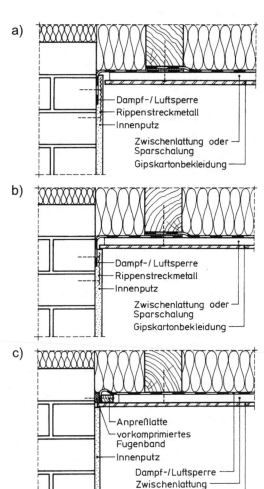

Bild 3.31: Details zu Bild 3.30 [3.54]:
a) Ausführung des Innenputzes mit Putzträger vor Anbringung der Gipskartonbekleidung des Daches
b) Ausführung des Innenputzes mit Putzträger nach Anbringung der Gipskartonbekleidung des Daches
c) Ausführung des Innenputzes ohne Putzträger nach Anbringung der Gipskartonbekleidung des Daches

Zur Sicherstellung der *Luftdichtheit* ist an allen Detailpunkten die Dampf-/Luftsperre als Luftdichtheitsschicht dicht an die angrenzenden Bauteile anzuschließen. Für den Giebelwand- und Ortganganschluss aus Bild 3.30 zeigt Bild 3.31 – in Anlehnung an DIN 4108-7 [3.23] – entsprechende Detailausbildungen:

- Bei der in Bild 3.31a dargestellten Lösung muss der Innenputz der Giebelwand *vor* dem Einbau der innenseitigen Bekleidung des Daches aus Gipskarton- oder Gipsfaserplatten aufgebracht werden; technisch machbar, bisher jedoch praxisfremd, da
    - vom Bauablauf her eine Trennung der Gewerke Trockenbau und Innenputz sinnvoller als eine Überschneidung ist und
    - bei dieser Konstruktion die Schnittkanten der Gipskartonplatten an der meist nicht ganz eben verputzten Giebelwand zusätzlich verspachtelt werden müssen.
- Daher ist vom Bauablauf her die in Bild 3.31b gezeigte Lösung sinnvoller, bei der erst *nach* Fertigstellung des Dachausbaus Rippenstreckmetall und Innenputz aufgebracht werden. Nachteilig ist hierbei jedoch, dass
    - eine Luftdichtheitsprüfung (vgl. Abschnitt 2.14.3) erst *nach* dem Aufbringen des Innenputzes (als Luftdichtheitsschicht der massiven Außenwand, vgl. Abschnitt 3.3) möglich ist und
    - somit ggf. hinter der Gipskarton- oder Gipsfaserbekleidung verdeckte Fehlstellen der Luftdichtheitsschicht nicht mehr zugänglich sind.
- Auch die in Bild 3.31c dargestellte Lösung ist von der Trennung der Gewerke her sinnvoll; Undichtheiten sind allerdings im Bereich der Mauerwerksfugen nicht auszuschließen, wenn vor den Trockenbauarbeiten im Anschlussbereich nicht sorgfältig ausgefugt oder ein Wischputz aufgebracht wird.
- Praktisch wird heute meist auf das in Bild 3.31c dargestellte vorkomprimierte Fugendichtband und die Anpresslatte verzichtet und stattdessen die zu einer Dehnschlaufe gelegte Dampf-/Luftsperre mit einer geeigneten Klebstoffraupe (*Primur, Orcon* o. Ä.) an das durch einen Wischputz (Rappputz) ausreichend luftdichte Mauerwerk angeklebt. Bisher fehlen allerdings belastbare Aussagen zur Dauerhaftigkeit dieser Klebetechnik, an entsprechenden Verfahren wird noch gearbeitet [3.62], [3.63].

Die Traufe kann mit/ohne Dachüberstand sowie mit/ohne Drempel (Kniestock) ausgebildet werden. Bild 3.32 zeigt ein Traufendetail mit Dachüberstand und Drempel aus zweischaligem Mauerwerk. Das über der Dachrinne dargestellte Traufblech (Einhangblech) ist erforderlich, um das Eindringen von Schlagregen aus der Dachrinne in die Holzkonstruktion zu verhindern und eine UV-Beanspruchung der Unterspann-/Unterdeckbahn zu vermeiden.

Die Luftdichtheit des Anschlusses ist sicherzustellen: In Bild 3.32 wird – wie heute üblich – die Dampf-/Luftsperre an das Hintermauerwerk des Drempels (Kniestocks) mit einer geeigneten Klebstoffraupe angeklebt (s. o.).

3.14 Anschlussdetails bei geneigten hölzernen Dächern

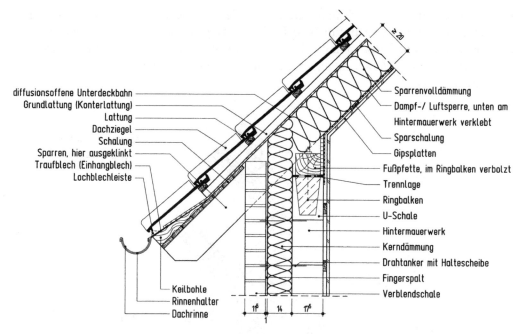

Bild 3.32: Traufe eines ausgebauten Daches mit Drempel (Kniestock) aus zweischaligem Mauerwerk mit Kerndämmung [3.54]

Analog zum Anschluss an massive Wände ist der Anschluss der Dachschrägen an Außenwände in Holztafel-/Holzrahmenbauart, Kehlbalkenlage oder Dachdurchdringungen beim ausgebauten, geneigten Dach *luftdicht* auszuführen:

- Der luftdichte Anschluss der Dachschrägen an die hölzernen Außenwände im Bereich des Drempels (Kniestocks) und des Ortgangs ist unproblematisch; die Luftdichtheitsschichten der Bauteile müssen nur dicht überlappend verklebt werden. Entsprechende Beispiele mit einer zusätzlich gedämmten Installationsebene innen und – aus Gründen des baulichen Holzschutzes, s. DIN 68800-2 [3.13], 8.3 – *offener* Brettschalung außen zeigt Bild 3.33 beispielhaft für eine Dampf-/Luftsperre aus Polyethylen-Folie.

- Auch der luftdichte Anschluss der Dachschrägen an die Decke zum unbeheizten Spitzboden ist unproblematisch, die Luftdichtheitsschichten der Bauteile müssen nur dicht überlappend verklebt werden. Ein entsprechendes Beispiel mit einer zusätzlich gedämmten Installationsebene innen und – aus Gründen des baulichen Holzschutzes, s. DIN 68800-2 [3.13], 8.3 – *offenen* Brettschalung der Dachschräge außen zeigt Bild 3.34 beispielhaft für eine Dampf-/Luftsperre aus Polyethylen-Folie. Probleme mit der Luftdichtheit können sich allerdings beim Anschluss von *zwei*teiligen Kehlbalken (Zangen) ergeben, wenn der Spitzboden darüber ebenfalls beheizt ist. In diesem Fall ist zwischen den beiden Zangenhölzern ein luftdichter Anschluss praktisch kaum auszuführen.

3 Konstruktionen zur Einhaltung der EnEV

- Auch sämtliche Durchdringungen durch die Dachschrägen sind luftdicht an die Dampf-/Luftsperre anzuschließen; Bild 3.35 zeigt beispielhaft eine Rohrdurchdringung, an die die Luftdichtheitsschicht z. B. aus Polyethylen-Folie mit doppelseitigem Butylkautschuk-Klebeband angeklebt und mit weiterem Klebeband manschettenartig umwickelt ist.

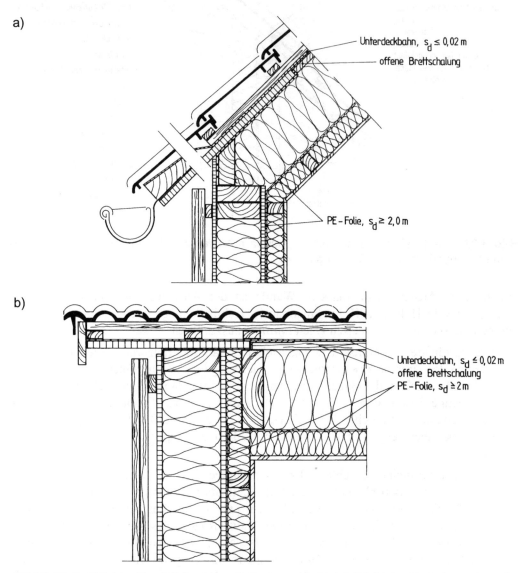

Bild 3.33: Luftdichte Anschlüsse einer Außenwand in Holztafel-/Holzrahmenbauart an eine Dachschräge mit *innen*seitiger Zusatzdämmung (Installationsebene analog zu Bild 3.10b) und *offener* Brettschalung außen (nach [3.11]):
a)   an der Traufe (Drempelanschluss)
b)   am Ortgang (Giebelwandanschluss)

3.14 Anschlussdetails bei geneigten hölzernen Dächern

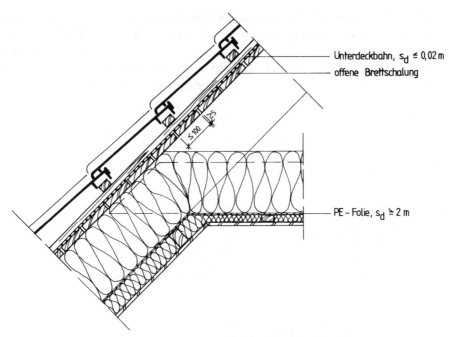

Bild 3.34: Luftdichter Anschluss einer wärmegedämmten Balkenlage (Decke unter nicht ausgebautem Spitzboden) an eine Dachschräge mit *innen*seitiger Zusatzdämmung und *offener* Brettschalung außen (nach [3.11])

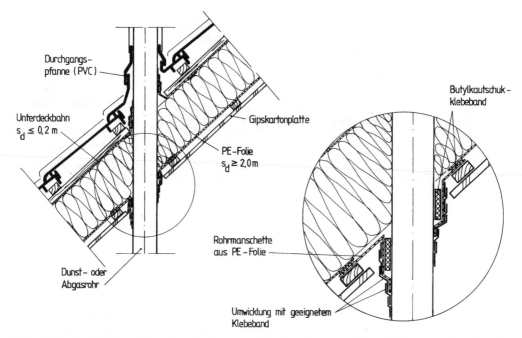

Bild 3.35: Luftdichte Rohrdurchdringung durch ein geneigtes hölzernes Dach *ohne* raumseitige Installationsebene (nach [3.11])

3 Konstruktionen zur Einhaltung der EnEV

Einen weiteren Problempunkt hinsichtlich Wärmebrücken und Luftdichtheit stellen die *Anschlüsse von Dachflächenfenstern* an ausgebaute Dächer dar. Traditionell werden Dachflächenfenster mit einem erhöht über der Dachoberfläche liegenden Eindeckrahmen eingebaut (s. z. B. [3.53]); eine bei fachgerechter Ausführung regensichere Konstruktion, die jedoch in jedem Fall zu einer geometrisch bedingten und üblicherweise auch zu einer konstruktionsbedingten Wärmebrücke führt (vgl. dazu Bild 2.25 in Abschnitt 2.9.1 und [3.64]). Verbesserungen sind hier dadurch möglich, dass
– der Eindeckrahmen wärmegedämmt wird, um die konstruktionsbedingte Wärmebrücke zu verringern [3.65], [3.66], oder
– der Eindeckrahmen oberflächenbündig mit der Dachfläche eingebaut wird [3.67], um die geometrisch bedingte Wärmebrücke zu vermeiden.

Die bei beiden Varianten notwendigen Anschlüsse der Unterdeck-/Unterspannbahn und der Luftdichtheitsschicht werden am besten durch werkmäßig vorgefertigte Folienrahmen/Folienkragen erstellt, die nur noch in der Fläche an die Dampf-/Luftsperre des Daches anzuschließen sind [3.68] – handwerklich hergestellte Anschlüsse der beiden Schichten an den Eindeckrahmen sind aufwendig und fehlerträchtig.

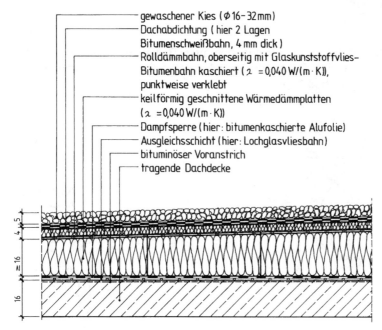

Bild 3.36: Vertikalschnitt durch ein hochgedämmtes Flachdach mit Dämmung aus expandiertem Polystyrol (EPS, die Dicke kaschierter Rolldämmbahnen ist verarbeitungstechnisch begrenzt)

3.15 Massive Flachdächer

Die Ausführung hochgedämmter massiver Flachdächer ist unproblematisch (s. auch [3.69]); ein Beispiel eines nicht belüfteten Flachdaches mit $U_D \leq 0{,}19$ W/(m² · K) zeigt Bild 3.36. Soll auch der untere Grenzwert von $U_{D,\max} = 0{,}15$ W/(m² · K) eingehalten werden (vgl. Tabelle 3.1), so ist die Dämmschichtdicke (bei $\lambda = 0{,}040$ W/(m · K)) auf $d_{Dä} \geq 25$ cm zu erhöhen. Bei der Berechnung des Wärmedurchgangskoeffizienten U_D ist die Gefälledämmung als keilförmige Schicht entsprechend Abschnitt 2.11 zu berücksichtigen (vgl. auch Beispiel 2.9). Massive Flachdächer können auch als hochgedämmte *Umkehrdächer* ausgeführt werden (vgl. Bild 2.21a in Abschnitt 2.7).

Massive Flachdächer erhalten üblicherweise eine massive Attika, die aufgrund ihrer Form immer – auch bei umlaufender Ummantelung mit Wärmedämmstoff – eine geometrisch bedingte Wärmebrücke darstellt. Für Niedrigenergiehäuser muss eine solche Attika verbessert werden; dafür gibt es verschiedene Möglichkeiten [3.69]:

- Die Wärmebrückenwirkung lässt sich z. B. dadurch verringern, dass der Ringbalken wärmegedämmt wird und in die Schalung der Massivdecke eine Mehrschichtleichtbauplatte eingelegt wird (vgl. Bild 3.20). Dadurch lässt sich nachweislich die raumseitige Oberflächentemperatur so weit erhöhen, dass kein Tauwasser ausfällt; baupraktisch stößt diese Lösung aber auf Schwierigkeiten, da
    - im Bereich der Mehrschichtleichtbauplatte die untere Bewehrung aufgebogen werden muss (bei üblicher Mattenbewehrung kaum möglich) bzw.
    - heute meist Elementdecken verwendet werden, bei denen eine solche Dämmung grundsätzlich nicht möglich ist.
- Eine deutliche Verbesserung stellt der Verzicht auf eine massive Attika dar.
- Als dritte Möglichkeit bleibt
    - bei einer gemauerten Attika die Verwendung von Schaumglas-Dämmsteinen [3.70] (vgl. [3.30]) oder
    - bei einer Stahlbeton-Attika die Verwendung allgemein bauaufsichtlich zugelassener Dämmelemente aus expandiertem Polystyrol (EPS) mit durchlaufender Edelstahl-Bewehrung (analog zu den auskragenden Balkonen in Abschnitt 3.9) [3.41].

Die *Luftdichtheit* massiver Flachdächer und ihrer Anschlüsse an massive Außen- oder Innenwände ist – analog zu den massiven Außenwänden (vgl. Abschnitt 3.3) und ihren Anschlüssen – i. d. R. unproblematisch.

3.16 Hölzerne Flachdächer

Flachdächer in Holztafel-/Holzrahmenbauart haben häufig nur geringe statisch erforderliche Sparrenhöhen, sodass eine Sparrenvolldämmung (wie beim hölzernen Steildach, vgl. Abschnitt 3.13) nicht ausreicht, d. h. zusätzliche Wärmedämmung erforderlich wird. Um Wärmebrücken durch eine unterseitig erforderliche Zwischenlattung und auch Tauwasserprobleme zu vermeiden (s. u.), wird diese Zusatzdämmung sinnvollerweise wie beim massiven Flachdach *oberhalb* der Dachkonstruktion angeordnet. Das in Bild 3.37 dargestellte Beispiel erreicht damit für Niedrigenergiehäuser geeignete Wärmedurchgangskoeffizienten von $U_D = 0{,}11$ bis $0{,}13$ W/(m² · K) (vgl. Tabelle 3.1).

3 Konstruktionen zur Einhaltung der EnEV

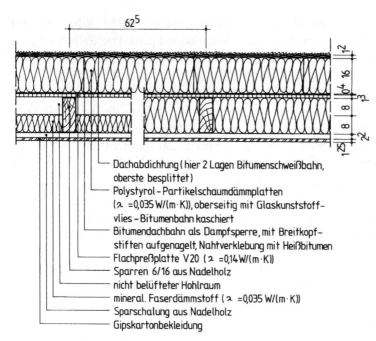

Bild 3.37: Vertikalschnitt durch ein hochgedämmtes hölzernes Flachdach mit *Auf*sparrendämmung aus expandiertem Polystyrol (EPS, das notwendige Gefälle wird durch mit entsprechender Neigung eingebaute Sparren erreicht)

Bauherrn, die Niedrigenergiehäuser bauen, wollen i. d. R. auf chemischen Holzschutz verzichten (vgl. Abschnitte 3.4 und 3.13); gemäß DIN 68800-2 [3.13], 8.4, ist dies bei dem in Bild 3.37 dargestellten hölzernen Flachdach zulässig, wenn
– der in Bild 3.37 links dargestellte Hohlraum nicht belüftet ist (um den Zutritt von Insekten zu verhindern) und
– die Dampfsperre so weit unten angeordnet wird, dass der Tauwasserschutz nach DIN 4108-3 [3.16] gewährleistet ist.

Die *Luftdichtheit* hölzerner Flachdächer und ihrer Anschlüsse an massive bzw. hölzerne Außen- oder Innenwände ist analog zu den geneigten hölzernen Dächern sicherzustellen (vgl. Abschnitt 3.14).

3.17 Literatur zum Kapitel 3

[3.1] Hegner, H.-D.: Vom Energieausweis der EnEV 2007 zum Zertifikat für nachhaltiges Bauen. Vortrag beim KS-Bauseminar in Hamburg am 04.03.2008.

[3.2] Aufgaben und Möglichkeiten einer novellierten Wärmeschutzverordnung. Erarbeitet von der Gesellschaft für Rationelle Energieverwendung e.V. (GRE), Berlin, März 1992. DBZ Deutsche Bauzeitschrift 40 (1992), H. 5, S. 727–738.

[3.3] Marmé, W.; Seeberger, J.: Der Primärenergieinhalt von Baustoffen. Bauphysik 4 (1982), S. 5, S. 155–160, H. 6, S. 208–214.

[3.4] VDI 4600: 2012-01: Kumulierter Energieaufwand – Begriffe, Definitionen, Berechnungsmethoden.

3.17 Literatur zum Kapitel 3

[3.5] DIN 1053-1: 1996-11: Mauerwerk – Teil 1: Berechnung und Ausführung (ersetzt durch DIN EN 1996-1-1/NA: 2012-05: Nationaler Anhang – National festgelegte Parameter – Eurocode 6: Bemessung und Konstruktion von Mauerwerksbauten – Teil 1-1: Allgemeine Regeln für bewehrtes und unbewehrtes Mauerwerk).

[3.6] Deutsches Institut für Bautechnik (DIBt): Allgemeine bauaufsichtliche Zulassung Nr. Z-17.1-825 für Drahtanker mit Durchmesser 4 mm für zweischaliges Mauerwerk mit Schalenabständen bis 200 mm.

[3.7] URL: http://www.bever.de/produktkatalog_bereich-1_7_de.htm (19.03.2010).

[3.8] URL: http://www.hrgmbh.de/de/produkte_bf/euro-anker.shtml (19.03.2010).

[3.9] Cziesielski, E.; Schrepfer, T.: Hinterlüftete Außenwandkonstruktionen und Wärmedämmverbundsysteme. Beton-Kalender 87 (1998), Teil II, S. 391–467.

[3.10] Richtlinie „Bestimmung der wärmetechnischen Einflüsse von Wärmebrücken bei vorgehängten hinterlüfteten Fassaden", Ausgabe 1998. Hrsg. u. a. vom Fachverband Baustoffe und Bauteile für vorgehängte hinterlüftete Fassaden e.V. (FVHF), Berlin 1998.

[3.11] Hauser, G.; Otto, F.: Niedrigenergiehäuser – Planungs- und Ausführungsempfehlungen. Holzbau Handbuch Reihe 1, Teil 3, Folge 3. Hrsg. von der Entwicklungsgemeinschaft Holzbau (EGH) in der Deutschen Gesellschaft für Holzforschung (DGfH). Düsseldorf: Arbeitsgemeinschaft Holz e.V. 1995.

[3.12] Deutsches Institut für Bautechnik (DIBt): Allgemeine bauaufsichtliche Zulassung Nr. Z-9.1-277 über TJI-Balken und -Stiele mit Doppel-T-Profil mit Gurten aus Microllam LVL und eingeleimtem Steg aus OSB-Flachpressplatten.

[3.13] DIN 68800-2: 1996-05: Holzschutz – Teil 2: Vorbeugende bauliche Maßnahmen im Hochbau (ersetzt durch [3.22]).

[3.14] DIN EN 13163: 2013-03: Wärmedämmstoffe für Gebäude – Werkmäßig hergestellte Produkte aus expandiertem Polystyrol (EPS); Spezifikation.

[3.15] DIN EN 13162: 2013-03: Wärmedämmstoffe für Gebäude – Werkmäßig hergestellte Produkte aus Mineralwolle (MW); Spezifikation.

[3.16] DIN 4108-3: 2001-07 (Berichtigungen 2002-04): Wärmeschutz und Energie-Einsparung in Gebäuden – Teil 3: Klimabedingter Feuchteschutz – Anforderungen, Berechnungsverfahren und Hinweise für Planung und Ausführung.

[3.17] Deutsches Institut für Bautechnik (DIBt): Allgemeine bauaufsichtliche Zulassung Nr. Z-9.1-414 für OSB-Flachpreßplatten „KRONOPLY 3".

[3.18] DIN V 4108-4: 2007-06: Wärmeschutz und Energie-Einsparung in Gebäuden – Teil 4: Wärme- und feuchteschutztechnische Bemessungswerte.

[3.19] Schulze, H.: Außenwände in Holztafelbauart mit Mauerwerk-Vorsatzschale, Teil II – Freilandversuche. Durchgeführt im Auftrage der Entwicklungsgemeinschaft Holzbau in der Deutschen Gesellschaft für Holzforschung e.V., München, 1997.

[3.20] Marquardt, H.: Feuchteschutz und Holzschutz von Außenwänden in Holztafel-/Holzrahmenbauart mit Mauerwerk-Vorsatzschale. 11. Bauklimatisches Symposium, Dresden, 26. bis 30.09.2002, Tagungsbeiträge Band 2, hrsg. von P. Häupl und J. Roloff. Dresden: Eigenverlag der TU Dresden 2002, S. 605–614.

[3.21] Deutsches Institut für Bautechnik (DIBt): Allgemeine bauaufsichtliche Zulassung Nr. Z-9.1-442 für Holzfaserplatten „KRONOTEC WP 50 und DP 50".

[3.22] DIN 68800-2: 2012-02: Holzschutz – Teil 2: Vorbeugende bauliche Maßnahmen im Hochbau.

[3.23] DIN 4108-7: 2011-01: Wärmeschutz und Energie-Einsparung in Gebäuden – Teil 7: Luftdichtheit von Gebäuden, Anforderungen, Planungs- und Ausführungsempfehlungen sowie -beispiele.

3 Konstruktionen zur Einhaltung der EnEV

[3.24] DIN 4095: 1990-06: Baugrund; Dränung zum Schutz baulicher Anlagen – Planung, Bemessung und Ausführung.
[3.25] Schwamborn, B.; Schubert, P.: Abdichtung von Kellermauerwerk mit Bitumen-Dickbeschichtungen. Mauerwerk-Kalender 18 (1993), Berlin: Ernst & Sohn 1993, S. 611–618.
[3.26] Deutsches Institut für Bautechnik (DIBt): Allgemeine bauaufsichtliche Zulassung Nr. Z-23.34-1059 über Lastabtragende Wärmedämmung unter Gründungsplatten mit Schaumglasplatten „FOAMGLAS-Platte F", „FOAMGLAS-Platte S3", „FOAMGLAS-Floor Board F" und „FOAMGLAS-Floor Board S3".
[3.27] Deutsches Institut für Bautechnik (DIBt): Allgemeine bauaufsichtliche Zulassung Nr. Z-23.34-1324 über Extrudergeschäumte Polystyrol-Hartschaumplatten „Roofmate SL-A", „Perimate INS-A", „Floormate 500-A", „Floormate 700-A" für die Anwendung als lastabtragende Wärmedämmung unter Gründungsplatten.
[3.28] Bestel, H.; Bickes, C.; Hennig, M.; Kümmel, J.: Wärmebrückenkatalog. Porenbeton-Bericht 20. 2. Aufl. Wiesbaden: Bundesverband Porenbeton 2002.
[3.29] KS-ISO-Kimmstein. Wemding: Kalksandstein-Werk Wemding GmbH 1998.
[3.30] Deutsches Institut für Bautechnik (DIBt): Allgemeine bauaufsichtliche Zulassung Nr. Z-17.1-829 über FOAMGLAS-Perinsul SL Wärmedämmelemente für Mauerwerk aus Kalksand- und Porenbetonsteinen sowie Vormauer- und Verblendschalen.
[3.31] puren-Dämmbrücke. Überlingen/Bodensee: puren Schaumstoff GmbH 2000.
[3.32] Martinelli, R.; Menti, K.: Vereinfachte Konstruktionsdetails mit neuem, wärmedämmendem und tragendem Bauelement. Schweizer Ingenieur und Architekt (1987), H. 6, S. 127–130.
[3.33] Deutsches Institut für Bautechnik (DIBt): Allgemeine bauaufsichtliche Zulassung Nr. Z-17.1-709 über Wärmedämmelemente „Schöck Novomur" für Mauerwerk aus Kalksandsteinen.
[3.34] Hauser, G.; Stiegel, H.: Wärmebrücken-Atlas für den Mauerwerksbau. 2. Auflage Wiesbaden und Berlin: Bauverlag 1993.
[3.35] Hauser, G.; Stiegel, H.: Wärmebrücken-Atlas für den Holzbau. Wiesbaden und Berlin: Bauverlag 1992.
[3.36] Hauser, G.: Probleme mit Wärmebrücken. Deutsche Bauzeitschrift 37 (1989), H. 2, S. 193–196.
[3.37] Leitfaden zur Planung und Ausführung der Montage von Fenstern und Haustüren. Hrsg. von den RAL-Gütegemeinschaften Fenster und Haustüren, Frankfurt am Main 12/2006.
[3.38] Leitfaden zur Montage von Fenstern und Haustüren. Technische Richtlinie des Glaserhandwerks Nr. 20 in Zusammenarbeit mit Bundesinnungsverband des Glaserhandwerks, Bundesverband Holz- und Kunststoff, Verband der Fenster- und Fassadenhersteller e.V. und RAL-Gütegemeinschaft Fenster und Haustüren e.V. erarbeitet vom Institut für Fenstertechnik e.V. (ift), Rosenheim. 5. Aufl. Düsseldorf: Verlagsanstalt Handwerk 2010.
[3.39] Erhorn, H.: Die Bedeutung von Mauerwerksöffnungen für die Energiebilanz von Gebäuden. In: Oswald, R. (Hrsg.): Öffnungen in Dach und Wand – Fenster, Türen, Oberlichter – Konstruktion und Bauphysik. Aachener Bausachverständigentage 1995. Wiesbaden und Berlin: Bauverlag 1995, S. 35–50.
[3.40] Mainka, G.-W.; Werner, H.: Wärmebrücken bei auskragenden Balkonplatten. Bauphysik 10 (1988), H. 4, S. 105–112.
[3.41] Deutsches Institut für Bautechnik (DIBt): Allgemeine bauaufsichtliche Zulassung Nr. Z-15.7-239 für den Schöck-Isokorb nach DIN 1045-1.
[3.42] Deutsches Institut für Bautechnik (DIBt): Allgemeine bauaufsichtliche Zulassung Nr. Z-15.7-244 für den Plattenanschluss ISOPRO IP nach DIN 1045.

[3.43]	Leimer, H.-P.: Wärmeschutz von auskragenden Bauteilen. Die Bibliothek der Technik, Band 135. Landsberg/Lech: verlag moderne industrie 1996.
[3.44]	Mit der Wärmedämmung rechnen. Das Handbuch „Mittlere, äquivalente Wärmeleitfähigkeit" von Schöck. Baden-Baden: Schöck Bauteile GmbH 2004.
[3.45]	Feist, W. (Hrsg.): Das Niedrigenergiehaus. 4. Aufl. Heidelberg: C. F. Müller 1997.
[3.46]	Steinert, R.: Wärmebrückenkatalog – 2. Wände – 2.2 Außenwände in Holzständerbauweise. Leutkirch: Pavatex GmbH 2002.
[3.47]	Geißler, A.: Luftdichtheitssysteme – Theoretische und praktische Aspekte. Bauphysik 24 (2002), H. 3, S. 134ff.
[3.48]	Kasper, F.-J.: Qualitätssicherung der Dauerhaftigkeit von Luftdichtheitsschichten. Wksb Nr. 69 (2013), S. 27–33.
[3.49]	Merkblatt für Wärmedämmung zwischen den Sparren. Aufgestellt und herausgegeben vom Zentralverband des Deutschen Dachdeckerhandwerks – Fachverband Dach-, Wand- und Abdichtungstechnik e.V. – Ausgabe Dezember 1991.
[3.50]	Marquardt, H.: Nicht nur warm und trocken – Zur Wirtschaftlichkeit von Außenwänden. db deutsche bauzeitung 132 (1998), H. 4, S. 129–137.
[3.51]	Schulze, H.: Decken unter nicht ausgebauten Dachgeschossen. Bauen mit Holz 95 (1993), H. 1, S. 26–30.
[3.52]	DIN 4108-3: 1981-08: Wärmeschutz im Hochbau; Klimabedingter Feuchteschutz; Anforderungen und Hinweise für Planung und Ausführung (ersetzt durch [3.16]).
[3.53]	Fachregel für Dachdeckungen mit Dachziegeln und Dachsteinen. Aufgestellt und herausgegeben vom Zentralverband des Deutschen Dachdeckerhandwerks (ZVDH) – Fachverband Dach-, Wand- und Abdichtungstechnik – e.V., Ausgabe 09/1997 mit Änderungen 07/2000 und 03/2003. Köln: R. Müller 2003.
[3.54]	Marquardt, H.: Geneigte Dächer. In: Fouad, N. A. (Hrsg.): Lehrbuch der Hochbaukonstruktionen. 4. Aufl. Wiesbaden: Springer Vieweg 2013, S. 393 – 446.
[3.55]	Merkblatt Wärmeschutz bei Dächern (September 1997). Hrsg. vom Zentralverband des Deutschen Dachdeckerhandwerks e.V. Köln: R. Müller 1997.
[3.56]	Typenprüfung und statischer Nachweis für geneigte Dächer mit G+H-ISOVER-Steildachdämmsystem DP/S oberhalb der Sparren. Ludwigshafen/Rh.: Grünzweig + Hartmann und Glasfaser AG 1988.
[3.57]	Typenprüfung und statische Berechnung für geneigte Dächer mit Styropor als Wärmedämmung über den Sparren mittels kontinuierlicher Nagelung. Heidelberg: Industrieverband Hartschaum e.V. (IVH) 1994.
[3.58]	Typenstatik für geneigte Dächer mit PAVATEX-Aufsparrendämmsystem. Leutkirch: Pavatex GmbH 1994.
[3.59]	Hauser, G.; Maas, A.: Auswirkungen von Fugen und Fehlstellen in Dampfsperren und Wärmedämmschichten. In: Schild, E.; Oswald, R. (Hrsg.): Fugen und Risse in Dach und Wand. Aachener Bausachverständigentage 1991. Wiesbaden: Bauverlag 1991, S. 68–95.
[3.60]	Schulze, H.: Holzbau: Wände, Decken, Bauprodukte, Dächer; Konstruktionen, Bauphysik, Holzschutz. 3. Aufl. Wiesbaden: B. G. Teubner 2005.
[3.61]	Lecompte, J. G. N.: Untersuchungen zu wärmegedämmtem, zweischaligem Mauerwerk. wksb (1989), H. 26, S. 36–41.
[3.62]	Maas, A.; Gross, R.: Qualitätssicherung klebebasierter Verbindungstechnik für Luftdichtheitsschichten. Bauphysik 27 (2005), H. 2, S. 87–94.
[3.63]	Maas, A.; Gross, R.: Qualitätssicherung klebemassenbasierter Verbindungstechnik für die Ausbildung der Luftdichtheitsschichten – Kurzbericht. Kassel: Zentrum für umweltbewusstes Bauen (ZUB), Mai 2010.

[3.64] Froelich, H.: Dachflächenfenster – Abdichtung und Wärmeschutz. In: Oswald, R. (Hrsg.): Öffnungen in Dach und Wand – Fenster, Türen, Oberlichter – Konstruktion und Bauphysik. Aachener Bausachverständigentage 1995. Wiesbaden: Bauverlag 1995, S. 151–158.

[3.65] Neue Dämmzarge für Dachflächenfenster. Industriebericht der Roto Frank AG, Leinfelden-Echterdingen. mikado (1995), H. 2, S. 100.

[3.66] Dämmzarge PDZ. Überlingen: puren-Schaumstoff GmbH 2002.

[3.67] Neuer Fenster-Montagerahmen verringert Wärmebrücken-Risiko. Industriebericht der VELUX GmbH, Hamburg. Deutsches Ingenieurblatt (1999), H. 11, S. 71.

[3.68] Den Anschluss nicht verpassen. Industriebericht der VELUX GmbH, Hamburg. DDH 118 (1997), H. 3, S. 40f.

[3.69] Cziesielski, E.; Marquardt, H.: Flachdächer mit Abdichtungen. In: Cziesielski, E. (Hrsg.): Lehrbuch der Hochbaukonstruktionen. 3. Aufl. Stuttgart: Teubner 1997, S. 201–281.

[3.70] FOAMGLAS-Perinsul-Dämmsteine machen Schluss mit Wärmebrücken der Attika! Haan/Rhld.: Deutsche Foamglas GmbH 2002.

4 Anlagentechnik zur Einhaltung der EnEV

4.1 Einführung

Die Energieeinsparverordnung (EnEV) [4.1] bezieht große Teile der Gebäudetechnik in das Nachweisverfahren ein; in diesem Kapitel sollen daher die grundlegenden Systeme der Anlagentechnik in Gebäuden – d. h. der Heizung, Trinkwassererwärmung und Lüftung – vorgestellt werden.

Das Berechnungsverfahren der EnEV ist gegenüber unterschiedlicher Energietechnik zur Erwärmung der Gebäude sehr offen, damit regenerative und neue Energien problemlos einbezogen werden können; dies führt aber zu sehr vielen möglichen Varianten der einzusetzenden Gebäudetechnik. Um den Umfang dieses Kapitels zu beschränken, werden im Folgenden vor allem
- Raumheizung und Trinkwassererwärmung mit Heizkesseln, Wärmepumpen und thermischen Solaranlagen sowie
- übliche Lüftungsanlagen

vorgestellt. Darüber hinaus gehende Möglichkeiten werden nur kurz erwähnt und müssen den gebäudetechnischen Standardwerken (z. B. [4.2], [4.3], [4.4], [4.5]) bzw. der speziellen Fachliteratur (z. B. [4.6], [4.7], [4.8], [4.9]) vorbehalten bleiben.

Der letzte Unterabschnitt der folgenden drei Abschnitte entspricht jeweils der Gliederung aus DIN V 4701-10 [4.10], [4.11], auf der die gebäudetechnischen Berechnungen der EnEV für Wohngebäude basieren.

4.2 Heizung

4.2.1 Heizungsanlagen

Die seit Jahrhunderten gebräuchlichen *Einzel*heizungen (offene Kamine, Einzelöfen) sind heute kaum noch üblich – für die Beheizung im eigentlichen Sinne, nicht für die Gemütlichkeit –; sie sollen daher im Folgenden nicht weiter behandelt werden. Heutiger Standard (und als Luftheizung schon seit römischen Zeiten bekannt) ist die komfortablere *Zentral-* oder *Sammel*heizung, und zwar i. d. R. als Warmwasserheizung – d. h. die Wärmeverteilung erfolgt über den Wärmeträger Wasser.

Die Wärmeerzeugung erfolgt bei Warmwasserheizungen in den meisten Fällen durch *Heizkessel*, die unterschieden werden (Tabelle 4.1) in:

4 Anlagentechnik zur Einhaltung der EnEV

– *Standard*kessel (heute veraltete Konstanttemperaturkessel, müssen gemäß EnEV 2014 [4.1] nach spätestens 30 Jahren Nutzung außer Betrieb genommen werden),
– *Niedertemperatur*kessel (mit gleitender Kesseltemperatur) und
– *Brennwert*kessel (ebenfalls mit gleitender Kesseltemperatur, aber zusätzlich mit planmäßiger Abgaskondensation).

Tabelle 4.1: Definition von Standard-, Niedertemperatur- und Brennwertkessel gemäß der Heizkessel-Wirkungsgradrichtlinie 92/42/EWG

Kesselart	Definition
Standard-kessel	Heizkessel, bei dem die durchschnittliche Betriebstemperatur nur durch die Kesselauslegung beschränkt werden kann; muss so betrieben werden, dass keine Kondensation im Abgasweg auftreten kann
Nieder-temperatur-kessel	Heizkessel ohne untere Temperaturbegrenzung, der kontinuierlich mit einer Eintrittstemperatur von 35 bis 40 °C betrieben werden kann und in dem es unter Umständen zur Teilkondensation von Wasserdampf kommen kann, ohne dass der Heizkessel dabei Schaden nimmt
Brennwert-kessel	Heizkessel, der für die permanente Kondensation eines Großteils des in den Abgasen enthaltenen Wasserdampfes konstruiert ist

Bei den flüssigen bzw. gasförmigen Brennstoffen (Heizöl, Stadt-, Erd- oder Flüssiggas) ist der Brennwertkessel Stand der Technik; er unterscheidet sich deutlich durch seinen Nutzungsgrad vor allem im Teillastbetrieb in der Übergangszeit von den anderen Kesseltypen (Bild 4.1). Der Grund für den höheren Nutzungsgrad beim Brennwertkessel liegt in der planmäßigen Abgaskondensation, wodurch die Kondensationswärme (Latentwärme) aus dem Abgas der Heizungsanlage zusätzlich für die Beheizung genutzt wird.

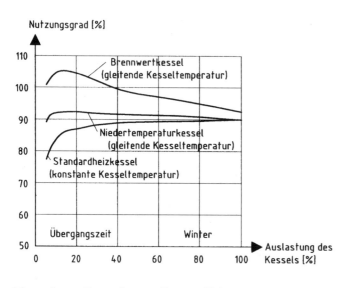

Bild 4.1: Nutzungsgrade verschiedener Kesseltypen bei jahreszeitlich unterschiedlicher Auslastung (nach [4.12])

Vor näherer Betrachtung dieses Effektes sind folgende Begriffe zu definieren [4.4]:

- Der *Heizwert* = *unterer* Heizwert H_u (europäisch H_s) ist die Wärmemenge eines Brennstoffs, die bei vollkommener Verbrennung (unter genormten Bedingungen) frei wird, wobei der bei der Verbrennung entstandene Wasserdampf im Abgas gasförmig vorliegt; bei Erdgas – vereinfacht Methan CH_4 – ergibt sich:

$$CH_4 + 2\,O_2 \rightarrow CO_2 \uparrow + 2\,H_2O \uparrow \qquad (4.1)$$

- Der *Brennwert* = *oberer* Heizwert H_o (europäisch H_i) ist die Wärmemenge eines Brennstoffs, die bei vollkommener Verbrennung (unter genormten Bedingungen) frei wird, wobei der bei der Verbrennung entstandene Wasserdampf vollständig kondensiert; bei Erdgas – vereinfacht Methan CH_4 – ergibt sich:

$$CH_4 + 2\,O_2 \rightarrow CO_2 \uparrow + 2\,H_2O \downarrow \qquad (4.2)$$

Die Höhe der im zweiten Fall theoretisch nutzbaren *Kondensationswärme* hängt ab vom Anteil des Verbrennungsproduktes Wasser (H_2O) im Abgas der eingesetzten Brennstoffe (Tabelle 4.2); die theoretische Obergrenze des in Bild 4.1 dargestellten Nutzungsgrades, der auf den *unteren* Heizwert H_u bezogen ist, ist bei Brennwertkesseln das Verhältnis H_o/H_u – beim heute üblichen Erdgas H (künftig europäisch Erdgas E) also 111 %, bei Heizöl EL (= extra leicht) 106 %.

Tabelle 4.2: Kenndaten einiger Brennstoffe für Heizungsanlagen (nach [4.13])

	Stadtgas	Erdgas H (E)	Propan	Heizöl EL
oberer Heizwert $H_o = H_i$	5,48 kWh/m³	11,09 kWh/m³	28,11 kWh/m³	10,63 kWh/l
unterer Heizwert $H_u = H_s$	4,87 kWh/m³	10,00 kWh/m³	25,88 kWh/m³	10,00 kWh/l
Verhältnis H_o/H_u	1,13	1,11	1,09	1,06
Abgastaupunkt θ_t [1])	59,5 °C	55,6 °C	51,4 °C	47,0 °C
spezif. Kondenswassermenge (bezogen auf H_u)	0,18 l/kWh	0,16 l/kWh	0,12 l/kWh	0,09 l/kWh

[1]) Bei Luftüberschusszahl λ = 1,3 (θ_t steigt mit abnehmender Luftüberschusszahl).

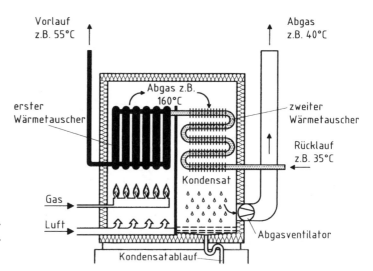

Bild 4.2: Prinzipdarstellung eines Gas-Brennwertkessels (nach [4.4])

4 Anlagentechnik zur Einhaltung der EnEV

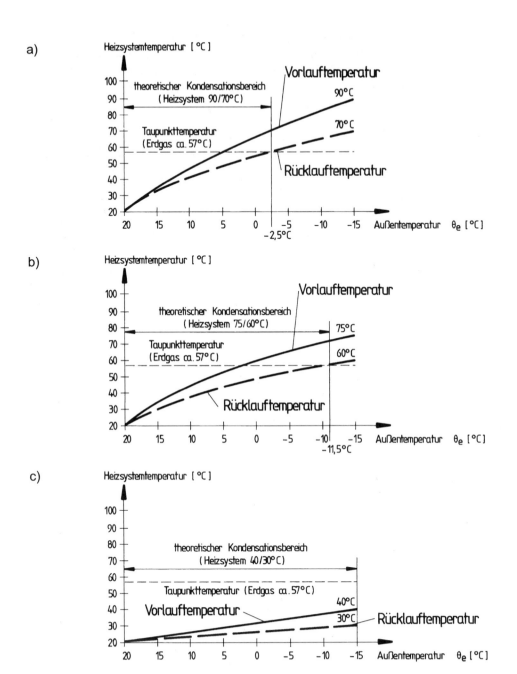

Bild 4.3: Einfluss der Heizsystemtemperatur auf die Nutzung der Abgaskondensation bei Erdgas-Brennwertkesseln (nach [4.14], hier für $\theta_t = 57$ °C dargestellt); sie ist theoretisch möglich:
a) oberhalb von $\theta_e = -2{,}5$ °C bei Vorlauf-/Rücklauftemperaturen von 90 °C/70 °C
b) oberhalb von $\theta_e = -11{,}5$ °C bei Vorlauf-/Rücklauftemperaturen von 75 °C/60 °C
c) ohne Einschränkung bei Vorlauf-/Rücklauftemperaturen von 40 °C/30 °C

Voraussetzung für die Nutzung der Abgaskondensation (und damit des Brennwerteffektes) ist jedoch, dass die Rücklauftemperatur der Heizung unter der Taupunkttemperatur des Abgases θ_t liegt (vgl. Tabelle 4.2), da das Abgas vom Rücklaufwasser gekühlt wird und am zweiten Wärmetauscher kondensieren muss (rechts in Bild 4.2).

Die Nutzungsdauer der Abgaskondensation von Brennwertkesseln ist somit am längsten und effektivsten, wenn Vorlauf- und Rücklauftemperatur möglichst niedrig ausgelegt werden. Die Auslegung einer Heizungsanlage einschließlich der Heizflächen im Rahmen der Heizlastberechnung erfolgt nach EN 12831: 2003-08 [4.15], [4.16].

Die Folgen der Auslegung der Heizungsanlage auf die Abgaskondensation werden in Bild 4.3 am Beispiel eines Erdgas-Brennwertkessels gezeigt:

- Die lange Zeit übliche Auslegung des Heizsystems mit Vorlauf-/Rücklauftemperatur 90 °C/70 °C (für eine Norm-Außentemperatur von z. B. $\theta_e = -14$ °C in Bild 4.3a) ist für Brennwertkessel nicht geeignet, da eine Abgaskondensation praktisch nur bei $\theta_e \geq 0$ °C und damit zu selten und nur in zu geringem Umfang wirksam werden kann.

- Allerdings nimmt mit sinkenden Auslegungstemperaturen auch die Wärmeleistung der Heizkörper ab (Bild 4.4), so dass bei gleicher Heizlast eines Raumes größere und damit teurere Heizkörper vorgesehen werden müssen – eine Auslegung auf Vorlauf-/Rücklauftemperatur 40 °C/30 °C (Bild 4.3c) ist deshalb nur bei Fußbodenheizungen sinnvoll, die aus Behaglichkeitsgründen sowieso nicht wesentlich höher ausgelegt werden können (vgl. Bild 2.2b in Abschnitt 2.2).

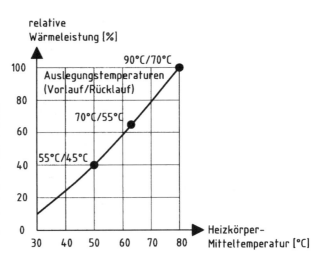

Bild 4.4: Wärmeleistung von Heizkörpern in Abhängigkeit von der Heizkörper-*Mittel*temperatur (die Heizleistung ist ungefähr proportional zur Heizkörper-*Über*temperatur, d. h. der Temperaturdifferenz zwischen Heizkörper-Mitteltemperatur und Raumtemperatur, nach [4.12])

- Die in Bild 4.3b dargestellte Auslegung auf Vorlauf-/Rücklauftemperatur 75 °C/ 60 °C wäre ein möglicher Kompromiss bei Verwendung der heute üblichen Plattenheizkörper, da Außentemperaturen $\theta_e \leq 0$ °C nicht so häufig auftreten und damit die Abgaskondensation praktisch in weiten Teilen der Heizperiode wirksam werden kann – möglich wären aber auch andere Auslegungen im schraffierten Bereich von Bild 4.5.

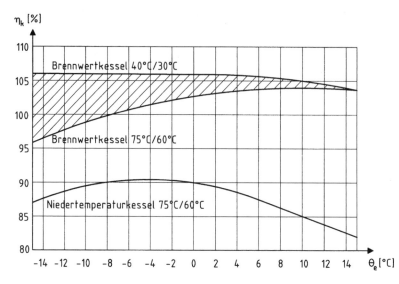

Bild 4.5: Abhängigkeit des Kesselwirkungsgrades η_K von der Außenlufttemperatur θ_e (nach [4.17])

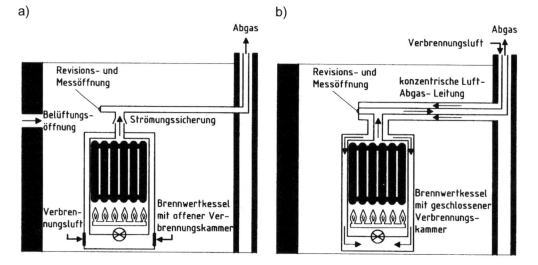

Bild 4.6: Varianten der Versorgung von Heizkesseln mit Verbrennungsluft (nach [4.17]):
a) raumluftabhängige Versorgung mit Verbrennungsluft
b) raumluft*un*abhängige Versorgung mit Verbrennungsluft im Luft-Abgas-System (LAS), bei heutigen Brennwertkesseln üblich

Die Versorgung mit Verbrennungsluft erfolgt bei heutigen Brennwertkesseln i. d. R. raumluft*un*abhängig im sog. *Luft-Abgas-System* (LAS), um eine während der Heizperiode offen zu haltende Belüftungsöffnung im Heizungsraum zu vermeiden und damit diesen Raum höherwertig – z. B. als luftdicht ausgeführten und damit beheizbaren Raum

4.2 Heizung

(Bad, Küche, Hauswirtschaftsraum, ...) – nutzen zu können (Bild 4.6b). Ein klassischer Schornstein wie in Bild 4.6a ist bei Gas-Brennwertkesseln nicht mehr erforderlich, das Luft-Abgas-System besteht i. d. R. nur aus einem konzentrischen doppelwandigen Rohr, in dem innen das Abgas abgeführt und außen die Verbrennungsluft zugeführt wird (vgl. Bild 4.6b). Die Aufstellung solcher Gas-Brennwertkessel kann
– sowohl wie gewohnt im (ggf. beheizten) Keller oder – bei nicht unterkellerten Gebäuden – in einem beheizten Erdgeschossraum
– als auch im (ggf. beheizten) Dachgeschoss

erfolgen; die Aufstellung im Dachgeschoss ermöglicht z. B. einen einfachen Anschluss einer auf dem Dach angeordneten thermischen Solaranlage (s. u. Bild 4.23).

4.2.2 Regelung und Steuerung von Heizungsanlagen

Von großer Bedeutung für die Energieeffizienz von Heizungsanlagen ist ihre Regelung bzw. Steuerung:
- In den Sechziger- und Siebzigerjahren des vorigen Jahrhunderts war die *Regelung* der Vorlauftemperatur über einen Raumthermostat im Wohnzimmer üblich (Bild 4.7a), allerdings mit dem Nachteil, dass die übrigen Räume nicht individuell geregelt werden konnten und dadurch – je nach Windrichtung und Lage des Wohnzimmers – häufig die lee- bzw. luvseitigen Räume zu warm bzw. zu kühl waren.

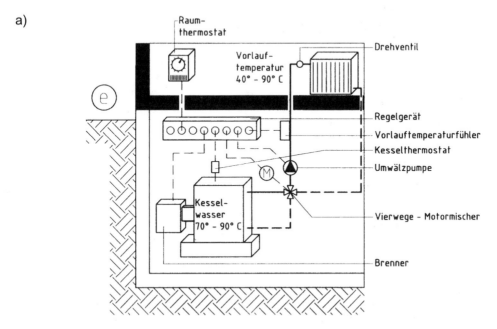

Bild 4.7: Regelung bzw. Steuerung von öl- oder gasbetriebenen Heizungsanlagen:
a) Heizungsanlage mit Konstanttemperaturkessel und Regelung des Vierwege-Motormischers über einen Raumthermostat (Stand ca. 1970)

4 Anlagentechnik zur Einhaltung der EnEV

b)
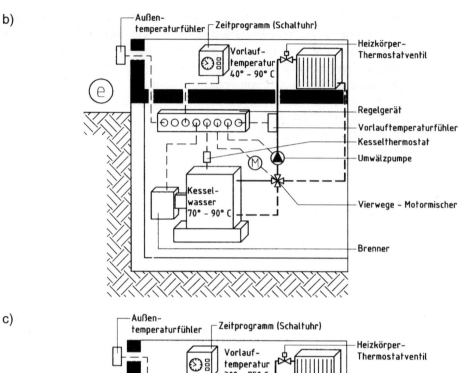

c)
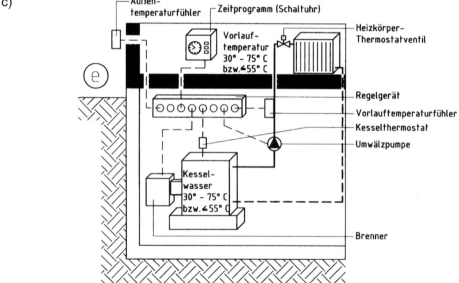

Bild 4.7 (Fortsetzung): Regelung bzw. Steuerung von öl- oder gasbetriebenen Heizungsanlagen:
b) Heizungsanlage mit Konstanttemperaturkessel und Steuerung des Vierwege-Motormischers über die Außenlufttemperatur sowie Zeitschaltuhr für die Nachtabsenkung und Thermostatventil an jedem Heizkörper (Stand ca. 1985)
c) heutige Heizungsanlage mit Niedertemperatur- bzw. Brennwertkessel und Steuerung über die Außentemperatur sowie Zeitschaltuhr für die Nachtabschaltung und Thermostatventil an jedem Heizkörper

4.2 Heizung

- Nachdem Thermostatventile zur Einzelraumregelung vorgeschrieben (und auch eingebaut) wurden, hat sich in den Achtzigerjahren des vorigen Jahrhunderts die Frage nach intelligenten zentralen Regeleinrichtungen gestellt, da sich zwei unabhängige Regler (Raumthermostat *und* Thermostatventil) in einem Regelkreis gegenseitig stören. Zum neuen Standard wurde eine witterungs- bzw. außenlufttemperaturgeführte *Steuerung* der Kessel- und Vorlauftemperatur (Bild 4.7b und Bild 4.8), die auch eine Möglichkeit der automatischen Nachtabsenkung oder -abschaltung bietet und durch § 14 (1) EnEV [4.1] praktisch vorgeschrieben ist.

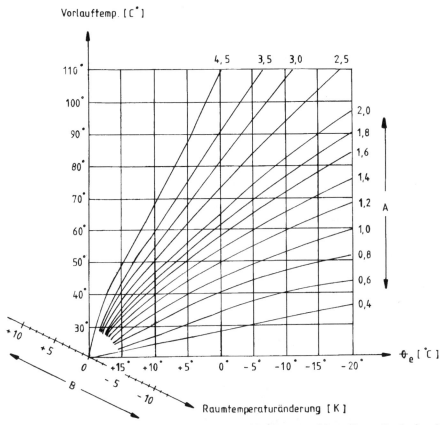

Bild 4.8: Steuerung der Vorlauftemperatur einer Heizungsanlage über die Außenlufttemperatur θ_e, die Kennlinie A wird entsprechend der Auslegungstemperatur des Heizungssystems eingestellt, die Raumtemperaturänderung B kann von den Nutzern gewählt werden (nach [4.17], [4.18])

- Heutige Niedertemperatur- oder Brennwertkessel sind aus höher korrosionsbeständigem Material, sodass sie mit *gleitender Kesseltemperatur* betrieben werden können (in Bild 4.7c z. B. mit 30 bis 75 °C bei Niedertemperatur- bzw. mit $\theta_t \leq 55$ °C bei Erdgas-Brennwertkesseln). Deshalb wird die Vorlauftemperatur (energetisch günstiger, bei Brennwertkesseln unverzichtbar) direkt am Kessel und nicht mehr über den

– deshalb entfallen – Vierwege-Motormischer gesteuert. Ansonsten bleibt die Steuerung der Heizungsanlage unverändert; als Umwälzpumpen werden heute jedoch Strom sparende Pumpen (sog. *geregelte Pumpen*) eingesetzt, die von der Regelung nur bei Bedarf eingeschaltet werden [4.19] und die gemäß EnEV [4.1] praktisch vorgeschrieben sind.

4.2.3 Heizstrang

Eine Heizungsanlage besteht mindestens aus einem *Heizstrang* (Bild 4.9), der nach DIN V 4701-10 [4.13] die Grundeinheit für die energetische Berechnung einer Heizungsanlage darstellt. Ein solcher Heizstrang umfasst bis zu vier Prozessbereiche, nämlich:
– Wärmeerzeugung,
– Wärmespeicherung,
– Wärmeverteilung und
– Wärmeübergabe.
Diese vier Prozessbereiche sollen im Folgenden näher erläutert werden.

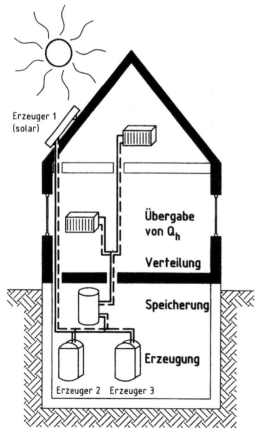

Bild 4.9: Beispiel eines Heizstranges mit allen vier Prozessbereichen, hier erfolgen Wärmeerzeugung und -speicherung außerhalb des beheizten Bereichs (fett eingerahmt), der sog. „thermischen Hülle"

4.2 Heizung

A Wärmeerzeugung

Die Wärmeerzeugung erfolgt bei Warmwasserheizungen meist durch Heizkessel, die bei Erdgas- oder Heizölfeuerung unterschieden werden in Standard-, Niedertemperatur- und Brennwertkessel (vgl. Abschnitt 4.2.1). Ersetzt oder ergänzt werden kann diese Wärmeerzeugung durch *Nutzung erneuerbarer (regenerativer) Energien*:

- Zunehmend wird statt mit fossilen Energieträgern mit *Biomasse* geheizt, v. a. mit Holz in Form von *Holzpellets* (Bild 4.10), die industriell hergestellt und getrocknet werden und damit einen höheren Heizwert als häufig feuchteres Stückholz oder Hackschnitzel haben (Bild 4.11). Neben dem in Bild 4.10 dargestellten, in den Kessel integrierten und meist von Hand zu befüllenden Pelletsbehälter sind auch externe Pelletslager mit automatisierter Pelletsförderung zum Kessel gebräuchlich.

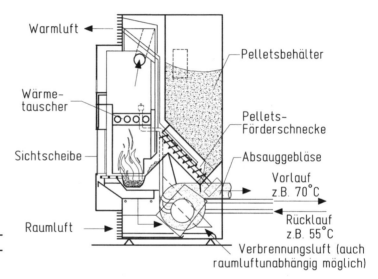

Bild 4.10: Prinzipdarstellung eines Holzpellet-Kessels (nach [4.4])

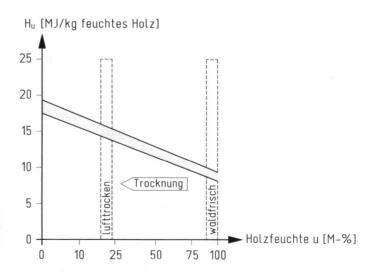

Bild 4.11: Heizwert von Holz in Abhängigkeit von der Holzfeuchte (nach [4.6])

4 Anlagentechnik zur Einhaltung der EnEV

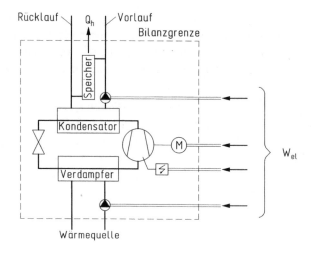

Bild 4.12: Prinzipschema einer elektrischen Wärmepumpe; das Verhältnis von Nutzwärme Q_h zur zugeführten elektrischen Energie W_{el} heißt *Arbeitszahl* (nach [4.6])

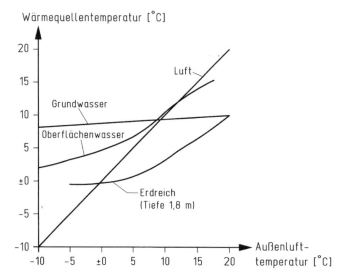

Bild 4.13: Temperaturen von Wärmequellen für Wärmepumpen (nach [4.6])

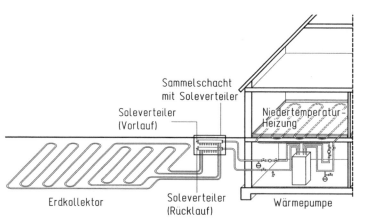

Bild 4.14: Wärmepumpenanlage mit Niedertemperaturheizung (als Fußbodenheizung) und horizontal liegendem Erdkollektor

4.2 Heizung

- Einen regelrechten Boom erlebten in den letzten Jahren die i. d. R. elektrischen Wärmepumpen (Bild 4.12), deren *Arbeitszahl* umso höher wird,
  - je *höher* die Temperatur der Wärmequelle (Bild 4.13) und
  - je *niedriger* die Temperatur der Nutzwärme

  ist. Diesem Kriterium genügt z. B. die in Bild 4.14 dargestellte Wärmepumpenanlage mit horizontal liegendem Erdkollektor als Wärmequelle (zunehmend jedoch als Erdwärmesonden vertikal gebohrt) und Niedertemperatur-Fußbodenheizung.

- Aufgrund der nur geringen winterlichen Sonneneinstrahlung in unseren Breiten können thermische Solaranlagen in Form von Flachkollektoren (Bild 4.15) oder teureren Vakuum-Röhrenkollektoren [4.8], [4.9] ohne Langzeit-Wärmespeicher (vgl. Abschnitt 1.4) nur ergänzend zur Heizungsunterstützung eingesetzt werden.

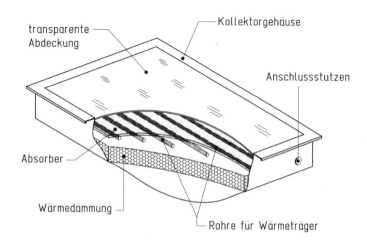

Bild 4.15: Flachkollektor als Wärmeerzeuger einer thermischen Solaranlage

Eine Alternative zum Heizkessel im Gebäude stellt die Wärmeversorgung durch Fern- oder Nahwärme dar – z. B. durch *Blockheizkraftwerke* (BHKW) [4.20] mit Kraft-Wärme-Kopplung (KWK), bei denen ein von einem Gas- oder Dieselmotor angetriebener Generator Strom erzeugt und die Abwärme aus Kühlwasser und Abgas zur Wärmeversorgung dient (Bild 4.16). Ebenfalls eine Kraft-Wärme-Kopplung bieten *Brennstoffzellen*, die sich als Wärmeerzeuger aber noch in der Entwicklung befinden [4.21].

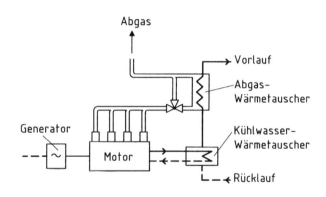

Bild 4.16: Prinzipschema eines Blockheizkraftwerks (BHKW, nach [4.6])

4 Anlagentechnik zur Einhaltung der EnEV

B Wärmespeicherung

Eine Wärmespeicherung ist bei Heizungsanlagen nur dann erforderlich, wenn eine Biomasseheizung (z. B. Pelletsheizung, vgl. Bild 4.10) genutzt oder die Wärmeerzeugung durch eine thermische Solaranlage unterstützt wird (s. z. B. Erzeuger 1 in Bild 4.9). Näheres s. u. bei der Trinkwarmwasserspeicherung in Abschnitt 4.3.2.

C Wärmeverteilung

Die Wärmeverteilung erfolgt durch Heizleitungssysteme (Rohrnetze), die i. d. R. als Zweistranganlage (Zweirohrheizung)
- aus einem *Vorlauf* (dem warmen Strang von den Wärmeerzeugern zur Wärmeübergabe, in Bild 4.9 als Volllinie) und
- aus einem *Rücklauf* (dem kühleren Strang von der Wärmeübergabe zurück zu den Wärmeerzeugern, in Bild 4.9 als Strichlinie)

bestehen.

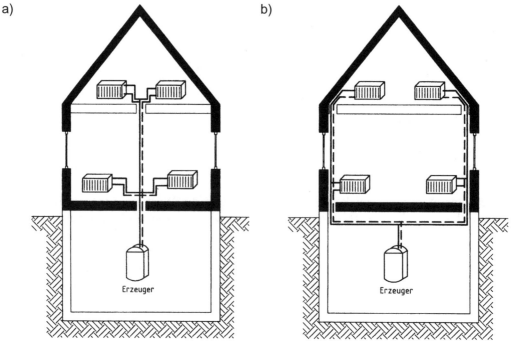

Bild 4.17: Beispiele von Heizleitungssystemen:
a) horizontale Verteilung vollständig, vertikale Verteilung nahezu vollständig im beheizten Bereich
b) vertikale Verteilung im beheizten, horizontale Verteilung im *un*beheizten Bereich (unter der Kellerdecke)

Die Heizleitungssysteme können
- (nahezu) vollständig im beheizten Bereich (*inner*halb der in Bild 4.9 fett umrandeten thermischen Hülle, s. auch Bild 4.17a) oder

- auch teilweise im *un*beheizten Bereich (*außer*halb der in Bild 4.9 fett umrandeten thermischen Hülle, s. auch Bild 4.17b)

verlegt sein, letztere Anordnung erhöht die Wärmeverluste der Wärmeverteilung trotz Mindestdämmung gemäß § 14 (5) EnEV [4.1] mit Anlage 5, (Tabelle 4.3 mit Bild 4.18) ggf. erheblich.

Tabelle 4.3: Mindestdämmung von *Warmwasser*leitungen und zugehörigen Armaturen allgemein sowie von *Wärmeverteilungs*leitungen und zugehörigen Armaturen im *un*beheizten Bereich

Art der Leitungen/Armaturen	Mindestdicke der Dämmschicht, bezogen auf λ = 0,035 W/(m · K) [1])
Innendurchmesser (= Nenndurchmesser *DN*) - *DN* $\leq$ 22 mm - 22 mm < *DN* $\leq$ 35 mm - 35 mm < *DN* $\leq$ 100 mm - *DN* > 100 mm	 20 mm 30 mm gleich Innendurchmesser 100 mm
Leitungen und Armaturen - in Wand- und Deckendurchbrüchen - im Kreuzungsbereich von Leitungen - an Leitungsverbindungsstellen - bei zentralen Leitungsnetzverteilern	½ der o. g. Mindestdicke
Leitungen von Zentralheizungen, die in Bauteilen zwischen *beheizten* Räumen verschiedener Nutzer verlegt werden	allg. ½ der o. g. Mindestdicke, im Fußbodenaufbau 6 mm

[1]) Bei Dämmstoffen mit anderen Wärmeleitfähigkeiten λ ist die Dämmstoffdicke entsprechend umzurechnen – gemäß [4.22] kann diese Mindestdämmung auch durch Schichten der Baukonstruktion ersetzt werden.

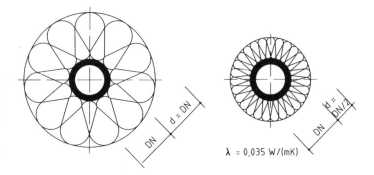

Bild 4.18: Mindestdämmung von *Warmwasser*leitungen (links) und im Bereich zugehöriger Armaturen usw. (rechts, nach [4.4])

D Wärmeübergabe

Die Wärmeübergabe erfolgt i. d. R. durch statische Heizflächen, und zwar:
- durch *freie Heizflächen*, d. h. Heizkörper (Plattenheizkörper, Gliederheizkörper bzw. Konvektoren), oder

4 Anlagentechnik zur Einhaltung der EnEV

- durch in Bauteile *integrierte Heizflächen*, d. h. Flächenheizungen (Wand- bzw. Fußbodenheizungen).

Die Wärmeverluste bei der Wärmeübergabe hängen vor allem ab:
- von der *Qualität der Regeleinrichtungen* gemäß EnEV § 14 (2) [4.1], die wiederum abhängt
  - zum einen von der Qualität der Thermostatventile oder entsprechender elektronischer Regeleinrichtungen selbst (möglichst geringer Proportionalbereich, heute 1 K erreichbar) und
  - vom richtigen *Einbau* der Thermostatventile oder entsprechender elektronischer Regeleinrichtungen (gut luftumspült an einer für den Raum repräsentativen Stelle gemäß Bild 4.19) sowie
- von einem guten *hydraulischen Abgleich* des Rohrnetzes bei Inbetriebnahme der Heizungsanlage gemäß Bild 4.20 – dieser erfolgt als Grundeinstellung an den Thermostatventilen (für den Nutzer nicht zugänglich), und zwar gemäß VOB als Nebenleistung des Installateurs.

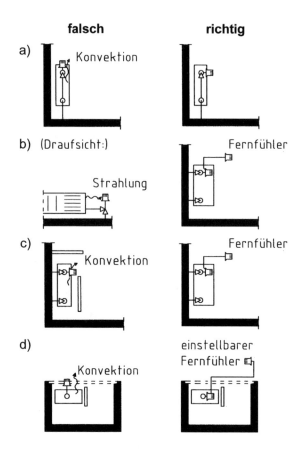

Bild 4.19: Einbau von Thermostatventilen, links falsch wegen zu großer Beeinflussung der gemessenen Temperatur durch den Heizkörper, rechts richtig (nach [4.17]):
a) Thermostatventile müssen horizontal eingebaut werden, um die Raumtemperatur zu messen
b) Thermostatventile müssen aus dem direkten Strahlungsbereich des Heizkörpers herausgeführt werden, um die Raumtemperatur zu messen (hier z. B. durch Fernfühler)
c) Thermostatventile dürfen nicht innerhalb von Heizkörperverkleidungen angeordnet werden (Fernfühler erforderlich)
d) bei Konvektoren unter bodentiefen Fenstern sind Fernfühler unverzichtbar

Bild 4.20: Hydraulischer Abgleich, die berechnete Heizlast sei in Raum 2 doppelt so hoch wie in Raum 1 mit entsprechend ausgelegten Heizkörpern:

1. Ohne hydraulischen Abgleich erhalten bei grundsätzlich ausreichender Leistung der Umwälzpumpe aufgrund der verschiedenen Leitungslängen der Heizkörper im Raum 1 *mehr* und der im Raum 2 *weniger* Wärmeleistung als berechnet – Folge: Die Pumpenleistung wird erhöht, wodurch die Geräusche in der Heizungsanlage und der elektrische Hilfsenergiebedarf ansteigen.
2. Beim hydraulischem Abgleich wird die Grundeinstellung an den Thermostatventilen so vorgenommen, dass trotz unterschiedlicher Leitungslängen beide Heizkörper die berechnete Wärmeleistung erhalten – Folge: Die Pumpenleistung kann niedriger gewählt werden, um die Geräuschentwicklung und den elektrischen Hilfsenergiebedarf niedrig zu halten (nach [4.13]).

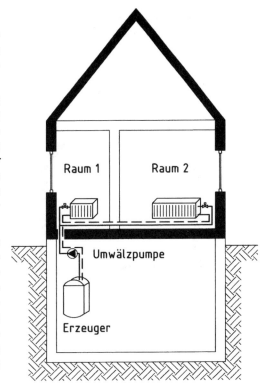

4.3 Trinkwassererwärmung

4.3.1 Trinkwassererwärmungsanlagen

Es gibt drei grundsätzliche Möglichkeiten der Trinkwassererwärmung:
– die dezentrale Trinkwassererwärmung einzelner Zapfstellen (Bild 4.21a),
– die (häufig wohnungszentrale) Trinkwarmwasser-Gruppenversorgung (Bild 4.21b) und
– die zentrale Trinkwassererwärmung (Bild 4.21c) mit oder ohne Zirkulationsleitung.

Die dezentrale Einzelraum-Warmwasserversorgung erfolgt i. d. R. elektrisch mit offenen (drucklosen) Trinkwassererwärmern, die Gruppenversorgung elektrisch oder mit Erdgas mit geschlossenen (druckfesten) Trinkwassererwärmern. Die zentrale Warmwasserversorgung kann mit allen gängigen Energieträgern erfolgen, und zwar mit geschlossenen (druckfesten) Trinkwassererwärmern.

Eine *Zirkulationsleitung* (vgl. Bild 4.21c) ist zwar sehr komfortabel (und zumindest im Mehrfamilienhausbau heute Standard), sie erhöht aber auch den Energieaufwand für die Trinkwassererwärmung, weshalb § 14 (4) EnEV [4.1] selbsttätig wirkende Einrichtungen zum – i. d. R. zeitgesteuerten – Ein- und Ausschalten vorschreibt. Tabelle 4.4 gibt Hin-

4 Anlagentechnik zur Einhaltung der EnEV

weise, bis zu welchen maximalen Leitungslängen bei kleineren Gebäuden eine Zirkulation meist nicht erforderlich ist.

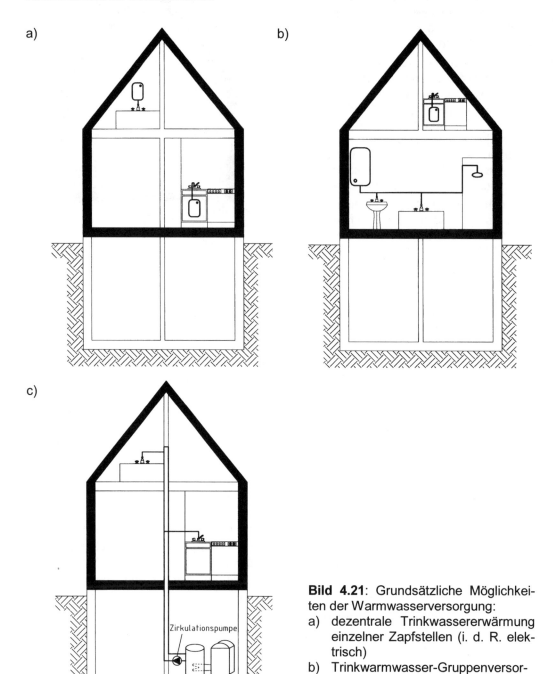

Bild 4.21: Grundsätzliche Möglichkeiten der Warmwasserversorgung:
a) dezentrale Trinkwassererwärmung einzelner Zapfstellen (i. d. R. elektrisch)
b) Trinkwarmwasser-Gruppenversorgung
c) zentrale Trinkwassererwärmung, hier mit Zirkulationsleitung

4.3 Trinkwassererwärmung

Tabelle 4.4: Ohne Zirkulation mögliche maximale Leitungslängen (nach [4.23])

Entnahmestelle	zul. Ausstoßzeit t_{max}	Kupferrohr DN	Leitungslänge l_{max} [1])
Badewanne (v_{RW} = 0,15 l/s)	15 bis 25 s	18 mm	11 bis 19 m
		22 mm	8 bis 13 m
Brause (v_{RW} = 0,15 l/s)	10 bis 15 s	15 mm	11 bis 17 m
		18 mm	8 bis 11 m
Waschbecken (v_{RW} = 0,07 l/s)	8 bis 10 s	12 mm	7 bis 9 m
		15 mm	4 bis 5 m
		18 mm	3 bis 4 m
Spülbecken (v_{RW} = 0,07 l/s)	5 bis 10 s	12 mm	5 bis 9 m
		15 mm	3 bis 5 m
		18 mm	2 bis 4 m

[1]) Die maximale Leitungslänge errechnet sich zu $l_{max} = (v_{RW} \cdot t_{max}) / V_{Rohr}$ mit v_{RW} als angestrebtem Durchfluss, t_{max} als zulässiger Ausstoßzeit und V_{Rohr} als Wasserinhalt des Rohres.

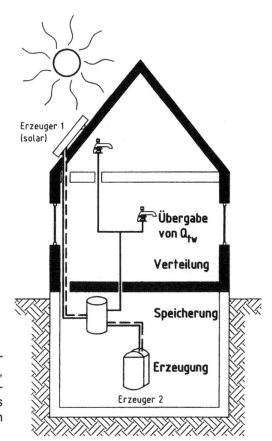

Bild 4.22: Beispiel eines Trinkwarmwasserstranges mit allen vier Prozessbereichen, hier mit Trinkwassererwärmung und -speicherung außerhalb des beheizten Bereichs (fett eingerahmt), der sog. „thermischen Hülle"

4 Anlagentechnik zur Einhaltung der EnEV

4.3.2 Trinkwarmwasserstrang

Unabhängig von den o. g. grundsätzlichen Möglichkeiten besteht eine Anlage zur Trinkwassererwärmung mindestens aus einem *Trinkwarmwasserstrang* (Bild 4.22), der nach DIN V 4701-10 [4.10] die Grundeinheit für die energetische Berechnung darstellt. Ein solcher Trinkwarmwasserstrang umfasst bis zu vier Prozessbereiche, nämlich:
- Trinkwarmwassererzeugung,
- Trinkwarmwasserspeicherung,
- Trinkwarmwasserverteilung und
- Trinkwarmwasserübergabe.

Diese vier Prozessbereiche sollen im Folgenden näher erläutert werden.

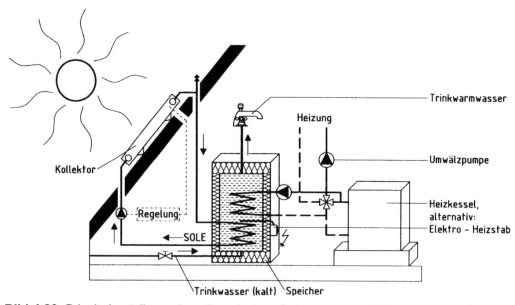

Bild 4.23: Prinzipdarstellung einer thermischen Solaranlage zur Trinkwassererwärmung, hier direkt unter dem Dach innerhalb der thermischen Hülle; im Winter indirekte Nachheizung durch Heizkessel oder direkte Nachheizung z. B. durch Elektro-Heizstab möglich (nach [4.3])

A Trinkwarmwassererzeugung

Die Wärmeerzeugung für das Trinkwarmwasser erfolgt bei *zentraler* Trinkwassererwärmung zunehmend *bivalent*, d. h. neben einer konventionellen Trinkwassererwärmung (vgl. Abschnitt 4.3.1) werden *thermische Solaranlagen* vorgesehen, bestehend i. d. R. aus Flachkollektoren (vgl. Bild 4.15) auf südorientierten Dachflächen (Bild 4.23). Erreicht werden kann damit ein solarer Deckungsanteil von $\alpha_{TW,g}$ = 40 bis 60 %. Die nicht solar gedeckte Wärme wird mit fossilen Energieträgern erzeugt, und zwar:
- *indirekt* (mittelbar) durch die sowieso vorhandene Heizungsanlage (vgl. Abschnitt 4.2) oder

- *direkt* (unmittelbar) durch eine von der Heizungsanlage unabhängige Beheizung des Speichers, die
  - entweder mit Gas (nicht empfehlenswert wegen des im Vergleich zur vorhandenen Heizanlage i. d. R. schlechteren Nutzungsgrades von nur ca. 60 % [4.24])
  - oder – wie in Bild 4.23 alternativ dargestellt – primärenergetisch noch weniger empfehlenswert durch einen elektrischen Heizstab

  erfolgen kann.

Sowohl die indirekte als auch die direkte Trinkwarmwassererzeugung können *innerhalb* oder *außerhalb* der thermischen Hülle (fett umrandet in Bild 4.22) erfolgen. Bei kleinen Wohngebäuden erfolgt die Trinkwassererwärmung häufig indirekt durch sog. *Kombikessel* – das sind Geräte, bei denen Heizung, Trinkwassererwärmung und Trinkwarmwasserspeicherung kombiniert sind, z. B. in Form und Größe einer Kühl-Gefrierkombination oder (bei kleineren Anlagen) in einem wandhängenden Gehäuse.

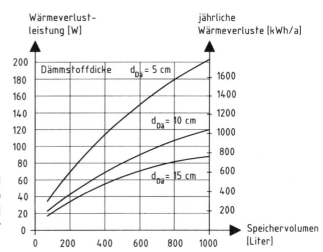

Bild 4.24: Wärmeverlustleistung und jährliche Wärmeverluste von Warmwasser-Speichern bei einer Warmwasser-Temperatur von 60 °C (nach [4.12])

B   Trinkwarmwasserspeicherung

Bei einer teilweise solaren Trinkwassererwärmung ist eine Speicherung unverzichtbar, da solares Energieangebot und Warmwasserbedarf zeitlich auseinanderfallen. Aber auch bei fossiler Trinkwassererwärmung ermöglicht – im Vergleich zur Erwärmung mit Durchlauf-Wassererwärmern (Durchlauferhitzern) – nur ein ausreichend großer Speicher die schnelle Entnahme größerer Mengen an Trinkwarmwasser (für ein Vollbad z. B.); dem stehen die größeren Abmessungen und höheren Stillstandsverluste von Warmwasserspeichern als Nachteile gegenüber [4.3] (Bild 4.24). Analog zur Trinkwarmwasser*erzeugung* werden unterschieden:
- *indirekt* (mittelbar) beheizte Speicher (beheizt durch die vorhandene Heizungsanlage, wofür eine Umwälzpumpe erforderlich wird) und
- *direkt* (unmittelbar) beheizte Speicher (Speicher-Wassererwärmer mit unabhängiger Beheizung).

4 Anlagentechnik zur Einhaltung der EnEV

Sowohl die indirekte als auch die direkte Trinkwarmwasserspeicherung können *inner*halb oder *außer*halb der thermischen Hülle (fett umrandet in Bild 4.22) erfolgen.

C Trinkwarmwasserverteilung

Die Verteilung des Trinkwarmwassers erfolgt durch gedämmte Rohrnetze mit Mindestdämmung entsprechend Tabelle 4.3 *auch im beheizten Bereich*. Ausnahme: In Wohnungen gelegene Warmwasserleitungen $\leq DN$ 22, die nicht in den Zirkulationskreislauf einbezogen sind und keine elektrische Begleitheizung haben (sog. *Stichleitungen*), brauchen nach EnEV, Anlage 5, nicht gedämmt zu werden [4.1]. Bei der Trinkwarmwasserverteilung sind zwei grundsätzliche Varianten zu unterscheiden, nämlich:

- Verteilung *inner*halb oder *außer*halb der thermischen Hülle (analog zur Heizwärmeverteilung, vgl. Bild 4.17) sowie
- Verteilung *mit* oder *ohne* Zirkulationsleitung (vgl. Bild 4.21c).

Vor allem die komfortable Trinkwarmwasserzirkulation kann den Energieaufwand für die Trinkwasserverteilung erheblich erhöhen (vgl. Abschnitt 4.3.1).

D Trinkwarmwasserübergabe

Die Übergabe des Trinkwarmwassers erfolgt durch Auslaufventile („Wasserhähne"), Mischbatterien (heute i. d. R. Einhebelmischer) oder Schlauchbrausen an den Duschen.

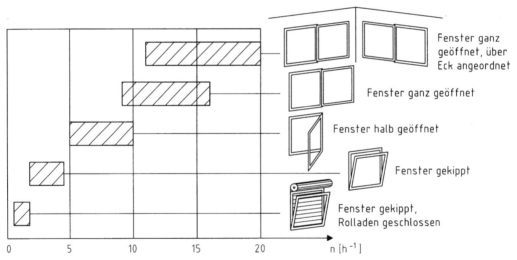

Bild 4.25: Freier Luftwechsel bei verschiedenen Fensterstellungen (nach [4.25], [4.26])

4.4 Lüftung

4.4.1 Lüftungskonzept

Neben der unkontrollierten *Fugenlüftung* (= Infiltrationslüftung) durch Undichtheiten ist die althergebrachte *Fensterlüftung* ebenfalls problematisch, da der erzielte Luftwechsel

- zum einen von der Fensterstellung (Bild 4.25),
- zum anderen von der Querlüftungsmöglichkeit (vgl. Bild 2.27 in Abschnitt 2.9.1),
- weiter von der herrschenden Windgeschwindigkeit und
- schließlich von der jahreszeitlich schwankenden Temperaturdifferenz zwischen Raum- und Außenluft

abhängt. Die schwankende Temperaturdifferenz führt zu jahreszeitabhängig unterschiedlichen Lüftungszeiten, um
- einerseits den für den Feuchteschutz – d. h. zur Vermeidung von Schimmelbildung auf der Innenseite von Wärmebrücken (vgl. Abschnitt 2.9) – notwendigen,
- andererseits den für die Gesundheit der Nutzer erforderlichen (Tabelle 4.5)

Mindest-Luftwechsel zu erreichen. Die Folge davon ist, dass bei stetig steigenden Energiepreisen kaum noch zu viel, sondern meist zu wenig gelüftet wird – bei der heute vorgeschriebenen energiesparenden, d. h. luftdichten Bauweise sind die daraus resultierenden Schimmelschäden allgegenwärtig.

Tabelle 4.5: Notwendige Lüftungszeit in der Heizperiode für den hygienisch erforderlichen Luftwechsel, abhängig von der Art der Fensterlüftung (vgl. Bild 4.25, nach [4.27])

Monat	Lüftungsdauer in min/h			
	Fenster gekippt	Fenster halb geöffnet	Fenster ganz geöffnet	Querlüftung
Januar	11	3	2	1
Februar	12	3	2	1
März	14	4	3	1
April	21	6	4	1
Mai	53	16	10	3
Oktober	48	15	9	3
November	18	5	3	1
Dezember	12	4	2	1

Um festzustellen, ob eine Wohnung statt der o. g. *freien Lüftung* eine *ventilatorgestützte Lüftung* benötigt, verlangt DIN 1946-6 [4.28] deshalb vom Planer die Aufstellung eines *Lüftungskonzepts*
- generell im Neubau sowie
- im Bestand, wenn bei Ein- oder Mehrfamilienhäusern mehr als 1/3 der vorhandenen Fenster ausgetauscht oder bei Einfamilienhäusern mehr als 1/3 der Dachfläche neu abgedichtet werden.

DIN 1946-6 [4.28] unterscheidet die folgenden vier Lüftungsstufen [4.29]:
- Die *Lüftung zum Feuchteschutz* (= Feuchteschutzlüftung) muss ständig und nutzerunabhängig erfolgen, um – in Abhängigkeit vom Wärmeschutzniveau des Gebäudes – den Feuchteschutz (Bautenschutz, Vermeidung von Schimmelbildung) unter üblichen Nutzungsbedingungen sicherzustellen. Dabei werden reduzierte Feuchtelasten

4 Anlagentechnik zur Einhaltung der EnEV

angesetzt; man geht von längerer Abwesenheit der Nutzer aus (z. B. Urlaub), d. h. Kochen, Waschen usw. entfällt.

- Die *reduzierte Lüftung* ist notwendig zur Gewährleistung des hygienischen Mindeststandards (Begrenzung der Schadstoffbelastung) wie auch des Bautenschutzes bei *zeitweiliger* Abwesenheit der Nutzer. Diese Stufe muss weitestgehend nutzerunabhängig sichergestellt werden.
- Die *Nennlüftung* ist die notwendige Lüftung zur Gewährleistung der hygienischen Erfordernisse und des Bautenschutzes bei Normalnutzung der Wohnung. Hierzu kann der Nutzer mit aktiver Fensterlüftung herangezogen werden.
- Die *Intensivlüftung* dient dem Abbau von Lastspitzen durch Kochen, Waschen usw. Auch hierfür kann der Nutzer mit aktiver Fensterlüftung herangezogen werden.

Ob Fensterlüftung ausreicht – ggf. mit Hilfe von Fensterfalzlüftern [4.30] bzw. kombiniert mit einer Schachtlüftung fensterloser Räume nach DIN 18017-3 [4.31] – oder eine ventilatorgestützte Lüftung nötig wird, entscheidet sich v. a. anhand der Feuchteschutzlüftung und teilweise auch anhand der reduzierten Lüftung, da bei (zeitweiliger) Abwesenheit der Nutzer eine Fensterlüftung i. d. R. nicht möglich ist. Faktoren, die in die Berechnung nach DIN 1946-6 eingehen, sind:

- Dämmstandard (ein hoher Standard deutet auf eine luftdichte Gebäudehülle),
- Wohnfläche (die Feuchtelast ist wohnflächenabhängig),
- Möglichkeit der Querlüftung (vgl. Bild 2.27 in Abschnitt 2.9.1) sowie
- Lage des Gebäudes (eine windschwache Lage deutet auf eine geringe Infiltration durch Undichtheiten der Gebäudehülle hin).

Bei der Erstellung eines solchen Lüftungskonzepts helfen ein Planungstool – auch als Smartphone-App erhältlich – und die Antworten auf häufig gestellte Fragen auf der Internetseite des Bundesverbandes für Wohnungslüftung e. V. (VfW) [4.32].

Beispiel 4.1: Lüftungskonzept für ein Reihenendhaus

Aufgabe: Für das in Bild 5.36 in Abschnitt 5.4.5 dargestellte Reihen*end*haus ist ein Lüftungskonzept zu erstellen.

Vorgaben:

Als *erster Schritt* werden die *Randbedingungen* geklärt, d. h.
- es handelt sich um ein Einfamilienhaus (EFH) als mehrgeschossige Nutzungseinheit mit 90 m² Wohnfläche,
- gelegen in Norddeutschland in windstarker Lage und auf Neubauniveau gedämmt,
- es soll eine Luftdichtheitsprüfung durchgeführt werden, als Ergebnis wird $n_{50} = 1{,}5$ h^{-1} als halber Anforderungswert für ein Gebäude *ohne* raumlufttechnische Anlage angenommen (vgl. Abschnitt 2.14.3),
- es sei kein fensterloser Raum vorhanden, der nach DIN 18017-3 [4.31] belüftet werden müsste und
- zusätzliche Anforderungen an den Schallschutz u. Ä. werden nicht gestellt.

4.4 Lüftung

**Planungstool
Lüftungskonzept**

Bundesverband für
Wohnungslüftung e.V.

Bewertung lüftungstechnischer Maßnahmen nach DIN 1946-6 Kap. 4.2

Objektdaten:
Objektbezeichnung: Wohngebäude (Reihenendhaus)
Strasse, Nr: Beispielstraße 1
PLZ, Ort: 21614 Buxtehude

Bearbeiterdaten:
Bearbeiter: Prof. Dr.-Ing. Helmut Marquardt
Firmenname: Hochschule 21
Firmenadresse: Harburger Str. 6, 21614 Buxtehude
Bearbeitungsdatum: 20.03.11

Gebäudedaten:
Gebäudetyp:
EFH als mehrgeschossige Nutzungseinheit
Gebäudelage: windstark
Fläche Nutzungseinheit: 90 m²

Abfrage Verfahren DIN 18017-3:
fensterloser Raum: nein
Anforderungen an die Nutzungseinheit: nein

Wärmeschutzstandard:
Neubauniveau: ja

Luftdichtheit:
Messwert Luftdichtheit vorhanden: ja
n50: 1,5   1/h
Druckexponent n: 0,667

Ergebnisse:
Qualität Wärmeschutz nach DIN 1946-6: hoch
wirksame Lüftung zur Infiltration: 45,5 m³/h
Lüftungsstufen:
notwendige Lüftung zum Feuchteschutz: 34,6 m³/h
reduzierte Lüftung: 80,8 m³/h
Nennlüftung: 115,4 m³/h
Intensivlüftung: 150,0 m³/h

Zusätzliche Anforderungen an Schall, Hygiene, Effizienz:
keine zusätzlichen Anforderungen gewählt

Zusammenfassung/Schlussfolgerung:
Keine zusätzliche Maßnahme zur Sicherstellung des Außenluftvolumenstroms für den Feuchteschutz erforderlich.
Sicherstellung des notwendigen Außenluftvolumenstroms von Nenn- und reduzierter Lüftung notwendig.
Sicherstellung des Außenluftvolumenstroms der Nutzungsstufen muss durch aktives Öffnen der Fenster erfolgen.

Datum: 20.03.11   Unterschrift:_____
Planungstool Lüftungskonzept Bundesverband für Wohnungslüftung e.V. www.wohnungslueftung-ev.de Version 1.0.0.11

Bild 4.26: Lüftungskonzept für Beispiel 4.1, mit dem Planungsstool des Bundesverbandes für Wohnungslüftung e.V. (VfW) erstellt

4 Anlagentechnik zur Einhaltung der EnEV

Als *zweiten Schritt* zeigt Bild 4.26 das mit dem Planungstool des Bundesverbandes für Wohnungslüftung e.V. (VfW) [4.32] hierfür erstellte Lüftungskonzept.

Ergebnis: In diesem Fall ist keine ventilatorgestützte Lüftung für den Feuchteschutz notwendig – alle weiteren Außenluftvolumenströme müssen jedoch durch aktives Fensteröffnen sichergestellt werden.

4.4.2 Lüftungsanlagen

Eine ventilatorgestützte *kontrollierte Gebäudelüftung* erfolgt immer elektrisch; mögliche Systeme nennt Bild 4.27, einige davon sind – neben der Fensterlüftung – in Bild 4.28 schematisch dargestellt.

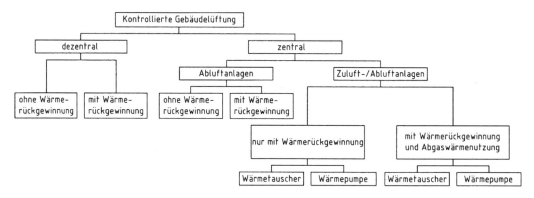

Bild 4.27: Mögliche Systeme der kontrollierten Lüftung von Gebäuden

4.4.3 Lüftungsstrang

Unabhängig von den o. g. möglichen Systemen besteht eine zentrale Lüftungsanlage mit Wärmerückgewinnung mindestens aus einem *Lüftungsstrang* (Bild 4.29), der nach DIN V 4701-10 [4.10] die Grundeinheit für die energetische Berechnung einer Lüftungsanlage darstellt. Ein solcher Lüftungsstrang umfasst bis zu drei Prozessbereiche, nämlich:
- Lüftungswärmeerzeugung,
- Lüftungswärmeverteilung und
- Lüftungswärmeübergabe.

Diese drei Prozessbereiche (Wärmespeicherung entfällt bei Lüftungsanlagen) sollen im Folgenden näher erläutert werden.

4.4 Lüftung

A Lüftungswärmeerzeugung

Reine Abluftanlagen *ohne* Wärmeüberträger (Wärmetauscher) entsprechend Bild 4.30 (vgl. auch Bild 4.28b) führen keine Wärme in die thermische Hülle zurück. Abluftanlagen mit Abluft/Wasser-Wärmepumpe (vgl. Bild 4.28c) übertragen einen Teil der Wärme aus der Abluft direkt an die Heizungsanlage [4.10].

Nur Zuluft-/Abluftanlagen *mit* Wärmerückgewinnung, d. h.
– mit Wärmetauscher (z. B. nach Bild 4.31a) oder
– mit Abluft/Zuluft-Wärmepumpe (z. B. nach Bild 4.31b) bzw.
– kombiniert aus Wärmetauscher und Wärmepumpe (z. B. entsprechend Bild 4.32)
und ggf. Nachheizung (vgl. Bild 4.27 mit Bildern 4.28d und 4.28e) haben eine Lüftungswärmeerzeugung (vgl. auch Bild 4.29).

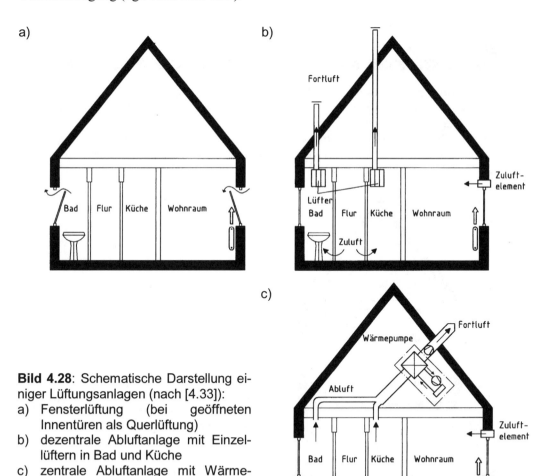

Bild 4.28: Schematische Darstellung einiger Lüftungsanlagen (nach [4.33]):
a) Fensterlüftung (bei geöffneten Innentüren als Querlüftung)
b) dezentrale Abluftanlage mit Einzellüftern in Bad und Küche
c) zentrale Abluftanlage mit Wärmepumpe zur Wärmerückgewinnung (z. B. zur Vorerwärmung des Heizungsrücklaufs)

4 Anlagentechnik zur Einhaltung der EnEV

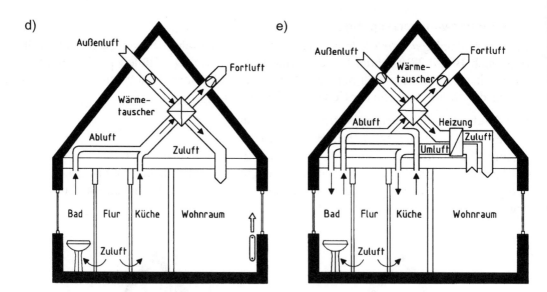

Bild 4.28 (Fortsetzung): Schematische Darstellung einiger Lüftungsanlagen:
d) zentrale Zuluft-/Abluftanlage mit Wärmerückgewinnung durch Wärmetauscher, aber mit konventioneller Warmwasserheizung
e) zentrale Zuluft-/Abluftanlage mit Wärmerückgewinnung durch Wärmetauscher und Nachheizung, um auf eine konventionelle Warmwasserheizung verzichten zu können (üblich bei Passivhäusern)

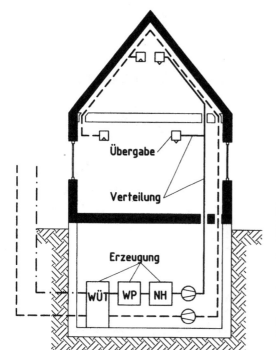

Bild 4.29: Beispiel eines Lüftungsstranges mit allen drei Prozessbereichen, hier Wärmeerzeugung durch:
– Wärmeübertrager WÜT (Wärmetauscher),
– Wärmepumpe WP und
– Nachheizung NH (Heizregister)
außerhalb des beheizten Bereichs (fett eingerahmt), der sog. „thermischen Hülle"

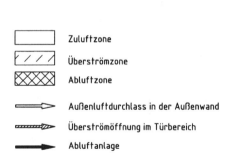
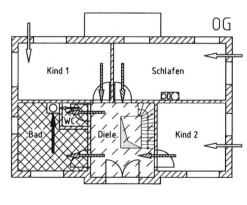
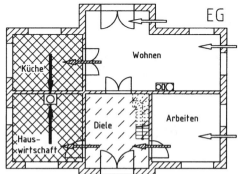

Bild 4.30: Schematischer Aufbau einer reinen Abluftanlage in einem Einfamilienhaus (Grundrisse)

B Lüftungswärmeverteilung

Die Lüftungswärmeverteilung erfolgt bei zentralen Zuluft-/Abluftanlagen durch Ventilatoren (vgl. Bild 4.32) und Lüftungsleitungen (Lüftungskanäle). Dezentrale Lüftungsgeräte benötigen keine weiteren Ventilatoren für die Lüftungswärmeverteilung.

C Lüftungswärmeübergabe

Die Übergabe der Lüftungswärme an den Raum kann – bei Nachheizung durch Heizregister (vgl. Bild 4.31) – zu Wärmeverlusten beim Einströmen sowie zu weiteren Verlusten aufgrund von Regelungseinflüssen führen [4.10].

4 Anlagentechnik zur Einhaltung der EnEV

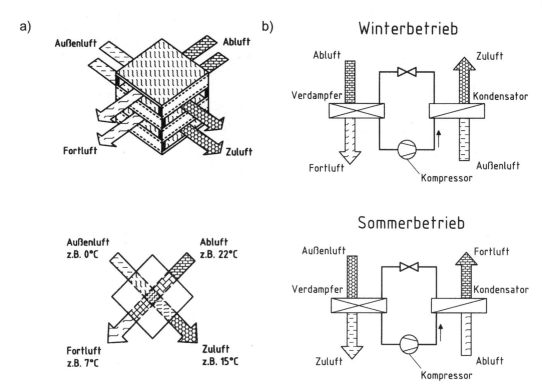

Bild 4.31: Möglichkeiten der Wärmerückgewinnung (nach [4.4]):
a) Plattenwärmetauscher = Kreuzstromwärmetauscher = Rekuperator, Parallelschaubild (oben) und beispielhafte Temperaturen (unten)
b) Luft-Luft-Wärmepumpe im Winterbetrieb mit Erwärmung der Zuluft (oben) und ggf. im Sommerbetrieb mit Kühlung der Zuluft (unten)

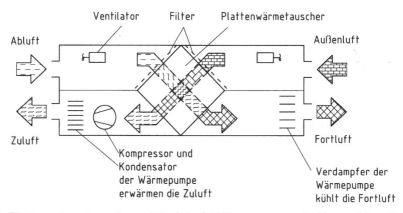

Bild 4.32: Plattenwärmetauscher mit Luft-Luft-Wärmepumpe als Kompaktgerät

4.5 Literatur zum Kapitel 4

[4.1] Energieeinsparverordnung – Nichtamtliche Lesefassung zu der am 16.10.2013 von der Bundesregierung beschlossenen, noch nicht in Kraft getretenen Zweiten Verordnung zur Änderung der Energieeinsparverordnung. URL: http://www.zukunft-haus.info/fileadmin/media/05_gesetze_verordnungen_studien/02_gesetze_und_verordnungen/01_enev/EnEV2014_Nicht-amtliche-Lesefassung-16-10-13.pdf (12.01.2014).

[4.2] Laasch, T.; Laasch, E.: Haustechnik. 11. Aufl. Wiesbaden: B. G. Teubner 2005.

[4.3] Pistohl, W.: Handbuch der Gebäudetechnik. Band 1 Sanitär/Elektro/Förderanlagen. 7. Aufl. Köln: Wolters Kluwer (Werner) 2009.

[4.4] Pistohl, W.: Handbuch der Gebäudetechnik. Band 2: Heizung/Lüftung/Beleuchtung/Energiesparen. 7. Aufl. Köln: Wolters Kluwer (Werner) 2009.

[4.5] Recknagel, H.; Sprenger, E.; Schramek, E.-R. (Hrsg.): Taschenbuch für Heizung und Klimatechnik 09/10. 74. Aufl. München: Oldenbourg 2009.

[4.6] Schmid, C. et al.: Heizung, Lüftung, Elektrizität – Energietechnik im Gebäude. Band 5 Bau und Energie, Leitfaden für Planung und Praxis, Hrsg. von C. Zürcher. 3. Aufl. Zürich: vdf Hochschulverlag 2005.

[4.7] Wirth, S. M.: Gebäudetechnische Systemlösungen für Niedrigenergiehäuser. Berlin: Ernst & Sohn 2002.

[4.8] Marko, A.; Braun, P. (Hrsg.): Thermische Solarenergienutzung an Gebäuden für Architekten und Ingenieure. Berlin und Heidelberg: Springer 1997.

[4.9] Eicker, U.: Solare Technologien für Gebäude. Stuttgart: Teubner 2001.

[4.10] DIN V 4701-10: 2003-08 (mit Änderung A1: 2006-12): Energetische Bewertung heiz- und raumlufttechnischer Anlagen – Teil 10: Heizung, Trinkwassererwärmung, Lüftung.

[4.11] Kruppa, B.; Strauß, R.-P.: Energieeinsparverordnung – Energetische Bewertung heiz- und raumlufttechnischer Anlagen. Kommentar zu DIN V 4701-10. Hrsg. vom DIN Deutsches Institut für Normung e.V. Berlin/Wien/Zürich: Beuth 2001.

[4.12] Feist, W. (Hrsg.): Das Niedrigenergiehaus. 4. Aufl. Heidelberg: C. F. Müller 1997.

[4.13] Schradieck, E.-P.: Gebäudetechnik – Konventionelle Heizungstechnik. Seminarvortrag im Rahmen des Lehrgangs „Gebäude-Energieberatung" im Weiterbildungszentrum der Fachhochschule Nordostniedersachsen in Buxtehude am 05.11.2002.

[4.14] Brennwertnutzung in der Praxis, Fachreihe Nr. 9: Effiziente Brennwertnutzung durch optimale Abstimmung aller Einflußfaktoren. Allendorf (Eder): Viessmann Werke 1995.

[4.15] DIN EN 12831: 2003-08: Heizungsanlagen in Gebäuden – Verfahren zur Berechnung der Norm-Heizlast.

[4.16] DIN EN 12831 Beiblatt 1: 2008-07 (mit Berichtigung 1: 2010-11): Heizungssysteme in Gebäuden – Verfahren zur Berechnung der Norm-Heizlast – Nationaler Anhang NA.

[4.17] Klima, M.: Sanierung der Heizung. In: Ladener, H. (Hrsg.): Vom Altbau zum Niedrigenergiehaus. Staufen bei Freiburg: Ökobuch 1997, S. 139–168.

[4.18] Bossow, A.: Energiesparen mit Gebäudetechnik – Effektive Heizungs- und Lüftungssteuerung. Das Bauzentrum – Baukultur 49 (2001), H. 7, S. 22–26.

[4.19] Stromsparende Pumpen für Heizungen und Solaranlagen. BINE Projekt-Info 13/01. Fachinformationszentrum Karlsruhe, Büro Bonn, 2001.

[4.20] Meixner, H.; Stein, R.: Blockheizkraftwerke – Ein Leitfaden für Anwender. 5. Aufl. Köln: TÜV-Verlag 2002.

[4.21] Lang, J.: Hausenergiesysteme mit Brennstoffzellen. BINE Projekt-Info 06/04. Fachinformationszentrum Karlsruhe, Büro Bonn, 2004.

[4.22] Achelis, J.: Auslegungsfragen zur Energieeinsparverordnung, aktuell 11. bis 17. Staffel. Lfd. in den DIBt-Mitteilungen, gesammelt unter URL: http://www.is-argebau.de bzw. http://www.bbsr.bund.de (22.03.2014).

[4.23] Janßen, M.: Sanitärtechnik. In: Ladener, H. (Hrsg.): Vom Altbau zum Niedrigenergiehaus. Staufen bei Freiburg: Ökobuch 1997, S. 169–187.

[4.24] Willhöft, J.: Trinkwassererwärmung. Seminarvortrag im Rahmen des Lehrgangs „Gebäude-Energieberatung" im Weiterbildungszentrum der Fachhochschule Nordostniedersachsen in Buxtehude am 26.11.2002.

[4.25] Hediger, H.: Technische Installationen – Sanitäre Anlagen, Heizung-, Lüftung-, Klima-Anlagen, Elektro-Anlagen. Zürich: Verlag der Fachvereine 1999.

[4.26] Bruck, M.: Green Building Challenge – Ganzheitliche Qualitätskriterien im Wohnungsbau. Zürich: D-A-CH Sekretariat 2000.

[4.27] Hauser, G.; Stiegel, H.; Otto, F.: Energieeinsparung im Gebäudebestand – Bauliche und anlagentechnische Lösungen. 2. Aufl. Berlin: Gesellschaft für rationelle Energieverwendung e.V. (GRE) 1997.

[4.28] DIN 1946-6: 2009-05: Lüftung von Wohnungen – Allgemeine Anforderungen, Anforderungen zur Bemessung, Ausführung und Kennzeichnung, Übergabe/Übernahme (Abnahme) und Instandhaltung.

[4.29] Käser, R.: Lüftung nach Konzept. DIN 1946-6: Lüftung von Wohnungen. wksb (2010), H. 64, S. 30–34.

[4.30] Jung, U.: Lüftungskonzepte mit Fensterfalzlüftern. Informationsdienst Bauen + Energie Juni 2011, S. 10–12.

[4.31] DIN 18017-3: 2009-09: Lüftung von Bädern und Toilettenräumen ohne Außenfenster – Teil 3: Lüftung mit Ventilatoren.

[4.32] URL: . http://www.wohnungslueftung-ev.de (06.03.2011).

[4.33] Hellriegel, S.: Niedrigenergiehaussiedlung Leipzig-Knauthain mit dem Ziel: Minimierung der Wärmeverluste und Maximierung der Wärmegewinne. Bauen mit Holz 99 (1997), H. 1, S. 5–12.

5 Nachweis von Wohngebäuden nach EnEV und EEWärmeG

5.1 Einführung

Am 1. Februar 2002 wurden
- die dritte Wärmeschutzverordnung (WSchV) [5.1] sowie
- die fünfte Heizungsanlagen-Verordnung (HeizAnlV) [5.2]

durch eine beide umfassende, neue *Energieeinsparverordnung* – kurz *EnEV* – abgelöst [5.3], welche 2004 erstmalig überarbeitet wurde [5.4].

Aufgrund der EU-Richtlinie „Gesamtenergieeffizienz von Gebäuden" von 2003 [5.5] sollte aber ab 2006 die Energieeffizienz von neuen Gebäuden *gesamtheitlich* beurteilt werden, d. h.
- nicht nur (wie bisher) unter Einbeziehung der Gebäudehülle, der Heizung, der Lüftung und der Trinkwassererwärmung,
- sondern auch mit Berücksichtigung der Kühlenergie für raumlufttechnische Anlagen sowie der Beleuchtungsenergie.

Gemäß Artikel 5 dieser Richtlinie müssen ferner bei Neubauten mit > 1000 m² Gesamtnutzfläche die technische, ökologische und wirtschaftliche Einsetzbarkeit alternativer Systeme wie
- dezentrale Energieversorgung auf der Grundlage erneuerbarer Energien,
- Kraft-Wärme-Kopplung (KWK),
- Fern- oder Blockheizung bzw. -kühlung sowie
- Wärmepumpen

vor Baubeginn berücksichtigt werden [5.5]. Gemäß Artikel 7 muss auch bei Kauf oder Vermietung bestehender Gebäude dem potenziellen Käufer oder Mieter ein *Ausweis über die Gesamtenergieeffizienz* vorgelegt werden, der maximal 10 Jahre gültig sein darf. Bei öffentlichen Gebäuden mit Publikumsverkehr und einer Gesamtnutzfläche > 1000 m² ist dieser Ausweis gut sichtbar auszuhängen (Vorbildfunktion der öffentlichen Hand).

Die nationale Umsetzung dieser EU-Richtlinie gestaltete sich schwierig und langwierig: Erst am 24.07.2007 ist schließlich die Umsetzung durch die Energieeinsparverordnung (EnEV 2007) [5.6] erfolgt, sie trat am 01.10.2007 in Kraft. Schon zwei Jahre später folgten
- die EnEV 2009 [5.7] mit Absenkung des Primärenergie-Anforderungsniveaus um 30 % (um 15 % beim spezifischen Transmissionswärmeverlust) im Neubau wie bei Maßnahmen im Bestand sowie

- das Erneuerbare-Energien-Wärmegesetz (EEWärmeG) [5.10], welches einen erhöhten Anteil erneuerbarer Energien bei der Heizwärmeerzeugung im Neubau (wie vorher bereits in Baden-Württemberg) fordert – eine eventuelle Nutzungspflicht im Gebäudebestand blieb den Ländern überlassen.

2010 trat eine Neufassung der EU-Gebäuderichtlinie in Kraft [5.11]; wesentliche Punkte sind:

- *Mindeststandards*: Die Mitgliedstaaten setzen nationale Mindeststandards für Neubauten, umfassende Sanierungen sowie bei der Erneuerung wesentlicher Bauteile fest, beispielsweise des Dachs (in Deutschland bereits umgesetzt). Die nationalen Standards sollen sich dabei an einer europaweiten Vergleichsmethode ausrichten. Bestehende und bewährte nationale Systeme (wie die EnEV) müssen nicht grundsätzlich geändert werden.
- *Neubauten*: Ab 2021 (öffentliche Gebäude ab 2019) müssen alle Neubauten „höchste Energieeffizienzstandards" aufweisen. Der verbleibende Heiz- bzw. Kühlbedarf soll dann zu wesentlichen Teilen durch erneuerbare Energien gedeckt werden (die genauen Bedingungen soll IEA Task 40 Towards Net Zero Energy Buildings erarbeiten).
- *Energieausweis*: In gewerblichen Immobilienanzeigen ist der Energiekennwert aus dem Energieausweis anzugeben. Bei Abschluss eines Kauf- oder Mietvertrages muss der Energieausweis ausgehändigt werden. Die Wahlmöglichkeit zwischen bedarfs- und verbrauchsorientiertem Energieausweis bleibt erhalten.

Die nationale Umsetzungsfrist betrug zwei Jahre – sie fiel mit der Einführung der *geplanten* EnEV 2012 zusammen.

Das Inkrafttreten einer neuen EnEV im Jahre 2012 hat sich allerdings als unrealistisch erwiesen, da vorab ein Großteil der zugehörigen Regelwerke überarbeitet werden musste (vgl. Bild 1.6 in Abschnitt 1.3):

- Die EnEV verweist auf eine Vielzahl von Normen, von denen einige im Vorfeld neu bearbeitet werden mussten – u. a. um die aktuelle europäische Normung zu berücksichtigen.
- Vor dem damit möglichen Erlass einer neuen EnEV musste auch noch das hierzu ermächtigende Energieeinsparungsgesetz (EnEG) geändert werden, um sämtliche von der Europäischen Gebäuderichtlinie geforderten Änderungen vornehmen zu können. Dementsprechend hat der Bundestag im Mai 2013 das Vierte Änderungsgesetz zum Energieeinsparungsgesetz beschlossen [5.12], dem der Bundesrat im Juni 2013 zugestimmt hat. Damit konnte das novellierte EnEG im Sommer 2013 in Kraft treten (vgl. Abschnitt 1.6).
- Das Gesetz zur Förderung Erneuerbarer Energien im Wärmebereich (Erneuerbare-Energien-Wärmegesetz – EEWärmeG) ist zuletzt 2011 zur Umsetzung der EU-Richtlinie 2009/28/EG (Förderung der Nutzung von Energie aus erneuerbaren Quellen, s. o.) geändert worden:

- Es gilt nun auch für die umfassende Sanierung öffentlicher Gebäude (Vorbildfunktion der öffentlichen Hand),
- auch Kälte zur Raumluftkühlung aus erneuerbaren Energien muss berücksichtigt werden.

Die Novellierung der EnEV selbst hat sich dann als langwieriger als erwartet herausgestellt, da zum einen
- das federführende Bundesministerium für Verkehr, Bau und Stadtentwicklung (BMVBS)
- mit dem Bundesministerium für Wirtschaft und Technologie (BMWi)

zusammenarbeiten sowie gemäß EnEG zum anderen der Bundesrat zustimmen musste.

Nach langen Diskussionen hatte am 06.02.2013 die Bundesregierung einen EnEV-Entwurf beschlossen und der Öffentlichkeit zur Stellungnahme vorgelegt. Am 02.06.2013 erhielt dann u. a. Deutschland den berüchtigten „Blauen Brief" aus Brüssel, d. h. die Mahnung wegen verspäteter Umsetzung der o. g. Novelle der Europäischen Gebäuderichtlinie. Noch vor der Sommerpause 2013 hatte daraufhin die Bundesregierung eine Neufassung der EnEV verabschiedet. Der Bundesrat hatte diese aber in seiner letzten Sitzung vor der Sommerpause am 05.07.2013 nicht mehr behandelt – erst am 11.10.2013 hat er dieser Vorlage mit Auflagen zugestimmt. Diesen Auflagen des Bundesrates hat die Bundesregierung mit Kabinettsbeschluss vom 16.10.2013 zugestimmt, so dass die neue EnEV umgehend zur Notifizierung zur EU nach Brüssel geschickt werden konnte. Aufgrund der halbjährigen Notifizierungsfrist kann die neue EnEV erst am 01.05.2014 in Kraft treten.

Die EnEV 2014 [5.9] enthält im ersten Teil den Verordnungstext und im zweiten Teil die zugehörigen Anlagen; die Gliederung der EnEV zeigt Tabelle 5.1. Die Gebäude werden nach der EnEV 2014 eingeteilt in die Kategorien
- Wohngebäude und
- Nichtwohngebäude,

jeweils unterteilt in *zu errichtende* Gebäude und *bestehende* Gebäude.

Die EnEV 2014 [5.9] lässt in § 3 für *Wohngebäude* alternativ zu
- das seit 2002 gültige Bilanzierungsverfahren für den Jahres-Heizenergiebedarf nach EN 832 [5.13], in Deutschland unter Berücksichtigung regionaler Besonderheiten umgesetzt durch DIN V 4108-6 [5.14], [5.15] und DIN V 4701-10 [5.16] bzw.
- das mit der EnEV 2007 für Nichtwohngebäude eingeführte Bilanzierungsverfahren nach DIN V 18599 (aktuell [5.18] bis [5.30]).

Beide Verfahren dürfen nicht gemischt werden.

Die EnEV 2014 sieht in § 3 (5) weiter das *Modellgebäudeverfahren* vor (sog. „EnEV easy"), das – auf der sicheren Seite liegend – die Nachweise von Wohngebäuden vereinfachen soll. Einzelheiten dazu sollen im Bundesanzeiger bekannt gemacht werden.

Im Folgenden dargestellt werden zuerst die – für beide Verfahren gleichermaßen geltenden – Anforderungen an zu errichtende Gebäude
- gemäß EnEV 2014 in Abschnitt 5.2 und
- gemäß EEWärmeG in Abschnitt 5.3.

5 Nachweis von Wohngebäuden nach EnEV und EEWärmeG

Tabelle 5.1: Gliederung der EnEV 2014 [5.9]

Abschnitt	Inhalt
Abschnitt 1	Allgemeine Vorschriften
Abschnitt 2	Zu errichtende Gebäude
Abschnitt 3	Bestehende Gebäude und Anlagen
Abschnitt 4	Anlagen der Heizungs-, Kühl- und Raumlufttechnik sowie der Warmwasserversorgung
Abschnitt 5	Energieausweise und Empfehlungen für die Verbesserung der Energieeffizienz
Abschnitt 6	Gemeinsame Vorschriften, Ordnungswidrigkeiten
Abschnitt 7	Schlussvorschriften
Anlage 1	Anforderungen an Wohngebäude
Anlage 2	Anforderungen an Nichtwohngebäude
Anlage 3	Anforderungen bei Änderung von Außenbauteilen und bei Errichtung kleiner Gebäude; Randbedingungen und Maßgaben für die Bewertung bestehender Wohngebäude
Anlage 4	Anforderungen an die Dichtheit des gesamten Gebäudes
Anlage 4a	Anforderungen an die Inbetriebnahme von Heizkesseln und sonstigen Wärmeerzeugersystemen
Anlage 5	Anforderungen an die Wärmedämmung von Rohrleitungen und Armaturen
Anlagen 6 bis 9	Muster der Energieausweise und der zugehörigen Aushänge, jeweils für Wohn- und Nichtwohngebäude
Anlage 10	Einteilung in Energieeffizienzklassen
Anlage 11	Anforderungen an die Inhalte der Fortbildung

Da die Berechnungsergebnisse wie auch die EnEV-Nachweise mit den beiden o. g. Bilanzierungsverfahren sehr unterschiedlich ausfielen, durfte von Oktober 2010 bis Sommer 2011 für die Beantragung von *KfW-Fördermitteln* für Wohngebäude DIN V 18599 nicht verwendet werden [5.31]; in der Zwischenzeit hat eine Arbeitsgruppe aus Softwareherstellern, KfW-Förderbank und BMVBS die *Hinweise zur Behandlung einzelner Parameter für den öffentlich-rechtlichen Nachweis für Wohngebäude nach der DIN V 18599* erarbeitet, mit denen die Regelungslücken geschlossen wurden, die zu den o. g. Differenzen geführt hatten [5.32]. U. a. aufgrund der daraus resultierenden Verunsicherung werden allerdings in der Praxis Wohngebäude i. d. R. nicht nach DIN V 18599 nachgewiesen; in den nachfolgenden Abschnitten 5.4 und 5.5 wird deshalb das Berechnungsverfahren nach DIN V 4108-6 und DIN V 4701-10 im Detail ausgeführt und in Abschnitt 5.6 das Verfahren nach DIN V 18599 nur kurz vorgestellt (aufgrund bisher fehlender Details entfällt das o. g. Modellgebäudeverfahren, die sog. „EnEV easy"). Danach folgen in Abschnitt 5.7 Nachweise bei Änderungen von Gebäuden, in Abschnitt 5.8 Hinweise zur Ausstellung von Energieausweisen und in Abschnitt 5.9 Hinweise zum Vollzug der EnEV.

5.2 Anforderungen der EnEV 2014 an zu errichtende Wohngebäude

Für zu errichtende Wohngebäude stellt die EnEV 2014 [5.9] grundsätzlich die gleichen Haupt- und Nebenanforderungen wie bereits die früheren Ausgaben der EnEV (Bild 5.1). Bei den Nachweisverfahren gibt es jedoch einige Änderungen (s. u.); ferner wird gegenüber der EnEV 2009 [5.6], [5.7] – allerdings erst ab 01.01.2016 – das Anforderungsniveau
– an den Primärenergiebedarf um durchschnittlich 25 % und
– an den Transmissionswärmeverlust um durchschnittlich 20 %
verschärft.

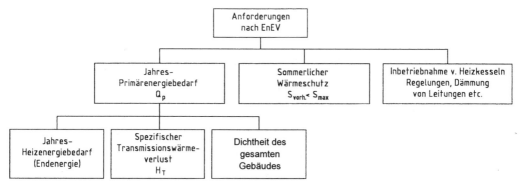

Bild 5.1: Übersicht über die Anforderungen der EnEV (nach [5.33])
– mittlere Reihe: *Haupt*anforderungen
– untere Reihe: *Neben*anforderungen

Zu den genannten Haupt- und Nebenanforderungen im Einzelnen:

A Höchstwert des Jahres-Primärenergiebedarfs $Q_{P,max}$

Die Begrenzung des Jahres-Primärenergiebedarfs ist gemäß der Begründung zum Kabinettsbeschluss der EnEV 2002 [5.34] (Hervorhebungen nicht im Original) sinnvoll und notwendig:

„... Die Orientierung am Primärenergiebedarf des Gebäudes ist im Hinblick auf das Ziel des Energieeinsparungsgesetzes und auch dieser Verordnung geboten. Sie vermeidet zugleich eine das Ziel des Gesetzes in sein Gegenteil verkehrende Gleichbehandlung ungleich gelagerter Sachverhalte. *So ist z. B. die Erzeugung von Heizwärme in einem Heizwerk außerhalb des Gebäudes dem Prozess in einem Heizkessel innerhalb des Gebäudes vergleichbar. Der an der Gebäudegrenze auftretende Endenergiebedarf ist in diesen beiden Fällen bei ansonsten gleichen Verhältnissen aber deutlich verschieden.* Würde sich die Verordnung statt an dem Primärenergiebedarf an dem Endenergiebedarf orientieren, hätte dies eine nicht begründbare Ungleichbehandlung durch Besserstellung von Anlagensystemen mit einem sehr hohen Primärenergiebedarf gegenüber solchen mit einem erheblich niedrigeren Primärenergiebedarf zur Folge, allein deshalb, weil bei manchen Systemen der Großteil der Energieverluste in den Vorketten auf dem Weg zum Verbraucher und nicht im Gebäude selbst anfällt. Die Entscheidung für ein System, bei dem die Verluste außerhalb des Gebäudes besonders hoch ausfallen, hätte für den Bauherrn sogar den wirtschaftlichen Vorteil, eine weniger anspruchsvolle Wärmedämmung ausführen zu müssen; sie würde den ohnehin schon hohen Primärenergiebedarf noch weiter erhöhen und dem Gesetzesziel der Energieeinsparung deutlich zuwiderlaufen."

Die Begrenzung des Jahres-Primärenergiebedarfs bedeutet faktisch ein Verbot der elektrischen *Direkt*heizung [5.35], für elektrische *Speicher*heizsysteme gab es in den früheren Fassungen der EnEV eine Übergangsregelung und in der EnEV 2009 eine Pflicht zur langfristigen Außerbetriebnahme von elektrischen Speicherheizungen, die in der EnEV 2014 allerdings wieder entfallen ist (s. Abschnitt 5.7.4).

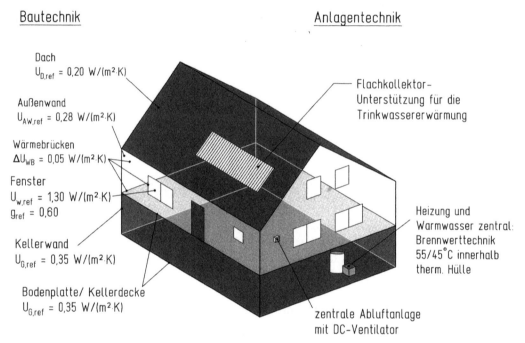

Bild 5.2: In der EnEV 2014 (= EnEV 2009) werden die Höchstwerte für den Jahres-Primärenergiebedarf durch ein Referenzgebäude vorgegeben – hier für das Referenz-Wohngebäude – (ab 2016 errechnet sich allerdings $Q_{P,max} = 0{,}75 \cdot Q_{P,ref}$)

Die Höchstwerte für den Primärenergiebedarf von Wohngebäuden werden gemäß EnEV 2014 [5.9] mithilfe des sog. *Referenzgebäudes*
- bis 31.12.2015 zu $Q_{P,max} \equiv Q_{P,ref}$ und
- ab 01.01.2016 zu $Q_{P,max} \equiv 0{,}75 \cdot Q_{P,ref}$

bestimmt, die früher tabellierten Höchstwerte in Abhängigkeit vom Formfaktor des Gebäudes A/V_e sind entfallen. D. h. der maximal zulässige Primärenergiebedarfskennwert wird für das Gebäude individuell anhand eines zweiten Gebäudes mit gleicher Geometrie, Ausrichtung und Nutzfläche unter der Annahme standardisierter Bauteile und Anlagentechnik ermittelt. Der für dieses Referenzgebäude ermittelte Primärenergiekennwert ergibt den maximal einzuhaltenden Wert für das jeweilige Gebäude [5.36] (Bild 5.2).

5.2 Anforderungen der EnEV 2014 an zu errichtende Wohngebäude

Bei Wohngebäuden ist der Energiebedarf für die *Trinkwassererwärmung* (Warmwasserbereitung) zu berücksichtigen, er ist auch in das Referenzgebäude eingearbeitet.
Was bedeutet das Referenzgebäudeverfahren für den Nachweis in der Praxis?

- Der erste Eindruck, dass bei nunmehr *zwei* zu berechnenden Gebäuden der doppelte Aufwand entsteht, täuscht: Grundsätzlich werden EnEV-Nachweise heute per EDV geführt, dazu werden
  - die Gebäudegeometrie und -ausrichtung,
  - die Bautechnik sowie
  - die Anlagentechnik

  in das Programm eingegeben. Dass programmintern die einmal eingegebene Gebäudegeometrie/-ausrichtung noch ein zweites Mal mit der Bau- und Anlagentechnik des Referenzgebäudes belegt wird (Bild 5.3), spielt für den Arbeitsaufwand in der Praxis keine Rolle.

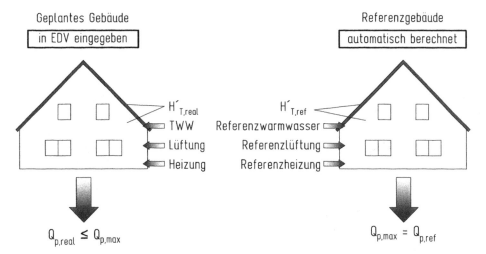

Bild 5.3: Parallele Berechnung von Referenz- und realem Gebäude mit der gleichen Gebäudegeometrie ($Q_{P,max} \equiv Q_{P,ref}$ gilt noch bis 31.12.2015, ab 01.01.2016 gilt $Q_{P,max} \equiv 0{,}75 \cdot Q_{P,ref}$)

- Die *Vorteile* des Referenzgebäudeverfahrens sind:
  - Bei Einsatz *genau* der Vorgaben des Referenzgebäudes (vgl. Bild 5.2) ist der Nachweis $Q_{P,real} \leq Q_{P,ref}$ immer gerade erfüllt (vgl. Bild 5.3) – dieser Vorteil entfällt aber ab 01.01.2016 durch die Neuregelung $Q_{P,max} = 0{,}75 \cdot Q_{P,ref}$ (s. o.).
  - Im Zuge der Weiterentwicklung der EnEV können in künftigen Ausgaben die Referenzwerte der Bau- und Anlagentechnik einfach angepasst werden (erstmalig durch die EnEV 2014 erfolgt, s. o.).
  - Nichtwohngebäude mit ihren verschiedenen Nutzungen lassen sich mit dem Referenzgebäudeverfahren sinnvoller erfassen – es gilt somit ein einheitliches Nachweisverfahren für Wohn- und Nichtwohngebäude.

- Die *Nachteile* des Referenzgebäudeverfahrens sind:
  - Die Anforderung an den Jahres-Primärenergiebedarf kann nicht mehr „mal eben" mit dem Formfaktor A/V_e aus einer Tabelle abgelesen werden.
  - Die Vergleichbarkeit mit den Anforderungen der früheren EnEV-Ausgaben ist nicht mehr gegeben.
  - Eine günstige Beeinflussung des Wärmebedarfs durch die Bauplanung mit kompakter Gebäudeform oder überwiegend südorientierten Fenstern (vgl. Abschnitt 2.4) geht sowohl in das reale wie auch das Referenzgebäude ein; damit wirkt sich eine ungünstige Planung beim energetischen Nachweis nicht mehr negativ auf das Ergebnis aus.

Sonderregelung: Bei der als sehr wirtschaftlich geltenden wohnungszentralen elektrischen Trinkwassererwärmung darf nach EnEV 2014 [5.9], Anlage 1, 1.1, bis zum 31.12.2015 der errechnete Höchstwert des Jahres-Primärenergiebedarfs $q_{P,real}$ pauschal um $\Delta q_P = 10{,}0$ kWh/(m² · a) vermindert werden.

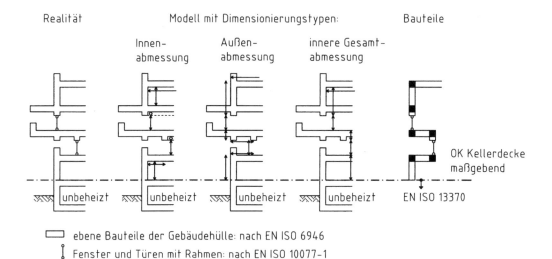

Bild 5.4: Modellierung der Gebäudehülle bei *un*beheizten Kellern mit ebenen und plattenförmigen Bauteilen mit den möglichen Dimensionierungstypen nach EN ISO 13789

Gemäß EnEV 2014 [5.9], Anlage 1, 1.3.1, ist die *wärmeübertragende Umfassungsfläche* A (= Fläche der *thermischen Hülle*, kurz *Hüllfläche*) eines Gebäudes
- nicht mehr für den nur unzureichend definierten Fall „Außenabmessung" nach EN ISO 13789 [5.37] (Bild 5.4), der nur in [5.38], [5.39] näher definiert war,
- sondern nach den Bemaßungsregeln in DIN V 18599-1 [5.18], 8,

für ein *Ein-Zonen-Modell* (s. u. Abschnitt 5.4.2) – das alle beheizten und gekühlten Räume einschließt – zu bestimmen.

5.2 Anforderungen der EnEV 2014 an zu errichtende Wohngebäude

Bild 5.5: Maßsystem „Außenabmessungen" für Nachweise gemäß EnEV (nach [5.40]):

- Zone ①: Obere Begrenzung zur nicht thermisch konditionierten Zone im Dach ist die Oberkante der Rohdecke, obere Begrenzung zur Außenluft im Dach ist dessen äußerste thermisch wirksame Bauteilschicht, untere Begrenzung zur thermisch konditionierten Zone ② im Keller wie auch zur nicht thermisch konditionierten Zone im Keller ist die Oberkante der Rohdecke
- Zone ②: Obere Begrenzung zur thermisch konditionierten Zone ① ist die Oberkante der Rohdecke, untere Begrenzung zum Erdreich ist ebenfalls die Oberkante der Rohdecke

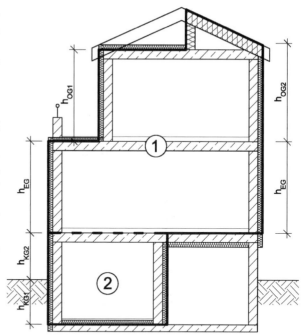

Als Grundrissmaße (in horizontaler Richtung) sind danach anzusetzen (Bild 5.5):

- Bei *Außenbauteilen* gelten die *Außenmaße* einschließlich ggf. außenliegender Wärmedämmung und ggf. Außenputz – bei hinterlüfteten Außenwandbekleidungen ist die *Außenkante der Wärmedämmung* anzunehmen (vgl. Bild 3.6b in Abschnitt 3.3). Bei zweischaligem Mauerwerk mit Luftschicht gilt analog die in Bild 5.6a dargestellte Definition; wenn bei Kerndämmung die Hinterlüftung ausgeschlossen wird, gilt die Definition in Bild 5.6b.
- Das nach DIN 4108-2 [5.41] für Fensteröffnungen anzusetzende lichte Rohbaumaß ist – in Abhängigkeit von der Wandausbildung – in Bild 2.92 in Abschnitt 2.15.3 dargestellt
- Bei *Innenbauteilen* zwischen temperierter und nicht temperierter Zone gelten die *Außenmaße der temperierten Zone*; bei Innenbauteilen zwischen temperierten Zonen gilt das Achsmaß (kommt im Wohnungsbau mit o. g. Ein-Zonen-Modell nicht vor).

Als Maße in Schnitten (in vertikaler Richtung) sind anzusetzen (vgl. Bild 5.5):

- Bezugsmaß ist generell die Oberkante der Rohdecke in allen Ebenen eines Gebäudes, unabhängig von einer eventuell vorhandenen Wärmedämmschicht – das gilt auch für den *unteren* Gebäudeabschluss.
- Eine Ausnahme bildet nur der *obere* Gebäudeabschluss, bei dem die Oberkante der obersten wärmetechnisch anzusetzenden Schicht gilt.

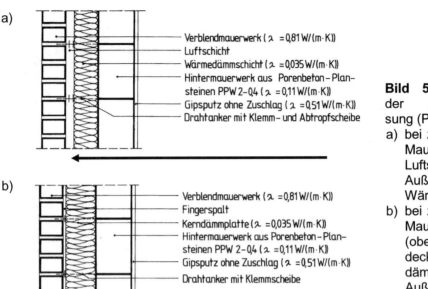

Bild 5.6: Definition der Außenabmessung (Pfeil):
a) bei zweischaligem Mauerwerk mit Luftschicht bis zur Außenkante der Wärmedämmung
b) bei zweischaligem Mauerwerk mit (oben abgedeckter) Kerndämmung bis zur Außenkante des Bauteils

Bei der Wahl der Systemgrenze (= thermische Hülle) für die beheizte Zone bestehen gewisse Freiheiten – z. B. kann bei Mehrfamilienhäusern meist frei entschieden werden, inwieweit der Treppenraum in die beheizte Zone einbezogen wird. Kellerabgänge, die nicht vom übrigen beheizten Raum getrennt sind, müssen jedoch einbezogen werden.

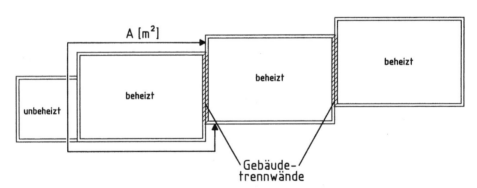

Bild 5.7: Bei der Ermittlung der wärmeübertragenden Umfassungsfläche A werden Gebäudetrennwände zu beheizten Nachbargebäuden nicht berücksichtigt (schraffiert in Bildmitte), wohl aber Bauteile zu unbeheizten (links) oder zu niedrig beheizten Räumen.

Bei aneinandergereihter Bebauung sind die Gebäudetrennwände zwischen Gebäuden mit normaler Innentemperatur als nicht wärmedurchlässig anzunehmen (Bild 5.7, vgl. auch Bild 2.50 in Abschnitt 2.12.1) und gemäß EnEV 2014 [5.9], Anlage 1, 2.6, daher bei der Ermittlung von A nicht zu berücksichtigen.

5.2 Anforderungen der EnEV 2014 an zu errichtende Wohngebäude

Gemäß EnEV 2014 [5.9], Anlage 1, 1.3.2, ist das *beheizte Gebäudevolumen* V_e in m³ (Index „*e*" für engl. „*external*" = außen) das Volumen, das von der wärmeübertragenden Umfassungsfläche A umschlossen wird; es ist als Bruttovolumen mit den o. g. Außenabmessungen zu bestimmen.

Gemäß EnEV 2014 [5.9], Anlage 1, 1.3.3, wird die beheizte Gebäudenutzfläche bei Wohngebäuden in m² ermittelt zu

$$A_N = 0{,}32 \cdot V_e \tag{5.1}$$

bzw. bei durchschnittlicher Geschosshöhe $h_G > 3{,}00$ m oder $h_G < 2{,}50$ m zu

$$A_N = (1/h_G - 0{,}04 \text{ m}^{-1}) \cdot V_e \tag{5.2}$$

h_G durchschnittliche Geschosshöhe in m (von OK Fußboden zu OK Fußboden gemessen)
V_e beheiztes Gebäudevolumen in m³

Hinweis: Für $h_G = 2{,}77$ m ergibt sich nach Gl. (5.2) der in Gl. (5.1) verwendete Faktor von 0,32!

Der generelle Bezug des zulässigen Jahres-Primärenergiebedarfs auf die Gebäudenutzfläche A_N als Energiebezugsfläche soll bei Wohngebäuden zur Allgemeinverständlichkeit beitragen [5.33]; nachteilig ist jedoch, dass A_N i. d. R. deutlich größer ist als die Nutzfläche gemäß DIN 277 [5.42] oder Wohnflächenverordnung, früher II. Berechnungsverordnung [5.43].

B Jahres-Endenergiebedarf Q_E

Für den Jahres-Endenergiebedarf Q_E (Heizung und ggf. Warmwasser) ist kein Höchstwert festgelegt – er ist dennoch für die Erstellung des Energieausweises (s. Abschnitt 5.8) als *erste Nebenanforderung* (und als Zwischenschritt der Berechnung) zu ermitteln.

C Höchstwert des spezifischen Transmissionswärmeverlustes $H'_{T,max}$

Der auf die wärmeübertragende Umfassungsfläche A bezogene, spezifische Transmissionswärmeverlust H'_T darf als *zweite Nebenanforderung*
– seit Einführung der EnEV 2009 [5.6], [5.7] und auch weiterhin nach EnEV 2014 [5.9] die in Bild 5.8 genannten Höchstwerte $H'_{T,max}$ sowie
– zusätzlich nach EnEV 2014 ab 01.01.2016 den am Referenzgebäude ermittelten Wert $H'_{T,ref}$

nicht überschreiten. Als „einseitig angebaut" in Bild 5.8 gelten Wohngebäude, wenn von den vertikalen Flächen gleicher Orientierung ≥ 80 % an ein beheiztes Gebäude (d. h. $\theta_i \geq 19$ °C) angrenzen.

5 Nachweis von Wohngebäuden nach EnEV und EEWärmeG

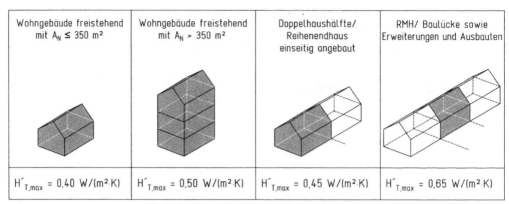

Bild 5.8: Höchstwerte des spezifischen, auf die wärmeübertragende Umfassungsfläche A (= Hüllfläche) bezogenen Transmissionswärmeverlusts von Wohngebäuden nach EnEV 2009/2014, Anlage 1

Gemäß Bild 5.8 haben kleine frei stehende Einfamilienhäuser einen niedrigeren (= strengeren) H'_T-Wert einzuhalten als andere Wohngebäude; bei diesen anderen Wohngebäuden – insbesondere bei einseitig angebauten Doppelhaushälften/Reihenendhäusern und v. a. bei Reihenmittelhäusern (RMH) – wird bei geringem Fensterflächenanteil ab 01.01.2016 die Anforderung $H'_{T,ref}$ maßgebend [5.44].

Entsprechend EnEV 2002 bis 2007 durfte der Nachweis des Jahres-Primärenergiebedarfs q_P (erste Hauptanforderung, s. o.) entfallen zugunsten des Nachweises des spezifischen Transmissionswärmeverlustes H'_T (zweite Nebenanforderung), wenn in DIN V 4701-10 [5.16] für das gewählte Heizsystem keine Berechnungsregeln angegeben sind. In diesem Fall durfte jedoch der zulässige spezifische Transmissionswärmeverlust folgenden Wert in W/(m² · K) nicht überschreiten:

$$H'_{T,oRdT,max} = 0{,}76 \cdot H'_{T,max} \tag{5.3}$$

Dieser bisher alternativ zulässige Nachweis über die Unterschreitung des spezifischen Transmissionswärmeverlustes der Gebäudehülle, die sog. 76%-Regel, ist in der EnEV 2009/2014 entfallen. Für Heizsysteme, für deren Berechnung es weder anerkannte Regeln der Technik noch gesicherte Erfahrungswerte gibt, müssen jetzt gemäß EnEV 2014 [5.9], Anlage 1, 2.1.3, dynamisch-thermische Simulationsrechnngen durchgeführt werden.

D Anforderungen an die Dichtheit des gesamten Gebäudes

Als *dritte Nebenanforderung* muss nach EnEV 2014 [5.9], Anlage 4, die gemessene Luftwechselrate des gesamten Gebäudes gemäß Verfahren B nach EN 13829 [5.45] bei Neubauten
- *mit* raumlufttechnischen Anlagen (auch Abluftanlagen) bei $n_{50} \leq 1{,}5$ h^{-1} und
- *ohne* raumlufttechnische Anlagen bei $n_{50} \leq 3{,}0$ h^{-1}

liegen (vgl. Abschnitt 2.14.3). Bei Gebäuden mit einem Luftvolumen $V > 1500$ m³, die nach DIN V 18599 berechnet werden (s. Abschnitt 5.6), darf alternativ die Luftwechselrate auf die Hüllfläche des Gebäudes bezogen werden.

E   Sicherstellung eines energiesparenden sommerlichen Wärmeschutzes

Als *zweite Hauptanforderung* ist gemäß EnEV 2014 [5.9], Anlage 1 Nr. 3, ein Nachweis des sommerlichen Wärmeschutzes entsprechend DIN 4108-2 [5.41], 8, zu führen (vgl. Abschnitt 2.15.3).

Wird zur Berechnung ein ingenieurmäßiges Verfahren (Simulationsrechnung) genutzt, so dürfen die berechneten Übertemperatur-Gradstunden die Höchstwerte nach DIN 4108-2 [5.41], Tabelle 9, nicht überschreiten.

Werden Wohngebäude mit raumlufttechnischen (RLT-)Anlagen ausgestattet, die Raumluft unter Energieeinsatz kühlen, so konnte der berechnete Jahres-Primär- und Endenergiebedarf (elektrische Energie) nach Maßgabe der zur Kühlung eingesetzten Technik je m^2 gekühlter Gebäudenutzfläche gemäß EnEV 2009 vereinfacht erhöht werden – diese Regelung ist in der EnEV 2014 entfallen, d. h.
– eine Raumluftkühlung kann nur noch mit Hilfe von DIN V 18599 [5.19] erfasst werden,
– DIN V 4108-6 [5.14] mit DIN V 4701-10 [5.16], [5.17] (s. Abschnitt 5.4) darf nur noch für Wohngebäude verwendet werden, die nicht gekühlt werden.

F   Inbetriebnahme von Heizkesseln, Regelung, Dämmung von Leitungen

Als *dritte Hauptanforderung* der EnEV 2014 [5.9], Anlage 4a, dürfen Heizkessel in Gebäuden nur dann eingebaut oder aufgestellt werden, wenn das Produkt aus Erzeugeraufwandszahl e_g und Primärenergiefaktor f_p nicht größer als 1,30 ist. Randbedingungen:
– Die Erzeugeraufwandszahl e_g ist nach DIN V 4701-10 [5.16], Tabellen C.3-4b bis C.3-4f zu bestimmen.
– Dabei ist der Primärenergiefaktor f_p für den nicht erneuerbaren Anteil nach DIN V 18599-1 [5.18] bzw. DIN V 4701-10 [5.16] mit Änderung DIN SPEC 4701-10/A1 : 2012 [5.17] zu bestimmen.

Werden Niedertemperatur-Heizkessel oder Brennwertkessel als Wärmeerzeuger in Systemen der Nahwärmeversorgung eingesetzt, gilt die o. g. Anforderung als erfüllt.

Zur *Wärmedämmung von Rohrleitungen und Armaturen* s. Abschnitt 4.2.3, Tabelle 4.3, und Abschnitt 4.3.2. *Ergänzung*: Soweit im Bestand (im Neubau nicht mehr erlaubt!) Wärmeverteilungs- und Warmwasserleitungen an Außenluft grenzen, sind diese mit dem Zweifachen der Mindestdicke nach EnEV 2014 [5.9], Anlage 5, Tabelle 1 Zeile 1 bis 4, zu dämmen.

5.3   Anforderungen des EEWärmeG an zu errichtende Wohngebäude

Aufgrund des Erneuerbare-Energien-Wärmegesetzes (EEWärmeG) muss seit 01.01.2009 der Wärmebedarf von Neubauten und seit 2011 auch von grundlegend sanierten öffentlichen Gebäuden (Vorbildfunktion öffentlicher Bauten) teilweise aus erneuerbaren Energien gedeckt werden. Die Anforderungen des EEWärmeG 2011 [5.10] an beheizte und/oder gekühlte Gebäude mit einer Nutzfläche > 50 m² (ausgenommene Gebäude analog zur EnEV) sind in Tabelle 5.2 zusammengestellt – sie sind je nach gewählter Technik unterschiedlich hoch, um die Eigenheiten der jeweiligen Technologie zu berücksichtigen [5.46].

Tabelle 5.2: Anforderungen des EEWärmeG (nach [5.10], [5.46])

Deckung des Wärme-/Kälteenergie-bedarfs durch	Mindest-anteil der Deckung	Anforderung im Detail	Nachzuweisen durch			
			Sach-kun-diger	Er-rich-ter	Her-stel-ler	Sons-tige
Solarthermie oder sonstige solare Strahlungswärme	15 % (15 %)²)	EFH/ZFH: 0,04 m² Kollektorfläche pro m² Nutzfläche A_N MFH: 0,03 m² Kollektorfläche pro m² Nutzfläche A_N				‚Solar Keymark'
gasförmige Biomasse	30 % (25 %)²)	Nutzung in KWK-Anlage o. Einspeisung ins Gasnetz	●	●	●	Brenn-stoff-handel
flüssige Biomasse	50 % (15 %)²)	beste verfügbare Technik (Brennwerttechnik)	●	●	●	
feste Biomasse	50 % (15 %)²)	kleine u. mittlere Feuerungs-anlagen und Brennstoffe gemäß 1. BImSchV Kesselwirkungsgrad bei – Anlage ≤ 50 kW: $\eta_K \geq 86\%$ – Anlage > 50 kW: $\eta_K \geq 88\%$	●	●	●	
Geothermie oder Umweltwärme (Wärmepumpe)	50 % (15 %)²)	BWW¹) konventionell: – JAZ ≥ 3,5 (Luft/Wasser- u. Luft/Luft-Wärmepumpen) – JAZ ≥ 4,0 (and. elektr. WP) – JAZ ≥ 1,2 (WP mit fossilen Brennstoffen betrieben) BWW aus erneuerb. Energie – JAZ ≥ 3,3 (Luft/Wasser- u. Luft/Luft-Wärmepumpen) – JAZ ≥ 3,8 (andere WP)	●			‚Euroblume' oder ‚Blauer Engel' oder ‚European Quality Label'
Kälte aus erneuerbaren Energien	50 % (15 %)²) wie oben	direkt (= nicht durch Kompressionskältemaschinen) aus dem Erdreich oder aus Oberflächengewässern indirekt aus Wärme einer der o. g. Quellen technisch nutzbar gemacht	●			

¹) BWW = Brauchwarmwasser, JAZ = Jahresarbeitszahl, WP = Wärmepumpe.
²) Bei grundlegend sanierten öffentlichen Gebäuden.

Bezugsgröße für den Mindestanteil an erneuerbaren Energien ist keine der in Abschnitt 1.2 genannten Bearbeitungsstufen der Energie, sondern der abweichend definierte *Wärme- und Kälteenergiebedarf* – eine Zwischenstufe zwischen Endenergie- und Nutzenergiebedarf als Wärmebedarf für Heizung bzw. Kühlung zuzüglich Übergabe-, Verteilungs- und Speicherverlusten, aber ohne Verluste bei der Erzeugung (s. beispielhaft zum Wärmeenergiebedarf Bild 5.9, s. auch Bild 5.32 in Abschnitt 5.4.4).

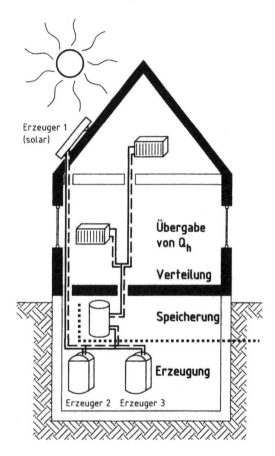

Bild 5.9: Der Wärmeenergiebedarf (hier, beispielhaft dargestellt an einem Heizstrang) errechnet sich aus allen Wärmeenergieanteilen, die die Punktlinie unter dem Speicher überschreiten; bei Gebäude*kühlung* ist der entsprechende Energieanteil zusätzlich einzubeziehen (nach [5.47])

Statt der in Tabelle 5.2 genannten Anforderungen dürfen auch *Ersatzmaßnahmen* vorgenommen werden (Tabelle 5.3), die auf andere Weise die angestrebten Klimaschutzziele erfüllen – z. B. kann die Nutzung erneuerbarer Energien für die Heizwärmeerzeugung durch eine Unterschreitung der Anforderungen der EnEV ($H'_{T,max}$ und $Q_{P,ref}$, vgl. Abschntt 5.2) um mindestens 15 % abgelöst werden.

Der Gebäudeeigentümer muss nachweisen, dass
– der in Tabelle 5.2 genannte Anteil erneuerbarer Energien genutzt wird,
– eine Ersatzmaßnahme nach Tabelle 5.3 ausgeführt wurde bzw.
– eine von der zuständigen Behörde genehmigte Ausnahme vorliegt.

Tabelle 5.3: Ersatzmaßnahmen zur Erfüllung des EEWärmeG (nach [5.10], [5.46])

Deckung des Wärme-/ Kälteenergie- bedarfs durch	Mindest- anteil der Deckung	Anforderung im Detail	Nachzuweisen durch			
			Sach- kun- diger	Er- rich- ter	Her- stel- ler	Sons- tige
Abwärme	50 %	Abluft-Wärmepumpe: – JAZ [1]) s. Tabelle 5.2 kontroll. Wohnungslüftung: – WRG [1]) ≥ 70 % und Leistungszahl ≥ 10 andere: Stand der Technik	●	●	●	
Kraft-Wärme- Kopplung (KWK)	50 %	hocheffiziente KWK-Anlage gemäß Richtlinie 2004/8/EG	●	●	●	Anla- genbe- treiber
Maßnahmen zur Einspa- rung von Energie	–	Verbesserung der Wärme- dämmung: – $Q_{p,real} \leq 85\,\%$ von $Q_{p,max}$ – $H'_{T,real} \leq 85\,\%$ von $H'_{T,max}$	●			
Nah- oder Fernwärme (Anschluss- zwang?)	100 %	Netz wesentlich aus erneuer- baren Energien bzw. zu ≥ 50 % aus Abwärme oder KWK gespeist				Netz- betrei- ber

[1]) JAZ = Jahresarbeitszahl, WRG = Wärmerückgewinnung.

Der Nachweis besteht aus folgenden Teilen [5.46]:
– Bestätigung, dass der Mindestanteil am Wärme- bzw. Kälteenergiebedarf für die gewählte Wärme-/Kältequelle erreicht wird (s. Tabellen 5.2 und 5.3 jeweils linke Spalte),
– Bestätigung, dass die speziellen technischen Anforderungen für diese Wärme-/Kälte- quelle erfüllt werden (s. Tabellen 5.2 und 5.3 Mitte) und
– ggf. zusätzlicher Nachweis (s. Tabellen 5.2 und 5.3 rechts – z. B. Rechnung des Brennstoffhändlers bei Verwendung von Biomasse).

Der Nachweis ist innerhalb von drei Monaten nach Inbetriebnahme der Heizungsanlage bei der zuständigen Behörde vorzulegen (nach Landesrecht); die Rechnungen über die Lieferung von Biomasse sind jeweils fünf Jahre aufzuheben und o. g. Behörde bei gas- förmiger oder flüssiger Biomasse in den ersten fünf Jahren unaufgefordert, ansonsten auf Verlangen vorzulegen.

Ausstellungsberechtigt für die Nachweise sind Sachkundige, die gemäß EnEV [5.9] § 21 Energieausweise ausstellen dürfen.

Wie wird das EEWärmeG in der Praxis erfüllt? Gängige Alternativen sind
– der Einbau einer thermischen Solaranlage, bei einem Einfamilienhaus mit 125 m² Nutzfläche z. B. reichen 0,04 · 125 m² = 5 m² Aperturfläche des Kollektors (mit europäischem Prüfzeichen *Solar Keymark*, Bild 5.10),
– der Einbau einer Holzpelletheizung oder einer Wärmepumpe (mit entsprechender Jahresarbeitszahl), die jeweils ≥ 50 % des Wärmeenergiebedarfs liefert, oder

– als Ersatzmaßnahme eine Unterschreitung der Anforderungen der EnEV (H'_T und q_P) um mindestens 15 %.

Bild 5.10: Die *Solar Keymark* wird immer zusammen mit dem nationalen Zeichen der ausstellenden Organisation vergeben, z. B. mit dem Zeichen *DIN geprüft* von DINCERTCO

Wenn entsprechende Nah- oder Fernwärmenetze vorhanden sind (Tabelle 5.3, letzte Zeile), kann durch Gemeindesatzung gemäß § 16 EEWärmeG [5.10] ein Anschlusszwang durchgesetzt werden. Die Bundesländer können die Pflicht zur Nutzung erneuerbarer Energien durch Landesvorschriften erweitern und auf Bestandsgebäude ausweiten.
Hinweis: Gemäß § 15 EEWärmeG [5.10] können nur Maßnahmen finanziell gefördert werden, die
– anspruchsvoller als die Mindestanforderungen sind oder
– den Wärmeenergiebedarf um ≥ 50 % über den Mindestanteil hinaus decken.
Geringe Mehrinvestitionen können also ggf. zu hohen Förderzuschüssen führen!

5.4 Zu errichtende Wohngebäude nach DIN V 4108-6 und DIN V 4701-10

5.4.1 Grundlagen der Berechnung

Die EnEV 2014 [5.9] sieht alternativ (Bild 5.11)
– die vereinfachte Berechnung nach DIN V 4108-6 [5.14] und DIN V 4701-10 [5.16] mit Änderung DIN SPEC 4701-10/A1: 2012-07 [5.17] oder
– den ganzheitlichen Ansatz nach DIN V 18599 [5.18] bis [5.30]
vor. Aufgrund der i. d. R. günstigeren Ergebnisse (s. u. Abschnitt 5.6) werden Wohngebäude seit Einführung dieser Regelung durch die EnEV 2009 überwiegend nach DIN V 4108-6 mit DIN V 4701-10 nachgewiesen (vgl. auch Abschnitt 5.1) – bei einer Umfrage unter Energieberatern 2012 arbeiteten 66 % der Befragten mit diesen beiden Normen [5.48]. Im Folgenden wird daher das Verfahren nach DIN V 4108-6 mit DIN V 4701-10 ausführlich vorgestellt.

Grundlage dieser Berechnungen ist der Jahres-Heizenergiebedarf Q, der entsprechend der früheren EN 832 [5.13] unter Berücksichtigung
– der in Deutschland anzusetzenden Randbedingungen sowie
– einiger aus deutscher Sicht notwendiger Präzisierungen [5.49]
gemäß DIN V 4108-6 [5.14] berechnet wird, und zwar anhand

- einer *Energiebilanz im stationären Zustand*,
- als *Ein-Zonen-Modell* – d. h. für gleichmäßig beheizte Gebäude, bei denen sich die durchschnittlichen Innentemperaturen der Teilbereiche (Zonen) nur um $\Delta\theta_i \leq 4\ K$ unterscheiden – und
- unter *Berücksichtigung der dynamischen Einwirkung von internen und solaren Wärmegewinnen* (vereinfacht durch den Ausnutzungsgrad η_p, s. Abschnitt 5.4.2).

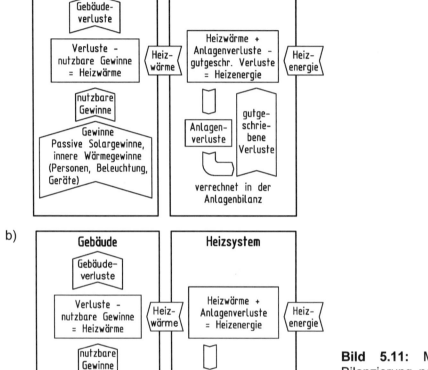

Bild 5.11: Methoden der Bilanzierung nach EN 15603 (nach [5.40])
a) vereinfachter Ansatz, gewählt in DIN V 4108-6 und DIN V 4701-10
b) ganzheitlicher Ansatz, gewählt in DIN V 18599

Die durch die frühere EN 832 grundsätzlich bestimmte Bilanzierung gliedert sich praktisch in zwei gleichwertige Teile, nämlich [5.33]:
- die *bauliche* Seite zur Berechnung des Jahres-Heizwärmebedarfs, geregelt in DIN V 4108-6 [5.14], und
- die *anlagentechnische* Seite, geregelt in DIN V 4701-10 [5.16] für Neubauten, für den Gebäudebestand ergänzt durch DIN V 4701-12 [5.50] mit PAS 1027 [5.100].

5.4 Zu errichtende Wohngebäude nach DIN V 4108-6 und DIN V 4701-10

Für beide Berechnungen gibt es in o. g. Normen genauere, rechenaufwendigere Verfahren (links in Bild 5.12) und vereinfachte Verfahren (rechts in Bild 5.12), die ursprünglich beliebig kombiniert werden konnten:
- Nicht mehr zulässig seit Einführung der EnEV 2009 ist das vereinfachte Verfahren,
- deshalb werden in Abschnitt 5.4.2 das Monatsbilanzverfahren und in Abschnitt 5.4.3 die immer häufiger notwendige genauere Erfassung von Wärmebrücken

zur Ermittlung des *Jahres-Heizwärmebedarfs* vorgestellt, gefolgt von der Berechnung des *Jahres-Endenergie- und -Primärenergiebedarfs* in Abschnitt 5.4.4 mit dem genaueren Tabellenverfahren. Das Diagrammverfahren kann nur noch für überschlägige Vorabschätzungen verwendet werden [5.17] – es wird hier nicht mehr vorgestellt.

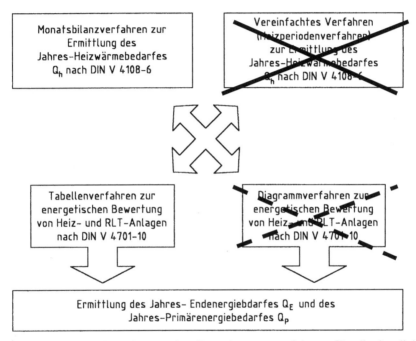

Bild 5.12: Mögliche Kombinationen der Berechnungsverfahren für die bauliche Seite (oben) und die anlagentechnische Seite (unten) der Berechnung (nach [5.33])

5.4.2 Berechnung des spezifischen Transmissionswärmeverlustes H_T und des Jahres-*Heizwärme*bedarfs Q_h

Die Berechnung für den öffentlich-rechtlichen Nachweis – d. h. nach EnEV [5.9] – erfolgt gemäß Anhang D zu DIN V 4108-6 [5.14] (vgl. Bild 5.12) mit dem *Monatsbilanzverfahren*. Dieses Verfahren arbeitet mit für Deutschland repräsentativen, vereinfachten und pauschalierten Annahmen mit dem Bilanzansatz nach Bild 5.13 (vgl. auch Bild 1.4 in Abschnitt 1.2) – für differenzierte, standortbezogene Berechnungen können auch die Randbedingungen und Berechnungsverfahren der eigentlichen DIN V 4108-6 [5.14] (d. h. nicht des Anhanges D) herangezogen werden.

5 Nachweis von Wohngebäuden nach EnEV und EEWärmeG

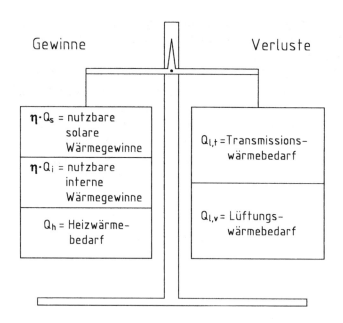

Bild 5.13: Bilanzdarstellung für die Berechnung des Jahres-Heizwärmebedarfs gemäß DIN V 4108-6

Nach dem o. g. Monatsbilanzverfahren errechnet sich der *Jahres-Heizwärmebedarf* als Summe der monatlichen Heizwärmebedarfswerte $Q_{h,M}$ in kWh, sofern sie positiv sind:

$$Q_h = \Sigma\, Q_{h,M,pos} \tag{5.4}$$

darin $\quad Q_{h,M,pos} = Q_{l,M} - \eta_M \cdot Q_{g,M} > 0 \tag{5.5}$

$Q_{l,M}$ Wärmeverluste in kWh (*engl. „loss"* = Verlust) im betrachteten Monat
$Q_{g,M}$ Wärmegewinne in kWh (*engl. „gain"* = Gewinn) im betrachteten Monat
η_M dimensionsloser Ausnutzungsgrad der Wärmegewinne im betrachteten Monat (Index *„M"*)

Genauer wird für jeden einzelnen Monat in kWh (vgl. Bild 5.13)

$$Q_{h,M} = (Q_{l,t,M} + Q_{l,v,M}) - \eta_M \cdot (Q_{s,M} + Q_{i,M}) \tag{5.6}$$

$Q_{l,t,M}$ Transmissionswärmebedarf in kWh (*engl. „loss"* = Verlust, *engl. „transmission"* = Transmission) im betrachteten Monat
$Q_{l,v,M}$ Lüftungswärmebedarf in kWh (*engl. „loss"* = Verlust, *engl. „ventilation"* = Lüftung) im betrachteten Monat
$Q_{s,M}$ solare Wärmegewinne der Fenster in kWh im betrachteten Monat
$Q_{i,M}$ interne Wärmegewinne in kWh im betrachteten Monat

5.4 Zu errichtende Wohngebäude nach DIN V 4108-6 und DIN V 4701-10

A Monatlicher Wärmebedarf für Transmission und Lüftung

Der monatliche *Wärmebedarf für Transmission und Lüftung* in kWh wird mit folgendem Ansatz berechnet [5.49]:

$$Q_{l,M} = 0{,}024 \cdot (H_{T,M} + H_{V,M}) \cdot (\theta_i - \theta_{e,M}) \cdot t_M - \Delta Q_{l,M} \tag{5.7}$$

$H_{T,M}$ spezifischer Transmissionswärmeverlust in W/K im betrachteten Monat
$H_{V,M}$ spezifischer Lüftungswärmeverlust in W/K im betrachteten Monat
$(\theta_i - \theta_{e,M})$ mittlere Temperaturdifferenz in K zwischen Innen- und Außentemperatur im betrachteten Monat nach Tabelle 5.4
t_M Dauer des betrachteten Monats in d
0,024 Umrechnungsfaktor in kWh/(Wd)
$\Delta Q_{l,M}$ Reduzierung des monatlichen Wärmeverlustes infolge Nachtabschaltung in kWh (s. u. bei E)

Tabelle 5.4: Referenzwerte der Innenlufttemperaturen θ_i für Gebäude mit normalen Innentemperaturen und der Außenlufttemperaturen θ_e für den Referenzort Potsdam

	Temperatur im Monat in °C												Jahresmittel
	Jan	Feb	Mrz	Apr	Mai	Jun	Jul	Aug	Sep	Okt	Nov	Dez	
θ_i	19	19	19	19	19	19	19	19	19	19	19	19	19 °C
θ_e	1,0	1,9	4,7	9,2	14,1	16,7	19,0	18,6	14,3	9,5	4,1	0,9	9,5 °C

B Spezifischer Transmissionswärmeverlust im betrachteten Monat

In Gl. (5.7) berechnet sich der *spezifische Transmissionswärmeverlust* im betrachteten Monat in W/K zu

$$H_{T,M} = H_e + H_u + L_{S,M} + \Delta H_{T,FH} + \Delta H_{T,WB} \tag{5.8}$$

H_e spezifischer Transmissionswärmeverlust in W/K von Bauteilen in der wärmeübertragenden Umfassungsfläche, die *an die Außenluft grenzen*
H_u spezifischer Transmissionswärmeverlust in W/K von Bauteilen *zu unbeheizten Räumen* (ausgenommen unbeheizte Keller)
$L_{S,M}$ stationärer thermischer Leitwert über das Erdreich in W/K (einschließlich Kellerdecken und Kellerinnenwänden zu unbeheizten Kellern) im betrachteten Monat
$\Delta H_{T,FH}$ zusätzlicher spezifischer Wärmeverlust in W/K für Bauteile mit Flächenheizung (i. d. R. Fußbodenheizung)
$\Delta H_{T,WB}$ zusätzlicher spezifischer Wärmeverlust in W/K durch Wärmebrücken

Als Indizes für die einzelnen Bauteilgruppen werden dabei verwendet (s. Tabellen 5.5 und 5.6 sowie [5.38], [5.39], nicht alle in DIN V 4108-6 [5.14] aufgeführt):

AW   Außenwände
W   Fenster (*engl. „window"* = Fenster, vgl. Abschnitt 2.13.3)
D   Dächer und Dachdecken
DL   Decken nach unten gegen Außenluft
na   Decken und Wände zu nicht ausgebauten Dachräumen
nb   Decken und Wände zu niedrig beheizten Räumen
u   Wände und Decken zu unbeheizten Räumen (außer Kellerdecke)
G   unterer Gebäudeabschluss (Kellerdecke zu unbeheizten Kellern oder Wände und Bodenplatten gegen Erdreich), ggf. ersetzt durch
    f   Bodenplatte (Sohle) bei nicht unterkellerten Gebäuden bzw. Kellerdecke über unbeheiztem Keller (*engl. „floor"* = Boden),
    bf   Bodenplatte (Sohle) bei beheiztem Keller (*engl. „basement floor"* = Kellersohle) oder
    bw   Kelleraußenwand eines beheizten Kellers (*engl. „basement wall"* = Kellerwand)

Kommen in einem Gebäude mehrere Bauteile der genannten Bauteilgruppen vor, so werden sie nach o. g. Indizes durchlaufend nummeriert (z. B. „*G1*", „*G2*", ...).

In Gl. (5.8) berechnen sich nun

− der spezifische Transmissionswärmeverlust in W/K von Bauteilen $i = 1, 2, ..., n$, die *an die Außenluft* grenzen, zu

$$H_e = \sum_{i=1}^{n} U_i \cdot A_i \quad\quad\quad (5.9)$$

U_i Wärmedurchgangskoeffizient des an die Außenluft grenzenden Bauteils bzw. Fensters i in W/(m² · K) (vgl. Abschnitt 2.6 bzw. 2.13)
A_i Fläche des an die Außenluft grenzenden Bauteils i in der wärmeübertragenden Umfassungsfläche des Gebäudes in m²

− der spezifische Transmissionswärmeverlust in W/K von Bauteilen $j = 1, 2, ..., m$ zu *unbeheizten oder niedrig beheizten Räumen* (ausgenommen unbeheizte Keller) zu

$$H_u = \sum_{j=1}^{m} F_{x,j} \cdot (U_j \cdot A_j) \quad\quad\quad (5.10)$$

U_j Wärmedurchgangskoeffizient des Bauteils j zu einem unbeheizten Raum in W/(m²· K)
A_j Fläche des Bauteils j zu einem unbeheizten Raum in der wärmeübertragenden Umfassungsfläche des Gebäudes in m²
$F_{x,j}$ dimensionsloser Temperatur-Korrekturfaktor nach Tabelle 5.5

5.4 Zu errichtende Wohngebäude nach DIN V 4108-6 und DIN V 4701-10

Tabelle 5.5: Berechnungswerte der Temperatur-Korrekturfaktoren F_x von beidseitig luftberührten Bauteilen, die nicht direkt an Außenluft grenzen

Wärmestrom nach außen über das Bauteil	Temperatur-Korrekturfaktor F_x
oberste Geschossdecke unter nicht ausgebauten Dachräumen oder Abseitenwand zu nicht ausgebauten Dachräumen	F_{na} = 0,8
Wand oder Decke zu unbeheizten Räumen	F_u = 0,5
Wand oder Decke zu niedrig beheizten Räumen	F_{nb} = 0,35
Wand oder Fenster zu unbeheiztem Glasvorbau bei einer Verglasung des Glasvorbaus [1]) mit – Ein-Scheiben-Verglasung – Zwei-Scheiben-Verglasung – Wärmeschutzverglasung	 F_u = 0,8 F_u = 0,7 F_u = 0,5

[1]) S. auch Tabelle 5.9 zur Wahl der Verglasung.

– der *stationäre* thermische Leitwert in W/K über das Erdreich ergibt sich *vereinfacht* ohne Berücksichtigung der monatlich wechselnden Erdreichtemperatur zu

$$L_{S,M} \equiv L_S = H_g \qquad (5.11)$$

H_g spezifischer Transmissionswärmeverlustkoeffizient in W/K für das Erdreich = *stationäre* Komponente der Wärmeübertragung der gesamten Bodenplatte – neue Bezeichnung für L_S nach EN ISO 13370: 2008-04 [5.50] entsprechend Gln. (2.66), (2.70) oder (2.73) in Abschnitt 2.12

Für den öffentlich-rechtlichen Nachweis darf gemäß EnEV [5.9] für die einseitig erdberührten Bauteile bzw. Kellerdecken/Kellerinnenwände $k = 1, 2, ..., p$ (weiter vereinfacht) angesetzt werden

$$L_S = \sum_{k=1}^{p} F_{G,k} \cdot (U_k \cdot A_k) \qquad (5.12)$$

U_k Wärmedurchgangskoeffizient des erdberührten Bauteils bzw. der Kellerdecke/-innenwand k in W/(m²· K), bei erdberührtem Bauteil vereinfacht entsprechend Abschnitt 2.12.6 als sog. „konstruktiver U-Wert"

A_k Fläche des erdberührten Bauteils k in der wärmeübertragenden Umfassungsfläche des Gebäudes in m²

$F_{G,k}$ dimensionsloser Temperatur-Korrekturfaktor nach Tabelle 5.6 (s. auch [5.51])

Hinweis: Wird der *genaue* Nachweis nach EN ISO 13370 [5.50] gewählt (vgl. Abschnitt 2.12), so wird der stationäre thermische Leitwert monatsabhängig (s. DIN V 4108-6 [5.14], Anhang E) – in diesem Fall ist ein Mittelwert über die Monate der Heizperiode zu bilden [5.52].

Tabelle 5.6: Berechnungswerte der Temperatur-Korrekturfaktoren F_G von Kellerdecken und einseitig erdberührten Bauteilen

Wärmestrom nach außen über	Temperatur-Korrekturfaktor F_G					
	charakteristisches Maß der Bodenplatte = charakteristisches Bodenplattenmaß B' [1])					
	< 5 m		5 bis 10 m		> 10 m	
	R_{bf} bzw. R_{bw} [1]) in m² · K/W		R_{bf} bzw. R_{bw} [1]) in m² · K/W		R_{bf} bzw. R_{bw} [1]) in m² · K/W	
	≤ 1	> 1	≤ 1	> 1	≤ 1	> 1
beheizten Keller, – Bodenplatte (Index „*bf*") – Kelleraußenwand (Index „*bw*")	0,30 0,40	0,45 0,60	0,25 0,40	0,40 0,60	0,20 0,40	0,35 0,60
	R_f [1]) in m² · K/W		R_f [1]) in m² · K/W		R_f [1]) in m² · K/W	
	≤ 1	> 1	≤ 1	> 1	≤ 1	> 1
erdberührte Bodenplatte [2]) – ohne Randdämmung – mit waager. Randdämmung, $D = 5$ m, $R_n > 2$ m² · K/W [3]) – mit senkrechter Randdämmung, $D = 2$ m, $R_n > 2$ m² · K/W [3])	0,45 0,30 0,25	0,60 0,30 0,25	0,40 0,25 0,20	0,50 0,25 0,20	0,25 0,20 0,15	0,35 0,20 0,15
aufgeständerte Bodenplatte	0,90		0,90		0,90	
Kellerdecke und Kellerinnenwand zum *un*beheizten Keller – mit Perimeterdämmung – ohne Perimeterdämmung	0,55 0,70		0,50 0,65		0,45 0,55	
Bodenplatte unter niedrig beheiztem Raum (θ_i = 12 bis 19 °C)	0,20	0,55	0,15	0,50	0,10	0,35

[1]) Mit $B' = 2 \cdot A_G / P$ (s. Gl. (2.47) in Abschnitt 2.12.1) und R_f als Wärmedurchlasswiderstand der Bodenplatte/Kellerdecke bzw. R_{bf} der Kellersohle und R_{bw} der Kelleraußenwand – bei teilbeheizten Kellern ist für A_G und P allein der Teil der Bodenplatte unter dem beheizten Keller heranzuziehen [5.52].

[2]) Bei fließendem Grundwasser erhöht sich F_G jeweils um 15 %.

[3]) Bodenplatte ansonsten ungedämmt (D, R_n s. Abschnitt 2.12.2).

Zum *zusätzlichen spezifischen Wärmeverlust für Bauteile mit Flächenheizung* $\Delta H_{T,FH}$ (i. d. R. Fußbodenheizung) s. DIN V 4108-6 [5.14], 6.1.4, und [5.38], [5.49]. Gemäß Beispielrechnung in [5.38] nimmt der Anteil der Transmissionswärmeverluste einer Fußbodenheizung im Estrich einer Bodenplatte an den gesamten Transmissionswärmeverlusten mit zunehmender Dämmstoffdicke deutlich ab – für $d_{Dä} \geq 8$ cm (bei $\lambda \leq 0,04$ W/(m · K)) liegt gemäß einer älteren sog. *Auslegungsfrage* dieser Anteil unter 1,5 %; auch nach DIN V 4108-6 [5.14], 6.1.4 und Tabelle D.3, Z. 14, kann der Zuschlag $\Delta H_{T,FH}$

5.4 Zu errichtende Wohngebäude nach DIN V 4108-6 und DIN V 4701-10

vernachlässigt werden – nach *Rabenstein* ist die genannte Beispielrechnung jedoch fehlerhaft, die Dämmstoffdicke müsste deutlich größer sein [5.54].

Hinweis: Die entsprechende Auslegung der EnEV [5.52] wurde mit Schreiben des DIBt vom 27.09.2007 ersatzlos zurückgezogen [5.53]! *Aber*: DIN V 4108-6, 6.1.4, mit Anhang D.3 [5.14] lässt dies zu und ist weiterhin gültig!

C Erfassung von Wärmebrücken

Der *zusätzliche spezifische Wärmeverlust durch Wärmebrücken* $\Delta H_{T,WB}$ kann nach DIN V 4108-6 [5.14], Tabelle D.3, auf unterschiedliche Weise erfasst werden (s. auch [5.39]):

- Am einfachsten ist die Verwendung des *pauschalen Zuschlagswertes*, d. h.

$$\Delta H_{T,WB} = \Delta U_{WB} \cdot (A - A_{CW}) \tag{5.13}$$

ΔU_{WB} Zuschlagswert zum Wärmedurchgangskoeffizienten zur Berücksichtigung von Wärmebrücken in W/(m²· K), und zwar
- $\Delta U_{WB} = 0{,}10$ W/(m² · K) ohne weiteren Nachweis bzw.
- $\Delta U_{WB} = 0{,}05$ W/(m² · K) bei Einhaltung der Regelkonstruktionen aus DIN 4108 Beiblatt 2 [5.55] (bei Abweichung muss ggf. ein Nachweis der Gleichwertigkeit geführt werden, s. folgenden Abschnitt 5.4.3)
- $\Delta U_{WB} = 0{,}15$ W/(m² · K) bei Innendämmung von > 50 % der Außenwände und einbindenden Massivdecken (nur im Bestand, vgl. Bild 3.19 in Abschnitt 3.9)

A wärmeübertragende Umfassungsfläche [m^2] des beheizten Gebäudevolumens (vgl. Abschnitt 5.4.1)

A_{CW} wärmeübertragende Fläche [m^2] von ggf. vorhandenen vorgehängten Fassaden als Pfosten-Riegel-Konstruktion (*engl. „curtain wall"*), deren Wärmebrücken analog zu Fenstern nach EN 13947 [5.56] erfasst werden

- Eine *detaillierte Erfassung der Wärmebrücken* nach EN ISO 10211 [5.57] ist ebenfalls möglich (s. wiederum Abschnitt 5.4.3). Dabei wird der zusätzliche spezifische Wärmeverlust $\Delta H_{T,WB}$ (bzw. der Wärmebrückenzuschlagskoeffizient ΔU_{WB}) in Abhängigkeit von den längen- bzw. punktbezogenen Wärmedurchgangskoeffizienten Ψ in W/(m · K) bzw. χ in W/K berechnet. Die genauere Berechnung führt bei guter Detailplanung i. d. R. zu einer deutlichen Verringerung des ΔU_{WB}-Wertes, wie Beispielrechnungen von *Hauser* zeigen: Bei optimaler Ausbildung der Konstruktionsdetails sind
  - im Massivbau $\Delta U_{WB} = 0{,}00$ bis $0{,}01$ W/(m² · K) [5.62] bzw.
  - im Holztafel-/Holzrahmenbau $\Delta U_{WB} \approx 0{,}00$ W/(m² · K) [5.63]

  erreichbar.

5 Nachweis von Wohngebäuden nach EnEV und EEWärmeG

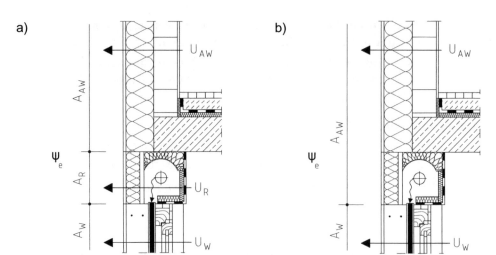

Bild 5.14: Erfassung von Rollladenkästen, hier beispielhaft beim Einbaukasten:
a) Flächendefinition mit eigener Fläche A_R und Wärmedurchgangskoeffizienten U_R
b) Flächendefinition beim Übermessen des Rollladenkastens

- Einen Sonderfall stellen Rollladenkästen dar: Gemäß DIN 4108-2 [5.41], Anhang A, können sie [5.64]
  - entweder als flächige Bauteile mit ihrem Wärmedurchgangskoeffizienten U_R (vgl. Abschnitt 2.13.4) und ihrer Fläche A_R angesetzt (Bild 5.14a)
  - oder übermessen werden, wobei bei *Einbaukästen* der Rollladenkasten der Außenwandfläche A_{AW} zugeschlagen wird (Bild 5.14b), bei *Vorsatzkästen* jedoch der Fensterfläche A_W.

Im zweiten Fall muss der Rollladenkasten als linienförmige Wärmebrücke berücksichtigt werden – entweder bei Verwendung des *pauschalen Zuschlagswertes* durch Wahl einer Konstruktion aus DIN 4108 Beiblatt 2 [5.55] oder durch Berechnung der längenbezogenen Wärmedurchgangskoeffizienten Ψ (s. folgenden Abschnitt 5.4.3, auch [5.39]).

D Spezifischer Lüftungswärmeverlust im betrachteten Monat

In Gl. (5.7) berechnet sich der *spezifische Lüftungswärmeverlust* für Gebäude in W/K – im Allgemeinen unabhängig vom betrachteten Monat – analog EN ISO 13789 [5.37] zu

$$H_{V,M} \equiv H_V = (\rho_L \cdot c_{pL}) \cdot n \cdot V$$
$$= 0{,}34 \text{ Wh/(m}^3 \cdot \text{K)} \cdot n \cdot V \qquad (5.14)$$

$(\rho_L \cdot c_{pL}) = 1{,}23$ kg/m³ · 1008 Ws/(kg · K) · 1 h/3600 s = 0,34 Wh/(m³ · K)
als volumenspezifische Wärmespeicherkapazität der Luft
darin
$\rho_L =$ 1,23 kg/m³ = Dichte von Luft nach EN ISO 10456 [5.65], Tabelle 3
$c_{pL} =$ 1008 J/(kg · K) = 1008 Ws/(kg · K) = (masse)spezifische Wärmespeicherkapazität von trockener Luft nach EN ISO 10456 [5.65], Tabelle 3

und
n anzusetzende Luftwechselrate in h^{-1}, und zwar bei *freier Lüftung* (Fensterlüftung entsprechend Bildern 4.25 bzw. 4.28a in Abschnitt 4.4.1)
– $n = 0{,}7\ h^{-1}$ ohne Luftdichtheitsprüfung
– $n = 0{,}6\ h^{-1}$ mit Luftdichtheitsprüfung

bzw. *bei raumlufttechnischen Anlagen* mit (dabei vorgeschriebener) Luftdichtheitsprüfung

$$n = n_A \cdot (1 - \eta_V) + n_x \qquad (5.15)$$

darin
$n_A \equiv 0{,}4\ h^{-1}$ als Anlagen-Luftwechselrate nach DIN V 4701-10 [5.16]

η_V Nutzungsfaktor eines ggf. vorhandenen Abluft/Zuluft-Wärmerückgewinnungssystems *(Hinweis*: Nach DIN V 4701-10 [5.16], 4.3, ist im Regelfall $\eta_V \equiv 0$ zu setzen und die Wärmerückgewinnung entsprechend DIN V 4701-10, 5.2, zu erfassen, s. Abschnitt 5.4.4)

n_x zusätzliche Luftwechselrate infolge Undichtheiten und Fensteröffnen, sie wird gesetzt zu
– $n_x = 0{,}20\ h^{-1}$ für Zu- und Abluftanlagen (vgl. Bilder 4.28d und 4.28e in Abschnitt 4.4.1) bzw.
– $n_x = 0{,}15\ h^{-1}$ für reine Abluftanlagen (vgl. Bilder 4.28b und 4.28c in Abschnitt 4.4.1),

d. h. Gl. (5.15) für o. g. Regelfall mit $\eta_V \equiv 0$ ergibt
– $n = 0{,}4 \cdot (1 - 0) + 0{,}20 = 0{,}60\ h^{-1}$ für Zu- und Abluftanlagen (wie bei freier Lüftung) bzw.
– $n = 0{,}4 \cdot (1 - 0) + 0{,}15 = 0{,}55\ h^{-1}$ für reine Abluftanlagen
Hinweis: Dieser Wert ist nach den *Auslegungsfragen* zur EnEV [5.52] für das Referenzgebäude anzusetzen!

V beheiztes Luftvolumen in m³ (Nettovolumen), und zwar
– $V = 0{,}76 \cdot V_e$ bei Ein- und Zweifamilienhäusern mit ≤ 3 Vollgeschossen
– $V = 0{,}80 \cdot V_e$ in allen übrigen Fällen
darin V_e = beheiztes Gebäudevolumen in m³ (vgl. Abschnitt 5.2)

Unter der o. g. „Luftdichtheitsprüfung" ist der „Blower Door-Test" nach Verfahren B [5.52] aus EN 13829 [5.45] zu verstehen (vgl. Abschnitt 2.14.3). Nur wenn dabei die Anforderung $n_{50} \leq 3\ h^{-1}$ allgemein bzw. $n_{50} \leq 1{,}5\ h^{-1}$ bei raumlufttechnischen Anlagen eingehalten wird, dürfen die o. g. Werte angesetzt werden.

E Berücksichtigung von Heizunterbrechungen

Heizunterbrechungen (Nacht- oder Wochenendab*senkungen* bzw. -ab*schaltungen*) beeinflussen den Heizwärmebedarf in Abhängigkeit

- vom spezifischen Wärmeverlust H des Gebäudes und
- von der wirksamen Wärmespeicherfähigkeit $C_{wirk,NA}$,

wobei der Effekt umso niedriger ist, je höher das Wärmedämmniveau und je höher die Wärmespeicherfähigkeit ist [5.49].

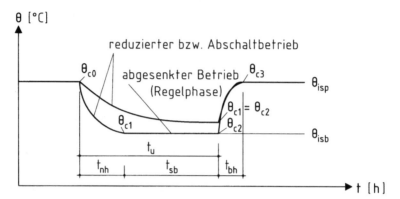

Bild 5.15: Innentemperaturen θ_i und Bauteiltemperaturen θ_c in den Phasen der Heizunterbrechung beim zeitgeregelten Aufheizbetrieb (nach [5.49]); im öffentlich-rechtlichen Nachweis gemäß EnEV gilt nach DIN V 4108-6, Tabelle D.3:
- $t_u \equiv 7$ h bei Wohngebäuden
- $t_u \equiv 10$ h bei Büro- und Verwaltungsgebäuden

Man unterscheidet nach DIN V 4108-6 [5.14], Anhang C (Bild 5.15):
- *Normalbetrieb*: Das Heizsystem liefert die notwendige Wärme zur Aufrechterhaltung der Soll-Innentemperatur (z. B. $\theta_i = 19$ °C nach Tabelle 5.4).
- *Abschaltbetrieb*: Das Heizsystem ist abgeschaltet und liefert keine Wärme.
- *Reduzierter Betrieb*: Das Heizsystem liefert in Abhängigkeit von der Außenlufttemperatur θ_e eine geringere Leistung als im Normalbetrieb, sodass die Innenlufttemperatur θ_i abgesenkt wird.
- *Abgesenkter Betrieb*: Das Heizsystem liefert so viel Wärme, dass die erniedrigte Soll-Innentemperatur θ_{isb} aufrechterhalten bleibt (Regelphase).
- *Aufheizbetrieb*: Das Heizsystem gibt Wärme bei Volllast ab, und zwar
  - entweder als zeitgeregelter Betrieb (d. h. der Zeitpunkt des Beginns des Aufheizbetriebes wird festgelegt) – auf diesem Betrieb beruht das Berechnungsverfahren nach DIN V 4108-6 [5.14] –
  - oder als optimierter Aufheizbetrieb (d. h. der Zeitpunkt des Endes des Aufheizbetriebes wird festgelegt und daraus der Beginn errechnet).

Die Berechnung von $\Delta Q_{l,M}$ erfolgt nach DIN V 4108-6 [5.14], Anhang C; sie umfasst bis zu 33 Berechnungsschritte und wird im Folgenden beispielhaft anhand der – beim Referenzgebäude vorgesehenen – Nachtab*schaltung* (d. h. ohne abge*senkten* Betrieb und ohne Wochenendabschaltung) dargestellt:

5.4 Zu errichtende Wohngebäude nach DIN V 4108-6 und DIN V 4701-10

- Festlegung der wirksamen Wärmespeicherfähigkeit mit V_e als beheiztem Gebäudevolumen in m³ (vgl. Abschnitt 5.2):

$$C_{wirk,NA} = 12 \text{ Wh/(m}^3 \cdot \text{K)} \cdot V_e \quad \text{für } \textit{leichte } \text{Gebäude} \tag{5.16}$$

$$C_{wirk,NA} = 18 \text{ Wh/(m}^3 \cdot \text{K)} \cdot V_e \quad \text{für } \textit{schwere } \text{Gebäude} \tag{5.17}$$

wobei (vgl. Bild 2.86 in Abschnitt 2.15.2)
- Gebäude in Holztafelbauart, Gebäude mit abgehängten Decken und überwiegend leichten Trennwänden sowie Gebäude mit hohen Räumen als *leichte* Gebäude gelten,
- während Gebäude mit massiven Innen- und Außenbauteilen ohne untergehängte Decken als *schwere* Gebäude gelten.

Sind alle Innen- und Außenbauteile festgelegt, darf $C_{wirk,NA}$ auch genauer ermittelt werden, und zwar hier mit der sog. 3-cm-Regel (analog zu Gl. (2.86) mit Tabelle 2.36 in Abschnitt 2.15.2, jedoch mit $\Sigma \, d_j \leq 0{,}03$ m und $d_{j,max} = 0{,}03$ m).

- Bestimmung der notwendigen spezifischen Wärmeverluste:
  - Der spezifische Wärmeverlust *zwischen der Innenluft und den Bauteilen* in W/K errechnet sich vereinfacht (sog. pauschaler Ansatz) zu

$$H_{ic} = 4 \cdot A_N / R_{si} \tag{5.18}$$

A_N Gebäudenutzfläche nach Gl. (5.1) in m²
$R_{si} = 0{,}13$ m² · K/W = Wärmeübergangswiderstand innen (mittlerer Wert nach Tabelle 2.7 in Abschnitt 2.6.4)

- Der *direkte* spezifische Wärmeverlust in W/K errechnet sich zu

$$H_d = H_w + H_V \tag{5.19}$$

H_w spezifischer Transmissionswärmeverlust aller *leichten* Bauteile in W/K mit $m' < 100$ kg/m² (vgl. Abschnitt 2.7), praktisch aber berechnet nach Gl. (5.9) *nur* für Fenster und Türen (daher Index „w") [5.66]
H_V spezifischer Lüftungswärmeverlust nach Gl. (5.14)

- Der spezifische Wärmeverlust in W/K *zwischen den Bauteilen und der Außenluft* ergibt sich nun zu

$$H_{ce} = \frac{H_{ic} \cdot (H_{sb} - H_d)}{H_{ic} - (H_{sb} - H_d)} \tag{5.20}$$

$$H_{sb} \equiv H_T + H_V \tag{5.21}$$

als spezifischer Wärmeverlust aus Transmission und Lüftung nach Gln. (5.8) und (5.14)

- Berechnung der Bauteil-Zeitkonstante (s. dazu auch Schritt H in diesem Abschnitt):
  - Der wirksame Anteil der Wärmespeicherfähigkeit ergibt sich dimensionslos zu

$$\zeta = \frac{H_{ic}}{H_{ic} + H_{ce}} \tag{5.22}$$

  und ein weiterer dimensionsloser Verhältniswert zu

$$\xi = \frac{H_{ic}}{H_{ic} + H_d} \tag{5.23}$$

  - Damit errechnet sich die *Bauteil-Zeitkonstante* in h zu

$$\tau_P = \frac{\zeta \cdot C_{wirk,NA}}{\xi \cdot H_{sb}} \tag{5.24}$$

- Berechnung der benötigten Temperaturen:
  - Die *Bauteil*temperatur zu Beginn der Nachtabschaltung im jeweiligen Monat ergibt sich in °C zu

$$\theta_{c0,M} = \theta_{e,M} + \zeta \cdot (\theta_{i0} - \theta_{e,M}) \tag{5.25}$$

$\theta_{e,M}$ Außenlufttemperatur im betrachteten Monat in °C nach Tabelle 5.4
θ_{i0} = 19 °C als Innenlufttemperatur nach Tabelle 5.4

  - Die *höchst*möglichen *Innen-* und *Bauteil*temperaturen in °C betragen

$$\theta_{ipp,M} = \theta_{e,M} + \frac{\Phi_{pp} + \Phi_g}{H_{sb}} \tag{5.26}$$

$$\theta_{cpp,M} = \theta_{e,M} + \zeta \cdot (\theta_{ipp,M} - \theta_{e,M}) \tag{5.27}$$

$$\Phi_{pp} = 1{,}5 \cdot (H_T + H_{V,05}) \cdot 31\,K \tag{5.28}$$

         als Normheizlast des Wärmeerzeugers in W, worin $H_{V,05}$ mit $n = 0{,}5\,h^{-1}$ zu berechnen ist

Φ_g Wärmegewinne aus solaren und internen Wärmeströmen für den Zeitraum der Heizunterbrechung in W (i. d. R. $\Phi_g \equiv 0$, da keine Daten bekannt sind) [5.66]

5.4 Zu errichtende Wohngebäude nach DIN V 4108-6 und DIN V 4701-10

- Die niedrigstmögliche Bauteiltemperatur beträgt bei Nachtabschaltung $\theta_{e,M}$, damit wird die *Innentemperatur am Ende der Nichtheizphase* in °C zu

$$\theta_{i1,M} = \theta_{e,M} + \xi \cdot (\theta_{c0,M} - \theta_{e,M}) \cdot e^{(-t_u/\tau_P)} \tag{5.29}$$

t_u Dauer der Heizunterbrechung in h (vgl. Bild 5.15); beim öffentlich-rechtlichen Nachweis ist nach DIN V 4108-6 [5.14], Tabelle D.3, anzusetzen:
  - $t_u = 7$ h bei Wohngebäuden bzw.
  - $t_u = 10$ h bei Büro- und Verwaltungsgebäuden

- Die Bauteiltemperatur am Ende der Nachtabschaltung (vgl. Bild 5.15) in °C beträgt

$$\theta_{c1,M} = \theta_{c2,M} = \theta_{e,M} + \frac{\theta_{i1,M} - \theta_{e,M}}{\xi} \tag{5.30}$$

- Die *Zeit für die Aufheizphase* (vgl. Bild 5.15) in h errechnet sich nun zu

$$t_{bh,M} = Max \begin{cases} 0 \\ \tau_P \cdot \ln\left(\dfrac{\xi \cdot (\theta_{cpp,M} - \theta_{c2,M})}{\theta_{ipp,M} - \theta_{i0}}\right) \end{cases} \tag{5.31}$$

- Die *Bauteiltemperatur am Ende der Aufheizphase* (vgl. Bild 5.15) ergibt sich für $t_{bh,M} = 0$ zu $\theta_{c3,M} = \theta_{c2,M}$; für $t_{bh,M} > 0$ in °C zu

$$\theta_{c3,M} = \theta_{cpp,M} + \frac{\theta_{i0} - \theta_{ipp,M}}{\xi} \tag{5.32}$$

- Damit ergibt sich die *Reduzierung des Wärmeverlusts* im jeweiligen Monat in kWh zu

$$\Delta Q_{l,M} = 0{,}001 \cdot \{H_{sb} \cdot [(\theta_{i0} - \theta_{e,M}) \cdot t_u + (\theta_{i0} - \theta_{ipp,M}) \cdot t_{bh}] - C_{wirk,NA} \cdot \zeta \cdot (\theta_{c0,M} - \theta_{c3,M})\} \cdot n_M \tag{5.33}$$

n_M Anzahl der Nachtabschaltungen im betrachteten Monat (i. d. R. sämtliche Tage des Monats)
0,001 Umrechnungsfaktor in kWh/W

(Zur Berechnung des reduzierten und des abgesenkten Betriebes aus Bild 5.15 s. DIN V 4108-6 [5.14], Anhang C)

In der praktischen Anwendung ist die Erfassung von Heizunterbrechungen aufgrund des großen Rechenaufwandes nur mithilfe von entsprechenden EDV-Programmen sinnvoll.

Tabelle 5.7: Mittlere monatliche Strahlungsintensität für den Referenzort Potsdam in Abhängigkeit von der Orientierung j und der Neigung α

j	α	Mittlere monatliche Strahlungsintensität $I_{s,j/\alpha,M}$ in W/m²													$(I_s \cdot t)_{j/\alpha,a}$ in kWh/(m²·a)
		Jan	Feb	Mrz	Apr	Mai	Jun	Jul	Aug	Sep	Okt	Nov	Dez	Jahr
hor.	0°	29	44	97	189	221	241	210	180	127	77	31	17	1072
S	30°	50	55	121	217	230	241	208	199	157	110	41	26	1211
	45°	57	58	124	214	218	224	194	193	160	119	44	29	1195
	60°	61	55	121	201	199	197	172	178	155	121	44	31	1122
	90°	59	47	98	147	132	124	113	127	123	106	39	29	838
SO	30°	46	52	114	214	227	242	212	194	147	102	38	23	1179
	45°	51	53	116	212	217	229	201	188	148	107	39	25	1159
	60°	44	51	112	201	198	207	183	175	141	107	38	26	1092
	90°	50	41	90	156	143	146	132	130	111	91	32	23	841
SW	30°	40	49	110	201	222	234	201	188	145	96	37	23	1133
	45°	43	48	110	195	209	218	188	181	145	99	38	24	1098
	60°	44	46	105	181	190	195	169	167	138	97	37	25	1021
	90°	40	36	83	136	137	135	120	123	108	80	31	22	771
O	30°	31	43	95	189	211	231	205	173	122	77	30	17	1042
	45°	31	41	91	181	198	217	194	163	115	74	28	16	998
	60°	30	38	85	170	180	198	179	150	108	70	26	15	912
	90°	25	29	68	134	137	150	138	115	83	55	20	12	707
W	30°	25	40	90	172	202	219	188	165	120	70	29	16	978
	45°	24	36	84	159	187	201	174	153	112	65	27	16	907
	60°	22	33	78	148	169	181	157	139	103	60	25	14	824
	90°	17	24	60	114	127	136	117	105	79	47	19	11	628
NO	30°	17	34	71	151	185	209	187	144	93	50	22	12	861
	45°	15	29	61	131	160	181	167	123	79	42	20	11	746
	60°	14	26	54	114	139	157	148	107	68	36	18	9	651
	90°	11	19	41	87	104	116	112	81	52	29	13	7	493
NW	30°	16	32	68	139	178	199	173	138	91	47	22	12	817
	45°	15	28	58	116	151	169	149	116	77	40	20	11	695
	60°	13	25	50	101	130	144	128	99	66	35	18	9	800
	90°	11	18	38	78	96	108	95	74	51	28	13	7	451
N [1])	30°	16	29	56	128	172	197	175	129	77	36	21	11	766
	45°	15	26	43	90	136	161	145	95	56	33	19	10	608
	60°	13	24	39	71	101	119	113	72	50	30	17	9	482
	90°	10	18	31	58	75	83	81	57	41	25	13	7	365

[1]) Kellerfenster in Lichtschächten sind verschattet, sie werden immer als nordorientiert angesetzt.

5.4 Zu errichtende Wohngebäude nach DIN V 4108-6 und DIN V 4701-10

F Monatliche solare Wärmegewinne

Die monatlichen *solaren Wärmegewinne von transparenten Außenbauteilen* (Fenster, Fenstertüren und Dachflächenfenster) – nichttransparente Bauteile können, müssen aber nicht berücksichtigt werden (s. u.) – errechnen sich beim Monatsbilanzverfahren in kWh zu

$$Q_{s,M} = 0{,}024 \cdot \sum_{j/\alpha} (I_{s,j/\alpha,M} \cdot \sum_{i=1}^{n} A_{s,i})_{j/\alpha} \cdot t_M \qquad (5.34)$$

$I_{s,j/\alpha,M}$ Mittelwert der monatlichen Strahlungsintensität in W/m² auf die transparente Fläche $i = 1, 2, ..., n$ in Abhängigkeit von deren Orientierung j und Neigung α für den betrachteten Monat am Referenzort Potsdam (Tabelle 5.7, nach DIN V 18599-10 [5.27])

$A_{s,i}$ effektive Kollektorfläche in m² des Fensters, der Fenstertür oder des Dachflächenfensters i gleicher Orientierung j und Neigung α

t_M Dauer des betrachteten Monats in d

0,024   Umrechnungsfaktor in kWh/(Wd)

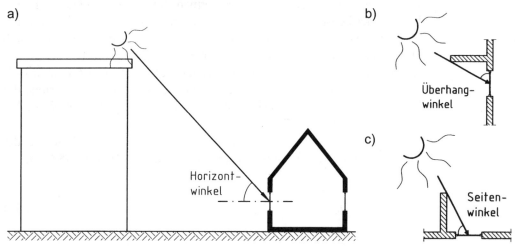

Bild 5.16: Erläuterungen zu den Teilbestrahlungsfaktoren:
a) Horizontwinkel der Verbauung (Vertikalschnitt)
b) horizontaler Überhang (Vertikalschnitt), auf Fenstermitte bezogen
c) seitliche Abschattung (Horizontalschnitt), auf Fenstermitte bezogen

Die effektive Kollektorfläche des Fensters, der Fenstertür oder des Dachflächenfensters i in Gl. (5.34) errechnet sich nach DIN V 4108-6 [5.14] in m² zu

$$A_{s,i} = A_i \cdot F_{S,i} \cdot F_{C,i} \cdot F_{F,i} \cdot g_i \qquad (5.35)$$

A_i Öffnungsfläche des Fensters, der Fenstertür oder des Dachflächenfensters i in m² als Bruttofläche (berechnet mit den lichten Rohbaumaßen)

$F_{S,i}$ dimensionsloser Abminderungsfaktor für eine evtl. Verschattung, d. h. durchschnittlich verschatteter Anteil der Fläche A_i zu

$$F_{S,i} = F_{h,i} \cdot F_{o,i} \cdot F_{f,i} \qquad (5.36)$$

darin (mit Bild 5.16)

$F_{h,i}$ Teilbestrahlungsfaktor für verschiedene Horizontwinkel der Verbauung gemäß DIN V 4108-6 [5.14], Tabelle 9

$F_{o,i}$ Teilbestrahlungsfaktor für horizontale Überhänge gemäß DIN V 4108-6 [5.14], Tabelle 10

$F_{f,i}$ Teilbestrahlungsfaktor für seitliche Abschattungsflächen gemäß DIN V 4108-6 [5.14], Tabelle 11

Hinweis: Beim öffentlich-rechtlichen Nachweis nach EnEV ist gemäß DIN V 4108-6 [5.14], Tabelle D.3, für übliche Anwendungsfälle ohne weiteren Nachweis $F_S \equiv 0{,}9$ und bei überwiegend baulicher Verschattung Nordorientierung anzusetzen!

weiter

$F_{C,i}$ Abminderungsfaktor für Sonnenschutzvorrichtungen entsprechend Tabelle 2.37 in Abschnitt 2.15.3, nur bei permanentem Sonnenschutz vor dem Fenster, der Fenstertür oder dem Dachflächenfenster i zu berücksichtigen – *Hinweis*: Beim öffentlich-rechtlichen Nachweis nach EnEV ist gemäß DIN V 4108-6 [5.14], Tabelle D.3 immer $F_C \equiv 1{,}0$ zu setzen!

$F_{F,i}$ Abminderungsfaktor für den Rahmenanteil des Fensters i (Rahmenfaktor) = Verhältnis der transparenten Fläche zur Gesamtfläche des Fensters, der Fenstertür oder des Dachflächenfensters; sofern keine genaueren Werte bekannt sind, wird $F_F \equiv 0{,}7$ gesetzt

g_i wirksamer Gesamtenergiedurchlassgrad der Verglasung des Fensters, der Fenstertür oder des Dachflächenfensters i nach DIN V 4108-6 [5.14], 6.4.2:

$$g_i = F_W \cdot g_{0,i} \qquad (5.37)$$

darin

$F_W \equiv 0{,}9$ = Abminderungsfaktor infolge nicht senkrechten Strahlungseinfalls [–] nach DIN V 4108-6 [5.14] (zur Wirkung des nicht senkrechten Strahlungseinfalls s. Bild 5.17)

$g_{0,i}$ Gesamtenergiedurchlassgrad [–] der Verglasung i, gemessen bei senkrechtem Strahlungseinfall nach EN 410 [5.67] (deklariert gemäß EN 1279-5 [5.68]) – nach Tabelle 5.8 bzw. i. d. R. produktspezifisch als Bemessungswert des Gesamtenergiedurchlassgrades nach DIN V 4108-4 [5.69], 5.2.2 (vgl. Erläuterungen zu Gl. (2.89) in Abschnitt 2.15.3)

5.4 Zu errichtende Wohngebäude nach DIN V 4108-6 und DIN V 4701-10

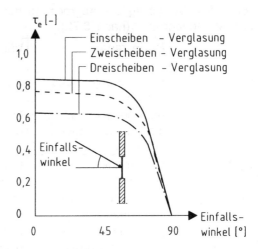

Bild 5.17: Strahlungstransmissionsgrad τ_e von unbeschichteten Verglasungen in Abhängigkeit vom Einfallswinkel (nach [5.70])

Tabelle 5.8: Richtwerte für den Gesamtenergiedurchlassgrad g_0 transparenter Bauteile

transparentes Bauteil	Gesamtenergie-durchlassgrad $g_0 = g_\perp$
Ein-Scheiben-Verglasung, unbeschichtet	0,87
Zwei-Scheiben-Verglasung, unbeschichtet	0,78
Zwei-Scheiben-Wärmeschutzverglasung mit einer Beschichtung	0,60 bis 0,72
Drei-Scheiben-Verglasung, unbeschichtet	0,70
Drei-Scheiben-Wärmeschutzverglasung mit zweifacher Beschichtung	0,50 bis 0,60

Die *solaren Wärmegewinne über unbeheizte Glasvorbauten* (nur „Pufferräume" nach Tabelle 5.9 – „Wintergärten" und „verglaste Innenräume" gehören zum beheizten Volumen) können beim Monatsbilanzverfahren – statt mithilfe der Temperatur-Korrekturfaktoren F_u aus Tabelle 5.5 – auch nach DIN V 4108-6 [5.14], 6.4.4, (Bild 5.18) genauer berechnet werden in KWh zu

$$Q_{ss,M} = Q_{sd,M} + Q_{si,M} \qquad (5.38)$$

$Q_{sd,M}$ direkter solarer Wärmegewinn im betrachteten Monat in kWh
$Q_{si,M}$ indirekter solarer Wärmegewinn im betrachteten Monat in kWh

Der *direkte* solare Wärmegewinn in kWh errechnet sich darin zu

$$Q_{sd,M} = 0{,}024 \cdot I_{s,p,M} \cdot F_S \cdot F_{Ce} \cdot F_{Fe} \cdot g_e \\ \cdot (F_{Cw} \cdot F_{Fw} \cdot g_w \cdot A_w + \alpha_{sp} \cdot A_p \cdot U_P/U_{Pe}) \cdot t_M \qquad (5.39)$$

Tabelle 5.9: Vorschlag zur Abgrenzung der Begriffe „Pufferraum", „Wintergarten" und „verglaster Innenraum" (nach [5.72])

	Pufferraum	Wintergarten	verglaster Innenraum
erwartete Nutzungszeit	nur im Frühjahr und Herbst	Frühjahr bis Herbst	ganzjährig
	(im Winter zu kalt, im Sommer zum Balkon zu öffnen)	(im Winter zu kalt, im Sommer gelegentlich zu heiß)	(im Winter beheizt, im Sommer auf Außentemperatur zu lüften)
zugehörige Bepflanzung	winterharte Pflanzen	frostempfindliche Pflanzen	übliche (tropische) Zimmerpflanzen
Verglasung	mind. Ein-Scheiben-Verglasung [1])	mind. Zwei-Scheiben-Verglasung [1])	hochwertige Wärmeschutzverglasung
Rahmenkonstruktion	beliebig (auch einfache Metallprofile)	Holz, Kunststoff, thermisch entkoppelte (wärmegedämmte) Metallprofile	
Temperierung im Sommer	zum Balkon geöffnet, d. h. Außentemperatur	beschattet und natürlich belüftet	beschattet und belüftet (häufig Zwangslüftung erforderlich)
Temperierung im Winter	keine (d. h. Außentemperatur, auch Frost)	i. d. R. sog. „Frostwächter" erforderlich	voll beheizt
mögliche Tauwasserbildung im Winter	bei üblichem Lüftungsverhalten häufig zu erwarten	bei ungünstigem Lüftungsverhalten nicht auszuschließen	infolge Beheizung und Wärmeschutzverglasung nicht zu erwarten

[1]) Die Wahl der Verglasung hat auch Einfluss auf den spezifischen Transmissionswärmeverlust zum unbeheizten Pufferraum (vgl. Tabelle 5.5).

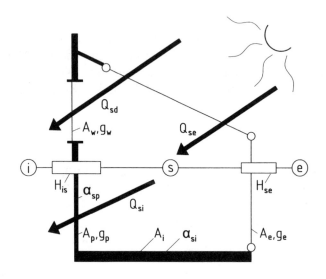

Bild 5.18: Schematische Darstellung der bei der Berechnung der solaren Wärmegewinne über Glasvorbauten zu berücksichtigenden Größen

$I_{s,p,M}$ Mittelwert des Strahlungsangebots in W/m² auf die Trennwand (Index „*p*") in Abhängigkeit von deren Orientierung *j* und Neigung α für den betrachteten Monat (aus Tabelle 5.7)

F_S dimensionsloser Abminderungsfaktor für eine evtl. Verschattung nach Gl. (5.36)

F_{Ce} dimensionsloser Abminderungsfaktor für Sonnenschutzvorrichtungen des Glasvorbaus (Index „*e*" für außen)

F_{Fe} dimensionsloser Abminderungsfaktor für den Rahmenanteil des Glasvorbaus (Index „*e*" für außen)

g_e wirksamer Gesamtenergiedurchlassgrad der Verglasung des Glasvorbaus (Index „*e*" für außen) gemäß Gl. (5.37)

F_{Cw} dimensionsloser Abminderungsfaktor für Sonnenschutzvorrichtungen der Fenster in der Trennwand (Index „*w*")

F_{Fw} dimensionsloser Abminderungsfaktor für den Rahmenanteil der Fenster in der Trennwand (Index „*w*")

g_w wirksamer Gesamtenergiedurchlassgrad der Verglasung der Trennwandfenster (Index „*w*") gemäß Gl. (5.37)

A_w Öffnungsfläche der Fenster in m² in der Trennwand (Index „*w*") als Bruttofläche (berechnet mit den lichten Rohbaumaßen)

α_{sp} solarer Absorptionsgrad der nicht transparenten Trennwand zum Glasvorbau nach DIN V 4108-6 [5.14], Tabelle 8

A_p Fläche in m² der opaken Trennwand (Index „*p*") als Bruttofläche (berechnet mit den lichten Rohbaumaßen)

U_p Wärmedurchgangskoeffizient in W/(m² · K) der opaken Trennwand (Index „*p*")

U_{pe} Wärmedurchgangskoeffizient in W/(m² · K) zwischen der absorbierenden Oberfläche der opaken Trennwand und dem Glasvorbau (Index „*pe*")

t_M Dauer des betrachteten Monats in d

0,024 Umrechnungsfaktor in kWh/(Wd)

Ferner errechnet sich der *indirekte* solare Wärmegewinn in kWh zu

$$Q_{si,M} = 0{,}024 \cdot (1 - F_u) \cdot F_S \cdot F_{Ce} \cdot F_{Fe} \cdot g_e \\ \cdot (\sum_i I_{s,i,M} \cdot \alpha_{s,i} \cdot A_i + I_{s,p,M} \cdot \alpha_{sp} \cdot A_p \cdot U_P/U_{Pe}) \cdot t_M \qquad (5.40)$$

F_u dimensionsloser Temperatur-Korrekturfaktor für unbeheizte Nebenräume (Glasvorbauten in Tabelle 5.5)

F_S dimensionsloser Abminderungsfaktor für eine evtl. Verschattung nach Gl. (5.36)

F_{Ce} dimensionsloser Abminderungsfaktor für Sonnenschutzvorrichtungen des Glasvorbaus (Index „*e*" für außen)

F_{Fe} dimensionsloser Abminderungsfaktor für den Rahmenanteil des Glasvorbaus (Index „*e*" für außen)

g_e wirksamer Gesamtenergiedurchlassgrad der Verglasung des Glasvorbaus (Index „e" für außen) gemäß Gl. (5.37)

$I_{s,i,M}$ Mittelwert des Strahlungsangebots in W/m² auf die Strahlung aufnehmenden Oberflächen i = 1, 2, ..., n im Glasvorbau in Abhängigkeit von deren Orientierung j und Neigung α für den betrachteten Monat (aus Tabelle 5.7)

$\alpha_{s,i}$ mittlerer solarer Absorptionsgrad der Strahlung aufnehmenden Oberflächen i = 1, 2, ..., n im Glasvorbau ($\alpha_s \equiv 0{,}8$, wenn nichts Genaueres bekannt ist)

A_i Strahlung aufnehmende Oberflächen i = 1, 2, ..., n in m² (sämtliche opake Flächen)

$I_{s,p,M}$ Mittelwert des Strahlungsangebots in W/m² auf die Trennwand (Index „p") in Abhängigkeit von deren Orientierung j und Neigung α für den betrachteten Monat (aus Tabelle 5.7)

α_{sp} solarer Absorptionsgrad der nicht transparenten Trennwand zum Glasvorbau nach DIN V 4108-6 [5.14], Tabelle 8

A_p Fläche in m² der opaken Trennwand (Index „p") als Bruttofläche (berechnet mit den lichten Rohbaumaßen)

U_p Wärmedurchgangskoeffizient in W/(m² · K) der opaken Trennwand (Index „p")

U_{pe} Wärmedurchgangskoeffizient in W/(m² · K) zwischen der absorbierenden Oberfläche der opaken Trennwand und dem Glasvorbau (Index „pe")

t_M Dauer des betrachteten Monats in d

0,024 Umrechnungsfaktor in kWh/(Wd)

In der praktischen Anwendung ist die Erfassung der solaren Wärmegewinne über unbeheizte Glasvorbauten aufgrund des großen Rechenaufwandes nur mithilfe von entsprechenden EDV-Programmen sinnvoll – in einfachen Fällen wird auf die genaue Erfassung der solaren Wärmegewinne verzichtet und vereinfacht der Temperatur-Korrekturfaktor F_u nach Tabelle 5.5, letzte Zeile, angesetzt. (In [5.38] findet sich ein Beispiel, aus dem die erhöhten solaren Wärmegewinne mit Glasvorbau hervorgehen.)

Möglich ist ferner nach DIN V 4108-6 [5.14], 6.4.5, auch die Berechnung der solaren Wärmegewinne über opake Bauteile einschließlich transparenter Wärmedämmung (s. z. B. [5.38]).

G Monatliche interne Wärmegewinne

Die monatlichen *internen Wärmegewinne* Q_i (aus Körperwärme, Beleuchtung, Hausgeräten, ...) in kWh werden beim öffentlich-rechtlichen Nachweis gemäß EnEV [5.4] entsprechend DIN V 4108-6 [5.14], Tabelle D.3, nach dem Monatsbilanzverfahren abgeschätzt zu

$$Q_{i,M} = 0{,}024 \cdot q_i \cdot A_N \cdot t_M \tag{5.41}$$

q_i = 5 W/m² als mittlere flächenbezogene interne Wärmeleistung bei Wohngebäuden

5.4 Zu errichtende Wohngebäude nach DIN V 4108-6 und DIN V 4701-10

A_N = 0,32 · V_e in m² als vereinfachte Gebäudenutzfläche gemäß Gl. (5.1)
t_M Dauer des betrachteten Monats in d
0,024 Umrechnungsfaktor in kWh/(Wd)

H Ausnutzungsgrad der solaren und internen Wärmegewinne

Die monatlichen *solaren und internen Wärmegewinne* sind mit dem *Ausnutzungsgrad* η_M abzumindern, um die *nutzbaren* solaren und internen Wärmegewinne zu erhalten. Die Abhängigkeit des Ausnutzungsgrades η_M vom Wärmegewinn-/-verlustverhältnis γ_M (s. u.) sowie von der wirksamen Wärmespeicherfähigkeit des Gebäudes zeigt beispielhaft Bild 5.19. Bei einem – energetisch positiv zu bewertenden – höheren Wärmegewinn-/-verlustverhältnis ergibt sich somit ein geringerer Ausnutzungsgrad, wie beispielhaft anhand der Jahresbilanz der nutzbaren solaren Wärmegewinne in Bild 5.20 dargestellt ist; dies ist auch der Grund dafür, warum bei einer – über eine bestimmte Grenze hinausgehenden – Vergrößerung der südwest- bis südostorientierten Fensterflächen mit hochwertiger Wärmeschutzverglasung keine sinnvolle Heizenergieeinsparung mehr erzielt werden kann.

Hinweis: Die *Länge der Heizperiode* kann aus der Heizgrenz- und der Außentemperatur halbgrafisch bestimmt werden; sie wurde jedoch für Nachweise gemäß EnEV bei einer Heizgrenztemperatur von θ_{HP} = 10 °C zu t_{HP} = 185 d festgelegt [5.14], [5.72].

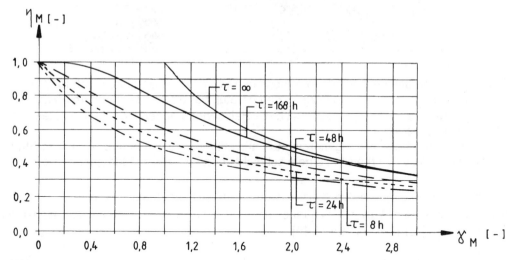

Bild 5.19: Ausnutzungsgrad η_M eines Gebäudes (nach [5.15]) in Abhängigkeit vom Wärmegewinn-/-verlustverhältnis γ_M sowie von der Bauart, beschrieben durch die Zeitkonstante:

$\tau = \infty$ als theoretisches Maximum
$\tau = 168$ h   für eine hohe wirksame Wärmespeicherfähigkeit (vgl. Bild 2.86b in Abschnitt 2.15.2)
$\tau = 48$ h   für eine geringe wirksame Wärmespeicherfähigkeit (vgl. Bild 2.86a in Abschnitt 2.15.2)
$\tau = 24$ h   für eine noch geringere wirksame Wärmespeicherfähigkeit
$\tau = 8$ h   für eine sehr geringe wirksame Wärmespeicherfähigkeit

5 Nachweis von Wohngebäuden nach EnEV und EEWärmeG

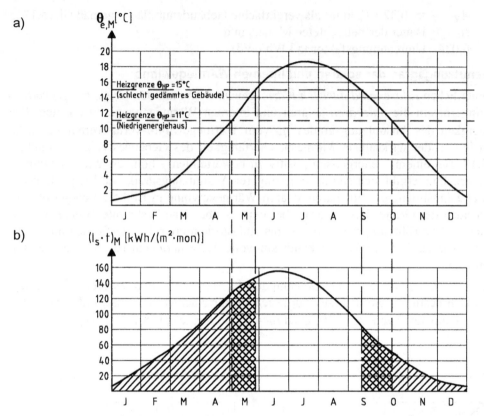

Bild 5.20: Länge der Heizperiode in Abhängigkeit vom Dämmstandard (nach [5.73]):
a) Auf Grund der geringeren Heizgrenztemperatur bei einem Niedrigenergiehaus (hier beispielhaft θ_{HP} = 11 °C) verkürzt sich die Heizperiode gegenüber einem schlecht gedämmten Gebäude;
b) dadurch kann beim Niedrigenergiehaus nur ein geringerer Anteil des solaren Strahlungsangebotes $(I_s \cdot t)$ als bei einem schlecht gedämmten Gebäude genutzt werden

Die in Bild 5.19 dargestellten Kurven werden angenähert durch folgende Berechnung des dimensionslosen Ausnutzungsgrades der Wärmegewinne im betrachteten Monat η_M DIN V 4108-6 [5.14], 6.5.3, mit [5.49]:

$$\eta_M = \frac{1-\gamma_M^{a_M}}{1-\gamma_M^{a_M+1}} \qquad \text{für} \qquad \gamma_M \neq 1 \qquad (5.42)$$

bzw.

$$\eta_M = \frac{a_M}{a_M+1} \qquad \text{für} \qquad \gamma_M = 1 \qquad (5.43)$$

darin

$$\gamma_M = Q_{g,M} / Q_{l,M} \qquad (5.44)$$

5.4 Zu errichtende Wohngebäude nach DIN V 4108-6 und DIN V 4701-10

als dimensionsloses Wärmegewinn-/-verlustverhältnis im betrachteten Monat (vgl. Gl. (5.5)) mit

$Q_{g,M}$ monatliche Wärmegewinne in kWh (*engl. „gain"* = Gewinn)
$Q_{l,M}$ monatliche Wärmeverluste in kWh (*engl. „loss"* = Verlust)

$$a_M = a_0 + \tau_M/\tau_0 \tag{5.45}$$

als dimensionsloser numerischer Parameter, darin
$a_0 = 1$ bei monatlicher Bilanzierung
$\tau_0 = 16$ h bei monatlicher Bilanzierung
sowie

$$\tau_M = C_{wirk,\eta}/H_M \tag{5.46}$$

als Zeitkonstante des Gebäudes mit der wirksamen Wärmespeicherfähigkeit, darin

$$C_{wirk,\eta} = 15 \text{ Wh/(m}^3 \cdot \text{K)} \cdot V_e \quad \text{für } \textit{leichte} \text{ Gebäude} \tag{5.47}$$

$$C_{wirk,\eta} = 50 \text{ Wh/(m}^3 \cdot \text{K)} \cdot V_e \quad \text{für } \textit{schwere} \text{ Gebäude} \tag{5.48}$$

wobei (vgl. Bild 2.86 in Abschnitt 2.15.2)
- Gebäude in Holztafelbauart, Gebäude mit abgehängten Decken und überwiegend leichten Trennwänden sowie Gebäude mit hohen Räumen als *leichte* Gebäude gelten,
- während Gebäude mit massiven Innen- und Außenbauteilen ohne untergehängte Decken als *schwere* Gebäude gelten.

Ferner ist in Gln. (5.46) bis (5.48)

$H_M = H_{T,M} + H_{V,M}$ spezifischer Wärmeverlust in W/K nach Gln. (5.8) und (5.14)
V_e beheiztes Gebäudevolumen in m³ (vgl. Abschnitt 5.2)

Sind alle Innen- und Außenbauteile festgelegt, kann die wirksame Wärmespeicherfähigkeit $C_{wirk,\eta}$ auch genauer ermittelt werden, und zwar mit der sog. 10-cm-Regel (vgl. Gl. (2.86) mit Tabelle 2.35 in Abschnitt 2.15.2).

5.4.3 Energetische Erfassung von Wärmebrücken

Es gibt zwei Gründe, Wärmebrücken genauer zu erfassen:
- Zur Erfüllung der heutigen *hygienischen Anforderungen* muss Schimmelbildung im Bereich von Wärmebrücken vermieden werden.
- Zur Erfüllung der heutigen *Wärmeschutzanforderungen* muss der erhöhte Wärmedurchgang im Bereich von Wärmebrücken begrenzt werden.

Beide Gründe sind von hoher Wichtigkeit:

- Zur Vermeidung von Schimmelbildung auf Wärmebrücken stellt DIN 4108-2 [5.41], 6, Anforderungen (vgl. Abschnitt 2.9.3).
- Die steigenden Anforderungen an den Wärmeschutz von Gebäuden machen es immer häufiger notwendig, Wärmebrücken nicht pauschal, sondern detailliert zu erfassen; bei der Planung von Passivhäusern und vielen KfW-Effizienzhäusern ist die detaillierte energetische Erfassung von Wärmebrücken sogar unverzichtbar.

Wenn *kein* Passiv- oder KfW-Effizienzhaus geplant wird, wird der *Nachweis des energiesparenden Wärmeschutzes* gemäß EnEV 2014 [5.9] wenn möglich so geführt, dass die Planungs- und Ausführungsbeispiele aus DIN 4108 Beiblatt 2 [5.55] (ein Beispiel s. in Bild 5.21) mit dem in Abschnitt 5.4.2 genannten *pauschalen Zuschlagswert* angesetzt werden. Von den dort genannten Regelkonstruktionen passen meist einige Details nicht zum Gebäudeentwurf – dann gibt es folgende Alternativen:

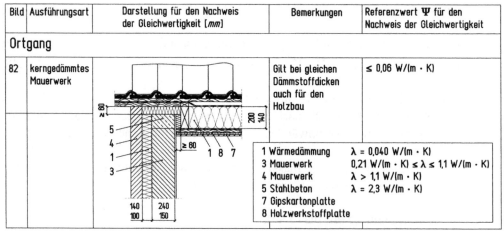

Bild 5.21: Beispiel eines ausreichend wärmegedämmten Dachanschlusses analog zu DIN 4108 Beiblatt 2, Bild 82 (Ortganganschluss bei zweischaligem Mauerwerk)

A Nachweis der Gleichwertigkeit

Für den Gleichwertigkeitsnachweis gibt es zwei Möglichkeiten:

- Die fehlenden Details werden mit einem Wärmebrückenprogramm berechnet (z. B. mit dem kostenlos erhältlichen amerikanischen Programm THERM [5.74], deutsche Anleitung unter [5.75]) und die Ergebnisse mit dem Referenzwert Ψ_{ref} ähnlicher Konstruktionen im Beiblatt verglichen.

Beispiel 5.1 (Fortsetzung von Beispiel 2.6): EDV-berechnete Wärmebrücke

Bild 5.22 zeigt beispielhaft die Ergebnisse zweier Wärmebrückenberechnungen an einem Ortgang: Bei fehlender Dämmung über der Giebelwand (= *ungedämmter* Mauerkrone, Bild 5.22a) als Abweichung von Bild 5.21 wird mit

5.4 Zu errichtende Wohngebäude nach DIN V 4108-6 und DIN V 4701-10

$$\Psi_{real} = 0,295 \text{ W/(m} \cdot \text{K)} > 0,06 \text{ W/(m} \cdot \text{K)} = \Psi_{ref}$$

die Anforderung des Beiblatts *nicht* eingehalten (vgl. Bild 5.21, letzte Spalte), während bei Dämmung über der Giebelwand (= *gedämmter* Mauerkrone, Bild 5.22b) mit

$$\Psi_{real} = -0,021 \text{ W/(m} \cdot \text{K)} \leq 0,06 \text{ W/(m} \cdot \text{K)} = \Psi_{ref}$$

die Anforderung des Beiblatts eingehalten ist.

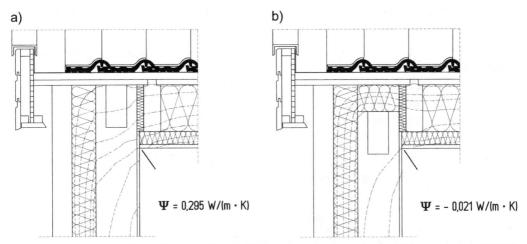

Bild 5.22: Beispiele für EDV-berechnete Wärmebrücken an einem Ortgang (nach [5.76]):
a) mit ungedämmter Mauerkrone
b) mit gedämmter Mauerkrone

- Mithilfe von Datenbanken wird die *Gleichwertigkeit* der fehlenden Details mit einer Konstruktion aus DIN 4108 Beiblatt 2 überprüft (verbreitete Datenbanken sind der „Wärmebrückenkatalog 1.2" vom *Zentrum für umweltbewusstes Bauen (ZuB)* in Kassel [5.77] sowie die Kataloge einiger Baustoffhersteller, z. B. [5.78], [5.79]).

Hinweis: Auf den Gleichwertigkeitsnachweis darf nach EnEV 2014 [5.9] § 7 (3) bei Wärmebrücken verzichtet werden, bei denen die angrenzenden Bauteile *kleinere* Wärmedurchgangskoeffizienten aufweisen, als in den Musterlösungen in DIN 4108 Beiblatt 2 [5.55] zugrunde gelegt sind. Diese Regelung ist nicht physikalisch begründet, sondern soll bei relativ gut gedämmten Gebäuden den Rechenaufwand verringern [5.80]. Wenn allerdings ein KfW-Effizienzhaus erreicht werden soll, gilt diese Vereinfachung gemäß den sog. *Technischen FAQ* der KfW [5.81] Nr. 4.05 nicht. In solchen Fällen sind Gleichwertigkeitsnachweise zu führen oder alle Wärmebrücken detailliert zu berechnen (s. u.). Nachteil dabei: Bei *kleineren U*-Werten ergeben sich *größere* Ψ-Werte!

B Berechnung sämtlicher Wärmebrücken

Wenn der Nachweis nicht mithilfe von DIN 4108 Beiblatt 2 [5.55] geführt werden soll, können alternativ *sämtliche im Gebäude vorhandenen Wärmebrücken berechnet* werden (für den Nachweis von KfW-geförderten Effizienzhäusern häufig und bei Passivhäusern immer erforderlich). Gemäß DIN 4108-2 [5.41], 6, (vgl. Abschnitt 2.9.3)

- müssen dann die *längenbezogenen* (= linearen) *Wärmedurchgangskoeffizienten* Ψ in W/(m · K) von zweidimensional zu berechnenden Wärmebrücken *berücksichtigt* werden,
- wegen der begrenzten Flächenwirkung kann jedoch der Wärmeverlust vereinzelt auftretender dreidimensionaler Wärmebrücken (z. B. punktuelle Balkonauflager, Vordachabhängungen) i. d. R. vernachlässigt werden.

Dies kommt der Anwendung in der Praxis sehr entgegen, da von den gängigen Wärmebrückenprogrammen

- jedes (bei erträglichem Eingabeaufwand) *zweidimensional* rechnen kann,
- jedoch nur einige wenige, eher forschungsorientierte EDV-Programme (bei hohem Eingabeaufwand) auch *dreidimensional* rechnen können.

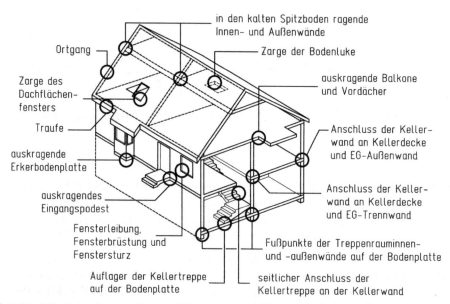

Bild 5.23: Mögliche lineare (= zweidimensionale) Wärmebrücken, die bei Wohngebäuden mit unbeheiztem Keller und unbeheiztem Spitzboden vorkommen können

Bild 5.23 zeigt beispielhaft die bei einem üblichen Wohngebäude häufig vorkommenden linearen (= zweidimensionalen) Wärmebrücken, die alle rechnerisch erfasst werden müssen. *Ausnahmen*: DIN 4108 Beiblatt 2 [5.55], 4, gibt Empfehlungen zur energetischen Betrachtung, nach denen folgende Details vernachlässigt werden können:

5.4 Zu errichtende Wohngebäude nach DIN V 4108-6 und DIN V 4701-10

- Anschluss Außenwand/Außenwand (Außen- und Innenecke),
- Anschluss Innenwand an durchlaufende Außenwand oder obere oder untere Außenbauteile, die nicht durchstoßen werden bzw. eine durchlaufende Dämmschicht mit einer Dicke $d \geq 100$ mm bei einer Wärmeleitfähigkeit von $\lambda = 0{,}040$ W/(m · K) aufweisen,
- Anschluss Geschossdecke (zwischen beheizten Geschossen) an Außenwand, bei der eine durchlaufende Dämmschicht mit $R \geq 2{,}5$ m² · K/W vorliegt,
- einzeln auftretende Türanschlüsse von Wohngebäuden in der wärmetauschenden Hüllfläche (Haustür, Kellerabgangstür, Kelleraußentür, Türen zum unbeheizten Dachraum),
- kleinflächige Querschnittsänderungen in der wärmetauschenden Hüllfläche, z. B. durch Steckdosen und Leitungsschlitze,
- Anschlüsse außenluftberührter kleinflächiger Bauteile wie z. B. Unterzüge und untere Abschlüsse von Erkern mit außen liegenden Wärmedämmschichten mit $R \geq 2{,}5$ m² · K/W.

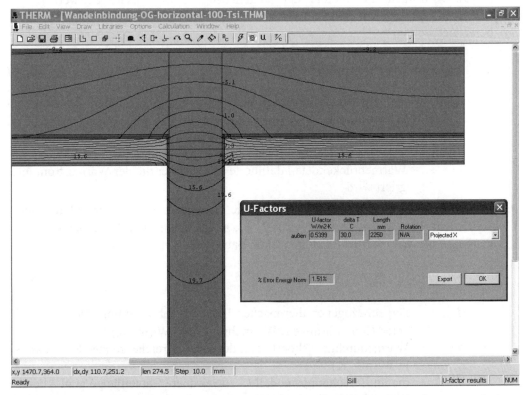

Bild 5.24: Beispiel der Berechnung einer Wärmebrücke (einbindende Innenwand eines Altbaus mit Innendämmung) mit THERM zur Ermittlung des erhöhten Wärmedurchgangs

Der Nachweis *jeder* verbleibenden linearen Wärmebrücke $i = 1, 2, \ldots, n$ nach EN ISO 10211 [5.57] besteht aus folgenden Schritten:

- Im ersten Schritt wird unter Ansatz der in Tabelle 2.17 rechts (in Abschnitt 2.9.2) genannten Randbedingungen (s. DIN 4108 Beiblatt 2 [5.55], Abschnitt 7, und Beispiele in Bild 2.31 rechts, ebenfalls in Abschnitt 2.9.2 – Fenster werden vereinfacht als „Brett" von 70 mm Dicke angesetzt) die Wärmebrücke mit einem geeigneten EDV-Programm berechnet (hier nicht dargestellt).
- Daraus errechnet sich als zweiter Schritt der thermische Leitwert L_{2D} in W/(m · K) des gewählten Ausschnitts aus der Gebäudehülle zu

$$L_{2D} = \Phi_l / (\theta_i - \theta_e) \tag{5.49}$$

Φ_l Wärmestrom in W/m je Meter Länge der linienförmigen Wärmebrücke
θ_i der EDV-Berechnung zu Grunde liegende Raumlufttemperatur in °C
θ_e der EDV-Berechnung zu Grunde liegende Außenlufttemperatur in °C

Bei Nutzung des (kostenlosen) amerikanischen EDV-Programms THERM [5.74], [5.75], wird nicht unmittelbar der längenbezogene thermische Leitwert L_{2D} in W/(m · K) ausgegeben (Bild 5.24); dieser muss aus dem amerikanischen *U-factor* berechnet werden zu

$$L_{2D} = U\text{-}factor \cdot l_{THERM} \tag{5.50}$$

U-factor in THERM ausgegebener Wärmedurchgangskoeffizient der gesamten Wärmebrücke in W/(m² · K) – trotz gleicher Dimension nicht zu verwechseln mit einem europäischen U-Wert einzelner Bauteile!
l_{THERM} THERM-Länge in m, das ist die im Programm THERM für das Wärmebrückendetail definierte Länge, über die der Wärmestrom integriert wird

- Im dritten Schritt errechnet sich daraus der längenbezogene Wärmedurchgangskoeffizient Ψ_i in W/(m · K) für $j = 1, 2, ..., m$ die Innen- und Außenbereiche trennende, an die Wärmebrücke *i* angrenzende Bauteile zu

$$\Psi_i = L_{2D,I} - \Sigma (F_{xj} \cdot U_j \cdot l_j) \tag{5.51}$$

$L_{2D,i}$ längenbezogener thermischer Leitwert der zweidimensional berechneten (linienförmigen) Wärmebrücke *i* in W/(m · K)
U_j Wärmedurchgangskoeffizient des zwei Bereiche trennenden Bauteils *j* in W/(m² · K)
l_j die im Berechnungsmodell U_j zugeordnete Bauteillänge in m – bei der Wärmebrückenberechnung
   – dürfen bei Bauteilen mit Symmetrieebenen (z. B. Holztafel-/Holzrahmenbauteilen) die den Innen- und Außenbereich trennenden Bauteile in der Symmetrieebene enden,

5.4 Zu errichtende Wohngebäude nach DIN V 4108-6 und DIN V 4701-10

- müssen die den Innen- und Außenbereich trennenden Bauteile jedoch i. d. R. um mindestens $d_{j,min} = 1{,}0$ m bzw. $d_{j,min} = 3 \cdot d_{fl}$ (mit d_{fl} = Dicke des flankierenden Bauteils, der größere Wert ist maßgebend) aus dem sog. „zentralen Element" herausragen und
- müssen bei der Berechnung erdberührter Bauteile sehr große Erdkörper einbezogen werden (vgl. Bild 2.48 in Abschnitt 2.12.1)

F_{xj} = der in der Berechnung des Gebäudes nach DIN V 4108-6 [5.14] wie auch der im ersten Schritt genannten Wärmebrückenberechnung ggf. U_j zugeordnete dimensionslose Temperatur-Korrekturfaktor (aus Tabelle 5.5 oder 5.6, vgl. auch, Fußote [1]) zu Tabelle 2.17 in Abschnitt 2.9.2)

Wenn alle linearen Wärmebrücken $i = 1, 2, ..., n$ berechnet sind, kann der *Zuschlagswert zum Wärmedurchgangskoeffizienten* ΔU_{WB} berechnet werden:

- Als Erstes wird für jede lineare Wärmebrücke i der spezifische Transmissionswärmeverlust in W/K ermittelt zu

$$H_{T,i} = F_{xi} \cdot \Psi_i \cdot l_i \qquad (5.52)$$

Ψ_i längenbezogener Wärmedurchgangskoeffizient der Wärmebrücke i in W/(m · K) nach Gl. (5.51)
l_i Länge der Wärmebrücke i in m
F_{xi} der in der Wärmebrückenberechnung ggf. der Berechnung von Ψ_i zugrunde gelegte Temperatur-Korrekturfaktor (aus Tabelle 5.5 oder 5.6)

- Als Zweites werden die spezifischen Transmissionswärmeverluste aufaddiert und daraus der Zuschlagswert zum Wärmedurchgangskoeffizienten in W/(m² · K) ermittelt:

$$\Delta U_{WB} = \frac{\sum_i H_{T,i}}{A} \qquad (5.53)$$

$H_{T,i}$ spezifischer Transmissionswärmeverlust in W/K der Wärmebrücke i nach Gl. (5.52)
A wärmeübertragende Umfassungsfläche in m² des Gebäudes nach EnEV [5.9] bzw. DIN V 4108-6 [5.14]

Tabelle 5.10 zeigt beispielhaft eine tabellarische Berechnung des Zuschlagswerts zum Wärmedurchgangskoeffizienten ΔU_{WB} – man erkennt den deutlich geringeren Zuschlagswert als beim pauschalen Ansatz!

Hinweis: In Tabelle 5.10 finden sich teilweise *negative* längenbezogene Wärmedurchgangskoeffizienten Ψ_i; diese ergeben sich bei günstig gewählten geometrisch bedingten Wärmebrücken aus dem in der EnEV [5.9] vorgegebenen *Außenmaß*bezug (Bild 5.25)!

5 Nachweis von Wohngebäuden nach EnEV und EEWärmeG

Tabelle 5.10: Beispiel einer Berechnung des Zuschlagswerts zum Wärmedurchgangskoeffizienten ΔU_{WB} (nach [5.82])

Wärmebrücke	l_i in m	Ψ_i in W/(m · K)	F_{xi}	$\Psi_i \cdot l_i \cdot F_{xi}$ in W/K
Außenwand – Außenecke	15,93	– 0,16	1,0	– 2,60
Außenwand – Innenwand d = 11,5 cm	8,62	0,00	1,0	0,00
Außenwand – Innenwand d = 24 cm	8,62	– 0,01	1,0	– 0,06
Außenwand – Innenecke	5,82	0,06	1,0	0,34
Fensterleibung	44,76	0,04	1,0	1,97
Fensterbrüstung	18,17	0,06	1,0	1,05
Fenstersturz	18,17	0,11	1,0	2,05
Sockelanschluss	41,80	– 0,03	1,0	– 1,23
Deckenanschluss	16,50	0,01	1,0	0,17
Traufe	12,05	0,11	1,0	1,34
Ortgang	22,40	– 0,07	1,0	– 1,57
Keller – Innenwand d = 24 cm	12,00	0,00	0,5	0,01
Keller – Innenwand d = 11,5 cm	12,50	– 0,02	0,5	– 0,11
Dach – Innenwand d = 24 cm	2,85	0,09	0,8	0,20
Dach – Innenwand d = 11,5 cm	16,50	0,09	0,8	1,12
			$\Sigma \Psi_i \cdot l_i \cdot F_{xi}$ in W/K =	2,68
dividiert durch A = 448,90 m² wird daraus ΔU_{WB} in W/(m² · K) =				0,006

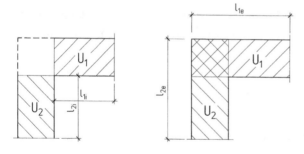

Bild 5.25: Vergleich *innen*maßbezogener Ψ-Wert (links) und *außen*maßbezogener Ψ-Wert (rechts): Beim *außen*maßbezogenen Ψ-Wert wird das doppelt schraffierte Quadrat *zweimal* eingerechnet – bei guter Planung wird dort aber der Wärmestrom nicht doppelt so groß (nach [5.83])

Beispiel 5.2: Nachweis der Gleichwertigkeit des Anschlusses einer zweischaligen Außenwand an eine Bodenplatte

Aufgabe: Versehentlich ist statt der Konstruktion aus Bild 16 in DIN 4108 Beiblatt 2 (hier Bild 5.26) weder ein ISO-Kimmstein mit $\lambda \leq 0,33$ W/(m · K) verwendet worden noch die Kerndämmung (mit d = 140 mm $\geq$ 60 mm) um $\geq$ 300 mm unter OK Rohdecke gezogen worden, sodass ein Nachweis der Gleichwertigkeit erforderlich wird.

5.4 Zu errichtende Wohngebäude nach DIN V 4108-6 und DIN V 4701-10

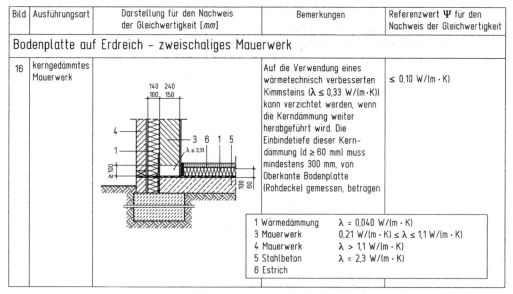

Bild 5.26: Beispiel eines ausreichend wärmegedämmten Anschlusses analog DIN 4108 Beiblatt 2, Bild 16 (Anschluss von zweischaligem Mauerwerk an eine Bodenplatte auf Erdreich)

Lösung: Unter der Annahme, dass in der Berechnung nach EnEV der Temperatur-Korrekturfaktor gemäß DIN V 4108-6 zu $F_G = F_f = 0{,}6$ gesetzt wurde, wird entsprechend DIN 4108 Beiblatt 2 [5.55], 3.5 (vgl. Fußnote [1]) unter Tabelle 2.17 in Abschnitt 2.9.2) der Temperaturfaktor zu

$$f_G = 1 - F_G = 1 - 0{,}6 = 0{,}4$$

Aus der Datenbank „Wärmebrückenkatalog 1.2" [5.77] kann dann für den vorhandenen KS-Kimmstein mit $\lambda = 0{,}99$ W/(m · K) und Wärmedämmstoffe mit $\lambda = 0{,}035$ W/(m · K) abgelesen werden

$$\Psi = 0{,}084 \text{ W/(m · K)} \leq 0{,}10 \text{ W/(m · K)} = \Psi_{ref}$$

(vgl. Bild 5.26 rechts); damit ist die Gleichwertigkeit der Konstruktion nachgewiesen.

Beispiel 5.3: Wärmebrückenberechnung des längenbezogenen Wärmedurchgangskoeffizienten Ψ am Anschluss von zweischaligem Mauerwerk an eine Kellerdecke über einem unbeheizten Keller

Aufgabe: Es soll der längenbezogene Wärmedurchgangskoeffizient Ψ eines vom Anschluss gemäß Bild 5.27 *abweichenden* Sockelanschlusses, bei dem weder eine verbesserte Kimmschicht eingebaut noch die Wärmedämmung vor der Kellerdecke tiefer geführt wurde, mithilfe des Wärmebrückenprogramms THERM berechnet werden.

Bauteilaufbauten:

5 Nachweis von Wohngebäuden nach EnEV und EEWärmeG

- Kellerdecke aus 16 cm Normalbeton (≤ 2 % Stahlanteil), 7 cm Mineralwolle (λ = 0,040 W/(m · K)) und 5 cm Zementestrich;
- Kelleraußenwand aus 36,5 cm Kalksandsteinmauerwerk (ρ = 1400 kg/m³);
- Außenwand (von innen nach außen) aus 1 cm Kalkgipsputz, 17,5 cm Kalksandsteinmauerwerk (ρ = 1400 kg/m³), 10 cm Mineralwolle (λ = 0,040 W/(m · K)) und 11,5 cm Ziegelverblendmauerwerk (ρ = 2000 kg/m³).

Die Randbedingungen für die Berechnung gemäß DIN 4108 Beiblatt 2 sind entsprechend Bild 2.31 oben rechts (in Abschnitt 2.9.2) anzusetzen.

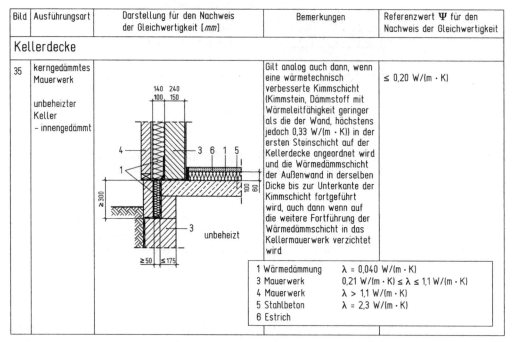

Bild 5.27: Beispiel eines ausreichend wärmegedämmten Anschlusses analog DIN 4108 Beiblatt 2, Bild 35 (Anschluss von zweischaligem Mauerwerk an eine Kellerdecke über einem unbeheizten Keller)

Lösung: Vorab werden die in der EnEV-Berechnung anzusetzenden U-Werte der hier j = 2 den Innen- und Außenbereich trennenden Bauteile „Außenwand" und „Kellerdecke" berechnet:

- Außenwand: Gl. (2.20) eingesetzt in Gl. (2.22), diese eingesetzt in Gl. (2.23) ergibt als Wärmedurchgangskoeffizient in W/(m² · K)

$$U_{AW} = \frac{1}{0,13 + 0,01/0,70 + 0,175/0,70 + 0,10/0,040 + 0,115/0,96 + 0,04} = 0,3274$$

bei einer Länge im Berechnungsmodell von l_{AW} = 1,32 m.

- Kellerdecke: Gl. (2.20) eingesetzt in Gl. (2.22), diese eingesetzt in Gl. (2.23) ergibt als Wärmedurchgangskoeffizient in W/(m² · K)

5.4 Zu errichtende Wohngebäude nach DIN V 4108-6 und DIN V 4701-10

$$U_G = \frac{1}{0,17 + 0,05/1,4 + 0,07/0,040 + 0,16/2,5 + 0,17} = 0,4567$$

bei einer Länge im Berechnungsmodell von l_G = 1,41 m.

Mit dem Temperatur-Korrekturfaktor nach DIN 4108-6 $F_G = F_f$ = 0,70 aus dem EnEV-Nachweis (aus Tabelle 5.6, hier angenommen) errechnet sich nach DIN 4108 Beiblatt 2, 3.5, der anzusetzende Temperaturfaktor zu

$$f_G = 1 - F_G = 1 - 0,70 = 0,30$$

Daraus ergibt sich mit den Randbedingungen aus Tabelle 2.17 rechts (in Abschnitt 2.9.2) θ_i = + 20 °C, θ_e = − 10 °C und dortiger Fußnote [1]), gemäß dortiger Gleichung als Kellertemperatur

$$\theta_i = f_{xi} \cdot (\theta_i - \theta_e) + \theta_e = 0,30 \cdot (+ 20 \text{ °C} - (- 10 \text{ °C})) - 10 \text{ °C} = - 1 \text{ °C}$$

Mit dieser Kellertemperatur und den übrigen Randbedingungen aus Bild 2.31 rechts in Abschnitt 2.9.2 sowie den o. g. Bauteilaufbauten kann nun die Wärmebrücke mit THERM [5.74] berechnet werden (hier nicht dargestellt) – der thermische Leitwert ergibt sich dann nach Gl. (5.50) für den über die THERM-Länge l_{THERM} = 2,210 m ermittelten *U-factor* = 0,4360 W/(m² · K) zu

$$L_{2D} = \textit{U-factor} \cdot l_{THERM} = 0,4360 \text{ W/(m}^2 \cdot \text{K)} \cdot 2,210 \text{ m} = 0,9636 \text{ W/(m} \cdot \text{K)}$$

Im nächsten Schritt errechnet sich daraus der längenbezogene Wärmedurchgangskoeffizient Ψ für j = 1, 2, ..., m die Innen- und Außenbereiche trennende Bauteile nach Gl. (5.51) zu

$$\begin{aligned}\Psi &= L_{2D} - \Sigma (F_{xj} \cdot U_j \cdot l_j) \\ &= 0,9636 \text{ W/(m} \cdot \text{K)} - (1,0 \cdot 0,3274 \text{ W/(m}^2 \cdot \text{K)} \cdot 1,32 \text{ m}) \\ &\quad - (0,7 \cdot 0,4567 \text{ W/(m}^2 \cdot \text{K)} \cdot 1,41 \text{ m}) \\ &= 0,9636 \text{ W/(m} \cdot \text{K)} - 0,4322 \text{ W/(m} \cdot \text{K)} - 0,4508 \text{ W/(m} \cdot \text{K)} = 0,0806 \text{ W/(m} \cdot \text{K)}\end{aligned}$$

Anmerkung: Sollte nur ein Gleichwertigkeitsnachweis erforderlich sein, wäre nach Bild 5.27 mit

$$\Psi = 0,081 \text{ W/(m} \cdot \text{K)} \leq 0,20 \text{ W/(m} \cdot \text{K)} = \Psi_{ref}$$

die Gleichwertigkeit der Konstruktion mit DIN 4108 Beiblatt 2 nachgewiesen!

5.4.4 Berechnung des Jahres-*End*energie- und *Primär*energiebedarfs Q_E und Q_P mit dem *Tabellen*verfahren

Den Ablauf der Berechnung des Jahres-Endenergie- und Jahres-Primärenergiebedarfs zeigt schematisch Bild 5.28. Zu den *Eingangsdaten*: Die Gebäudenutzfläche A_N ist aus Gl. (5.1) bzw. Gl. (5.2) bekannt, der Jahres-Heizwärmebedarf $q_h = Q_h / A_N$ ergibt sich aus Abschnitt 5.4.2, zum Jahres-Wärmebedarf für die Trinkwassererwärmung q_{tw} s. u. in diesem Unterabschnitt.

5 Nachweis von Wohngebäuden nach EnEV und EEWärmeG

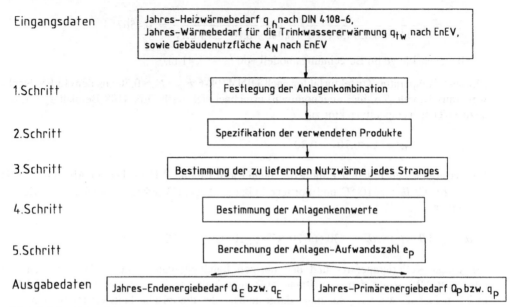

Bild 5.28: Ablaufschema für die Berechnung des Jahres-Endenergie- und Jahres-Primärenergiebedarfs nach DIN V 4701-10 (nach [5.84])

Unabhängig von den in Bild 5.28 dargestellten, aufeinander aufbauenden Arbeitsschritten beim praktischen Nachweis soll im Folgenden zuerst das Prinzip der Berechnung dargestellt werden.

Aus der Betrachtung des Energieflusses (Bild 5.29) wurde in DIN V 4701-10 [5.16] folgender Ansatz für den Jahres-Endenergiebedarf in kWh/a entwickelt (sowohl mit ggf. Index „*real*" für das reale Gebäude als auch mit Index „*ref*" für das Referenzgebäude):

In der Berechnungsreihenfolge
- erstens Trinkwassererwärmung (Verluste mindern teilweise den Heizwärmebedarf),
- zweitens Lüftung (erwärmte Luft mindert den Heizwärmebedarf) und
- schließlich Heizung

wird (nur Wärmeenergie):

$$Q_E = Q_{TW,E} + Q_{L,E} + Q_{H,E} \qquad (5.54)$$
$$= q_{TW,E} \cdot A_N + q_{L,E} \cdot A_N + q_{H,E} \cdot A_N$$

$Q_{TW,E}$ Jahres-Trinkwassererwärmungs-Endenergiebedarf in kWh/a
$Q_{L,E}$ Jahres-Lüftungswärme-Endenergiebedarf in kWh/a
$Q_{H,E}$ Jahres-Heizwärme-Endenergiebedarf in kWh/a

bzw.

$q_{TW,E} = Q_{TW,E}/A_N$ = auf die Gebäudenutzfläche A_N bezogener Jahres-Trinkwassererwärmungs-Endenergiebedarf in kWh/(m² · a)

5.4 Zu errichtende Wohngebäude nach DIN V 4108-6 und DIN V 4701-10

$q_{L,E} = Q_{L,E}/A_N$ = auf die Gebäudenutzfläche A_N bezogener Jahres-Lüftungswärme-Endenergiebedarf in kWh/(m² · a)

$q_{H,E} = Q_{H,E}/A_N$ = auf die Gebäudenutzfläche A_N bezogener Jahres-Heizwärme-Endenergiebedarf in kWh/(m² · a)

darin

$$A_N = 0{,}32 \cdot V_e \tag{5.1}$$

in m² bzw. bei durchschnittlicher Geschosshöhe $h_G > 3{,}00$ m oder $h_G < 2{,}50$ m

$$A_N = (1/h_G - 0{,}04 \text{ m}^{-1}) \cdot V_e \tag{5.2}$$

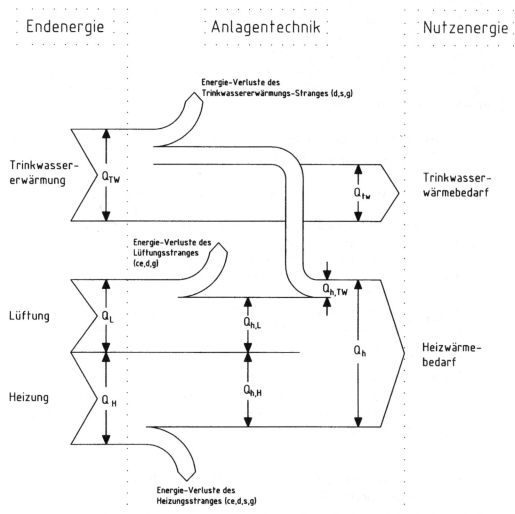

Bild 5.29: Energieflussbild zur Berechnung des Jahres-Endenergiebedarfs für Heizung, Lüftung und Trinkwassererwärmung

5 Nachweis von Wohngebäuden nach EnEV und EEWärmeG

Die weitere Aufteilung der Summanden in Gl. (5.54) führt mit den Indizes
- „tw", („l"), „h" in Kleinbuchstaben für den *Wärme*bedarf (Nutzenergie) und
- „TW", „L", „H" in Großbuchstaben für den *Endenergie*bedarf (sofern eindeutig, kann „H" entfallen) sowie
- „ce" für die Übergabe (*engl. „control and emission"*),
- „d" für die Verteilung (*engl. „distribution"*),
- „s" für die Speicherung (*engl. „storage"*),
- „g" für die Erzeugung (*engl. „generation"*),
- „HE" für die elektrische „Hilfsenergie" (zur Unterscheidung kann ggf. auch „WE" für „Wärmeenergie" stehen) sowie
- „E" für den „Endenergiebedarf" (sofern eindeutig, kann „E" entfallen) bzw.
- „P" für den „Primärenergiebedarf"

zu folgender Gleichung für den auf die Gebäudenutzfläche A_N nach Gl. (5.1) bzw. Gl. (5.2) bezogenen Jahres-Endenergiebedarf (vereinfacht für jeweils nur *einen* Wärmeerzeuger für Trinkwassererwärmung, Lüftung und Heizung) einschließlich jeweiliger elektrischer Hilfsenergie in kWh/(m² · a)

$$q_E = q_{TW,E} + q_{L,E} + q_{H,E} + q_{TW,HE,E} + q_{L,HE,E} + q_{H,HE,E} \quad (5.55)$$

$$= (q_{tw} + q_{TW,ce} + q_{TW,d} + q_{TW,s}) \cdot e_{TW,g} + q_{TW,HE,E}$$
$$+ q_{L,g} \cdot e_{L,g} + q_{L,HE,E}$$
$$+ (q_h - q_{h,TW} - q_{h,L} + q_{H,ce} + q_{H,d} + q_{H,s}) \cdot e_{H,g} + q_{H,HE,E} \quad (5.56)$$

q_{tw} Jahres-*Wärme*bedarf für die Trinkwassererwärmung in kWh/(m² · a)

$q_{TW,ce}$ Jahres-Verluste der Trinkwassererwärmung für die Wärmeübergabe im Raum in kWh/(m² · a) (i. d. R. gleich null)

$q_{TW,d}$ Jahres-Verluste der Trinkwassererwärmung bei der Wärmeverteilung in kWh/(m² · a)

$q_{TW,s}$ Jahres-Speicherverluste der Trinkwassererwärmung in kWh/(m² · a)

$e_{TW,g}$ dimensionslose Aufwandszahl für die Trinkwassererwärmung (s. u.)

und

$$q_{TW,HE,E} = q_{TW,ce,HE} + q_{TW,d,HE} + q_{TW,s,HE} + q_{TW,g,HE} \quad (5.57)$$

als Jahresbedarf an elektrischer Hilfsenergie für die Übergabe, Verteilung, Speicherung und Erzeugung der Trinkwassererwärmung in kWh/(m² · a)

weiter

$q_{L,g}$ Jahres-Erzeugung von Lüftungsenergie in kWh/(m² · a)

$e_{L,g}$ dimensionslose Aufwandszahl für die Lüftungsanlage (s. u.)

und

$$q_{L,HE,E} = q_{L,ce,HE} + q_{L,d,HE} + q_{L,g,HE} \quad (5.58)$$

als Jahresbedarf an elektrischer Hilfsenergie für die Erzeugung, Verteilung und Übergabe der Lüftungswärme in kWh/(m² · a)

5.4 Zu errichtende Wohngebäude nach DIN V 4108-6 und DIN V 4701-10

weiter

q_h Jahres-Heizwärmebedarf in kWh/(m² · a)

$q_{h,TW}$ Jahres-Heizwärmegutschrift für die Trinkwassererwärmung im beheizten Bereich in kWh/(m² · a)

$q_{h,L}$ Jahres-Anteil am Heizwärmebedarf, der durch eine Lüftungsanlage gedeckt wird in kWh/(m² · a)

$q_{H,ce}$ Jahres-Verluste der Heizung für die Wärmeübergabe im Raum in kWh/(m² · a)

$q_{H,d}$ Jahres-Verluste der Heizung bei der Wärmeverteilung in kWh/(m² · a)

$q_{H,s}$ Jahres-Speicherverluste der Heizung in kWh/(m² · a)

$e_{H,g}$ dimensionslose Aufwandszahl für die Erzeugung der Heizwärme (s. u.)

und

$$q_{H,HE,E} = q_{H,ce,HE} + q_{H,d,HE} + q_{H,s,HE} + q_{H,g,HE} \tag{5.59}$$

als Jahresbedarf an elektrischer Hilfsenergie für die Übergabe, Verteilung, Speicherung und Erzeugung der Heizwärme in kWh/(m² · a)

Die o. g. *Aufwandszahlen* $e_{TW,g}$, $e_{L,g}$, $e_{H,g}$ beziffern grundsätzlich den Aufwand, der in das jeweilige System gebracht werden muss, im Verhältnis zu seinem Nutzen [5.85]. Unter der *thermischen* Aufwandszahl *e* wird der dimensionslose Kehrwert des bisher üblichen Jahres-Nutzungsgrades η_a (dem „Wirkungsgrad") der Heizungs- oder Trinkwassererwärmungsanlage verstanden (bei Beheizung mit üblichen Energieträgern ist $e > 1$; bei hohem Anteil solarer oder Umweltwärme wird $e \leq 1$):

$$e = \frac{Aufwand\,(Endenergie)}{Nutzen\,(Nutzenergie)} = \frac{1}{\eta_a} \tag{5.60}$$

Der Vorteil der Verwendung von Aufwandszahlen statt Nutzungsgraden liegt darin, dass
- unterschiedliche Eingangsenergien (z. B. fossile Energien wie Gas und Öl zusammen mit elektrischem Strom) sowie
- unterschiedliche Ausgangsenergien (z. B. Raumwärme und Trinkwarmwasser)

erfasst und auch erneuerbare Energien schlüssig mit einbezogen werden können [5.85]. Da ein europäisches Verfahren zur Bestimmung von Aufwandszahlen für die Vorplanung erst im Entwurfsstadium ist, enthält bis auf Weiteres DIN V 4701-10 [5.16] tabellarisch überschlägige Aufwandszahlen [5.85].

Sind die flächenbezogenen Jahres-Endenergiebedarfswerte $q_{TW,E}$, $q_{L,E}$ und $q_{H,E}$ für die Wärmeenergie sowie die zugehörigen Werte für die elektrische Hilfsenergie $q_{TW,HE,E}$, $q_{L,HE,E}$ und $q_{H,HE,E}$ bekannt (s. o.), so erfolgt die *primärenergetische Bewertung* mithilfe des jeweiligen Primärenergiefaktors f_P (nicht erneuerbarer Anteil), d. h. die flächenbezogenen Jahres-Primärenergiebedarfswerte in kWh/(m² · a) werden wie folgt ermittelt:

$$\begin{aligned} q_{TW,P} &= \Sigma\, q_{TW,WE,P} + \Sigma\, q_{TW,HE,P} \\ &= \Sigma\, q_{TW,E} \cdot f_{P,TW} + \Sigma\, q_{TW,HE,E} \cdot f_{P,TW,HE} \end{aligned} \tag{5.61}$$

5 Nachweis von Wohngebäuden nach EnEV und EEWärmeG

$$q_{L,P} = \Sigma\, q_{L,WE,P} + \Sigma\, q_{L,HE,P}$$
$$\phantom{q_{L,P}} = \Sigma\, q_{L,E} \cdot f_{P,L} + \Sigma\, q_{L,HE,E} \cdot f_{P,L,HE} \qquad (5.62)$$

$$q_{H,P} = \Sigma\, q_{H,WE,P} + \Sigma\, q_{H,HE,P}$$
$$\phantom{q_{H,P}} = \Sigma\, q_{H,E} \cdot f_{P,H} + \Sigma\, q_{H,HE,E} \cdot f_{P,H,HE} \qquad (5.63)$$

$f_{P,j}$ dimensionsloser Primärenergiefaktor – nicht erneuerbarer Anteil – für den jeweiligen Energiebedarf j aus DIN SPEC 4701-10/A1: 2012-07 [5.17], Tabelle C.4-1 (Tabelle 5.11), jedoch für *elektrischen Strom*
– f_P = 2,4 bis Ende 2015 ebenfalls aus DIN SPEC 4701-10/A1,
– ab 2016 aber gemäß EnEV 2014, Anlage 1, 2.1, aus politischen Gründen auf f_P = 1,8 abgesenkt (hebt bei Stromheizung mit 1,8/2,4 = 0,75 die ab 2016 eingeführte Verschärfung der Anforderung auf)

Tabelle 5.11: Primärenergiefaktoren

Energieträger [1])		Primärenergiefaktor f_P	
		A insgesamt	B nicht erneuerbarer Anteil
fossile Brennstoffe	Heizöl EL	1,1	1,1
	Erdgas H	1,1	1,1
	Flüssiggas	1,1	1,1
	Steinkohle	1,1	1,1
	Braunkohle	1,2	1,2
biogene Brennstoffe [2])	Biogas	1,5	0,5
	Bioöl	1,5	0,5
	Holz	1,2	0,2
Nah-/Fernwärme aus KWK [3])	fossiler Brennstoff	0,7	0,7
	erneuerbarer Brennstoff	0,7	0,0
Nah-/Fernwärme aus Heizwerken	fossiler Brennstoff	1,3	1,3
	erneuerbarer Brennstoff	1,3	0,1
Strom	allgemeiner Strom-Mix	2,8	2,4 [4])
	Verdrängungsstrommix	2,8	2,8
Umweltenergie	Solarenergie	1,0	0,0
	Erdwärme, Geothermie	1,0	0,0
	Umgebungswärme	1,0	0,0

[1]) Bezugsgröße Endenergie mit Heizwert H_i (= oberer Heizwert).
[2]) Bei Gemischen aus fossilen und biogenen Brennstoffen kann der Primärenergiefaktor nach DIN SPEC 4701-10/A1 aus den Brennstoffanteilen berechnet werden.
[3]) Typische Werte für durchschnittliche Nah-/Fernwärme mit KWK-Anteil von 70 %.
[4]) Abweichend f_P = 1,8 ab 01.01.2016 gemäß EnEV 2014, Anlage 1, 2.1.

5.4 Zu errichtende Wohngebäude nach DIN V 4108-6 und DIN V 4701-10

Wird in Neubauten *Strom aus erneuerbaren Energien* eingesetzt, darf nach EnEV 2014 [5.9] § 5 der Strom in den Berechnungen *vom Endenergiebedarf abgezogen* werden, wenn er
- im *unmittelbaren räumlichen Zusammenhang zu dem Gebäude* erzeugt sowie
- vorrangig in dem Gebäude unmittelbar nach Erzeugung oder nach vorübergehender Speicherung *selbst genutzt* und nur die überschüssige Energiemenge in ein öffentliches Netz eingespeist wird.

Hinweis: Seit 2009 wird diese Eigennutzung unter bestimmten Bedingungen über das Erneuerbare-Energien-Gesetz (EEG) auch finanziell gefördert.

Für flüssige und gasförmige Biomasse gilt i. d. R. der Primärenergiefaktor $f_P = 1{,}1$ von „Heizöl EL" bzw. „Erdgas H" (EnEV 2014 [5.9], Anlage 1 Nr. 2.1.1 und 2.1.2). Nur wenn die Biomasse im *unmittelbaren räumlichen Zusammenhang zu den Gebäuden erzeugt* wird, die mit dieser versorgt werden, darf stattdessen $f_P = 0{,}5$ angesetzt werden.

Nach dem in Bild 5.29 aufgezeigten Prinzip stellt sich nun der Berechnungsablauf nach dem Tabellenverfahren wie folgt dar:

A Trinkwassererwärmung

Als Erstes erfolgt die Berechnung des auf die Gebäudenutzfläche bezogenen Jahres-Endenergiebedarfs $q_{TW,E}$ und des Jahres-Primärenergiebedarfs $q_{TW,P}$ für die Trinkwassererwärmung mit den dafür erforderlichen elektrischen Hilfsenergien $q_{TW,HE,E}$ und $q_{TW,HE,P}$ entsprechend dem in Bild 5.30 dargestellten Berechnungsschema anhand der Bedarfsentwicklung (es können bei bekannten Deckungsanteilen $\alpha_{TW,g,i}$ auch mehrere Trinkwassererzeuger $i = 1, 2, ..., n$ berücksichtigt werden, vgl. Bild 4.22 in Abschnitt 4.3.1):

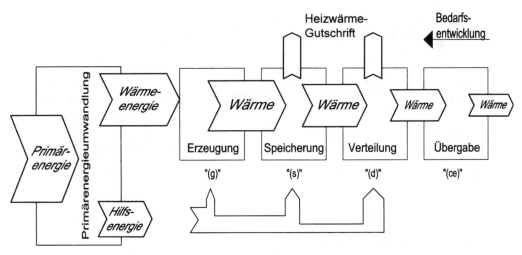

Bild 5.30: Berechnungsschema für die Trinkwassererwärmung

- Bei Wohngebäuden ist für den öffentlich-rechtlichen Nachweis gemäß EnEV [5.9], Anlage 1, 2.2, bei Berechnung nach DIN V 4108-6 und DIN V 4701-10 der nutzflächenbezogene Jahres-Wärmebedarf für die Trinkwassererwärmung (Warmwasserbereitung) anzusetzen zu

$$q_{tw} \equiv 12{,}5 \text{ kWh/(m}^2 \cdot \text{a)} \tag{5.64}$$

- Der Jahres-Wärmebedarf für die Trinkwassererwärmung (Warmwasserbereitung) des Gebäudes errechnet sich dann mit der Gebäudenutzfläche A_N nach Gl. (5.1) bzw. Gl. (5.2) in kWh/a zu

$$Q_{tw} = q_{tw} \cdot A_N \tag{5.65}$$

Die in Bild 5.30 nach oben zeigende Heizwärmegutschrift wird bei der Heizung berücksichtigt (s. u. bei C). Die tabellarische Berechnung kann in einem Formblatt erfolgen, das DIN V 4701-10 [5.16] als Kopiervorlage beiliegt; die notwendigen Kennwerte finden sich in DIN V 4701-10, Tabellen C.1-1 bis C.1-4e.

B Lüftung

Als Zweites erfolgt die Berechnung des auf die Gebäudenutzfläche bezogenen Jahres-Endenergiebedarfs $q_{L,g,E}$ und des Jahres-Primärenergiebedarfs $q_{L,P}$ für die Lüftung mit den dafür erforderlichen Hilfsenergien $q_{L,HE,E}$ und $q_{L,HE,P}$ entsprechend dem in Bild 5.31 dargestellten Berechnungsschema anhand von Bedarfsdeckung und Bedarfsentwicklung (vgl. Bild 4.29 in Abschnitt 4.4.2). Die tabellarische Berechnung kann in einem Formblatt erfolgen, das DIN V 4701-10 [5.16] als Kopiervorlage beiliegt; die notwendigen Kennwerte finden sich in DIN V 4701-10, Tabellen C.2-1 bis C.2-4.

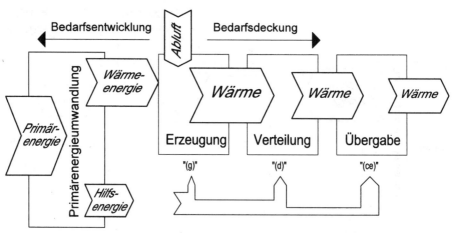

Bild 5.31: Berechnungsschema für die Lüftung

C Heizung

Schließlich erfolgt die Berechnung des auf die Gebäudenutzfläche bezogenen Jahres-Endenergiebedarfs q_E und des Jahres-Primärenergiebedarfs q_P für die Heizung mit den dafür erforderlichen elektrischen Hilfsenergien $q_{HE,E}$ und $q_{HE,P}$ entsprechend dem in Bild

5.4 Zu errichtende Wohngebäude nach DIN V 4108-6 und DIN V 4701-10

5.32 dargestellten Berechnungsschema anhand der Bedarfsentwicklung (es können bei bekannten Deckungsanteilen $\alpha_{g,i}$ auch mehrere Heizwärmeerzeuger $i = 1, 2, ..., n$ berücksichtigt werden, vgl. Bild 4.9 in Abschnitt 4.2.3). Die tabellarische Berechnung kann in einem Formblatt erfolgen, das DIN V 4701-10 [5.16] als Kopiervorlage beiliegt; die notwendigen Kennwerte finden sich in DIN V 4701-10, Tabellen C.3-1 bis C.3-4g.

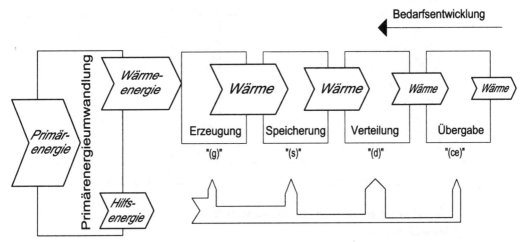

Bild 5.32: Berechnungsschema für die Heizung

Hinweis: Gemäß *Auslegungsfragen* [5.52] darf bei Wohngebäuden ein zusätzlich vorhandener, holzbeheizter Kaminofen ohne weiteren Nachweis mit 10 % der erforderlichen Heizarbeit der entsprechenden Wohneinheit angesetzt werden. Dafür sind nach DIN V 4701-10 [5.16] zwei Stränge zu definieren. Die Einbindung eines Kaminofens in den Wasserkreislauf einer Zentralheizung kann allerdings mangels dafür geeigneter technischer Regeln nicht berücksichtigt werden.

Abschließender Hinweis: Die o. g. Tabellenwerte aus Anhang C zu DIN V 4701-10 [5.16] repräsentieren die energetische Qualität des unteren Durchschnitts des Marktniveaus, Stand 2003. Die Verwendung herstellerspezifischer Angaben (sog. „detailliertes Verfahren") berücksichtigt den technischen Fortschritt und führt deshalb i. d. R. zu besseren Werten (Bild 5.33, s. auch [5.86]):

- Einige Hersteller haben produktspezifische Kennwerte zur Berechnung der Anlagen-Aufwandszahl nach DIN V 4701-10 [5.16] veröffentlicht. Daraus kann mit den in DIN V 4701-10, 5, genannten Gleichungen eine geräte- und gebäudeabhängige Anlagen-Aufwandszahl e_p errechnet werden (i. d. R. mithilfe von EDV-Programmen). *Hinweis:* Es ist zulässig, Standardwerte aus der Norm und produktspezifische Kennwerte bei der Berechnung zu mischen [5.87]!

- Produktspezifische Kennwerte von Be- und Entlüftungsanlagen veröffentlicht regelmäßig das Europäische Testzentrum für Wohnungslüftungsgeräte (TZWL) [5.87]. Das TZWL ist akkreditiert, sodass die dort genannten Kennwerte (z. B. die Wärmebereitstellungsgrade der Wärmerückgewinnung η_{WRG}) auch amtlich anerkannt werden.

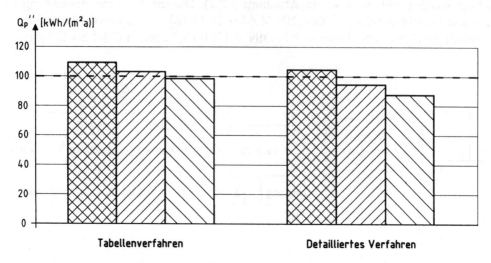

Bild 5.33: Vergleich des für ein Beispielgebäude berechneten Jahres-Primärenergiebedarfs nach dem Tabellenverfahren (links) und dem detaillierten Verfahren (rechts) für verschiedene Anlagentechniken (nach [5.87])

Die Jahres-Endenergie- und Primärenergiebedarfswerte der einzelnen Versorgungsanteile in kWh/a addieren sich dann

— für die Trinkwassererwärmung zu

$$Q_{TW,E} = q_{TW,E} \cdot A_N + q_{TW,HE,E} \cdot A_N \tag{5.66}$$
$$Q_{TW,P} = (q_{TW,P} + q_{TW,HE,P}) \cdot A_N \tag{5.67}$$

— für die Lüftung zu

$$Q_{L,E} = q_{L,E} \cdot A_N + q_{L,HE,E} \cdot A_N \tag{5.68}$$
$$Q_{L,P} = (q_{L,P} + q_{L,HE,P}) \cdot A_N \tag{5.69}$$

— und für die Heizung zu

$$Q_{H,E} = q_E \cdot A_N + q_{HE,E} \cdot A_N \tag{5.70}$$
$$Q_{H,P} = (q_P + q_{HE,P}) \cdot A_N \tag{5.71}$$

5.4 Zu errichtende Wohngebäude nach DIN V 4108-6 und DIN V 4701-10

Zusammengefasst errechnen sich daraus der Jahres-Endenergiebedarf Q_E nach Gl. (5.54) bzw. der Jahres-Primärenergiebedarf in kWh/a zu

$$Q_P = Q_{TW,P} + Q_{L,P} + Q_{H,P} \qquad (5.72)$$
$$= q_{TW,P} \cdot A_N + q_{L,P} \cdot A_N + q_{H,P} \cdot A_N$$

$Q_{TW,P}$ Jahres-Trinkwassererwärmungs-Primärenergiebedarf in kWh/a
$Q_{L,P}$ Jahres-Lüftungswärme-Primärenergiebedarf in kWh/a
$Q_{H,P}$ Jahres-Heizwärme-Primärenergiebedarf in kWh/a
A_N Gebäudenutzfläche in m² nach Gl. (5.1) bzw. Gl. (5.2)

Ferner kann nun die dimensionslose *primärenergiebezogene* Anlagen-Aufwandszahl e_P errechnet werden (vgl. Gl. (5.60)) zu [5.88]

$$e_P = \frac{Aufwand\,(Pimärenergiebedarf)}{Nutzen\,(Nutzenergiebedarf)} = \frac{Q_P}{Q_h + Q_{tw}} = \frac{1}{\eta_P} \qquad (5.73)$$

Q_h Jahres-Heizwärmebedarf in kWh/a nach Gl. (5.5)
Q_{tw} Jahres-Wärmebedarf für die Trinkwassererwärmung (Warmwasserbereitung) in kWh/a nach Gl. (5.65)
η_P dimensionsloser primärenergiebezogener Wirkungsgrad der Anlage
A_N Gebäudenutzfläche in m² nach Gl. (5.1) bzw. Gl. (5.2)

Bei fossiler Wärmeerzeugung ist $e_p > 1$; bei hohem Anteil nicht nur solarer und Umweltwärme, sondern generell erneuerbarer (regenerativer) Energien wird $e_p \leq 1$.

Beispiel 5.4: Nachweis eines Reihenendhauses mit Erdgas-Brennwertheizung entsprechend den bis Ende 2015 geltenden Anforderungen

Aufgabe: Für das in Bild 5.34 dargestellte Reihen*end*haus sind die erforderlichen öffentlich-rechtlichen Nachweise gemäß EnEV 2014 – Anforderung bis Ende 2015 – mit DIN V 4108-6 und DIN V 4701-10 zu führen.

Vorgaben:

A. Wärmeübertragende Bauteile:
- Die Fenster und die Außentür werden entsprechend Beispiel 2.13 in Abschnitt 2.13.3 angesetzt mit

 $U_{w,BW} = 1{,}3$ W/(m² · K) und

 $g = g_0 = 0{,}60$ als Gesamtenergiedurchlassgrad nach EN 410;

- die *Außenwände* bestehen aus zweischaligem Mauerwerk (vgl. Beispiel 2.7 in Abschnitt 2.9.4) mit

 $U_{AW} = 0{,}36$ W/(m² · K),

- das *Flachdach* (vgl. Beispiel 2.9 in Abschnitt 2.11) sei hochgedämmt und gemäß Allgemeiner bauaufsichtlicher Zulassung *ohne* Korrektur ΔU_r für das Umkehrdach anzusetzen mit

  $U_D = 0{,}14$ W/(m² · K),

- die *Decke nach unten gegen Außenluft* (vgl. Beispiel 2.4 in Abschnitt 2.7) habe

  $U_{DL} = 0{,}32$ W/(m² · K),

- die *Keller<u>decke</u>* zum <u>un</u>beheizten Keller sei unterseitig gedämmt (vgl. Beispiel 2.3 in Abschnitt 2.7) mit

  $U_{G1} = U_f = 0{,}31$ W/(m² · K),

- die *Keller<u>sohle</u>* unter dem beheizten Keller (vgl. Beispiel 2.11 in Abschnitt 2.12.6) habe

  $U_{G2} = U_{bf} = 0{,}32$ W/(m² · K),

- die *erdberührten Außenwände* bestehen aus Mauerwerk mit – um den *gesamten* Keller umlaufender – Perimeterdämmung (vgl. Beispiel 2.12 in Abschnitt 2.12.6) mit

  $U_{G3} = U_{bw} = 0{,}34$ W/(m² · K),

- die *Wand zum unbeheizten Vorratskeller* im KG (vgl. Beispiel 2.2 in Abschnitt 2.7) sei ungedämmt mit

  $U_u = 1{,}85$ W/(m² · K) und

- die *Tür* in dieser Wand bestehe aus Holz/Holzwerkstoff/Kunststoff.
- Der *unbeheizte Glasvorbau* sei verglast mit einer Wärmeschutzverglasung.

Alle Wärmebrücken sollen DIN 4108 Beiblatt 2 genügen oder als gleichwertig nachgewiesen sein. Es soll eine Luftdichtheitsprüfung durchgeführt werden.

B. Anlagentechnik:

- Die *Heizungsanlage* besteht
  - aus einem Erdgas-Brennwertkessel *außerhalb* der thermischen Hülle mit Vor-/Rücklauftemperaturen von 55 °C/45 °C mit Solarunterstützung,
  - d. h. es wird ein Solarspeicher nötig, er sei indirekt beheizt und *außerhalb* der thermischen Hülle aufgestellt;
  - die Wärmeverteilung erfolgt *horizontal außerhalb* und *vertikal innerhalb* der thermischen Hülle mithilfe einer geregelten Pumpe,
  - zur Wärmeübergabe sind Radiatoren mit Thermostatventilen (Proportionalbereich 1 K) vorgesehen.
- Die *Trinkwassererwärmung*
  - soll *außerhalb* der thermischen Hülle *zentral* durch die Heizanlage (s. o.) sowie eine Solaranlage erfolgen und mit einer Zirkulationsleitung versehen sein,
  - die Trinkwasserspeicherung erfolgt in einem indirekt beheizten Speicher *außerhalb* der thermischen Hülle (Kombispeicher zusammen mit der Trinkwarmwasserspeicherung).
- Eine *Lüftungsanlage* ist gemäß Lüftungskonzept nicht notwendig (vgl. Beispiel 4.1 in Abschnitt 4.4.1) und wird deshalb nicht vorgesehen.

Die Anforderungen des EEWärmeG werden durch die gewählte Solaranlage mit einer Fläche von $A_s \geq 0{,}04$ m²/m² · 121,16 m² = 4,8 m² zur Unterstützung von Heizung und Trinkwassererwärmung (vgl. Tabelle 5.2 in Abschnitt 5.3) erfüllt.

5.4 Zu errichtende Wohngebäude nach DIN V 4108-6 und DIN V 4701-10

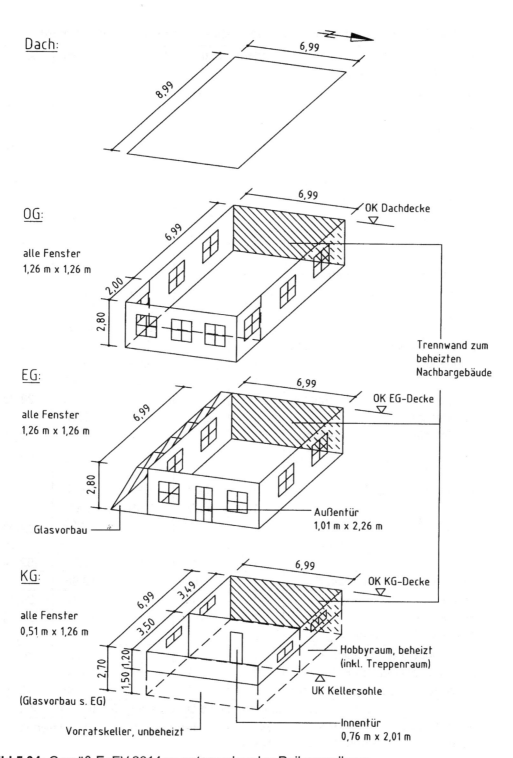

Bild 5.34: Gemäß EnEV 2014 zu untersuchendes Reihenendhaus

Tabelle 5.12: Berechnung der wärmeübertragenden Umfassungsfläche A in m²

Bauteil i	Anzahl	b_i in m	h_i, l_i in m	A_i in m²	ΣA_i in m²
Fenster *ohne Glasvorbau*					
– nordorientiert: $A_{W1,N}$	5	1,26	1,26	7,94	
	1	1,26	0,51	0,64	8,58
– ostorientiert: $A_{W1,O}$	5	1,26	1,26	7,94	
	1	1,01	2,26	2,28	10,22
– südorientiert: $A_{W1,S}$	3	1,26	1,26	4,76	4,76
Summe A_{W1}:					23,56
Fenster *hinter Glasvorbau*					
– südorientiert: $A_{W2,S}$	2	1,26	1,26	3,18	
	1	1,26	0,51	0,64	3,82
Summe A_{W2}:					3,82
Außenwände *ohne Glasvorbau*[1])					
– nordorientiert: $A_{AW1,N}$	1	2,80	8,99	25,17	
	1	2,80	6,99	19,57	
	1	1,20	3,49	4,19	
abzügl. nordorient. Fensterfläche				– 8,58	40,35
– ostorientiert: $A_{AO1,O}$	1	2,80	6,99	19,57	
	1	2,80	6,99	19,57	
abzügl. ostorient. Fensterfläche				– 10,22	28,92
– südorientiert: $A_{AW1,S}$	1	2,80	8,99	25,17	
abzügl. südorient. Fensterfläche				– 4,76	20,41
Summe A_{AW1}:					89,68
Außenwände *hinter Glasvorbau*					
– südorientiert: $A_{AW2,S}$	1	2,80	6,99	19,57	
	1	1,20	3,49	4,19	
abzügl. südorient. Fensterfläche				– 3,82	19,94
Summe A_{AW2}:					19,94
Dach A_D	1	6,99	8,99	62,84	62,84
Decke n. unten an Außenluft A_{DL}	1	2,00	6,99	13,98	13,98
Kellerdecke $A_{G1=f}$	1	3,50	6,99	24,47	24,47
Kellersohle $A_{G2=bf}$	1	3,49	6,99	24,40	24,40
erdberührte Außenwand $A_{G3=bw}$	2	1,50	3,49	10,47	10,47
Tür zum unbeheizten Keller A_{u1}	1	0,76	2,01	1,53	1,53
Wand zum unbeheizten Keller A_{u2}	1	2,70	6,99	18,87	
abzügl. zugehörige Türfläche				– 1,53	17,35
wärmeübertragende Umfassungsfläche A =					**292,03**

[1]) Die Aufteilung nach Orientierungen wird nur bei Berücksichtigung der solaren Wärmegewinne durch die opaken Bauteile benötigt.

5.4 Zu errichtende Wohngebäude nach DIN V 4108-6 und DIN V 4701-10

Lösung mit dem *Monatsbilanzverfahren* nach DIN V 4108-6 und dem *Tabellenverfahren* nach DIN V 4701-10:

Als *erster Schritt* werden die *geometrischen Randbedingungen* bestimmt, d. h.

- die wärmeübertragende Umfassungsfläche A mit den *Außen*abmessungen (Tabelle 5.12),
- und zwar als Erstes die Fenster und Fenstertüren, um deren Flächen in der nächsten Zeile von den Brutto-Außenwandflächen subtrahieren zu können, und
- das beheizte Gebäudevolumen V_e ebenfalls mit den *Außen*abmessungen (Tabelle 5.13)
- sowie – bei durchschnittlicher Geschosshöhe 2,50 m $\leq h_G$ = 2,80 m $\leq$ 3,00 m – die Gebäudenutzfläche A_N nach Gl. (5.1)

$$A_N = 0{,}32 \cdot V_e = 0{,}32 \cdot 378{,}63 \text{ m}^3 = 121{,}16 \text{ m}^2$$

Hinweis: In Bild 5.34 seien die Maße entsprechend den Bildern 5.5 und 5.6 dargestellt, d. h. z. B. bei den Außenwänden aus zweischaligem Mauerwerk mit Luftschicht nur bis zur Außenkante der Wärmedämmung!

Tabelle 5.13: Geschossweise Berechnung des beheizten Gebäudevolumens V_e in m³

Geschoss	Anzahl	b_i in m	l_i in m	h_i in m	V_i in m³
Obergeschoss	1	6,99	8,99	2,80	175,95
Erdgeschoss	1	6,99	6,99	2,80	136,81
beheizter Teil d. Kellergeschosses	1	6,99	3,49	2,70	65,87
				beheiztes Gebäudevolumen V_e =	**378,63**

Als *zweiter Schritt* wird der spezifische Transmissionswärmeverlust H_T für das *reale Gebäude* gemäß Gl. (5.8) in Tabelle 5.14 berechnet. Dazu sind vorab die Temperatur-Korrekturfaktoren für den unteren Gebäudeabschluss nach Tabelle 5.6 zu bestimmen:

- Als Bodengrundfläche wird entsprechend den *Auslegungsfragen* [5.52] nur der beheizte Keller mit A_{bf} = 3,49 m · 6,99 m = 24,40 m² angenommen,
- der Umfang (Perimeter) der Bodengrundfläche beträgt (an den beheizten Keller grenzt das ebenfalls beheizte Nachbarhaus) P = 6,99 m + 2 · 3,49 m = 13,97 m,
- der Wärmedurchlasswiderstand der Bodenplatte beträgt R_{bf} = 2,91 m² · K/W (vgl. Beispiel 2.11 in Abschnitt 2.12.6) und der der Kelleraußenwand R_{bw} = 2,83 m² · K/W (vgl. Beispiel 2.12 in Abschnitt 2.12.6), d. h. beide liegen > 1,0 m² · K/W.

Damit ergeben sich nach Gl. (2.55) in Abschnitt 2.12.1 zuerst das charakteristische Bodenplattenmaß zu

$$B' = A_{bf} / (0{,}5 \cdot P) = 24{,}40 \text{ m}^2 / (0{,}5 \cdot 13{,}97 \text{ m}) = 3{,}493 \text{ m}$$

und daraus mit Tabelle 5.6 für gut gedämmte Kellerbauteile mit R_{bf} und R_{bw} > 1 m² · K/W und einen teilweise unbeheizten Keller mit Perimeterdämmung die Temperaturkorrekturfaktoren F_G in Tabelle 5.14.

Die analoge Berechnung des spezifischen Transmissionswärmeverlusts $H_{T,ref}$ für das *Referenzgebäude* ist in Tabelle 5.15 dargestellt, die Temperaturkorrekturfaktoren sind die gleichen wie beim realen Gebäude.

Tabelle 5.14: Berechnung des spezifischen Transmissionswärmeverlustes H_T in W/K für das *reale Gebäude* aus Beispiel 5.4

Bauteil *i*	F_{xi}	U_i in W/(m² · K)	A_i in m²	$F_{xi} \cdot U_i \cdot A_i$ in W/K
Fenster (*W1*)	1,0	1,30	23,56	30,63
Fenster (*W2*) hinter Glasvorbau	0,5	1,30	3,82	2,48
Außenwände (*AW1*)	1,0	0,36	89,68	32,29
Außenwände (*AW2*) hinter Glasvorb.	0,5	0,36	19,94	3,59
Dach (*D*)	1,0	0,14	62,84	8,80
Decke nach unten an Außenluft (*DL*)	1,0	0,32	13,98	4,47
Tür zum unbeheizten Keller (*u1*)	0,55	2,90 [1])	1,53	2,44
Wand zum unbeheizten Keller (*u2*)	0,55	1,85	17,35	17,65
Kellerdecke (*G1 = f*)	0,55	0,31	24,47	4,17
Kellersohle (*G2 = bf*)	0,45	0,32	24,40	3,51
erdberührte Außenwand (*G3 = bw*)	0,60	0,34	10,47	2,14
Berücksichtigung der Wärmebrücken:		ΔU_{WB} in W/(m² · K)	A in m²	$\Delta U_{WB} \cdot A$ in W/K
gemäß DIN 4108 Beiblatt 2		0,05	292,03	14,60
spezifischer Transmissionswärmeverlust H_T =				**126,77**

[1]) Für handwerklich hergestellte Türen aus Holz/Holzwerkstoff/Kunststoff angesetzt (vgl. Tabelle 2.25 in Abschnitt 2.13.3).

Als *dritter Schritt* wird der Nachweis des auf die wärmeübertragende Umfassungsfläche A bezogenen spezifischen Transmissionswärmeverlustes des *realen Gebäudes* zu

$$H'_T = H_T / A = 126{,}77 \text{ W/K} / 292{,}03 \text{ m}^2 = 0{,}434 \text{ W/(m}^2 \cdot \text{K)} \leq 0{,}45 \text{ W/(m}^2 \cdot \text{K)} = H'_{T,max}$$

und ist damit gemäß der Anforderung der EnEV 2014 (vgl. Bild 5.8) – zumindest bis Ende 2015 – beim vorliegenden Reihenendhaus (= einseitig angebaut) *gerade* erfüllt.

Für das *Referenzgebäude* errechnet sich analog der auf die wärmeübertragende Umfassungsfläche A bezogene spezifische Transmissionswärmeverlust (nur zum Vergleich, Berechnung nach EnEV 2014 bis Ende 2015 noch nicht erforderlich) zu

$$H'_{T,ref} = H_{T,ref} / A = 106{,}49 \text{ W/K} / 292{,}03 \text{ m}^2 = 0{,}365 \text{ W/(m}^2 \cdot \text{K)}$$

Als *vierter Schritt* ergibt sich nun der monatliche spezifische Lüftungswärmeverlust für das *reale Gebäude* als Einfamilienhaus mit ≤ 3 Vollgeschossen und Luftdichtheitsprüfung nach Gl. (5.14) zu

$$H_V = 0{,}34 \text{ Wh/(m}^3 \cdot \text{K)} \cdot n \cdot 0{,}76 \cdot V_e$$
$$= 0{,}34 \text{ Wh/(m}^3 \cdot \text{K)} \cdot 0{,}6 \cdot 0{,}76 \cdot 378{,}63 \text{ m}^3 = 58{,}70 \text{ W/K}$$

sowie für das *Referenzgebäude* mit Abluftanlage (vgl. die Erläuterungen zu Gl. (5.15)) zu

5.4 Zu errichtende Wohngebäude nach DIN V 4108-6 und DIN V 4701-10

$H_{V,ref} = 0{,}34 \text{ Wh/(m}^3 \cdot \text{K)} \cdot n \cdot 0{,}76 \cdot V_e$
$= 0{,}34 \text{ Wh/(m}^3 \cdot \text{K)} \cdot 0{,}55 \cdot 0{,}76 \cdot 378{,}63 \text{ m}^3 = 53{,}81 \text{ W/K}$

Tabelle 5.15: Berechnung des spezifischen Transmissionswärmeverlustes $H_{T,ref}$ in W/K für das *Referenzgebäude* aus Beispiel 5.4

Bauteil i	F_{xi}	$U_{i,ref}$ in W/(m² · K)	A_i in m²	$F_{xi} \cdot U_{i,ref} \cdot A_i$ in W/K
Fenster (W1)	1,0	1,30	23,56	30,63
Fenster (W2) hinter Glasvorbau	0,5	1,30	3,82	2,48
Außenwände (AW1)	1,0	0,28	89,68	25,11
Außenwände (AW2) hinter Glasvorb.	0,5	0,28	19,94	2,79
Dach (D)	1,0	0,20	62,84	12,57
Decke nach unten an Außenluft (DL)	1,0	0,28	13,98	3,91
Tür zum unbeheizten Keller (u1)	0,55	0,35	1,53	0,29
Wand zum unbeheizten Keller (u2)	0,55	0,35	17,35	3,34
Kellerdecke (G1 = f)	0,55	0,35	24,47	4,71
Kellersohle (G2 = bf)	0,45	0,35	24,40	3,84
erdberührte Außenwand (G3 = bw)	0,60	0,35	10,47	2,20
Berücksichtigung der Wärmebrücken:		ΔU_{WB} in W/(m² · K)	A in m²	$\Delta U_{WB} \cdot A$ in W/K
gemäß DIN 4108 Beiblatt 2		0,05	292,03	14,60
spezifischer Transmissionswärmeverlust $H_{T,ref}$ =				**106,49**

Tabelle 5.16: Berechnung der Reduzierung des Wärmeverlustes $\Delta Q_{I,M}$ durch die Nachtabschaltung für das *reale Gebäude* aus Beispiel 5.4 im Januar (mit Angabe der zugehörigen Gleichung in der letzten Spalte)

$H_{ic} = 4 \cdot A_N/R_{si} =$	3728 W/K	(5.18)
$H_d = H_W + H_V =$	89,34 W/K	(5.19)
$H_{ce} = H_{ic} \cdot (H_T + H_V - H_d) / (H_{ic} - (H_T + H_V - H_d)) =$	98,68 W/K	(5.20)
$\zeta = H_{ic} / (H_{ic} + H_{ce})) =$	0,97	(5.22)
$\xi = H_{ic} / (H_{ic} + H_d)) =$	0,98	(5.23)
$\tau_P = \zeta \cdot C_{wirk,NA} / (\xi \cdot (H_T + H_V)) =$	37 h	(5.24)
$\theta_{c0,M} = \theta_{e,M} + \zeta \cdot (\theta_{i0} - \theta_{e,M}) =$	18,5 °C	(5.25)
$\Phi_{pp,M} = 1{,}5 \cdot (H_T + H_{V,05}) \cdot 31 \text{ K} =$	8169 W	(5.28)
$\theta_{ipp,M} = \theta_{e,M} + \Phi_{pp,M} / (H_T + H_V) =$	45,0 °C	(5.26)
$\theta_{cpp,M} = \theta_{e,M} + \zeta \cdot (\theta_{ipp,M} - \theta_{e,M}) =$	43,9 °C	(5.27)
$\theta_{f1,M} = \theta_{e,M} + \xi \cdot (\theta_{c0,M} - \theta_{e,M}) \cdot e^{(-tu/\tau_P)} =$	15,1 °C	(5.29)
$\theta_{c1,M} = \theta_{c2,M} = \theta_{e,M} + (\theta_{f1,M} - \theta_{e,M}) / \xi =$	15,5 °C	(5.30)
$t_{bh,M} = \tau_P \cdot \ln (\xi \cdot (\theta_{cpp,M} - \theta_{c2,M}) / (\theta_{ipp,M} - \theta_{i0})) =$	2,3 h	(5.31)
$\theta_{c3,M} = \theta_{cpp,M} + (\theta_{i0} - \theta_{ipp,M}) / \xi =$	17,2 °C	(5.32)
$\Delta Q_{I,M} =$	**108 kWh**	(5.33)

5 Nachweis von Wohngebäuden nach EnEV und EEWärmeG

Als *fünfter Schritt* wird nun der Jahres-Heizwärmebedarf Q_h für das *reale Gebäude* mit dem Monatsbilanzverfahren errechnet, beispielhaft für den Monat *Januar* mit $\theta_{e,M} = 1,0$ °C nach Tabelle 5.4 und $t_M = 31$ d/Monat berechnet:
- In Tabelle 5.16 berechnet sich die Reduzierung des Wärmeverlustes durch die Nachtabschaltung nach Gln. (5.18) bis (5.33) für das *reale Gebäude* zu $\Delta Q_{L,M} = 108$ kWh.
- Daraus ergeben sich mit Gl. (5.7) die Wärmeverluste aus Transmission und Lüftung für das *reale Gebäude* zu

$$Q_{l,M} = 0,024 \cdot (H_{T,M} + H_{V,M}) \cdot (\theta_i - \theta_{e,M}) \cdot t_M - \Delta Q_{l,M}$$
$$= 0,024 \cdot (126,77 \text{ W/K} + 58,70 \text{ W/K}) \cdot (19 \text{ °C} - 1,0 \text{ °C}) \cdot 31 \text{ d} - 108 \text{ kWh}$$
$$= 2375 \text{ kWh}$$

Tabelle 5.17: Ermittlung der solaren Wärmegewinne $Q_{S,M}$ der transparenten Bauteile (Fenster und Außentür) für das *reale Gebäude* aus Beispiel 5.4 im Januar

Orientierung j bzw. α	Faktor	$I_{S,j/\alpha M}$ in W/m²	g_i	A_i in m²	$Q_{S,j}$ in kWh
nordorientiert	0,567	10	0,60	8,58	22
ostorientiert	0,567	25	0,60	10,22	65
südorientiert	0,567	59	0,60	4,76	71
				solare Wärmegewinne $Q_{S,M}$ =	**158**

- In Tabelle 5.17 werden nun die solaren Gewinne für das *reale Gebäude* ermittelt (Kellerfenster voll angesetzt, da über OK Gelände, vgl. Tabelle 5.7) zu $Q_{S,M} = 158$ kWh.
- Die internen Wärmegewinne ergeben sich mit Gl. (5.41) für das *reale Gebäude* zu

$$Q_{i,M} = 0,024 \cdot q_i \cdot A_N \cdot t_M = 0,024 \cdot 5 \text{ W/m}^2 \cdot 121,16 \text{ m}^2 \cdot 31 \text{ d} = 451 \text{ kWh}$$

Tabelle 5.18: Berechnung des Ausnutzungsgrads der solaren und internen Wärmegewinne η_M für das *reale Gebäude* aus Beispiel 5.4 im Januar (mit Angabe der zugehörigen Gleichung in der letzten Spalte)

$\tau_M = C_{wirk,h} / (H_T + H_V) =$	102 h	(5.46)
$\gamma_M = (Q_{S,M} + Q_{I,M}) / Q_{L,M} =$	0,26	(5.44)
$a_M = a_0 + \tau_M / \tau_0 =$	7,38	(5.45)
$\eta_M = (1 - \gamma_M^{aM}) / (1 - \gamma_M^{aM+1})$ für $\gamma_M \neq 1$	**1,00**	(5.42)

- Mit dem Ausnutzungsgrad η_M nach Tabelle 5.18 errechnet sich daraus der Heizwärmebedarf im *Januar* für das *reale Gebäude* mit Gl. (5.6) zu

$$Q_{h,M} = (Q_{l,t,M} + Q_{l,v,M}) - \eta_M \cdot (Q_{s,M} + Q_{i,M})$$
$$= 2375 \text{ kWh} - 1,00 \cdot (158 \text{ kWh} + 451 \text{ kWh}) = 1767 \text{ kWh}$$

Für das *Referenzgebäude*, wiederum für den Monat *Januar*, werden folgende Werte ermittelt:
- In Tabelle 5.19 berechnet sich die Reduzierung des Wärmeverlustes durch die Nachtabschaltung nach Gln. (5.18) bis (5.33) für das *Referenzgebäude* zu $\Delta Q_{L,M,ref} = 817$ kWh.

5.4 Zu errichtende Wohngebäude nach DIN V 4108-6 und DIN V 4701-10

Tabelle 5.19: Berechnung der Reduzierung des Wärmeverlustes $\Delta Q_{l,M,ref}$ durch die Nachtabschaltung für das *Referenzgebäude* aus Beispiel 5.4 im Januar (mit Angabe der zugehörigen Gleichung in der letzten Spalte)

$H_{ic,ref} = 4 \cdot A_N/R_{si}$ (unverändert) =	3728 W/K	(5.18)
$H_{d,ref} = H_{W,ref} + H_{V,ref} =$	84,44 W/K	(5.19)
$H_{ce,ref} = H_{ic,ref} \cdot (H_{T,ref} + H_{V,ref} - H_{d,ref})$ $/ (H_{ic,ref} - (H_{T,ref} + H_{V,ref} - H_{d,ref})) =$	77,43 W/K	(5.20)
$\zeta_{\rho\varepsilon\phi} = H_{ic,ref} / (H_{ic,ref} + H_{ce,ref})) =$	0,98	(5.22)
$\xi_{\rho\varepsilon\phi} = H_{ic,ref} / (H_{ic,ref} + H_{d,ref})) =$	0,98	(5.23)
$\tau_{P,ref} = \zeta_{ref} \cdot C_{wirk,NA} / (\xi_{ref} \cdot (H_{T,ref} + H_{V,ref})) =$	43 h	(5.24)
$\theta_{c0,M,ref} = \theta_{e,M} + \zeta_{ref} \cdot (\theta_{f0} - \theta_{e,M,ref}) =$	18,6 °C	(5.25)
$\Phi_{pp,M,ref} = 1,5 \cdot (H_{T,ref} + H_{V,05}) \cdot 31 \text{ K} =$	7226 W	(5.28)
$\theta_{ipp,M,ref} = \theta_{e,M} + \Phi_{pp,M,ref} / (H_{T,ref} + H_{V,ref}) =$	46,1 °C	(5.26)
$\theta_{cpp,M,ref} = \theta_{e,M} + \zeta_{ref} \cdot (\theta_{ipp,M,ref} - \theta_{e,M}) =$	45,2 °C	(5.27)
$\theta_{f1,M,ref} = \theta_{e,M} + \xi_{ref} \cdot (\theta_{c0,M,ref} - \theta_{e,M}) \cdot e^{(-tu/\tau P)} =$	15,6 °C	(5.29)
$\theta_{c1,M,ref} = \theta_{c2,M,ref} = \theta_{e,M} + (\theta_{f1,M,ref} - \theta_{e,M}) / \xi_{ref} =$	16,0 °C	(5.30)
$t_{bh,M,ref} = \tau_{P,ref} \cdot \ln (\xi_{ref} \cdot (\theta_{cpp,M,ref} - \theta_{c2,M,ref}) / (\theta_{ipp,M,ref} - \theta_{f0})) =$	2,3 h	(5.31)
$\theta_{c3,M,ref} = \theta_{cpp,M,ref} + (\theta_{f0,ref} - \theta_{ipp,M,ref}) / \xi_{ref} =$	17,5 °C	(5.32)
$\Delta Q_{l,M,ref} =$	**81 kWh**	(5.33)

- Daraus ergeben sich mit Gl. (5.7) die Wärmeverluste aus Transmission und Lüftung für das *Referenzgebäude* zu

$$Q_{l,M,ref} = 0{,}024 \cdot (H_{T,M} + H_{V,M}) \cdot (\theta_i - \theta_{e,M}) \cdot t_M - \Delta Q_{l,M}$$
$$= 0{,}024 \cdot (106{,}49 \text{ W/K} + 53{,}81 \text{ W/K}) \cdot (19 \text{ °C} - 1{,}0 \text{ °C}) \cdot 31 \text{ d} - 81 \text{ kWh}$$
$$= 2065 \text{ kWh}$$

Tabelle 5.20: Ermittlung der solaren Wärmegewinne $Q_{S,M,ref}$ der transparenten Bauteile (Fenster und Außentür) für das *Referenzgebäude* aus Beispiel 5.4 im Januar

Orientierung j bzw. α	Faktor	$I_{S,j/\alpha,M}$ in W/m²	g_i	A_i in m²	$Q_{S,j}$ in kWh
nordorientiert	0,567	10	0,60	8,58	22
ostorientiert	0,567	25	0,60	10,22	65
südorientiert	0,567	59	0,60	4,76	71
		solare Wärmegewinne $Q_{S,M,ref} =$			**158**

- In Tabelle 5.20 werden nun die solaren Gewinne für das *Referenzgebäude* (unverändert gegenüber dem realen Gebäude, da $g = g_{ref} = 0{,}60$ gewählt) zu $Q_{S,M} = 158$ kWh ermittelt.
- Auch die internen Wärmegewinne ergeben sich mit Gl. (5.41) für das *Referenzgebäude* wie beim realen Gebäude zu

$$Q_{i,M} = 0{,}024 \cdot q_i \cdot A_N \cdot t_M = 0{,}024 \cdot 5 \text{ W/m}^2 \cdot 121{,}16 \text{ m}^2 \cdot 31 \text{ d} = 451 \text{ kWh}$$

Tabelle 5.21: Berechnung des Ausnutzungsgrads der solaren und internen Wärmegewinne $\eta_{M,ref}$ für das *Referenzgebäude* aus Beispiel 5.4 im Januar (mit Angabe der zugehörigen Gleichung in der letzten Spalte)

$\tau_{M,ref} = C_{wirk,h} / (H_{T,ref} + H_{V,ref}) =$	118 h	(5.46)
$\gamma_{M,ref} = (Q_{S,M,ref} + Q_{I,M,rref}) / Q_{L,M,ref} =$	0,29	(5.44)
$a_{M,ref} = a_0 + \tau_{M,ref} / \tau_0 =$	8,38	(5.45)
$\eta_{M,ref} = (1 - \gamma_M^{aM,ref}) / (1 - \gamma_M^{aM,ref+1})$ für $\gamma_{M,ref} \neq 1$	1,00	(5.42)

- Mit dem Ausnutzungsgrad η_M nach Tabelle 5.21 errechnet sich daraus der Heizwärmebedarf im *Januar* für das *Referenzgebäude* mit Gl. (5.6) zu

$$Q_{h,M} = (Q_{l,t,M} + Q_{l,v,M}) - \eta_M \cdot (Q_{s,M} + Q_{i,M})$$
$$= 2065 \text{ kWh} - 1{,}00 \cdot (158 \text{ kWh} + 451 \text{ kWh}) = 1457 \text{ kWh}$$

Die weiteren Monate werden hier nicht vorgestellt, die komplette Berechnung findet sich als Excel-Datei zum Download unter www.beuth-mediathek.de oder www.hmarquardt,de. In Tabelle 5.22 sind die Monatswerte nur zusammengestellt, daraus errechnet sich nach Gl. (5.4) als Summe der Jahres-Heizwärmebedarf Q_h für das *reale Gebäude* und $Q_{h,ref}$ für das *Referenzgebäude*.

Tabelle 5.22: Berechnung des Jahres-Heizwärmebedarfs Q_h für das *reale* und $Q_{h,ref}$ für das *Referenzgebäude* aus Beispiel 5.4

Reales Gebäude			Referenzgebäude		
Monat	$Q_{H,M}$	Gl.	**Monat**	$Q_{H,M,ref}$	Gl.
Januar	1767 kWh		Januar	1457 kWh	
Februar	1479 kWh		Februar	1212 kWh	
März	1082 kWh		März	834 kWh	
April	256 kWh		April	129 kWh	
Mai	5 kWh		Mai	1 kWh	
Juni	0 kWh		Juni	0 kWh	
Juli	0 kWh		Juli	0 kWh	
August	0 kWh		August	0 kWh	
September	13 kWh		September	3 kWh	
Oktober	493 kWh		Oktober	332 kWh	
November	1349 kWh		November	1099 kWh	
Dezember	1856 kWh		Dezember	1545 kWh	
$Q_h =$	**8301 kWh**	(5.4)	$Q_{h,ref} =$	**6614 kWh**	(5.4)

Als *sechster Schritt* wird der Jahres-Primärenergiebedarf Q_P mit dem Tabellenverfahren nach DIN V 4701-10 in Anlehnung an das in dieser Norm vorgegebene Formblatt berechnet:
- In den Tabellen 5.23 und 5.24 ergeben sich der Jahres-Endenergie- und der Jahres-Primärenergiebedarf für den Trinkwarmwasser-Strang (nur ein Strang vorhanden) für das *reale* und für das *Referenzgebäude*.

5.4 Zu errichtende Wohngebäude nach DIN V 4108-6 und DIN V 4701-10

Tabelle 5.23: Berechnung des Trinkwarmwasser-Stranges für das *reale Gebäude* aus Beispiel 5.4

Quelle bzw. Berechnungsgleichung	Größe	Rechenwert	
Gl. (5.1)	$A_N =$	121,16 m²	
Gl. (5.64)	$q_{tw} =$	12,50 kWh/(m² · a)	
$q_{tw} \cdot A_N$ (Gl. (5.65))	$Q_{tw} =$	1 515 kWh/a	
Wärmeenergie:			
(s. o.)	$q_{tw} =$	12,50 kWh/(m² · a)	
DIN V 4701-10, Tabelle C.1-1	$q_{TW,ce} =$	0,00 kWh/(m² · a)	
DIN V 4701-10, Tabelle C.1-2a, c	$q_{TW,d} =$	13,33 kWh/(m² · a)	
DIN V 4701-10, Tabelle C.1-3a	$q_{TW,s} =$	<u>5,78 kWh/(m² · a)</u>	
	$\Sigma\, q_{TW} =$	31,61 kWh/(m² · a)	
DIN V 4701-10, Tabelle C.1-4a	$\alpha_{TW,g,j} =$	0,51 [1])	0,49 [2])
DIN V 4701-10, Tabelle C.1-4b, …	$e_{TW,g,j} =$	0,00 [3])	1,14
$(\Sigma\, q_{TW}) \cdot e_{TW,g,j} \cdot \alpha_{TW,g,j}$ (Gl. (5.56), Forts.)	$q_{TW,E,j} =$	0,00	17,66
DIN SPEC 4701-10/A1, Tabelle C.4-1 (Erdgas)	$f_{P,j} =$	0,00	1,10
$q_{TW,E,j} \cdot f_{P,j}$ (Gl. (5.61))	$q_{TW,P,j} =$	0,00	19,42
Heizwärmegutschrift:			
DIN V 4701-10, Tabelle C.1-2a	$q_{h,TW,d} =$	1,70 kWh/(m² · a)	
DIN V 4701-10, Tabelle C.1-3a	$q_{h,TW,s} =$	<u>0,00 kWh/(m² · a)</u>	
Gl. (5.56)	$q_{h,TW} =$	1,70 kWh/(m² · a)	
Hilfsenergie:			
DIN V 4701-10, Tabelle C.1-1	$q_{TW,ce,HE} =$	0,00 kWh/(m² · a)	
DIN V 4701-10, Tabelle C.1-2b	$q_{TW,d,HE} =$	1,00 kWh/(m² · a)	
DIN V 4701-10, Tabelle C.1-3b	$q_{TW,s,HE}$	0,10 kWh/(m² · a)	
DIN V 4701-10, Tabelle C.1-4a	$\alpha_{TW,g,ji} =$	0,51 [1])	0,49 [2])
DIN V 4701-10, Tabelle C.1-4b, c, d, e, f	$q_{TW,g,HE,j} =$	1,06 [3])	0,27
$\alpha_{TW,g,j} \cdot q_{TW,g,HE,j}$	$q'_{TW,g,HE,j} =$	0,54	0,13
$q_{TW,ce,HE} + q_{TW,d,HE} + q_{TW,s,HE} + \Sigma\, q'_{TW,g,HE,j}$ (5.57)	$q_{TW,HE,E} =$	1,77 kWh/(m² · a)	
DIN SPEC 4701-10/A1, Tab. C.4-1 (Strom)	$f_P =$	2,40	
$q_{TW,HE,E} \cdot f_P$ (Gl. (5.61))	$q_{TW,HE,P} =$	4,25 kWh/(m² · a)	
Zusammenstellung:			
Endenergie (Wärmeenergie) nach Gl. (5.66)	$Q_{TW,WE,E} =$	2139 kWh/a	
Endenergie (Hilfsenergie) nach Gl. (5.66)	$Q_{TW,HE,E} =$	215 kwh/a	
Primärenergie nach Gl. (5.67)	$Q_{TW,P} =$	2869 kWh/a	

[1]) Solarer Deckungsanteil.
[2]) Übriger Deckungsanteil (Erdgas).
[3]) Solarthermie hat die thermische Aufwandszahl $e_{TW,g} = 0$, benötigt aber Hilfsenergie $q_{TW,g,HE}$ für die Wärmeträgerpumpe.

Tabelle 5.24: Berechnung des Trinkwarmwasser-Stranges für das *Referenzgebäude* aus Beispiel 5.4

Quelle bzw. Berechnungsgleichung	Größe	Rechenwert	
Gl. (5.1)	$A_N =$	121,16 m²	
Gl. (5.64)	$q_{tw} =$	12,50 kWh/(m² · a)	
$q_{tw} \cdot A_N$ (Gl. (5.65))	$Q_{tw} =$	1 515 kWh/a	
Wärmeenergie:			
(s. o.)	$q_{tw} =$	12,50 kWh/(m² · a)	
DIN V 4701-10, Tabelle C.1-1	$q_{TW,ce,ref} =$	0,00 kWh/(m² · a)	
DIN V 4701-10, Tabelle C.1-2a, c	$q_{TW,d,ref} =$	11,13 kWh/(m² · a)	
DIN V 4701-10, Tabelle C.1-3a	$q_{TW,s,ref} =$	4,71 kWh/(m² · a)	
	$\Sigma\, q_{TW,ref} =$	28,34 kWh/(m² · a)	
DIN V 4701-10, Tabelle C.1-4a	$\alpha_{TW,g,j,ref} =$	0,55 [1])	0,45 [2])
DIN V 4701-10, Tabelle C.1-4b, ...	$e_{TW,g,j,ref} =$	0,00 [3])	1,14
$(\Sigma\, q_{TW}) \cdot e_{TW,g,j} \cdot \alpha_{TW,g,j}$ (Gl. (5.56), Forts.)	$q_{TW,E,j,ref} =$	0,00	14,54
DIN SPEC 4701-10/A1, Tabelle C.4-1 (Heizöl EL)	$f_{P,j} =$	0,00	1,10
$q_{TW,E,j} \cdot f_{P,j}$ (Gl. (5.61))	$q_{TW,P,j,ref} =$	0,00	15,99
Heizwärmegutschrift:			
DIN V 4701-10, Tabelle C.1-2a	$q_{h,TW,d,ref} =$	4,98 kWh/(m² · a)	
DIN V 4701-10, Tabelle C.1-3a	$q_{h,TW,s,ref} =$	2,10 kWh/(m² · a)	
Gl. (5.56)	$q_{h,TW,ref} =$	7,08 kWh/(m² · a)	
Hilfsenergie:			
DIN V 4701-10, Tabelle C.1-1	$q_{TW,ce,HE,ref} =$	0,00 kWh/(m² · a)	
DIN V 4701-10, Tabelle C.1-2b	$q_{TW,d,HE,ref} =$	1,00 kWh/(m² · a)	
DIN V 4701-10, Tabelle C.1-3b	$q_{TW,s,HE,ref} =$	0,10 kWh/(m² · a)	
DIN V 4701-10, Tabelle C.1-4a	$\alpha_{TW,g,ji,ref} =$	0,55 [1])	0,45 [2])
DIN V 4701-10, Tabelle C.1-4b, c, d, e, f	$q_{TW,g,HE,j,ref} =$	0,97 [3])	0,27
$\alpha_{TW,g,j} \cdot q_{TW,g,HE,j}$	$q'_{TW,g,HE,j,ref} =$	0,53	0,12
$q_{TW,ce,HE} + q_{TW,d,HE} + q_{TW,s,HE} + \Sigma\, q'_{TW,g,HE,j}$ (5.57)	$q_{TW,HE,E,ref} =$	1,76 kWh/(m² · a)	
DIN SPEC 4701-10/A1, Tab. C.4-1 (Strom)	$f_P =$	2,40	
$q_{TW,HE,E} \cdot f_P$ (Gl. (5.61))	$q_{TW,HE,P,ref} =$	4,21 kWh/(m² · a)	
Zusammenstellung:			
Endenergie (Wärmeenergie) nach Gl. (5.66)	$Q_{TW,WE,E,ref} =$	1761 kWh/a	
Endenergie (Hilfsenergie) nach Gl. (5.66)	$Q_{TW,HE,E,ref} =$	213 kwh/a	
Primärenergie nach Gl. (5.67)	$Q_{TW,P,ref} =$	2448 kWh/a	

[1]) Solarer Deckungsanteil.
[2]) Übriger Deckungsanteil (Heizöl EL).
[3]) Solarthermie hat die thermische Aufwandszahl $e_{TW,g} = 0$, benötigt aber Hilfsenergie $q_{TW,g,HE}$ für die Wärmeträgerpumpe.

5.4 Zu errichtende Wohngebäude nach DIN V 4108-6 und DIN V 4701-10

- In den Tabellen 5.25 und 5.26 ergeben sich der Jahres-Endenergie- und der Jahres-Primärenergiebedarf für den Heizstrang für das *reale* und für das *Referenzgebäude*.
- In den Tabellen 5.27 und 5.28 findet sich die abschließende Anlagenbewertung für das *reale* und für das *Referenzgebäude*.

Tabelle 5.25: Berechnung des Heizstranges für das *reale Gebäude* aus Beispiel 5.4

Quelle bzw. Berechnungsgleichung	Größe	Rechenwert	
Gl. (5.1)	$A_N =$	121,16 m²	
Gl. (5.4)	$Q_h =$	8301 kWh/a	
$q_h / A_N =$	$q_h =$	68,51 kWh/(m² · a)	
Wärmeenergie:			
(s. o.)	$q_h =$	68,51 kWh/(m² · a)	
Heizwärmegutschrift Trinkwassererwärmung	$q_{h,TW} =$	− 1,70 kWh/(m² · a)	
Heizwärmegutschrift Lüftung	$q_{h,L} =$	0,00 kWh/(m² · a)	
DIN V 4701-10, Tabelle C.3-1	$q_{H,ce} =$	1,10 kWh/(m² · a)	
DIN V 4701-10, Tabelle C.3-2a, b, d	$q_{H,d} =$	6,95 kWh/(m² · a)	
DIN V 4701-10, Tabelle C.3-3	$q_{H,s} =$	2,30 kWh/(m² · a)	
	$\Sigma\, q_H =$	77,16 kWh/(m² · a)	
DIN V 4701-10, Tabelle C.3-4a	$\alpha_{H,g,j} =$	0,10 [1])	0,90 [2])
DIN V 4701-10, Tabelle C.3-4b, c, d, e	$e_{H,g,j} =$	0,00 [3])	1,00
$(\Sigma\, q_H) \cdot e_{H,g,j} \cdot \alpha_{H,g,j}$ (Gl. (5.56), Fortsetzung)	$q_{H,E,j} =$	0,00	72,49
DIN SPEC 4701-10/A1, Tabelle C.4-1 (Erdgas)	$f_{P,j} =$	0,00	1,10
$q_{H,E,j} \cdot f_{P,j}$ (Gl. (5.63))	$q_{H,P,j} =$	0,00	76,39
Hilfsenergie:			
DIN V 4701-10, Tabelle C.3-1	$q_{H,ce,HE} =$	0,00 kWh/(m² · a)	
DIN V 4701-10, Tabelle C.3-2c	$q_{H,d,HE} =$	1,71 kWh/(m² · a)	
DIN V 4701-10, Tabelle C.3-3	$q_{H,s,HE} =$	0,55 kWh/(m² · a)	
DIN V 4701-10, Tabelle C.3-4a	$\alpha_{H,g,j} =$	0,10 [1])	0,90 [2])
DIN V 4701-10, Tabelle C.3-4b, c, d, e	$q_{H,g,HE,j} =$	1,06 [3])	0,73
$\alpha_{H,g,j} \cdot q_{H,g,HE,j}$	$q'_{H,g,HE,j} =$	0,11	0,66
$q_{H,ce,HE} + q_{H,d,HE} + q_{H,s,HE} + \Sigma\, q'_{H,g,HE,j}$ (Gl. (5.59))	$q_{H,HE,E} =$	3,02 kWh/(m² · a)	
DIN SPEC 4701-10/A1, Tab. C.4-1 (Strom)	$f_P =$	2,40	
$q_{H,HE,E} \cdot f_P$ (Gl. (5.63))	$q_{H,HE,P} =$	7,26 kWh/(m² · a)	
Zusammenstellung:			
Endenergie (Wärmeenergie) nach Gl. (5.70)	$Q_{H,WE,E} =$	8414 kWh/a	
Endenergie (Hilfsenergie) nach Gl. (5.70)	$Q_{H,HE,E} =$	366 kwh/a	
Primärenergie nach Gl. (5.71)	$Q_{H,P} =$	10134 kWh/a	

[1]) Solarer Deckungsanteil.
[2]) Übriger Deckungsanteil (Erdgas).
[3]) Solarthermie hat die thermische Aufwandszahl $e_{TW,g} = 0$, benötigt aber Hilfsenergie $q_{TW,g,HE}$ für die Wärmeträgerpumpe.

5 Nachweis von Wohngebäuden nach EnEV und EEWärmeG

Tabelle 5.26: Berechnung des Heizstranges für das *Referenzgebäude* aus Beispiel 5.4

Quelle bzw. Berechnungsgleichung	Größe	Rechenwert	
Gl. (5.1)	$A_N =$	121,16 m²	
Gl. (5.4)	$Q_{h,ref} =$	6614 kWh/a	
$q_h / A_N =$	$q_{h,ref} =$	54,59 kWh/(m² · a)	
Wärmeenergie:			
(s. o.)	$q_{h,ref} =$	54,59 kWh/(m² · a)	
Heizwärmegutschrift Trinkwassererwärmung	$q_{h,TW,ref} =$	− 7,08 kWh/(m² · a)	
Heizwärmegutschrift Lüftung	$q_{h,L,ref} =$	0,00 kWh/(m² · a)	
DIN V 4701-10, Tabelle C.3-1	$q_{H,ce,ref} =$	1,10 kWh/(m² · a)	
DIN V 4701-10, Tabelle C.3-2a, b, d	$q_{H,d,ref} =$	1,97 kWh/(m² · a)	
DIN V 4701-10, Tabelle C.3-3	$q_{H,s,ref} =$	0,00 kWh/(m² · a)	
	$\Sigma\, q_{H,ref} =$	50,58 kWh/(m² · a)	
DIN V 4701-10, Tabelle C.3-4a	$\alpha_{H,g,j,ref} =$	0,00 [1])	1,00 [2])
DIN V 4701-10, Tabelle C.3-4b, c, d, e, f, g	$e_{H,g,j,ref} =$	0,00	0,97
$(\Sigma\, q_H) \cdot e_{H,g,j} \cdot \alpha_{H,g,j}$ (Gl. (5.56), Fortsetzung)	$q_{H,E,j,ref} =$	0,00	49,06
DIN SPEC 4701-10/A1, Tabelle C.4-1 (Heizöl EL)	$f_{P,j} =$	0,00	1,10
$q_{H,E,j} \cdot f_{P,j}$ (Gl. (5.63))	$q_{H,P,j,ref} =$	0,00	53,97
Hilfsenergie:			
DIN V 4701-10, Tabelle C.3-1	$q_{H,ce,HE,ref} =$	0,00 kWh/(m² · a)	
DIN V 4701-10, Tabelle C.3-2c	$q_{H,d,HE,ref} =$	1,71 kWh/(m² · a)	
DIN V 4701-10, Tabelle C.3-3	$q_{H,s,HE,ref} =$	0,00 kWh/(m² · a)	
DIN V 4701-10, Tabelle C.3-4a	$\alpha_{H,g,j,ref} =$	0,00 [1])	1,00 [2])
DIN V 4701-10, Tabelle C.3-4b, c, d, e, f, g	$q_{H,g,HE,j,ref} =$	0,00	0,73
$\alpha_{H,g,j} \cdot q_{H,g,HE,j}$	$q'_{H,g,HE,j,ref} =$	0,00	0,73
$q_{H,ce,HE} + q_{H,d,HE} + q_{H,s,HE} + \Sigma\, q'_{H,g,HE,j}$ (Gl. (5.59))	$q_{H,HE,E,ref} =$	2,44 kWh/(m² · a)	
DIN SPEC 4701-10/A1, Tab. C.4-1 (Strom)	$f_P =$	2,40	
$q_{H,HE,E} \cdot f_P$ (Gl. (5.63))	$q_{H,HE,P,ref} =$	5,86 kWh/(m² · a)	
Zusammenstellung:			
Endenergie (Wärmeenergie) nach Gl. (5.70)	$Q_{H,WE,E,ref} =$	5944 kWh/a	
Endenergie (Hilfsenergie) nach Gl. (5.70)	$Q_{H,HE,E,ref} =$	296 kWh/a	
Primärenergie nach Gl. (5.71)	$Q_{H,P,ref} =$	7248 kWh/a	

[1]) Kein solarer Deckungsanteil vorgesehen.
[2]) Übriger Deckungsanteil (Heizöl EL) hier 100 %.

Abschließender Nachweis:

$$q_P = Q_P / A_N = 13003 \text{ kWh/a} / 121,16 \text{ m}^2 = 107,32 \text{ kWh/(m}^2 \cdot \text{a)}$$
$$> 80,03 \text{ kWh/(m}^2 \cdot \text{a)} = 9696 \text{ kWh/a} / 121,16 \text{ m}^2 = Q_{P,ref} / A_N = q_{P,ref}$$

Damit ist der Nachweis nach EnEV 2014 − Anforderung bis Ende 2015 − *nicht* erbracht.

5.4 Zu errichtende Wohngebäude nach DIN V 4108-6 und DIN V 4701-10

Tabelle 5.27: Anlagenbewertung für das *reale Gebäude* aus Beispiel 5.4

I. Eingaben					
	$A_N =$	121,16 m²	$t_{HP} =$	185 d	
abs. Bedarf	$Q_{tw} =$	1515	$Q_h =$	8301	in kWh/a
bez. Bedarf	$q_{tw} =$	12,50	$q_h =$	68,51	in kWh/(m² · a)

II. Systembeschreibung
(s. Aufgabenstellung)

III. Ergebnisse					
Deckung in kWh/(m²·a)	Trinkwasser: $q_{h,TW} = 1{,}70$		Heizung: $q_{h,H} = 66{,}81$		Lüftung: $q_{h,L} = 0{,}00$
	Energieträger:		Endenergie:		Primärenergie:
Wärme 1	Erdgas		$Q_{WE1,E} =$	10553 kWh/a	$Q_{WE1,P} =$ 11608 kWh/a
Wärme 2			$Q_{WE2,E} =$		$Q_{WE2,P} =$
Wärme 3			$Q_{WE3,E} =$		$Q_{WE3,P} =$
Hilfsenergie	Strom		$Q_{HE,E} =$	581 kWh/a	$Q_{HE,P} =$ 1395 kWh/a
Jahres-Endenergiebedarf n. Gl. (5.54) $Q_E =$			11134 kWh/a		
Jahres-Primärenergiebedarf nach Gl. (5.72) $Q_P =$					13003 kWh/a
bezogener Jahres-Primärenergiebedarf $q_P =$					107,32 kWh/(m² · a)
Anlagen-Aufwandszahl nach Gl. (5.73) $e_P = Q_P / (Q_{tw} + Q_h) =$					1,325

Tabelle 5.28: Anlagenbewertung für das *Referenzgebäude* aus Beispiel 5.4

I. Eingaben					
	$A_N =$	121,16 m²	$t_{HP} =$	185 d	
abs. Bedarf	$Q_{tw,ref} =$	1515	$Q_{h,ref} =$	6614	in kWh/a
bez. Bedarf	$q_{tw,ref} =$	12,50	$q_{h,ref} =$	54,59	in kWh/(m² · a)

II. Systembeschreibung
(s. Aufgabenstellung)

III. Ergebnisse					
Deckung in kWh/(m²·a)	Trinkwasser: $q_{h,TW} = 7{,}08$		Heizung: $q_{h,H,ref} = 47{,}51$		Lüftung: $q_{h,L,ref} = 0{,}00$
	Energieträger:		Endenergie:		Primärenergie:
Wärme 1	Heizöl EL		$Q_{WE1,E} =$	7706 kWh/a	$Q_{WE1,P} =$ 8476 kWh/a
Wärme 2			$Q_{WE2,E} =$		$Q_{WE2,P} =$
Wärme 3			$Q_{WE3,E} =$		$Q_{WE3,P} =$
Hilfsenergie	Strom		$Q_{HE,E} =$	508 kWh/a	$Q_{HE,P} =$ 1220 kWh/a
Jahres-Endenergiebed. n. Gl. (5.54) $Q_{E,ref} =$			8214 kWh/a		
Jahres-Primärenergiebedarf nach Gl. (5.72) $Q_{P,ref} =$					9696 kWh/a
bezogener Jahres-Primärenergiebedarf $q_{P,ref} =$					80,03 kWh/(m² · a)
Anlagen-Aufwandszahl nach Gl. (5.73) $e_{P,ref} = Q_{P,ref} / (Q_{tw,ref} + Q_{h,ref}) =$					1,193

Dieses Ergebnis lässt folgende *Verallgemeinerung* zu:
- Sind die Anforderungen an den spezifischen Transmissionswärmeverlust der Gebäudehülle *gerade* erfüllt und
- wird eine überwiegend mit fossiler Energie betriebene Heizungsanlage eingebaut,

so wird der Nachweis *insgesamt* nicht erbracht; einer von beiden Anteilen *Gebäudehülle* und *Anlagentechnik* muss besser sein!

Beispiel 5.5: Nachweis eines Reihenendhauses mit Biomasse-Heizung entsprechend den bis Ende 2015 geltenden Anforderungen

Vorab: In Beispiel 5.4 wurde der Nachweis des auf die wärmeübertragende Umfassungsfläche A bezogenen spezifischen Transmissionswärmeverlustes des realen Gebäudes H'_T (Anforderung bis Ende 2015) eingehalten, der Nachweis des Primärenergiebedarfs jedoch nicht. Deshalb wird in diesem Beispiel das Gebäude unverändert gelassen, nur die Heizungsanlage wird so geändert, dass sie einen geringeren Primärenergiebedarf hat.

Aufgabe: Für das in Bild 5.34 dargestellte Reihen*end*haus sind die erforderlichen öffentlich-rechtlichen Nachweise gemäß EnEV 2014 – Anforderung bis Ende 2015 – mit DIN V 4108-6 und DIN V 4701-10 zu führen. Allerdings wird gegenüber Beispiel 5.4 die Anlagentechnik wie folgt geändert:
- Die *Heizungsanlage* besteht
  - aus einem Biomasse-Wärmeerzeuger (Holzpelletheizung, vgl. Bild 4.10 in Abschnitt 4.2.3) *innerhalb* der thermischen Hülle mit direkter *und* indirekter Wärmeabgabe bei den hierfür üblichen Vor-/Rücklauftemperaturen von 70 °C/55 °C ohne Solarunterstützung,
  - es wird ein Pufferspeicher vorgesehen, er sei indirekt beheizt und *innerhalb* der thermischen Hülle aufgestellt;
  - die Wärmeverteilung erfolgt *innerhalb* der thermischen Hülle mithilfe einer geregelten Pumpe,
  - zur Wärmeübergabe sind Radiatoren mit Thermostatventilen (Proportionalbereich 1 K) vorgesehen.
- Die *Trinkwassererwärmung*
  - soll *innerhalb* der thermischen Hülle *zentral* durch die Heizanlage (s. o.) erfolgen und mit einer Zirkulationsleitung versehen sein,
  - die Trinkwasserspeicherung erfolgt in einem indirekt beheizten Speicher *innerhalb* der thermischen Hülle.
- Eine *Lüftungsanlage* ist gemäß Lüftungskonzept nicht notwendig und nicht vorgesehen.

Die Anforderungen des EEWärmeG mit einem Deckungsanteil von ≥ 50 % beim Einsatz von fester Biomasse werden durch die gewählte Holzpelletheizung für Heizung und Trinkwassererwärmung erfüllt (vgl. Tabelle 5.2 in Abschnitt 5.3).

Lösung mit dem *Monatsbilanzverfahren* nach DIN V 4108-6 und dem *Tabellenverfahren* nach DIN V 4701-10:

Bis zum *fünften Schritt* ist die Berechnung analog zu Beispiel 5.4; als *sechster Schritt* wird hier der Jahres-Primärenergiebedarf Q_P mit dem Tabellenverfahren nach DIN V 4701-10 in

5.4 Zu errichtende Wohngebäude nach DIN V 4108-6 und DIN V 4701-10

Anlehnung an das in dieser Norm vorgegebene Formblatt berechnet – allerdings nur für das *reale Gebäude*, das *Referenzgebäude* bleibt unverändert:

Tabelle 5.29: Berechnung des Trinkwarmwasser-Stranges für das *reale Gebäude* aus Beispiel 5.5

Quelle bzw. Berechnungsgleichung	Größe	Rechenwert	
Gl. (5.1)	A_N =	121,16 m²	
Gl. (5.64)	q_{tw} =	12,50 kWh/(m² · a)	
$q_{tw} \cdot A_N$ (Gl. (5.65))	Q_{tw} =	1 515 kWh/a	
Wärmeenergie:			
(s. o.)	q_{tw} =	12,50 kWh/(m² · a)	
DIN V 4701-10, Tabelle C.1-1	$q_{TW,ce}$ =	0,00 kWh/(m² · a)	
DIN V 4701-10, Tabelle C.1-2a, c	$q_{TW,d}$ =	11,13 kWh/(m² · a)	
DIN V 4701-10, Tabelle C.1-3a	$q_{TW,s}$ =	4,71 kWh/(m² · a)	
	Σq_{TW} =	28,34 kWh/(m² · a)	
DIN V 4701-10, Tabelle C.1-4a	$\alpha_{TW,g,j}$ =	0,00 [1])	1,00 [2])
DIN V 4701-10, Tabelle C.3-4f (Fußnote [17])	$e_{TW,g,j}$ =	0,00	1,48
$(\Sigma q_{TW}) \cdot e_{TW,g,j} \cdot \alpha_{TW,g,j}$ (Gl. (5.56), Forts.)	$q_{TW,E,j}$ =	0,00	41,94
DIN SPEC 4701-10/A1, Tabelle C.4-1 (Holz)	$f_{P,j}$ =	0,00	0,20
$q_{TW,E,j} \cdot f_{P,j}$ (Gl. (5.61))	$q_{TW,P,j}$ =	0,00	8,39
Heizwärmegutschrift:			
DIN V 4701-10, Tabelle C.1-2a	$q_{h,TW,d}$ =	4,98 kWh/(m² · a)	
DIN V 4701-10, Tabelle C.1-3a	$q_{h,TW,s}$ =	2,10 kWh/(m² · a)	
Gl. (5.56)	$q_{h,TW}$ =	7,08 kWh/(m² · a)	
Hilfsenergie:			
DIN V 4701-10, Tabelle C.1-1	$q_{TW,ce,HE}$ =	0,00 kWh/(m² · a)	
DIN V 4701-10, Tabelle C.1-2b	$q_{TW,d,HE}$ =	1,00 kWh/(m² · a)	
DIN V 4701-10, Tabelle C.1-3b	$q_{TW,s,HE}$ =	0,10 kWh/(m² · a)	
DIN V 4701-10, Tabelle C.1-4a	$\alpha_{TW,g,ji}$ =	0,00 [1])	1,00 [2])
DIN V 4701-10, Tabelle C.3-4b, c, d, e	$q_{TW,g,HE,j}$ =	0,00	0.27
$\alpha_{TW,g,j} \cdot q_{TW,g,HE,j}$	$q'_{TW,g,HE,j}$ =	0,00	0,27
$q_{TW,ce,HE} + q_{TW,d,HE} + q_{TW,s,HE} + \Sigma q'_{TW,g,HE,j}$ (5.57)	$q_{TW,HE,E}$ =	1,37 kWh/(m² · a)	
DIN SPEC 4701-10/A1, Tab. C.4-1 (Strom)	f_P =	2,40	
$q_{TW,HE,E} \cdot f_P$ (Gl. (5.61))	$q_{TW,HE,P}$ =	3,29 kWh/(m² · a)	
Zusammenstellung:			
Endenergie (Wärmeenergie) nach Gl. (5.66)	$Q_{TW,WE,E}$ =	5082 kWh/a	
Endenergie (Hilfsenergie) nach Gl. (5.66)	$Q_{TW,HE,E}$ =	166 kwh/a	
Primärenergie nach Gl. (5.67)	$Q_{TW,P}$ =	1415 kWh/a	

[1]) Kein solarer Deckungsanteil vorgesehen.
[2]) Übriger Deckungsanteil (Holzpellets) hier 100 %.

Tabelle 5.30: Berechnung des Heizstranges für das *reale Gebäude* aus Beispiel 5.5

Quelle bzw. Berechnungsgleichung	Größe	Rechenwert	
Gl. (5.1)	$A_N =$	121,16 m²	
Gl. (5.4)	$Q_h =$	8301 kWh/a	
$q_h / A_N =$	$q_h =$	68,51 kWh/(m² · a)	
Wärmeenergie:			
(s. o.)	$q_h =$	68,51 kWh/(m² · a)	
Heizwärmegutschrift Trinkwassererwärmung	$q_{h,TW} =$	– 7,08 kWh/(m² · a)	
Heizwärmegutschrift Lüftung	$q_{h,L} =$	0,00 kWh/(m² · a)	
DIN V 4701-10, Tabelle C.3-1	$q_{H,ce} =$	1,10 kWh/(m² · a)	
DIN V 4701-10, Tabelle C.3-2a, b, d	$q_{H,d} =$	2,72 kWh/(m² · a)	
DIN V 4701-10, Tabelle C.3-3	$q_{H,s} =$	0,66 kWh/(m² · a)	
	$\Sigma\ q_H =$	65,91 kWh/(m² · a)	
DIN V 4701-10, Tabelle C.3-4a	$\alpha_{H,g,j} =$	0,00 [1])	1,00 [2])
DIN V 4701-10, Tabelle C.3-4b, c, d, e, f	$e_{H,g,j} =$	0,00	1,48
$(\Sigma\ q_H) \cdot e_{H,g,j} \cdot \alpha_{H,g,j}$ (Gl. (5.56), Fortsetzung)	$q_{H,E,j} =$	0,00	97,55
DIN SPEC 4701-10/A1, Tabelle C.4-1 (Holz)	$f_{P,j} =$	0,00	0,20
$q_{H,E,j} \cdot f_{P,j}$ (Gl. (5.63))	$q_{H,P,j} =$	0,00	19,51
Hilfsenergie:			
DIN V 4701-10, Tabelle C.3-1	$q_{H,ce,HE} =$	0,00 kWh/(m² · a)	
DIN V 4701-10, Tabelle C.3-2c	$q_{H,d,HE} =$	1,59 kWh/(m² · a)	
DIN V 4701-10, Tabelle C.3-3	$q_{H,s,HE} =$	0,55 kWh/(m² · a)	
DIN V 4701-10, Tabelle C.3-4a	$\alpha_{H,g,j} =$	0,00 [1])	1,00 [2])
DIN V 4701-10, Tabelle C.3-4b, c, d, e, f, g	$q_{H,g,HE,j} =$	0,00	1,91
$\alpha_{H,g,j} \cdot q_{H,g,HE,j}$	$q'_{H,g,HE,j} =$	0,00	1,91
$q_{H,ce,HE} + q_{H,d,HE} + q_{H,s,HE} + \Sigma\ q'_{H,g,HE,j}$ (Gl. (5.59))	$q_{H,HE,E} =$	4,05 kWh/(m² · a)	
DIN SPEC 4701-10/A1, Tabelle C.4-1 (immer Strom)	$f_P =$	2,40	
$q_{H,HE,E} \cdot f_P$ (Gl. (5.63))	$q_{H,HE,P} =$	9,72 kWh/(m² · a)	
Zusammenstellung:			
Endenergie (Wärmeenergie) nach Gl. (5.70)	$Q_{H,WE,E} =$	11819 kWh/a	
Endenergie (Hilfsenergie) nach Gl. (5.70)	$Q_{H,HE,E} =$	491 kWh/a	
Primärenergie nach Gl. (5.71)	$Q_{H,P} =$	3541 kWh/a	

[1]) Kein solarer Deckungsanteil vorgesehen.
[2]) Übriger Deckungsanteil (Holzpellets) hier 100 %.

- In Tabelle 5.29 ergeben sich der Jahres-Endenergie- und der Jahres-Primärenergiebedarf für einen Trinkwarmwasser-Strang für das *reale Gebäude*.
- In Tabelle 5.30 ergeben sich der Jahres-Endenergie- und der Jahres-Primärenergiebedarf für einen Heizstrang für das *reale Gebäude*.
- In Tabelle 5.31 findet sich die abschließende Anlagenbewertung für das *reale Gebäude*.

5.4 Zu errichtende Wohngebäude nach DIN V 4108-6 und DIN V 4701-10

Tabelle 5.31: Anlagenbewertung für das *reale Gebäude* aus Beispiel 5.5

I. Eingaben					
	A_N =	121,16 m²	t_{HP} =	185 d	
abs. Bedarf	Q_{tw} =	1515	Q_h =	8301	in kWh/a
bez. Bedarf	q_{tw} =	12,50	q_h =	68,51	in kWh/(m² · a)
II. Systembeschreibung (s. Aufgabenstellung)					
III. Ergebnisse					
Deckung in kWh/(m²·a)	Trinkwasser: $q_{h,TW}$ = 7,08		Heizung: $q_{h,H}$ = 61,43		Lüftung: $q_{h,L}$ = 0,00
	Energieträger:		Endenergie:		Primärenergie:
Wärme 1		Holzpellets	$Q_{WE1,E}$ =	16901 kWh/a	$Q_{WE1,P}$ = 3380 kWh/a
Wärme 2			$Q_{WE2,E}$ =		$Q_{WE2,P}$ =
Wärme 3			$Q_{WE3,E}$ =		$Q_{WE3,P}$ =
Hilfsenergie		Strom	$Q_{HE,E}$ =	657 kWh/a	$Q_{HE,P}$ = 1576 kWh/a
Jahres-Endenergiebedarf n. Gl. (5.54) Q_E =			17557 kWh/a		
Jahres-Primärenergiebedarf nach Gl. (5.72) Q_P =					4956 kWh/a
bezogener Jahres-Primärenergiebedarf q_P =					40,91 kWh/(m² · a)
Anlagen-Aufwandszahl nach Gl. (5.73) $e_P = Q_P / (Q_{tw} + Q_h)$ =					0,505

Abschließender Nachweis:

$$q_P = Q_P / A_N = 4956 \text{ kWh/a} / 121,16 \text{ m}^2 = 40,91 \text{ kWh/(m}^2 \cdot \text{a)}$$
$$\leq 80,03 \text{ kWh/(m}^2 \cdot \text{a)} = 9696 \text{ kWh/a} / 121,16 \text{ m}^2 = Q_{P,ref} / A_N = q_{P,ref}$$

Damit ist der Nachweis nach EnEV 2014 – Anforderung bis Ende 2015 – erbracht. (Auch dieses Beispiel mit der kompletten Berechnung findet sich zum Download als Excel-Datei unter www.beuth-mediathek.de oder www.hmarquardt.de.)

Abschließender Hinweis: Primärenergetisch erfüllt dieses Beispiel die bis Ende 2015 geltenden Anforderungen der EnEV 2014. Zu bedenken ist aber, dass der Endenergiebedarf verglichen mit Beispiel 5.4 von $Q_{E,1}$ = 11134 kWh/a auf $Q_{E,2}$ = 17557 kWh/a um 58 % zugenommen hat – die entsprechenden Energieträger muss der Nutzer bezahlen. Um bei diesem Beispiel auf die gleichen Energiekosten zu kommen, darf die kWh Holzpellets nur ca. 60 % der kWh Erdgas kosten!

Beispiel 5.6: Nachweis eines Reihenendhauses mit elektrischer Erdreich-Wasser-Wärmepumpe entsprechend den ab 2016 geltenden Anforderungen

Vorab: In den Beispielen 5.4 und 5.5 wurde der Nachweis des auf die wärmeübertragende Umfassungsfläche A bezogenen spezifischen Transmissionswärmeverlustes des realen Gebäudes H'_T für die Anforderung bis Ende 2015 eingehalten; gemäß EnEV 2014 muss jedoch *ab 2016 zusätzlich der am Referenzgebäude ermittelte Wert H'$_{T,ref}$ eingehalten werden (vgl. Abschnitt 5.2). Dazu muss die Gebäudehülle verbessert werden.*

Ferner wird ab 2016 der Primärenergiefaktor für elektrischen Strom aus energiepolitischen Gründen auf f$_P$ = 1,8 abgesenkt (vgl. Tabelle 5.11, Fußnote ^{4})), so dass elektrische Beheizung primärenergetisch günstiger wird – dem entsprechend werden in diesem Beispiel Heizung und Trinkwassererwärmung auf eine elektrische Erdreich-Wasser-Wärmepumpe geändert (vgl. Bild 4.14 in Abschnitt 4.2.3).

<u>Aufgabe</u>: Für das in Bild 5.34 dargestellte Reihen*end*haus sind die erforderlichen öffentlich-rechtlichen Nachweise gemäß EnEV 2014 – Anforderung ab 2016 – mit DIN V 4108-6 und DIN V 4701-10 zu führen. Um die verschärfte Anforderung H'$_{T,ref}$ einzuhalten, werden folgende wärmeübertragenden Bauteile gegenüber den Beispielen 5.4 und 5.5 verbessert:

– Die Fenster und die Außentür werden angesetzt als PVC-Mehrkammerrahmen mit Drei-Scheiben-Wärmeschutzverglasung und verbessertem Randverbund zu

   $U_{w,BW}$ = 0,90 W/(m² · K) (vgl. Tabelle 2.24, Zeile 1, in Abschnitt 2.13.3) und

   g = g$_0$ = 0,50 als Gesamtenergiedurchlassgrad nach EN 410 (vgl. Bild 2.61 in Abschnitt 2.13.1);

– die *Außenwände* bestehen aus zweischaligem Mauerwerk mit Kerndämmung (vgl. das ergänzende Beispiel 2.7a zum Download unter www.beuth-mediathek.de oder www.hmarquardt.de) mit

   U_{AW} = 0,20 W/(m² · K)

Die übrigen Bauteile bleiben unverändert.

Ferner wird gegenüber den Beispielen 5.4 und 5.5 die Anlagentechnik wie folgt geändert:

– Die *Heizungsanlage* besteht
  – aus einer bivalenten Erdreich-Wasser-Elektrowärmepumpe *innerhalb* der thermischen Hülle mit Vor-/Rücklauftemperaturen von 35 °C/28 °C (die Spitzenlast sei durch einen elektrischen Heizstab abgedeckt),
  – es wird ein Pufferspeicher vorgesehen, er sei indirekt beheizt und *innerhalb* der thermischen Hülle aufgestellt;
  – die Wärmeverteilung erfolgt *innerhalb* der thermischen Hülle mithilfe einer geregelten Pumpe,
  – zur Wärmeübergabe ist eine Fußbodenheizung mit elektronischer Regeleinrichtung vorgesehen.

– Die *Trinkwassererwärmung*
  – soll *innerhalb* der thermischen Hülle *zentral* durch die Heizanlage (s. o.) erfolgen und mit elektrischer Ergänzungsheizung sowie einer Zirkulationsleitung versehen sein,
  – die Trinkwasserspeicherung erfolgt in einem indirekt beheizten Speicher *innerhalb* der thermischen Hülle.

– Eine *Lüftungsanlage* ist gemäß Lüftungskonzept nicht notwendig und nicht vorgesehen.

Durch Einsatz einer Erdreich-Wasser-Wärmepumpe für Heizung und Trinkwassererwärmung sind die Anforderungen des EEWärmeG mit einem Deckungsanteil von ≥ 50 % bei einer Jahresarbeitszahl (JAZ) ≥ 3,8 erfüllt (vgl. Tabelle 5.2 in Abschnitt 5.3).

5.4 Zu errichtende Wohngebäude nach DIN V 4108-6 und DIN V 4701-10

Lösung mit dem *Monatsbilanzverfahren* nach DIN V 4108-6 und dem *Tabellenverfahren* nach DIN V 4701-10:

Der *erste Schritt* der Berechnung entspricht Beispiel 5.4. Als *zweiter Schritt* wird der spezifische Transmissionswärmeverlust H_T für das *reale Gebäude* gemäß Gl. (5.8) in Tabelle 5.32 berechnet; die Temperatur-Korrekturfaktoren für den unteren Gebäudeabschluss bleiben dabei unverändert. Die analoge Berechnung des spezifischen Transmissionswärmeverlusts $H_{T,ref}$ für das *Referenzgebäude* ist unverändert (vgl. Tabelle 5.15).

Tabelle 5.32: Berechnung des spezifischen Transmissionswärmeverlustes H_T in W/K für das *reale Gebäude* aus Beispiel 5.6

Bauteil *i*	F_{xi}	U_i in W/(m² · K)	A_i in m²	$F_{xi} \cdot U_i \cdot A_i$ in W/K
Fenster (*W1*)	1,0	0,90	23,56	30,63
Fenster (*W2*) hinter Glasvorbau	0,5	0,90	3,82	1,72
Außenwände (*AW1*)	1,0	0,20	89,68	17,94
Außenwände (*AW2*) hinter Glasvorb.	0,5	0,20	19,94	1,99
Dach (*D*)	1,0	0,14	62,84	8,80
Decke nach unten an Außenluft (*DL*)	1,0	0,32	13,98	4,47
Tür zum unbeheizten Keller (*u1*)	0,55	2,90 [1])	1,53	2,44
Wand zum unbeheizten Keller (*u2*)	0,55	1,85	17,35	17,65
Kellerdecke (*G1* = *f*)	0,55	0,31	24,47	4,17
Kellersohle (*G2* = *bf*)	0,45	0,32	24,40	3,51
erdberührte Außenwand (*G3* = *bw*)	0,60	0,34	10,47	2,14
Berücksichtigung der Wärmebrücken:		ΔU_{WB} in W/(m² · K)	A in m²	$\Delta U_{WB} \cdot A$ in W/K
gemäß DIN 4108 Beiblatt 2		0,05	292,03	14,60
spezifischer Transmissionswärmeverlust H_T =				**100,63**

[1]) Für handwerklich hergestellte Türen aus Holz/Holzwerkstoff/Kunststoff angesetzt (vgl. Tabelle 2.25 in Abschnitt 2.13.3).

Als *dritter Schritt* wird der Nachweis des auf die wärmeübertragende Umfassungsfläche A bezogenen spezifischen Transmissionswärmeverlustes des *realen Gebäudes* zu

$$H'_T = H_T / A = 100{,}63 \text{ W/K} / 292{,}03 \text{ m}^2 = 0{,}345 \text{ W/(m}^2 \cdot \text{K)} \leq 0{,}45 \text{ W/(m}^2 \cdot \text{K)} = H'_{T,max}$$

und ist damit gemäß der *ersten* Anforderung der EnEV 2014 (vgl. Bild 5.8) beim vorliegenden Reihenendhaus (= einseitig angebaut) erfüllt. Ab 2016 darf darüber hinaus der auf die wärmeübertragende Umfassungsfläche A bezogene spezifische Transmissionswärmeverlust des *realen Gebäudes* den des *Referenzgebäudes* (unverändert aus Beispiel 5.4, vgl. Tabelle 5.15) nicht überschreiten – dies ist hier eingehalten:

$$H'_T = H_T / A = 100{,}63 \text{ W/K} / 292{,}03 \text{ m}^2 = 0{,}345 \text{ W/(m}^2 \cdot \text{K)} \leq 0{,}365 \text{ W/(m}^2 \cdot \text{K)} = H'_{T,ref}$$

Als *vierter Schritt* ergibt sich nun der monatliche spezifische Lüftungswärmeverlust für das *reale Gebäude* wie für das *Referenzgebäude* identisch zu Beispiel 5.4.

Tabelle 5.33: Berechnung der Reduzierung des Wärmeverlustes $\Delta Q_{l,M}$ durch die Nachtabschaltung für das *reale Gebäude* aus Beispiel 5.6 im Januar (mit Angabe der zugehörigen Gleichung in der letzten Spalte)

$H_{ic} = 4 \cdot A_N / R_{si} =$	3728 W/K	(5.18)
$H_d = H_W + H_V =$	79,91 W/K	(5.19)
$H_{ce} = H_{ic} \cdot (H_T + H_V - H_d) / (H_{ic} - (H_T + H_V - H_d)) =$	81,16 W/K	(5.20)
$\zeta = H_{ic} / (H_{ic} + H_{ce})) =$	0,98	(5.22)
$\xi = H_{ic} / (H_{ic} + H_d)) =$	0,98	(5.23)
$\tau_P = \zeta \cdot C_{wirk,NA} / (\xi \cdot (H_T + H_V)) =$	43 h	(5.24)
$\theta_{c0,M} = \theta_{e,M} + \zeta \cdot (\theta_{i0} - \theta_{e,M}) =$	18,6 °C	(5.25)
$\Phi_{pp,M} = 1,5 \cdot (H_T + H_{V,05}) \cdot 31\text{ K} =$	6954 W	(5.28)
$\theta_{ipp,M} = \theta_{e,M} + \Phi_{pp,M} / (H_T + H_V) =$	44,6 °C	(5.26)
$\theta_{cpp,M} = \theta_{e,M} + \zeta \cdot (\theta_{ipp,M} - \theta_{e,M}) =$	43,7 °C	(5.27)
$\theta_{f1,M} = \theta_{e,M} + \xi \cdot (\theta_{c0,M} - \theta_{e,M}) \cdot e^{(-tu/\tau P)} =$	15,6 °C	(5.29)
$\theta_{c1,M} = \theta_{c2,M} = \theta_{e,M} + (\theta_{f1,M} - \theta_{e,M}) / \xi =$	16,0 °C	(5.30)
$t_{bh,M} = \tau_P \cdot \ln (\xi \cdot (\theta_{cpp,M} - \theta_{c2,M}) / (\theta_{ipp,M} - \theta_{i0})) =$	2,3 h	(5.31)
$\theta_{c3,M} = \theta_{cpp,M} + (\theta_{i0} - \theta_{ipp,M}) / \xi =$	17,5 °C	(5.32)
$\Delta Q_{l,M} =$	82 kWh	(5.33)

Als *fünfter Schritt* wird nun der Jahres-Heizwärmebedarf Q_h für das *reale Gebäude* mit dem Monatsbilanzverfahren errechnet, beispielhaft für den Monat *Januar* mit $\theta_{e,M} = 1,0$ °C nach Tabelle 5.4 und $t_M = 31$ d/Monat berechnet:
- In Tabelle 5.33 berechnet sich die Reduzierung des Wärmeverlustes durch die Nachtabschaltung nach Gln. (5.18) bis (5.33) für das *reale Gebäude* zu $\Delta Q_{L,M} = 82$ kWh.
- Daraus ergeben sich mit Gl. (5.7) die Wärmeverluste aus Transmission und Lüftung für das *reale Gebäude* zu

$$Q_{l,M} = 0,024 \cdot (H_{T,M} + H_{V,M}) \cdot (\theta_i - \theta_{e,M}) \cdot t_M - \Delta Q_{l,M}$$
$$= 0,024 \cdot (100,63 \text{ W/K} + 58,70 \text{ W/K}) \cdot (19 \text{ °C} - 1,0 \text{ °C}) \cdot 31 \text{ d} - 82 \text{ kWh}$$
$$= 2052 \text{ kWh}$$

Tabelle 5.34: Ermittlung der solaren Wärmegewinne $Q_{S,M}$ der transparenten Bauteile (Fenster und Außentür) für das *reale Gebäude* aus Beispiel 5.6 im Januar

Orientierung j bzw. α	Faktor	$I_{S,j/\alpha M}$ in W/m²	g_i	A_i in m²	$Q_{S,j}$ in kWh
nordorientiert	0,567	10	0,50	8,58	18
ostorientiert	0,567	25	0,50	10,22	54
südorientiert	0,567	59	0,50	4,76	59
		solare Wärmegewinne $Q_{S,M} =$			131

5.4 Zu errichtende Wohngebäude nach DIN V 4108-6 und DIN V 4701-10

- In Tabelle 5.34 werden nun die solaren Gewinne für das *reale Gebäude* ermittelt (Kellerfenster voll angesetzt, da über OK Gelände, vgl. Tabelle 5.7) zu $Q_{S,M}$ =131 kWh.
- Die internen Wärmegewinne nach Gl. (5.41) für das *reale Gebäude* bleiben unverändert gegenüber Beispiel 5.4.

Tabelle 5.35: Berechnung des Ausnutzungsgrads der solaren und internen Wärmegewinne η_M für das *reale Gebäude* aus Beispiel 5.6 im Januar (mit Angabe der zugehörigen Gleichung in der letzten Spalte)

$\tau_M = C_{wirk,h} / (H_T + H_V) =$	119 h	(5.46)
$\gamma_M = (Q_{S,M} + Q_{I,M}) / Q_{L,M} =$	0,28	(5.44)
$a_M = a_0 + \tau_M / \tau_0 =$	8,43	(5.45)
$\eta_M = (1 - \gamma_M^{aM}) / (1 - \gamma_M^{aM+1})$ für $\gamma_M \neq 1$	1,00	(5.42)

- Mit dem Ausnutzungsgrad η_M nach Tabelle 5.35 errechnet sich daraus der Heizwärmebedarf im *Januar* für das *reale Gebäude* mit Gl. (5.6) zu

$$Q_{h,M} = (Q_{l,t,M} + Q_{l,v,M}) - \eta_M \cdot (Q_{s,M} + Q_{i,M})$$
$$= 2052 \text{ kWh} - 1{,}00 \cdot (131 \text{ kWh} + 451 \text{ kWh}) = 1470 \text{ kWh}$$

Für das *Referenzgebäude* bleiben die Werte unverändert gegenüber Beispiel 5.4.

Die weiteren Monate werden hier nicht vorgestellt, die komplette Berechnung findet sich als Excel-Datei zum Download unter www.beuth-mediathek.de oder www.hmarquardt,de. In Tabelle 5.36 sind die Monatswerte zusammengestellt, daraus ergibt sich nach Gl. (5.4) als Summe der Jahres-Heizwärmebedarf Q_h für das *reale* und $Q_{h,ref}$ für das *Referenzgebäude*.

Tabelle 5.36: Berechnung des Jahres-Heizwärmebedarfs Q_h für das *reale* und $Q_{h,ref}$ für das *Referenzgebäude* aus Beispiel 5.6

Reales Gebäude			Referenzgebäude		
Monat	$Q_{H,M}$	Gl.	**Monat**	$Q_{H,M,ref}$	Gl.
Januar	1470 kWh		Januar	1457 kWh	
Februar	1227 kWh		Februar	1212 kWh	
März	884 kWh		März	834 kWh	
April	183 kWh		April	129 kWh	
Mai	2 kWh		Mai	1 kWh	
Juni	0 kWh		Juni	0 kWh	
Juli	0 kWh		Juli	0 kWh	
August	0 kWh		August	0 kWh	
September	5 kWh		September	3 kWh	
Oktober	375 kWh		Oktober	332 kWh	
November	1110 kWh		November	1099 kWh	
Dezember	1545 kWh		Dezember	1545 kWh	
$Q_h =$	**6801 kWh**	(5.4)	$Q_{h,ref} =$	**6614 kWh**	(5.4)

5 Nachweis von Wohngebäuden nach EnEV und EEWärmeG

Tabelle 5.37: Berechnung des Trinkwarmwasser-Stranges für das *reale Gebäude* aus Beispiel 5.6

Quelle bzw. Berechnungsgleichung	Größe	Rechenwert	
Gl. (5.1)	$A_N =$	121,16 m²	
Gl. (5.64)	$q_{tw} =$	12,50 kWh/(m² · a)	
$q_{tw} \cdot A_N$ (Gl. (5.65))	$Q_{tw} =$	1 515 kWh/a	
Wärmeenergie:			
(s. o.)	$q_{tw} =$	12,50 kWh/(m² · a)	
DIN V 4701-10, Tabelle C.1-1	$q_{TW,ce} =$	0,00 kWh/(m² · a)	
DIN V 4701-10, Tabelle C.1-2a, c	$q_{TW,d} =$	11,13 kWh/(m² · a)	
DIN V 4701-10, Tabelle C.1-3a	$q_{TW,s} =$	4,71 kWh/(m² · a)	
	$\Sigma\, q_{TW} =$	28,34 kWh/(m² · a)	
DIN V 4701-10, Tabelle C.1-4a	$\alpha_{TW,g,j} =$	0,95 [1])	0,05 [2])
DIN V 4701-10, Tabelle C.1-4b, ...	$e_{TW,g,j} =$	0,27	1,00 [3])
$(\Sigma\, q_{TW}) \cdot e_{TW,g,j} \cdot \alpha_{TW,g,j}$ (Gl. (5.56), Forts.)	$q_{TW,E,j} =$	7,27	1,42
Strom ab 01.01.2016 gemäß EnEV 2014	$f_{P,j} =$	0,00	1,10
$q_{TW,E,j} \cdot f_{P,j}$ (Gl. (5.61))	$q_{TW,P,j} =$	13,08	2,55
Heizwärmegutschrift:			
DIN V 4701-10, Tabelle C.1-2a	$q_{h,TW,d} =$	4,98 kWh/(m² · a)	
DIN V 4701-10, Tabelle C.1-3a	$q_{h,TW,s} =$	2,10 kWh/(m² · a)	
Gl. (5.56)	$q_{h,TW} =$	7,08 kWh/(m² · a)	
Hilfsenergie:			
DIN V 4701-10, Tabelle C.1-1	$q_{TW,ce,HE} =$	0,00 kWh/(m² · a)	
DIN V 4701-10, Tabelle C.1-2b	$q_{TW,d,HE} =$	1,00 kWh/(m² · a)	
DIN V 4701-10, Tabelle C.1-3b	$q_{TW,s,HE} =$	0,10 kWh/(m² · a)	
DIN V 4701-10, Tabelle C.1-4a	$\alpha_{TW,g,ji} =$	0,95 [1])	0,05 [2])
DIN V 4701-10, Tabelle C.1-4b, c, d, e, f	$q_{TW,g,HE,j} =$	0,31	0,00 [3])
$\alpha_{TW,g,j} \cdot q_{TW,g,HE,j}$	$q'_{TW,g,HE,j} =$	0,29	0,00
$q_{TW,ce,HE} + q_{TW,d,HE} + q_{TW,s,HE} + \Sigma\, q'_{TW,g,HE,j}$ (5.57)	$q_{TW,HE,E} =$	1,39 kWh/(m² · a)	
Strom ab 01.01.2016 gemäß EnEV 2014	$f_P =$	1,80	
$q_{TW,HE,E} \cdot f_P$ (Gl. (5.61))	$q_{TW,HE,P} =$	2,51 kWh/(m² · a)	
Zusammenstellung:			
Endenergie (Wärmeenergie) nach Gl. (5.66)	$Q_{TW,WE,E} =$	1052 kWh/a	
Endenergie (Hilfsenergie) nach Gl. (5.66)	$Q_{TW,HE,E} =$	169 kwh/a	
Primärenergie nach Gl. (5.67)	$Q_{TW,P} =$	2198 kWh/a	

[1]) Deckungsanteil der elektrischen Wärmepumpe.
[2]) Übriger Deckungsanteil (elektrische Ergänzungsheizung).
[3]) Die elektrische Ergänzungsheizung hat die thermische Aufwandszahl $e_{TW,g} = 1,0$, benötigt aber keine Hilfsenergie $q_{TW,g,HE}$.

5.4 Zu errichtende Wohngebäude nach DIN V 4108-6 und DIN V 4701-10

Tabelle 5.38: Berechnung des Trinkwarmwasser-Stranges für das *Referenzgebäude* aus Beispiel 5.6

Quelle bzw. Berechnungsgleichung	Größe	Rechenwert	
Gl. (5.1)	$A_N =$	121,16 m²	
Gl. (5.64)	$q_{tw} =$	12,50 kWh/(m² · a)	
$q_{tw} \cdot A_N$ (Gl. (5.65))	$Q_{tw} =$	1 515 kWh/a	
Wärmeenergie:			
(s. o.)	$q_{tw} =$	12,50 kWh/(m² · a)	
DIN V 4701-10, Tabelle C.1-1	$q_{TW,ce,ref} =$	0,00 kWh/(m² · a)	
DIN V 4701-10, Tabelle C.1-2a, c	$q_{TW,d,ref} =$	11,13 kWh/(m² · a)	
DIN V 4701-10, Tabelle C.1-3a	$q_{TW,s,ref} =$	4,71 kWh/(m² · a)	
	$\Sigma\, q_{TW,ref} =$	28,34 kWh/(m² · a)	
DIN V 4701-10, Tabelle C.1-4a	$\alpha_{TW,g,j,ref} =$	0,55 [1])	0,45 [2])
DIN V 4701-10, Tabelle C.1-4b, …	$e_{TW,g,j,ref} =$	0,00 [3])	1,14
$(\Sigma\, q_{TW}) \cdot e_{TW,g,j} \cdot \alpha_{TW,g,j}$ (Gl. (5.56), Forts.)	$q_{TW,E,j,ref} =$	0,00	14,54
DIN SPEC 4701-10/A1, Tabelle C.4-1 (Heizöl EL)	$f_{P,j} =$	0,00	1,10
$q_{TW,E,j} \cdot f_{P,j}$ (Gl. (5.61))	$q_{TW,P,j,ref} =$	0,00	15,99
Heizwärmegutschrift:			
DIN V 4701-10, Tabelle C.1-2a	$q_{h,TW,d,ref} =$	4,98 kWh/(m² · a)	
DIN V 4701-10, Tabelle C.1-3a	$q_{h,TW,s,ref} =$	2,10 kWh/(m² · a)	
Gl. (5.56)	$q_{h,TW,ref} =$	7,08 kWh/(m² · a)	
Hilfsenergie:			
DIN V 4701-10, Tabelle C.1-1	$q_{TW,ce,HE,ref} =$	0,00 kWh/(m² · a)	
DIN V 4701-10, Tabelle C.1-2b	$q_{TW,d,HE,ref} =$	1,00 kWh/(m² · a)	
DIN V 4701-10, Tabelle C.1-3b	$q_{TW,s,HE,ref} =$	0,10 kWh/(m² · a)	
DIN V 4701-10, Tabelle C.1-4a	$\alpha_{TW,g,ji,ref} =$	0,55 [1])	0,45 [2])
DIN V 4701-10, Tabelle C.1-4b, c, d, e, f	$q_{TW,g,HE,j,ref} =$	0,97 [3])	0,27
$\alpha_{TW,g,j} \cdot q_{TW,g,HE,j}$	$q'_{TW,g,HE,j,ref} =$	0,53	0,12
$q_{TW,ce,HE} + q_{TW,d,HE} + q_{TW,s,HE} + \Sigma\, q'_{TW,g,HE,j}$ (5.57)	$q_{TW,HE,E,ref} =$	1,76 kWh/(m² · a)	
Strom ab 01.01.2016 gemäß EnEV 2014	$f_P =$	1,80	
$q_{TW,HE,E} \cdot f_P$ (Gl. (5.61))	$q_{TW,HE,P,ref} =$	3,16 kWh/(m² · a)	
Zusammenstellung:			
Endenergie (Wärmeenergie) nach Gl. (5.66)	$Q_{TW,WE,E,ref} =$	1761 kWh/a	
Endenergie (Hilfsenergie) nach Gl. (5.66)	$Q_{TW,HE,E,ref} =$	213 kwh/a	
Primärenergie nach Gl. (5.67)	$Q_{TW,P,ref} =$	2320 kWh/a	

[1]) Solarer Deckungsanteil.
[2]) Übriger Deckungsanteil (Heizöl EL).
[3]) Solarthermie hat die thermische Aufwandszahl $e_{TW,g} = 0$, benötigt aber Hilfsenergie $q_{TW,g,HE}$ für die Wärmeträgerpumpe.

5 Nachweis von Wohngebäuden nach EnEV und EEWärmeG

Als *sechster Schritt* wird der Jahres-Primärenergiebedarf Q_P mit dem Tabellenverfahren nach DIN V 4701-10 in Anlehnung an das in dieser Norm vorgegebene Formblatt berechnet:
- In den Tabellen 5.37 und 5.38 ergeben sich der Jahres-Endenergie- und der Jahres-Primärenergiebedarf für den Trinkwarmwasser-Strang (nur ein Strang vorhanden) für das *reale* und für das *Referenzgebäude*.

Tabelle 5.39: Berechnung des Heizstranges für das *reale Gebäude* aus Beispiel 5.6

Quelle bzw. Berechnungsgleichung	Größe	Rechenwert	
Gl. (5.1)	$A_N =$	121,16 m²	
Gl. (5.4)	$Q_h =$	6801 kWh/a	
$q_h / A_N =$	$q_h =$	56,13 kWh/(m² · a)	
Wärmeenergie:			
(s. o.)	$q_h =$	56,13 kWh/(m² · a)	
Heizwärmegutschrift Trinkwassererwärmung	$q_{h,TW} =$	− 7,08 kWh/(m² · a)	
Heizwärmegutschrift Lüftung	$q_{h,L} =$	0,00 kWh/(m² · a)	
DIN V 4701-10, Tabelle C.3-1	$q_{H,ce} =$	0,70 kWh/(m² · a)	
DIN V 4701-10, Tabelle C.3-2a, b, d	$q_{H,d} =$	0,74 kWh/(m² · a)	
DIN V 4701-10, Tabelle C.3-3	$q_{H,s} =$	0,10 kWh/(m² · a)	
	$\Sigma\, q_H =$	50,59 kWh/(m² · a)	
DIN V 4701-10, Tabelle C.3-4a	$\alpha_{H,g,j} =$	0,95 [1])	0,05 [2])
DIN V 4701-10, Tabelle C.3-4b, c, d, e	$e_{H,g,j} =$	0,23	1,00 [3])
$(\Sigma\, q_H) \cdot e_{H,g,j} \cdot \alpha_{H,g,j}$ (Gl. (5.56), Fortsetzung)	$q_{H,E,j} =$	11,05	2,53
Strom ab 01.01.2016 gemäß EnEV 2014	$f_{P,j} =$	1,80	1,80
$q_{H,E,j} \cdot f_{P,j}$ (Gl. (5.63))	$q_{H,P,j} =$	19,90	4,55
Hilfsenergie:			
DIN V 4701-10, Tabelle C.3-1	$q_{H,ce,HE} =$	0,00 kWh/(m² · a)	
DIN V 4701-10, Tabelle C.3-2c	$q_{H,d,HE} =$	3,07 kWh/(m² · a)	
DIN V 4701-10, Tabelle C.3-3	$q_{H,s,HE} =$	0,55 kWh/(m² · a)	
DIN V 4701-10, Tabelle C.3-4a	$\alpha_{H,g,j} =$	0,95 [1])	0,05 [2])
DIN V 4701-10, Tabelle C.3-4b, c, d, e	$q_{H,g,HE,j} =$	1,18	0,00 [3])
$\alpha_{H,g,j} \cdot q_{H,g,HE,j}$	$q'_{H,g,HE,j} =$	1,12	0,00
$q_{H,ce,HE} + q_{H,d,HE} + q_{H,s,HE} + \Sigma\, q'_{H,g,HE,j}$ (Gl. (5.59))	$q_{H,HE,E} =$	4,74 kWh/(m² · a)	
Strom ab 01.01.2016 gemäß EnEV 2014	$f_P =$	1,80	
$q_{H,HE,E} \cdot f_P$ (Gl. (5.63))	$q_{H,HE,P} =$	8,53 kWh/(m² · a)	
Zusammenstellung:			
Endenergie (Wärmeenergie) nach Gl. (5.70)	$Q_{H,WE,E} =$	1646 kWh/a	
Endenergie (Hilfsenergie) nach Gl. (5.70)	$Q_{H,HE,E} =$	574 kwh/a	
Primärenergie nach Gl. (5.71)	$Q_{H,P} =$	3996 kWh/a	

[1]) Deckungsanteil der elektrischen Wärmepumpe.
[2]) Übriger Deckungsanteil (elektrische Ergänzungsheizung).
[3]) Die elektrische Ergänzungsheizung hat die thermische Aufwandszahl $e_{TW,g} = 1,0$, benötigt aber keine Hilfsenergie $q_{TW,g,HE}$.

5.4 Zu errichtende Wohngebäude nach DIN V 4108-6 und DIN V 4701-10

Tabelle 5.40: Berechnung des Heizstranges für das *Referenzgebäude* aus Beispiel 5.6

Quelle bzw. Berechnungsgleichung	Größe	Rechenwert	
Gl. (5.1)	$A_N =$	121,16 m²	
Gl. (5.4)	$Q_{h,ref} =$	6614 kWh/a	
$q_h / A_N =$	$q_{h,ref} =$	54,59 kWh/(m² · a)	
Wärmeenergie:			
(s. o.)	$q_{h,ref} =$	54,59 kWh/(m² · a)	
Heizwärmegutschrift Trinkwassererwärmung	$q_{h,TW,ref} =$	− 7,08 kWh/(m² · a)	
Heizwärmegutschrift Lüftung	$q_{h,L,ref} =$	0,00 kWh/(m² · a)	
DIN V 4701-10, Tabelle C.3-1	$q_{H,ce,ref} =$	1,10 kWh/(m² · a)	
DIN V 4701-10, Tabelle C.3-2a, b, d	$q_{H,d,ref} =$	1,97 kWh/(m² · a)	
DIN V 4701-10, Tabelle C.3-3	$q_{H,s,ref} =$	0,00 kWh/(m² · a)	
	$\Sigma\, q_{H,ref} =$	50,58 kWh/(m² · a)	
DIN V 4701-10, Tabelle C.3-4a	$\alpha_{H,g,j,ref} =$	0,00 [1])	1,00 [2])
DIN V 4701-10, Tabelle C.3-4b, c, d, e, f, g	$e_{H,g,j,ref} =$	0,00	0,97
$(\Sigma\, q_H) \cdot e_{H,g,j} \cdot \alpha_{H,g,j}$ (Gl. (5.56), Fortsetzung)	$q_{H,E,j,ref} =$	0,00	49,06
DIN SPEC 4701-10/A1, Tabelle C.4-1 (Heizöl EL)	$f_{P,j} =$	0,00	1,10
$q_{H,E,j} \cdot f_{P,j}$ (Gl. (5.63))	$q_{H,P,j,ref} =$	0,00	53,97
Hilfsenergie:			
DIN V 4701-10, Tabelle C.3-1	$q_{H,ce,HE,ref} =$	0,00 kWh/(m² · a)	
DIN V 4701-10, Tabelle C.3-2c	$q_{H,d,HE,ref} =$	1,71 kWh/(m² · a)	
DIN V 4701-10, Tabelle C.3-3	$q_{H,s,HE,ref} =$	0,00 kWh/(m² · a)	
DIN V 4701-10, Tabelle C.3-4a	$\alpha_{H,g,j,ref} =$	0,00 [1])	1,00 [2])
DIN V 4701-10, Tabelle C.3-4b, c, d, e, f, g	$q_{H,g,HE,j,ref} =$	0,00	0,73
$\alpha_{H,g,j} \cdot q_{H,g,HE,j}$	$q'_{H,g,HE,j,ref} =$	0,00	0,73
$q_{H,ce,HE} + q_{H,d,HE} + q_{H,s,HE} + \Sigma\, q'_{H,g,HE,j}$ (Gl. (5.59))	$q_{H,HE,E,ref} =$	2,44 kWh/(m² · a)	
Strom ab 01.01.2016 gemäß EnEV 2014	$f_P =$	1,80	
$q_{H,HE,E} \cdot f_P$ (Gl. (5.63))	$q_{H,HE,P,ref} =$	4,39 kWh/(m² · a)	
Zusammenstellung:			
Endenergie (Wärmeenergie) nach Gl. (5.70)	$Q_{H,WE,E,ref} =$	5944 kWh/a	
Endenergie (Hilfsenergie) nach Gl. (5.70)	$Q_{H,HE,E,ref} =$	296 kWh/a	
Primärenergie nach Gl. (5.71)	$Q_{H,P,ref} =$	7071 kWh/a	

[1]) Kein solarer Deckungsanteil vorgesehen.
[2]) Übriger Deckungsanteil (Heizöl EL) hier 100 %.

- In den Tabellen 5.39 und 5.40 ergeben sich der Jahres-Endenergie- und der Jahres-Primärenergiebedarf für den Heizstrang für das *reale* und für das *Referenzgebäude*.
- In den Tabellen 5.41 und 5.42 findet sich die abschließende Anlagenbewertung für das *reale* und für das *Referenzgebäude*.

5 Nachweis von Wohngebäuden nach EnEV und EEWärmeG

Tabelle 5.41: Anlagenbewertung für das *reale Gebäude* aus Beispiel 5.6

I. Eingaben					
	$A_N =$	121,16 m²	$t_{HP} =$	185 d	
abs. Bedarf	$Q_{tw} =$	1515	$Q_h =$	6801	in kWh/a
bez. Bedarf	$q_{tw} =$	12,50	$q_h =$	56,13	in kWh/(m² · a)
II. Systembeschreibung (s. Aufgabenstellung)					
III. Ergebnisse					
Deckung in kWh/(m²·a)	Trinkwasser: $q_{h,TW} = 7{,}08$		Heizung: $q_{h,H} = 49{,}05$	Lüftung: $q_{h,L} = 0{,}00$	
	Energieträger:		Endenergie:		Primärenergie:
Wärme 1	Strom		$Q_{WE1,E} =$	2698 kWh/a	$Q_{WE1,P} =$ 4857 kWh/a
Wärme 2			$Q_{WE2,E} =$		$Q_{WE2,P} =$
Wärme 3			$Q_{WE3,E} =$		$Q_{WE3,P} =$
Hilfsenergie	Strom		$Q_{HE,E} =$	743 kWh/a	$Q_{HE,P} =$ 1338 kWh/a
Jahres-Endenergiebedarf n. Gl. (5.54) $Q_E =$			3442 kWh/a		
Jahres-Primärenergiebedarf nach Gl. (5.72) $Q_P =$					6195 kWh/a
bezogener Jahres-Primärenergiebedarf $q_P =$					51,13 kWh/(m² · a)
Anlagen-Aufwandszahl nach Gl. (5.73) $e_P = Q_P / (Q_{tw} + Q_h) =$					0,745

Tabelle 5.42: Anlagenbewertung für das *Referenzgebäude* aus Beispiel 5.6

I. Eingaben					
	$A_N =$	121,16 m²	$t_{HP} =$	185 d	
abs. Bedarf	$Q_{tw,ref} =$	1515	$Q_{h,ref} =$	6614	in kWh/a
bez. Bedarf	$q_{tw,ref} =$	12,50	$q_{h,ref} =$	54,59	in kWh/(m² · a)
II. Systembeschreibung (s. Aufgabenstellung)					
III. Ergebnisse					
Deckung in kWh/(m²·a)	Trinkwasser: $q_{h,TW} = 7{,}08$		Heizung: $q_{h,H,ref} = 47{,}51$	Lüftung: $q_{h,L,ref} = 0{,}00$	
	Energieträger:		Endenergie:		Primärenergie:
Wärme 1	Heizöl EL		$Q_{WE1,E} =$	7706 kWh/a	$Q_{WE1,P} =$ 8476 kWh/a
Wärme 2			$Q_{WE2,E} =$		$Q_{WE2,P} =$
Wärme 3			$Q_{WE3,E} =$		$Q_{WE3,P} =$
Hilfsenergie	Strom		$Q_{HE,E} =$	508 kWh/a	$Q_{HE,P} =$ 915 kWh/a
Jahres-Endenergiebed. n. Gl. (5.54) $Q_{E,ref} =$			8214 kWh/a		
Jahres-Primärenergiebedarf nach Gl. (5.72) $Q_{P,ref} =$					9391 kWh/a
max. Jahres-Primärenergiebedarf $Q_{P,max} = 0{,}75 \cdot Q_{P,ref} =$					7043 kWh/a
bezogener max. Jahres-Primärenergiebedarf $q_{P,max} =$					58,13 kWh/(m² · a)
Anlagen-Aufwandszahl nach Gl. (5.73) $e_{P,ref} = Q_{P,ref} / (Q_{tw,ref} + Q_{h,ref}) =$					1,155

Abschließender Nachweis:

$q_P = Q_P / A_N = 6195$ kWh/a $/ 121{,}16$ m² $= 51{,}13$ kWh/(m² · a)
$\leq 58{,}13$ kWh/(m² · a) $= 7043$ kWh/a $/ 121{,}16$ m² $= Q_{P,max} / A_N = 0{,}75 \cdot Q_{P,ref} / A_N = q_{P,max}$

Damit ist der Nachweis nach EnEV 2014 – Anforderung ab 2016 – erbracht; der zur Förderung des Stromabsatzes abgesenkte Primärenergiefaktor $f_P = 1{,}8$ für Strom ist hierbei hilfreich: Mit $f_P = 2{,}4$ statt 1,8 hätte sich $q_P = 2{,}4/1{,}8 \cdot 51{,}13$ kWh/(m² · a) $= 68{,}17$ kWh/(m² · a) ergeben – der Nachweis wäre nicht erbracht!

Hinweis: Statt der vorgestellten Berechnung auf der Basis von einfachen Excel-Tabellen werden häufig die ausgefeilteren Excel-Tabellen der Universität Kassel verwendet [5.90] (auch über den Bundesverband Kalksandsteinindustrie e. V. erhältlich [5.91]); darüber hinaus gibt es eine Vielzahl weiterer meist kostenpflichtiger EDV-Lösungen. Eine Marktübersicht über die angebotene EnEV-Software findet sich unter www.solaroffice.de (s. auch [5.92], [5.93], [5.94]), Kurzbeschreibungen von zehn gängigen Softwareprodukten sind in [5.95] zusammengestellt, Qualitätskriterien und Gütesicherung für EnEV-Software wurden in [5.96] eerarbeitet.

5.5 Abgrenzung von Wohn- und Nichtwohngebäuden

Unter „Begriffsbestimmungen" nennt EnEV 2014 [5.9] § 2:

„Im Sinne dieser Verordnung
1. sind Wohngebäude Gebäude, die nach ihrer Zweckbestimmung überwiegend dem Wohnen dienen, einschließlich Wohn-, Alten- und Pflegeheimen sowie ähnlichen Einrichtungen,
2. sind Nichtwohngebäude Gebäude, die nicht unter Nummer 1 fallen,
3. sind kleine Gebäude mit nicht mehr als 50 Quadratmetern Nutzfläche, ..."

In der Praxis werden viele Gebäude gemischt genutzt. In EnEV 2014 § 2 steht nun, dass Wohngebäude „überwiegend" dem Wohnen dienen – wie ist nun mit solchen gemischt genutzten Gebäuden umzugehen? Dazu EnEV 2014 [5.9] § 22:

„§ 22 Gemischt genutzte Gebäude

(1) Teile eines Wohngebäudes, die sich hinsichtlich der Art ihrer Nutzung und der gebäudetechnischen Ausstattung wesentlich von der Wohnnutzung unterscheiden und die einen nicht unerheblichen Teil der Gebäudenutzfläche umfassen, sind getrennt als Nichtwohngebäude zu behandeln.

(2) Teile eines Nichtwohngebäudes, die dem Wohnen dienen und einen nicht unerheblichen Teil der Nettogrundfläche umfassen, sind getrennt als Wohngebäude zu behandeln.

(3) Für die Berechnung von Trennwänden und Trenndecken zwischen Gebäudeteilen gilt in Fällen der Absätze 1 und 2 Anlage 1 Nr. 2.6 Satz 1 entsprechend."

Zu unterscheiden sind in Absatz (1) zwei Kriterien für die Zuordnung von Gebäudeteilen zum Wohngebäude, nämlich

- Gebäudeteile, die sich nach Nutzung und Gebäudetechnik wesentlich von der Wohnnutzung unterscheiden, sowie
- Gebäudeteile, die einen nicht unerheblichen Teil der Gebäudenutzfläche umfassen.

Was bedeutet das in der Praxis? Nur wenn beide Kriterien erfüllt sind, sind solche Gebäudeteile getrennt als Nichtwohngebäude zu behandeln. Hilfestellung gibt hier die Begründung zum Kabinettsentwurf der EnEV 2007 (übernommen in die sog. *Auslegungsfragen* zur EnEV [5.52], Punkte nicht im Original):

„Absatz 1 legt fest, unter welchen Voraussetzungen die nicht dem Wohnen dienenden Flächen eines Wohngebäudes (vgl. § 2 Nr. 1) den Regeln für Nichtwohngebäude unterworfen werden müssen. Dabei soll wie folgt differenziert werden:

- Soweit die Nichtwohnnutzung sich nach der Art und Nutzung und der gebäudetechnischen Ausstattung nicht wesentlich von der Wohnnutzung unterscheidet, wird das Gebäude auch insoweit als Wohngebäude behandelt. Typische Fälle solcher wohnähnlicher Nutzungen sind freiberufliche Nutzungen, die üblicherweise in Wohnungen stattfinden können, und freiberufsähnliche gewerbliche Nutzungen. ...

- Mit der Erheblichkeitsgrenze bei der Gebäudenutzfläche soll – ebenso wie für Nichtwohngebäude in Absatz 2 – eine gesonderte Behandlung kleinerer Flächen vermieden werden. Wo die Untergrenze für die Anwendung des Absatzes 1 anzusetzen ist, ist eine Frage des Einzelfalls; im Allgemeinen dürften aber Flächenanteile bis zu 10 % der Gebäudenutzfläche (bei Absatz 2 der Nettogrundfläche) des Gebäudes noch als unerheblicher Flächenanteil anzusehen sein. Ein bestimmter Prozentsatz der Fläche soll nicht vorgegeben werden, um den Anwendern genügend Flexibilität zu geben."

Kurz gefasst heißt das, dass

- wohnähnliche Nutzungen (z.B. freiberufliche Nutzung) in Wohngebäuden mit beliebigen Flächenanteilen möglich sind,
- während andere Nutzungen i. d. R. 10 % Flächenanteil nicht überschreiten dürfen (allerdings nicht fest vorgegeben, um den Anwendern Flexibilität zu geben).

Tabelle 5.43: Behandlung von Trennwänden und Trenndecken zwischen Gebäudeteilen verschiedener Nutzung

Erster Gebäudeteil	Zweiter Gebäudeteil	Behandlung des Trennbauteils
Wohnnutzung oder wohnähnliche Nutzung mit Innentemperatur $\theta_i \geq 19\ °C$	Nichtwohnnutzung mit Innentemperatur $\theta_i \geq 19\ °C$ („normal beheizt")	Trennbauteil nicht wärmedurchlässig, bei Ermittlung von A und A/V_e nicht berücksichtigt
	Nichtwohnnutzung mit Innentemperatur $\theta_i \geq 12\ °C$ und $\theta_i < 19\ °C$ („niedrig beheizt")	U-Wert des Trennbauteils mit Temperatur-Korrekturfaktor F_{nb} nach DIN V 4108-6 bzw. DIN V 18599-2 gewichten
	Nichtwohnnutzung mit wesentlich niedrigerer Innentemperatur (d.h. $\theta_i < 12\ °C$, i. d. R. unbeheizt)	U-Wert des Trennbauteils mit Temperatur-Korrekturfaktor $F_u = 0{,}5$ nach DIN V 4108-6 gewichten

Wenn nach Beachtung dieser Kriterien Gebäude als gemischt genutzt berechnet werden müssen, ist o. g. § 22 (3) zu beachten. Die dort genannten Absätze 1 und 2 Anlage 1 Nr. 2.6 Satz 1 der EnEV 2014 [5.9] befassen sich mit aneinandergereihter Bebauung (vgl. Bild 5.7) und sollen für getrennt berechnete Teile eines Gebäudes sinngemäß angewandt werden (Tabelle 5.43). Bei diesen Gebäuden erhalten die getrennt berechneten Gebäudeteile auch getrennte Energieausweise.

Die Berechnung des spezifischen Transmissionswärmeverlusts H_T und des Jahres-Heizwärmebedarfs Q_h für Wohngebäude bzw. den wohngenutzten Teil gemischt genutzter Gebäude ist damit möglich – was aber ist im letztgenannten Fall mit der i. d. R. gemeinsamen Anlagentechnik?

Dieses Problem wurde – in anderem Zusammenhang – bereits vor einigen Jahren im Rahmen der sog. *Auslegungsfragen* [5.52] geklärt: Der Gebäudeteil, in dem sich *nicht* die Anlagentechnik (Heizung und Trinkwassererwärmung) befindet, wird so berechnet, als würden Trinkwassererwärmung und Heizung von einem Nahwärmesystem versorgt. Wenn es sich hierbei um den wohngenutzten Teil handelt, wird dieser entsprechend DIN V 4701-10 [5.16], 4.2.3 bzw. 4.2.5, mit einem Primärenergiefaktor $f_P = 1,3$ berechnet und für die Nahwärmeübergabestation

- $e_{TW,g} = 1,14$ mit $q_{TW,g,HE} = 0,40$ kWh/(m² · a) gemäß [5.16] Tabelle C.1-4e bzw.
- $e_{H,g} = 1,01$ mit $q_{H,g,HE} = 0,0$ gemäß [5.16] Tabelle C.3-4e

angesetzt. Die Nahwärmeversorgung – die gemeinsame Anlagentechnik – befindet sich dann im anderen Gebäudeteil (nicht wohngenutzt).

Bei der Ausstellung eines Energieausweises für einen als Wohngebäude genutzten Gebäudeteil *im Bestand* kann nach den „Regeln zur Datenaufnahme und Datenverwendung im Wohngebäudebestand" [5.97] auch wie folgt vorgegangen werden:

„Für den Gebäudeteil, für den die getrennte Berechnung als Wohngebäude durchgeführt werden soll, sind rein rechnerisch eigene zentrale Einrichtungen der Wärmeerzeugung (Wärmeerzeuger, Wärmespeicher, zentrale Warmwasserbereitung) anzunehmen, die hinsichtlich ihrer Bauart, ihres Baualters und ihrer Betriebsweise den gemeinsam genutzten Einrichtungen entsprechen, hinsichtlich ihrer Größe und Leistung jedoch nur auf den zu berechnenden Gebäudeteil ausgelegt sind. Die Eigenschaften dieser fiktiven zentralen Einrichtungen sind ... nach DIN V 4701-10 zu bestimmen."

5.6 Zu errichtende Wohngebäude nach DIN V 18599

Die EnEV 2014 [5.9] sieht *alternativ* zu DIN V 4108-6 und DIN V 4701-10 auch für Wohngebäude das Rechenverfahren der DIN V 18599 ([5.18] bis [5.30], vgl. Bild 5.11b) vor – eine solche Berechnung ist z. B. *sinnvoll* bei *gemischt* genutzten Gebäuden, um diese mit einem einheitlichen Verfahren nachweisen zu können (vgl. Abschnitt 5.5) und *erforderlich*, wenn Wohngebäude gekühlt werden. Das zu berechnende Gebäude und das Referenzgebäude müssen allerdings nach dem gleichen Verfahren berechnet werden, sog. *Mischungsverbot* [5.9]!

Tabelle 5.44: Gliederung der DIN V 18599 mit Beiblättern

Teil	Inhalt
Teil 1	Allgemeine Bilanzierungsverfahren, Begriffe, Zonierung und Bewertung der Energieträger
Teil 2	Nutzenergiebedarf für Heizen und Kühlen von Gebäudezonen
Teil 3	Nutzenergiebedarf für die energetische Luftaufbereitung
Teil 4	Nutz- und Endenergiebedarf für Beleuchtung
Teil 5	Endenergiebedarf von Heizsystemen
Teil 6	Endenergiebedarf von Wohnungslüftungsanlagen und Luftheizungsanlagen für den Wohnungsbau
Teil 7	Endenergiebedarf von Raumlufttechnik- und Klimakältesystemen für den Nichtwohnungsbau
Teil 8	Nutz- und Endenergiebedarf von Warmwasserbereitungssystemen
Teil 9	End- und Primärenergiebedarf von Kraft-Wärme-Kopplungsanlagen
Teil 10	Nutzungsrandbedingungen, Klimadaten
Teil 11	Gebäudeautomation
Beiblatt 1	Bedarfs-/Verbrauchsabgleich
Beiblatt 2	Anwendung von Kennwerten aus DIN V 18599 bei Nachweisen des EEWärmeG

Die Struktur der DIN V 18599 zeigt Tabelle 5.44. Darin fehlen jedoch für Wohngebäude einige Randbedingungen, so dass diese aus der EnEV 2014 [5.9], Anlage 1, 2.1.1, zu entnehmen sind:

„Der Jahres-Primärenergiebedarf Q_p ist nach DIN V 18599: 2011-12, berichtigt durch DIN V 18599-5 Berichtigung 1: 2013-05 und durch DIN V 18599-8 Berichtigung 1: 2013-05, für Wohngebäude zu ermitteln. Als Primärenergiefaktoren sind die Werte für den nicht erneuerbaren Anteil nach DIN V 18599-1: 2011-12 zu verwenden. Dabei sind für flüssige Biomasse der Wert für den nicht erneuerbaren Anteil „Heizöl EL" und für gasförmige Biomasse der Wert für den nicht erneuerbaren Anteil „Erdgas H" zu verwenden. Für flüssige oder gasförmige Biomasse im Sinne des § 2 Absatz 1 Nummer 4 des Erneuerbare-Energien-Wärmegesetzes kann für den nicht erneuerbaren Anteil der Wert 0,5 verwendet werden, wenn die flüssige oder gasförmige Biomasse im unmittelbaren räumlichen Zusammenhang mit dem Gebäude erzeugt wird. Satz 4 ist entsprechend auf Gebäude anzuwenden, die im räumlichen Zusammenhang zueinander stehen und unmittelbar gemeinsam mit flüssiger oder gasförmiger Biomasse im Sinne des § 2 Absatz 1 Nummer 4 des Erneuerbare-Energien-Wärmegesetzes versorgt werden. Für elektrischen Strom ist abweichend von Satz 2 als Primärenergiefaktor für den nicht erneuerbaren Anteil ab dem 1. Januar 2016 der Wert 1,8 zu verwenden; für den durch Anlagen mit Kraft-Wärme-Kopplung erzeugten und nach Abzug des Eigenbedarfs in das Verbundnetz eingespeisten Strom gilt unbeschadet des ersten Halbsatzes der dafür in DIN V 18599-1: 2011-12 angegebene Wert von 2,8. Wird als Wärmeerzeuger eine zum Gebäude gehörige Anlage mit Kraft-Wärme-Kopplung genutzt, so ist für deren Berechnung DIN V 18599-9: 2011-12 Abschnitt 5.1.7 Verfahren B zu verwenden. Bei der Berechnung des Jahres-Primärenergiebedarfs des Referenzwohngebäudes und des Wohngebäudes sind die in Tabelle 3 genannten Randbedingungen zu verwenden. Abweichend von DIN V 18599-1: 2011-12 sind bei der Berechnung des Endenergiebedarfs diejenigen Anteile gleich „null" zu setzen, die durch in unmittelbarem räumlichen Zusammenhang zum

5.6 Zu errichtende Wohngebäude nach DIN V 18599

Gebäude gewonnene solare Strahlungsenergie sowie Umgebungswärme und Umgebungskälte gedeckt werden."

Die im Zitat genannte Tabelle 3 ist hier als Tabelle 5.45 wiedergegeben.

Tabelle 5.45: Randbedingungen für die Berechnung des Jahres-Primärenergiebedarfs von Wohngebäuden nach EnEV 2014 [5.9]

Kenngröße	Randbedingungen
Verschattungsfaktor F_S	– soweit die baulichen Bedingungen nicht detailliert berücksichtigt werden: $F_S = 0{,}9$

solare Wärmegewinne über opake Bauteile	– Emissionsgrad der Außenfläche für Wärmestrahlung: $\varepsilon = 0{,}8$
	 – Strahlungsabsorptionsgrad an opaken Oberflächen
	   - allgemein: $\alpha = 0{,}5$
	   - für dunkle Dächer kann gesetzt werden: $\alpha = 0{,}8$

Gebäudeautomation	– Nach DIN V 18599-11: 2011-12
	   - Summand $\Delta\theta_{EMS}$: Klasse C
	   - Faktor adaptiver Betrieb f_{adapt}: Klasse C

Teilbeheizung	– Für den Faktor a_{TB} (Anteil mitbeheizter Flächen) sind ausschließlich die Standardwerte nach DIN V 18599-10: 2011-12 Tabelle 4 zu verwenden

Die Vorgehensweise, d. h. den sehr umfangreichen und – in der endgültigen Bilanz – iterativen Ablauf von Nachweisen nach DIN V 18599 zeigt das Rechenschema in Bild 5.35.

Die Bilanzierung nach DIN V 18599 statt DIN V 4108-6 mit DIN V 4701-10 basiert auf o. g. anderen Randbedingungen (Tabelle 5.46); diese Unterschiede führen zu abweichenden Ergebnissen bei der energetischen Bilanzierung [5.44], die im Rahmen des energetischen Nachweises genutzt werden können:

- Thermische Solaranlagen (zur Unterstützung der Trinkwassererwärmung) werden nach DIN V 4701-10 besser bewertet als nach DIN V 18599.

- Zu- und Abluftanlagen zur Wohnungslüftung werden – insbesondere bei Mehrfamilienhäusern (MFH) – nach DIN V 18599 besser bewertet als nach DIN V 4701-10.

- Die Berechnung von Wärmepumpen ist in beiden Normen nicht vergleichbar, im Allgemeinen werden aber Wärmepumpen nach DIN V 4701-10 günstiger bewertet als nach DIN V 18599.

Aufgrund der i. d. R. günstigeren Ergebnisse werden Wohngebäude seit Einführung der EnEV 2009 überwiegend nach DIN V 4108-6 mit DIN V 4701-10 nachgewiesen (vgl. Abschnitt 5.4.1) – das wird sich voraussichtlich mit Einführung der EnEV 2014 nicht ändern.

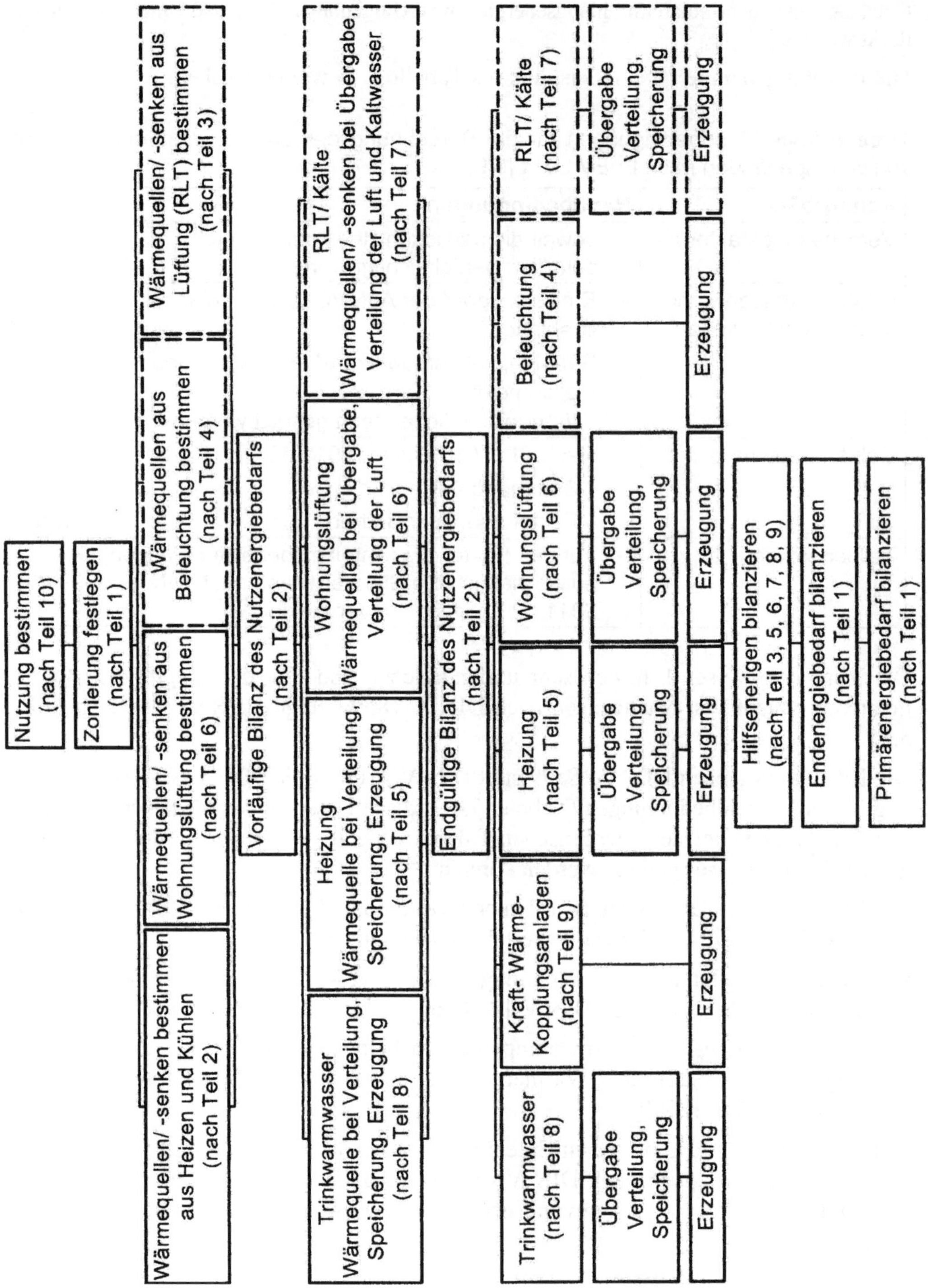

5 Nachweis von Wohngebäuden nach EnEV und EEWärmeG

Bild 5.35: Ablauf des Nachweises nach DIN V 18599 (nach [5.98])

Tabelle 5.46: Wesentliche Unterschiede in den Randbedingungen der Berechnungsverfahren für Wohngebäude (nach [5.47])

	DIN V 4108-6 mit DIN V 4701-10	DIN V 18599
Bau- und Anlagentechnik	getrennt erfasst	in einer Norm zusammengefasst
Berechnungsverfahren	baulich: Monatsbilanzverfahren anlagentechnisch: Heizperiodenverfahren	baulich *und* anlagentechnisch: Monatsbilanzverfahren
Nutzenergie für Trinkwassererwärmung	pauschal 12,5 kWh/(m² · a), auf fiktive Gebäudenutzfläche A_N bezogen	differenziert nach EFH und MFH 12 bzw. 16 kWh/(m² · a), auf Wohnfläche bezogen
Interne Wärmegewinne	pauschal 5 W/m², auf fiktive Gebäudenutzfläche A_N bezogen	differenziert nach EFH und MFH 2,1 bzw. 4,2 W/m², auf Wohnfläche bezogen
Wärmeeinträge aus Anlagentechnik	pauschal abgeschätzt	iterativ berechnet
Energieträger	heizwertbezogen	brennwertbezogen
Erfassung von Bestandsanlagen	DIN V 4701-12 [5.99] mit PAS 1027 [5.100]	in Norm integriert

5.7 Änderung von Gebäuden

5.7.1 Notwendigkeit der Energieeinsparung im Gebäudebestand

Damit in den kommenden Jahren die europäisch wie auch von der Bundesregierung beschlossene Verringerung der CO_2-Emissionen erreicht werden kann (vgl. Kapitel 1), muss – unter Berücksichtigung einer Gebäudelebensdauer von 50 bis 100 Jahren – vor allem der Gebäudebestand verbessert werden.

Der spezifische Energiebedarf lag 1990 – dem Basisjahr der internationalen Klimadiskussion – bei zentral beheizten Gebäuden in Deutschland
- bei einem Heiz*wärme*bedarf von im Mittel 160 kWh/(m² · a),
- was einem Heiz*energie*bedarf von im Mittel 230 *kWh/(m² · a)* bzw.
- einem Heizölverbrauch von *23 l/(m² · a)* entspricht [5.101].

Diese Werte ändern sich trotz deutlich besserer Neubauten nur sehr langsam, da z. B.
- entsprechend Tabelle 5.47 im Jahre 1997 erst ca. 25 % des Gebäudebestandes Deutschlands nach Inkrafttreten der ersten Wärmeschutzverordnung von 1977 erbaut worden sind [5.102] und
- im Jahre 2050 voraussichtlich erst 40 % des Gebäudebestandes nach Inkrafttreten der dritten Wärmeschutzverordnung von 1995 erbaut sein werden [5.103].

Tabelle 5.47: Wohnflächenbestand in Deutschland und dessen Altersstruktur im Jahre 1997 (nach [5.102])

Baujahr	Wohnfläche in Mio. m²	Anteil in %	Wohnungen in Mio.
vor 1918	556	17,6	-
1919 bis 1948	369	11,6	-
1949 bis 1968	903	28,5	-
1969 bis 1978	566	17,9	-
1979 bis 1991	485	15,3	-
1992 bis 1997	289	9,1	-
Summe	3168 [1])	100	36,55
davon Ein- und Zweifamilienhäuser	1790	56,5	16,11
davon Mehrfamilienhäuser	1378	43,5	20,44
Anteil alte Länder	2661	84,0	29,36
Anteil neue Länder	507	16,0	7,19

[1]) Davon bewohnt ca. 3050 Mio. m².

Eine Studie aus dem Jahr 2010 mithilfe des Schornsteinfegerhandwerks hat gezeigt, dass die vor jeglicher WSchV oder EnEV errichteten Gebäude aus der Zeit bis 1978 erst zu 25 bis 30 % energetisch modernisiert worden sind; daraus hat sich eine Modernisierungsrate von 1,1 % pro Jahr ergeben. Schreibt man diese Rate fort, so würde eine vollständige Modernisierung dieses Altbaubestandes etwa bis zum Jahr 2075 dauern [5.104] – ein für die in Kapitel 1 genannten Klimaschutzziele deutlich zu langer Zeitraum.

Eine beschleunigte Umsetzung energiesparender Maßnahmen im Gebäudebestand ist jedoch nur bedingt möglich, denn staatliche Vorgaben im Rahmen des öffentlichen Baurechts bewegen sich immer im Spannungsfeld zwischen folgenden im Grundgesetz (GG) festgeschriebenen Grundrechten:

- Schutz vor Gefahren für Leib und Leben (GG, Artikel 2 [5.105]):
„(2) Jeder hat das Recht auf Leben und körperliche Unversehrtheit. ... In diese Rechte darf nur auf Grund eines Gesetzes eingegriffen werden."

- Schutz des Eigentums (GG, Artikel 14 [5.105]):
„(1) Das Eigentum und das Erbrecht werden gewährleistet. Inhalt und Schranken werden durch die Gesetze bestimmt.
(2) Eigentum verpflichtet. Sein Gebrauch soll zugleich dem Wohle der Allgemeinheit dienen.
(3) Eine Enteignung ist nur zum Wohle der Allgemeinheit zulässig. Sie darf nur durch Gesetz oder auf Grund eines Gesetzes erfolgen, das Art und Ausmaß der Entschädigung regelt. ..."

Entschädigungen möchte der Gesetzgeber vermeiden; deshalb wird daraus für ordnungsgemäß genehmigte und errichtete Bauwerke der sog. *Bestandsschutz* abgeleitet, d. h.
- die Baugenehmigung dient u. a. dem Schutz vor Gefahren für Leib und Leben,

– während danach der Schutz des Eigentums vorgeht, d. h. ein einmal genehmigtes Bauwerk darf unverändert stehen bleiben – nachträgliche Rechtsänderungen betreffen solche Bauwerke i. d. R. nicht [5.106], [5.107].

Beim Bestandsschutz sind zu unterscheiden [5.106], [5.107]:

- Passiver Bestandsschutz bedeutet, dass gegen ein Bauwerk und seine vorgesehene zweckentsprechende Nutzung nicht mit einer Untersagung der Nutzung oder einer Abbruchsverfügung vorgegangen werden kann.
- Aktiver Bestandsschutz tritt ein, wenn zur Erhaltung der Substanz und der zweckentsprechenden Nutzung Maßnahmen zur Reparatur, zur Modernisierung oder zur geringfügigen Erweiterung notwendig sind. Solche Baumaßnahmen sind auch dann rechtlich zulässig, wenn sie dem geltenden Gesetzesrecht widersprechen, allerdings unter der Voraussetzung, dass sie nur der Substanzerhaltung dienen, d. h. zu keiner wesentlichen Veränderung des ursprünglichen Bestandes führen.

Nutzungsänderungen werden durch den Bestandsschutz grundsätzlich nicht abgedeckt!

Nachträglich zu erfüllende Anforderungen an bestehende Gebäude würden – ohne Gegenwert – einer Enteignung gleichkommen, und diese „darf nur durch Gesetz oder auf Grund eines Gesetzes erfolgen, das Art und Ausmaß der Entschädigung regelt" (s. o.). Dieses Gesetz ist im vorliegenden Fall das Energieeinsparungsgesetz (EnEG) [5.12], das die Grundlage u. a. für die Energieeinsparverordnung darstellt. Darin wird auf Entschädigungen verzichtet, weshalb dort das sog. *Wirtschaftlichkeitsgebot* formuliert ist:

„§ 5 Gemeinsame Voraussetzungen für Rechtsverordnungen

(1) Die in den Rechtsverordnungen nach den §§ 1 bis 4 aufgestellten Anforderungen müssen nach dem Stand der Technik erfüllbar und für Gebäude gleicher Art und Nutzung wirtschaftlich vertretbar sein. Anforderungen gelten als wirtschaftlich vertretbar, wenn generell die erforderlichen Aufwendungen innerhalb der üblichen Nutzungsdauer durch die eintretenden Einsparungen erwirtschaftet werden können. Bei bestehenden Gebäuden ist die noch zu erwartende Nutzungsdauer zu berücksichtigen.

(2) In den Rechtsverordnungen ist vorzusehen, dass auf Antrag von den Anforderungen befreit werden kann, soweit diese im Einzelfall wegen besonderer Umstände durch einen unangemessenen Aufwand oder in sonstiger Weise zu einer unbilligen Härte führen."

Was wird gemäß EnEG bei Bestandsgebäuden als „wirtschaftlich vertretbar" angesehen? Günstig für die energetische Verbesserung des Gebäudebestandes ist, dass einige recht wirksame Verbesserungsmaßnahmen einzelwirtschaftlich rentabel sind (1999 berechnet im Zuge der Erarbeitung der ersten EnEV mit dem langjährig nur wenig schwankenden *Real*zins = Differenz zwischen Marktzins und Inflationsrate von 4 %) [5.108]:

Tabelle 5.48 zeigt ein Berechnungsbeispiel von *Feist*, in dem – vor Einführung der ersten EnEV 2002 – die Wirtschaftlichkeit eines Wärmedämm-Verbundsystems (WDVS) geprüft wurde für den Fall, dass nach 25 Jahren Nutzungsdauer der Außenputz sowieso erneuert werden muss – also Sowiesokosten (= Ohnehinkosten) von 120 DM/m² für das Gerüst, den neuen Putz usw. anfallen. Die Mehrkosten von 40 DM/m² für das WDVS führen bei einer angenommenen Nutzungsdauer von ebenfalls 25 Jahren zu Kosten für die eingesparte Energie von nur 2,55 Pf/kWh – das ist weit weniger als der angesetzte

Endenergiepreis von ca. 6 Pf/kWh (Stand 1999, Aktualisierung 2008: 22 cm WDVS statt Neuputz führen zu Kosten der eingesparten Energie von 3,1 bis 3,3 ct/kWh bei einem Endenergiepreis von über 5 ct/kWh [5.109]).

Tabelle 5.48: Wirtschaftlichkeit eines Wärmedämm-Verbundsystems (WDVS) statt einer Außenputzerneuerung bei einem bestehenden Gebäude (Stand 1999, nach [5.108])

Bestehende Außenwand mit Neuputz:	
Wärmedurchgangskoeffizient (unverändert)	$U_{AW,0}$ = 1,25 W/(m² · K)
Energieverlust der Außenwand (unverändert)	$q_{AW,0}$ = 124 kWh/(m² · a)
Kosten der Putzerneuerung	120 DM/m²
wirtschaftliche Nutzungsdauer	25 Jahre
Bestehende Außenwand mit 10 cm WDVS statt Neuputz:	
Wärmedurchgangskoeffizient (neu)	$U_{AW,1}$ = 0,30 W/(m² · K)
Energieverlust der Außenwand (neu)	$q_{AW,1}$ = 30 kWh/(m² · a)
*Mehr*kosten gegenüber Putzerneuerung	40 DM/m²
wirtschaftliche Nutzungsdauer	25 Jahre
Wirtschaftlichkeit:	
Verringerung des Energieverlustes durch die Außenwand	Δq_{AW} = 94 kWh/(m² · a)
entspricht bei einem Energiepreis von 6 Pf/kWh	5,64 DM/(m² · a)
abzüglich Kapitalkosten der *Mehr*kosten bei 4 % realem Zins und 25 Jahren Nutzungsdauer (zus. 6 % p. a.)	2,40 DM/(m² · a)
ergibt einen Gewinn pro m² Außenwand von	3,24 DM/(m² · a)
entsprechend einem Gewinn pro kWh von	3,45 Pf/kWh
d. h. Kosten der eingesparten Energie pro kWh von	2,55 Pf/kWh

Tabelle 5.49 zeigt ein weiteres Berechnungsbeispiel von *Feist*, bei dem die Wirtschaftlichkeit des Austausches eines über 20 Jahre alten Kessels durch ein Brennwertgerät geprüft wurde. Bei der (allerdings schwer zu schätzenden) angenommenen Restnutzungsdauer des alten Kessels von 3 Jahren ergeben sich hier bei einer angenommenen Nutzungsdauer von 15 Jahren Kosten der eingesparten Energie von 2,62 Pf/kWh – das ist ebenfalls weit weniger als der angesetzte Endenergiepreis von ca. 6 Pf/kWh (Erdgas, Stand 1999).

Problematisch bleibt bei diesen Betrachtungen,
– dass die o. g. Veränderungen nur im Rahmen sowieso erforderlicher Instandsetzungsmaßnahmen wirtschaftlich sind (ggf. vorgezogen, s. den Kesselaustausch) und
– dass Eigentümer (Investor) und Nutzer (Mieter als Nutznießer der Energiesparmaßnahme) oft nicht identisch sind und somit beim Eigentümer ein Interesse an energetischer Verbesserung nur schwer zu wecken ist.

Tabelle 5.49: Wirtschaftlichkeit eines Kesselaustausches in einem bestehenden Gebäude (Stand 1999, nach [5.108])

Vorhandener 20 Jahre alter Kessel:	
Jahres-Nutzungsgrad	η_a = 75 %
wirtschaftliche Nutzungsdauer	15 Jahre
geschätzte Restnutzungsdauer	3 Jahre
daraus Restwert von 20 %, d. h.	2147 DM
Neuer Brennwert-Kessel:	
Jahres-Nutzungsgrad	η_a = 104 %
wirtschaftliche Nutzungsdauer	15 Jahre
Mehrkosten Brennwertkessel	887 DM
Wirtschaftlichkeit:	
Energieeinsparung durch Kesselaustausch	ΔQ_E = 10440 kWh/a
entspricht bei einem Energiepreis von 6 Pf/kWh	626 DM/a
abzüglich Kapitalkosten für den Restwert (2147 DM) und die Mehrkosten (887 DM) bei 4 % realem Zins und 15 Jahren Nutzungsdauer (zus. 9 % p. a.)	273 DM/a
ergibt einen Gewinn von	353 DM/a
entsprechend einem Gewinn pro kWh von	3,38 Pf/kWh
d. h. Kosten der eingesparten Energie pro kWh von	2,62 Pf/kWh

Für erforderlich gehalten werden deshalb zunehmende Informationsangebote für Mieter und Hauseigentümer, verstärkte Umweltabgaben und daraus finanzierte Fördermaßnahmen („Zuckerbrot und Peitsche") zur energetischen Verbesserung des Gebäudebestandes [5.101] – auch wenn die Deutsche Energie Agentur (dena) in einer Studie zum Ergebnis kommt, dass unter günstigen Randbedingungen eine warmmietenneutrale Modernisierung von Mehrfamilienhäusern möglich ist [5.110].

5.7.2 Anforderungen bei Änderung von bestehenden Gebäuden als Ganzes

Reine Nutzungsänderungen von Gebäuden ohne bauliche Maßnahmen an der Gebäudehülle fallen nicht unter EnEV [5.52] § 9. Wie im Neubau wurde auch bei Änderungen im Bestand durch die EnEV 2009 [5.7] das Anforderungsniveau
– an den Primärenergiebedarf um durchschnittlich 30 %,
– an den Transmissionswärmeverlust allerdings nur um 15 %
gegenüber der EnEV 2007 verschärft (in der EnEV 2014 unverändert). In der genannten Form ist die Anforderung aber nur erfüllbar, wenn das Gebäude als Ganzes entsprechend EnEV 2014 [5.9] § 9 (1), Satz 2, die Höchstwerte des Jahres-Primärenergiebedarfs und des spezifischen Transmissionswärmeverlustes um nicht mehr als 40 % überschreitet:

- Zum Ersten muss der ermittelte Jahres-Primärenergiebedarf Q_P des Gebäudes in kWh/a die folgende Ungleichung mit $Q_{P,ref}$ gemäß Referenzgebäudeverfahren einhalten (die Abminderung auf $Q_{P,max} \equiv 0{,}75 \cdot Q_{P,ref}$ ab 2016 bleibt unberücksichtigt):

5 Nachweis von Wohngebäuden nach EnEV und EEWärmeG

$$Q_P \leq 1{,}4 \cdot Q_{P,ref} \tag{5.74}$$

- Zum Zweiten wird der ermittelte spezifische Transmissionswärmeverlust H_T in W/K des Gebäudes als H'_T in W/(m² · K) auf die wärmeübertragende Umfassungsfläche A bezogen und muss dann folgende Ungleichung mit $H'_{T,max}$ gemäß Bild 5.8 einhalten:

$$H'_T = H_T/A \leq 1{,}4 \cdot H'_{T,max} \tag{5.75}$$

Mit dieser Regelung soll bei ungefähr gleichem energetischem Standard eine größere planerische Freiheit bei umfangreichen Modernisierungsmaßnahmen ermöglicht werden, als sie die Einzelmaßnahmen gemäß folgendem Unterabschnitt 5.7.3 ermöglichen.

5.7.3 Anforderungen bei Änderung einzelner Außenbauteile bestehender Gebäude

Im Gegensatz zum Neubau wird bei Änderungen, Erweiterungen und Ausbau im Bestand durch die EnEV 2014 [5.9] das Anforderungsniveau im Großen und Ganzen nicht verschärft – auch am Prinzip hat sich nichts geändert: Wenn an Außenluft grenzende Bauteile beheizter oder gekühlter Gebäude geändert werden sollen – also Sowiesokosten (Ohnehinkosten) anfallen – und nicht genauer gerechnet werden soll (vgl. Abschnitt 5.7.2) –, stellt die EnEV 2014 [5.9] § 9 (1), Satz 1 mit Anlage 3, die in Tabelle 5.50 zusammengestellten Anforderungen.

Die in Tabelle 5.50 genannten Änderungsmaßnahmen bedeuten im Einzelnen (vorhandene Bauteilschichten sind zu berücksichtigen):

A Ersatz oder erstmaliger Einbau von Außenwänden beheizter oder gekühlter Räume (Nr. 1)

Die genannten Anforderungen gelten für *Ersatz* oder *erstmaligen Einbau* und sind auch einzuhalten bei *Erneuerung* von außenseitigen Bekleidungen in Form
- von Platten oder plattenartigen Bauteilen oder Verschalungen sowie
- von Mauerwerks-Vorsatzschalen

oder bei Erneuerung des Außenputzes bei einer bestehenden Wand. Diese Maßnahmen sind nicht erforderlich, wenn die Außenwand nach dem 31.12.1983 ordnungsgemäß errichtet oder erneuert worden ist.

Sonderfälle in der EnEV 2014 [5.9]:

- Werden Maßnahmen an Außenwänden ausgeführt und ist die Dämmschichtdicke im Rahmen dieser Maßnahmen aus technischen Gründen begrenzt, so gelten die Anforderungen als erfüllt, wenn die nach anerkannten Regeln der Technik höchstmögliche Dämmschichtdicke mit einem Bemessungswert der Wärmeleitfähigkeit $\lambda = 0{,}035$ W/(m · K) eingebaut wird.

- Durch diese allgemein gehaltene Angabe werden auch die – bisher in der EnEV gesondert geregelten – Innendämmungen (auch bei Sichtfachwerkwänden) erfasst.

5.7 Änderung von Gebäuden

Tabelle 5.50: Höchstwerte der Wärmedurchgangskoeffizienten U_{max} gemäß EnEV 2014 bei Ersatz oder erstmaligem Einbau der in der ersten Spalte genannten Bauteile sowie bei Änderungsmaßnahmen gemäß der zweiten Spalte

Bauteil	Änderungs-maßnahme	U_{max} in W/(m² · K) für	
		Wohngebäude und Zonen von Nichtwohn-gebäuden mit $\theta_i \geq 19$ °C	Zonen von Nichtwohn-gebäuden mit $\theta_i \geq 12$ °C und $\theta_i < 19$ °C
Außenwände	Nr. 1 allg.	$U_{AW,max} = 0{,}24$	$U_{AW,max} = 0{,}35$
Fenster, Fenstertüren	Nr. 2a, b	$U_{W,BW,max} = 1{,}30$	$U_{W,BW,max} = 1{,}90$
Dachflächenfenster	Nr. 2a, b	$U_{W,BW,max} = 1{,}40$	$U_{W,BW,max} = 1{,}90$
Verglasungen	Nr. 2c	$U_{g,BW,max} = 1{,}10$	keine Anford.
Vorhangfassaden	Nr. 6	$U_{CW,max} = 1{,}50$	$U_{CW,max} = 1{,}90$
Glasdächer	Nr. 2a, c	$U_{g,BW,max} = 2{,}00$	$U_{g,BW,max} = 2{,}70$
Fenstertüren mit Klapp-, Falt-, Schiebe- od. Hebemechanismus	Nr. 2a	$U_{W,BW,max} = 1{,}60$	$U_{W,BW,max} = 1{,}90$
Fenster, Fenstertüren, Dachflächenfenster *mit Sonderverglasungen*	Nr. 2a, b	$U_{W,BW,max} = 2{,}00$	$U_{W,BW,max} = 2{,}80$
Sonderverglasungen	Nr. 2c	$U_{g,BW,max} = 1{,}60$	keine Anford.
Vorhangfassaden *mit Sonderverglasungen*	Nr. 6	$U_{CW,max} = 2{,}30$	$U_{CW,max} = 3{,}00$
Dachflächen einschl. Gauben, Wände gegen unbeheizten Dachraum, oberste Geschossdecken	Nr. 4a, c, d	$U_{D,max} = 0{,}24$	$U_{D,max} = 0{,}35$
Dachflächen mit Abdichtung	Nr. 4b	$U_{D,max} = 0{,}20$	$U_{D,max} = 0{,}35$
Decken und Wände gegen unbeheizte Räume und Erdreich	Nr. 5a, c	$U_{G,max} = 0{,}30$	keine Anford.
Erneuerung von Fußbodenaufbauten	Nr. 5b	$U_{G,max} = 0{,}50$	keine Anford.
Decken nach unten gegen Außenluft	Nr. 5a, c	$U_{G,max} = 0{,}24$	$U_{G,max} = 0{,}35$

- Bei *Kerndämmung von mehrschaligem Mauerwerk* gilt die Anforderung als erfüllt, wenn der bestehende Hohlraum zwischen den Schalen vollständig mit Dämmstoff der Wärmeleitfähigkeit $\lambda = 0{,}045$ W/(m · K)) ausgefüllt wird.
- Bei *Dämmstoffen aus nachwachsenden Rohstoffen* gilt die Anforderung als erfüllt, wenn Dämmstoff der Wärmeleitfähigkeit $\lambda = 0{,}045$ W/(m · K)) verwendet wird.

Sonderfälle gemäß Auslegungsfragen [5.52]:

- Eine reine Ausbesserung von Putzrissen – auch mit zusätzlicher Farbbeschichtung – oder eine reine Betoninstandsetzung stellen keine Putzerneuerung im o. g. Sinne dar.
- Ist z. B. im Falle einer Grenzbebauung eine energetische Verbesserung von Außenwänden statt einer Putzerneuerung nur möglich, wenn die gesamte Außenwand neu errichtet wird, so stellt dies eine unzumutbare Härte dar, die eine Befreiung nach EnEV § 25 (1) (aufgrund unangemessenen Aufwands bzw. unbilliger Härte) rechtfertigt. Ein Urteil des Bundesgerichtshofs von 2008 [5.111] widerspricht dem allerdings in folgendem Sonderfall:

  „Der Teilhaber einer gemeinsamen Giebelwand, der an diese (noch) nicht (vollständig) angebaut hat und derzeit auch nicht anbauen will, muss Maßnahmen des anderen Teilhabers zur Wärmedämmung dulden, die dazu führen, dass der freie Bereich der Wand einem den heutigen Erfordernissen entsprechenden Standard entspricht."

  Wie weit dieses Urteil auf getrennte Wände bei Grenzbebauung übertragbar ist, ist jedoch unklar; einige Bundesländer haben deshalb das Nachbarrecht so geändert, dass eine Außenwanddämmung geduldet werden muss, wenn der Nachbar dadurch nur geringfügig beeinträchtigt wird und eine vergleichbare alternative Wärmedämmung nicht mit vertretbarem Aufwand zu erzielen ist (s. auch [5.112], [5.113]). In § 5 (4) der Niedersächsischen Bauordnung von 2012 heißt es z. B.

  „Außer Betracht bleiben ferner
  1. Außenwandbekleidungen, soweit sie den Abstand um nicht mehr als 0,25 m unterschreiten, und
  2. Bedachungen, soweit sie um nicht mehr als 0,25 m angehoben werden,
  wenn der Abstand infolge einer Baumaßnahme zum Zwecke des Wärmeschutzes oder der Energieeinsparung bei einem vorhandenen Gebäude dadurch unterschritten wird."

- Analog sind Detailpunkte wie Fensterleibungen u. Ä. zu behandeln, an denen die Anbringung zusätzlicher Wärmedämmung deutlich erhöhte Aufwendungen oder einen Eingriff in die Gestaltung bedeuten.
- Die Neuausfachung von Sichtfachwerk wird in den WTA-Merkblättern 8-1 bis 8-9 geregelt [5.114], hierfür können nur feuchtetechnisch problematische Innendämmungen eingesetzt werden. Bis 2009 konnte hier neben *Ausnahmen* nach EnEV § 24 (für Baudenkmale) bei feuchtetechnisch maximal möglichem, aber gemäß EnEV Anlage 3 nicht ausreichendem Wärmeschutz auch von *Befreiungen* nach EnEV § 25 ausgegangen werden (auch dazu gibt es ein WTA-Merkblatt [5.115]) – diese Notwendigkeit war bereits durch die EnEV 2009 hinfällig geworden und ist nun entfallen!

(Zu Kosten und Lebensdauer verschiedener Maßnahmen zur nachträglichen Dämmung von Außenwänden s. z. B. [5.116].)

B Erneuerung von gegen Außenluft abgrenzenden Fenstern, Fenstertüren, Dachflächenfenstern und Glasdächern ohne/mit Sonderverglasungen oder Erneuerung von dortigen Verglasungen/Sonderverglasungen (Nr. 2)

Die genannten Anforderungen sind einzuhalten bei
2a) Ersatz oder erstmaliger Einbau des gesamten Bauteils,

2b) Einbau zusätzlicher Vor- oder Innenfenster (Bild 5.36a bis 5.36c),
2c) Ersatz der Verglasung oder verglaster Flügelrahmen (Bild 5.36d, nur erforderlich, wenn der vorhandene Rahmen dafür geeignet ist; bei Kasten- oder Verbundfenstern ist es ausreichend, wenn eine Glastafel eine infrarot-reflektierende Beschichtung mit einer Emissivität $\varepsilon_n \leq 0{,}20$ erhält).

Unter Sonderverglasungen sind dabei zu verstehen
- Schallschutzverglasungen mit $R'_{w,R} \geq 40$ dB nach EN ISO 717-1: 1997-01 oder vergleichbar,
- durchschusshemmende, durchbruchhemmende oder Sprengwirkung hemmende Verglasungen sowie
- Brandschutzverglasungen mit Einzelelementen von ≥ 18 mm Dicke nach DIN 4102-13: 1990-05 oder vergleichbar.

Für Schaufenster und Türanlagen gelten die o. g. Anforderungen grundsätzlich nicht; Glasdächer sind wie Dachflächenfenster zu behandeln [5.52].

Sonderfall in der EnEV 2014 [5.9]:
- Sind bei geplanten Maßnahmen nach 2c) die Glasdicken aus technischen Gründen begrenzt, so gelten die Anforderungen als erfüllt, wenn eine *Verglasung* mit $U_{g,BW} \leq 1{,}3$ W/(m² · K) eingebaut wird.

Sonderfall gemäß Auslegungsfragen [5.52]:
- Wenn in Wohngebäuden – in Tabelle 5.50 nicht genannte – Lichtkuppeln oder Lichtbänder vorkommen, gilt nur das sog. *Verschlechterungsverbot* nach EnEV § 11 (1), d. h. die erneuerten Bauteile dürfen nicht schlechter als die ausgebauten sein.

Hinweis: Änderungen ergeben sich bei Ersatz oder erstmaligem Einbau mehrerer Fenster nach aktueller DIN V 4108-4: 2013-02 [5.69] (vgl. Abschnitt 2.13.3):
- Bis 2009 wurde i. d. R. U_w für *alle* Fenstergrößen gemittelt nach DIN V 4108-4: 2004-07 aus einer Tabelle abgelesen, daraus der Bemessungswert $U_{w,BW}$ errechnet (Bild 5.37a) und dieser mit der Anforderung $U_{w,BW,max}$ verglichen.
- Zulässig war auch, $U_{w,j}$ nach EN ISO 10077-1 für jedes Fenster $j = 1, 2, ..., n$ einzeln entsprechend Gl. (2.67) in Abschnitt 2.13.3 zu berechnen und daraus nach DIN V 4108-4: 2004-07 für jedes Fenster einen individuellen Bemessungswert $U_{w,BW,j}$ zu ermitteln (Bild 5.37b) – allerdings wurde dadurch der Nachweis der Anforderung $U_{w,BW,max}$ für kleine Fenster erschwert (vgl. Bild 2.62 in Abschnitt 2.13.2), weshalb dieser Ansatz kaum genutzt wurde.
- Nach gültiger DIN V 4108-4: 2013-02 ist grundsätzlich für jedes Fenster $U_{w,j} = U_{w,BW,j}$ vom Hersteller entsprechend EN 14351-1 zu deklarieren: damit müssten kleinere Fenster wärmeschutztechnisch besser ausgeführt werden als größere, damit *alle* die Anforderung $U_{w,BW,max}$ einhalten (Bild 5.37c) – eine insbesondere im Bestand nicht sinnvolle Regelung, weshalb auch weiterhin von den Fensterherstellern mittlere Werte $U_{w,BW,mean}$ (ermittelt am Standardfenster von 1,48 m auf 1,23 m) ausgewiesen und den Nachweisen zugrunde gelegt werden.

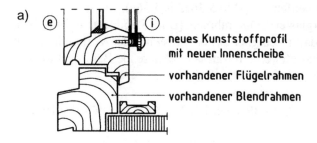

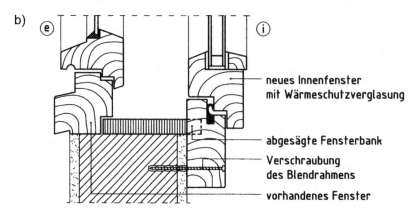

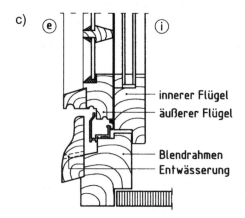

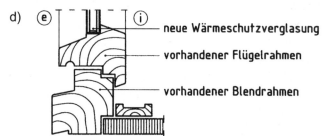

Bild 5.36: Einbau zusätzlicher Vor- oder Innenfenster bzw. Erneuerung von Verglasungen (nach [5.117]):
a) Einbau eines zusätzlichen Innenfensters in Form einer zweiten Glasscheibe
b) Einbau eines zusätzlichen Innenfensters, sodass ein Kastenfenster entsteht
c) Einbau eines zusätzlichen Innenfensters, sodass ein Verbundfenster entsteht
d) Ersatz einer alten Einfachverglasung durch eine Isolierverglasung (Wärmeschutzverglasung)

5.7 Änderung von Gebäuden

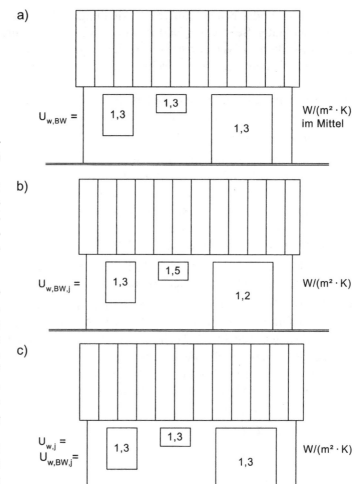

Bild 5.37: Wärmedurchgangskoeffizienten U_w von Fenstern:
a) nach DIN V 4108-4: 2004-07 U_w tabellarisch ermittelt und daraus der Bemessungswert $U_{w,BW}$ als Mittelwert errechnet
b) nach EN ISO 10077-1 $U_{w,j}$ für jedes Fenster $j = 1, 2, …, n$ (mit gleicher Ausführung von Rahmen und Verglasung) einzeln berechnet und nach DIN V 4108-4: 2004-07 jeweils der Bemessungswert $U_{w,BW,j}$ ermittelt
c) nach DIN V 4108-4: 2013-02 für jedes Fenster $U_{w,j} = U_{w,BW,j}$ deklariert

C Erneuerung von Außentüren (Nr. 3)

Es dürfen nur Türflächen mit $U_D ≤ 1{,}8$ W/(m² · K) eingebaut werden (gilt nicht für rahmenlose Türanlagen aus Glas, Karusselltüren und kraftbetätigte Türen).

D Ersatz oder erstmaliger Einbau von Dachflächen sowie Decken und Wänden gegen unbeheizte Dachräume (Nr. 4)

Die genannten Anforderungen gelten nur für opake Bauteile sowie für *Ersatz* oder *erstmaligen Einbau* und sind auch einzuhalten bei *Erneuerung* in Form
4a) von Ersatz oder Neuaufbau einer Dachdeckung einschließlich darunterliegender Lattungen oder Verschalungen,
4b) von Ersatz oder Neuaufbau einer flächigen, wasserdichten Abdichtung mit geschlossenen Nähten und Stößen (bei zweischaligen Dächern einschließlich darunterliegender Lattungen),

4c) von Ersatz oder Neuaufbau von Bekleidungen, Verschalungen oder Dämmschichten auf der kalten Seite von Wänden zum unbeheizten Dachraum (Abseitenwände),

4d) von Ersatz oder Neuaufbau von Bekleidungen, Verschalungen oder Dämmschichten auf der kalten Seite von Decken zum unbeheizten Dachraum (oberste Geschossdecken).

Diese Maßnahmen sind nicht erforderlich, wenn die Bauteile nach dem 31.12.1983 ordnungsgemäß errichtet oder erneuert worden sind.

Sonderfälle in der EnEV 2014 [5.9]:

- Ist bei Maßnahmen nach 4a) der Wärmeschutz als Zwischensparrendämmung ausgeführt (vgl. Bild 3.25a in Abschnitt 3.13) und ist die Dämmschichtdicke wegen einer innenseitigen Bekleidung oder der Sparrenhöhe begrenzt, so ist die Anforderung erfüllt, wenn die nach anerkannten Regeln der Technik höchstmögliche Dämmschichtdicke mit einem Bemessungswert der Wärmeleitfähigkeit $\lambda = 0{,}035$ W/(m · K) eingebaut wird (vgl. Bild 3.25b in Abschnitt 3.13).
- Werden bei Maßnahmen nach 4b) keilförmige Dämmschichten verwendet, so ist der Wärmedurchgangskoeffizient U entsprechend Abschnitt 2.11 zu errechnen.
- Werden Dämmmaßnahmen ausgeführt und ist die Dämmschichtdicke aus technischen Gründen begrenzt, so gelten die Anforderungen als erfüllt, wenn die nach anerkannten Regeln der Technik höchstmögliche Dämmschichtdicke mit einem Bemessungswert der Wärmeleitfähigkeit $\lambda = 0{,}035$ W/(m · K) eingebaut wird; werden Dämmstoffe in Hohlräume eingeblasen oder Dämmstoffe aus nachwachsenden Rohstoffen verwendet, so ist der Bemessungswert der Wärmeleitfähigkeit $\lambda = 0{,}045$ W/(m · K) ausreichend.

Sonderfall gemäß Auslegungsfragen [5.52]:

- Als Erneuerung der Dachhaut bei Flachdächern (d. h. Dächern mit < 22° Dachneigung) gilt nur eine voll funktionsfähige neue Dachhaut, die gemäß Flachdachrichtlinien bei Bitumenbahnen zweilagig sein muss. *Eine* neu aufgebrachte Lage Bitumenbahnen ist somit keine Erneuerung, d. h. es bestehen dann keine Anforderungen.
- Wird bei Steildächern nur die Dachdeckung, nicht aber die Lattung bzw. Schalung darunter erneuert, so ist die Wirtschaftlichkeit der Dämmmaßnahme derzeit nicht nachgewiesen. Es liegt keine vollständige Erneuerung der außenseitigen Bekleidung vor, d. h. es bestehen in diesem Fall keine Anforderungen.

E Ersatz oder erstmaliger Einbau von Wänden gegen Erdreich oder unbeheizte Räume (ohne Dachräume) sowie Decken nach unten gegen Erdreich, Außenluft oder unbeheizte Räume (Nr. 5)

Die genannten Anforderungen gelten für Ersatz oder erstmaligen Einbau und sind auch einzuhalten bei *Erneuerung* in Form

5a) von außenseitigen Bekleidungen oder Verschalungen, Feuchtigkeitssperren oder Dränungen (vgl. Bild 3.12 in Abschnitt 3.5),

5b) von Fußbodenaufbauten auf der beheizten Seite,

5c) der Anbringung von Deckenbekleidungen auf der Kaltseite (vgl. Bild 3.15a in Abschnitt 3.7).

Diese Maßnahmen sind nicht erforderlich, wenn die Bauteile nach dem 31.12.1983 ordnungsgemäß errichtet oder erneuert worden sind.

Sonderfall in der EnEV 2014 [5.9]:
- Werden Maßnahmen an den o. g. Bauteilen ausgeführt und ist die Dämmschichtdicke aus technischen Gründen begrenzt, so gelten die Anforderungen als erfüllt, wenn die nach anerkannten Regeln der Technik höchstmögliche Dämmschichtdicke mit einem Bemessungswert der Wärmeleitfähigkeit $\lambda = 0{,}035$ W/(m · K) eingebaut wird; werden Dämmstoffe in Hohlräume eingeblasen oder Dämmstoffe aus nachwachsenden Rohstoffen verwendet, so ist der Bemessungswert der Wärmeleitfähigkeit $\lambda = 0{,}045$ W/(m · K) ausreichend.

Erläuterung dazu gemäß Auslegungsfragen [5.52]:
- Dämmschichtdicken bei Fußbodenaufbauten auf der beheizten Seite werden aus technischen Gründen regelmäßig begrenzt durch technische Regeln über die Ausführung von Estrichen, über Barrierefreiheit sowie über die Anschlusshöhen an vorhandene Treppen.

F   Ersatz oder erstmaliger Einbau von Vorhangfassaden in Pfosten-Riegel-Konstruktion nach EN 13947 ohne/mit Sonderverglasungen (Nr. 6)

Die genannten Anforderungen sind einzuhalten bei *Erneuerung* in Form von Ersatz des gesamten Bauteils (Definition der Sonderverglasungen s. o.).

Eine *Pflicht zur energetischen Verbesserung* besteht gemäß EnEV 2014 [5.9] § 9 (3) nur, wenn die seit 2009 verschärfte sog. *Bagatellgrenze* überschritten wird, d. h.: Wenn generell ≥ 10 % der jeweiligen gesamten Bauteilfläche (das ist die Summe aller Flächen, die unter einer der o. g. Nrn. 1, 2, 3, 4.1, 4.2, 5 oder 6 zusammengefasst werden können) ersetzt oder erneuert werden soll, muss die *geänderte* Bauteilfläche den o. g. Anforderungen (vgl. Tabelle 5.50) genügen. Praktisch bedeutet dies jedoch häufig, dass die *gesamte* Bauteilfläche ersetzt oder erneuert werden muss, um Flickwerk zu vermeiden – gemäß den *Auslegungsfragen* [5.52] kann hier eine unbillige Härte vorliegen, die Grund für eine Befreiung nach EnEV 2014 [5.9] § 25 (1) sein kann.

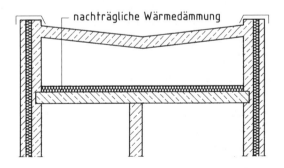

Bild 5.38: Zugängliche oberste Geschossdecke, beispielhaft in nicht begehbarem Dachgeschoss (Kriechboden, hier bereits mit nachträglicher Wärmedämmung)

5.7.4 Austausch- und Nachrüstpflichten im Bestand

Gemäß EnEV 2014 [5.9] § 10 gelten folgende Austausch- und Nachrüstpflichten bei Gebäuden:

- Die Pflicht zur Dämmung der obersten Geschossdecke wurde in § 10 (3) präziser gefasst: Der höchstzulässige Wärmedurchgangskoeffizient von bisher ungedämmten, zugänglichen – und zwar *begehbaren* und *nicht begehbaren* – obersten Geschossdecken (Bild 5.38) beträgt weiterhin U_{max} = 0,24 W/(m² · K), ggf. ist die Decke bis Ende 2015 entsprechend nachzudämmen – diese Anforderung gilt aber nur, wenn die Decke nicht dem Mindestwärmeschutz nach DIN 4108-2: 2013-02 [5.41] entspricht (vgl. Abschnitt 2.7). Diese Pflicht zur energetischen Verbesserung genügt dem Wirtschaftlichkeitsgebot des EnEG [5.12], es handelt sich hier um eine der wirtschaftlichsten Maßnahmen zur Energieeinsparung im Bestand [5.34]. *Hinweis*: Alternativ kann das darüberliegende, bisher ungedämmte Dach gedämmt werden.

  Ausnahmen:
  - Die Dämmung der obersten Geschossdecke (wie auch von Wärmeverteilungs- und Warmwasserleitungen sowie Armaturen) muss gemäß § 10 (5) nicht durchgeführt werden, wenn diese unwirtschaftlich wäre.
  - Ausgenommen sind gemäß § 10 (4) am 01.02.2002 vom Eigentümer selbst bewohnte Ein- und Zweifamilienhäuser, bei denen über die o. g. Frist hinaus die Dämmung der obersten Geschossdecke erst innerhalb von zwei Jahren nach einem Eigentümerwechsel ausgeführt sein muss – hier kann diese Dämmung somit auch später noch notwendig sein!

- Heizkessel für flüssige oder gasförmige Brennstoffe, die *vor* dem 01.01.1985 eingebaut wurden, dürfen gemäß § 10 (1) ab 2015 nicht mehr betrieben werden; wurden die entsprechenden Heizkessel *ab* 1985 eingebaut, dürfen sie nach Ablauf von 30 Jahren nicht mehr betrieben werden. Ausgenommen sind
  - generell Niedertemperatur- und Brennwertkessel sowie
  - gemäß § 10 (4) vom Eigentümer selbst bewohnte Ein- und Zweifamilienhäuser, bei denen über die o. g. Frist hinaus die Anforderungen erst innerhalb von zwei Jahren nach einem Eigentümerwechsel erfüllt sein müssen.

- Bereits gemäß den früheren Ausgaben der EnEV waren bis zum 31.12.2006 bzw. 31.12.2008
  - Heizkessel, die vor dem 01.10.1978 eingebaut oder aufgestellt wurden, auszutauschen sowie
  - ungedämmte Wärmeverteilungs- und Warmwasserleitungen sowie Armaturen in unbeheizten Räumen nach den heutigen Anforderungen nachzudämmen, d. h. entsprechend Tabelle 4.3 mit Bild 4.18 in Abschnitt 4.2.3. Dies hat sich in entsprechenden Studien als eine sehr wirtschaftliche Maßnahme herausgestellt [5.118].

  Ausgenommen waren und sind gemäß § 10 (4) am 01.02.2002 vom Eigentümer selbst bewohnte Ein- und Zweifamilienhäuser, bei denen über die o. g. Frist hinaus die Anforderungen erst innerhalb von zwei Jahren nach einem Eigentümerwechsel erfüllt sein müssen (s.o.) – bei solchen Gebäuden können die o. g. Maßnahmen somit noch in Zukunft notwendig sein!

Erläuterung dazu gemäß Auslegungsfragen [5.52]:

- Die oberste Geschossdecke gilt als gedämmt, wenn diese *oder das Dach* den Mindestwärmeschutz nach DIN 4108-2 (ab 1969) einhält; bei Holzbalkendecken aller Baualtersklassen kann von einer gedämmten obersten Geschossdecke ausgegangen werden.

Aufgehoben wurde in EnEV 2014 die in EnEV 2009 [5.7] § 10a vorgesehene *Außerbetriebnahme von elektrischen Nachtspeicherheizungen*, da diese künftig als Strom nutzende Energiespeicher bei Wind- oder Solarstromüberschuss wieder an Bedeutung gewinnen werden.

5.7.5 Erweiterung bestehender Gebäude

Nach EnEV 2014 [5.9] § 9 ist zu unterscheiden,
- ob ein bestehendes Gebäude um ≤ 50 m^2 oder > 50 m^2 beheizte oder gekühlte Nutzfläche erweitert wird und
- ob ein eigener Wärmeerzeuger eingebaut wird.

Die jeweils einzuhaltenden Anforderungen finden sich in Tabelle 5.51.

Tabelle 5.51: Anforderungen bei der Erweiterung bestehender Gebäude

	Erweiterung um ≤ 50 m² beheizte oder gekühlte Nutzfläche	Erweiterung um > 50 m² beheizte oder gekühlte Nutzfläche
ohne Einbau eines eigenen Wärmeerzeugers	Anforderungen an die Bauteile der Hüllfläche aus Tabelle 5.50	Anforderungen an die Bauteile der Hüllfläche aus Tabelle 5.50 *und* Anforderungen des sommerlichen Wärmeschutzes
mit Einbau eines eigenen Wärmeerzeugers	Anforderungen an die Bauteile der Hüllfläche aus Tabelle 5.50	Anforderungen für Neubauten – *aber:* Für Q_P und H'_T gelten ab 2016 *keine* verschärften Anforderungen (zu $H'_{T,max}$ vgl. Bild 5.8 rechts)

5.8 Energieausweise

5.8.1 Allgemeines

Generell ist gemäß der Novelle der EU-Richtlinie „Gesamtenergieeffizienz von Gebäuden" [5.11] bei jedem Mieter- oder Eigentümerwechsel ein Energieausweis auszuhändigen (Kopie ausreichend):

5 Nachweis von Wohngebäuden nach EnEV und EEWärmeG

ENERGIEAUSWEIS für Wohngebäude
gemäß den §§ 16 ff. der Energieeinsparverordnung (EnEV) vom [1]

Gültig bis:
Registriernummer [2]
(oder: „Registriernummer wurde beantragt am ...")

①

Gebäude

Gebäudetyp	
Adresse	
Gebäudeteil	
Baujahr Gebäude [3]	
Baujahr Wärmeerzeuger [3, 4]	
Anzahl Wohnungen	
Gebäudenutzfläche (A_N)	☐ nach § 19 EnEV aus der Wohnfläche ermittelt
Wesentliche Energieträger für Heizung und Warmwasser [3]	
Erneuerbare Energien	Art: Verwendung:
Art der Lüftung/Kühlung	☐ Fensterlüftung ☐ Lüftungsanlage mit Wärmerückgewinnung ☐ Anlage zur Kühlung ☐ Schachtlüftung ☐ Lüftungsanlage ohne Wärmerückgewinnung
Anlass der Ausstellung des Energieausweises	☐ Neubau ☐ Modernisierung ☐ Sonstiges ☐ Vermietung/Verkauf (Änderung/Erweiterung) (freiwillig)

Gebäudefoto (freiwillig)

Hinweise zu den Angaben über die energetische Qualität des Gebäudes

Die energetische Qualität eines Gebäudes kann durch die Berechnung des **Energiebedarfs** unter Annahme von standardisierten Randbedingungen oder durch die Auswertung des **Energieverbrauchs** ermittelt werden. Als Bezugsfläche dient die energetische Gebäudenutzfläche nach der EnEV, die sich in der Regel von den allgemeinen Wohnflächenangaben unterscheidet. Die angegebenen Vergleichswerte sollen überschlägige Vergleiche ermöglichen (**Erläuterungen – siehe Seite 5**). Teil des Energieausweises sind die Modernisierungsempfehlungen (Seite 4).

☐ Der Energieausweis wurde auf der Grundlage von Berechnungen des **Energiebedarfs** erstellt (Energiebedarfsausweis). Die Ergebnisse sind auf **Seite 2** dargestellt. Zusätzliche Informationen zum Verbrauch sind freiwillig.

☐ Der Energieausweis wurde auf der Grundlage von Auswertungen des **Energieverbrauchs** erstellt (Energieverbrauchsausweis). Die Ergebnisse sind auf **Seite 3** dargestellt.

Datenerhebung Bedarf/Verbrauch durch ☐ Eigentümer ☐ Aussteller

☐ Dem Energieausweis sind zusätzliche Informationen zur energetischen Qualität beigefügt (freiwillige Angabe).

Hinweise zur Verwendung des Energieausweises

Der Energieausweis dient lediglich der Information. Die Angaben im Energieausweis beziehen sich auf das gesamte Wohngebäude oder den oben bezeichneten Gebäudeteil. Der Energieausweis ist lediglich dafür gedacht, einen überschlägigen Vergleich von Gebäuden zu ermöglichen.

Aussteller

Ausstellungsdatum   Unterschrift des Ausstellers

[1] Datum der angewendeten EnEV, gegebenenfalls angewendeten Änderungsverordnung zur EnEV [2] Bei nicht rechtzeitiger Zuteilung der Registriernummer (§ 17 Absatz 4 Satz 4 und 5 EnEV) ist das Datum der Antragstellung einzutragen; die Registriernummer ist nach deren Eingang nachträglich einzusetzen. [3] Mehrfachangaben möglich [4] bei Wärmenetzen Baujahr der Übergabestation

Bild 5.39: Energieausweis für Wohngebäude [5.9]

5.8 Energieausweise

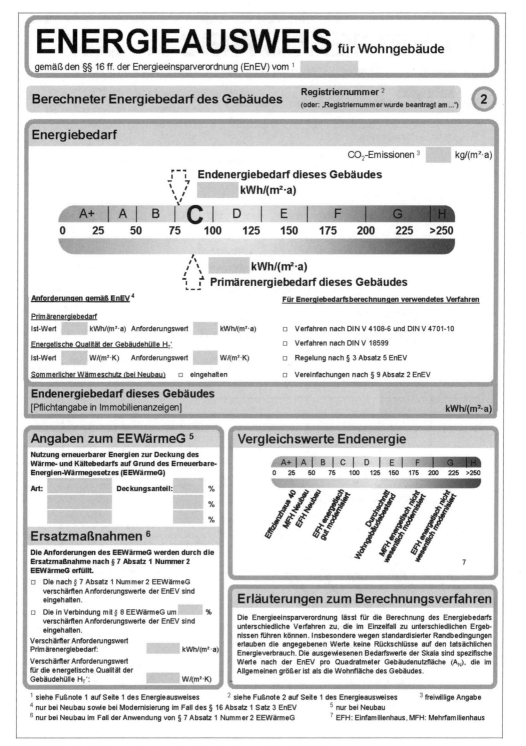

Bild 5.39 (Forts.): Energieausweis für Wohngebäude [5.9]

5 Nachweis von Wohngebäuden nach EnEV und EEWärmeG

ENERGIEAUSWEIS für Wohngebäude
gemäß den §§ 16 ff. der Energieeinsparverordnung (EnEV) vom [1]

Erfasster Energieverbrauch des Gebäudes Registriernummer [2] (oder: „Registriernummer wurde beantragt am ...") ③

Energieverbrauch

Endenergieverbrauch dieses Gebäudes
___ kWh/(m²·a)

| A+ | A | B | C | D | E | F | G | H |
| 0 | 25 | 50 | 75 | 100 | 125 | 150 | 175 | 200 | 225 | >250 |

___ kWh/(m²·a)
Primärenergieverbrauch dieses Gebäudes

Endenergieverbrauch dieses Gebäudes
[Pflichtangabe für Immobilienanzeigen]   kWh/(m²·a)

Verbrauchserfassung – Heizung und Warmwasser

Zeitraum		Energieträger [3]	Primär-energie-faktor	Energieverbrauch [kWh]	Anteil Warmwasser [kWh]	Anteil Heizung [kWh]	Klima-faktor
von	bis						

Vergleichswerte Endenergie

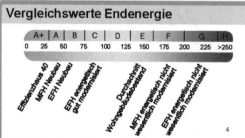

Die modellhaft ermittelten Vergleichswerte beziehen sich auf Gebäude, in denen die Wärme für Heizung und Warmwasser durch Heizkessel im Gebäude bereitgestellt wird.
Soll ein Energieverbrauch eines mit Fern- oder Nahwärme beheizten Gebäudes verglichen werden, ist zu beachten, dass hier normalerweise ein um 15 bis 30 % geringerer Energieverbrauch als bei vergleichbaren Gebäuden mit Kesselheizung zu erwarten ist.

Erläuterungen zum Verfahren

Das Verfahren zur Ermittlung des Energieverbrauchs ist durch die Energieeinsparverordnung vorgegeben. Die Werte der Skala sind spezifische Werte pro Quadratmeter Gebäudenutzfläche (A_N) nach der Energieeinsparverordnung, die im Allgemeinen größer ist als die Wohnfläche des Gebäudes. Der tatsächliche Energieverbrauch einer Wohnung oder eines Gebäudes weicht insbesondere wegen des Witterungseinflusses und sich ändernden Nutzerverhaltens vom angegebenen Energieverbrauch ab.

[1] siehe Fußnote 1 auf Seite 1 des Energieausweises   [2] siehe Fußnote 2 auf Seite 1 des Energieausweises
[3] gegebenenfalls auch Leerstandszuschläge, Warmwasser- oder Kühlpauschale in kWh   [4] EFH: Einfamilienhaus, MFH: Mehrfamilienhaus

Bild 5.39 (Forts.): Energieausweis für Wohngebäude [5.9]

5.8 Energieausweise

ENERGIEAUSWEIS für Wohngebäude
gemäß den §§ 16 ff. der Energieeinsparverordnung (EnEV) vom [1]

Empfehlungen des Ausstellers
Registriernummer [2]
(oder: „Registriernummer wurde beantragt am...")

4

Empfehlungen zur kostengünstigen Modernisierung

Maßnahmen zur kostengünstigen Verbesserung der Energieeffizienz sind ☐ möglich ☐ nicht möglich

Empfohlene Modernisierungsmaßnahmen

			empfohlen		(freiwillige Angaben)	
Nr.	Bau- oder Anlagenteile	Maßnahmenbeschreibung in einzelnen Schritten	in Zusammenhang mit größerer Modernisierung	als Einzelmaßnahme	geschätzte Amortisationszeit	geschätzte Kosten pro eingesparte Kilowattstunde Endenergie
			☐	☐		
			☐	☐		
			☐	☐		
			☐	☐		
			☐	☐		
			☐	☐		
			☐	☐		
			☐	☐		
			☐	☐		

☐ weitere Empfehlungen auf gesondertem Blatt

Hinweis: Modernisierungsempfehlungen für das Gebäude dienen lediglich der Information. Sie sind nur kurz gefasste Hinweise und kein Ersatz für eine Energieberatung.

Genauere Angaben zu den Empfehlungen sind erhältlich bei/unter:

Ergänzende Erläuterungen zu den Angaben im Energieausweis (Angaben freiwillig)

[1] siehe Fußnote 1 auf Seite 1 des Energieausweises
[2] siehe Fußnote 2 auf Seite 1 des Energieausweises

Bild 5.39 (Forts.): Energieausweis für Wohngebäude [5.9]

ENERGIEAUSWEIS für Wohngebäude

gemäß den §§ 16 ff. der Energieeinsparverordnung (EnEV) vom [1]

Erläuterungen 5

Angabe Gebäudeteil – Seite 1
Bei Wohngebäuden, die zu einem nicht unerheblichen Anteil zu anderen als Wohnzwecken genutzt werden, ist die Ausstellung des Energieausweises gemäß dem Muster nach Anlage 6 auf den Gebäudeteil zu beschränken, der getrennt als Wohngebäude zu behandeln ist (siehe im Einzelnen § 22 EnEV). Dies wird im Energieausweis durch die Angabe „Gebäudeteil" deutlich gemacht.

Erneuerbare Energien – Seite 1
Hier wird darüber informiert, wofür und in welcher Art erneuerbare Energien genutzt werden. Bei Neubauten enthält Seite 2 (Angaben zum EEWärmeG) dazu weitere Angaben.

Energiebedarf – Seite 2
Der Energiebedarf wird hier durch den Jahres-Primärenergiebedarf und den Endenergiebedarf dargestellt. Diese Angaben werden rechnerisch ermittelt. Die angegebenen Werte werden auf der Grundlage der Bauunterlagen bzw. gebäudebezogener Daten und unter Annahme von standardisierten Randbedingungen (z. B. standardisierte Klimadaten, definiertes Nutzerverhalten, standardisierte Innentemperatur und innere Wärmegewinne usw.) berechnet. So lässt sich die energetische Qualität des Gebäudes unabhängig vom Nutzerverhalten und von der Wetterlage beurteilen. Insbesondere wegen der standardisierten Randbedingungen erlauben die angegebenen Werte keine Rückschlüsse auf den tatsächlichen Energieverbrauch.

Primärenergiebedarf – Seite 2
Der Primärenergiebedarf bildet die Energieeffizienz des Gebäudes ab. Er berücksichtigt neben der Endenergie auch die so genannte „Vorkette" (Erkundung, Gewinnung, Verteilung, Umwandlung) der jeweils eingesetzten Energieträger (z. B. Heizöl, Gas, Strom, erneuerbare Energien etc.). Ein kleiner Wert signalisiert einen geringen Bedarf und damit eine hohe Energieeffizienz sowie eine die Ressourcen und die Umwelt schonende Energienutzung. Zusätzlich können die mit dem Energiebedarf verbundenen CO_2-Emissionen des Gebäudes freiwillig angegeben werden.

Energetische Qualität der Gebäudehülle – Seite 2
Angegeben ist der spezifische, auf die wärmeübertragende Umfassungsfläche bezogene Transmissionswärmeverlust (Formelzeichen in der EnEV: H_T'). Er beschreibt die durchschnittliche energetische Qualität aller wärmeübertragenden Umfassungsflächen (Außenwände, Decken, Fenster etc.) eines Gebäudes. Ein kleiner Wert signalisiert einen guten baulichen Wärmeschutz. Außerdem stellt die EnEV Anforderungen an den sommerlichen Wärmeschutz (Schutz vor Überhitzung) eines Gebäudes.

Endenergiebedarf – Seite 2
Der Endenergiebedarf gibt die nach technischen Regeln berechnete, jährlich benötigte Energiemenge für Heizung, Lüftung und Warmwasserbereitung an. Er wird unter Standardklima- und Standardnutzungsbedingungen errechnet und ist ein Indikator für die Energieeffizienz eines Gebäudes und seiner Anlagentechnik. Der Endenergiebedarf ist die Energiemenge, die dem Gebäude unter der Annahme von standardisierten Bedingungen und unter Berücksichtigung der Energieverluste zugeführt werden muss, damit die standardisierte Innentemperatur, der Warmwasserbedarf und die notwendige Lüftung sichergestellt werden können. Ein kleiner Wert signalisiert einen geringen Bedarf und damit eine hohe Energieeffizienz.

Angaben zum EEWärmeG – Seite 2
Nach dem EEWärmeG müssen Neubauten in bestimmtem Umfang erneuerbare Energien zur Deckung des Wärme- und Kältebedarfs nutzen. In dem Feld „Angaben zum EEWärmeG" sind die Art der eingesetzten erneuerbaren Energien und der prozentuale Anteil der Pflichterfüllung abzulesen. Das Feld „Ersatzmaßnahmen" wird ausgefüllt, wenn die Anforderungen des EEWärmeG teilweise oder vollständig durch Maßnahmen zur Einsparung von Energie erfüllt werden. Die Angaben dienen gegenüber der zuständigen Behörde als Nachweis des Umfangs der Pflichterfüllung durch die Ersatzmaßnahme und der Einhaltung der für das Gebäude geltenden verschärften Anforderungswerte der EnEV.

Endenergieverbrauch – Seite 3
Der Endenergieverbrauch wird für das Gebäude auf der Basis der Abrechnungen von Heiz- und Warmwasserkosten nach der Heizkostenverordnung oder auf Grund anderer geeigneter Verbrauchsdaten ermittelt. Dabei werden die Energieverbrauchsdaten des gesamten Gebäudes und nicht der einzelnen Wohneinheiten zugrunde gelegt. Der erfasste Energieverbrauch für die Heizung wird anhand der konkreten örtlichen Wetterdaten und mithilfe von Klimafaktoren auf einen deutschlandweiten Mittelwert umgerechnet. So führt beispielsweise ein hoher Verbrauch in einem einzelnen harten Winter nicht zu einer schlechteren Beurteilung des Gebäudes. Der Endenergieverbrauch gibt Hinweise auf die energetische Qualität des Gebäudes und seiner Heizungsanlage. Ein kleiner Wert signalisiert einen geringen Verbrauch. Ein Rückschluss auf den künftig zu erwartenden Verbrauch ist jedoch nicht möglich; insbesondere können die Verbrauchsdaten einzelner Wohneinheiten stark differieren, weil sie von der Lage der Wohneinheiten im Gebäude, von der jeweiligen Nutzung und dem individuellen Verhalten der Bewohner abhängen.
Im Fall längerer Leerstände wird hierfür ein pauschaler Zuschlag rechnerisch bestimmt und in die Verbrauchserfassung einbezogen. Im Interesse der Vergleichbarkeit wird bei dezentralen, in der Regel elektrisch betriebenen Warmwasseranlagen der typische Verbrauch über eine Pauschale berücksichtigt; Gleiches gilt für den Verbrauch von eventuell vorhandenen Anlagen zur Raumkühlung. Ob und inwieweit die genannten Pauschalen in die Erfassung eingegangen sind, ist der Tabelle „Verbrauchserfassung" zu entnehmen.

Primärenergieverbrauch – Seite 3
Der Primärenergieverbrauch geht aus dem für das Gebäude ermittelten Endenergieverbrauch hervor. Wie der Primärenergiebedarf wird er mithilfe von Umrechnungsfaktoren ermittelt, die die Vorkette der jeweils eingesetzten Energieträger berücksichtigen.

Pflichtangaben für Immobilienanzeigen – Seite 2 und 3
Nach der EnEV besteht die Pflicht, in Immobilienanzeigen die in § 16a Absatz 1 genannten Angaben zu machen. Die dafür erforderlichen Angaben sind dem Energieausweis zu entnehmen, je nach Ausweisart der Seite 2 oder 3.

Vergleichswerte – Seite 2 und 3
Die Vergleichswerte auf Endenergieebene sind modellhaft ermittelte Werte und sollen lediglich Anhaltspunkte für grobe Vergleiche der Werte dieses Gebäudes mit den Vergleichswerten anderer Gebäude sein. Es sind Bereiche angegeben, innerhalb derer ungefähr die Werte für die einzelnen Vergleichskategorien liegen.

[1] siehe Fußnote 1 auf Seite 1 des Energieausweises

Bild 5.39 (Forts.): Energieausweis für Wohngebäude [5.9]

- Um den Empfänger nicht zu überfordern, umfasste der Energieausweis nach EnEV 2007/09 [5.6], [5.7], Anlage 6, nur vier Seiten, ggf. im Bestand ergänzt um Modernisierungsempfehlungen nach Anlage 10. Die EnEV 2014 [5.9] fordert generell fünf Seiten inkl. Modernisierungsempfehlungen (Bild 5.39). Anlagen 7 bis 9 enthalten Energieausweise für Nichtwohngebäude und Musteraushänge für Gebäude mit starkem Publikumsverkehr aus öffentlicher Nutzung von > 500 m^2 Nettogrundfläche – ab 08.07.2015 von > 250 m^2 Nettogrundfläche.
- Prinzipiell soll die Darstellung der Energieeffizienz für das *Gebäude* erfolgen, d. h. der Energieausweis wird für das gesamte Gebäude und nicht wohnungsweise erstellt, da die Auslegung heizungs- und raumlufttechnischer Anlagen in Deutschland nicht pro Wohnung, sondern je Gebäude erfolgt (s. dazu auch die *Auslegungsfragen* [5.52]). *Ausnahme*: Für Wohngebäude, bei denen ein nicht unerheblicher Teil nicht für Wohnzwecke genutzt wird (vgl. Abschnitt 5.5), ist je ein Energieausweis für den Wohngebäudeteil und den Nichtwohngebäudeteil zu erstellen.

Das Bundesinstitut für Bau-, Stadt- und Raumplanung (BBSR) entwickelt eine sog. Druckapplikation für die Softwarehersteller, so dass Energieausweise direkt aus der Energieberater-Software ausgedruckt werden können. Diese Druckapplikation soll mit der Registrierung beim DIBt verknüpft werden (s. Abschnitt 5.9.1) [5.119].

Grundsätzlich sind Energieausweise 10 Jahre gültig (auch solche, die gemäß früheren Fassungen der EnEV ausgestellt wurden), sie verlieren jedoch ihre Gültigkeit, wenn nach EnEV 2014 [5.9] § 16 (1) durch bestimmte Änderungen und Erweiterungen für das *gesamte* Gebäude Berechnungen nach EnEV 2014 § 9 (2) durchgeführt werden müssen.

Gemäß EnEV 2014 § 16a sind in *Immobilienanzeigen* zu nennen:
- Die Art des Energieausweises (bedarfs- oder verbrauchsbasiert, s. Abschnitt 5.8.3),
- der im Energieausweis genannte Wert des Endenergiebedarfs oder -verbrauchs,
- die im Energieausweis genannten wesentlichen Energieträger für die Beheizung,
- das im Energieausweis genannte Baujahr des Gebäudes sowie
- bei Wohngebäuden die im Energieausweis genannte Energieeffizienzklasse (zwischen A+ und H nach EnEV 2014, Anlage 10, vgl. Bild 5.39, Seiten 2 und 3).

Bei älteren, noch gültigen Energieausweisen kann die Energieeffizienzklasse entsprechend EnEV 2014, Anlage 10, nachträglich ermittelt werden.

5.8.2 Energieausweise für zu errichtende Wohngebäude

In EnEV 2014 [5.9] § 16 heißt es (Hervorhebungen und Spiegelstriche nicht im Original):

„(1) Wird ein Gebäude errichtet, hat der Bauherr sicherzustellen, dass ihm, wenn er zugleich Eigentümer des Gebäudes ist, oder dem Eigentümer des Gebäudes ein Energieausweis nach dem Muster der Anlage 6 oder 7 unter Zugrundelegung der *energetischen Eigenschaften des fertig gestellten Gebäudes* ausgestellt und der Energieausweis oder eine Kopie hiervon übergeben wird. Die Ausstellung und die Übergabe müssen unverzüglich nach Fertigstellung des Gebäudes erfolgen. ... Der Eigentümer hat den Energieausweis der nach Landesrecht zuständigen Behörde auf Verlangen vorzulegen.

(2) Soll
- ein mit einem Gebäude bebautes Grundstück,
- ein grundstücksgleiches Recht an einem bebauten Grundstück oder
- Wohnungs- oder Teileigentum

verkauft werden, hat der Verkäufer dem potenziellen Käufer spätestens bei der Besichtigung einen Energieausweis oder eine Kopie hiervon mit dem Inhalt nach dem Muster der Anlage 6 oder 7 vorzulegen; die Vorlagepflicht wird auch durch einen deutlich sichtbaren Aushang oder ein deutlich sichtbares Auslegen während der Besichtigung erfüllt. Findet keine Besichtigung statt, hat der Verkäufer den Energieausweis oder eine Kopie hiervon mit dem Inhalt nach dem Muster der Anlage 6 oder 7 dem potenziellen Käufer unverzüglich vorzulegen; der Verkäufer muss den Energieausweis oder eine Kopie hiervon spätestens unverzüglich dann vorlegen, wenn der potenzielle Käufer ihn hierzu auffordert. Unverzüglich nach Abschluss des Kaufvertrages hat der Verkäufer dem Käufer den Energieausweis oder eine Kopie hiervon zu übergeben."

Hinweis: „Zugrundelegung der energetischen Eigenschaften des fertig gestellten Gebäudes" bedeutet, dass die Nachweise entsprechend dem Baufortschritt mit möglichen Änderungen nachzuführen sind, sodass tatsächlich das endgültige Gebäude dokumentiert ist.

Die aus der Berechnung des Jahres-End- und -Primärenergiebedarfs (vgl. Abschnitt 5.4 bzw. 5.6) in den Energieausweis zu übernehmenden Werte erklären sich anhand der Formblätter in EnEV 2014, Anlage 6, (Anlage 7 gilt für Nichtwohngebäude) selbst – s. auch [5.120].

5.8.3 Energieausweise für Wohngebäude im Bestand

Für *sämtliche* Gebäude ist gemäß der EU-Richtlinie *Gesamtenergieeffizienz von Gebäuden* [5.5] bei jedem Eigentümer- oder Mieterwechsel ein Energieausweis auszuhändigen oder in Kopie zu übergeben – also auch für Wohngebäude im Bestand.

Nach langwieriger Diskussion der Vor- und Nachteile im Vorfeld der EnEV 2007/09 [5.6], [5.7] sind die Energieausweise auch in der EnEV 2014 [5.9] v. a. in Abschnitt 5 mit den §§ 16 bis 21 wie folgt geregelt (s. auch [5.120]):

- Gemäß § 17 (1) sind für Bestandsgebäude Energieausweise auf der Grundlage
  - des berechneten Energie*bedarfs* (= Energiebedarfsausweise) und
  - des gemessenen Energie*verbrauchs* (= Energieverbrauchsausweise)

  gleichwertig – es dürfen auch beide Werte angegeben werden. Für zu errichtende Gebäude liegen noch keine Verbrauchsdaten vor; deshalb sind hier nur Energieausweise aufgrund des berechneten Energiebedarfs zulässig (Bild 5.40 rechts).

- Aufwändig ist (vgl. Bild 5.40) die Abfrage, ob das Gebäude dem Standard der Wärmeschutzverordnung 1977 (WSchV 1977) entspricht. Um diese Prüfung überhaupt zu ermöglichen, sind in der „Bekanntmachung der Regeln zur Datenaufnahme und Datenverwendung im Wohngebäudebestand" [5.97] die Anforderungen der WSchV 1977 erneut abgedruckt (Ausschnitte s. Tabellen 5.52 und 5.53 mit Bild 5.41).

- Trotz der gemäß EnEV 2014 geforderten Nennung im Energieausweis (vgl. Abschnitt 5.8.1) haben die Modernisierungsempfehlungen keine direkte Rechtswirkung,

d. h. kein Gebäudeeigentümer wird durch die EnEV gezwungen, Maßnahmen zur energetischen Verbesserung zu ergreifen!

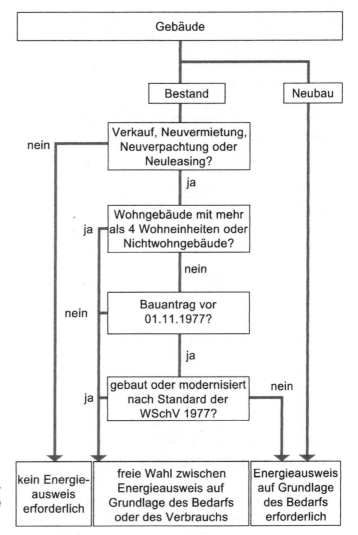

Bild 5.40: Erfordernis bestimmter Energieausweise (nach [5.121])

Tabelle 5.52: Höchstwerte der mittleren Wärmedurchgangskoeffizienten des Gebäudes $U_{m,max}$ in Abhängigkeit vom Formfaktor A/V_e (vgl. dazu Bild 2.6 in Abschnitt 2.4) nach WSchV 1977 [5.97]

A/V_e in m^{-1}	≤0,24	0,30	0,40	0,50	0,60	0,70	0,80	0,90	1,00	1,10	≥1,20
$U_{m,max}$ in W/(m²·K)	1,40	1,24	1,09	0,99	0,93	0,88	0,85	0,82	0,80	0,78	0,77

Tabelle 5.53: Höchstwerte der Wärmedurchgangskoeffizienten für Bauteile nach WSchV 1977 [5.97]

Bauteil	U_{max} in W/(m² · K)
Mittelwert von Außenwänden und Fenstern, wenn der Gebäudegrundriss von einem Quadrat von 15 m Seitenlänge umschrieben wird (Bild 5.41a)	$U_{m,AW-w} \leq 1{,}45$
Mittelwert von Außenwänden und Fenstern, wenn der Gebäudegrundriss an einer Seite über ein Quadrat von 15 m Seitenlänge hinausragt (Bild 5.41b)	$U_{m,AW-w} \leq 1{,}55$
Mittelwert von Außenwänden und Fenstern, wenn der Gebäudegrundriss ein Quadrat von 15 m Seitenlänge umschreibt (Bild 5.41c)	$U_{m,AW-w} \leq 1{,}75$
Dächer, obere Geschossdecken	$U_D \leq 0{,}45$
Kellerdecken, Bauteile gegen unbeheizte Räume	$U_G \leq 0{,}80$
Decken und Wände gegen Erdreich	$U_G \leq 0{,}90$
Fenster	mind. Doppel- oder Isolierverglasung

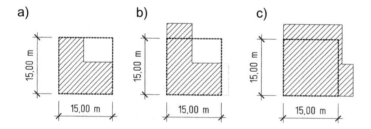

Bild 5.41: Grundrissformen von Gebäuden gemäß WSchV 1977 (nach [5.97])

Im Folgenden werden die Randbedingungen für die Erstellung der beiden o. g. Varianten des Energieausweises vorgestellt:

A Energieausweise auf Grundlage des *Bedarfs*

Nach EnEV 2014 [5.9] § 18 (2) werden Bedarfsausweise im Bestand grundsätzlich mit den gleichen Rechenverfahren wie Neubauten gerechnet. Allerdings sind dabei nach EnEV 2014, Anlage 3 Nr. 8, folgende Maßgaben zu beachten:

- Bei der Ermittlung des Jahres-Heizwärmebedarfs sind Wärmebrücken mit einem der in Tabelle 5.54 aufgeführten Zuschläge ΔU_{WB} für die gesamte wärmeübertragende Umfassungsfläche A zu erhöhen (sofern kein genauer Nachweis mithilfe eines Wärmebrückenprogramms erfolgt, vgl. Abschnitt 5.4.3).

- Bei offensichtlichen Undichtheiten (z. B. Fenster ohne funktionstüchtige Lippendichtung, beheizte Dachgeschosse mit Dachflächen ohne luftdichte Ebene) ist die Luftwechselrate auf $n = 1{,}0$ h^{-1} zu erhöhen, wodurch sich der spezifische Lüftungswärmeverlust H_V entsprechend vergrößert.

- Für die Ermittlung der solaren Wärmegewinne Q_s ist der Verschattungsfaktor – wie üblich – zu $F_S \equiv 0{,}9$ zu setzen, allerdings ist der Minderungsfaktor für den Rahmenanteil der Fenster mit $F_F \equiv 0,6$ statt 0,7 anzusetzen, wodurch sich die solaren Wärmegewinne entsprechend verringern.

Tabelle 5.54: Wärmebrückenzuschlag ΔU_{WB} bei der Bewertung bestehender Wohngebäude

Randbedingung	ΔU_{WB} in W/(m² · K)
bei vollständiger energetischer Modernisierung aller zugänglichen Wärmebrücken unter Berücksichtigung von DIN 4108 Beiblatt 2	0,05
im Regelfall	0,10
wenn > 50 % der Außenwand mit einer innen liegenden Dämmschicht und einbindender Massivdecke versehen sind	0,15

Tabelle 5.55: Geometrische Vereinfachungen und Korrekturen für den Rechengang bei Wohngebäuden [5.97]

Maßnahme bzw. Bauteil	Zulässige Vereinfachung
Fensteraufmaß	die Fensterfläche darf mit 20 % der Wohnfläche angenommen werden, dabei sind die Fenster Ost/West orientiert anzunehmen; wenn die Wohnfläche nicht bekannt ist, kann sie nach EnEV angesetzt werden – für EFH/ZFH mit beheiztem Keller zu $A_N/1,35$ und – für sonstige Wohngebäude zu $A_N/1,20$
Aufmaß Außentüren	nicht erforderlich (Türen sind im o. g. Pauschalwert für die Fensterfläche enthalten)
Rollladenkästen	10 % der Fensterfläche
Flächen der Heizkörpernischen	50 % der Fensterfläche
opake Vor- und Rücksprünge in den Fassaden bis zu 0,5 m	dürfen übermessen werden (Fensterbänder müssen jedoch aufgemessen werden) zur Korrektur ist H_T um 5 % zu erhöhen
innen liegende Kellerabgänge zu unbeheizten Zonen	dürfen übermessen werden zur Korrektur ist H_T um 50 W/K und V_e um 35 m³ je Kellerabgang zu erhöhen
Dachgauben	dürfen übermessen werden, allerdings ist die Länge der Gaube auf 0,5 m genau abzuschätzen zur Korrektur ist H_T um 10 W/K je Gaubenseitenwand und V_e um 9 m³ je m Gaubenlänge zu erhöhen

- Als Eingangsdaten dürfen auch Angaben des Eigentümers verwendet werden. Der Aussteller darf die vom Eigentümer bereitgestellten Daten seinen Berechnungen allerdings *nicht* zugrunde legen, wenn *begründeter Anlass zu Zweifeln an deren Richtigkeit* besteht. Sowohl diese Pflicht des Eigentümers als auch des Ausstellers zur korrekten Datenbereitstellung bzw. Datenermittlung sind im Zusammenhang mit dem Bußgeld nach EnEV 2014 [5.9] § 27 (2) Nr. 2 bei Verstoß gegen diese Pflichten zu sehen. Durch diese Bußgelddrohung soll verhindert werden, dass vorsätzlich oder leichtfertig falsche Daten bei der Erstellung von Energieausweisen verwendet werden.

Tabelle 5.56: Pauschalwerte für den Wärmedurchgangskoeffizienten von Wohngebäuden (ohne nachträgliche Dämmung) [5.97]

Bauteil	Konstruktion		Baualtersklasse						
			bis 1918	1918 bis 1948	1949 bis 1957	1958 bis 1968	1969 bis 1978	1979 bis 1983	1984 bis 1994	ab 1995
			Pauschalwerte für den Wärmedurchgangskoeffizienten in W/(m² · K)							
Dach (auch Wände zwischen beheiztem und unbeheiztem Dachgeschoss)	massive Konstruktion (insbes. Flachd.)		2,1	2,1	2,1	2,1	0,6	0,5	0,4	0,3
	Holzkonstruktion (insbes. Steildächer)		2,6	1,4	1,4	1,4	0,8	0,5	0,4	0,3
oberste Geschossdecke (auch Fußboden gegen außen, z. B. ü. Durchfahrten)	massive Decke		2,1	2,1	2,1	2,1	0,6	0,5	0,4	0,3
	Holzbalkendecke		1,0	0,8	0,8	0,8	0,6	0,4	0,3	0,3
Außenwand (auch Wände zum Erdreich oder zu unbeheizten (KG-) Räumen)	massive Konstruktion (Mauerwerk, Beton o. Ä.)		1,7	1,7	1,4	1,4	1,0	0,8	0,6	0,5
	Holzkonstr. (Fachwerk, Fertighaus)		2,0	2,0	1,4	1,4	0,6	0,5	0,4	0,4
sonstige Bauteile gegen Erdreich oder zu unbeheizten (KG-) Räumen	massive Bauteile		1,2	1,2	1,5	1,0	1,0	0,8	0,6	0,6
	Holzbalkendecke		1,0	0,8	0,8	0,8	0,6	0,6	0,4	0,4
Fenster, Fenstertüren	Holz, einfach verglast	g = 0,87	5,0	4,0	5,0	5,0	5,0	5,0	–	–
	Holz, zwei Scheiben	g = 0,75	2,7	2,7	2,7	2,7	2,7	2,7	2,7	1,8
	Kunststoff, isolierverglast	g = 0,75	–	–	–	3,0	3,0	3,0	3,0	1,8
	Alu- od. Stahl isolierverglast	g = 0,75	–	–	–	4,3	4,3	4,3	4,3	1,8
Rollladenkästen	neu, gedämmt		1,8							
	alt, ungedämmt		3,0							
Türen			3,5							

5.8 Energieausweise

Entsprechend EnEV 2014 § 9 (2) dürfen ferner
- Angaben zu geometrischen Abmessungen von Gebäuden *sachgerecht geschätzt* werden und
- anstelle nicht vorliegender energetischer Kennwerte von Bauteilen oder Anlagen für diese *gesicherte Erfahrungswerte für Bauteile und Anlagenkomponenten vergleichbarer Altersklassen* verwendet werden.

Tabelle 5.57: Wärmedurchgangskoeffizienten für zusätzlich gedämmte Bauteile von Wohngebäuden (berechnet mit λ = 0,040 W/(m · K)) [5.97]

Urzustand	zusätzliche Dämmung d =							
	2 cm	5 cm	8 cm	12 cm	16 cm	20 cm	30 cm	40 cm
Pauschalwert für den Wärmedurchgangskoeffizienten in W/(m² · K)								
> 2,5	1,20	0,63	0,43	0,30	0,23	0,19	0,13	0,10
> 2,0 bis 2,5	1,11	0,51	0,42	0,29	0,23	0,19	0,13	0,10
> 1,5 bis 2,0	1,00	0,57	0,40	0,29	0,22	0,18	0,13	0,10
> 1,0 bis 1,5	0,86	0,52	0,38	0,27	0,21	0,18	0,12	0,09
> 0,7 bis 1,0	0,67	0,44	0,33	0,25	0,20	0,17	0,12	0,09
> 0,5 bis 0,7	0,52	0,37	0,29	0,23	0,18	0,16	0,11	0,09
≤ 0,5	0,40	0,31	0,25	0,20	0,17	0,14	0,11	0,08

Diese Vereinfachungen sind in Regeln zur Datenaufnahme und Datenverwendung [5.97], die im Bundesanzeiger veröffentlicht wurden, detailliert geregelt (Auszüge s. Tabellen 5.55 bis 5.58) – s. dazu auch die *dena*-Leitfäden
- zur Datenaufnahme für Wohngebäude [5.121] und
- mit Modernisierungsempfehlungen für Wohngebäude [5.122].

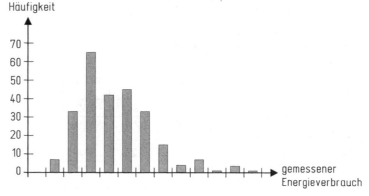

Bild 5.42: Verteilung des gemessenen Energieverbrauchs bei gleicher energetischer Qualität der Wohnungen (nach [5.125])

B Energieausweise auf Grundlage des *Verbrauchs*

Energieausweise auf Basis von Verbrauchskennwerten haben den Vorteil eines deutlich geringeren Aufwands für ihre Erstellung, sie haben aber auch gravierende Nachteile:

Tabelle 5.58: Endenergiebedarf für ausgewählte Systemkombinationen von Wohngebäuden [5.97]

Zentralheizungen mit zentraler Verteilung und Thermostatventilen (Proportionalbereich 2 K)		Endenergiebedarf des Gebäudes für Heizung und Warmwasser [1]) in kWh/(m² · a) für					
		Gas / Heizöl EL bei einem Heizwärmebedarf q_h [kWh/(m² · a)] des Gebäudes					Strom/ Hilfsenergie
Bezeichnung	Baualterskl. [2])	50	100	150	200	250	
Gebäudenutzfläche A_N = 150 m²							
NT-Kessel mit zentraler Wasserbereitung und Zirkulation	bis 1986	256	318	380	442	504	5,3
	ab 1987	136	196	255	315	374	4,5
NT-Kessel mit dezentraler elektr. Wasserbereitung ohne Zirkulat.	bis 1986	157	219	281	342	404	21,3
	ab 1987	85	145	204	264	323	20,5
Brennwertkessel mit zentraler Wasserbereitung mit Zirkulation	bis 1986	215	270	325	380	435	5,3
	ab 1987	121	175	228	282	336	4,5
Brennwertkessel mit dezentr. elektr. Wasserbereitung ohne Zirkulat.	bis 1986	120	175	230	285	340	21,3
	ab 1987	72	125	179	233	287	20,5
Gebäudenutzfläche A_N = 500 m²							
NT-Kessel mit zentraler Wasserbereitung und Zirkulation	bis 1986	175	235	296	356	416	2,6
	ab 1987	112	170	228	285	343	2,3
NT-Kessel mit dezentraler elektr. Wasserbereitung ohne Zirkulat.	bis 1986	114	175	235	295	356	19,3
	ab 1987	75	133	191	248	306	19,0
Brennwertkessel mit zentraler Wasserbereitung mit Zirkulation	bis 1986	150	204	258	312	366	2,6
	ab 1987	101	153	206	259	312	2,3
Brennwertkessel mit dezentr. elektr. Wasserbereitung ohne Zirkulat.	bis 1986	91	145	199	254	308	19,3
	ab 1987	65	118	171	223	276	19,0
Gebäudenutzfläche A_N = 2500 m²							
NT-Kessel mit zentraler Wasserbereitung und Zirkulation	bis 1986	144	203	262	321	380	1,6
	ab 1987	102	158	215	271	328	1,5
NT-Kessel mit dezentraler elektr. Wasserbereitung ohne Zirkulat.	bis 1986	99	158	217	276	336	18,5
	ab 1987	71	128	184	241	297	18,4
Brennwertkessel mit zentraler Wasserbereitung mit Zirkulation	bis 1986	125	178	232	285	339	1,6
	ab 1987	92	144	196	249	301	1,5
Brennwertkessel mit dezentr. elektr. Wasserbereitung ohne Zirkulat.	bis 1986	81	135	188	241	295	18,5
	ab 1987	62	115	167	219	271	18,4

[1]) Zugrunde liegt der Wasser-Wärmebedarf nach Anlage 1 Nr. 2.2 EnEV von 12,5 kWh/(m² · a).
[2]) Für die Baualtersklasse ist das Alter der ältesten Bauteile der Anlage anzusetzen, i. d. R. das Wärmeverteilungssystem.

- Die Trennung der Energieverbräuche für Heizung (witterungs*abhängig*) und Trinkwarmwasser (witterungs*unabhängig*) ist schwierig.
- Der einzubeziehende Stromverbrauch in Mehrfamilienhäusern enthält i. d. R. neben Heizung/Trinkwarmwasser auch die (Treppenraum-)Beleuchtung.
- Um Nutzereinflüsse zu minimieren, ist statistisch eine Mindestanzahl von Wohneinheiten im Gebäude erforderlich (Bild 5.42) – diskutiert wurden ≥ 8 bis 10 Wohneinheiten pro Gebäude [5.123], [5.124].

Unabhängig davon sind aber nach EnEV 2014 § 17 (2)
- *nur* bei Wohngebäuden mit ≤ 4 Wohnungen,
- deren Bauantrag vor dem 01.11.1977 gestellt wurde (d. h. vor der ersten Wärmeschutzverordnung)

grundsätzlich Bedarfsausweise zu erstellen. *Ausnahme*: Selbst in diesem Fall darf auf einen Bedarfsausweis verzichtet werden, wenn nachgewiesen wird, dass die Anforderungen der ersten Wärmeschutzverordnung von 1977 erfüllt sind (Bild 5.40 Mitte).

Um eine Vergleichbarkeit mit dem Bedarfsausweis so weit wie möglich herzustellen, ist entsprechend EnEV 2014 § 19 (2) die Wohnfläche
- von unterkellerten Ein- und Zweifamilienhäusern mit dem Faktor 1,35 und
- von allen sonstigen Gebäuden mit dem Faktor 1,2

auf die fiktive Gebäudenutzfläche A_N zu erhöhen [5.126]. Wenn der Endenergieverbrauch nicht bekannt ist, muss
- bei dezentraler Warmwasserbereitung der Endenergieverbrauch um 20 kWh/(m²·a) und
- bei Raumluftkühlung in Wohngebäuden der Endenergieverbrauch um 6 kWh/(m²·a) bezogen auf die gekühlte Gebäudenutzfläche

erhöht werden.

Gemäß EnEV 2014 § 19 (3) müssen die Energieverbrauchskennwerte für Verbrauchsausweise im Bestand
- gemäß den allgemein anerkannten Regeln der Technik witterungsbereinigt
- über mindestens drei aufeinanderfolgende Abrechnungsperioden

ermittelt und Vergleichswerten ähnlicher Gebäude gegenübergestellt werden. Näheres dazu ist in den Regeln für Energieverbrauchskennwerte [5.127], die im Bundesanzeiger veröffentlicht wurden, detailliert geregelt. Gemäß EnEV 2014 § 19 (3) sind dabei Leerstände nach den Regeln der Technik angemessen zu berücksichtigen.

Die o. g. Witterungsbereinigung des Energieverbrauchs in kWh erfolgt vereinfacht nach folgender Gleichung [5.123]:

$$E_{Vh,Bund} = f_{K\lim a} \cdot \frac{1}{3} \sum_{i=1}^{3} E_{Vh,12mth,i} \qquad (5.76)$$

$E_{Vh,Bund}$ auf bundesweit mittlere Klimabedingungen witterungsbereinigter Anteil des Energieverbrauchs für Heizung für das Gebäude in kWh/a

$E_{Vh,12mth,i}$ witterungsabhängiger Anteil des Energieverbrauchs für Heizung am Standort des Gebäudes in kWh/a für die drei vorhergehenden Kalender- bzw. Abrechnungsjahre $i = 1, ..., 3$ von jeweils 12 Monaten (= 12 *mths.*)

f_{Klima} dimensionsloser Klimafaktor für 39 Wetterstationen aus [5.128] (zur Zuordnung aller deutschen Orte zu den Wetterstationen nach Postleitzahlen s. [5.129]

$E_{Vh,Bund}$ kann dann auf die Wohn- oder Nutzfläche bezogen und im Energieausweis angegeben werden (s. auch [5.127], [5.128], [5.129]).

Abschließender Hinweis: Bei Wahl des Verbrauchsausweises im Bestand bleibt allerdings unklar, auf welcher Basis die von der EU-Richtlinie geforderten Modernisierungsempfehlungen sinnvoll gegeben werden sollen. Laut *Hegner* [5.130] und *Schettler-Köhler* [5.131] vom BMVBS sollte es eigentlich keine „Ferndiagnose" anhand von Energieabrechnungen geben!

5.8.4 Ausstellungsberechtigte für Energieausweise

Die Zulassung für die Ausstellung von Energieausweisen bleibt grundsätzlich Landesrecht; gemäß Novelle der EU-Gebäuderichtlinie [5.11] (umgesetzt durch EnEV 2014 § 26d) muss aber *eine* unabhängige Kontrollinstanz für Energieausweise eingeführt werden, die länderübergreifend arbeiten soll – das wird das DIBt sein [5.119]. Energieausweis-Aussteller/innen müssen sich dort vorab gemäß EnEV 2014 § 26c registrieren.

Für die Ausstellung von Energieausweisen gelten bundesweit die Regelungen aus EnEV 2014 [5.9] § 21 (Bild 5.43) – Erläuterungen dazu:

- Die Gruppe der „Absolventen von Diplom-, Bachelor- oder Masterstudiengängen an Universitäten, Hochschulen oder Fachhochschulen" wurde laut Bundesratsbeschluss 2009 umbenannt in „Personen mit berufsqualifizierendem Hochschulabschluss". Hintergrund dieser Begriffsänderung durch den Bundesrat ist die Anpassung der Begrifflichkeit an die Berufsqualifikationsrichtlinie. Berufsqualifizierende Abschlüsse sind die bisherigen Abschlüsse Dipl.-Ing. (FH) und Dipl.-Ing., die neuen Abschlüsse Bachelor und Master nach dem Bologna-Protokoll sowie die zur Ausübung des Berufs berechtigten Staatsexamina [5.132].

- Im Entwurf der EnEV 2009 war in § 21 ursprünglich vorgesehen, dass sich auch Personen, die nicht dem EnEV-Raster für die Ausstellungsberechtigung entsprechen, jedoch entsprechend qualifiziert sind, in Einzelfallentscheidungen die Gleichwertigkeit ihrer Ausbildung bei der zuständigen Landesbehörde bestätigen lassen können und damit auch Energieausweise ausstellen dürfen. Dies wurde vom Bundesrat mit dem Hinweis auf einen unverhältnismäßigen Verwaltungsmehraufwand abgelehnt.

- Laut früherer EnEV 2007 durften Hochschulabsolventen nur Energieausweise ausstellen, wenn sie eine Fortbildung
  - sowohl für den Bereich Wohngebäude
  - als auch Nichtwohngebäude

besucht haben. Mit der seit 2009 gültigen Formulierung genügt bei dieser Personengruppe für die Ausstellung von Ausweisen für Wohngebäude eine Fortbildung, die sich lediglich auf die Inhalte für den Bereich Wohngebäude laut EnEV 2009/14 Anlage 11 beschränkt. Die Ausstellungsberechtigung ist dann auf Wohngebäude beschränkt [5.132].

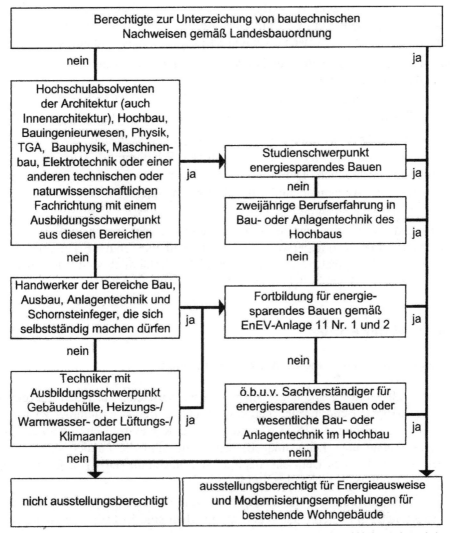

Bild 5.43: Ausstellungsberechtigung für Energieausweise im Wohngebäudebestand (nach [5.133])

- In EnEV 2014 [5.9] § 21 werden wie bisher nur die inhaltlichen Schwerpunkte der Fortbildung zu bestehenden Wohngebäuden bzw. zu bestehenden Nichtwohngebäuden in Anlage 11 „Anforderungen an die Inhalte zur Fortbildung (zu § 21 Abs. 2 Nr. 2)" geregelt, d. h. es ist auch weiterhin

- weder der zeitliche Umfang der Weiterbildung
- noch eine eventuelle Zertifizierung in der EnEV

geregelt (s. EnEV 2014, Anlage 11, Nr. 4).

Für Energieausweise nach EnEV 2014 ist es noch zu früh, aber 94 Energieausweise nach EnEV 2007 [5.6] ließ das BMVBS evaluieren mit folgenden Ergebnissen [5.134]:

- Die Abweichungen sind bei Verbrauchsausweisen deutlich geringer als bei Bedarfsausweisen; bei dem Vergleich mit einer Referenzberechnung wichen 57 % der Bedarfsausweise um > 5 % nach oben und 14 % um > 5 % nach unten ab.
- Hauptgründe für Abweichungen bei den *Verbrauchsausweisen* sind
  - falsche Klimafaktoren,
  - der Ansatz einer falschen Gebäudenutzfläche (Wohnfläche?) und
  - fehlerhafte Übernahme der Verbrauchswerte aus den Abrechnungsunterlagen.
- Hauptgründe für Abweichungen bei den *Bedarfsausweisen* sind
  - die Verwendung unterschiedlicher Software-Programme,
  - eine unterschiedliche Definition der Systemgrenze (thermische Hülle) und
  - fehlerhafte Annahmen aufgrund älterer Planunterlagen bzw. von Erfahrungswerten nach Baualtersklassen.

Darüber hinaus hat sich gezeigt, dass Nicht-Fachleute den Energieausweis schwer verstehen, da zum einen Vergleichswerte fehlen und zum anderen die Erläuterungen auf der jetzigen S. 5 des Energieausweises für Laien nicht verständlich sind – hier wie bei den o. g. Berechnungsansätzen besteht also noch Verbesserungsbedarf!

5.9 Vollzug der EnEV

5.9.1 Registriernummer und Stichprobenkontrollen

Nach EnEV 2014 [5.9] § 26c haben Energieausweisaussteller für jeden Energieausweis bei der zuständigen Behörde eine gebührenpflichtige Registriernummer zu beantragen (5,50 € pro Registriernummer [5.135]), und zwar i. d. R. elektronisch (gilt analog auch für Inspektionsberichte über Klimaanlagen). Zuständig sind die Länder; deren Vollzugsaufgaben nimmt aber das Deutsche Institut für Bautechnik (DIBt) in Berlin wahr, das eine entsprechende Website bereitstellt [5.119].

Für die Praxis problematisch ist dabei, dass nach Zuweisung einer Registriernummer keine Änderungen am Energieausweis mehr möglich sind [5.119]: Bei Neubauten wird dadurch voraussichtlich

- ein *erster* Energieausweis in der Planungsphase für die Vermarktung der Immobilie und
- ein entsprechend der tatsächlichen Ausführung nachgeführter *zweiter* Energieausweis für die abschließende Dokumentation

mit jeweils eigener Registriernummer benötigt.

Das DIBt wird als zuständige Behörde auch die Energieausweise nach EnEV 2014 [5.9] § 26d stichprobenartig kontrollieren. Dafür müssen die Energieausweisaussteller Kopien ihrer Energieausweise mindestens zwei Jahre ab Ausstellungsdatum aufheben; die Daten und Unterlagen sind grundsätzlich in elektronischer Form zu übermitteln.

5.9.2 Verantwortliche für die Einhaltung der EnEV

War bisher für die Einhaltung der EnEV nur der *Bauherr* verantwortlich, kamen mit der EnEV 2009 [5.7] auch Personen dazu, „die im Auftrag des Bauherrn bei der Errichtung oder Änderung von Gebäuden oder der Anlagentechnik in Gebäuden tätig werden" – *Planer/innen* und *Energieberater/innen* werden damit seit 2009 stärker in die Haftung genommen!

Gemäß EnEV 2014 [5.9] § 26a ist bei Bestandsgebäuden eine *Unternehmererklärung* in den Fällen notwendig, in denen
– Außenbauteile oder oberste Geschossdecken gedämmt werden bzw.
– heizungs-, lüftungs- und klimatechnische Anlagen oder Warmwasseranlagen oder Teile davon in einem Bestandsgebäude ersetzt oder erstmalig neu eingebaut werden.

Mit dieser Unternehmererklärung bestätigt der Unternehmer die Erfüllung der Anforderungen der EnEV gegenüber dem Eigentümer – letzterer hat diese Erklärung mindestens fünf Jahre aufzubewahren. (Der Bundesrat hat abgelehnt, dass die zuständige Behörde dazu Stichproben durchführen soll. Die Unternehmererklärung ist lediglich auf Verlangen der Landesbehörde vorzulegen.)

Gemäß EnEV 2014 [5.9] § 26b prüft der dafür *bevollmächtigte Bezirksschornsteinfegermeister* als Beliehener im Rahmen der Feuerstättenschau,
– ob Heizkessel, die laut EnEV außer Betrieb zu setzen waren, weiter betrieben werden,
– ob dämm- und regelungstechnische Vorschriften eingehalten werden und
– unterrichtet bei einer ergebnislos verstrichenen Nachfrist die nach Landesrecht zuständige Behörde.

Die Erfüllung der Pflichten kann vom Eigentümer auch durch Vorlage von Unternehmererklärungen gegenüber dem Bezirksschornsteinfegermeister nachgewiesen werden.

5.9.3 Ordnungswidrigkeiten

Die Tatbestände für Ordnungswidrigkeiten sind in EnEV 2014 [5.9] § 27 definiert:
- Ordnungswidrig handelt z. B. ein Eigentümer, der vorsätzlich oder leichtfertig Daten für die Ausstellung des Energieausweises zur Verfügung stellt, die den entsprechenden Anforderungen der EnEV 2014 nicht genügen – das gilt aber genauso auch für die/den Energieausweisaussteller/in, die/der diese Daten trotz begründeten Zweifeln an deren Richtigkeit verwendet!

- Ordnungswidrig handelt z. B. ein/e Energieausweisaussteller/in, die/der vorsätzlich oder leichtfertig einen Energieausweis oder Modernisierungsempfehlungen ausstellt, ohne eine entsprechende Ausstellungsberechtigung zu besitzen.
- Ordnungswidrig handelt z. B. ein/e Unternehmer/in, die/der vorsätzlich oder leichtfertig eine Unternehmererklärung nach EnEV 2014 § 26a (1) nicht, nicht richtig oder nicht rechtzeitig abgibt.
- Ordnungswidrig handelt auch, wer als Vermieter/in oder Verkäufer/in vorsätzlich oder leichtfertig einen Energieausweis nicht, nicht vollständig oder nicht rechtzeitig zugänglich macht.

Praktisch gibt es jedoch aufgrund Personalmangels in den zuständigen Behörden keine Kontrollen, weshalb auch niemand wegen der o. g. Ordnungswidrigkeiten belangt wird.

5.10 Literatur zum Kapitel 5

[5.1] Verordnung über einen energiesparenden Wärmeschutz bei Gebäuden (Wärmeschutzverordnung) vom 16. Aug. 1994. Bundesgesetzblatt Teil I Nr. 55 vom 24. Aug. 1994, S. 2121 ff.

[5.2] Verordnung über energiesparende Anforderungen an heizungstechnische Anlagen und Brauchwasseranlagen (Heizungsanlagen-Verordnung – HeizAnlV) vom 20. Jan. 1989. Bundesgesetzblatt Teil I Nr. 50 vom 26. Jan. 1989, S. 120 ff.

[5.3] Verordnung über einen energiesparenden Wärmeschutz und energiesparende Anlagentechnik bei Gebäuden (Energieeinsparverordnung – EnEV) vom 16. Nov. 2001. Bundesgesetzblatt Teil I Nr. 59 vom 21. Nov. 2001, S. 3085–3102.

[5.4] Verordnung über einen energiesparenden Wärmeschutz und energiesparende Anlagentechnik bei Gebäuden (Energieeinsparverordnung – EnEV) vom 02. Dez. 2004. Bundesgesetzblatt Teil I Nr. 64 vom 07. Dez. 2004.

[5.5] Richtlinie 2002/91/EG des Europäischen Parlaments und des Rates vom 16. Dezember 2002 über die Gesamtenergieeffizienz von Gebäuden. Amtsblatt der Europäischen Gemeinschaften Nr. L1/65 vom 04.01.2003 [DE].

[5.6] Verordnung über energiesparenden Wärmeschutz und energiesparende Anlagentechnik bei Gebäuden (Energieeinsparverordnung – EnEV) vom 24. Juli 2007. BGBl I vom 26.07.2007, S. 1519 ff.

[5.7] Verordnung zur Änderung der Energieeinsparverordnung vom 29. April 2009. BGBl I vom 30.04.2009, S. 954 ff.

[5.8] Zweite Verordnung zur Änderung der Energieeinsparverordnung vom 18.11.2013. BGBl. I, S. 3951ff.

[5.9] Energieeinsparverordnung – Nichtamtliche Lesefassung zu der am 16.10.2013 von der Bundesregierung beschlossenen, noch nicht in Kraft getretenen Zweiten Verordnung zur Änderung der Energieeinsparverordnung. URL: http://www.zukunft-haus.info/fileadmin/media/05_gesetze_verordnungen_studien/02_gesetze_und_verordnungen/01_enev/EnEV2014_Nicht-amtliche-Lesefassung-16-10-13.pdf (12.01.2014).

[5.10] Gesetz zur Förderung Erneuerbarer Energien im Wärmebereich (Erneuerbare-Energien-Wärmegesetz – EEWärmeG) vom 7. August 2008 (BGBl. I S. 1658), zuletzt geändert durch Artikel 2 Absatz 68 des Gesetzes vom 22. Dezember 2011 (BGBl. I S. 3044).

[5.11] Richtlinie 2010/31/EU des Europäischen Parlaments und des Rates vom 19. Mai 2010 über die Gesamtenergieeffizienz von Gebäuden (Neufassung). Amtsblatt der Europäischen Union vom 18.06.2010 [DE].

[5.12] Viertes Gesetz zur Änderung des Energieeinsparungsgesetzes vom 4. Juli 2013. BGBl. I Nr. 36 vom 12.07.2013 S. 2197.

[5.13] DIN EN 832: 2003-06: Wärmetechnisches Verhalten von Gebäuden; Berechnung des Heizenergiebedarfs; Wohngebäude (zurückgezogen und ersetzt durch DIN EN ISO 13790: 2008-09).

[5.14] DIN V 4108-6: 2003-06 (Berichtigungen 2004-03): Wärmeschutz und Energie-Einsparung in Gebäuden; Berechnung des Jahresheizwärme- und des Jahresheizenergiebedarfs.

[5.15] Werner, H.: Energieeinsparverordnung – Wärmeschutz und Energieeinsparung in Gebäuden. Kommentar zu DIN V 4108-6. Hrsg. vom DIN Deutsches Institut für Normung e. V. Berlin: Beuth 2001.

[5.16] DIN V 4701-10: 2003-08 (mit Änderung A1: 2006-12): Energetische Bewertung heiz- und raumlufttechnischer Anlagen – Teil 10: Heizung, Trinkwassererwärmung, Lüftung.

[5.17] DIN SPEC 4701-10/A1: 2012-07: Energetische Bewertung heiz- und raumlufttechnischer Anlagen – Teil 10: Heizung, Trinkwassererwärmung, Lüftung; Änderung A1.

[5.18] DIN V 18599-1: 2011-12 (mit Berichtigung 1 : 2013-05): Energetische Bewertung von Gebäuden – Berechnung des Nutz-, End- und Primärenergiebedarfs für Heizung, Kühlung, Lüftung, Trinkwarmwasser und Beleuchtung – Teil 1: Allgemeine Bilanzierungsverfahren, Begriffe, Zonierung und Bewertung der Energieträger.

[5.19] DIN V 18599-2: 2011-12: Energetische Bewertung von Gebäuden – Berechnung des Nutz-, End- und Primärenergiebedarfs für Heizung, Kühlung, Lüftung, Trinkwarmwasser und Beleuchtung – Teil 2: Nutzenergiebedarf für Heizen und Kühlen von Gebäudezonen.

[5.20] DIN V 18599-3: 2011-12: Energetische Bewertung von Gebäuden – Berechnung des Nutz-, End- und Primärenergiebedarfs für Heizung, Kühlung, Lüftung, Trinkwarmwasser und Beleuchtung – Teil 3: Nutzenergiebedarf für die energetische Luftaufbereitung.

[5.21] DIN V 18599-4: 2011-12: Energetische Bewertung von Gebäuden – Berechnung des Nutz-, End- und Primärenergiebedarfs für Heizung, Kühlung, Lüftung, Trinkwarmwasser und Beleuchtung – Teil 4: Nutz- und Endenergiebedarf für Beleuchtung.

[5.22] DIN V 18599-5: 2011-12 (mit Berichtigung 1 : 2013-05): Energetische Bewertung von Gebäuden – Berechnung des Nutz-, End- und Primärenergiebedarfs für Heizung, Kühlung, Lüftung, Trinkwarmwasser und Beleuchtung – Teil 5: Endenergiebedarf von Heizsystemen.

[5.23] DIN V 18599-6: 2011-12: Energetische Bewertung von Gebäuden – Berechnung des Nutz-, End- und Primärenergiebedarfs für Heizung, Kühlung, Lüftung, Trinkwarmwasser und Beleuchtung – Teil 6: Endenergiebedarf von Wohnungslüftungsanlagen und Luftheizungsanlagen für den Wohnungsbau.

[5.24] DIN V 18599-7: 2011-12: Energetische Bewertung von Gebäuden – Berechnung des Nutz-, End- und Primärenergiebedarfs für Heizung, Kühlung, Lüftung, Trinkwarmwasser und Beleuchtung – Teil 7: Endenergiebedarf von Raumlufttechnik- und Klimakältesystemen für den Nichtwohnungsbau.

[5.25] DIN V 18599-8: 2011-12 (mit Berichtigung 1 : 2013-05): Energetische Bewertung von Gebäuden – Berechnung des Nutz-, End- und Primärenergiebedarfs für Heizung, Kühlung, Lüftung, Trinkwarmwasser und Beleuchtung – Teil 8: Nutz- und Endenergiebedarf von Warmwasserbereitungssystemen.

[5.26] DIN V 18599-9: 2011-12 (mit Berichtigung 1 : 2013-05): Energetische Bewertung von Gebäuden – Berechnung des Nutz-, End- und Primärenergiebedarfs für Heizung, Kühlung, Lüftung, Trinkwarmwasser und Beleuchtung – Teil 9: End- und Primärenergiebedarf von Kraft-Wärme-Kopplungsanlagen.

[5.27] DIN V 18599-10: 2011-12: Energetische Bewertung von Gebäuden – Berechnung des Nutz-, End- und Primärenergiebedarfs für Heizung, Kühlung, Lüftung, Trinkwarmwasser und Beleuchtung – Teil 10: Nutzungsrandbedingungen, Klimadaten.

[5.28] DIN V 18599-11: 2011-12: Energetische Bewertung von Gebäuden – Berechnung des Nutz-, End- und Primärenergiebedarfs für Heizung, Kühlung, Lüftung, Trinkwarmwasser und Beleuchtung – Teil 11: Gebäudeautomation.

[5.29] DIN V 18599 Beiblatt 1: 2010-01: Energetische Bewertung von Gebäuden – Berechnung des Nutz-, End- und Primärenergiebedarfs für Heizung, Kühlung, Lüftung, Trinkwarmwasser und Beleuchtung – Beiblatt 1: Bedarfs-/Verbrauchsabgleich.

[5.30] DIN V 18599 Beiblatt 2: 2012-06: Energetische Bewertung von Gebäuden – Berechnung des Nutz-, End- und Primärenergiebedarfs für Heizung, Kühlung, Lüftung, Trinkwarmwasser und Beleuchtung – Beiblatt 2: Beschreibung der Anwendung von Kennwerten aus der DIN V 18599 bei Nachweisen des Gesetzes zur Förderung Erneuerbarer Energien im Wärmebereich (EEWärmeG).

[5.31] Schreiben der KfW-Bankengruppe vom 18.10.2010 an alle mit ihr in Verbindung stehenden Berater, Kammern, Verbände, Ministerien und andere Organisationen.

[5.32] Jung, U.: DIN V 18599 – Parameter für den Wohngebäude-Nachweis. Informationsdienst Bauen + Energie Juli 2011, S. 6–9.

[5.33] Hegner, H.-D.: Die neue Energieeinsparverordnung – Perspektiven für das energieeffiziente und umweltschonende Bauen. In: Cziesielski, E. (Hrsg.): Bauphysik Kalender 1 (2001), S. 59–92. Berlin: Ernst & Sohn 2001.

[5.34] Begründung zum Kabinettsbeschluss der Verordnung über einen energiesparenden Wärmeschutz und energiesparende Anlagentechnik bei Gebäuden (Energieeinsparverordnung – EnEV) vom 07.03.2001 und Begründung zur Ersten Verordnung zur Änderung der Energieeinsparverordnung vom 26.05.2004.

[5.35] Hegner, H.-D.: Die Energieeinsparverordnung 2000, Planung – Ausführung – Perspektiven für neue Märkte. wksb Neue Folge (1999), Nr. 43, S. 16–21.

[5.36] Großmann, B.: Nach der EnEV ist vor der EnEV – Was die EnEV in den nächsten Monaten und Jahren bringt. GEB Gebäude-Energieberater 5 (2009), H. 2, S. 12–15.

[5.37] DIN EN ISO 13789: 2008-04: Wärmetechnisches Verhalten von Gebäuden; Spezifischer Transmissions- und Lüftungswärmedurchgangskoeffizient; Berechnungsverfahren.

[5.38] Hegner, H.-D.: Vogler, I.: Energieeinsparverordnung EnEV - für die Praxis kommentiert. Berlin: Ernst & Sohn 2002.

[5.39] Hegner, H.-D.; Hauser, G.; Vogler, I.: EnEV-Novelle 2004 – für die Praxis kommentiert, Ergänzungsband. Berlin: Ernst & Sohn 2005.

[5.40] Erhorn, H.: Neuausgabe der Vornormenreihe DIN V 18599 – Energetische Bewertung von Gebäuden. wksb (2012), Nr. 68, S. 19–28.

[5.41] DIN 4108-2: 2013-02: Wärmeschutz und Energie-Einsparung in Gebäuden – Teil 2: Mindestanforderungen an den Wärmeschutz.

[5.42] DIN 277-1, -2, -3: 2005-02: Grundflächen und Rauminhalte von Bauwerken im Hochbau.

[5.43] Verordnung über wohnungswirtschaftliche Berechnungen (Zweite Berechnungsverordnung – II. BV) in der Fassung der Bekanntmachung vom 12. Oktober 1990 (Bundesgesetzblatt Teil I, S. 2178 ff.).

5.10 Literatur zum Kapitel 5

[5.44] Dorsch, L.: EnEV 2014: Baulicher Wärmeschutz im Wohnungsbau. GEB Gebäude-Energieberater (2013), H. 4, S. 12–15.

[5.45] DIN EN 13829: 2001-02: Wärmetechnisches Verhalten von Gebäuden; Bestimmung der Luftdurchlässigkeit von Gebäuden; Differenzdruckverfahren.

[5.46] Mellwig, P.: Was das Erneuerbare-Energien-Wärmegesetz bringt. GEB Gebäude-Energieberater 5 (2009), H. 1, S. 22–25 (Korrektur in H. 2, S. 8).

[5.47] Maas, A.; Hauser, G.: Die neue EnEV 2009 – Grundlagen, neue Anforderungen und Nachweisverfahren, baupraktische Konsequenzen. In: Statiker-Tage 2009. Hannover: Wienerberger Ziegelindustrie GmbH 2009, S. 73–98.

[5.48] Energieberatersoftware: Ergebnis der Umfrage 2012. GEB Gebäude-Energieberater (2013), H. 4, S. 18–19.

[5.49] Werner, H.: Der Heizenergiebedarf nach DIN EN 832 und DIN V 4108-6. In: Cziesielski, E. (Hrsg.): Bauphysik Kalender 1 (2001), S. 31–57. Berlin: Ernst & Sohn 2001.

[5.50] DIN EN ISO 13370: 2008-04: Wärmetechnisches Verhalten von Gebäuden – Wärmeübertragung über das Erdreich – Berechnungsverfahren.

[5.51] Höttges, K.: Änderungen in der neuen Fassung von DIN V 4108-6. Hinweise zur Anwendung der Temperatur-Korrekturfaktoren F_x. Bauphysik 25 (2003), H. 6, S. 400–403.

[5.52] Achelis, J.: Auslegungsfragen zur Energieeinsparverordnung, aktuell 11. bis 17. Staffel. Lfd. in den DIBt-Mitteilungen, gesammelt unter URL: http://www.is-argebau.de bzw. http://www.bbsr.bund.de (22.03.2014).

[5.53] Achelis, J.: An die Leser und Nutzer der „Auslegungen zur Energieeinsparverordnung" vom 27.09.2007. URL: http://www.is-argebau.de/ [Adobe Reader 8.0] (20.11.2009).

[5.54] Rabenstein, D.: Wärmeverluste von Bauteilen mit Flächenheizung in DIN 4108-6 und in der EnEV. Bauphysik 25 (2003), H. 5, S. 303 ff.

[5.55] DIN 4108 Beiblatt 2: 2006-03: Wärmeschutz und Energie-Einsparung in Gebäuden; Wärmebrücken; Planungs- und Ausführungsbeispiele.

[5.56] DIN EN 13947: 2007-07: Wärmetechnisches Verhalten von Vorhangfassaden – Berechnung des Wärmedurchgangskoeffizienten.

[5.57] DIN EN ISO 10211: 2008-04: Wärmebrücken im Hochbau – Wärmeströme und Oberflächentemperaturen – Detaillierte Berechnungen.

[5.58] Erhorn, H.; Szerman, M.; Rath, J.: Wärme- und Feuchteübertragungskoeffizienten in Außenwandecken. Das Bauzentrum (1992), H. 3, S. 145 – 146.

[5.59] Hohmann, R.: Materialtechnische Tabellen. In: Cziesielski, E. (Hrsg.): Bauphysik Kalender 3 (2003), S. 79–160. Berlin: Ernst & Sohn 2003.

[5.60] Krus, M.; Sedlbauer, K.: Einfluss von Ecken und Möblierung auf die Schimmelpilzgefahr. In: Künzel, H. (Hrsg.): Fensterlüftung und Raumklima – Grundlagen, Ausführungshinweise, Rechtsfragen. Stuttgart: Fraunhofer IRB 2006, S. 203–207.

[5.61] Klopfer, H.: Feuchte. In: Lutz, P. u. a.: Lehrbuch der Bauphysik: Schall, Wärme, Feuchte, Licht, Brand, Klima. 5. Aufl. Stuttgart: Teubner 2002, S, 329–472.

[5.62] Hauser, G.: Wärmebrücken im Mauerwerksbau. In: Funk, P. (Hrsg.): Mauerwerk-Kalender 27 (2002), S. 459–506.

[5.63] Hauser, G.; u. a.: Holzbau-Handbuch Reihe 3, Teil 2, Folge 2: Holzbau und die Energieeinsparverordnung. Hrsg. von der Entwicklungsgemeinschaft Holzbau (EGH) in der Deutschen Gesellschaft für Holzforschung (DGfH). Düsseldorf: Arbeitsgemeinschaft Holz e.V. 2000.

[5.64] Froelich, H.; Hegner, H.-D.: Rolladenkästen nach Energieeinsparverordnung – alles im Lot? Bauphysik 25 (2003), H. 4, S. 225–230.

[5.65] DIN EN ISO 10456: 2010-05: Baustoffe und Bauprodukte – Wärme- und feuchtetechnische Eigenschaften – Tabellierte Bemessungswerte und Verfahren zur Bestimmung der wärmeschutztechnischen Nenn- und Bemessungswerte.
[5.66] Horschler, S.; Jagnow, K.: Planungs- und Ausführungshandbuch zur neuen EnEV. Berlin: Bauwerk 2004.
[5.67] DIN EN 410: 2011-04: Bestimmung der lichttechnischen und strahlungsphysikalischen Kenngrößen von Verglasungen.
[5.68] DIN EN 1279-5: 2010-11: Glas im Bauwesen – Mehrscheiben-Isolierglas – Teil 5: Konformitätsbewertung.
[5.69] DIN 4108-4: 2013-02: Wärmeschutz und Energie-Einsparung in Gebäuden – Wärme- und feuchteschutztechnische Bemessungswerte.
[5.70] Hagentoft, C.-E.: Introduction to Building Physics. Lund: Studentlitteratur 2001.
[5.71] Marquardt, H.: Tauwasserausfall in Wintergärten vor Geschoßwohnungen. Bauphysik 16 (1994), H. 6, S. 186–195.
[5.72] Hegner, H.-D.: Die Umsetzung der neuen Energieeinsparverordnung EnEV. In: Cziesielski, E. (Hrsg.): Bauphysik Kalender 2 (2002), S. 67–115. Berlin: Ernst & Sohn 2002.
[5.73] Gabriel, I.; Gross, K.: Fenster. In: Ladener, H. (Hrsg.): Vom Altbau zum Niedrigenergiehaus. Staufen bei Freiburg: ökobuch 1997.
[5.74] THERM 5.2 (Version with ISO algorithms) – Two-Dimensional Building Heat-Transfer Modeling. URL: http://windows.lbl.gov/software/therm/therm.html (25.01.2010).
[5.75] Stubenrauch, B.: Psi-Werte berechnen mit Therm. URL: http://www.enev24.de/therm/ (25.01.2010).
[5.76] Pohl, W.-H.; Horschler, S.: Energieeffiziente Wohngebäude. Hrsg. von BEB Erdgas und Erdöl GmbH. Hannover: BEB Erdgas und Erdöl GmbH 2002.
[5.77] Wärmebrückenkatalog 1.2 – Quantifizierte Musterlösungen für Bauteilanschlüsse. Kassel: Zentrum für umweltbewusstes Bauen e.V. (ZUB) 2002 (Informationen und Download der Testversion unter URL: http://www.zub-kassel.de).
[5.78] Xella T&F-Wärmebrückenkatalog 2011. URL: http://www.xella.com/de/content/forschung-innovation-aktuell_2388.php (11.04.2014).
[5.79] Willems, W. M.; Hellinger, G.; Birkner, B.; Schild, K.: Planungsatlas für den Hochbau (DVD). Erkrath: Beton Marketing Deutschland GmbH 2013.
[5.80] Volland, J.: Bewertung von Wärmebrücken nach EnEV 2009. GEB Gebäude-Energieberater (2009), H. 9, S. 24–27.
[5.81] Liste der Technischen FAQ zu den wohnwirtschaftlichen Förderprogrammen: Energieeffizient Sanieren – Kredit, KfW-Effizienzhaus (151), Energieeffizient Sanieren – Kredit, Einzelmaßnahmen (152), Energieeffizient Sanieren – Investitionszuschuss (430), Energieeffizient Bauen (153), Stand 03/2013. URL: https://www.l-bank.de/lbank/download/dokument/207200.pdf (27.02.2014).
[5.82] Hauser, G.: Wärmebrücken im Mauerwerksbau. In: Irmschler, H.-J.; Schubert, P.; Funk, P. (Hrsg.): Mauerwerk Kalender 27 (2002). Berlin: Ernst & Sohn 2002, S. 459–506.
[5.83] Borsch-Laaks, R.; Kehl, D.: Nase vorn beim Wärmeschutz. Holzbaudetails ohne Wärmebrückenzuschläge nach EnEV 2002. Sonderdruck zur praktischen Bauphysik zur Fachtagung Holzbau 2001.
[5.84] Kruppa, B.; Strauß, R.-P.: Energieeinsparverordnung – Energetische Bewertung heiz- und raumlufttechnischer Anlagen. Kommentar zu DIN V 4701-10. Hrsg. vom DIN Deutsches Institut für Normung e.V. Berlin: Beuth 2001.

[5.85] Schettler-Köhler, H.-P.: Kurzbericht zum Entwurf DIN 4701-10 „Energetische Bewertung heiz- und raumlufttechnischer Anlagen – Heizen, Warmwasser, Lüften". Anlage 3 zum Referentenentwurf der EnEV 2002.

[5.86] Lambrecht, K.: Pelletkessel mit aktuellen Kenngrößen berechnen – Herstellerwerte verbessern Bilanz enorm. GEB Gebäude-Energieberater 10 (2014), H. 2, S. 31–35.

[5.87] TZWL-Bulletin Nr. 11. Liste für Wohnungslüftungsgeräte mit und ohne Wärmerückgewinnung. Hrsg. vom Europäischen Testzentrum für Wohnungslüftungsgeräte e.V. (TZWL). 11. Aufl. Dortmund: TZWL 2010. URL: www.tzwl.de/downloadbereich/tzwl-ebulletin/tzwl-ebulletin_11 (14.03.2011).

[5.88] Hegner, H.-D.: Die energetische Ertüchtigung des Baubestandes. In: Oswald, R. (Hrsg.): Nachbessern – Instandsetzen – Modernisieren, Probleme im Baubestand. Aachener Bausachverständigentage 2001. Braunschweig und Wiesbaden: Vieweg 2001, S. 10–19.

[5.89] DIN V 4701-10 Beiblatt 1: 2007-02: Energetische Bewertung heiz- und raumlufttechnischer Anlagen – Teil 10: Heizung, Trinkwassererwärmung, Lüftung; Beiblatt 1: Anlagenbeispiele.

[5.90] URL: http://www.uni-kassel.de/fb6/bpy/de/ (07.12.2009).

[5.91] URL: http://www.kalksandstein.de/downloadcenter (13.04.2014).

[5.92] Riethmüller, s.: Umsetzung der EnEV 2014 in Energieberater-Software. GEB Gebäude-Energieberater 10 (2014), H. 3, S. 12–17.

[5.93] Lambrecht, K.; Jungmann, U.: Unter die Lupe genommen – Marktübersicht EnEV-Programme. GEB Gebäude-Energieberater 1 (2005), H. 10, S. 12–18.

[5.94] Energieberatersoftware: Ergebnisse der Umfrage 2012. GEB Gebäude-Energieberater 9 (2013), H. 4, S. 18–19.

[5.95] Müller, H.: Marktübersicht EnEV-Software. In: Venzmer, R. (Hrsg.): Software für den Energieberater. Berlin: Beuth 2011, S. 57–85.

[5.96] Winkler, H.: Qualitätskriterien und Gütesicherung für EnEV-Software. In: Venzmer, R. (Hrsg.): Software für den Energieberater. Berlin: Beuth 2011, S. 111–152.

[5.97] Bekanntmachung der Regeln zur Datenaufnahme und Datenverwendung im Wohngebäudebestand vom 30. Juli 2009. URL: http://www.bbsr.bund.de/BBSR/DE/Fachthemen/Bauwesen/EnergieKlima/GesetzlicheRegelungen/novellierungEnEV.html [Adobe Reader 8.0].

[5.98] Großmann, B.: DIN V 18599: Energetische Bewertung von Gebäuden – 10 Schritte durch die Norm. GEB Gebäude-Energieberater 1 (2005), H. 10, S. 26–29.

[5.99] DIN V 4701-12: 2004-02: Energetische Bewertung heiz- und raumlufttechnischer Anlagen im Bestand; Wärmeerzeuger und Trinkwassererwärmung.

[5.100] PAS 1027: 2004-02: Energetische Bewertung heiz- und raumlufttechnischer Anlagen im Bestand; Ergänzung zur DIN 4701-12 Blatt 1.

[5.101] Ebel, W.: Energiesparpotentiale im Gebäudebestand. In: Diel, F. (Hrsg.): Innenraum-Belastungen: erkennen, bewerten, sanieren; Beiträge der Arbeitsgemeinschaft Ökologischer Forschungsinstitute (AGÖF). Wiesbaden und Berlin: Bauverlag 1993, S. 308–319.

[5.102] Kleemann: Wohnflächenbestand und Altersstruktur. Zitiert nach Fassadentechnik (2001), H. 1, S. 7.

[5.103] Ehm, H.: Was bringt die Energieeinsparverordnung 2000? Bauphysik 21 (1999), H. 6, S. 282–289.

[5.104] Diefenbach, N.; Cischinsky, H.; Rodenfels, M.; Clausnitzer, K.-D.: Zusammenfassung zum Forschungsprojekt „Datenbasis Gebäudebestand – Datenerhebung zur energetischen Qualität und zu den Modernisierungstrends im deutschen Wohngebäudebestand". URL: www.iwu.de/.../Zusammenfassung_Datenbasis_Gebäudebestand.pdf (14.03.2011).

[5.105] Grundgesetz für die Bundesrepublik Deutschland (GG). Vom 23. Mai 1949 (BGBl. I S. 1), zuletzt geändert durch Gesetz vom 28. August 2006 (BGBl. I S. 2034).
[5.106] Winter, S.: Bestandsschutz beim Brandschutz: In: Erler, K. u. a.: Bauen im Bestand mit Holz. Fachbeiträge zum 4. Holzbauforum Leipzig. Berlin: Huss Medien (Verlag Bauwesen) 2004, S. 38–46.
[5.107] Geburtig, G.: Bauen im Bestand – Baurecht, Möglichkeiten und Grenzen. In: Erler, K. u. a.: Bauen im Bestand mit Holz. Fachbeiträge zum 4. Holzbauforum Leipzig. Berlin: Huss Medien (Verlag Bauwesen) 2004, S. 8–36.
[5.108] Feist, W.: Energieeinsparung im Gebäudebestand – Anforderungen der EnEV 2000 und zentrale Herausforderung für das Bauen der Zukunft. Kongreßdokumentation zum Fachkongreß NiedrigEnergieBau '99 am 18. und 19.10.1999 in Hamburg, S. 39–51.
[5.109] Feist, W.: Wie viel Dämmung ist genug? Wann sind Wärmebrücken Mängel? In: Oswald, R. (Hrsg.): Dauerstreitpunkte – Beurteilungsprobleme bei Dach, Wand und Keller. Aachener Bausachverständigentage 2009. Wiesbaden: Vieweg + Teubner 2009, S. 51–57.
[5.110] URL: http://www.zukunft-haus.info/uploads/media/dena-Sanierungsstudie_Teil_1_MFH 01.pdf (14.03.2011).
[5.111] BGH-Urteil vom 11. April 2008, Az. V ZR 158/07.
[5.112] Tuschinski, M.; Krause, D.: Außenwände im Grenzfall dämmen. Der Bausachverständige (2011), H. 4, S. 70–73
[5.113] Bauordnungsrecht und nachträgliche Wärmedämmung. Informationsdienst Bauen + Energie März 2012, S. 4–5.
[5.114] Fachwerkinstandsetzung nach WTA, Kompendium Band 1, Merkblätter 8-1 bis 8-9. Freiburg/Br.: AEDIFICATIO 2001.
[5.115] Eßmann, F,; Gänßmantel, J.; Geburtig, G.: Energieeinsparung bei historischen Gebäuden – Möglichkeiten und Grenzen. Praktische Anwendung der EnEV auf Fachwerkaußenwände. Bauphysik 24 (2002), H. 5, S. 313–316.
[5.116] Böhning, J.: Nachträglich Wärmeschutz richtig optimieren. Baugewerbe (2002), H. 5, S. 14–19.
[5.117] Wagner, A.: Energieeffiziente Fenster und Verglasungen. Hrsg. vom Fachinformationszentrum Karlsruhe, Büro Bonn. 3. Aufl. Berlin: Solarpraxis 2007.
[5.118] Laudenbach, J.; Koch, T.: CO_2-Einsparpotential durch Rohrleitungsdämmung. Bauphysik 25 (2003), H. 3, S. 146–151.
[5.119] Großmann, B.: Registriernummer für Energieausweise wird Pflicht. GEB Gebäude-Energieberater 10 (2014), H. 3, S. 20–23.
[5.120] Hauser, G.; Hegner, H.-D.; Lüking, R.-M.; Maas, A.: Der Energieausweis für Gebäude. Hrsg. von der Gesellschaft für rationelle Energieverwendung e.V. (GRE). 2. Aufl. Dezember 2007.
[5.121] Balkowski, M.; Hausladen, G.; Kwapich, T.; Sager, C.; Loga, T.: Leitfaden Energieausweis Teil 1 – Energiebedarfsausweis: Datenaufnahme Wohngebäude. Hrsg. von der Deutschen Energie-Agentur (dena). Berlin: dena 2007.
[5.122] Kwapich, T.; Meurer, K.; Hegger, M. u.a.: Leitfaden Energieausweis Teil 2 – Modernisierungsempfehlungen für Wohngebäude. Hrsg. von der Deutschen Energie-Agentur (dena). Berlin: dena 2007.
[5.123] Hegner, H.-D.: Umsetzung der EU-Richtlinie über die Gesamtenergieeffizienz von Gebäuden mit der EnEV 2006. BMVBW/DIN-Gemeinschaftstagung „Die neue DIN V 18599 – Ein Instrument zur Erstellung von Energieausweisen", Bochum 28.06.2005.
[5.124] Großmann, B.: Starttermin verpasst – Neuer Zeitplan für den Energiepass. GEB Gebäudeenergieberater 1 (2005), H 10, S. 24f.

[5.125] Hegner, H.-D.: Energieausweis für alle! Vorschlag für eine neue Energieeinsparverordnung. Vortrag beim 5. Internationalen Kunststoff-Fenster-Kongress, Würzburg 16.03.2005. Download als PDF-Datei von www.enev-onlline.de [Adobe-Reader 6.0] vom 03.02.2005.

[5.126] Jung, U.: Der Entwurf zur Novelle der Energieeinsparverordnung. Informationsdienst Bauen + Energie 1 (2006), H. 5, S. 54–58.

[5.127] Bekanntmachung der Regeln für Energieverbrauchskennwerte im Wohngebäudebestand vom 30. Juli 2009. URL: http://www.bbsr.bund.de/BBSR/DE/Fachthemen/Bauwesen/EnergieKlima/GesetzlicheRegelungen/novellierungEnEV.html [Adobe Reader 8.0].

[5.128] Wolff, D.; Jagnow, K.: Berechnungshilfe zur Witterungskorrektur. GEB Gebäudeenergieberater 3 (2007), H. 9, S. 46–49.

[5.129] Klimafaktoren für die Bekanntmachungen für Energieverbrauchskennwerte. URL: http://www.bbr.bund.de/DE/ForschenBeraten/Bauwesen/EnergieKlima/EnergieGebaeude/novellierungEnEV.html [MS-Excel 2003] (14.11.2007).

[5.130] Hegner, H.-D.: Initiativen des Bundes zur Effizienzsteigerung in der Sanierung – Energieausweis und CO_2-Gebäudesanierungsprogramm. Vortrag beim dena-Dialog regional „Energieeffiziente Sanierung von Wohngebäuden" in Hamburg am 08.11.2006.

[5.131] Schettler-Köhler, H.-P.: Europäische Richtlinie über die Gesamtenergieeffizienz von Gebäuden. Vortrag vom 05.05.2006. Download als PDF-Datei unter www.enev-online.de [Adobe Reader 7.0] (25.05.2006).

[5.132] URL: http://www.zukunft-haus.info/de/planer-handwerker/energieausweis/fachinformation-enev/enev-2009.html (17.03.2009).

[5.133] Großmann, B.: Wer darf Energieausweise ausstellen? GEB Gebäude-Energieberater 3 (2007), H. 7/8, S. 14–17.

[5.134] Evaluierung ausgestellter Energieausweise für Wohngebäude nach EnEV 2007. Hrsg. vom Bundesministerium für Verkehr, Bau und Stadtentwicklung (BMVBS). URL: www.bbsr.bund.de/.../BMVBS/Online/...ON012011...publicationFile.../DL_ON012011.pdf (08.02.2011).

[5.135] URL: https://www.dibt.de/de/Geschaeftsfelder/GF-EnEV-Registrierstelle.html (13.04.2014).

6 Zusammenfassung und Ausblick

6.1 Zusammenfassung

Die vorangegangenen Kapitel zeigen, dass das energiesparende Bauen
- auf der Grundlage der Energieeinsparverordnung (EnEV) und der deutschen Anforderungs- und Interpretationsnormen sowie
- mithilfe der Berechnungsverfahren des europäischen Normungspaketes

aus bauphysikalischer Sicht beherrsch- und berechenbar ist.

Für bauphysikalische Praktiker in Architekten- und Ingenieurbüros erschreckend ist aber der stetig wachsende Umfang der Nachweise – eine auf dem politisch gewollten Weg zum Niedrigenergie- und Passivhaus aber unvermeidliche Entwicklung, um die dafür notwendige Genauigkeit der Ergebnisse zu erzielen. Die Folge davon ist, dass viele Nachweise praktisch per EDV geführt werden müssen – mit dem Ergebnis, dass die so erzielten Ergebnisse kaum noch auf Plausibilität geprüft werden können, was zu einer Zunahme von fehlerhaften Wärmeschutznachweisen führen dürfte.

Für die Nutzer ist ferner ärgerlich, dass der EnEV viele zu optimistische Annahmen zugrunde liegen, so dass der auf die Nutzfläche A_N bezogene Energie*bedarf* in kWh/(m² · a) deutlich unter dem wohnflächenbezogenen Energie*verbrauch* in kWh/(m² · a) liegt.

6.2 Ausblick

Wie wird die weitere Entwicklung aussehen?
- Kurz nach der Veröffentlichung des dritten Teils des in Abschnitt 1.1 genannten IPCC-Berichts hat das *Umweltbundesamt* (UBA) die Studie „Klimaschutz in Deutschland" vorgelegt. Diese geht davon aus, dass die deutschen Treibhausgasemissionen bis 2020 um 40 % gegenüber 1990 sinken sollen (Bild 6.1). Die wichtigsten Maßnahmen für den Klimaschutz sind laut UBA [6.1]:
  - Stromsparen durch effiziente Geräte, Verminderung der Stand-by-Verluste und Abschaffen von Stromheizungen, CO_2-Einsparpotenzial 40 Mio. t pro Jahr.
  - Erneuern des Kraftwerksbestandes durch 7 % erhöhte Wirkungsgrade neuer Kohle-Kraftwerke sowie der Ersatz von Kohle durch Erdgas auf einen Anteil von 30 %, CO_2-Einsparpotenzial 30 Mio. t pro Jahr.
  - Anteil der erneuerbaren Energien auf 26 % an der Stromerzeugung steigern, CO_2-Einsparpotenzial 44 Mio. t pro Jahr.

- Verdoppeln des Kraft-Wärme-Kopplungs-Anteils durch die Förderung mittels Kraft-Wärme-Kopplungs-Gesetz und bauplanungsrechtlicher Vorrang der KWK, CO_2-Einsparpotenzial 15 Mio. t pro Jahr.
- Wärmeenergie einsparen durch Gebäudesanierung, Erhöhung der Sanierungsrate, effiziente Heizungsanlagen, Einsatz von KWK und Einsparung in Produktionsprozessen. Stoppen der Entwicklung zu immer mehr beheizter Wohnfläche pro Kopf. Instrumente für diese Maßnahmen sind eine anspruchsvollere Energieeinsparverordnung (EnEV) und deren konsequenter Vollzug, finanzielle Unterstützung durch einen Effizienzfonds, ein Mietrecht, das die Hemmnisse für die energetische Modernisierung auflöst, sowie ein deutlich aufgestocktes CO_2-Gebäudesanierungsprogramm, CO_2-Einsparpotenzial 41 Mio. t pro Jahr.
- Erhöhen des Anteils der erneuerbaren Energien (Biomasse, Solarthermie, Geothermie) zur Wärmeerzeugung von heute 6 % auf 12 %, CO_2-Einsparpotenzial 10 Mio. t pro Jahr.
- Senken des spezifischen Verbrauchs im Verkehr durch Kraftstoffbesteuerung, eine CO_2-abhängige Kfz-Steuer, Ausdehnen der Lkw-Maut auf alle Bundesfernstraßen und verbindliche Verbrauchsgrenzwerte für Neufahrzeuge, CO_2-Einsparpotenzial 15 Mio. t pro Jahr.
- Vermeiden unnötiger Verkehre und Verlagerung auf Schiene und Binnenschiff, CO_2-Einsparpotenzial 15 Mio. t pro Jahr.

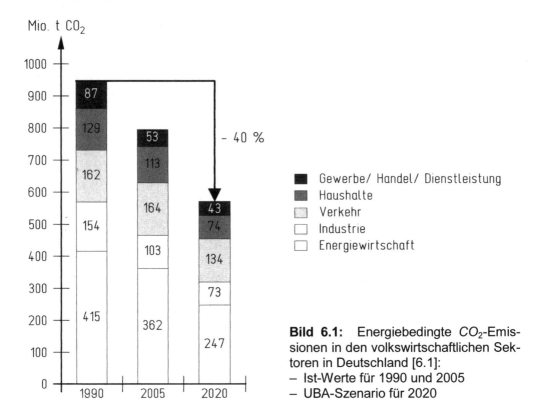

Bild 6.1: Energiebedingte CO_2-Emissionen in den volkswirtschaftlichen Sektoren in Deutschland [6.1]:
– Ist-Werte für 1990 und 2005
– UBA-Szenario für 2020

Das Umweltbundesamt rechnet damit, dass mit dem Ausbau effizienter Energiespartechnik und erneuerbarer Energien die Kosten für wirksamen Klimaschutz in Deutschland deutlich geringer sein werden, als im UN-Bericht global angenommen. Bis zum Jahr 2020 wäre dieses Szenario mit zusätzlichen Kosten von höchstens 11 Mrd. € pro Jahr verbunden, wenn man das mit einer Entwicklung ohne weitere Klimaschutzmaßnahmen vergleicht. Dies entspräche monatlichen Mehrausgaben pro Haushalt von unter 5 € im Jahr 2010 und unter 25 € im Jahr 2020 [6.1].

Die Bundesregierung hatte bereits in ihrem Energiekonzept vom 28. September 2010 (zur Umsetzung der EU-Richtlinie 2009/28/EG zur Förderung der Nutzung von Energie aus erneuerbaren Quellen, s. o.) angekündigt [6.2]:

„Mit der Novelle der EnEV 2012 wird das Niveau ‚klimaneutrales Gebäude' für Neubauten bis 2020 auf der Basis von primärenergetischen Kennwerten eingeführt."

Ein klimaneutrales Gebäude wäre das o. g. Netto-Nullenergiegebäude (inzwischen abgeschwächt auf das Niedrigstenergiegebäude) – das wurde jedoch mit der EnEV 2014 noch nicht eingeführt (s. o.), so dass die nächste EnEV-Novelle absehbar ist (geplant für Behördengebäude 2016 und für übrige Gebäude 2018 [6.3]).

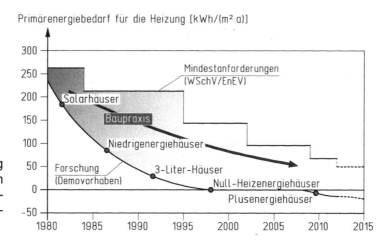

Bild 6.2: Entwicklung des energieeffizienten Bauens in Deutschland (jeweils Neubauniveau, nach [6.4])

Die Entwicklung des energieeffizienten Bauens geht weiter – was heute Forschungs- oder Demonstrationsbauvorhaben ist, wird morgen Baupraxis und übermorgen Mindestanforderung (Bild 6.2). Dann werden viele Gebäude Plusenergiehäuser sein, d. h. solare Kraftwerke mit einer Energie*erzeugung*, die über ihrem Energie*verbrauch* liegt, und damit dazu beitragen, dass die in Bild 6.3 dargestellte Verknappung der zur Verfügung stehenden Energie bei langsam versiegenden fossilen Energiequellen vermieden werden kann.

6 Zusammenfassung und Ausblick

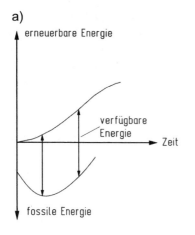
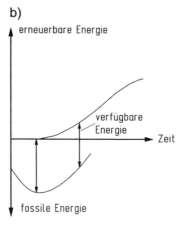

Bild 6.3: Verfügbare Energie als Differenz zwischen verfügbarer *fossiler* (unten) und *erneuerbarer* Energie (oben) (nach [6.5]):
a) bei rechtzeitiger Entwicklung erneuerbarer Energien
b) bei verspäteter Entwicklung erneuerbarer Energien

Erste Demonstrationsvorhaben für solche „Effizienzhäuser Plus" mit Speicherung der überschüssigen Energie in Form von elektrischem Strom in Batterien und Nutzung für die Elektromobilität der Bewohner gibt es bereits [6.6], [6.7].

6.3 Literatur zum Kapitel 6

[6.1] Großmann, B: Was kostet die Welt? Weltklimarat und Umweltbundesamt zu Klimaänderungen. GEB Gebäude-Energieberater 3 (2007), H. 6, S. 24–27.

[6.2] GEB-Newsletter 15-2013. URL: http://www.geb-info.de/GEB-Newsletter-2013-15/ (25.06.2013).

[6.3] Wesentliche Inhalte der Novellierung der Energieeinsparverordnung (EnEV) gemäß Kabinettsbeschluss vom 16.10.2013. URL: http://www.bmvbs.de/SharedDocs/DE/Anlage/BauenUndWohnen/enev-wesentliche-inhalte-der-novellierung.pdf?__blob=publicationFile (25.10.2013).

[6.4] Hauser, G.: Energieeffizienzsteigerung – der Schlüssel zur Lösung unserer Energieprobleme. Deutsches Ingenieurblatt (2009), H. 4, S. 22–29.

[6.5] Erdmann, G.: Globale Sicht erneuerbarer Energien. BK Baukammer Berlin, Sonderheft 2/97, S. 4–9.

[6.6] Wege zum Effizienzhaus Plus. Hrsg. vom Bundesministerium für Verkehr, Bau und Stadtentwcklung (BMVBS). Berlin, November 2011.

[6.7] Effizienzhaus Plus mit Elektromobilität – Technische Informationen und Details. Hrsg. vom Bundesministerium für Verkehr, Bau und Stadtentwcklung (BMVBS). Berlin, Januar 2012.

Berechnungsformulare

Auf den folgenden Seiten finden sich die für die Beispiele in Kapitel 2 dieses Buches benutzten Berechnungsformulare als Kopiervorlagen, d. h.
- Nachweis des Mindestwärmeschutzes nach EN ISO 6946: 2008-04 und DIN 4108-2: 2013-02,
- Nachweis des Mindestwärmeschutzes bei nebeneinanderliegenden Bauteilabschnitten nach EN ISO 6946: 2008-04 mit DIN 4108-2: 2013-02,
- Berechnung des Temperaturverlaufs im Bauteil.

Diese Formulare finden sich auch zum Download unter www.beuth-mediathek.de oder www.hmarquardt.de.

Berechnungsformulare

Nachweis des Mindestwärmeschutzes
nach DIN EN ISO 6946: 2008-04 mit DIN 4108-2: 2013-02

Aufbau des Bauteils

Wärmedurchlasswiderstand und Wärmedurchgangskoeffizient

Bauteilaufbau (von innen nach außen)	d in m	ρ in kg/m³	λ in W/(m K)	$R = d / \lambda$ in m² · K/W

Wärmedurchlasswiderstand	$R = \Sigma\, d / \lambda$	
Wärmeübergangswiderstand innen	R_{si}	
Wärmeübergangswiderstand außen	R_{se}	
Wärmedurchgangswiderstand	$R_T = R_{si} + R + R_{se}$	
Wärmedurchgangskoeffizient	$U = 1 / R_T =$	W/(m² · K)

Flächenbezogene Gesamtmasse

$m' =$ $\qquad$ = $\qquad$ kg/m² ≥ 100 kg/m²

Damit liegt ein leichtes/schweres[1]) Bauteil vor.

Nachweis des Mindestwärmeschutzes

$R =$ $\qquad$ m² · K/W ≥ $\qquad$ m² · K/W = R_{min}

Das untersuchte Bauteil erfüllt somit – nicht[1]) – die Anforderungen an den Mindestwärmeschutz nach DIN 4108-2: 2013-02.

[1]) Nichtzutreffendes streichen.

Nachweis des Mindestwärmeschutzes bei nebeneinanderliegenden Bauteilabschnitten

nach DIN EN ISO 6946: 2008-04 mit DIN 4108-2: 2013-02 bei
- *zwei* nebeneinanderliegenden Bauteilabschnitten und
- max. *drei* thermisch inhomogenen Bauteilschichten

Aufbau des Bauteils (aufgeteilt in zwei Abschnitte *a, b* und *j* = 1, 2, .., *n* Schichten)

Teilflächen (Flächenanteile) der Abschnitte *a* und *b*

Rippenbereich: $f_a = a / (a + b) =$

Gefachbereich: $f_b = b / (a + b) =$

Wärmedurchgangswiderstände der Abschnitte *a* und *b*

Schicht Nr.	Bauteilaufbau (von innen nach außen)	d in m	ρ in kg/m³	λ in W/(m·K)	$R_a = d/\lambda$ in m²·K/W	$R_b = d/\lambda$ in m²·K/W
Wärmedurchlasswiderstand		$R_{a,b} = \Sigma\, d / \lambda$				
Wärmeübergangswiderstand innen		R_{si}				
Wärmeübergangswiderstand außen		R_{se}				
Wärmedurchgangswiderstand		$R_{Ta,b} = R_{si} + R_{a,b} + R_{se}$				

Berechnungsformulare

***Oberer* Grenzwert des Wärmedurchgangswiderstandes R'_T**
$1/R'_T = f_a / R_{Ta} + f_b / R_{Tb} =$ W/(m² · K)
$R'_T = 1 / (1/R'_T) =$ m² · K/W
Wärmedurchlasswiderstand R_{k1} der thermisch inhomogenen Schicht k_1
$1/R_{k1} = f_a / R_{a,k1} + f_b / R_{b,k1} =$ W/(m² · K)
$R_{k1} = 1 / (1/R_{k1}) =$ m² · K/W
Wärmedurchlasswiderstand R_{k2} der thermisch inhomogenen Schicht k_2
$1/R_{k2} = f_a / R_{a,k2} + f_b / R_{b,k2} =$ W/(m² · K)
$R_{k2} = 1 / (1/R_{k2}) =$ m² · K/W
Wärmedurchlasswiderstand R_{k3} der thermisch inhomogenen Schicht k_3
$1/R_{k3} = f_a / R_{a,k3} + f_b / R_{b,k3} =$ W/(m² · K)
$R_{k3} = 1 / (1/R_{k3}) =$ m² · K/W
***Unterer* Grenzwert des Wärmedurchgangswiderstandes R''_T**
$R''_T = R_{si} + d_1/\lambda_1 + ... + \Sigma R_k + ... + d_n/\lambda_n + R_{se}$ (übrige Werte s. erstes Blatt)
=
=   m² · K/W
Wärmedurchgangswiderstand R_T und Wärmedurchgangskoeffizient U
$R_T = (R'_T + R''_T) / 2 =$ m² · K/W
$U = 1 / R_T =$ W/(m² · K)
Nachweis des Mindestwärmeschutzes
im Mittel: $R_m = R_T - (R_{si} + R_{se}) =$
=   m² · K/W   ≥   1,0   m² · K/W = $R_{m,min}$
im Gefach: $R_b = R_{T,b} - (R_{si} + R_{se}) =$
=   m² · K/W   ≥   1,75   m² · K/W = $R_{Gef,min}$
Das untersuchte Bauteil erfüllt somit – nicht[1]) – die Anforderungen an den Mindestwärmeschutz nach DIN 4108-2: 2013-02.

[1]) Nichtzutreffendes streichen.

Berechnungsformulare

Berechnung des Temperaturverlaufs im Bauteil

Aufbau des Bauteils

Grenzschichttemperaturen

Bauteilaufbau (von innen nach außen)	d in m	λ in W/(m·K)	$R = d/\lambda$ bzw. R_s in m²·K/W	$\Delta\theta$ in K	θ in °C
Übergang innen	-	-			
			$R_T =$		

Berechnungsgleichungen

$U = 1 / R_T =$ $=$ W/(m²·K),

$q = U \cdot (\theta_i - \theta_e) =$ $=$ W/m²

$\Delta\theta_i = q \cdot R_{si}$ bzw. $\Delta\theta_j = q \cdot R_j$ bzw. $\Delta\theta_e = q \cdot R_{se}$

Stichwortverzeichnis

Abdeckung: insektenundurchlässige 195; oberseitige 215
Abgleich: hydraulischer 248
Abluftanlage 259
Abminderungsfaktor: für den Rahmenanteil von Fenstern 12, 298; für Sonnenschutzvorrichtungen 12, 167, 298; infolge nicht senkrechten Strahlungseinfalls 12, 298; infolge Verschattung 12, 298
Abschaltbetrieb 292
Abschattungsfläche: seitliche 298
Abseite: ungedämmte 48
Absorptionsgrad: solarer 13
Abstandhalter 124, 136; Aluminium- 129; Edelstahl- 130, 131; Kunststoff- 130, 131; Silikonschaum 130, 131
Anforderung: wesentliche 33
Anforderungsnorm 38
Anlage: raumlufttechnische 277, 291
Anlagentechnik 186, 233
Anschlusszwang 281
Arbeitszahl 245
Attika 227
Aufheizbetrieb 292; optimierter 292
Aufwandszahl 319; Anlagen- 11, 323; primärenergiebezogene 325; thermische 319
Aufsparrendämmung 215
Auslegungstemperatur 237
Ausnutzungsgrad 14, 303; der Wärmegewinne im betrachteten Monat 284, 304
Außenabmessung 272

Außenbauteil: nichttransparentes 153; transparentes 155; von Niedrigenergiehäusern 186
Außenputz 361; wasserabweisender 196
Außentüren 369
Außenwand 187, 364, 369; einschalige massive 188; in Holzrahmenbauart 193; in Holztafelbauart 193; massive 188; mehrschalige massive 190; zweischalige gemauerte 190
Außenwandbekleidung: hinterlüftet 90, 93, 273
Ausstellungsberechtigte: für Energieausweise 388
Austrocknungskapazität 198, 199
a-Wert 142
Balkonplatte: auskragende 90, 210
Bauproduktengesetz 33
Bauproduktenrichtlinie 33
Bauproduktnorm 34, 38
Bauteil: erdberührtes 108, 119; thermisch inhomogenes 95
Bauteilabschnitte: nebeneinanderliegende 95
Bauteile: wärmeübertragende 186
Bauteiltemperatur 294
Bebauung: aneinandergereihte 274
Bedarfsausweis 382
Bedarfsdeckung 322
Bedarfsentwicklung 321, 322, 323
Befestigungselement 90, 91; mechanisches 192
Begriffsnorm 38
Behaglichkeit 39

Bemessungswert: des Gesamtenergiedurchlassgrades 166; des Wärmedurchgangskoeffizienten 138
Betrieb: abgesenkter 292; reduzierter 292; zeitgeregelter 292
Bezirksschornsteinfegermeister: bevollmächtigter 391
BHKW 245
Binnenmarkt 33
Biomasse 243
Blockheizkraftwerk 245
Blockheizung 22
Blower Door 148, 291
Bodenfeuchte 200
Bodenplatte 201, 202: charakteristisches Maß 11; erdberührte 112; massive 202; mit Randdämmung 114; ohne Randdämmung 114; Tiefe der Unterkante 13, 118; Umfang 13, 109; wirksame Gesamt-Dicke 11, 111
Bodenplattenmaß: charakteristisches 11, 109
Brandschutzverglasung 367
Brennstoffzelle 245
Brennwert 235
Brennwertkessel 234, 237, 238, 239, 241, 243
Bruttovolumen 275
CO_2 17
CO_2-Emissionen 18
CO_2-Reduktion 19
Dach 187; geneigtes 214
Dachflächenfenster 124, 132, 133, 226, 367
Dachraum: ausgebauter 48; unbeheizter 62
Dämmschichtdicke: sinnvolle 190
Dampf-/Luftsperre 198, 199, 205
Datenaufnahme 385
Datenverwendung 385
Deckungsanteil 321, 323; solarer 252
Dichte 14
Dichtfolie 143

Dichtungsband: vorkomprimiertes 143
Dicke: Schicht- 11, 49; wirksame Gesamt- 11, 111
Direktheizung: elektrische 270
Doppelfassade 162
Drahtanker 90, 192
Dränung 200
Drempelanschluss 221, 223
Druck 11, 12
Druckapplikation 379
Dübel 93, 192
Durchdringung: durch die Dachschrägen 224
Durchlauferhitzer 253
Durchlauf-Wassererwärmer 253
EEWärmeG 23, 26, 277
Eigenheimzulagengesetz 27
Eigentümerwechsel 24, 380
Einfachfenster 124
Einführung: bauaufsichtliche 37
Einzelheizung 233
Ein-Zonen-Modell 272, 282
Emissionsgrad 13
Emissivität 13
Endenergie 20, 21
Endenergiebedarf: Heizwärme- 316; Jahres- 275, 315, 318, 325; Lüftungswärme- 316; Trinkwassererwärmungs- 316
EnEG 26, 41
Energie 21; erneuerbare 24; regenerative 233
Energieaufwand: kumulierter 190
Energieausweis 373
Energiebedarf: spezifischer 359
Energiebilanz 282
Energieeffizienzklasse 379
Energieeinsparung 33
Energieeinsparungsgesetz 26, 41
Energieeinsparverordnung 23, 26, 42, 265; Gliederung 267
Energietechnik 233
Energieverbrauchskennwert 387
EnEV 23, 26, 42, 265; Gliederung 267

Stichwortverzeichnis

EnEV easy 267
Erdkollektor 245
Erneuerbare-Energien-Wärmegesetz 23, 26
Ersatzmaßnahme 279
Erwärmung: globale 17
Estrich: schwimmender 193, 202
Fassade: vorgehängte als Pfosten-Riegel-Konstruktion 289
Fenster 124, 132, 133, 187, 366
Fensteranschluss: hölzerner Außenwände 211; massiver Außenwände 206
Fensterfalzlüfter 256
Fensterfläche 46
Fensterflächenanteil 11; grundflächenbezogener 11, 163
Fensterladen 47
Fensterleibung 366
Fensterlüftung 254
Fensterneigung 162
Fensterorientierung 162
Fenstertür 124, 132, 133, 187
Fernheizung 22
Fernwärme 245
Fingerspalt 190
Flachdach 226; hölzernes 227; massives 226
Fläche 11
Flächenheizung 248, 285, 288
Flachkollektor 245, 252
Formfaktor 27, 43
Fugenband: Elastomer- 143
Fugendichtstoff 143, 146
Fugendurchlässigkeit: längenbezogene 13, 142, 147
Fugendurchlasskoeffizient 11, 142, 144, 145, 147
Fugenlüftung 254
Fußbodenheizung 115, 237, 248, 285, 288
Gasfüllung: des Scheibenzwischenraums 126

Gebäude: bestehende 267; öffentliche 24; zu errichtende 267
Gebäudeabschluss: oberer 273
Gebäudebestand 359
Gebäudeform 43
Gebäudegliederung 43
Gebäudelüftung: kontrollierte 258
Gebäudenutzfläche: beheizte 11, 275
Gebäuderichtlinie: europäische 24
Gebäudetechnik 233
Gebäudetrennwand 274
Gebäudevolumen: beheiztes 13, 275
Gefährdungsklasse 195
Gefälledämmung 101, 227
Gesamt-Dicke: wirksame 11, 111
Gesamtenergiedurchlassgrad 152, 155; bei senkrechtem Strahlungseinfall 12, 166, 298; einschließlich Sonnenschutz 12, 166; wirksamer 12, 298
Geschossdecke: oberste 187, 213, 372
Geschosshöhe: durchschnittliche 12, 275
Giebelwandanschluss 221, 223
Glasdach 367
Glasvorbau 45, 162, 299, 302
Gleichwertigkeit: von Wärmebrücken 307
Gliederheizkörper 247
Globalbestrahlung 152, 153
Grenzbebauung 366
Grundnorm 38
Gründung: aus Baustoffen geringer Dichte 115
Handelshemmnis: technisches 33
Hardcoating 126
Hauptanforderung: dritte 277; erste 276; zweite 277
Haus: energieautarkes 29
HeizAnlV 265
Heizenergie 21
Heizenergiebedarf 21: Jahres- 281
Heizenergieverbrauch 21
Heizfläche: freie 247; integrierte 248; statische 247

Heizkastenverfahren 77
Heizkessel 233, 243, 372
Heizkörper 237, 247
Heizlast 22, 237
Heizlastberechnung 237
Heizleitungssystem 246
Heizregister 261
Heizstrang 242
Heizung 233, 316, 322, 324
Heizungsanlagen-Verordnung 265
Heizunterbrechung 291, 292, 296
Heizwärme 21
Heizwärmebedarf 21: Jahres- 267, 283, 319
Heizwärmeerzeuger 323
Heizwärmegutschrift 319, 322
Heizwärmeverbrauch 21
Heizwert: oberer 235; unterer 235
Hilfsenergie 318, 319
Holzpelletheizung 280
Holzpelletkessel 243
Holzpellets 243
Holzschutz 215, 223, 228; baulicher 195, 198, 213, 223; chemischer 195; konstruktiver 195
Hülle: thermische 246
Immobilienanzeige 379
Inbetriebnahme: von Heizkesseln 277
Infrarotthermographie 77
Innendämmung 366: der Außenwände 209
Insekten: holzzerstörende 195
Insektenbefall 195
Inspektionsbericht 390
Installationsebene 195, 200, 223
Instandsetzungsmaßnahme 362
Intensivlüftung 256
Interpretationsnorm 38
IPCC 19
Isolierglas 124
Isolierung 48
Isolierverglasung 48, 124
Isotherme 86, 95
Kältebrücke 48

Kälteenergiebedarf 279
Kastenfenster 124
Keller: beheizter 117; unbeheizter 118
Kellerabgang 274
Kelleraußenwand 111, 200: wirksame Gesamt-Dicke 11
Kellerdecke 187, 202, 205
Kerndämmung 190, 192, 365
Kesseltemperatur: gleitende 234, 241
KfW-Effizienzhaus 79, 306, 308
KfW-Fördermittel 268
Klima- und Energiepaket: europäisches 24
Klimaänderung 17
Klimarahmenkonvention 19
Klimatisierung 152
Kohlendioxid 17
Kollektorfläche: effektive 11, 297
Kombikessel 253
Konstanttemperaturkessel 234
Konvektion 51
Konvektor 247
Kraft-Wärme-Kopplung 22, 245
Kriechkeller 117
KWK 22, 245
Kyoto-Protokoll 19, 22
Lage: eines Gebäudes 43
Landesbauordnung 33
Leitwert: längenbezogener thermischer 12, 310; stationärer thermischer über das Erdreich 285, 287; thermischer 12
Leuchtmittel 23
Lichtband 132. 367
Lichtkuppel 132, 367
Lichtschalter 193
Luft-Abgas-System 238, 239
Luftdichtheit 140, 185; einzelner Bauteile 146; des Fensteranschlusses 207; der Gebäudehülle 148; hölzerner Außenwände 199, 205, 212; hölzerner Flachdächer 228; massiver Außenwände 192; massiver Flachdächer 227; von

Holzbauten 142; von Massivbauten 142
Luftdichtheitsprüfung 148, 291
Luftdurchlässigkeit 140
Luftheizung 233
Luftschicht: ruhend 59; schwach belüftet 60; stark belüftet 60; von zweischaligem Mauerwerk 60
Luftschichtdicke: diffusionsäquivalente 13, 195, 197, 199, 215
Luftspalt: in der Wärmedämmschicht 199, 218
Lüftung 233, 254, 316, 322, 324; freie 255; reduzierte 256; ventilatorgestützte 255; zum Feuchteschutz 255
Lüftungsenergie 318
Lüftungswärmebedarf: im betrachteten Monat 284
Lüftungswärmeverlust: spezifischer 290; spezifischer im betrachteten Monat 285
Lüftungsanlage 27, 254
Lüftungskanal 261
Lüftungskonzept 255
Lüftungsleitung 261
Lüftungsstrang 258
Lüftungswärmeerzeugung 258
Lüftungswärmeübergabe 258, 261
Lüftungswärmeverlust 142
Lüftungswärmeverteilung 258, 261
Luftwechselrate 12, 148: Anlagen- 291; bei freier Lüftung 291; bei raumlufttechnischen Anlagen 291; zusätzliche infolge Undichtheiten 291
Luftwechselzahl 12, 148
Masse 12
Maß: charakteristisches 109
Mauerwerk: einschalig 188; -Vorsatzschale 197, 198; zweischalig 90, 190, 191, 193, 206, 273
Mieterwechsel 24, 380
Mindestdämmung: von Warmwasserleitungen 247

Mindestluftwechselrate 149
Modellgebäudeverfahren 267
Modernisierungsempfehlung 379, 380
Nachheizung 259, 261
Nachrüstpflicht 372
Nachtabschaltung 241, 292
Nachtabsenkung 241, 291
Nachtspeicherzeizung 373
Nahwärme 245
Nebenanforderung: dritte 276; erste 275; zweite 275
Neigung: sonnenbestrahlter Flächen 13
Neigungsfaktor 11
Nennlüftung 256
Nennwert: des Wärmedurchgangskoeffizienten 138
Nettogrundfläche: eines Raumes oder einer Raumgruppe 163; eines Raumes oder Raumbereiches 11, 166
Nichtwohngebäude 24, 353
Niedertemperaturkessel 234, 241, 243
Niedrigenergiehaus 26, 187
Niedrigenergiehaus-Standard 185
Nordfaktor 11, 167
Normalbetrieb 292
Normungspaket 38
Null-Heizenergiehaus 28
Nutzenergie 20
Nutzung: wohnähnliche 354
Nutzungsfaktor: einer Anlage 14; eines Wärmerückgewinnungssystems 291
Nutzungsgrad 234, 235; einer Anlage 14; Jahres- 319
Nutzwärme 21
Oberflächenfeuchte: kritische 79
Oberflächentemperatur 88
Ohnehinkosten 361
Ordnungswidrigkeit 391
Ortganganschluss 221, 223
Passivhaus 27, 79, 306, 308
Perimeterdämmung 67, 200, 202
Phasenverschiebung 13, 153
Pilzbefall 195, 215

Stichwortverzeichnis

Plattenheizkörper 237, 247
Plusenergiehaus 403
Primärenergie 20
Primärenergiebedarf: Jahres- 270, 315, 325
Primärenergiefaktor 319, 320
Prüfnorm 34, 38
Pufferraum 45, 299
Pumpe: geregelte 242; stromsparende 242
Rahmen 130, 135; hochwärmedämmender 130
Rahmenanteil 131; der Fenster 138
Randdämmung: senkrechte 115; waagerechte 114
Randleistenmatte 144
Randverbund: der Verglasung 135; verbesserter 138; von Verglasungen 129
Rauluftkühlung 162
Raum: beheizt 43; durch Raumverbund beheizt 43; fensterlos 256; indirekt beheizt 43; niedrig beheizt 43; unbeheizt 62
Raumthermostat 239, 241
Raumklima 150
Raumtiefe 166
Referenzluftdurchlässigkeit 13, 147
Regelung: von Heizungsanlagen 239
Registriernummert 390
Restnorm 38
Rohdichte 14
Rohr: Nenndurchmesser 11
Rohrdurchdringung 224
Rohrleitung 48
Rohrnetz 246, 248, 254
Rollladen 47
Rollladenkasten 140, 208, 290; Mini- 140; Vorsatz- 140
Rücklauf 246
Rücklauftemperatur 237
Sammelheizung 233
Schallschutzverglasung 367
Schaufenster 367

Scheitelpunkt 103
Schicht: diffusionshemmende 198, 199; keilförmige 101, 227; thermisch inhomogene 97; wasserableitende 195, 197, 198, 199
Schichtdicke: wirksame 160
Schimmelbildung 40, 79, 305
Schornstein 48
Sekundärenergie 20
Sichtfachwerk 366
Sickerwasser: nichtstauendes 200
Softcoating 127
Solaranlage: thermische 245, 246, 252
Solarenergie 29
Solar Keymark 280
Sonderverglasung 367; Erneuerung 366
Sowiesokosten 361
Sommer-Klimaregion 167
Sonnenbestrahlung 12; diffuse 152; direkte 152
Sonneneinstrahlung 47
Sonneneintragskennwert 13, 166
Sonnenschutz 157
Sonnenschutzvorrichtung 157, 158
Sparrenvolldämmung 215
Speicher: direkt beheizter 253; indirekt beheizter 253
Speicherheizsystem: elektrisches 270
Speicherheizung: elektrische 373
Speicherung: von Trinkwarmwasser 253
Speicher-Wassererwärmer 253
Spitzboden 223
Sprosse 138
Standardheizkessel 234
Steckdose 193; Hohlwand- 199
Steildach 214
Steuerung: von Heizungsanlagen 239
Stichprobenkontrolle 391
Strahlung 51
Strahlungsabsorptionsgrad 13, 155
Strahlungsangebot 12, 297
Strahlungsintensität 153

Stichwortverzeichnis

Strahlungsreflexionsgrad 14, 155
Strahlungstransmissionsgrad 14, 155, 156
Tabellenverfahren 315, 321
Taupunkttemperatur: des Abgases 237
Tauwasserbildung 40, 142
Tauwasserschutz 198, 215, 228
Teilbestrahlungsfaktor 298
Teilfläche 11, 96, 101
Temperatur: absolute 13, 52; Celsius- 14; Oberflächen- 57
Temperaturamplitudendämpfung 154
Temperaturamplitudenverhältnis 14, 153
Temperaturdehnung 40
Temperaturdifferenz 49
Temperaturfaktor 11, 88
Temperatur-Korrekturfaktor 12, 287, 302
Temperaturverlauf: in einem Bauteil 72
Thermostatventil 241
Tor 132
Transmissionswärmebedarf: im betrachteten Monat 284
Transmissionswärmeverlust: spezifischer 89, 275, 283; spezifischer im betrachteten Monat 285; spezifischer von Bauteilen zu unbeheizten Räumen 285, 286; spezifischer von Bauteilen, die an die Außenluft grenzen 285, 286
Transmissionswärmeverlustkoeffizient: spezifischer 12
Traufanschluss 220
Treibhausgas 17
Treppenraum 274
Trinkwassererwärmung 316, 318, 321, 322, 324: bivalent 252
Trinkwassererzeuger 321
Trinkwarmwassererzeugung 252
Trinkwarmwasserspeicherung 252, 253, 254
Trinkwarmwasserstrang 252
Trinkwarmwasserübergabe 252, 254

Trinkwarmwasserverteilung 252, 254
Trinkwassererwärmer 249; geschlossener 249; offener 249
Trinkwassererwärmung 233, 249
Trittschalldämmung 203
Tür 132; -anlage 367
Überhang: horizontaler 298
Übertemperaturgradstunde 162
Umfang: einer Bodenplatte 109
Umfassungsfläche: wärmeübertragende 11, 272
Umkehrdach 67, 227
Umwälzpumpe 242, 253
Undichtheit 187; offensichtliche 382
Unterkonstruktion: hinterlüfteter Außenwandbekleidungen 192
Unternehmererklärung 391
Unterspannbahn 214
Untersparrendämmung 215, 216
U-Wert 58, 186; konstruktiver 119
Vakuum-Isolationspaneele 51
Vakuum-Isolierglas 128
Vakuum-Röhrenkollektor 245
Ventilator 261
Verbauung 298
Verbrauchsausweis 385
Verbrauchskennwert 385
Verbundfenster 124
Verfahren: detailliertes 323
Verglasung 124, 132, 138, 366; durchbruchhemmende 367; durchschusshemmende 367; Ein-Scheiben- 124; Erneuerung 366; großflächige 132; rahmenlose 139; Sprengwirkung hemmende 367
Versorgungsschacht 193
Verteilung: außerhalb der thermischen Hülle 254; innerhalb der thermischen Hülle 254; mit Zirkulationsleitung 254; ohne Zirkulationsleitung 254
Vierwege-Motormischer 242
Vollsparrendämmung 215
Volumen 13

Stichwortverzeichnis

Vorhangfassade 371
Vorlauf 246
Vorlauftemperatur 237, 241
Wandheizung 248
warm edge 130
Wärmeabgabegrad: sekundärer 13, 155
Wärmeableitung 13, 40, 153
Wärmebrücke 76, 79, 187, 192, 305, 308, 382; bei hölzernen Außenwänden 205, 211; geometrisch bedingte 76; konstruktionsbedingte 76; lüftungsbedingte 77
Wärmebrückenberechnung 85, 306
Wärmebrückenprogramm 306
Wärmebrückenverlustkoeffizient 88, 89
Wärmedämmschicht: lastabtragende 202
Wärmedämmstoff 49
Wärmedämmung: transparent 162, 302
Wärmedämm-Verbundsystem 93, 190, 196, 205, 361
Wärmedurchgang: stationärer 52
Wärmedurchgangskoeffizient 13, 58, 63; Korrektur für mechanische Befestigungselemente 63; Korrektur für mögliche Luftspalte 63, 64; Korrektur für Umkehrdächer 64; längenbezogener 14, 88, 289, 308; maximaler 186; punktbezogener 14, 89, 289
Wärmedurchgangswiderstand 13, 63
Wärmedurchlasskoeffizient 14, 53
Wärmedurchlasswiderstand 13, 58; Bemessungswert von Bauteilen 58; Bemessungswert von Luftschichten 59; unbeheizter Räume 62; von Bauteilen mit Abdichtungen 67
Wärmeeindringkoeffizient 11, 160
Wärmeenergiebedarf 279
Wärmeerzeugung 243
Wärmefalle 152
Wärmegesetz: Erneuerbare-Energien- 277

Wärmegewinn: direkter solarer 299; im betrachteten Monat 284; indirekter solarer 299, 301; interner im betrachteten Monat 284, 302; nutzbarer 303; solarer im betrachteten Monat 284, 297; solarer über opake Bauteile 302; solarer über unbeheizte Glasvorbauten 299, 302
Wärmegewinn-/-verlustverhältnis 13, 303, 305
Wärmeleistung: der Heizkörper 237; interne 13
Wärmeleistung: flächenbezogene interne 302
Wärmeleitfähigkeit 14, 48, 52; äquivalente 97; Bemessungswert 14, 49: mittlere äquivalente 210
Wärmeleitung 51; Fouriersches Gesetz 52; stationäre 53
Wärmemenge 13, 53; flächenbezogene 13; gespeicherte 161
Wärmepumpe 22, 245, 259, 280; Abluft/Zuluft- 259
Wärmequelle 52, 280; interne 162
Wärmerückgewinnung 259
Wärmerzeugung 242
Wärmeschutz 33, 38; energiesparender 265; sommerlicher 42, 150, 152, 277; winterlicher 42
Wärmeschutzbeschichtung 126
Wärmeschutzverglasung 127, 129
Wärmeschutzverordnung 265, 359
Wärmeschutzverordnung 1977 380
Wärmeschutzverordnung 27, 42
Wärmesenke 52
Wärmespeicher 28
Wärmespeicherfähigkeit 11, 159: wirksame 160; wirksame 293, 303, 305
Wärmespeicherkapazität: spezifische 11, 160
Wärmespeicherung 242, 246
Wärmestau 158
Wärmestrom 14, 48, 53; stationärer 56

Stichwortverzeichnis

Wärmestromdichte 13, 52, 53, 56
Wärmestromlinie 95
Wärmetauscher 259
Wärmeübergabe 242, 247
Wärmeübergang: durch Konvektion 54; durch Strahlung 55; stationärer 54; zusammengefasst 56
Wärmeübergangskoeffizient 12, 56; der Konvektion 54; der Strahlung 55; zusammengefasst 56
Wärmeübergangswiderstand 13, 56
Wärmeübertrager 259
Wärmeverlust: bei der Wärmeübergabe 248; spezifischer 12; zusätzlicher 90; zusätzlicher spezifischer durch Wärmebrücken 285, 289; zusätzlicher spezifischer für Bauteile mit Flächenheizung 285, 288
Wärmeverluste: im betrachteten Monat 284
Wärmeverteilung 242, 246
Wärmeverteilungsleitung 372
Warmwasser-Gruppenversorgung 249
Warmwasserbereitung 322
Warmwasserheizung 233, 243
Warmwasserleitung 372
Warmwasserversorgung: dezentrale 249; Einzelraum- 249; zentrale 249

WDVS 93, 190, 196, 205, 361
Wellenlänge: des Lichts 14, 152
Wetterschutzmaßnahme 195
Windfang 46
Windgeschwindigkeit 149
Wirkungsgrad 319; primärenergiebezogener 325
Wochenendabsenkung 291
Wohnfläche 27
Wohngebäude 23, 277, 353, 355
WSchV 27, 42, 265
Zeit 13
Zeitkonstante: Bauteil- 294; eines Gebäudes 14, 305
Zentralheizung 233
Zirkulationsleitung 249
Zone: beheizte 274
Zonierung: von Gebäuden 46
Zuluft-/Abluftanlage 259, 261
Zuschlagswert: pauschaler 306; zum Wärmedurchgangskoeffizienten 311; zum Wärmedurchgangskoeffizienten zur Berücksichtigung von Wärmebrücken 289
Zweirohrheizung 246
Zweistranganlage 246
Zwischensparrendämmung 370

VOB online

Noch mehr Fachinformationen – die relevanten Normen

Vollständig!
Die Textausgaben der VOB 2012 und 2009.

Komplett!
Die VOB-Materialsammlung mit über 500 VOB/C-relevanten Normen zu Hochbau, Tiefbau und haustechnischem Ausbau.

Aktuell!
Regelmäßige Updates, Smartphone-Service inklusive!

Entscheiden Sie sich jetzt für eines von 5 attraktiven Angebotspaketen:

vob-online.de

Beuth Verlag GmbH   Am DIN-Platz   Burggrafenstraße 6   10787 Berlin

Beuth
Berlin · Wien · Zürich

Inserentenverzeichnis

Die inserierenden Firmen und die Aussagen in Inseraten stehen nicht notwendigerweise in einem Zusammenhang mit den in diesem Buch abgedruckten Normen. Aus dem Nebeneinander von Inseraten und redaktionellem Teil kann weder auf die Normgerechtheit der beworbenen Produkte oder Verfahren geschlossen werden, noch stehen die Inserenten notwendigerweise in einem besonderen Zusammenhang mit den wiedergegebenen Normen. Die Inserenten dieses Buches müssen auch nicht Mitarbeiter eines Normenausschusses oder Mitglied des DIN sein. Inhalt und Gestaltung der Inserate liegen außerhalb der Verantwortung des DIN.

1. Unipor-Ziegel Marketing GmbH, 81241 München .... 2. Umschlagseite

2. Schlagmann Poroton GmbH & Co. KG, 84367 Zeilarn .... 1. und 2. Seite

Zuschriften bezüglich des Anzeigenteils
werden erbeten an:

Beuth Verlag GmbH
Anzeigenverwaltung
Am DIN-Platz
Burggrafenstraße 6
10787 Berlin

Jetzt in 6. Auflage – grundlegend überarbeitet

„Der Trend geht zum Holschemacher"

Die beiden praxiserprobten Nachschlagewerke von Klaus Holschemacher **Entwurfs- und Berechnungstafeln für Bauingenieure** und **Entwurfs- und Konstruktionstafeln für Architekten** wurden grundlegend überarbeitet und an den neuesten Stand der Normung bzw. Gesetzgebung angepasst. Dabei wurden aktuelle Entwicklungen bei den Eurocodes und zur Novellierung der EnEV berücksichtigt.

Bauwerk
Entwurfs- und Berechnungstafeln für Bauingenieure
Herausgeber: Prof. Dr.-Ing. Klaus Holschemacher
6., aktualisierte und erweiterte Auflage 2013.
1.376 S. mit Daumenregister. A5. Gebunden.
46,00 EUR | ISBN 978-3-410-23281-0

Bauwerk
Entwurfs- und Konstruktionstafeln für Architekten
Herausgeber: Prof. Dr.-Ing. Klaus Holschemacher
6., vollständig überarbeitete Auflage 2013.
1.400 S. mit Daumenregister. A5. Gebunden.
44,00 EUR | ISBN 978-3-410-23284-1

Prof. Dr.-Ing. Klaus Holschemacher ist Dekan für den Fachbereich Bauwesen an der HTWK Leipzig, lehrt Stahlbetonbau und Spannbetonbau und ist Autor sowie Herausgeber vieler Fachpublikationen.

Bestellen Sie unter:
Telefon +49 30 2601-2260
Telefax +49 30 2601-1260
kundenservice@beuth.de

Auch als E-Books unter:
www.beuth.de/holschemacher

Noch günstiger im Paket!
74,00 EUR | ISBN 978-3-410-23821-8

Beuth Verlag GmbH Am DIN-Platz Burggrafenstraße 6 10787 Berlin

Energiesparendes Bauen

Jetzt diesen Titel zusätzlich als E-Book downloaden und 70 % sparen!

Als Käufer dieses Buchtitels haben Sie Anspruch auf ein besonderes Kombi-Angebot: Sie können den Titel zusätzlich zum Ihnen vorliegenden gedruckten Exemplar für nur 30 % des Normalpreises als E-Book beziehen.

Der BESONDERE VORTEIL: Im E-Book recherchieren Sie in Sekundenschnelle die gewünschten Themen und Textpassagen. Denn die E-Book-Variante ist mit einer komfortablen Volltextsuche ausgestattet!

Deshalb: Zögern Sie nicht. Laden Sie sich am besten gleich Ihre persönliche E-Book-Ausgabe dieses Titels herunter.

In 3 einfachen Schritten zum E-Book:

❶ Rufen Sie die Website **www.beuth.de/e-book** auf.

❷ Geben Sie hier Ihren persönlichen, nur einmal verwendbaren E-Book-Code ein:

    246908715389F6B

❸ Klicken Sie das „Download-Feld" an und gehen dann weiter zum Warenkorb. Führen Sie den normalen Bestellprozess aus.

Hinweis: Der E-Book-Code wurde individuell für Sie als Erwerber dieses Buches erzeugt und darf nicht an Dritte weitergegeben werden. Mit Zurückziehung dieses Buches wird auch der damit verbundene E-Book-Code für den Download ungültig.

Energiesparendes Bauen

Mehr zu diesem Titel
... finden Sie in der Beuth-Mediathek

Zu vielen neuen Publikationen bietet der Beuth Verlag nützliches Zusatzmaterial im Internet an, das Ihnen kostenlos bereitgestellt wird. Art und Umfang des Zusatzmaterials – seien es Checklisten, Excel-Hilfen, Audiodateien etc. – sind jeweils abgestimmt auf die individuellen Besonderheiten der Primär-Publikationen.

Für den erstmaligen Zugriff auf die Beuth-Mediathek müssen Sie sich einmalig kostenlos registrieren. Zum Freischalten des Zusatzmaterials für diese Publikation gehen Sie bitte ins Internet unter

www.beuth-mediathek.de

und geben Sie den folgenden Media-Code in das Feld „Media-Code eingeben und registrieren" ein:

M246903600

Sie erhalten Ihren Nutzernamen und das Passwort per E-Mail und können damit nach dem Log-in über „Meine Inhalte" auf alle für Sie freigeschalteten Zusatzmaterialien zugreifen.

Der Media-Code muss nur bei der ersten Freischaltung der Publikation eingegeben werden. Jeder weitere Zugriff erfolgt über das Log-In.

Wir freuen uns auf Ihren Besuch in der Beuth-Mediathek.

Ihr Beuth Verlag

Hinweis: Der Media-Code wurde individuell für Sie als Erwerber dieser Publikation erzeugt und darf nicht an Dritte weitergegeben werden. Mit Zurückziehung dieses Buches wird auch der damit verbundene Media-Code ungültig.